经典译丛·信息与通信技术

无线电频谱管理
政策、法规与技术

Radio Spectrum Management:
Policies, Regulations and Techniques

［以］Haim Mazar（Madjar） 著

王 磊 谢树果 译

電子工業出版社
Publishing House of Electronics Industry
北京·BEIJING

内 容 简 介

本书系统介绍了无线电频谱管理的基本知识,内容包括无线电频谱管理政策、法律、规则、标准、组织机构和工程技术,以及无线电业务、短距离设备管理和人体射频暴露等。本书内容全面翔实,取材新颖,注重理论与实际应用相结合,可读性和实用性强。

本书适合无线电频谱管理行业人员参考,也可作为通信和电子信息类专业研究生和教师的参考书。

Radio Spectrum Management: Policies, Regulations and Techniques, 9781118511794, by Haim Mazar (Madjar).
Copyright © 2016, John Wiley & Sons, Ltd.
All Rights Reserved. Authorized translation from the English language edition published by John Wiley & Sons Limited. Responsibility for the accuracy of the translation rests solely with Publishing House of Electronics Industry and is not the responsibility of John Wiley & Sons Limited.
No part of this book may be reproduced in any form without the written permission of the original copyright holder, John Wiley & Sons, Ltd.

本书简体中文版专有翻译出版权由英国 John Wiley & Sons, Ltd.授予电子工业出版社。
未经许可,不得以任何手段和形式复制或抄袭本书内容。

Copies of this book sold without a Wiley sticker on the cover are unauthorized and illegal.
本书封底贴有 Wiley 防伪标签,无标签者不得销售。

版权贸易合同登记号　图字:01-2017-0858

图书在版编目(CIP)数据

无线电频谱管理政策、法规与技术 /(以)哈姆·马扎尔(Haim Mazar)著;王磊,谢树果译. — 北京:电子工业出版社,2018.8
(经典译丛·信息与通信技术)
书名原文:Radio Spectrum Management: Policies, Regulations and Techniques
ISBN 978-7-121-34585-2

I. ①无… II. ①哈… ②王… ③谢… III. ①无线电技术－频谱－无线电管理－研究 IV. ①TN014

中国版本图书馆 CIP 数据核字(2018)第 137482 号

策划编辑:窦　昊
责任编辑:韩玉宏
印　　刷:涿州市般润文化传播有限公司
装　　订:涿州市般润文化传播有限公司
出版发行:电子工业出版社
　　　　　北京市海淀区万寿路 173 信箱　　邮编　100036
开　　本:787×1092　1/16　印张:21.75　字数:556.8 千字
版　　次:2018 年 8 月第 1 版
印　　次:2022 年 7 月第 2 次印刷
定　　价:199.00 元

凡所购买电子工业出版社图书有缺损问题,请向购买书店调换。若书店售缺,请与本社发行部联系,联系及邮购电话:(010)88254888,88258888。
质量投诉请发邮件至 zlts@phei.com.cn,盗版侵权举报请发邮件至 dbqq@phei.com.cn。
本书咨询联系方式:(010)88254466,douhao@phei.com.cn。

献给我的母亲 Suzanne（Sévilia）Madjar 和妻子 Nitza（Ben-Shemesh）Mazar。

译 者 序

无线电频谱是一种战略性稀缺资源，广泛应用于无线通信、广播电视、导航定位、遥控遥测、射电天文、科学研究和国防安全等各个领域，在构建信息社会、推动经济发展和国防建设中发挥着不可替代的重要作用。无线电频谱管理作为一种国家主权行为，是确保频谱资源得到高效利用、维护电磁空间安全的基本保证，是国家治理能力体系的重要组成部分，直接关系到国家经济建设和国防安全，影响社会进步和技术创新。

当前，以信息通信技术为核心的新科技革命正在蓬勃发展，全球产业格局正在发生深刻调整，无线电频谱的战略价值和地位作用日益凸显。欧美发达国家依靠其先发优势，利用自身技术和法规影响力，借助国际组织和区域联盟平台，强势主导国际无线电规则制定更新，对发展中国家的频谱使用形成挤压。"知己知彼，百战不殆。"要想赢得全球频谱资源使用权益竞争，突破电磁频谱"垄断"和"霸权"，有必要从更加宽广的视角，了解全球无线电频谱管理的总体框架和发展动态，掌握相关国际和区域组织的运行规则，借鉴发达国家频谱管理的先进经验做法，从而为深化频谱管理的理论研究与技术创新，加快提升我国无线电频谱管理能力水平，促进经济社会发展和国防建设提供支持。本书正是为了满足上述目的而翻译出版的。

本书由国际无线电频谱管理领域的知名专家 Haim Mazar（Madjar）博士撰写，是国际上第一本全面系统介绍无线电频谱管理政策、法规和技术的专著。本书主要有 4 个特点：一是站位"高"，分别从全球、区域和国家 3 个层面，对相关国际组织和主要国家的频谱管理情况进行了全方位介绍和分析，便于读者从宏观上把握全球无线电频谱管理的总体概况；二是覆盖"全"，不仅介绍了主要国际组织和国家的频谱管理理念、政策、法律、规则、标准、机构和运行机制，还介绍了无线电业务、频谱工程技术和人体射频暴露等内容，便于读者系统掌握无线电频谱管理的知识体系；三是内容"新"，详细介绍了近年来受到广泛关注的短距离无线电设备管理、频谱拍卖与重整、边境频率协调、新型频谱管理模式和电磁辐射危害等问题，有助于读者跟踪了解无线电频谱管理的热点领域和发展趋势；四是数据"实"，书中采用大量权威、准确的数据图表对有关内容进行量化分析，引用和注释信息完整规范，并结合许多具体案例进行分析讲解，增强了内容的通俗性和实用性。

本书的主要适用对象为国际和国家频谱管理机构及无线通信行业的管理人员、工程师、律师和经济学者等，也可供高校通信工程、电子信息类专业的研究生和教师使用。

本书由谢树果教授和王磊博士共同翻译，其中谢树果教授负责统一术语、一致性检查和统稿审校，王磊博士负责译文初稿的翻译。由于本书涉及法律、经济、管理和工程技术等多个专业领域，理论性、专业性强，在翻译过程中，译者参考了大量工具书、图书资料和国际组织文献，对书中部分术语和把握不准的地方与原书作者进行了多次沟通交流，对原著中的不当或不畅之处进行了修正完善，力求客观准确地反映原著内容。需要说明的是，自原著出版以来，国际和区域政治经济格局发生许多变化（如英国开始脱欧谈判等），各国无线电频谱管理制度机制不断调整优化（如我国相继颁布了新修订的无线电管理条例和无线电频率划分规定），使得原著中相关内容与当前实际情况存在一定差异。对此，我们依据权威资料对书中个别内容进行补漏更正，并以"译者注"的形式解释说明，请读者注意甄别。

感谢原书作者 Haim Mazar（Madjar）博士对翻译该中文版的大力支持和帮助。感谢法国里昂大学马越博士对原著中法语部分翻译提供的帮助。感谢电子工业出版社积极引进本书，以及 Wiley 出版公司的帮助，使得本书中文版能够尽快与读者见面。感谢尹延昭女士为本书的翻译和出版付出的辛勤劳动。本书译者的工作得到了国家自然科学基金项目（No. 61371007）的支持和资助，在此表示谢意！

由于译者水平有限，书中难免存在一些错误和不当之处，敬请广大读者批评指正。

译　者

作者简介

　　Haim Mazar（Madjar）博士在无线通信（包括广播、移动通信、固定通信、无线电定位、卫星和公众业务）和无线电频谱管理领域拥有超过45年的工作经验，已向国际电联电信发展部门（ITU-D）和电信标准化部门（ITU-T）相关研究组及无线电通信部门（ITU-R）所有研究组（及其所属工作组）撰写提交了180余份技术文件。在2015年召开的国际电联无线电通信全会上，Mazar博士被来自88个国家的代表推选为ITU-R第5研究组（地面业务）副主席，并长期承担多个国家政府机构和国际工业界在频谱管理、短距离设备管理和人体射频暴露领域的顾问工作。Mazar博士于1971年获得以色列理工学院电气工程专业学士学位，1988年获得以色列巴尔伊兰大学工商管理硕士学位，2008年获得英国伦敦米都塞克斯大学博士学位，主要研究方向为无线通信管理制度。Mazar博士目前是无线电通信领域的演讲专家，2016年1月起担任中国成都西华大学客座教授。

原 书 序 言

Mazar 先生自 1991 年起一直广泛参与国际电联的各项活动，在国际无线电管理领域享有很高的知名度和认可度。本书能够为无线电通信行业的工程师、律师和经济学者提供有价值的信息和灵感。

我确信，本书将受到所有从事无线电通信管理和标准化工作的专家们的喜爱。

François Rancy
国际电联无线电通信局主任

前　言

　　了解无线电频谱管理的政策、法规、标准和技术，对于频谱管理机构、运营商、设备研发者和无线通信用户（包括我们所有人）大有裨益。多年来，作者深入参与国家、区域和全球层面的无线电频谱管理事务，积累了大量专业经验、学术课程和教学案例，本书正是这些工作经验和成果的结晶。希望本书能被全球无线电行业的工程师、律师和经济学者使用，同时也能为他们解决日常工作中面临的问题提供帮助。

　　本书从总体上对全球主要国际组织和国家的无线通信管理架构进行分析评估，并介绍了相关背景知识。例如，欧盟成员国希望将本国频谱管理权转交给政府间机构这一理念可能也适用于世界其他地区，可为许多发达国家和发展中国家提供借鉴。又如，相关国家无线电频谱主管机构可以参照或沿用欧盟、北美和亚洲的既有无线电频谱管理法规，而不一定非要制定新的频谱管理法规和标准。

　　无线电频谱管理法规主要涉及如下领域：不确定风险的管理、有害干扰、生命安全业务和新兴无线技术的市场推广等。有关无用发射和人体射频暴露问题，往往需要从全球视角和价值观角度，推动其规范化管理进程。

　　本书共分 9 章，首先探讨无线通信行政管理、工程、法律和经济方面的内容，然后详细讨论影响无线电频谱管理法规和标准化的主要国际和区域性组织，接着介绍中国、法国、英国和美国的频谱管理法规和标准化情况。此外，还讨论了公众密切关注的蜂窝移动通信基站数量激增、大型天线结构体影响及电磁污染等问题。这些问题均需要相关主管部门介入处理，特别是人体射频暴露问题更需要重点关注。

　　第 1 章概述无线电频谱和无线通信，简要回顾无线通信的发展历史，介绍通信信道的基础知识，重点讨论无线电频段划分和频谱资源的稀缺性。

　　第 2 章探讨主要无线电业务的管理，详细介绍模拟和数字音频（电台）和视频（电视）广播的传输和技术参数，着重讨论模拟无线调频（FM）广播和地面数字视频广播（DVB-T）。鉴于蜂窝移动通信在无线通信中占据重要地位，且随着系统容量和覆盖范围的不断增加，移动通信业务的频谱需求持续增长，因此第 2 章专门讨论蜂窝移动通信业务。由于固定点对点和单点对多点均属于特定固定站之间的无线电通信业务，因此固定业务既可依托有线通信或卫星系统，也可依托更高效、更经济的视距或非视距宽带通信。鉴于卫星系统已广泛应用于商业、政治、科学、研究和天文等诸多领域，第 2 章还介绍卫星轨道、增值业务和设备有关情况。

　　由于主管部门和公众非常关注短距离设备（SRD），第 3 章专门介绍短距离设备的技术和工作参数。目前，短距离设备尚未被纳入"无线电通信业务"范畴，短距离设备工作通常遵循无执照、无保护和不对其他无线电设备造成干扰的原则。短距离设备的广泛使用有助于促进世界和地区的和谐稳定。例如，Wi-Fi 在全球范围的成功推广使用可与全球移动通信系统（GSM）的发展成就相媲美。第 3 章最后介绍 Wi-Fi、射频识别（RFID）和民用频段 26.96～27.28 MHz 使用的有关案例。

第 4 章介绍无线电频谱管理政策、法规和经济架构，对比分析集中规划（事前和先验）和基于市场（事后和后验）两种频谱管理模式和方法，论述频谱管理的主要目标。同时，介绍影响国家法律环境的两种不同法律传统（民法法系和普通法系），详细介绍无线电通信法律在整个法律框架中的重要地位和执照持有者的财产权利，以及国际、区域和国家立法情况。此外，还分析无线电频率的经济属性、无线通信对经济社会和生产力发展的贡献，以及各国将无线电频谱作为非生产资产纳入国家消费核算等情况，探讨基于二次交易、拍卖和发行彩票的频率执照费评估方法，给出无线电频谱年费的计算方法。最后，介绍国际、区域和国家频率划分表，指出频谱重新配置和重整均是优化频率使用的经济手段。

第 5 章首先介绍端到端无线通信的基本知识，然后介绍发射机功率和无用发射、接收机选择性、噪声和灵敏度，以及天线基本参数（包括天线孔径、波束宽度和增益、极化、带宽、插入损耗和阻抗），这些内容是开展频谱共用分析的基础知识。接着介绍自由空间传播损耗和麦克斯韦方程，给出菲涅耳区的定义，并对近场和远场进行对比分析，讨论电波穿透墙壁和绕过障碍物的频率相关性，这些内容有助于解释为什么传统的蜂窝移动通信系统工作在 6 GHz 以下频段。最后探讨非线性和线性射频干扰和频谱共用计算方法，介绍干扰减弱或消除的相关技术。

第 6 章探讨国际频谱管理和标准化问题，介绍参与国际频谱管理和标准化的相关组织和机构，详细说明频谱管理法规和标准的制定和实施过程，介绍国际电信联盟的 3 个组成部门——电信发展局（ITU-D BDT）、电信标准化局（ITU-T TSB）和无线电通信局（ITU-R BR）。同时还介绍国家间的双边和多边用频协议、边境频率协调及干扰消除技术。

第 7 章探讨区域性无线电频谱管理问题，首先介绍欧盟频谱管理法规、主要组成机构、政府间和国际组织间关系，以及频谱的立法、软件工具和协调活动等。由于欧盟成员国将部分主权让渡给欧盟，因此欧盟的频谱管理具有一定特殊性。接着介绍美洲频谱管理相关组织机构，包括美洲国家组织（OAS）、美洲国家电信委员会（CITEL）和安第斯国家共同体（CAN），并对频谱法规和标准化的两大区域中心（欧洲和北美）进行整体对比和分析。最后介绍亚洲、（苏联）通信领域区域共同体（RCC）、阿拉伯国家和非洲（非洲电信联盟、西非国家、东非共同体和南非地区）的频谱管理情况。

第 8 章详细介绍国家频谱管理的作用、目标、主要职责及为推进频谱最佳管理所采取的方针和行动。同时探讨频谱管理中行政监管的发展趋势，以及智能技术和无线创新对法规更新提出的新要求。最后讨论中国、法国、英国和美国的频谱管理模式。

第 9 章讨论射频健康风险这一社会问题，首先介绍电磁过敏症和恐电症，然后对国际、区域和国家层面所规定的射频危害指标限值进行比较分析，例如对于基站周边的电磁辐射危害，通常采用模拟和实测方法获取基站周边的功率密度和场强值，进而确定安全防护距离。接着定量分析射频危害指标限值对移动网络规划的影响，最后讨论减小或消除人体射频暴露的政策和相关技术。

致　　谢

本书内容涉及众多学科和组织机构，许多业内同人审阅了有关章节并提出了宝贵修改建议。他们虽然来自世界各地，但对许多问题的看法却趋于一致。下表中汇总了这些审阅者的有关信息，并借此表达我对他们的由衷谢意。

姓名	审查章节	国籍
1. Agostinho Linhares de Souza Filho	5和9	巴西
2. Aldo Scotti	9	意大利
3. Alex Orange	7	新西兰
4. Alon Zheltkov	2	以色列
5. Alonso Llanos Yánez	7	厄瓜多尔
6. Amir Shalev	2	以色列
7. Andre Arts	4	荷兰
8. Annette Gallas	6	德国
9. Avraham Arar	2	以色列
10. Arie Taicher	2	以色列
11. Avi Rimon	4	以色列
12. Ben Ousmane Ba	6	瑞士
13. Bruce Emirali	6	新西兰
14. Chaim Kallush	5和9	以色列
15. Chang Ruoting	8	中国
16. Christoph Dosch	2	德国
17. Chungsang Ryu	6	韩国
18. Deborah Housen-Couriel	4	以色列
19. Dieter Horst	3	德国
20. Ding Jiaxin	8	中国
21. Doron Ezri	5	以色列
22. Dunger Hartmut	3	德国
23. Ehoud Peleg	5	以色列
24. Eldad Barzilay	2	以色列
25. Eli Sofer	2	以色列
26. Elizabeth Mostyn	管理名称	瑞士
27. Ely Levine	5	以色列
28. Emmanuel Faussurier	8	法国
29. Erik van Maanen	3	荷兰
30. Evgeny Tsalolikhin	2、5和9	以色列
31. Fatih Mehmet Yurdal	3和7	丹麦
32. Fryderyk Lewicki	9	巴基斯坦
33. Gabi Koerner	2	以色列
34. Hughes Nappert	9	加拿大
35. István Bozsoki	6	匈牙利
36. Jacob Gavan	9	以色列
37. Jafar Keshvari	9	芬兰

续表

姓名	审查章节	国籍
38. James Higgins	8	美国
39. Jan Verduijn	7	荷兰
40. Jean-Jacques Guitot	8	法国
41. Jim Connolly	4	爱尔兰
42. Jim Ragsdale	6	瑞典
43. John Pahl	8	英国
44. John Shaw	2和6	英国
45. Jonas Eneberg	2	英国
46. José Costa	7	加拿大
47. Josef Cracovski	5	阿根廷
48. Joseph Shapira	9	以色列
49. Kim Kolb	4	美国
50. Kristof De Meulder	4	法国
51. LiChing Sung	8	美国
52. Mariana Goldhamer	6和8	以色列
53. Matti Cohen	3	以色列
54. Michael Kraemer	2	德国
55. Michael Markus	8	美国
56. Mickey Barkai	2	以色列
57. Mike Wood	9	澳大利亚
58. Morris Ettinger	2和5	以色列
59. Moshe Galili	9	以色列
60. Moti Haridim	9	以色列
61. Nir Fink	9	以色列
62. Olivier Pellay	8	法国
63. Oren Eliezer	3、5、7和8	美国
64. Pablo Lerner	4	以色列
65. PK Garg	7	印度
66. Ralf Trautmann	8	德国
67. Roman Sternberg	3	以色列
68. Sergey Pastukh	7	俄罗斯
69. Shlomo Shamai (Shitz)	9	以色列
70. Solana Ximena	7	阿根廷
71. Stanley Kibe	6	肯尼亚
72. Stelian Gelberg	9	以色列
73. Steve Ripley	8	英国
74. Thomas Hasenpusch	5	德国
75. Thomas Weber	3和7	德国
76. Tony Azzarelli	2和4	英国
77. Vicente Rubio Carretón	4	西班牙
78. Vladimir Rabinovitch	2	以色列
79. Yair Hakak	4	以色列
80. Yasuhiko Ito	7	日本
81. Yoav Katz	2	以色列
82. Yuval Mazar	5和9	以色列

另外，非常感谢对本书多个章节均做出贡献的人士，特别感谢 Reuven Meidan 博士对本书提供的大力帮助。

最后，感谢我家人的耐心和容忍，使我能够在漫长的时间内将主要精力投入本书的撰写工作。

首字母缩写词和缩略词

1G	第 1 代移动通信
2G	第 2 代移动通信
3G	第 3 代移动通信
3GPP	第 3 代合作伙伴计划
3GPP2	第 3 代合作伙伴计划 2
4G	第 4 代移动通信
ABU	亚太广播联盟
AF	年费
AHCIET	伊比利亚美洲电信研究与企业协会
AICTO	阿拉伯信息通信技术组织
AM	幅度调制
ANFR	国家频率管理局（法国）
ANSI	美国国家标准研究院
APT	亚太电信组织
ARCEP	通信电子与邮政管理局（法国）
ARCTEL-CPLP	葡语国家共同体电信主管部门交流协会
AREGNET	阿拉伯国家主管部门网络
ARIB	无线电工业和商贸联合会（日本）
ARRL	美国无线电转播联盟
ASETA	安第斯共同体电信企业协会
ASK	幅移键控
ASMG	阿拉伯国家频谱管理组织
AT-DMB	先进地面数字多媒体广播（韩国）
ATIS	电信工业解决方案联盟
ATSC	先进电视系统委员会（美国和加拿大）
ATU	非洲电信联盟
AWG	亚太电信组织无线工作组
BASK	二进制幅移键控
BBC	英国广播公司（英国）
BDT	电信发展局（国际电联）
BER	误码率
BEREC	欧洲电子通信主管机构
BFSK	二进制频移键控
BIPM	国际计量局

BIS	商业、创新和技能部（英国）
Bps	比特每秒，也表示为 bit/s
BPSK	二进制相移键控
BR	无线电通信局（国际电联）
BSS	卫星广播业务
BW	带宽
BWA	宽带无线接入
C/A	粗捕获（全球定位系统的民用码）
CA	信道配置
CAATEL	安第斯电信委员会
CAN	安第斯国家共同体
CANTO	加勒比国家电信组织联盟
CAPTEF	法语国家邮政电信主管部门大会
CATV	有线电视
CCA	组合钟表拍卖
CCSA	中国通信标准化协会
CDMA	码分多址
CEN	欧洲标准化委员会
CENELEC	欧洲电工标准化委员会
CEPT	欧洲邮电主管部门大会
CFR	《美国联邦法规》
C/I	载干比
CISPR	国际无线电干扰特别委员会
CITEL	美洲国家电信委员会
CJK	中国、日本和韩国
C/N	载噪比（可与 S/N 互换）
CNR	载噪比（可与 SNR 互换）
COPANT	泛美标准委员会
COSPAS-SARSAT	国际卫星搜索和救援系统
CPCE	《邮政与电子通信法典》（法国）
CPG	大会筹备组（欧洲邮电主管部门大会）
CRAF	射电天文频率委员会
CRASA	南部非洲通信主管部门协会
CRS	认知无线电系统
CS	《组织法》和《公约》（国际电联）
CSA	高级视听委员会（法国）
CTO	英联邦电信组织
CTU	加勒比电信联盟
DAA	探测和回避

DAB	数字音频广播
dB	分贝
dBd	相对于半波偶极子天线的分贝数
dBi	相对于全向天线的分贝数
dBm	相对于 1 mW 的分贝数
DBS	直播卫星
dBW	相对于 1 W 的分贝数
DCMS	文化、传媒和体育部（英国）
DD	数字红利
DFS	动态频率选择
DGPS	差分全球定位系统
DL	下行链路
DMB-T/H	地面或手持式数字多媒体广播（韩国），也表示为 T-DMB 和 AT-DMB
DRM	数字调幅广播
DSB	数字声音广播
DTH	直接入户
DTMB	数字地面多媒体广播（中国）
DTT	数字地面电视
DTTB	数字地面电视广播
DVB-H	数字视频广播-手持式
DVB-T	数字视频广播-地面
EAC	东非国家共同体
EACO	东非通信组织
EASA	欧洲航空安全局
EBU	欧洲广播联盟
EC	欧盟委员会
ECC	电子通信委员会（欧洲）
E_c/I_0	载波能量与干扰电平之比
ECO	欧洲通信办公室
ECOWAS	西非国家经济共同体
ECTEL	东加勒比电信主管部门
EDGE	用于全球演进的增强数据速率
EEA	欧洲经济区
EFTA	欧洲自由贸易联盟
EHF	极高频（30～300 GHz）
EHS	电磁过敏症
E.I.R.P.	等效全向辐射功率
EMF	电磁场
EN	欧洲标准

EPRA	欧洲主管部门论坛
ERC	欧洲无线电通信委员会
E.R.P.	有效辐射功率
ESA	欧洲航天局
ETSI	欧洲电信标准化协会
EU	欧盟
FAA	联邦航空局（美国）
FCC	联邦通信委员会（美国）
FDD	频分复用
FDMA	频分多址
FHSS	跳频扩谱
FM	调频
FRATEL	法语电信监管网络（法国）
FS	固定业务
FSK	频移键控
FSS	卫星固定业务
FWS	固定无线系统
GDP	国内生产总值
GE-89	非洲电视广播区域协议（日内瓦，1989）
GE-2006	区域无线电会议2006，也称为RRC-06协议
GEO	地球静止轨道（等同于GSO）
GLONASS	全球卫星导航系统、格洛纳斯系统（俄罗斯）
GMDSS	全球水上遇险和安全系统
GPS	全球定位系统
GS1	全球第一商务标准化组织
GSM	全球移动通信系统
GSMA	GSM协会
GSO	地球静止卫星轨道（等同于GEO）
G/T	增益与噪声温度比
HCM	协调计算方法（欧洲）
HDTV	高清晰度电视
HEO	高地球轨道（距地球高度1000 km至40 000 km）
HF	高频（3～30 MHz）
HFCC	高频协调会议
HRP	假设参考通道
HRX	假设参考连接
Hz	赫兹（频率的基本单位）
IAF	国际宇航联合会
IARC	国际癌症研究机构

IARU	国际业余无线电联盟
IATA	国际航空运输协会
IAU	国际天文学联合会
IBB	集成式宽带广播
IBOC	带内同频
ICAO	国际民航组织
ICNIRP	国际非电离辐射防护委员会
ICT	信息通信技术
IEC	国际电工委员会
IEEE-SA	电气与电子工程师协会-标准协会
IIRSA	南美洲区域基础设施一体化倡议
IMO	国际海事组织
IMP	互调产物
IMSO	国际移动卫星组织
IMT	国际移动通信
I/N	干扰噪声比
IP	互联网协议
IP3	三阶截点
IRG	独立主管机构组织（泛欧组织）
ISDB-T	地面综合业务数字广播
ISM	工业、科学和医学
ISO	国际标准化组织
ITSO	国际通信卫星组织
ITU	国际电信联盟
ITU-D	国际电信联盟电信发展部门
ITU-R	国际电信联盟无线电通信部门
ITU-T	国际电信联盟电信标准化部门
LBT	载波侦听
LEO	近地轨道（海平面以上约 1000 km）
LF	低频
LoS	视距
LSA	授权共享接入
LTE	长期演进
MEO	中地球轨道（海平面以上约 10 000 km）
MERCOSUR	南美共同市场
MF	中频
MFN	多频网络
MIFR	国际频率登记总表
MIIT	工业和信息化部（中国）

MIMO	多输入多输出
MMN	人为噪声
MOD	国防部（英国）
MoU	谅解备忘录
MPE	最大允许照射
MPEG	移动图像专家组
MSS	卫星移动业务
NABA	北美广播协会
NAFTA	北美自由贸易协议
NATO	北大西洋公约组织
NF	噪声系数
NGSO	非地球静止轨道（也表示为 non-GSO 或 non-GEO）
NIR	非电离辐射
NLOS	非视距
NRA	国家主管部门
NSM	国家频谱管理
NTIA	国家电信与信息管理局（美国）
NTSC	国家电视系统委员会（1954 年在美国组建）
OAS	美洲国家组织
OECD	经济合作和发展组织
OET	工程和技术办公室（美国联邦通信委员会）
Ofcom	通信办公室（英国）
OFDMA	正交频分多址接入
PAL	逐行倒相（一种电视广播制式，1967 年由德国和英国提出）
PED	个人电子设备
PIM	无源互调
P-MP	单点对多点
P-P	点对点
PR	防护率
PRN	伪随机码（用于 GPS）
PSK	相移键控
PSTN	公共电话交换网络
PTC	太平洋电信理事会
PV	现值
QAM	正交幅度调制
QED	这是要证明（拉丁语）
QoS	服务质量
QPSK	正交相移键控
R&O	报告和指令（美国）

R&TTE	无线电设备和电信终端设备倡议（欧盟委员会，1999/5）
RAN	无线电接入网络
RBDS	无线电广播数据系统
RCC	通信领域区域共同体（苏联）
RDS	无线电数据系统
RED	无线电设备指令（欧盟，2014/53）
REGULATEL	拉丁美洲电信主管部门论坛
RF	射频
RFID	射频识别
RMS	平方根
RNSS	卫星无线电导航业务
RR	无线电规则
RSC	无线电频谱委员会（欧盟委员会机构）
RSCP	接收信号码功率
RSPG	无线电频谱政策组（欧盟机构）
RSRP	参考信号接收功率
RSRQ	参考信号接收质量
RSSI	接收信号强度指示
SADC	南部非洲发展共同体
SAR	比吸收率
SAT HB	卫星通信手册
SC	（健康）安全规程（加拿大）
SCDMA	同步码分多址
SC-FDMA	单载波频分多址
SCG	频谱协调组（亚太）
SDO	标准发展组织
SDR	软件定义无线电
SECAM	顺序存储彩电（1967年由法国提出）
SFN	单频网络
SINR	信号干扰噪声比（可与SNIR互换）
S/N	信噪比（可与C/N互换）
SNIR	信号噪声干扰比（可与SINR互换）
SNR	信噪比（可与CNR互换）
SRD	短距离设备
ST-61	欧洲广播区域协议（斯德哥尔摩，1961）
STM	同步传送模块等级（如STM-1和STM-4）
T-DAB	地面数字音频广播
TDD	时分复用
TDMA	时分多址

T-DMB	地面数字多媒体广播（韩国），也表示为 DMB-T
TD-SCDMA	时分同步码分多址接入（中国）
TIA	电信工业协会（美国）
TPC	发射机功率控制
TSB	电信标准化局（国际电联）
TTA	电信技术协会（韩国）
TTC	电信技术委员会（日本）
TVRO	电视单收
UE	用户设备
UHF	特高频（300～3000 MHz）
UK	英国
UKSS	英国频谱战略委员会
UL	上行链路
UMTS	通用移动通信系统
UNASUR	南美洲国家联盟
UNESCAP	联合国亚太经济和社会委员会
U-NII	未授权国家信息基础设施（美国通信委员会）
US	美国
UTRA	通用移动通信系统地面无线电接入
UTRAN	通用移动通信系统地面无线电接入网络
UWB	超宽带
VHF	甚高频（30～300 MHz）
VSAT	超小孔径终端
VSB	残留边带
VSWR	电压驻波比
WARC	世界无线电行政大会（国际电联）
WAS	无线接入系统
WATRA	西非电信主管部门大会
W-CDMA	宽带码分多址
WHO	世界卫生组织
Wi-Fi	无线保真（国际电气与电子工程师协会）
WiMAX	全球微波接入互操作
WLAN	无线局域网
WRC	世界无线电通信大会（国际电联）
WSD	白色空间设备
WTA	无线电报法案
WTO	世界贸易组织

目 录

第1章 无线电频谱和无线通信 ··· 1
  1.1 历史回顾 ··· 1
  1.2 基本通信信道 ··· 2
  1.3 无线电频段 ·· 2
  1.4 无线电频谱资源的稀缺性 ·· 2
  参考文献 ·· 3

第2章 主要无线电业务 ·· 4
  2.1 概述 ··· 4
  2.2 地面广播传输：声音（电台）和视频（电视） ············· 4
    2.2.1 定义和简介 ·· 4
    2.2.2 广播视频和音频的传输 ··································· 6
    2.2.3 地面声音（音频）广播 ··································· 8
    2.2.4 地面视频（电视）广播 ·································· 12
  2.3 陆地移动和蜂窝移动通信业务 ································· 21
    2.3.1 定义和简介 ··· 21
    2.3.2 蜂窝移动通信参考网络单元 ··························· 21
    2.3.3 蜂窝移动通信业务的法规和标准化 ·················· 22
    2.3.4 国际移动通信（IMT）地面无线电业务（包括LTE） ··· 28
  2.4 固定点对点业务和单点对多点业务 ··························· 33
    2.4.1 固定业务简介：固定网络和移动回程 ·············· 33
    2.4.2 固定业务的部署和性能 ································· 34
    2.4.3 视距（LoS）和非视距（NLoS）链路 ·············· 37
    2.4.4 固定无线系统（FWS）和宽带无线接入（BWA）系统 ··· 37
    2.4.5 可用无线电频谱和频率规划 ··························· 38
  2.5 卫星通信 ··· 39
    2.5.1 卫星通信的定义 ·· 39
    2.5.2 卫星轨道和卫星业务 ···································· 41
    2.5.3 卫星设备 ·· 49
    2.5.4 卫星通信的监测和管理 ································· 52
  参考文献 ·· 55

第3章 短距离设备和频谱执照豁免 ································ 58
  3.1 短距离设备管理制度 ··· 58

		3.1.1 定义和应用	58
		3.1.2 无干扰、无执照和无保护	59
		3.1.3 国家/区域间双边协议	60
		3.1.4 短距离设备的上市和标识	60
		3.1.5 短距离设备对无线电通信业务的干扰	64
	3.2	短距离设备的推广使用	64
		3.2.1 风险对风险（Risk-verse-Risk）	64
		3.2.2 从集体化视角看待短距离设备频率协调的观点	65
		3.2.3 从个体化视角看待最少限制的观点	65
	3.3	短距离设备技术参数的工程背景知识	66
		3.3.1 弗里斯公式、接收功率、电场和磁场强度的数值公式	66
		3.3.2 接收功率和电场强度的数值公式	67
		3.3.3 接收功率和磁场强度的数值公式	68
		3.3.4 接收功率、电场强度和磁场强度的对数公式	68
	3.4	短距离设备的国际法规	69
		3.4.1 短距离设备的全球化应用	69
		3.4.2 国际电联《无线电规则》和频谱管理建议书规定的 ISM 频段	70
		3.4.3 短距离设备的全球和区域协调频率范围	72
		3.4.4 短距离设备的技术和工作参数及频谱使用	74
	3.5	短距离设备的区域性法规	74
		3.5.1 国际电联 1 区和 CEPT/ECC ERC 70-03 建议书	75
		3.5.2 国际电联 2 区和 FCC 47CFR Part 15 无线电频率设备	75
		3.5.3 国际电联 3 区和亚太电信组织成员国的短距离设备	78
	3.6	全球和区域短距离设备管理案例及对比分析	79
		3.6.1 案例 1：Wi-Fi、RLAN、WLAN、U-NII	80
		3.6.2 案例 2：射频识别的全球和区域性法规	85
		3.6.3 案例 3：ISM 和民用频段 26.96～27.28 MHz	88
参考文献			89
第 4 章	无线电频谱管理政策、法律和经济框架		91
	4.1	影响无线电频谱管理政策的世界观	91
		4.1.1 文化、法规和不确定性风险	91
		4.1.2 集中规划（事前和先验）模式与基于市场（事后和后验）模式	94
		4.1.3 无线电频谱管理框架和基本目标	96
	4.2	法律环境	96
		4.2.1 两种法律传统：民法法系和普通法系	96
		4.2.2 法律框架	97
		4.2.3 无线电通信法律	98
		4.2.4 影响无线电频谱管理法律的因素	100

		4.2.5 无线电频谱所有权 ………………………………………………… 100
		4.2.6 国际、区域和国家立法 …………………………………………… 101
	4.3	经济环境 ……………………………………………………………………… 102
		4.3.1 经济和频谱管理 …………………………………………………… 102
		4.3.2 无线电频谱的应用收益 …………………………………………… 105
		4.3.3 国家成本账目：无线电频谱作为非生产性资产 ………………… 108
		4.3.4 频谱收费政策 ……………………………………………………… 111
		4.3.5 频谱执照费：比较评估方法、拍卖、彩票抽奖法和二次交易 … 112
		4.3.6 无线电频谱年费 …………………………………………………… 117
	4.4	国际、区域和国家频率划分表和频谱重新配置 …………………………… 118
		4.4.1 频率划分表 ………………………………………………………… 118
		4.4.2 无线电频谱重新配置 ……………………………………………… 119
	参考文献	………………………………………………………………………………… 120

第5章	频谱工程与链路预算 …………………………………………………………… 122
5.1	端到端无线通信 ……………………………………………………………… 122
5.2	射频特性：调制和多址 ……………………………………………………… 124
	5.2.1 调制和数字化 ……………………………………………………… 124
	5.2.2 调制信号的表示 …………………………………………………… 125
	5.2.3 模拟调制 …………………………………………………………… 126
	5.2.4 数字调制 …………………………………………………………… 127
	5.2.5 信道多路接入和全双工技术 ……………………………………… 133
5.3	发射机的输出功率和无用发射 ……………………………………………… 136
	5.3.1 发射机框图 ………………………………………………………… 136
	5.3.2 发射掩模 …………………………………………………………… 136
	5.3.3 无用发射 …………………………………………………………… 136
5.4	接收机的概念、选择性、噪声和灵敏度 …………………………………… 139
	5.4.1 接收机底噪和灵敏度 ……………………………………………… 140
	5.4.2 噪声因子和噪声温度 ……………………………………………… 141
	5.4.3 卫星地球站和空间站的增益与噪声温度比 G/T ………………… 142
5.5	天线基本参数 ………………………………………………………………… 143
	5.5.1 天线孔径、波束宽度、方向性系数和增益 ……………………… 144
	5.5.2 天线三维辐射方向图和增益的计算 ……………………………… 147
	5.5.3 天线极化、带宽、插入损耗和阻抗 ……………………………… 154
5.6	电波传播 ……………………………………………………………………… 156
	5.6.1 概述 ………………………………………………………………… 156
	5.6.2 弗里斯（Friis）传输公式和自由空间传播损耗 ………………… 156
	5.6.3 麦克斯韦方程和自由空间远场辐射的接收场强 ………………… 159
	5.6.4 ITU-R P.1546 传播曲线（30～3000 MHz） …………………… 163

          5.6.5 菲涅耳区 164
          5.6.6 大气衰减 165
          5.6.7 近场和远场 167
          5.6.8 电波穿墙和障碍物绕射中的频率相关性 167
    5.7 链路预算 168
          5.7.1 功率公式 168
          5.7.2 转换公式 170
    5.8 无线电干扰和频谱共用 172
          5.8.1 非线性干扰 172
          5.8.2 线性干扰 174
          5.8.3 干扰减小和消除技术 180
    参考文献 180

第6章 国际无线电频谱管理和标准化 183
    6.1 国际无线电频谱管理法规和标准 183
    6.2 频谱管理法规和标准化 184
          6.2.1 国际无线电频谱管理和标准化的组织机构 184
          6.2.2 全球无线电频谱管理法规和标准化 190
          6.2.3 无线电频谱管理法规和标准的全球化 192
    6.3 国家、区域和全球无线电频谱管理法规 194
          6.3.1 国家向政府间机构转移管理权 194
          6.3.2 区域性无线电频谱管理和标准化的实施 195
    6.4 全球电信主管机构——国际电联 197
          6.4.1 ITU-D（也称为电信发展局，BDT） 197
          6.4.2 ITU-T（也称为电信标准化局，TSB） 198
          6.4.3 ITU-R（也称为无线电通信局，BR） 199
          6.4.4 国际电联《无线电规则》 200
    6.5 边境地区频率协调、法规和技术 205
          6.5.1 避免边境地区出现有害干扰 205
          6.5.2 双边和多边协议 206
          6.5.3 优先使用频率、触发电平和离开边界的距离 206
          6.5.4 减少边境地区干扰可采用的技术 207
    参考文献 207

第7章 区域性无线电频谱管理 209
    7.1 欧洲无线电频谱管理相关组织机构 209
          7.1.1 政府间组织和国际组织的关系 209
          7.1.2 欧洲主要电信组织 209
          7.1.3 欧盟频谱管理法规框架 213
          7.1.4 CEPT采用的计算工具和协调方法 217

  7.1.5 欧洲无线电频谱管理的整体框架 218
7.2 美洲无线电频谱管理相关组织机构 221
  7.2.1 美洲国家组织和美洲国家电信委员会 221
  7.2.2 安第斯国家共同体无线电频谱管理框架 222
  7.2.3 安第斯国家共同体的整体管理模式 222
  7.2.4 安第斯国家共同体无线电频谱管理总结 223
  7.2.5 南美洲和加勒比地区其他相关组织 223
  7.2.6 南美洲政府间组织的整体模式 224
7.3 欧洲和北美两大阵营的比较 225
  7.3.1 概述 225
  7.3.2 分析 226
  7.3.3 结论 227
7.4 亚洲无线电频谱管理 228
  7.4.1 概述 228
  7.4.2 亚太电信组织 229
  7.4.3 世界最大无线市场（东南亚）的管理 229
  7.4.4 亚太广播联盟 230
  7.4.5 通信领域区域共同体 230
7.5 阿拉伯国家和北非的无线电频谱管理 231
7.6 非洲无线电频谱管理 232
  7.6.1 非洲电信联盟 232
  7.6.2 西非国家及其区域性组织 232
  7.6.3 东非国家共同体与东非通信组织 232
  7.6.4 南部非洲区域管理组织 232

参考文献 233

第8章 国家无线电频谱管理 235

8.1 国家无线电频谱管理的地位作用 235
  8.1.1 国家无线电频谱管理的目标 235
  8.1.2 国家频谱管理的主要职责 236
  8.1.3 促进频谱优化使用的方针和措施 237
  8.1.4 无线电频谱控制 241
8.2 频谱管理的趋势、新兴技术和无线创新 243
  8.2.1 频谱管理的趋势 243
  8.2.2 新兴无线技术 244
  8.2.3 频谱政策、发展历程和无线创新 246
8.3 几个重要国家的无线电频谱管理 248
  8.3.1 中国无线电频谱管理框架 248
  8.3.2 法国无线电频谱管理框架 258

		8.3.3 英国无线电频谱管理框架	263
		8.3.4 美国无线电频谱管理框架	272
		8.3.5 国家无线电频谱管理框架案例研究结论	284
参考文献			285

第9章 人体射频暴露限值 288

9.1 电磁辐射对人体的危害 288
9.2 射频健康风险的社会问题 289
9.2.1 电磁过敏症和恐电症（Electrophobia） 289
9.2.2 不确定性风险的管理 290
9.3 射频（无线电频率）暴露和热损伤 291
9.3.1 射频暴露对人体的危害 291
9.3.2 国际、区域和国家电磁暴露限值对比研究 301
9.4 固定发射台站射频危害的量化表征 302
9.4.1 固定发射台站周围的功率密度、场强和安全距离 302
9.4.2 多天线共址情形下射频暴露水平的计算 303
9.5 射频暴露仿真和测量 304
9.5.1 多天线共址最坏情形下安全距离的计算 304
9.5.2 人体射频暴露监测 308
9.6 射频暴露限值及其对移动网络规划的影响 311
9.6.1 过度限制射频暴露对网络规划的影响 311
9.6.2 通过增加蜂窝天线或无线电频谱来降低射频暴露限值 312
9.6.3 无线电频谱与基站数量的定量分析 313
9.7 减小人体射频暴露的有关政策和技术 315
9.7.1 减小人体射频暴露的有关政策 315
9.7.2 减小基站射频辐射的主要技术 316
9.7.3 公众认知与现实情况的比较 316
9.8 结论 317
参考文献 317

第1章 无线电频谱和无线通信

1.1 历史回顾

1864年至1873年，苏格兰理论物理学家詹姆斯·克拉克·麦克斯韦（1831—1894）证明，采用4个并不复杂的公式就能完全表征电场和磁场及其相互作用。他还论述了如何通过电荷和电流产生电磁波。1887年，年轻的德国物理学家海因里希·赫兹开展了世界上首部无线电发射机室内实验，并将电磁波传至数米远的地方。1895年5月7日，亚历山大·波波夫（1859—1906）展示了他发明的电振荡探测和记录仪器。同年春季，古列尔莫·马可尼开展了室外无线电通信实验，并且发现信号传播路径上的小山不会阻碍电磁波的接收。据国际电联统计（ITU 2015），截至2014年11月，国际电联所属193个成员国共拥有超过70亿蜂窝移动电话用户，这个用户数量与全球人口总数相当。

无线电频谱是一种属于国家所有的资源。各国普遍意识到，需要在全球、区域和国家层面对无线电通信进行管理。国际电联《组织法》（ITU 2011）的开篇就充分确认"各国拥有管理其电信事务的主权"。各国在其领土范围内独立行使主权被庄严载入通行国际法。无线电频谱与水、土地、油气和矿产一样，是一种属于国家所有的有限资源；同时，无线电频谱又可被重复利用，永不耗竭。无线电频谱需要以最佳的方式持续获得使用，否则是对国家资源的浪费。利用无线电频谱这一无形的媒介，可以实现无线电通信，提供无线网络化服务，产生大量经济效益（与交通、油气和电力类似）。无线电频谱管理在国家的理论、政策和实践中占有重要位置，直接关系国家的经济发展和军事能力，影响技术的进步、创新和传播。无线电频谱能够起到改善经济和社会环境的杠杆作用。

不同于货币、法律、税收或驾驶习惯等能够代表文化特点的因素，无线电频谱更多地表现出技术性特征，且与历史、传统、语言、宗教或法律起源等没有直接关联。在无线电频率划分中，各国的共同利益居于主导地位。因此，相较其他国际事务（如外交事务），各国更容易就无线电频谱管理标准达成一致，甚至一个国家的无线电频率划分表无须改动就可适用于另一国家（当然这些国家应位于国际电联规定的同一区域）。无线电频率全球共用、无处不在，使得各国人文和技术交流日益便利，并广泛应用于紧急救援、导航定位、智慧城市、可持续发展、多元文化传播、健康、教育、农业、科学、研究、气象、天文、环境、城乡规划和福利事业等。

无线电频谱是一种国家公共资源，因而国家主管部门必须基于国民的整体利益，加强对无线电频谱的管理，促进频谱资源的高效利用。无线电频谱管理行为位于工程管理和法规的框架之下，是国家经济和法律体系的重要组成部分。授权频谱用户既享有无线电法规赋予的权利，也应承担与频谱接入有关的义务。

1.2 基本通信信道

国际电联《组织法》将电信定义为："通过有线、无线、光纤或其他电磁系统传输、发射或接收符号、信号、文字、图像和声音或情报。"图 1.1 给出了香农基本通信信道框图（香农 1949，第 2 页）。传输媒介通常包括有线（发射机和接收机通过电线相连）和无线（发射机和接收机通过电磁波相连）两种，本书主要讨论无线传输媒介。大多数工业和军事系统，如移动通信、音频和视频传输、卫星、无线电定位、交通和物联网（IoT）等，均有赖于无线电频率。

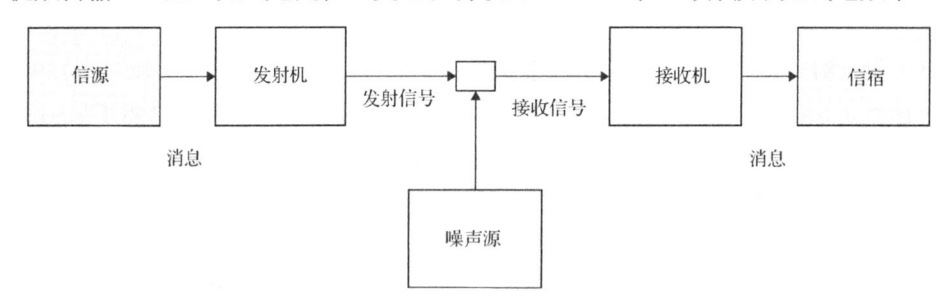

图 1.1 香农基本通信信道框图

1.3 无线电频段

根据国际电联《无线电规则》（ITU，2012）第 2.1 款（第 2 条第 1 款），表 1.1 给出了无线电频段及其对应符号。

表 1.1 无线电频段及其对应符号

频段序号	符号	频率范围	波长划分
4	VLF	3～30 kHz	甚长波
5	LF	30～300 kHz	长波
6	MF	300～3000 kHz	中波
7	HF	3～30 MHz	短波
8	VHF	30～300 MHz	米波
9	UHF	300～3000 MHz	分米波
10	SHF	3～30 GHz	厘米波
11	EHF	30～300 GHz	毫米波
12		300～3000 GHz	丝米波或亚毫米波

1.4 无线电频谱资源的稀缺性

国际电联《无线电规则》第 1 卷前言第 0.3 款指出："无线电频率和对地静止卫星轨道是有限的自然资源……它们必须得到合理、高效和经济的使用。"由于无线电频谱资源具有稀缺性，频谱使用正面临体制、法规和经济方面的挑战。随着频谱资源越来越匮乏，以及用频系统对带宽的需求越来越高，无线电频率的使用正不断向高端频率拓展，如图 1.2 所示。相对低的频率，如甚高频和特高频具有传输距离较远、通信可靠性更高等良好特性，且无须发射机和接收机之间保持视距,因此最为稀缺。随着蜂窝移动通信设备和无线数据需求的急剧增长,频率资源将更趋紧张。无线电频率已经成为制约通信容量增加的重要瓶颈性因素。

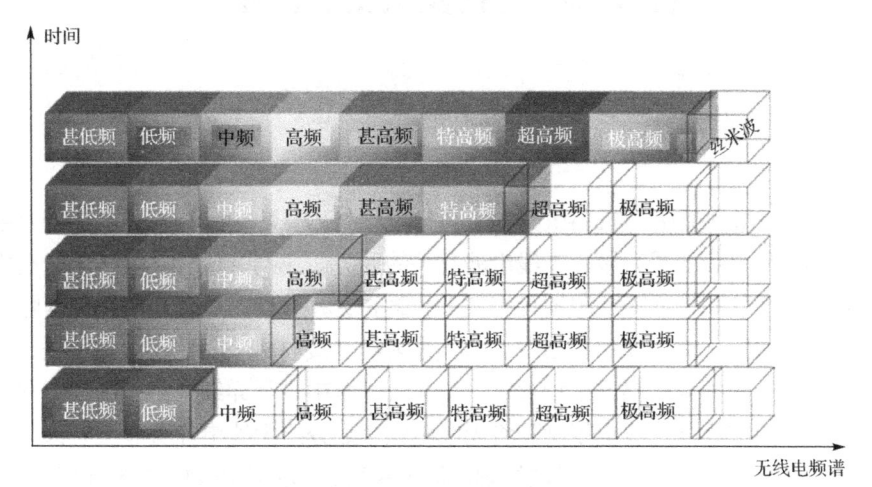

图 1.2 无线电频率稀缺性随时间变化图[来源:ITU-D(2014)报告《适用于频率指配的市场机制》和 ITU-D 第 9 号决议《各国特别是发展中国家参与频谱管理》]

无线电频谱资源的有限性要求主管部门和业界参与者在预算许可的条件下,能够利用较少的频谱支持尽可能多的无线电业务。因此,频率管理不仅是技术和管理问题,也已演变为经济和商业问题。无线电通信领域的从业者,特别是主管部门和运营商,应适应这种基于市场的变化趋势。1996 年 4 月 24 日,世界贸易组织(WTO)发布的电信服务参考文件中提出了分配和使用稀缺资源的新方法:"涉及稀缺资源分配和使用的任何行为,包括频率、号码和权力,都应基于客观、及时、透明和非歧视的方式来执行。业已分配频率的使用状态应向公众公开,但分配给特定政府用户的详细频率使用信息除外。"

世界范围内,遵循严格授权使用的频段包括调频广播频段(88~108 MHz)、蜂窝移动通信频段和 Ku 卫星频段(12~18 GHz)等。需要指出,尽管无线电频率非常稀缺,但大多数可用频率在全球各地尚未得到利用,有关详情见第 8 章。

参 考 文 献

说明:*表示作者参与该文献的编写工作。

ITU (2011) Constitution*. Available at: http://www.itu.int/pub/S-CONF-PLEN-2011 (accessed April 19, 2016).
ITU (2012) *Radio Regulations*. Available at: http://www.itu.int/pub/R-REG-RR-2012 (accessed April 19, 2016).
ITU (2015) Statistics, End 2014 data for key ICT indicators, published in the 19th edition of the World Telecommunication/ICT Indicators Database, released on 22 December 2015. Available at: http://www.itu.int/en/ITU-D/Statistics/Documents/statistics/2015/Mobile_cellular_2000-2014.xls (accessed April 19, 2016).
ITU-D (2014) *Market Mechanisms Used for Frequency Assignment; Resolution 9: Participation of Countries, Particularly Developing Countries, in Spectrum Management*. Available at: http://www.itu.int/dms_pub/itu-d/opb/stg/D-STG-SG02.RES09.1-2014-PDF-E.pdf (accessed April 19, 2016).
Shannon, C.E. (1949) A mathematical theory of communication. *Bell System Technical Journal* **27**, 379–423.
WTO (1996) *Telecommunications Services: Reference Paper*, April 24. Available at: www.wto.org/english/tratop_e/serv_e/telecom_e/tel23_e.htm (April 19, 2016).

第 2 章　主要无线电业务

2.1　概述

国际电联《无线电规则》(ITU RR) 第 1 条第 19 款将无线电通信业务定义为:"用于特定电信应用,与传输、发射和(或)接收无线电波有关的业务。"除非特别说明,《无线电规则》中所指的无线电通信业务均与地面无线电通信有关。本章主要基于 ITU-R 有关条款和国际主管机构网站公开发布的无线电规则、建议和报告等。有关发射机、接收机、天线、电波传播、链路预算、干扰、分集和干扰消除技术等频谱工程内容,将在第 5 章中进行详细介绍。国际电联《无线电规则》第 1 卷指出,应按照《无线电规则》将无线电频率划分给无线电业务和主管部门,再由各国政府将无线电频率指配给台站。《无线电规则》第 1 卷第 3 部分给出如下主要无线电业务。

- 地面业务:包括广播业务、固定业务、移动(陆地、水上和航空)业务、无线电测定业务、无线电导航(水上和航空)业务、无线电定位业务、气象辅助业务、标准频率和时间信号业务、射电天文业务、业余业务、安全业务和特别业务。
- 空间业务:包括卫星固定业务、卫星间业务、空间操作业务、卫星移动业务、卫星水上移动业务、航空移动业务、卫星航空移动业务、卫星广播业务、卫星无线电测定业务、卫星无线电导航业务、卫星水上无线电导航业务、卫星航空无线电导航业务、卫星无线电定位业务、卫星地球探测业务、卫星气象业务、卫星标准频率和时间信号业务、空间研究业务和卫星业余业务。

本章主要讨论各国主管部门最为关注的无线电业务,包括广播视频(电视)和声音(电台)业务、移动(主要是蜂窝移动通信)业务、固定点对点和单点对多点业务,以及卫星通信业务。同时,这些业务往往也具有较高的经济效益(见第 4 章)。

由于篇幅有限,许多重要的无线电业务没有在本章中详细讨论,如无线电定位业务、业余无线电业务[①]、科学(地球、空间/无源和有源)业务、射电天文业务、安全业务、遇险和紧急业务等。短距离设备(SRD)将在第 3 章中进行介绍。本章重点讨论频谱管理法规和标准化问题,最后的参考文献部分还列出了国际电联相关出版物信息。

2.2　地面广播传输:声音(电台)和视频(电视)

2.2.1　定义和简介

根据国际电联《无线电规则》第 1.38 款,广播业务被定义为:"一种直接向普通大众传送信息的无线电通信业务,包括声音传输、视频传输或其他类型的传输。"

---

① 业余无线电业务是一种重要的自愿紧急通信业务和公共资源。

广播业务包括声音、视频和数据广播。由于广播业务具有重要的社会影响力，许多国家都设立广播电台，为公众政策提供服务。例如，英国依据《皇家宪章》建立了英国广播公司（BBC），并致力于实现如下目标：

- 维护公民权利，服务公民社会；
- 促进教育和学习；
- 激发创造力，弘扬优秀文化；
- 维护国家、地区和团体利益；
- 促进英国与世界之间的交流；
- 向公众传播先进通信技术和服务，在数字化广播演进中扮演领导角色。

国际电联《无线电规则》划分给广播业务的起始频段分别为 47 MHz（频段Ⅰ）和 174 MHz（频段Ⅲ）。其中地面调频音频和电视广播业务使用频率分别为 VHF（30～300 MHz）和 UHF（300～3000 MHz）。国际上最初的广播频段由欧洲广播区域协议（斯德哥尔摩 1961）和非洲广播会议（日内瓦 1963）确定，并命名为频段Ⅰ、Ⅲ、Ⅳ和Ⅴ。其中频段Ⅰ为 41～68 MHz，频段Ⅲ为 162～230 MHz，频段Ⅳ为 470～582 MHz，频段Ⅴ为 582～960 MHz。

表 2.1 和表 2.2 中，频道序号之后的数字表示该频道起始频率（例如，频道 21 的起始频率为 470 MHz），每个频段的首个和最后一个频道用加粗字体表示。表 2.1 列出了国际电联 1 区的主要广播频段[①]，这些频道被西欧、非洲和部分亚洲国家使用。表 2.2 列出了国际电联 2 区的主要广播频段，这些频道被北美、拉丁美洲大部分国家、韩国、中国台湾地区和菲律宾等使用。与表 2.1 不同，该区域电视频道的间隔为 6 MHz。

在国际电联 2 区的美洲地区，698～890 MHz 的移动业务与广播业务同属主要业务。考虑到认知无线电系统（CRSs）和白色空间的频率使用，实现移动业务和广播业务的频率共用非常困难，因而电视 52～83 频道（698～884 MHz）主要用于低功率电视和电视转发器，详见《美国联邦法规》（CFR）第 47 篇第 2 部分和第 74 部分第 G 子部分。此外，由于 51 频道紧邻 700 MHz 蜂窝移动通信 A 系统，因此美国和加拿大限制广播业务使用该频道，详见美国联邦通信委员会（FCC）公共通告 DA-11-1428A1 和加拿大工业部关于电视 51 频道使用的咨询备忘录。

本节主要介绍声音（音频）广播和视频（电视）广播，首先介绍模拟广播，而后介绍数字广播。全球范围内，射频 L 频段中的 1452～1492 MHz 被划分给广播业务。其中欧洲将该频段用于地面数字音频广播（T-DAB），详见欧洲无线电通信委员会（ERC）报告 25 和欧洲电信标准化协会（ETSI）标准 EN 302 077。北美将该频段用于航空移动遥测，详见《美国联邦法规》第 47 篇第 2 部分。

表 2.1 国际电联 1 区 VHF/UHF 广播频段

频段	频率（MHz）	电视频道序号:起始频率（MHz）	电视频道间隔
频段Ⅰ	47～68	**2**:47（MHz）；3:54；**4**:61（MHz）	7 MHz
频段Ⅱ	87.5～108*	FM 频道，频道间隔为 100 kHz	
频段Ⅲ	174～230	**5**:174；6:181；7:188；8:195；9:202；10:209；11:216；**12**:223（MHz）	

---

① 为划分无线电频率，国际电联将世界划分为 3 个区域，其中欧洲、非洲、中东、波斯湾以西（包括伊拉克）、苏联和蒙古为 1 区，美洲为 2 区，亚洲的剩余部分为 3 区。

续表

频段	频率（MHz）	电视频道序号：起始频率（MHz）	电视频道间隔
频段Ⅳ	470~582**	21:470; 22:478; 23:486; 24:494; 25:502; 26:510; 27:518; 28:526; 29:534; 30:542; 31:550; 32:558; 33:566; 34:574（MHz）	8 MHz
频段Ⅴ	582~862***	35:582; 36:590; 37:598; 38:606; 39:614; 40:622; 41:630; 42:638; 43:646; 44:654; 45:662; 46:670; 47:678; 48:686; 49:694; 50:702; 51:710; 52:718; 53:726; 54:734; 55:742; 56:750; 57:758; 58:766; 59:774; 60:782; 61:790; 62:798; 63:806; 64:814; 65:822; 66:830; 67:838; 68:846; 69:854（MHz）	

备注：

*国际上公认 FM 无线电广播使用频段Ⅱ（87.5~108 MHz）。

**英国定义频段Ⅳ为 470~614 MHz，频段Ⅴ为 614~854 MHz。

***包括除航空业务之外的陆地移动业务，第 1 个数字红利频段为 790~862 MHz，第 2 个数字红利频段为 694~790 MHz。

表 2.2 国际电联 2 区 VHF/UHF 广播频段

频段	频率（MHz）	电视频道序号：起始频率（MHz）
频段Ⅰ（VHF 低端）	54~88	2:54; 3:60; 4:66; 5*:76; 6**:82（MHz）
频段Ⅱ（国际）	87.5~108	FM 频道，频道间隔为 200 kHz
频段Ⅲ（VHF 高端）	174~216	7:174; 8:180; 9:186; 10:192; 11:198; 12:204; 13:210（MHz）
UHF 频段	470~698	14:470; 15:476; 16:482; 17:488; 18:494; 19:500; 20:506; 21:512; 22:518; 23:524; 24:530; 25:536; 26:542; 27:548; 28:554; 29:560; 30:566; 31:572; 32:578; 33:584; 34:590; 35:596; 36:602; 37:608; 38:614; 39:620; 40:626; 41:632; 42:638; 43:644; 44:650; 45:656; 46:662; 47:668; 48:674; 49:680; 50:686; 51:692（MHz）

备注：

*频道 5 起始频率为 76 MHz，而非 72 MHz。

**频道 6 为 82~88 MHz，模拟电视音频信号工作频率为 87.75 MHz，也可用于工作频段为 88.1~107.9 MHz 的 FM 电台。

2.2.2 广播视频和音频的传输

视频和音频广播信号首先由地面和卫星发射机发射，经空中无线电波传输后，通过接收机接收，再由光纤和同轴电缆传输，最后由 IP 平台分发至用户。基于有线电视的视频回传频道、网络协议电视（IPTV）和直播卫星（DBS）[①]促进了像多媒体点播等的交互式视频服务的发展。与音频信号类似，能够向任何设备、任何地方发送视频内容的需求逐步增长。数字电视信号可由广播电视塔发射，再通过蜂窝移动通信长期演进（LTE）基础设施实现大面积覆盖，进而直接将视频内容发送至平板电脑或智能手机终端，而无需专业的视频接收设备。图 2.1 描述了视频和音频广播网络。表 2.3[②]论述了各种无线电通信传输的特点。

集成式宽带广播（IBB）系统是对传统广播（地面、卫星、有线）、移动网络广播和其他类型的广播系统的整合，并考虑到不同国家和地区的特点。图 2.2[③]描述了信息发射和接收，以及声音、多媒体和电视广播交互服务的内容和方法。

对于地面、卫星和网络协议电视广播传输系统，选用何种接收模式将影响到相关适用标

---

① 馈源与功率为 1~6W 的固态功率放大器（SSPA）相连。直播卫星的回传频道可与因特网连接，但通常数据率较低。

② 表 2.3 中数据来源于 ITU-R BT.2302 报告表 1，并对多处数据进行了修改。

③ 见 ITU-R BT.2037 建议书和 ITU-R BT.2267 报告。

准和发射功率。接收模式既可以固定接收，也可以移动接收；既可以通过室外便携式设备接收，也可以通过室内便携式或移动式设备接收。通常所需评估的技术参数包括以 dB（μV/m）为单位的场强和数字广播误码率，其中后者需要针对多级解码后的不同码率分别进行设定。此外，固定电视接收通常采用水平极化方式，声音接收通常采用垂直极化方式，如汽车广播常采用垂直极化的鞭状天线接收信号。

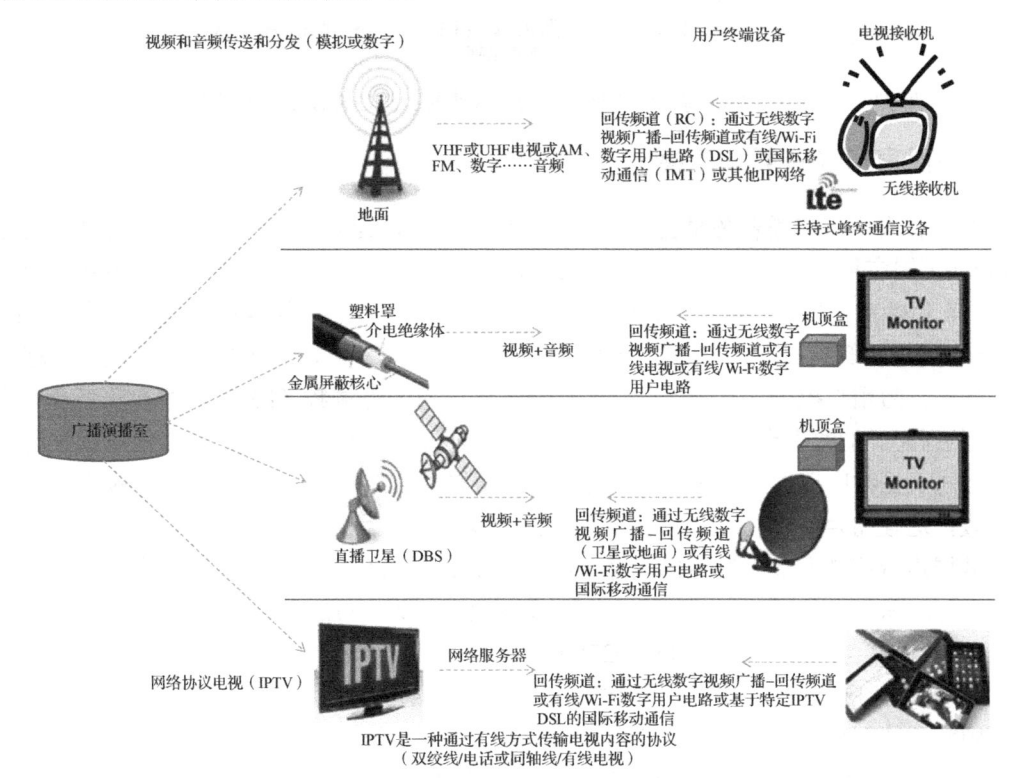

图 2.1　广播传送和分发

表 2.3　各种无线电通信传输的特点

技术	优点	缺点
有线通信	适用所有内容和信息服务，数据传输速率最高，可传输数百个频道，抗射频干扰能力强，数据保密性好，双向数据传输，没有射频人体危害	乡村地区通信链路建设和维护费用高，对路由节点和通信信道要求高，无法为移动用户提供服务
移动通信	适用所有内容和信息服务，可服务移动用户，接收设备轻便，非常适合基于需求的内容传送，可用于双向数据传输	对无线电频谱需求量大，无线电链路带宽受限，当用户数量达到峰值时链路性能下降，建设和维护基础设施费用高，人体射频暴露影响大
卫星通信和广播	可非常高效地将同一信息传送至整个国家，最大可覆盖地球表面区域的 40%；射频人体危害最小，被称为"清洁辐射"	向个人传送信息时单个用户占用带宽窄，面向局部区域传送信息时效率低，卫星信道数量有限、费用高昂，用户广播接收设备安装复杂，双向通信成本高
地面广播	传输网络基础设施和接收设备成本低，非常便于将同一信息传送至中小面积地区	向个人传送信息时单个用户占用带宽窄，可用无线电信道数量有限，单向传输（下行），台站安装难度大，没有回传频道*，发射机邻近区域存在射频人体危害

备注：

　　*DVB-RCT（数字视频广播-地面回传频道）尚未提供直接交互式地面电视服务，回传频道（用于投票、测验等）主要依托互联网运行。

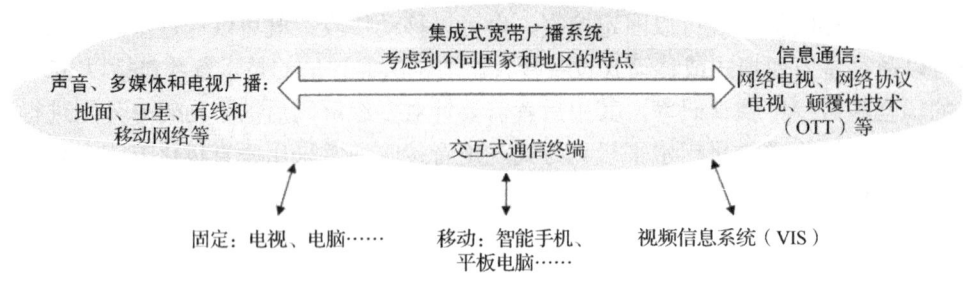

图 2.2　地面、卫星、有线和广播移动网络（来源：ITU-R BT.2295 报告中图 1）

2.2.3　地面声音（音频）广播

公共和私人声音广播业务早已广泛应用于世界各地，为听众提供声音节目的时间也已超过 90 年（英国广播公司创建于 1922 年）。地面广播适于移动接收，车载式广播电台不但成本低廉，且可靠性高。相较其他频段，30 MHz 以下频段非常适合广域或远距离广播覆盖。自 20 世纪 30 年代起，低频（LF）、中频（MF）和高频（HF）调幅（AM）电台逐渐覆盖全球各个国家和地区，为用户提供丰富多彩的声音广播服务。但随着调频（FM）广播和数字音频广播（DAB）的兴起，调幅电台因电路运营成本较高、音频质量相对较低，近年来使用量呈现下降趋势。不同于视频广播，全球各地的声音广播通常采用 AM、FM 或类似的调制技术和相同的工作频段，这使得声音广播电台可在全球范围内使用，给用户带来了极大方便。但是，国际电联各区域声音广播业务的频道间隔并不相同，如国际电联 2 区 AM 中波广播频道间隔为 10 kHz，而国际电联 1 区和 3 区 AM 中波广播频道间隔为 9 kHz。

长波（LF）广播工作频段为 153~279 kHz，频道间隔一般为 9 kHz。长波仅在国际电联 1 区（欧洲、非洲和亚洲中北部）被划分给无线电广播业务，其他地区并未划分。国际电联《无线电规则》长波划分频段为 148.5~255 kHz。国际电联 1 区和 3 区的中波（MF）广播工作频段为 531~1611 kHz，频道间隔为 9 kHz；国际电联 2 区（美洲）中波广播工作频段为 540~1610 kHz，频道间隔为 10 kHz，该区域同时规定了 AM 广播的扩展频段，频率范围为 1610~1710 kHz。国际电联《无线电规则》划分给 1 区和 3 区的中波频段为 526.5~1606.5 kHz，划分给 2 区的中波频段为 525~1705 kHz。大部分听众所接收到的 "AM 广播" 是由中波传送的。短波（HF）广播工作频段为 2.3~26.1 MHz，并分为 14 个子频段。

2.2.3.1　模拟声音广播

1940 年，单声道 FM 广播诞生。1960 年，FM 立体声广播开始得到应用。直到今天，FM 广播仍是全球范围内使用最多的地面无线声音广播，且工作频段均处于 87.5~108 MHz。由于超短波 FM 广播频段在大多数国家被过度集中使用，使得该频段逐渐趋于饱和，干扰概率不断升高，并导致可传输的节目数量受到限制。由于 FM 广播目前仍被广泛使用，数字音频广播的大面积推广尚需时日。

FM 广播的声音信号需首先通过预加重电路[①]，然后对载波信号进行调制后形成射频信号

[①] FM 广播传输具有噪声媒介的固有特性，噪声随频率的升高而增大。为克服高频端的信噪比降低问题，FM 广播采用预加重和去加重措施。通过预加重的声音信号特性类似于并联阻容电路的导纳频率曲线，对应的时间常数为 50 μs（欧洲或澳大利亚）或 75 μs（美国）。在接收机鉴频器输出端，采用低通去加重滤波器减小噪声中的高频分量。

发射出去。在西欧和美国，FM 信号最大频偏为±75 kHz；在苏联和有些欧洲国家，FM 信号最大频偏为±50 kHz，详见 ITU-R BS.450 建议书。若发射信号超过最大频偏，就可能干扰邻近频道。在频率规划中，频道所处的频率范围由载波决定。在美国，单声道或立体声 FM 广播的载波频率为 200 kHz 的整数倍[①]，而欧洲和意大利 FM 广播的载波频率分别为 100 kHz 和 50 kHz 的整数倍。

FM 射频带宽不能超过 FM 频道的间隔（通常为 50～200 kHz）。载波信号的带宽表示连续信号调制后的频率范围，可由卡森带宽公式大致确定[②]：

$$bw = 2(\Delta f + f_m)$$

其中，bw 为总体（98%）带宽；Δf 为 FM 信号偏离中心频率的最大频偏；f_m 为调制信号最高频率。定义调制指数 β 为 $\Delta f / f_m$，则 $\Delta f = \beta f_m$ 且 $bw = 2(\beta f_m + f_m) = 2(1+\beta) f_m$。

人耳对频率为 20～15 000 Hz 范围内的音频信号最为敏感。当 $\beta = 5$ 且最大调制频率为 15 kHz 时，所对应的调制（峰值频偏）单声道信号频偏为载波上下 5×15 kHz=75 kHz。基于此，美国规定 FM 最大频偏 $\Delta f = 75$ kHz，$f_m = 15$ kHz，$bw = 2(\Delta f + f_m) = 2(75+15)$ kHz $= 180$ kHz。该值接近于 200 kHz 的频道带宽。

立体声 FM 音频广播包含 3 个标准调制信号（见图 2.3）：一是 19 kHz 导频信号，用于 FM 立体声接收机检测和解码左声道（L）和右声道（R）信号；二是 L+R 信号，频率范围为 50～15 000 Hz；三是 L–R 信号，频率范围为 23～53 kHz（抑制载波双边带 AM 信号，中频频率为 2×19 kHz）。同时还包括子载波为 57（3×19）kHz 的调制（多路）信号，用于传输无线电数据系统（RDS）[③]和无线电广播数据系统（RBDS）[④]信号。立体声基带信号向下兼容 FM 单声道接收机。单声道接收机仅解调 L+R 信号并送至听众。图 2.3[⑤]描述了 FM 立体声基带信号，该信号还需经 FM 载频（88～108 MHz）调制。

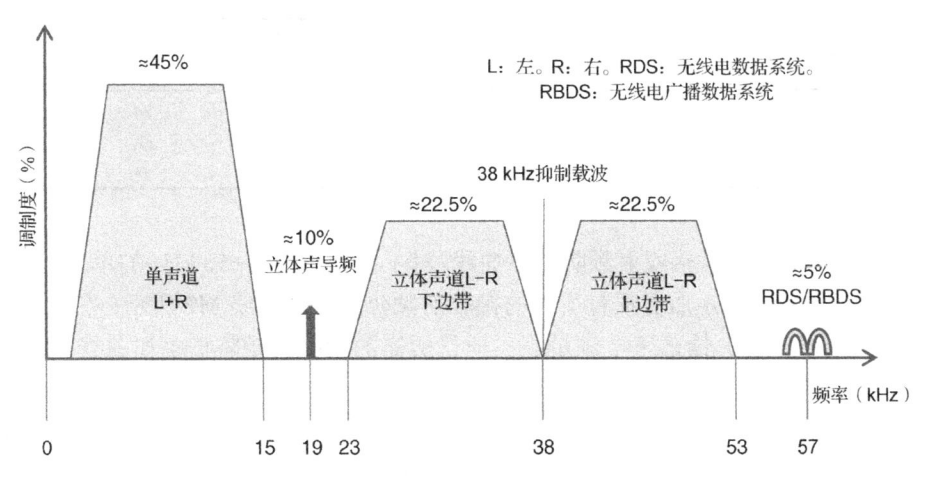

图 2.3　FM 立体声混合基带信号（FM 载波调制之前）

[①] 所以，当有些美国 FM 广播接收机调谐至中心频率为奇数的频道时，无法在欧洲使用。
[②] 联邦通信委员会备忘录和 DA 12-1507 指令为使用卡森（1922）公式的例子。
[③] RDS 是一种通信协议，用于在传统 FM 广播中嵌入少量数字服务，于 20 世纪 90 年代早期成为欧洲和拉丁美洲标准。57 kHz 子载波用于传输某些窄带文本信息，包括时间、备用频率、台站识别信息和节目信息。
[④] RBDS 是 RDS 美国使用版本的正式名称，RBDS 标准和 RDS 标准仅有很小的区别。
[⑤] 图 2.3 所使用的数据来源于 Liang、Tan 和 Kelly 的《FM 立体声 RDS 调制和频率调制课程导论》。

FM 立体声调制信号最高频率约为 53 kHz（不包括 RDS/RDBS 信号），利用卡森公式可得，bw $= 2(1+\beta)f_m = 2(1+\beta)53$ kHz$= (1+\beta)106$ kHz。为确保总的 bw 为 200 kHz 左右，β 应约等于 1。综合考虑功率、最大频偏和 β，相邻（位置和频率）FM 台站之间的频率间隔应接近 400 kHz。考虑到 FM 广播频段已经趋于饱和，上述频率间隔要求很难达到。

单声道 FM 广播信号的信噪比等于 $3\times\beta^2(\beta+1)$。该信噪比公式是对消息信号质量和 FM 传输带宽的折中考虑，因为 FM 广播若要达到较大的覆盖范围，要么增大发射功率，要么增大调制指数 β（信号带宽 bw 相应增加）。如果 FM 鉴频器输入端的信噪比低于某门限值，将会引发门限效应或捕获效应，进而产生噪声。FM 门限值是能够获取较好声音输出的最小信噪比值。

相比单声道 FM 信号，立体声 FM 广播信号对噪声和多径失真更为敏感。单声道 FM 在输入微弱信号条件下仍能保持较好的输出声音质量。这是因为单声道 FM 信号不包含如图 2.3 所示的立体声 L–R 下边带和上边带分量。相比立体声信号需要 53 kHz 带宽，单声道信号基带带宽仅为 15 kHz，因而接收机带宽相对较窄，相应的单声道噪声电平 kt(bw)f 降低，详见 5.4.1 节。在输入相同的射频信号电平条件下，单声道 FM 的信噪比高于立体声 FM 的信噪比，因此满足服务质量所需的立体声 FM 信号场强大于单声道所需的信号场强（见表 2.4），这也是立体声导频指示灯只在强 FM 信号条件下才会发亮的原因。

ITU-R BS.412 建议书给出了地面甚高频 FM 声音广播规划标准。依据该标准，为满足 FM 广播服务质量，在高于地面 10 m 处所测得的场强中值不能小于表 2.4 中规定值。同时，为防止广播信号遭受电磁干扰，所需信号场强中值通常要大于表 2.4 中规定值。表 2.4 参照 ITU-R BS.412 建议书中表 1，并增加了有关说明。

表 2.4 满足 FM 广播服务质量所需的信号场强中值

区域	FM 音频（88～108 MHz）	
	单声道[dB（μV/m）]	立体声[dB（μV/m）]
乡村	48	54
城市	60	66
大城市	70	74

来源：ITU-R BS.412 建议书。

图 2.4 给出了 FM 广播接收射频防护率曲线。对于最大频偏为 ±50 kHz 的单声道 FM 系统，当存在对流层干扰时，满足服务质量所需的接收射频防护率如曲线 M2 所示；在稳态干扰（存在地面而非对流层干扰）情形下，满足服务质量所需的接收射频防护率如曲线 M1 所示。对于最大频偏为 ±50 kHz 的立体声 FM 系统，在上述两种干扰情形下的接收射频防护率分别如曲线 S2 和 S1 所示。对于最大频偏为 ±75 kHz 的立体声 FM 系统，相关射频防护率曲线如 ITU BS.412 建议书中图 1 所示。需要指出的是，50 kHz 邻频立体声信号不仅会干扰同频信号[①]，还可能会产生互调干扰。当信号载频隔开 400 kHz 以上时，相应的射频防护率约降低 –20 dB。

2.2.3.2 数字声音广播

数字地面广播系统（电视和声音）包括先进电视系统委员会（ATSC）的广播系统、数

---

① 由于立体声信号在 38.0 kHz 进行了抑制载波调制，因此在这些所谓"带外频率"上对干扰最为敏感。

音频广播（DAB）、数字调幅广播（DRM）（微波和高频）、数字地面多媒体广播（DTMB）、数字视频广播-手持（DVB-H）、数字视频广播-卫星手持（DVB-SH）、第 2 代数字地面视频广播（DVB-T2）、带内同频（IBOC）数字音频广播系统、地面综合业务数字广播（ISDB-T）（声音广播为 ISDB-T$_{SB}$）、地面数字多媒体广播（T-DMB）和先进地面数字多媒体广播（AT-DMB）。

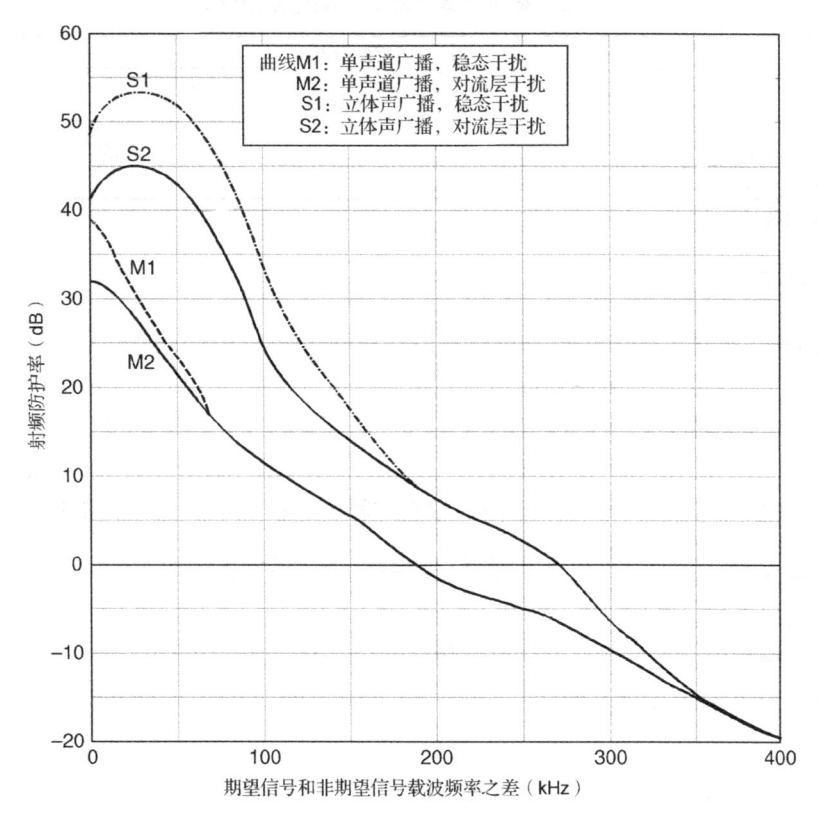

图 2.4　FM 单声道和立体声接收射频防护率（来源：ITU-R BS.412 建议书中图 2）

随着数字化资讯和娱乐行业的兴起，以及卫星和互联网广播节目传输的发展，模拟广播面临诸多挑战。为了与新兴的数字娱乐和资讯广播竞争，模拟广播需要向数字广播转变，以增加节目数量，增强节目效果。信源编码、信道编码、数字调制和高级信号处理技术的发展催生了数字声音广播（DSB）系统。数字声音广播通过综合考虑服务质量（数据服务和比特速率）、覆盖范围（由发射功率决定）和可用声音节目数量等因素，保持了较高的频谱效率和功率效率，且比模拟系统具有更好的多径环境工作性能。与数字电视一样，DSB 能够为车载、便携式和固定用户提供两个或更多频道的高质量立体声广播。使用一台普通的 DSB 接收机就可获取本地、地区和国家的地面 VHF/UHF 广播网络服务。此外，DSB 还通过采用不同的数据容量来实现增值服务。表 2.5 给出了国际电联 1 区广播频段Ⅲ场强门限值。这些场强值采用高度为 10 m 的天线测得。表 2.5 中数据来自 ITU-R BS.1660 建议书中表 1，并增加了有关说明。

表 2.5 中的最小等效场强中值 58 dB（μV/m）与表 2.4 中 FM 信号场强中值 54 dB（μV/m）（乡村）和 66 dB（μV/m）（城市）接近。数字调幅广播的 3 个主要标准为带内同频（IBOC）、

地面综合业务数字广播（ISDB-T_{SB}）和地面数字音频广播（T-DAB）。ITU-R BS.1114 建议书介绍了 30~3000 MHz 频段用于车载、便携式和固定接收机的地面数字声音广播系统。目前已经发展出多个用于地面声音广播的数字系统，详见 ITU-R BT.2140 报告。ITU-R BS.2214 报告给出了 VHF 频段地面数字声音广播系统的设计参数。

表 2.5 数字声音广播最小等效场强中值

频段（MHz）	174~230
最小等效场强[dB（μV/m）]	35
本地校准因子百分比（50%~99%）	13
天线高度增益校准（dB）	10
规划的最小等效场强中值[dB（μV/m）]	58

来源：ITU-R BS.1660 建议书中表 1。

2.2.4 地面视频（电视）广播

视频广播是一种用于公众接收的单点对多点电视传输，通常由固定发射台发送至固定和便携式接收机。2014 年，欧盟主要市场（德国、法国、意大利、西班牙和英国）的大屏电视收视率约为每人 4 小时/天，人口覆盖率达 87%；通过家庭或公众场所 Wi-Fi 和移动网络观看电视的人数不断增长，其中家庭 Wi-Fi 用户占 80%，家庭外 Wi-Fi 用户占 10%，移动网络用户占 10%，详见欧盟委员会 2014 年报告。视频广播接收机主要分为 4 种类型：

- 固定接收数字电视和机顶盒，通常采用屋顶天线或室内固定天线；
- 便携式电视或广播设备；
- 车载终端和移动手持终端，有的还集成了蜂窝移动通信功能；
- 移动/便携式宽带无线系统。

尽管大多数家庭音频系统包含广播接收机，但许多听众仍主要通过便携式、车载或移动手持电台收听广播信息。与之相反，尽管有线、卫星和互联网（通过有线或 Wi-Fi）电视已经广泛使用，但大多数电视观众仍采用固定方式收看视频。目前，有线电视和卫星电视提供的节目内容远多于无线电视，且各国通过无线、有线和卫星方式观看电视的人数比例区别很大。随着数字电视的逐步普及，上述比例将会发生改变。如今数字电视广播平台数量不断增多，且能够通过无线或分级分布式接入提供 100 多个高清、标清和广播频道。

在许多国家，手持式电视接收机已经非常流行。从 2007 年 3 月起，韩国已经在全国范围内提供地面数字多媒体广播（T-DMB）服务。日本于 2006 年 4 月开始推行基于 ISDB-T 信号中间信段的手持式电视接收机"单信段"服务，详见 ITU-R BT.2140 报告。从技术角度，蜂窝移动通信网络可以向用户终端传送流媒体视频，但这项服务并非蜂窝网络的设计初衷。蜂窝网络最初是为了满足点对点移动过程中短时语音和数据传输，且要求保持较高的频谱效率。许多调查结果显示，通过蜂窝网络接入宽带和多媒体的用户中，有超过 70%是处于静止的或室内环境。因此，应关注多人点对点传输中蜂窝网络下行链路被长时间占用所带来的影响。基于蜂窝网络的视频广播工作模式表现出高度的非对称性，即一方面网络下行链路对频谱的需求很大，另一方面网络上行链路的许多频谱并未使用。如果未来蜂窝网络对频谱的需求主要来自静态使用的流媒体视频，则应深入审视蜂窝网络的整体架构，以确保蜂窝网络不会成为一种频谱效率低下的广播业务。例如，蜂窝网络不应采用频分复用（FDD）体制。目前，业内在采用长期演进（LTE）广播/组播方面已经开展了试验，如多个用户同时接收相同的内容。LTE 移动网络不再是一个单纯的点对点媒介，它拥有可同时向许多用户传送节目的通信容量，并为用户提供实况直播和其他数字多媒体等差异化服务。

图 2.5 给出了与数字电视频道相邻的模拟电视频道的频谱测量结果[1]，其中 M1 为模拟视频信号频谱，M4 为模拟同步信号频谱，M3 表示模拟声音信号频谱，M2 为数字正交频分复用（OFDM）信号频谱。

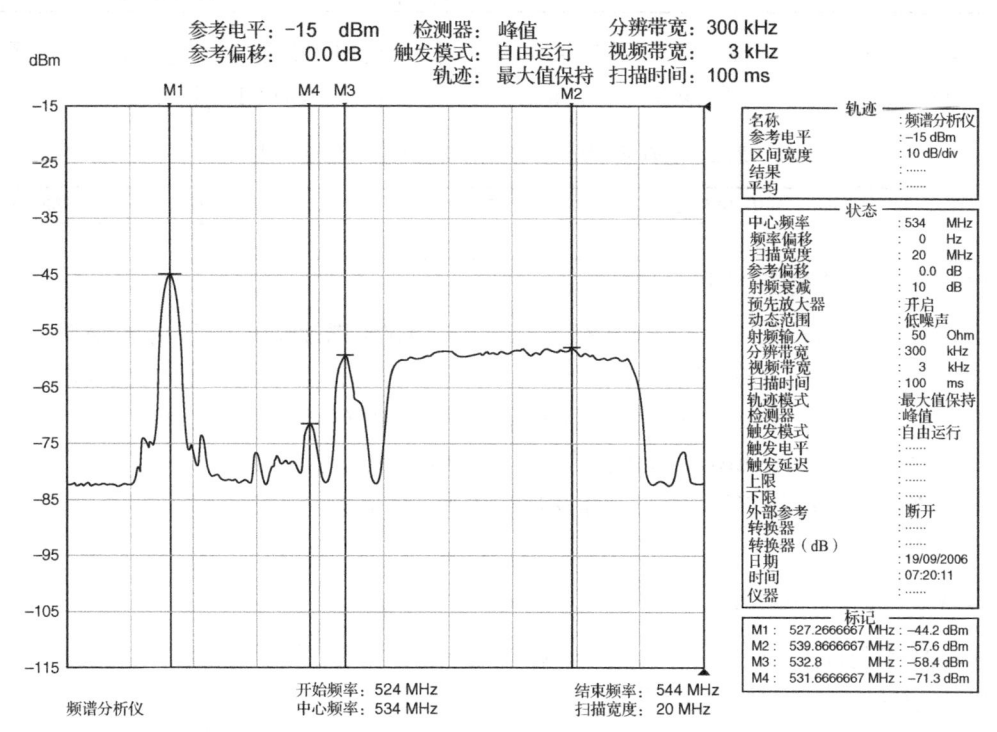

图 2.5 与数字电视 29 频道（534～542 MHz）相邻的模拟电视 28 频道（526～534 MHz）测量结果

2.2.4.1 模拟彩色电视标准

目前，全世界存在 3 种主要的彩色电视制式[2]：国家电视系统委员会（NTSC）制式、顺序存储彩电（SECAM）制式和逐行倒相（PAL）制式。此外，还存在上述制式的变体（如 NTSC-M、PAL-N 和 SECAM-D）。这 3 种标准制式虽然原理非常相似，但相互之间不能兼容。电视信号通常由代表黑白信息（带宽约为 5 MHz）的信号、代表色彩的数百千赫兹窄带信号及代表声音的信号构成。

表 2.6 对 3 种模拟电视标准的技术参数进行了对比，结果表明：

- PAL 和 SECAM 电视标准相比 NTSC 电视标准，图像更为清晰，其中前两个标准和后一个标准的每帧行数分别为 625 和 525；
- PAL 和 SECAM 电视标准采用大致相等的视频带宽；
- PAL-M 和 NTSC 电视标准非常相似。

---

[1] 由作者于 2006 年 9 月 19 日测试得到。
[2] 见 Mazar（2009，第 17～20 页）。

表 2.6 3 种模拟电视标准的技术参数对比

	每帧行数（可见行数）	视频带宽（MHz）	色彩子载波（MHz）	子载波调制	应用时间
NTSC	525（480）	4.2	3.58	正交幅度调制（QAM）	1954
PAL	625（576）	5、5.5、6	PAL-M:4.43 PAL-N:3.58	正交幅度调制（QAM）	1967
SECAM	625（576）	5、5.5、6	PAL-M:4.43 PAL-N:3.58	调频（FM）	1967

对于国际电联 1 区广播频段 Ⅰ、Ⅲ、Ⅳ 和 Ⅴ，表 2.7 给出了为防止干扰所规定的广播信号场强中值最小值。表 2.7 中数据来自 ITU-R BT.417 建议书中的建议 1，并增加了有关说明。

表 2.7 VHF/UHF 频段模拟电视场强中值最小值

电视频段（MHz）	Ⅰ（47~68）	Ⅲ（174~230）	Ⅳ（470~582）	Ⅴ（582~862）
dB（μV/m）	+48	+55	+65	+70

来源：ITU-R BT.417 建议书中表 1。

在不受其他电视广播和人为噪声干扰的情况下，当仅考虑接收机噪声、宇宙噪声、天线增益和馈线损耗等影响时，要使 UHF（470~960 MHz）频段模拟电视图像质量达到要求，其接收天线端的最小场强 E_{min} 为 62+20log(f/474)dB（μV/m），其中 f 为以 MHz 表示的信道中心频率[①]。

根据欧洲广播联盟（EBU）技术报告 3348 20143，对电视覆盖质量达到"好"的定义为小区[②]的电视覆盖率达到 95%；对电视覆盖质量达到"可接受"的定义为小区的电视覆盖率达到 70%。

2.2.4.2 数字电视标准

进入 21 世纪以来，随着电子通信由模拟向数字体制转变，模拟电视也逐步向数字电视过渡。数字电视技术有助于克服频谱资源稀缺问题，提高电视图像质量，并且可利用 1 个电视频道（6 MHz、7 MHz 或 8 MHz 带宽）传输 1 路高清节目或 6 路标清节目。全球第一批数字电视标准由美国（ATSC）、欧洲（DVB-T）和日本（ISDB-T）3 个国家（组织）提出，这些国家均大力促进本国标准的推广，同时设法限制竞争对手标准的应用进程。日本曾采取技术和经济手段促使巴西采用 ISDB-T 标准。欧洲通过组织召开区域无线电会议 2006（RRC-06，现为 GE-2006），促使国际电联 1 区的所有国家和地区（见第 6 章）采用 DVB-T 标准[③]。此外，韩国提出了 DMB-T/H（数字多媒体广播-地面/手持式，也记为 T-DMB）标准。

地理因素会对数字电视调制方式的选择产生一定影响。单边 8 VSB 是一种适用于 ATSC 地面广播的 8 电平幅度残留边带调制方式。正交频分复用（OFDM）适用于 DVB-T 和 ISDB-T。OFDM 符号构成一个空间上正交排列的载波集，载波的幅度和相位依据映射规则随符号变化而变化。OFDM 技术能够增强城市环境下高速移动通信性能和抗干扰能力。8 VSB 调制在数据速率、频谱效率和发射功率要求方面具有优势，而 OFDM 在抗多径干扰[④]和室内环境接收

---

① 事实上，对于相同的功率门限 $p = ktbf$(snr) 和接收天线增益 g，场强 e 的大小与频率成正比，而天线有效面积 $A_e = g\lambda^2/4\pi$ 与频率成反比。见第 5 章公式 $p = (e^2/120\pi) \times (g\lambda^2/4\pi)$。

② 对于第 2 代欧洲数字地面电视广播（DVB-T2），小区大小为 100m×100m。

③ 这里存在一个问题：GE-2006 的签约国均采用 ISDB-T、ATSC 或 DMB-T 标准吗？至少 GE-2006 有关工程研究基于 DVB-T。

④ 多径指无线电信号通过两条以上的路径，如经过墙体和建筑物反射到达接收机。

方面性能较优。在北美许多人口密度较低的乡村地区[①]，采用 8 VSB 调制能够显著提高覆盖率。相对而言，8 VSB 调制更适于城市郊区，而 OFDM 调制更适于城市中心区。除上述性能外，是否支持移动性也是电视的一个重要特征。相较北美地区，欧洲和亚洲的用户会更加关注电视的移动性。这也从侧面解释了北美地区蜂窝移动通信网络覆盖较低的原因。

地理因素还会影响电视标准的部署应用。传统上，北美、中国台湾地区、韩国和菲律宾采用美国电视标准；非洲和阿拉伯国家采用欧洲邮电主管部门大会（CEPT）和欧洲电信标准化协会（ETSI）电视标准；亚洲国家使用的电视标准并不统一，欧洲和北美的标准在不同国家都有应用。日本和美国在 1986 年国际电联杜布罗夫尼克（Dubrovnik）会议上率先倡导数字电视体制，日本是第一个研制和部署数字电视的国家。进入 21 世纪以来，中国和韩国提出了各自的数字电视标准，并已经在其他国家开展了部署和使用。

表 2.8 给出了由美国（ATSC）、欧洲（DVB-T）和日本（ISDB-T）3 个国家（组织）提出的全球第一批数字电视标准的技术参数。由表 2.8 可知，DVB-T 和 ISDB-T 标准较为相似。

表 2.8 3 种数字电视标准的技术参数

	扫描行数	图像像素点数	调制方式	频道间隔
ATSC	1125	1920×1080	单边 8 VSB 载波编码	仅 6 MHz
DVB-T		可变	OFDM	6 MHz、7 MHz 和 8 MHz
ISDB-T		可变	OFDM	6 MHz、7 MHz 和 8 MHz

国际标准化组织（ISO）和国际电工委员会（IEC）在促进数字电视信源编码和多路复用标准化方面做了大量工作，他们还共同组建移动图像专家组（MPEG），提出了音频和视频压缩与传输的国际标准。国际电联、国际标准化组织和国际电工委员会关于数字电视和音频广播的建议书或国际标准如下。

- H.262：ISO/IEC 13818-2（MPEG-2 视频）。
- H.264：ISO/IEC 14496-10[MPEG-4 高级视频编码（AVC）]、ISO/IEC 11172-3（MPEG-1 音频）第 Ⅱ 层、ISO/IEC 13818-7[MPEG-2 高级音频编码（AAC）]、ISO/IEC 14496-3（MPEG-4 音频）。
- H.265：ISO/IEC 23008-2 高效视频编码（HEVC），该标准是对目前 ITU-T H.261、H.262、H.263 和 H.264 视频编码建议书的改进。

MPEG 标准可为卫星/有线和地面广播标准的结合提供支持。

选择数字电视广播调制和信道编码方式的主要考虑是广播传送的易部署性。广播传送方式包括单发射机单信道（如传统模拟电视）、同信道转发器（OCR）、同频转发设备（gap-fillers）、本地和区域单频网络（SFN）等。调制方式通常选择 OFDM 或 8 VSB（残留边带）。

根据 ITU-R BT.2140 报告及其表 2，下面列出了目前已开发的用于地面广播的数字电视系统。表 2.9[②]给出了相应的数字电视标准。

- ATSC DTV：先进电视系统委员会（系统 A）。

[①] 数字电视在乡村地区面临的主要问题是覆盖率。由于乡村地区电视信号接收信噪比较低，所以 8 VSB 更适于北美地区。OFDM 主要解决通信容量问题，因而更适于欧洲和日本城市密集地区。
[②] 表 2.9 中数据来源于 ITU-R BT.2140 报告中表 2 和 EBU 技术报告 3348 中表 2.1，并做了一些修改。

- ATSC-M/H：先进电视系统委员会移动或手持式系统。
- DTMB：GB 20600-2006（系统 D）。
- DVB-H：数字视频广播-手持式。
- DVB-T：数字视频广播-地面（系统 B），见 ITU-R BT.2052 建议书。
- ISDB-T：地面综合业务数字广播（系统 C），见 ITU-R BT.1833 建议书（多媒体系统 F）和 ITU-R BT.2052 建议书。
- T-DMB 和先进 T-DMB（AT-DMB）与 T-DAB（ITU-R BT.1833 和 BT.2052 建议书、ETSI 技术规范 102 427 和 102 428）兼容。

表 2.9　VHF/UHF 频段地面数字电视标准

标准	频道间隔（MHz）	调制方式	适用标准
ATSC	6	8 VSB	A/52、A/53、A/65、A/153
DTMB	6、7 和 8	单载波（QAM）/OFDM	GB 20600-2006
T-DMB*	1.75	OFDM	ETSI 技术规范 102 427 和 102 428
DVB-T1	6、7 和 8	OFDM	EN 300 744
DVB-T2	1.7**、5、6、7、8 和 10	OFDM	EN 302 755
DVB-H***	5、6、7 和 8	OFDM	EN 302 304
ISDB-T	6、7 和 8	分段 OFDM	ARIB STD-B31
ISDB-T$_{SB}$****	0.43、0.50、0.57、1.29、1.50 和 1.71	分段 OFDM	ARIB STD-B29

备注：
*工作频段为 30～300 MHz 和 1.5 GHz。
**在国际电联 1 区频段Ⅲ（174～230 MHz），DVB-T2 的 1.7 MHz 带宽主要采用"移动/乡村"接收模式。
***是 DVB-T2 的一部分。
****T_{SB} 为地面声音广播，而非视频广播。

2.2.4.3　数字网络的频谱效率

电视广播所需的频谱等于达到覆盖要求所需的频道数量，主要取决于如下因素：既定服务区域的面积和分布样式、使用的网络结构、要求的覆盖范围和质量（高清或标清电视）、可用传输站址的位置和适用性、区域地形情况、与其他主要业务的共用情况、需要遵守的国家边界和接收方式等。目前，数字电视存在 3 种不同的接收方式：固定、室外（移动）便携式和室内便携式。其中固定接收方式较适于有线和卫星广播，便携式或移动接收方式较适于地面广播传送。如果要传送高清电视或多个标清电视节目服务，要求数字地面电视广播（DTTB）服务的比特速率约为 20 Mbit/s（或更高），具体见数字地面电视广播手册。为满足上述数据速率指标，对于带宽为 6 MHz 的电视系统（主要包括美国和日本），要求其实际频谱效率为 4 bit/s/Hz；对于带宽为 7 MHz 或 8 MHz 的电视系统（主要位于国际电联 1 区），要求其实际频谱效率为 3 bit/s/Hz。通过采用 16 QAM、4 VSB 或 16 PSK 调制方式，可以实现 4 bit/s/Hz 的频谱效率，具体实现方式包括利用高数据率信号调制单个载波，或利用低数据率信号调制多个载波。

一个频道能够支持的传送节目数量取决于总可用数据率、质量要求、节目内容及是否采用统计多路复用技术。相比模拟电视，数字地面电视广播支持对电视网络进行灵活设置，如在一定条件下运行单频网络（SFN）。在传统电视网络中，由电视台站提供局部、地区甚至全国范围内的网络覆盖，模拟电视网络需要基于多频网络（MFN）进行规划设计，相邻服务区域使用不同的射频信道。要想实现射频频道复用，必须确保使用相同频道的覆盖区域相隔足够远的距离，以避免产生同频道有害干扰。采用数字电视网络，能够显著减小相同频道发射台之间的隔离距离，减少重叠覆盖区之间频道关系的限制条件。数字电视不仅大大增加了传输节目的数量，减少了电视所需的频谱总量，增加了可用频谱的容量；而且，由于数字系统具有抗噪声和干扰性能较强、所需最低场强较小等优点，因而可将数字电视发射功率降至较低水平。

单频网络通常采用多载波数字系统（如 OFDM），能够显著改善频率使用效率。若某中等地区或大范围区域需要接收相同的节目内容，则可使网络内的发射机工作在相同频率上，即构建一个单频网络。这样邻近发射台信号不仅不会干扰有用的数字信号，而且会有助于增强有用信号的接收质量。显然，将单频网络应用于大范围区域覆盖，能够节省频谱。利用单个频道传输多个节目，尽管所需的载噪比（C/N）和防护率更高，有可能损失一部分收益，但无疑会节省更多频谱。

这里举一个德国的典型例子。在模拟电视时代，有 2000 个有效辐射功率（e.r.p.）接近 500 kW 的发射台[①]为德国民众提供电视服务，一个发射台占用一个频道；2015 年，仅剩余 150 个最大功率为 35 kW 的数字地面电视发射台，其中每个 DVB-T 发射台通过多路复用传送 4 路节目。目前，由于采用了压缩和数字调制 OFDM 技术，发射台的数量进一步减少。

2.2.4.4 网络规划中数字电视和模拟电视信号电平的比较

表 2.10[②]给出了 VHF/UHF 频段 DVB-T2 的最小等效场强中值。这些中值需要满足 50%时间、50%地点和接收高度要求，其中对于固定接收方式，接收高度为 10 m，对于其他接收方式，接收高度为 1.5 m。其他假设条件包括：VHF 频段取 200 MHz，UHF 频段取 650 MHz，接收机噪声系数为 6 dB，固定接收中 VHF 频段馈线损耗为 2 dB，UHF 频段馈线损耗为 4 dB。

表 2.10 VHF/UHF 频段 DVB-T2 的最小等效场强中值

VHF / UHF	固定	室外/城市便携式	室内/城市便携式	移动/乡村	室外手持便携式	移动车辆*	
						1.54 MHz 带宽	7.71 MHz 带宽
最小 C/N（dB）	20.0	17.9	18.3	10.2	9.8	10.2	10.2
等效噪声带宽 BW（MHz）	6.66	6.66	6.66	1.54	6.66	1.54	6.66
	7.77	7.77	7.77	7.71	7.77	无数据	7.71
相对半波阵子的天线增益（dBd）	7	−2.2	−2.2	−2.2	−17	−17	−17
	11	0	0	0	−9.5	—	−9.5
人为噪声（dB）	2	8	8	5	0	0	0
	0	1	1	0	0	0	0
穿透损耗（建筑物或车辆）（dB）	0	0	9	0	0	8	8
	0	0	11	0	0	0	8
最小等效场强中值[dB（μV/m）]	41.3	52.4	62.4	39.5	51.1	57.8	64.1
	48.2	54.1	66.8	49.5	54.2	—	67.5

备注：
*手持式移动 H-D 级/一体化天线。

---

① 包括转发台和山体上的小型雷达辅助天线，以克服导致图像质量降低的重影反射问题。
② 表 2.10 中数据来源于 EBU 技术报告 3348 中表 3.3.1 和表 3.3.2、ITU-R BT.2140 报告中表 2 及 EBU 技术报告 3348 中表 2.1。

针对离地高度 10 m 处的（屋顶）接收场强，表 2.11 将表 2.7 给出的 VHF/UHF 频段模拟电视场强中值最小值与表 2.10 给出的 VHF/UHF 频段 DVB-T2 的最小等效场强中值进行了对比。如表 2.11 所示，根据 ITU-R BT.417 建议书，VHF 频段 III（174～230 MHz）模拟电视场强中值最小值为 +55 dB（μV/m），UHF（470～960 MHz）频段电视的 $E_{min}[dB（μV/m）]$ = $62+20\log(f/474)$，其中 f 为以 MHz 表示的频道中心频率。若 $f=650$ MHz，则 $E_{min}[dB（μV/m）]$ = $62+20\log(650/474)=64.7≈65$ dB（μV/m）。表 2.11 还列出了采用其他接收方式的场强值。

表 2.11 VHF/UHF 频段 DVB-T2 和模拟电视接收场强对比

dB（μV/m）	模拟固定	数字					
		固定	室外/城市便携式	室内/城市便携式	移动/乡村	室外手持便携式	手持式移动 H-D 级/一体化天线
200 MHz VHF	55	41.3	52.4	62.4	39.5	51.1	64.1
650 MHz UHF	65	48.2	54.1	66.8	49.5	54.2	67.5

考虑到同一区域内固定接收到的数字信号和模拟信号的传播特性相同，由表 2.11 可知，在 VHF 频段和 UHF 频段，数字发射机功率较模拟发射机功率分别低 14 dB 和 17 dB。也就是说，通过发射相同或更小的功率，数字发射机能够为 VHF/UHF 全向室外/城市便携式、移动/乡村和室外手持便携式设备提供视频服务。数字电视之所以具有上述优势，主要是由于采用了 OFDM 技术，能够在低信噪比条件下保持较高的频谱效率（bit/s/Hz）。

2.2.4.5 DVB-T2 和 DVB-T1 防护率对比

电视广播的防护率是为确保广播信号正常接收所规定的门限值。QAM 的阶数越大，能够提供的比特速率越高，同时所需的防护率也越高。有关防护率的详细介绍见 5.8.2 节。表 2.12[①] 对 DVB-T2 和 DVB-T1 的载噪比（C/N）和载干比（C/I）两个防护率指标进行了对比。表 2.12 中电视系统的码率[②]为 2/3，采用加性高斯白噪声模型[③]，误码率 BER<$1×10^{-11}$。

表 2.12 DVB-T2 和 DVB-T1 防护率：C/N 和 C/I

调制	比特速率（Mbit/s）		C/N（dB）		C/I（dB）	
	DVB-T1	DVB-T2	DVB-T1	DVB-T2	DVB-T1	DVB-T2
QPSK	≈7	≈10*	6.9	3.1*	7	4.5
16 QAM	≈13	≈20*	13.1	8.9*	13	10.3
64 QAM	≈20	≈30*	18.7	13.6*	19	15.1
256 QAM	无	≈40*	—	18.1*(19.7)	—	19.7

备注：
*来源于 EBU 技术报告 3348 中表 2.1；其他数据（如 19.7）来源于 ITU-R BT.2033 建议书；计算 DVB-T2 的 C/N 时，信道编码为 BCH（Bose, Chaudhuri, Hocquenghem）码，误码率 BER=10^{-6}。

由于 DVB-T 的噪声和同频道干扰信号的功率谱分布在整个电视频道上，因此，PR、C/N 和 C/I 三个指标均适用于数字电视广播。事实上，EBU 技术报告 3348 指出"对于 OFDM 系

---

① 表 2.12 中数据来源于 ITU-R BT.1368 建议书中表 1 和表 15、ITU-R BT.2033 建议书中表 1 和表 2，以及 EBU 技术报告 022 和 3348（用于 DVB-T2），略有修改。
② 采用（1/2、2/3 或 3/4）码率能够降低系统对信道变化的敏感性。
③ 高斯信道不考虑信号接收延迟，但考虑热噪声。基于电波反射特性和码率特性影响，高斯信道和瑞利信道的噪声损耗相差 2～9 dB，见 EBU 手册 TR 022。

统，应采用 C/N 值作为多个 DVB-T2 之间同频道干扰的防护率指标，对于 DVB-T 和 DVB-T2 之间的同频道干扰同样如此。"

64 QAM 系统的防护率高于 16 QAM 系统。对于 DVB-T1，采用 64 QAM 和 16 QAM 时的 C/N 和 C/I 相差约 6 dB；对于 DVB-T2，采用 64 QAM 和 16 QAM 时的 C/I 相差约 5 dB。即若 I-Q 星座图[①]上的矢量信号密度增大 4 倍，则所需的防护率也大约增大 4 倍。通过比较表 2.12 中各行数据，可发现系统容量越大，则所需的发射功率也越高。此外，由于采用了先进技术和信号处理技术，DVB-T2 的防护率相比 DVB-T1 降低了 2.5~3.9 dB。

2.2.4.6 电视的数字化演进和数字红利

由于电视系统的信号输入（接收机端）和输出（显示器端）长期采用模拟体制，这使得"为什么要数字化？"这一疑问似乎变得可以理解。实际上，数字电视可以带来诸多好处，如更好的图像和声音质量、更具吸引力的新节目、更加便于携带和移动，以及更好的交互性等。模拟电视向数字共享和全数字设备的发展是人类社会电信和计算机科学与艺术自然演进的一个缩影。数字电视通过采用多路复用技术，无须全部占用目前模拟电视所使用的所有 VHF 和 UHF 频段，就可以传输相同的节目内容。因此，电视的数字化进程将会释放大量无线电频谱，为陆地移动等业务提供可用频谱资源。收看数字化电视对用户的硬件设备和使用模式提出了新的要求，国际（见国际电联 2010 年发布的《模拟广播向数字广播转变指南》）和区域性组织机构的有关指南提供了这方面的实施指导。

1994 年，美国提出了基于先进电视系统委员会的数字电视标准。1996 年，欧洲和日本分别提出了基于数字视频广播和综合业务数字广播（ISDB）的数字电视标准。起初，数字电视主要基于卫星网络，后来扩展到有线和地面网络，详见 ITU-R BT.2140 报告。1998 年 11 月，根据美国联邦通信委员会要求，美国 10 个大城市的 28 个电视台自愿申请启动数字地面电视（DTT）服务。按照要求，2002 年 5 月前，所有商业广播应实现数字化；2003 年 5 月前，所有非商业广播应实现数字化；2009 年，所有电视台应停止发送模拟电视信号。事实上，美国已于 2009 年 6 月 12 日停止模拟电视服务。日本于 2003 年开始启动数字地面电视广播服务，并于 2011 年 7 月完成电视数字化改造。日本于 2006 年 4 月开始推行基于地面综合业务数字广播（ISDB-T）信号中间信段的手持式电视单信段接收机服务，至 2011 年 5 月，已有超过 1.062 亿部移动电话装载了单信段接收机。韩国分别于 2001 年、2002 年和 2005 年先后启动数字地面电视广播、数字卫星广播和地面多媒体广播服务，并于 2007 年 3 月开始启动地面数字多媒体广播（T-DMB）服务，该系统工作频段为国际电联 2 区 VHF/UHF 广播频段Ⅲ。

为了改进由欧洲广播区域协议（斯德哥尔摩 1961）所确定的模拟电视频率分配规划，欧洲[②]组织召开区域无线电会议 2006（RRC-06，也称为 GE-2006），对国际电联 1 区 174~230 MHz（VHF 频段）和 470~862 MHz（UHF 频段）的广播业务使用频率进行了规划。2004 年 5 月，欧洲各国在日内瓦签署了首份 RRC 报告，开始推动频率规划行动，并明确了各国提交频率申请的格式。2006 年 5 月 15 日至 6 月 16 日，在日内瓦相继召开了 RRC-06 第 2 阶段和第 3 阶

---

① 带宽效率与星座图上的点数有关。
② 欧洲组织召开 RRC 的另一目的是说服国际电联 1 区的所有国家采用 DVB-T 标准，见作者的博士论文（网址为 http://eprints.mdx.ac.uk/133/2/MazarAug08.pdf，pp.19,23,228）。欧盟的两个主要国家——德国和法国在 ITU-R 会议任务组 6~8、RRC-04 和 RRC-06 上发挥了重要作用。

段会议，最终达成了涉及 119 个国家的 GE-2006 协议。根据该协议，由欧洲广播区域协议（斯德哥尔摩 1961，ST-61）和非洲电视广播区域协议（GE-89）所确定的模拟电视频率规划不再有效。

由于传送广播信息的信号格式不同，数字电视和模拟电视无法兼容工作，但两者在频谱使用上应具有兼容性。各国在考虑采用哪种数字电视制式时，一个重要考虑因素是目前所使用的模拟电视制式的占用带宽。由于 ATSC 工作带宽为 6 MHz，欧洲、非洲和亚洲国家曾使用的 PAL 或 SECAM 制式占用带宽为 7 MHz（VHF 频段）或 8 MHz（UHF 频段），因而这些国家更倾向于采用与先前模拟电视制式带宽接近的数字电视制式（如 DVB-T 和 ISDB-T）；而先前使用 NTSC（或 PAL）制式（带宽为 6 MHz）的国家，也更愿意采用能与先前模拟电视制式带宽兼容的数字电视制式[①]。

数字广播技术能够提高接收机（主要是移动和便携式接收机）性能，推动全向接收系统的广泛应用。如前所述，目前存在 3 种电视接收方式：室外便携式、室内便携式和移动接收。在数字电视部署使用过程中，相关主管部门应考虑到不同数字电视接收模式的影响。

欧盟无线电频谱政策组（RSPG）将数字红利（DD）定义为："在促进现有模拟电视服务向 VHF（频段Ⅲ：174～230 MHz）和 UHF（频段Ⅳ和Ⅴ：470～862 MHz）数字体制转变过程中所获得的可用频谱。"欧盟委员会（EC）决定（2010/267/EU）也曾涉及数字红利问题。数字红利的产生，主要是由于数字电视采用了信源压缩、调制和纠错编码等技术，使得传输一路标清数字电视节目所需带宽仅为模拟电视频带宽度的 1/4。目前，国际移动通信/长期演进（IMT/LTE）（见 2.3.3.2 节）已经申请使用数字红利所释放的频谱资源。英国已经将首期数字红利频谱——790～862 MHz 频段的部分频谱进行拍卖，所得收益高达 23.4 亿英镑。根据 DVB-T 多路复用原理，原来可支持 4 路标清电视节目传输的频谱仅能支持 2 路高清电视节目传输。因此，通过地面广播网络传输高清电视（HDTV）节目将需要更多频谱资源。数字红利所释放的频谱有助于弥补上述频谱资源不足。

关于模拟电视向数字电视的演变，国家主管部门可能关注如下问题：

- 电视广播发射台和大多数电视接收机一般均处于固定状态。尽管存在移动式电视接收的需求，卫星和有线电视建设也需要大量投入，但是否真的需要建设地面无线数字电视网络呢？
- 应采用哪个数字电视标准才能确保频道之间的兼容性？
- 数字电视是免费运营还是收费运营？
- 数字电视由标清发展到高清后，高清电视还是免费运营吗？超高清或 3D 电视又如何运营呢？
- 应传送多少数字电视节目？
- 需要为机顶盒提供补贴吗？
- 在手持式数字电视运营模式的选择上，视频内容传送是基于蜂窝移动通信网络还是基于广播网络？数字电视会遵循广播或蜂窝移动通信业务的商业规则吗？

[①] 由于带宽不同，美国使用的 ATSC（7 MHz 或 8 MHz 带宽）数字电视系统无法在欧洲、非洲和西亚正常工作。同时，对于频道带宽为 6 MHz 的电视系统，若将频道间隔设为 7 MHz 或 8 MHz，则会降低频谱使用效率。

2.3 陆地移动和蜂窝移动通信业务

2.3.1 定义和简介

根据国际电联《公约》，国际电联《无线电规则》（ITU RR）第 1 条第 24 款给出了移动业务的定义，如表 2.13 所示。由于蜂窝移动通信业务在陆地移动通信中占有重要地位，本节主要介绍蜂窝移动通信业务。

表 2.13　国际电联《无线电规则》第 1 条——移动业务

RR 序号	移动业务的定义
1.24	移动业务：移动电台和陆地电台之间或各移动电台之间的无线电通信业务
1.26	陆地移动业务：基地电台和陆地移动电台之间或陆地移动电台之间的移动业务
1.28	水上移动业务：海岸电台和船舶电台之间、船舶电台之间或相关的船载通信电台之间的一种移动业务，营救器电台和应急示位无线电信标电台也可参与此种业务
1.32	航空移动业务：航空电台和航空器电台之间或航空器电台之间的一种移动业务，营救器电台可参与此种业务，应急示位无线电信标电台使用指定的遇险与应急频率也可参与此种业务
1.33	航空移动（R）*业务：供主要与沿国内或国际民航航线的飞行安全和飞行正常有关的通信使用的航空移动业务
1.34	航空移动（OR）**业务：供主要国内或国际民航航线以外的通信使用的航空移动业务，包括那些与飞行协调有关的通信

备注：
* （R）表示航线。
** （OR）表示航线以外。

2.3.2 蜂窝移动通信参考网络单元

图 2.6 和图 2.7 给出了传统的六边形小区和基于 7 小区的基本移动通信参考网络单元及基于 19 小区参考网络单元的蜂窝网络示意图。

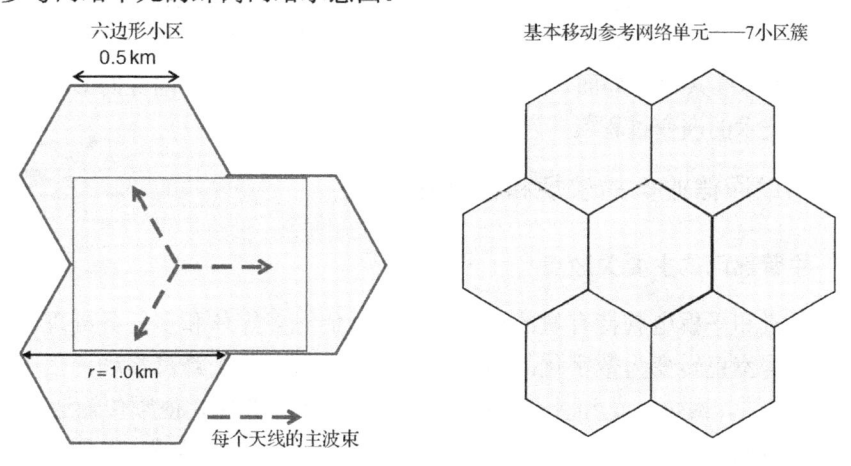

图 2.6　传统的六边形小区和基于 7 小区的基本移动通信参考网络单元

由于相邻小区之间存在干扰，GSM 网络的频率复用系数仅为 1/4，即每个小区能够使用的带宽仅占总带宽的 1/4。通过采用扇形天线，可使典型 GSM 网络的频率复用系数提高至 3/4。对于 CDMA（UMTS）和 OFDMA LTE 网络，由于采用不同的编码而非频率实现相邻基站的隔离，因而每个小区内部可以使用相同的载频，即频率复用系数达到100%。显然，后一种网络频谱效率更高，也更便于开展频谱规划。CDMA网络的基站天线通常架设在小区重叠地带，如图2.7所示。

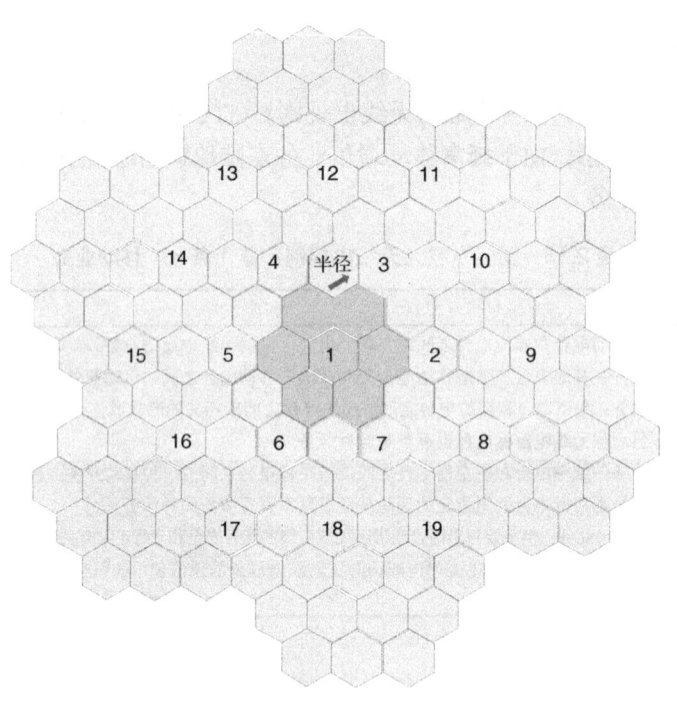

图2.7 基于19小区参考网络单元的蜂窝网络

蜂窝系统的发展使得频谱效率、带宽和数据速率不断得到提高。蜂窝系统的发展经历了时分多址（TDMA）阶段[包括GSM、通用分组无线电服务（GPRS）和用于全球演进的增强数据速率（EDGE）]、宽带码分多址（W-CDMA）阶段[包括通用移动通信系统（UMTS）和高速分组数据接入（HSPA）]及OFDMA阶段[主要包括长期演进（LTE）等]。在2G和3G时代，通常呈现多个标准共存的局面。到了4G时代，只保留了占主导地位的LTE标准。图2.8[①]描述了移动通信技术的演变过程[②]。

2.3.3 蜂窝移动通信业务的法规和标准化

2.3.3.1 主管部门的主要关注点

随着智能手机和平板电脑持有量的迅速增长，人们对多媒体和多任务处理的需求不断增加，传统的家庭居室正转变为数字化的多媒体中心。数据业务是蜂窝移动通信中使用流量最多的业务。一般来讲，网页浏览和社交网络需占用数百kbps带宽，视频传输速率达10 Mbps，文件传输协议（FTP）应用需求速率超过10 Mbps。无论是乡村还是城市，固定蜂窝网络正逐步替代固定有线网络。由于蜂窝网络能够为政府带来大量收入，因此，主管部门对陆地移动业务的主要关注点是宽带蜂窝移动通信系统。根据无线网络峰值数据速率高低，可将无线系

---
① 部分最新发布的3GPP无线电技术和系统信息可参考www.3gpp.org/about-3gpp/about-3gpp。
② 关于Wi-Fi的演进信息，可参考如表3.16所示的IEEE 802.11标准的主要参数。

统划分为不同类型。表 2.14①将无线系统划分为 6 种类型。目前，最新的无线系统是工作在 5 GHz 频段、基于 IEEE 802.11ac 标准的 Gigabit Wi-Fi，以及工作在 60 GHz 频段、基于 802.11ad 标准的系统。表 3.16 给出了 IEEE 802.11 标准的主要参数。

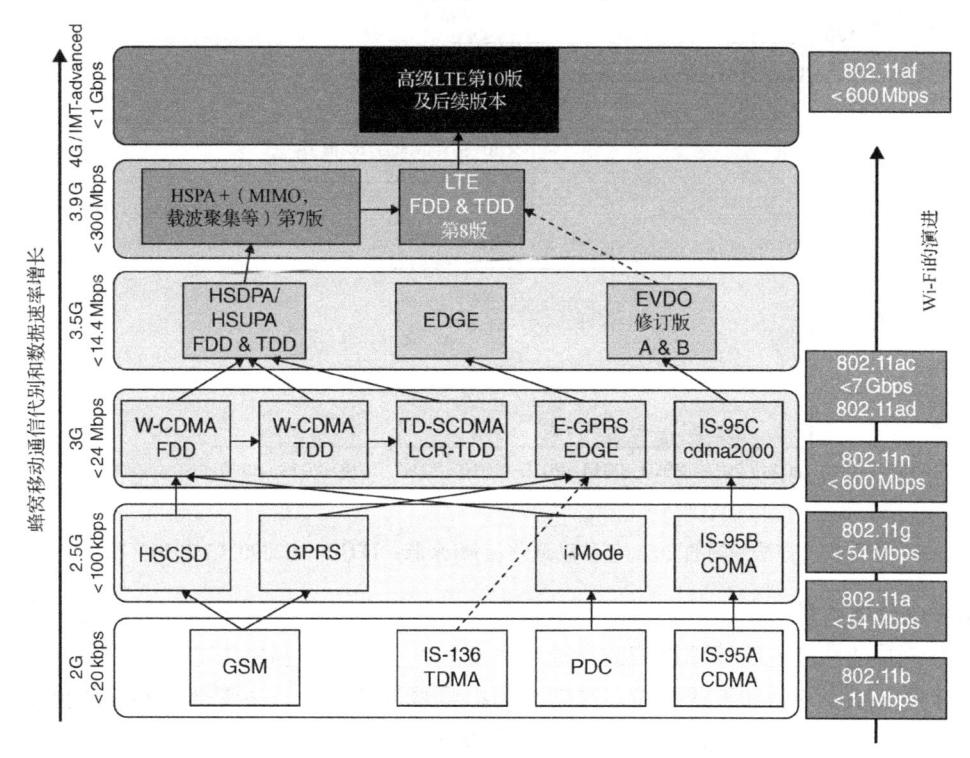

图 2.8 移动通信技术的演变过程[注释：增强 GPRS（E-GPRS）、数据优化演进（EVDO）、高速电路切换数据（HSCSD）、高速下行链路分组接入（HSDPA）和高速上行链路分组接入（HSUPA）、低切普速率（LCR）、个人数据蜂窝移动通信（PDC）、时分同步码分多址接入（TD-SCDMA）、时分复用（TDD）、通用移动通信系统（UMTS）]

图 2.9 给出了 2020 年移动通信流量的估计值。由图 2.9 可知，相比 2010 年，2020 年的移动通信流量可能会增长 25～100 倍。

表 2.14　无线系统及其峰值比特速率

无线系统	峰值比特速率
非常低速率的数据，包括语音	<16 kbit/s
低速率数据和低速率多媒体	<144 kbit/s
中速率多媒体	<2 Mbit/s
高速率多媒体	<30 Mbit/s
超高速率多媒体	30 Mbit/s～1 Gbit/s
极高的吞吐率	<7 Gbit/s

8.2.1 节将介绍国际电联世界无线电通信大会采取向移动通信业务分配更多频谱的措施，以满足通信流量增长需求。

如何通过新技术促进增强型移动宽带服务，如何对广播视频和固定通信等所用的频谱进行

---

① 表 2.14 中数据来自 ITU-R M.1768 建议书中表 2，略有修改，原表中仅包含 5 行，第 6 行"极高的吞吐率"为作者添加。

重新规划，是主管部门需要重点关注的问题。由于电视发射机和大多数接收机均为固定台站，因此可通过部署电缆和光纤来提升电视服务。但这种办法并不适用于蜂窝移动通信和音频广播（如 FM），因为大多数蜂窝和广播用户需要在移动环境下工作，且需要无线电频谱支持。

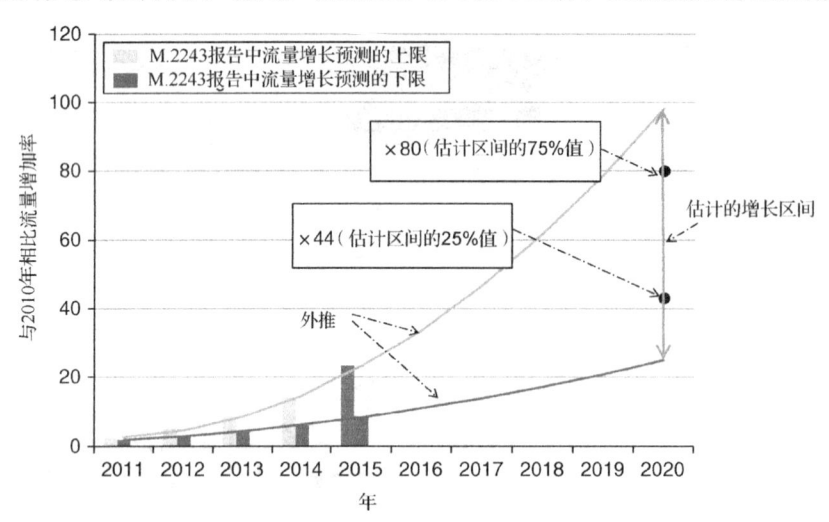

图2.9　采用插值方法预测的 2020 年移动通信流量[来源：ITU-R M.2290（1/2014）报告中图 5]

无线电台站数量的急剧增长将增加运营商的成本，推迟其赢利时间，并可能超出环境的承载能力。通过推进无线基础设施的共址（需要各运营商之间和邻国之间达成漫游协议）建设，能够大大减少基站和天线数量，减轻人体射频暴露的风险。主管部门不仅要推动网络和基站等基础设施的共址建设，还应对无线电频谱资源进行统一规划和共用。如果仅是共用站址、电源、电波通道和天线塔等，则属于被动共用；只有实现设备和频谱的共用，才能称为主动共用。无线电共用也会带来运营商竞争力降低等问题，如无线电接入网络（RAN）实现共用后，将对不同内容提供商的差异化和竞争力带来挑战。

通过实施无线基础设施的共享共用，不仅能够提升无线通信服务的便捷性，扩大通信网络的覆盖范围，还有助于减少如下问题：

- 无线电台站天线数量的增加；
- 移动通信网络的能量消耗；
- 移动通信设施对周围环境的影响；
- 运营商的成本增加。

频率的主动共用能够优化频谱资源的使用。第 9 章将介绍多小区和基站共用及其对人体辐射危害的影响。人们不希望蜂窝基站距离住所和办公室太近，而通过共用无线基础设施，能够减少基站的数量。同时，若主管部门向运营商提供更多信道带宽 b[①]，也有助于减少城市基站的数量。因此，从某种意义上讲，拥有更多频谱资源意味着能够减少基站的数量。

[①] 9.6.2 节将讨论"如何通过增加蜂窝移动通信天线或增加频谱来降低人体射频暴露限值"。香农和哈特利（1948）曾给出著名的定理 17：$c = b \times \log_2(1 + s/n)$。该定理反映了通信容量 c（bit/s）、射频带宽 b（Hz）和信噪比 s/n（无量纲）之间的关系。通常，当通信容量 c 达到设计极限或未达到市区覆盖要求时，通过增加射频带宽 b，能够减小对 s/n 和基站数量的要求。

由于工程技术上的原因，大多数蜂窝系统采用频分复用（FDD）体制，如表 2.19 所示。若将时分复用（TDD）体制应用于新分配的蜂窝移动通信系统，则只需分配一个频段就可满足系统工作要求。若仍采用频分复用体制，则需分配两个频段。

通常，频率越高，越容易找到可用频谱，且可用频谱的带宽越宽。表 2.15 对比了两个典型 LTE FDD 系统工作频段。其中第 3 代合作伙伴计划（3GPP）"频段 7"包括上行链路（基站接收信号）和下行链路（基站发射信号），共使用 70×2 MHz 频谱，3GPP "频段 8"仅使用 35×2 MHz 频谱。这说明，在无线电频率的高端，可供使用的频率会更多。

随着频率的升高，电波传播损耗和障碍物所引起的衰减都将增大（见 5.6 节），导致基站的覆盖范围变小。若基站间距保持不变，上述效应会使得基站遭受邻近基站的干扰变小。此外，频率越高，天线可以做得更小，天线的倾斜角更易得到控制。

表 2.15 两个 LTE 工作频段比较

LTE 工作频段	上行工作频段（MHz）	下行工作频段（MHz）
7	2500～2570	2620～2690
8	880～915	925～960

第 6 章和第 7 章将介绍国际和区域性频谱管理法规和标准化组织，其中包括对蜂窝移动通信业务的管理内容。目前，全球主要的无线电频谱管理机构包括国际电联无线电通信部门（ITU-R）、欧洲邮电主管部门大会（CEPT）、亚太电信组织（APT）和美国联邦通信委员会（FCC）（见 CFR 47，第 22 节，H 分节——蜂窝无绳电话业务）。3GPP[①]通过合理吸收多个移动通信标准，陆续发布多个版本的蜂窝移动通信方案[②]，最终形成通用解决方案——长期演进（LTE）标准。第 3 代合作伙伴计划 2（3GPP2）推动形成了 cdma2000 标准，见 3GPP2 C.S0002-E 第 1.0 版。

由于频谱管理机构主要代表公众利益，而蜂窝移动通信系统是灾害和紧急事件救援的必要基础设施，因此，频谱管理机构有权要求移动通信运营商为人口稀疏地区、偏远道路和隧道提供救援通信服务，如北美紧急电话 E911[③]服务。未来，新型蜂窝移动通信技术应能基于市场方式更好地使用频谱资源。

2.3.3.2 覆盖范围和服务质量（QoS）的量化

尽管基于竞争的方式能够促使运营商提供更好的服务质量，降低其运营成本，但单纯依赖竞争并不足以提供所需的通信容量和覆盖范围。在许多情况下，投标合同和频率执照会要求运营商提供全国性覆盖和特定服务质量。从公众利益角度考虑，他们希望通信网络覆盖所有人口稀疏地区（如空旷地带、地下停车场和高层建筑等区域），并满足通信容量需求。从主管部门的角度考虑，若强制要求运营商达到上述网络覆盖和通信容量要求，那么应如何量化并监测网络覆盖和通信容量？上述要求对室内环境也适用吗？为获取网络覆盖和通信容量信息，主管部门可以与运营商合作，或组织开展测量，也可采用服务外包等方式。

固定线路接口通常较易量化和监测，但无线空中接口和无线电接入网络环境的量化和监

---

① 3GPP 组织的 6 个合作伙伴是 ARIB[无线电工业和商贸联合会（日本）]、ATIS[电信工业解决方案联盟（美国）]、CCSA（中国通信标准化协会）、ETSI（欧洲电信标准化协会）、TTA[电信技术协会（韩国）]和 TTC[电信技术委员会（日本）]。
② 3GPP 基于多个蜂窝移动通信标准，形成并发布特定版本的 LTE。新版本主要是在原有版本基础上增加新的功能，并介绍 3GPP 工作组关于标准工作的进展。
③ 北美的 E911 和欧洲的 912 能够提供基于有线和无线电话的免费紧急呼叫和号码接入服务。E911 能够自动识别呼叫的初始位置，为派遣警察、消防员和医疗人员等首批安全响应力量提供支持。

测非常困难。ITU-R M.1079 建议书《国际移动通信-2000（IMT-2000）接入网络性能和服务质量要求》、SM.1708《沿具有地理坐标登记的路径的场强测量》和 ECC 103 报告《通用移动通信系统（UMTS）覆盖范围测量》均给出了有关工具和方法。ITU-R M.1079 建议书中表 1 规定了"基于用户视角的国际移动通信服务质量等级"，表 2 给出了用于国际移动通信运行环境的误码率（BER）和延迟（等待时间）要求。

通常，仅仅监测接收功率、场强和覆盖范围还不能充分反映通信流量或服务质量，还需要掌握关键性能指标（KPIs）才能评估网络的可接入性、可靠性和完整性。

在评估网络性能降级方面，语音质量和数据之间具有相关性。语音质量可通过平均判分法（MOS）、传送语音质量（DAQ）、感知语音质量评价（PESQ）、中断率或通话掉线率等指标来量化，数据可通过下载和上传数据速率或吞吐率等指标来量化。由于网络接入可作为确定位置覆盖的合适指标，因此具备接入网络的能力是体现服务质量的重要因素。中断（或通话掉线）率是一个最易量化和监测的参数，同时也是衡量可用数据速率和吞吐率[1]等通信质量的重要指标。

运营商可基于数字地形图、传播模型和规划工具预测网络覆盖情况，通过蒙特卡洛算法模拟语音和数据使用情况，预测通信容量。相对而言，室外场强和功率比较容易量化和测量。通信容量（和覆盖范围）的测量可由国家主管部门、经过认证的运营商或审计公司（由国家主管部门或运营商委托）等来开展，也可通过公开招标实施。

由于用户设备（UE）的发射功率有限，如 UMTS（属于 3G）和 LTE 用户设备的发射功率约为 24 dBm（等于 250 mW）（功率和等效全向辐射功率）[2]，因而通信容量覆盖、流量堵塞和干扰等问题的区域往往出现在小区的边缘地带。所以，上行链路（UL）的网络覆盖和质量问题相较下行链路（DL）更为严重[3]。要评估网络服务质量，需要掌握网络覆盖和通信容量的变化范围。在 LTE 网络中，用户设备主要测量参考信号的两个参数，即参考信号接收功率（RSPR）和参考信号接收质量（RSRQ）。

网络覆盖范围主要由基站等效全向辐射功率（发射机功率和天线增益共同产生）、电波传播损耗和用户设备灵敏度确定（假设用户设备天线增益已知）。UMTS 用户设备的参考灵敏度为 –117 dBm，LTE 用户设备的参考灵敏度为 –100～–74 dBm。用户设备的灵敏度与设备所采用的调制方式、信道带宽、信号干扰噪声比（SINR）及保护裕量有关，见 Sesia、Toufik 和 Baker（2011，表 21.8）。

覆盖范围的量化

通信网络可能覆盖一个国家 80%～95%的县镇。通过统计的方法，可以对通信网络覆盖率进行测量和评估。例如，随机选择 400 个室外地点，相关测量结果能以 95%置信度对如美国好莱坞般大小区域的通信网络覆盖率进行估计。为评估通信网络工作性能，可以从用户的角度出发，开展静态或动态试验。例如，针对用户常用手机，首先建立并保持通信连接，然后以一定的数据速率传输数据，并记录发生通信中断时的位置信息。

为了粗略估计通信网络覆盖范围，网络运营商可以基于相关区域地图数据，将能够覆盖的区域（基于一定门限计算得出）用一种颜色标注，未能覆盖的区域用另一种颜色标注。根

---

[1] 通过信道成功传送消息，吞吐率被定义为给定时间内上行和下行链路传输的总数据量。
[2] cdma2000 用户设备的发射功率可达 1.25W，见 ETSI EN 301 908-4 V6.1.1 草案（2013-02）中表 4.2.3.2-1。
[3] 见 Kreher 和 Gaenger（2011，第 231 页）。

据上述方法得到的覆盖范围信息，还需经监管机构认可的标准监测设备进行测量核实。若采用路测方法获取相关数据，则能进一步提高覆盖范围的精细度。

验证覆盖范围测量结果的区域一般需要专门选定，如可以选择人口最为稠密、面积约为 10 km×10 km 的区域为参考区域。同时，为了能够验证预测结果的准确性，所选的区域最好在蜂窝网络覆盖区和未覆盖区的交界地带。此外，若期望得到与人口有关的蜂窝网络覆盖信息，可将蜂窝网络覆盖地图数据与人口密度地图数据进行叠加，从而得到基于人口密度的蜂窝网络覆盖地图。

目前，有些国家电信主管部门已经要求运营商公布通信网络覆盖地图，并通过建设监测站，在网上实时发布网络覆盖的监测结果（如网站 http://maps.mobileworldlive.com/）。其中有些覆盖范围数据或监测站已经能提供关于射频人体危害方面的信息（与覆盖范围有关）。

如前所述，可以从用户角度量化网络的可接入性。例如，将"呼叫"定义为用户和网络之间的一个连接，将"断开"或"掉线"视为连接受扰或中断。在通信流量高峰时段，可设置网络平均连接率和中断率的门限分别为 99% 和 1%。

在移动通信覆盖的边缘地带，可利用接收信号码功率（RSCP）（适用于 UMTS）及其等效参考信号接收功率（RSRP）（适用于 LTE）来评估覆盖范围，见 Kreher 和 Gaenger（2011，第 221 页）。RSRP 用于评估 LTE 下行链路覆盖范围（Kreher 和 Gaenger 2011，第 230 页），其正常范围为 –44～–140 dBm。根据经验法则，室外环境 RSRP 的测量结果可分为 3 类。当 RSRP>–75 dBm 时，即使大量用户竞争蜂窝小区有限的带宽，蜂窝移动通信系统的服务质量仍能保持良好。当 –95 dBm<RSRP<–75 dBm 时，系统服务质量将小幅下降，如通信容量将下降 30%～50%。当 RSRP<–95 dBm 时，系统服务质量将变得难以接受，若 RSRP 再降至 –108～–100 dBm，则通信容量将降为 0，通话掉线率也将达到最坏情况。

若采用路测方法定量评估蜂窝网络覆盖范围，则典型城市区域 UMTS 和 LTE 系统的 RSRP 门限值约为 –80 dBm（室内环境下可补偿 20 dB）。

3GPP 技术规范 136 521-1 V11.2.0（2013-10）给出了参考灵敏度功率电平（$P_{REFSENS}$）的定义，表 7.3.5-1 给出了 LTE 下行链路信号电平相对于 $P_{REFSENS}$ 的值，即参考灵敏度 QPSK $P_{REFSENS}$。对于下行链路频段 3（1805～1880 MHz），5 MHz 信道带宽的 $P_{REFSENS}$ 为 –96.3 dBm。

在涉及广播业务及监测设备的法规和标准中，主管部门常依据场强测量结果，而系统运营商常依据功率测量结果。测量位置为高于地面 3 m，采用半波偶极子天线，增益为 2.1 dBi。

若已知接收功率，则等效场强为（见第 5 章）：

$$E(dB\mu V/m) = 77.22 + P_r(dBm) - G_r(dBi) + 20\log f(MHz)$$

取功率电平分别为 –80 dBm 和 –96.3 dBm，相应的频率分别为 2000 MHz 和 1840 MHz，则等效场强值为：

$$\begin{aligned} E(dB\mu V/m) &= 77.22 - 80\,dBm - 2.1(dBi) + 20\log 2000(MHz) \\ &= 77.22 - 80\,dBm - 2.1(dBi) + 66 = 61.12\,dB\mu V/m \end{aligned}$$

和

$$\begin{aligned} E(dB\mu V/m) &= 77.22 - 96.3\,dBm - 2.1(dBi) + 20\log 1840(MHz) \\ &= 77.22 - 96.3\,dBm - 2.1(dBi) + 65.3 = 44.12\,dB\mu V/m \end{aligned}$$

通信容量的量化

蜂窝小区的通信容量由小区用户数量、吞吐率需求和数据速率决定。运营商通过控制网络空闲带宽、接入信道数量、正交可变扩频因子（OVSF）码和功率限值，来估计蜂窝网络流量。

蜂窝网络的上行和下行链路均规定了最低保证比特速率（GBR）。为确保LTE、UMTS和cdma2000系统正常工作，不仅功率或场强要达到指定门限，环境噪声（蜂窝系统未工作时）也需满足要求。影响服务质量（QoS）的参数除了载干比（C/I）和载噪比（C/N）之外，还包括切普能量与干扰比E_C/I_0和切普能量与噪声比E_C/N_0。其中后者的测量需要具备解码（或解调）能力的特殊设备。

接收信号强度指示（RSSI）是GSM、UMTS和LTE系统接收机的一个通用指标，该指标主要取决于接收功率和E_C/I_0[①]。LTE系统采用RSSINR（参考信号干扰噪声比）衡量窄带和宽带服务质量，RSRQ（参考信号接收质量，UMTS等效于E_C/N_0）综合考虑RSSI和所使用的数据块数量（N）[②]，能够反映网络下行链路的性能。上述参数可通过路测扫描[③]的方法获取。但是，路测方法只能用于估计网络下行链路性能[④]。同时，由于路测中的测量设备与基站的距离不断变化，给相关参数的获取带来困难。因此，路测结果与上行链路或下行链路及用户数量等具有很大关系。

当移动设备基于一定载荷和相关信道传输信号时，通过对UMTS上行链路和下行链路信号进行测量，可以保证信号质量测量结果的精确性。下行链路RSRP与上行链路性能相关。LTE下行链路RSRP和RSRQ{RSRQ[dB]=10log(RSRP/RSSI)}，以及UMTS的RSCP和E_C/N_0均可同时测量，但LTE下行链路通信质量需要单独测量，因此用户设备需要计算统计均值。当RSRQ值大于−9 dB时，能够确保用户获得最好体验；当RSRQ值为−9~−12 dB时，服务质量开始出现下降；当RSRQ值减小到−13 dB或更小时，通信容量将显著下降，通话中断的风险将非常高（Kreher和Gaenger 2011，第231页）。

2.3.4 国际移动通信（IMT）地面无线电业务（包括LTE）

2.3.4.1 IMT地面无线电接口

表2.16列出了参与提出和发展IMT（国际移动通信）系统的国际组织。

表2.16 IMT-2000地面无线电接口相关国际组织

完整名称	简称	国际组织
IMT-2000 CDMA 直接扩频	UTRAFDD、WCDMA、UMTS	3GPP
IMT-2000 CDMA 多载波	cdma2000 1×和3×、cdma2000 EV-DO	3GPP2
IMT-2000 CDMA TDD（时间编码）	UTRA TDD 3.84 Mchip/s 高切普速率、UTRA TDD 1.28 Mchip/s 低切普速率、TD-SCDMA、UMTS	3GPP
IMT-2000 TDMA 单载波	UWC-136、EDGE、GERAN	ATIS、WTSC和TIA
IMT-2000 FDMA/TDMA（频率-时间）	DECT	ETSI
IMT-2000 OFDMA TDD WMAN	WiMAX、无线MAN-OFDMA	IEEE

备注：GERAN——GSM EDGE无线电接入网络；UTRA——先进通用地面无线电接入；DECT——数字增强无线通信。

[①] 对于UMTS，RSSI=RSCP[dBm]−E_C/I_0[dB]。网络接入需要满足下列指标：E_C/I_0>−9 dB；RSCP>−114 dBm，RSSI>−105 dBm。这些值均在接收机输入端测量，测量天线为标准匹配单极子天线，测量高度为地面以上2 m（车顶高度），详见ECC报告103。

[②] 对于LTE，RSRQ=(N×RSRP)/RSSI。这些指标基于相同带宽测得。窄带时，N=62个子载波（6个数据块）；宽带时，N=全带宽（达100个数据块/20 MHz）。

[③] 3GPP规范37.329（从第10版开始）给出了路测（MDT）的概略和整体描述。

[④] 可采用相关技术估计上行链路性能。例如，将脚本数据上传至约定的服务器，然后下载。这样，可通过测量整个流程的延迟时间来估计上行-下行链路性能。

IMT 地面无线电频谱划分

根据国际电联《向 IMT-2000 系统过渡》第 13 页内容，表 2.17 列出了相关频段和《无线电规则》中关于这些频谱分配的脚注。

表 2.17 国际电联《无线电规则》分配给 IMT-2000 系统的频谱

频段（MHz）	简称
450~470	5.286AA
698~960	5.313A、5.317A
1710~2025	5.384A、5.388、5.388A、5.388B
2110~2200	5.388
2300~2400	5.384A
2500~2690	5.384A
3400~3600	5.430A、5.432A、5.432B、5.433A

来源：基于国际电联《向 IMT-2000 系统过渡》第 13 页。

根据 ITU-R M.1036 建议书中图 3 和图 4，图 2.10 给出了所推荐的 IMT-2000 频率配置中最常用的频段，即 A1、A2（806~960 MHz）、B1~B5（1710~2200 MHz）、C1~C3（2500~2690 MHz）。

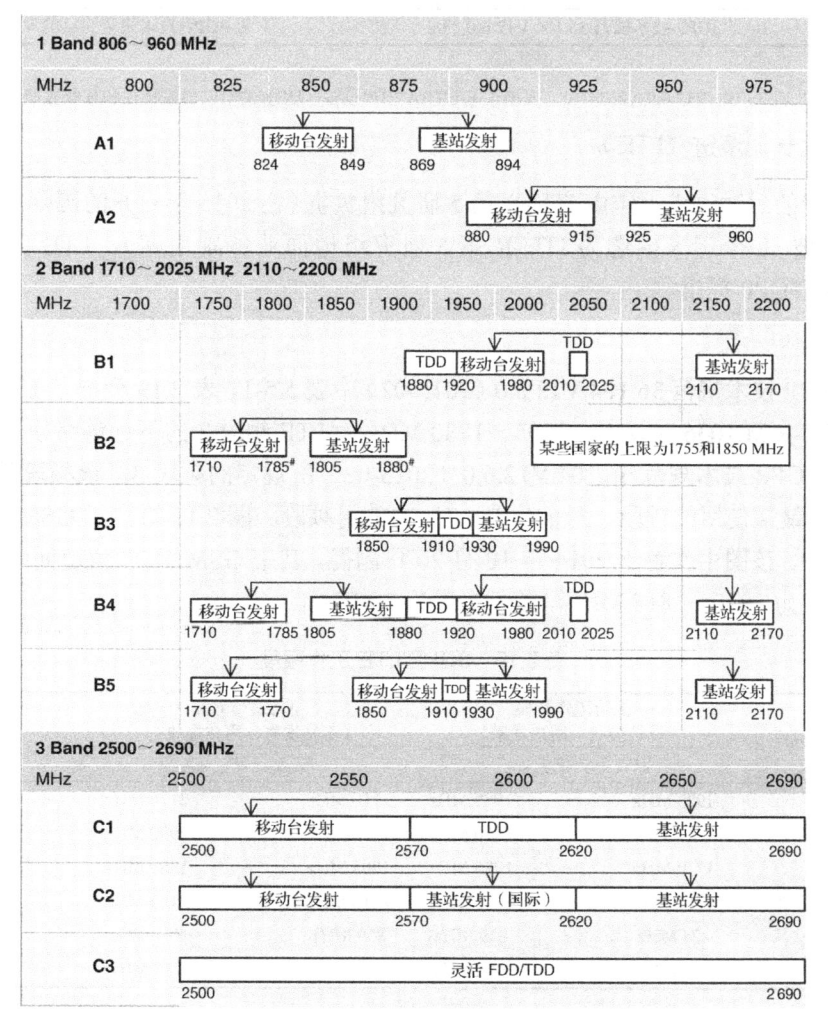

图 2.10 国际电联建议 IMT-2000 所使用的频段（来源：ITU-R M.1036 建议书中图 3 和图 4。数据引用获得许可）

国家主管部门负责这些频段中全部和部分频率的分配。表 2.18[1]给出了 IMT-Advanced 标准的相关参数。

网络接入技术的选择需要综合考虑移动设备的尺寸、电池功率、处理器能耗和对人体的危害等因素。因此，蜂窝网络上行链路的容量受到很大限制，上行链路和下行链路的预算也不同。

表 2.18 IMT-Advanced 标准的相关参数

参数	IMT-Advanced			
	基站		移动台	
	FDD	TDD	FDD	TDD
双工模式	FDD	TDD	FDD	TDD
接入技术	OFDM		SC-FDMA	
调制参数	QPSK、16 QAM、64 QAM			
最大输出功率	见 3GPP 技术规范 36.104 V12.6.0（2015-02），§6.2		见 3GPP 技术规范 36.101 V12.6.0(2014-12)，§6.2	
功率动态范围*	见 3GPP 技术规范 36.101 V12.6.0（2014-12），§6.3			
接收机噪声系数	5 dB（宏小区）、10 dB（微小区）、13 dB（微微小区）		9 dB	
参考灵敏度	见 3GPP 技术规范 36.104 V12.6.0,§7.2		见 3GPP 技术规范 36.101 V12.6.0,§7.3	

备注：
*3GPP 技术规范 36.101 V12.6.0（2014-12）提出了 E-UTRA 用户设备（UE）的最低射频特性和最低性能需求（第 12 版）。

2.3.4.2 长期演进（LTE）

LTE 标准的后续改进工作由 ITU-R 第 5 研究组负责（在 2015 年召开的国际电联无线电全会上，作者被 88 个国家推选为 ITU-R 第 5 研究组地面业务副主席）。LTE 标准（也称为 E-UTRA）由 3GPP 提出。

LTE 频段

根据 3GPP 技术规范 36.104 V12.6.0（2015-02）中表 5.5-1，表 2.19 列出了 LTE 工作频段。

根据 ITU-R M.1036 建议书，1805～1880 MHz 为 LTE 频段 2 的下行链路使用频段。同时该频段也是 3GPP 技术规范 36.104 V12.6.0（2015-02）所规定的频段 3。该频段是 GSM-1800（DCS-1800）最常使用的频段，目前也是 LTE 的常用频段。图 2.11 给出了 GSM-1800 下行链路实测频谱图。该图由作者于 2014 年 10 月 20 日测得，其中 GSM-1800 信道间隔为 200 kHz，LTE 使用频段为 1810～1815 MHz，频段宽度为 5 MHz。

表 2.19 3GPP LTE 工作频段

E-UTRA 工作频段	上行工作频段（基站接收、用户发射） $F_{UL\_low}\sim F_{UL\_high}$			下行工作频段（基站发射、用户接收） $F_{DL\_low}\sim F_{DL\_high}$			双工模式
1	1920 MHz	～	1980 MHz	2110 MHz	～	2170 MHz	FDD
2	1850 MHz	～	1910 MHz	1930 MHz	～	1990 MHz	FDD
3	1710 MHz	～	1785 MHz	1805 MHz	～	1880 MHz	FDD
4	1710 MHz	～	1755 MHz	2110 MHz	～	2155 MHz	FDD
5	824 MHz	～	849 MHz	869 MHz	～	894 MHz	FDD
6*	830 MHz	～	840 MHz	875 MHz	～	885 MHz	FDD

---

① 表 2.18 中数据源于 ITU-R M.2292 报告中表 1，略有改动。

第 2 章 主要无线电业务

续表

E-UTRA 工作频段	上行工作频段 （基站接收、用户发射） $F_{UL\_low} \sim F_{UL\_high}$			下行工作频段 （基站发射、用户接收） $F_{DL\_low} \sim F_{DL\_high}$			双工模式
7	2500 MHz	~	2570 MHz	2620 MHz	~	2690 MHz	FDD
8	880 MHz	~	915 MHz	925 MHz	~	960 MHz	FDD
9	1749.9 MHz	~	1784.9 MHz	1844.9 MHz	~	1879.9 MHz	FDD
10	1710 MHz	~	1770 MHz	2110 MHz	~	2170 MHz	FDD
11	1427.9 MHz	~	1447.9 MHz	1475.9 MHz	~	1495.9 MHz	FDD
12	699 MHz	~	716 MHz	729 MHz	~	746 MHz	FDD
13	777 MHz	~	787 MHz	746 MHz	~	756 MHz	FDD
14	788 MHz	~	798 MHz	758 MHz	~	768 MHz	FDD
15	Reserved			Reserved			FDD
16	Reserved			Reserved			FDD
17	704 MHz	~	716 MHz	734 MHz	~	746 MHz	FDD
18	815 MHz	~	830 MHz	860 MHz	~	875 MHz	FDD
19	830 MHz	~	845 MHz	875 MHz	~	890 MHz	FDD
20	832 MHz	~	862 MHz	791 MHz	~	821 MHz	FDD
21	1447.9 MHz	~	1462.9 MHz	1495.9 MHz	~	1510.9 MHz	FDD
22	3410 MHz	~	3490 MHz	3510 MHz	~	3590 MHz	FDD
23	2000 MHz	~	2020 MHz	2180 MHz	~	2200 MHz	FDD
24	1626.5 MHz	~	1660.5 MHz	1525 MHz	~	1559 MHz	FDD
25	1850 MHz	~	1915 MHz	1930 MHz	~	1995 MHz	FDD
26	814 MHz	~	849 MHz	859 MHz	~	894 MHz	FDD
27	807 MHz	~	824 MHz	852 MHz	~	869 MHz	FDD
28	703 MHz	~	748 MHz	758 MHz	~	803 MHz	FDD
29	N/A			717 MHz	~	728 MHz	FDD**
30	2305 MHz	~	2315 MHz	2350 MHz	~	2360 MHz	FDD
31	452.5 MHz	~	457.5 MHz	462.5 MHz	~	467.5 MHz	FDD
...							
33	1900 MHz	~	1920 MHz	1900 MHz	~	1920 MHz	TDD
34	2010 MHz	~	2025 MHz	2010 MHz	~	2025 MHz	TDD
35	1850 MHz	~	1910 MHz	1850 MHz	~	1910 MHz	TDD
36	1930 MHz	~	1990 MHz	1930 MHz	~	1990 MHz	TDD
37	1910 MHz	~	1930 MHz	1910 MHz	~	1930 MHz	TDD
38	2570 MHz	~	2620 MHz	2570 MHz	~	2620 MHz	TDD
39	1880 MHz	~	1920 MHz	1880 MHz	~	1920 MHz	TDD
40	2300 MHz	~	2400 MHz	2300 MHz	~	2400 MHz	TDD
41	2496 MHz	~	2690 MHz	2496 MHz	~	2690 MHz	TDD
42	3400 MHz	~	3600 MHz	3400 MHz	~	3600 MHz	TDD
43	3600 MHz	~	3800 MHz	3600 MHz	~	3800 MHz	TDD
44	703 MHz	~	803 MHz	703 MHz	~	803 MHz	TDD

来源：3GPP 技术规范 36.104 V12.6.0（2015-02）中表 5.5-1。

备注：

*频段 6 未使用。

**当 E-UTRA 工作在载波聚合模式时，频段 29 的使用受到限制。载波聚合模式支持主小区配置，且下行链路工作频段与上行链路工作频段配对使用。

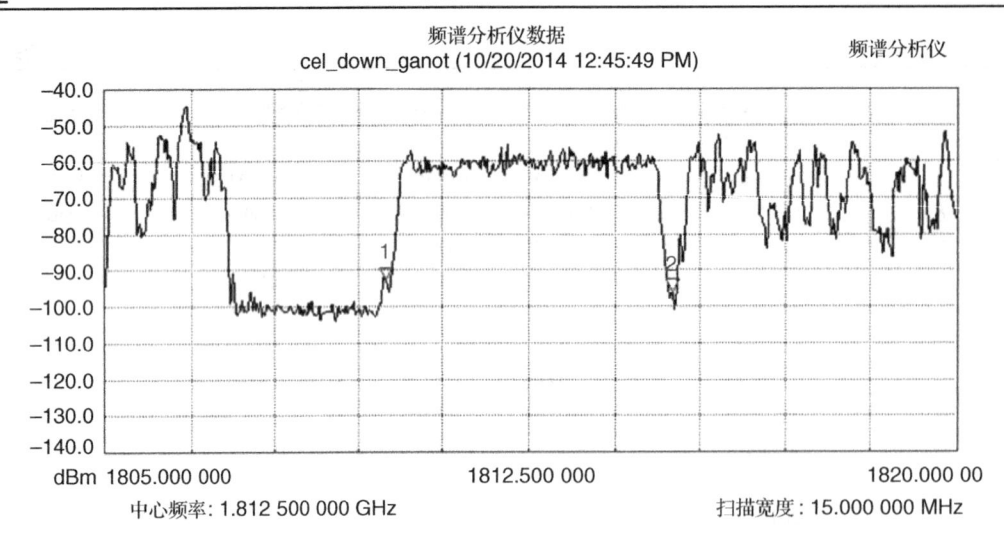

图 2.11　GSM-1800 下行链路实测频谱图（GSM-1800 和 LTE 邻近频段）

LTE 网络架构

蜂窝小区的通信功能主要基于无线电接入网络（RAN）实现。LTE-Advanced 无线电接入网络为包含多类节点的扁平结构，其中 eNodeB 节点为模块化基站，且为网络其他部分提供连接服务。每个 eNodeB 节点通过基频单元控制工作在多个频率/频段上的射频拉远头（RRH）/远端射频单元（RRU）。eNodeB 节点通过 S1 接口与服务网关（S-GW）相连，与用户和移动管理实体的连接分别基于 S1-u 和 S1-c。为实现无线电接入网络的负载和冗余共享，每个 eNodeB 节点可与多个 MME/S-GW 连接。

多个 eNodeB 节点之间通过 X2 接口连接，以支持主动移动和多小区无线资源管理（RRM），如小区间干扰协调（ICIC）。图 2.12 描绘了 LTE 无线电接入网络接口。

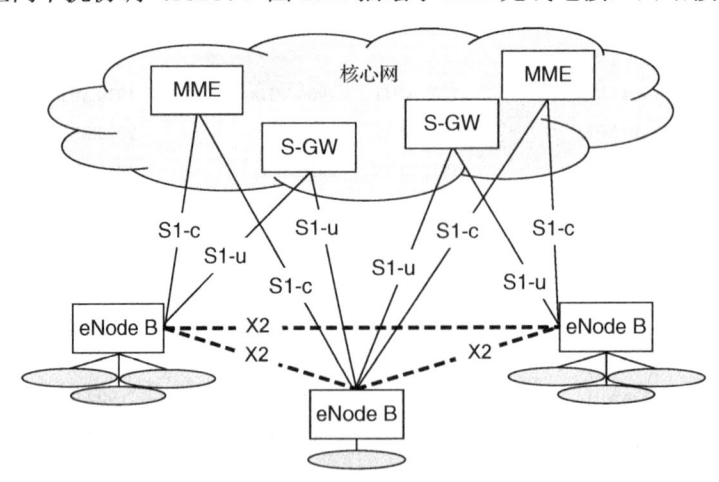

图 2.12　LTE 无线电接入网络接口（来源：ITU-R M.2012 建议书中图 1）

LTE 复用模式——OFDM

OFDM 是一种频率复用调制技术，它将一个通信信道分为若干频率间隔相等的频带，每个频带用来传输无线电信号的一部分或子信号。由于 OFDM 具有较好的抗多径传播性能（对信号散射敏感），因此特别适合用于宽带通信系统。相比宽带 CDMA 系统，OFDM 系统具有易部署、复杂度低等优点。正交频分多址（OFDMA）是 OFDM 系统的多址形式，它将多个子载波集（数据块）分配给不同的用户，从而实现多用户接入。

LTE 的下行链路基于 OFDMA，上行链路基于单载波（SC）SC-FDMA。相比仅采用 OFDM 的上行链路传输，采用 SC-FDMA 后，链路的峰值平均功率比（PAPR）更低。

2.4 固定点对点业务和单点对多点业务

2.4.1 固定业务简介：固定网络和移动回程

2.4.1.1 固定业务（FS）技术的现状和发展

国际电联《无线电规则》第 1 条第 120 款将固定业务定义为指定固定点之间的无线电通信业务。对于发射和接收均为固定的端到端通信传输，光纤、铜缆、无线接力或对地静止卫星均可提供相应的物理网络。其中定向点对点微波链路由于应用时间较早且部署灵活，目前仍被广泛使用；光纤通信具有通信容量和距离优势，目前正处于应用增长期；铜缆尽管仍具有传输距离和性能优势，但目前的应用范围已经开始逐渐缩小。对于语音通信，达到正常语音质量所需的带宽为 4 kHz，采样频率为 8 kHz（最高语音频率的 2 倍），量化编码个数为 8 比特/采样，因此无压缩数字语音（窄带信道）的标准速率为 64 kbps（8 kHz×8 bits）。例如，E1[①]数据速率为 2.048 Mbit/s，采用 32 个速率为 64 kbps 的信道，传输每个 1 级同步模块（STM-1）所需信道速率为 64 kbit/s。其中 STM-1（线路速率为 155 520 bps）为同步数字架构（SDH）的基本传输帧。

随着射频带宽和调制技术的不断发展，无线通信的传输带宽已达 40 Gbps。频率越高，如频段 6L、6U、7、8、10、11、13、15、18、23、26、28、32、42、60、70/80 GHz（频段 E），则能够提供的射频带宽越宽。4 QAM 至 2048 QAM 自适应和智能调制、多用户技术和 4×4 多输入多输出（MIMO）技术正逐步得到应用。通过采用窄波束"4 类"天线，信道的复用率可从 80 提高至 150。

通过采用小基站的方法（如飞蜂窝和 Wi-Fi）有助于分散网络覆盖，提高网络容量，详见 3.6.1 节中关于 Wi-Fi 和分载的内容。随着无线电频谱的日益稀缺，通信传输所使用的频段越来越高，如 30～300 GHz 毫米波和 300~3000 GHz 丝米波。因此，未来天线将越来越小，发射机和接收机尺寸将变小，而处理能力将提高。

2.4.1.2 乡村、城市和市郊的宏蜂窝和小蜂窝

采用全向接入天线的单点对多点（P-MP）系统主要服务于一定区域内独立住宅用户。根据区域内服务对象及其部署特点，P-MP 系统的服务区（最后一公里或首公里）半径约为 1 km。同时，通过采用喇叭天线，P-MP 系统还可服务于城区中未安装有线网络的多层住宅用户。此外，通过无线终端（WT）装置，P-MP 系统可供多 IP 用户端接入。图 2.13 描绘了宽带无线接入（BWA）服务区示意图。

---

① E1 和 T1 分别为欧洲和北美数字传输术语。两者的主要区别是：E1 数据速率为 2.048 Mbit/s，T1 数据速率为 1.544 Mbit/s。T1 格式采用 24 个基带速率为 64kbps 的窄带信道（=1.536 Mbit/s）和一个引导信道（=8 kbit/s），总数据速率为 1.544 Mbit/s。

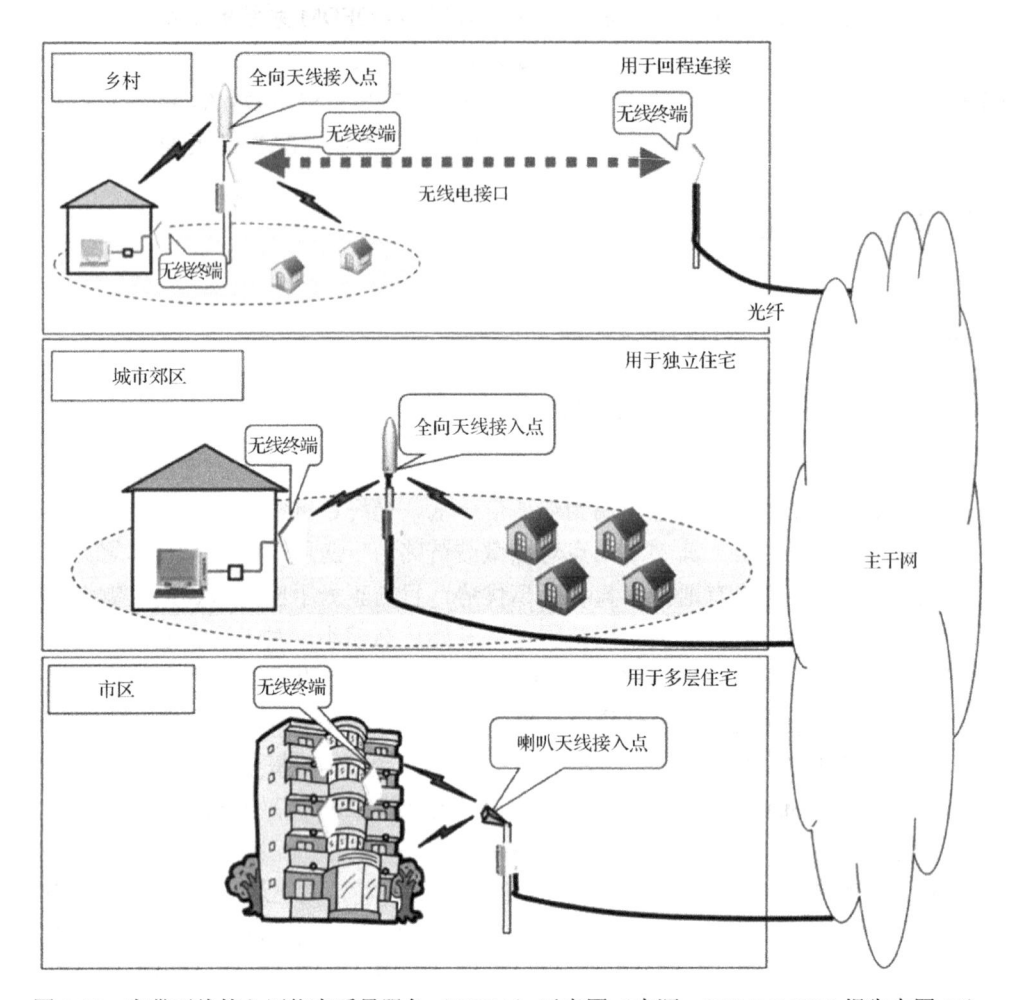

图 2.13　宽带无线接入网络高质量服务（HQSA）示意图（来源：ITU-R F.2086 报告中图 11）

2.4.2　固定业务的部署和性能

2.4.2.1　部署拓扑

- 点对点（P-P）系统中，由单台站直接向另一台站发送信息。局域网（LAN）、城域网（MAN）和蜂窝移动通信网络的回传链路也属于点对点系统。
- 单点对多点（P-MP）系统中，所有数据流量（数据、语音或多媒体）均由基站发射。基站可通过单个无线电链路及室内分布式系统，向独立住宅、多层住宅中的多个用户或单层住宅的多个用户发送信息，同时还可通过转发器扩大覆盖范围。通过部署宽带无线接入（BWA）基站，可构成连续或点状式蜂窝小区。
- 多点对多点（MP-MP）系统中，无线网格网络由无线节点构成，这些无线节点既可能是用户台，也可能是无发射源或接收端的中继节点，还可能是与其他网络的接口点（PoI）。只要网络中存在一条分集路由，该网络即被称为"具有网格网络拓扑的多点对多点系统"。单点对多点系统是网格网络的简化形态。

- 组合部署是由 P-P、P-MP 和 MP-MP 无线网络构成的混合拓扑形式。网络中的基站与其自身用户连接，也通过主干网或 ad-hoc 网络与其他网络连接。

2.4.2.2 性能目标

数字固定无线系统是国际通道的重要组成部分。确保数字通信链路的服务质量和可用性是固定无线链路工程的基本目标。电波传播效应、设备故障、人为干涉、干扰、太阳黑子（主要影响 HF 频段）和其他因素都有可能影响固定无线系统的服务质量和可用性。链路可用性和差错性能的影响机理不尽相同，如降雨主要影响链路可用性，而多径传播主要影响差错性能指标（EPO）。

ITU-T G.826 建议书给出的有关固定业务（FS）性能的基本术语如下。

- 准同步数字体系（PDH）：一种通过数字通道传输大量数据的通信技术。
- 同步数字体系（SDH）：同步数字体系数字通道是一种通过终端设备之间的分层传输网络携带 SDH 有效载荷和相关开销的数字通道。
- 数字连接：数字连接的性能指标是每个方向电路切换连接的比特速率，为 $N×64$ kbit/s $[1≤N≤24（或≤31）]$。
- 数据块：是与通道有关的一系列连续比特。每个比特属于一个或仅属于一个数据块。连续比特在时间上可能并不连续。
- 假设参考通道（HRP）：是指在信号产生和终止设备之间以规定速率传输数字信号（包括通道开销）的各种方式的总称。端到端 HRP 之间的距离可达 27 500 km。HRX 为假设参考连接。

ITU-R F.2086 报告指出，固定业务应确保信息传输的服务质量。相关协议标准根据通信资源优先权，规定了业务所需的接口和程序。对于基于 27 500 km 假设参考通道和连接的实际数字固定无线链路，目前仍在使用的相关 ITU 建议书包括：

- ITU-R F.1703 建议书规定了可用性指标。
- ITU-R F.1668 建议书详细说明了差错性能指标（EPO）。
- ITU-T G.827 建议书《端到端国际常用比特率数字通道的可用性性能参数和指标》及 ITU-T G.826 建议书《国际常用比特率数字通道和连接的端到端差错性能参数和指标》两者在性能、服务质量和差错性能指标方面参考了 ITU-R F.1703 建议书和 ITU-R F.1668 建议书。

图 2.14 来源于 ITU-R F.1668 建议书和 ITU-R F.1703 建议书中图 1。图 2.15 来源于 ITU-R F.1668 建议书中图 3 及 ITU-R F.1703 建议书中图 4。这两个图描绘了假设参考通道国家部分的基本组成和典型配置。

针对 27 500 km 国际数字通道，表 2.20 和表 2.21 根据 ITU-T 建议书，给出了差错性能指标和端到端可用性性能指标。表 2.20 中数据基于 ITU-T G.826 建议书中表 1（未包含注释）。

ITU-R F.758 建议书规定了在具有相同地位的主要业务干扰下，差错性能（EP）或可用性性能降级指标为 10%。表 2 给出了多径衰落所引起的差错性能降级指标。表 3 给出了降雨衰落所引起的可用性性能降级指标。更多性能降级指标可参考 ITU-R F.1094 建议书和 ITU-R F.1565 建议书。

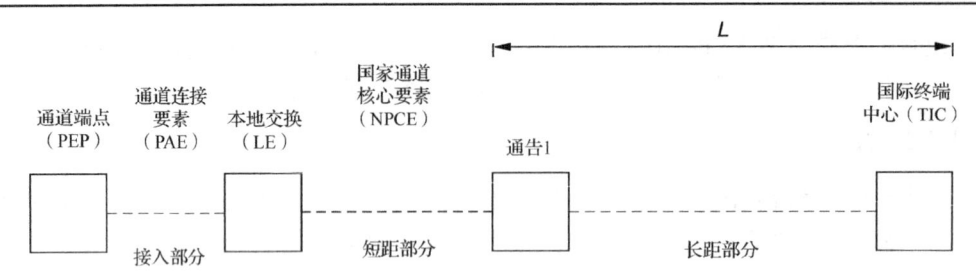

接入：接入网络部分，包括PEP和相应的本地接入切换中心/交叉连接器LE之间的连接，它相当于PAE
短距：短距网络部分，包括本地接入切换中心/交叉连接器LE和PC、SC或TC（取决于网络架构）之间的连接
长距：长距网络部分，包括PC、SC或TC（取决于网络架构）与相应国际网关（IG）之间的连接

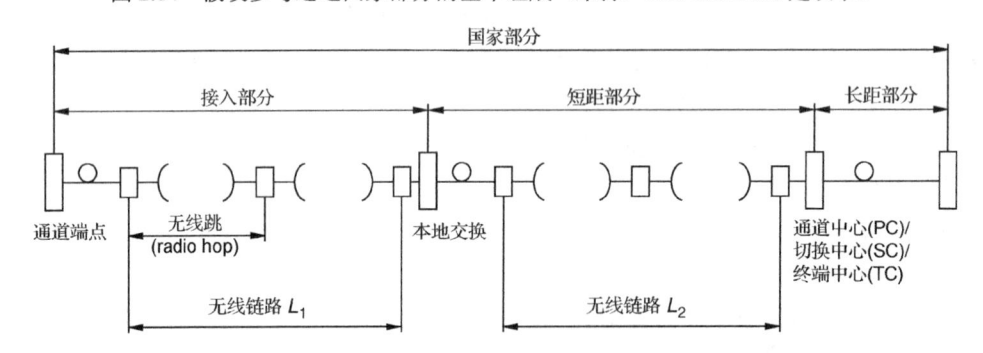

图 2.14 假设参考通道国家部分的基本组成（来源：ITU-R F.1668 建议书）

图 2.15 假设参考通道国家部分的典型配置（来源：ITU-R F.1668 建议书中图 3）

表 2.20 假设参考连接或假设参考通道的差错性能指标

	连接	通道				
速率	64 kbit/s 到主速率	1.5~5 (Mbit/s)	>5~15 (Mbit/s)	>15~55 (Mbit/s)	>55~160 (Mbit/s)	>160~3500 (Mbit/s)
bits/数据块	未使用	800~5000	2000~8000	4000~20 000	6000~20 000	15 000~30 000
ESR	0.04	0.04	0.05	0.075	0.16	—
SESR	0.002	0.002	0.002	0.002	0.002	0.002
BBER	未使用	2×10^{-4}	2×10^{-4}	2×10^{-4}	2×10^{-4}	10^{-4}

来源：表 2.20 基于 ITU-T G.826 建议书中表 1（无注释）。

备注：ESR——差错秒率；SESR——严重差错秒率；BBER——后台数据块差错率。根据 ITU-T G.827 建议书，表 2.21 规定了端到端可用性能。

表 2.21 假设参考通道等于或高于主速率的性能指标

速率	1.5 Mbit/s~40 Gbit/s	
	AR*（%）	OI**
高优先级	98	70
标准优先级	91	250

来源：基于 ITU-T G.827 建议书。

备注：

*AR：可用率。

**OI：异常强度——每次测量中异常点的数量，OI 值基于 4 h 平均恢复时间（MTTR）。

2.4.3 视距（LoS）和非视距（NLoS）链路

2.4.3.1 频率对固定链路的影响

频率对无线电波传播的许多特性具有重要影响，如障碍物和大气对固定业务无线链路的传播衰减与频率密切相关，详见 5.6 节。固定业务信号传输需经过多种大气环境（电离层、大气层、超地平线），包含视距、非视距①和绕射等多种传输模式。在光滑地表传输模式下，没有地物和人造障碍物影响，地球曲率是影响视距传输的唯一限制因素。频率越高，对障碍物的影响越敏感，具体见 5.6.8 节。因此，固定无线系统（FWS）一般工作在较低频段，且相比使用较高频率的无线系统，传播距离相对较远。当工作频率小于 6 GHz 左右时，系统可在非视距传输模式下工作。当工作频率大于 6 GHz 左右时，受到建筑物、大气，以及雨雪、尘埃等影响，信号传输会产生较大衰减，因而确保信号视距传输非常重要。

2.4.3.2 HF（3～30 MHz）频段点对点链路

微波能够穿透电离层继续传播，短波则会受到电离层反射返回地面。非视距短波链路会在不同高度（50～300 km）上受到不同层（D、E、F1 和 F2）电离层的反射，超视距传输距离可达几千千米。由于电离层反射所造成的传播衰减与时间、入射波频率、电子密度和太阳活动等密切相关，因此很难精确预测短波链路服务质量（QoS）。ITU-R F.1610、F.1761、F.1762 和 F.1812 建议书对短波固定业务无线电系统的规划、设计、部署、特性和增强应用做出了详细说明。

短波传输涉及从地面发射机到电离层再返回到地面接收机整个链路，其电波传播损耗的计算应采用自由空间传播模型，详见 5.6.2 节有关弗里斯传输方程和自由空间传播损耗计算公式。

2.4.3.3 VHF/UHF/SHF（30 MHz～30 GHz）频段点对点链路

ITU-R F.2060 报告基于 3.4 GHz 以上频段 IMT-2000 传输网络所使用的点对点和单点对多点系统的射频带宽和调制方式，给出了系统的工作特性和容量要求。ITU-R F.2086 报告给出了固定业务宽带无线接入系统的技术、工作特性和应用信息。

2.4.3.4 EHF（30～300 GHz）（主要是 60/70/80/95/120 GHz）频段点对点链路

对于特定距离 d 和波长 λ，自由空间传播损耗计算公式为 $20\log\left(\dfrac{4\pi d}{\lambda}\right)$，具体见 ITU-R P.525 建议书。通常传播损耗随频率 $f = c_0/\lambda$（c_0 为光速）的升高而变大。当频率高于 15 GHz 时，尘埃、雨和大气的影响将占主导地位，具体见 5.6.6 节、ITU-R P.676 建议书、ITU-R P.2001 建议书和 ITU-R F.2107 报告。

2.4.4 固定无线系统（FWS）和宽带无线接入（BWA）系统

根据 ITU-R F 系列建议书（针对频率配置）被批准年份信息，图 2.16 给出了固定业务带宽变化趋势图。2002 年前，单个信道最大射频带宽和 18 GHz 频段总带宽分别为 220 MHz 和

---

① 有些技术利用绕射作用能使系统在近似视距条件下工作。

2000 MHz。2012 年，为开展 71～76 GHz 和 81～86 GHz 频段无线电信道和数据块配置，ITU-R F.2006 建议书给出的单信道带宽达 5 GHz，将数据传输提高至吉比特级。

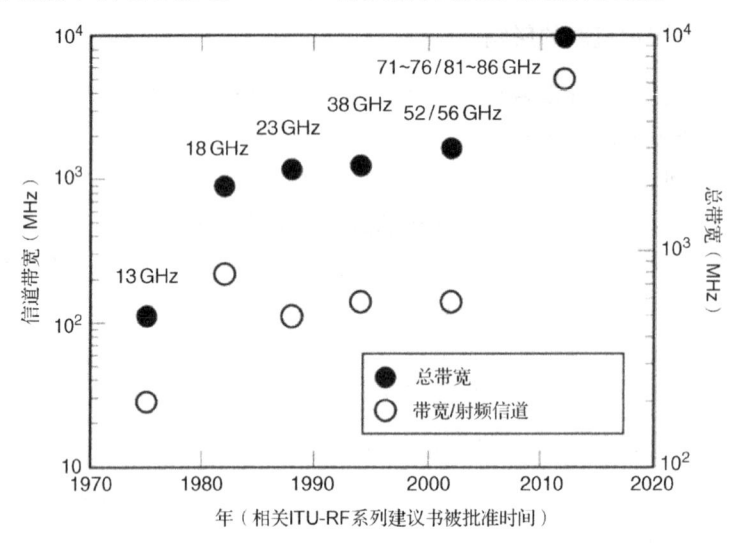

图 2.16 带宽变化趋势（来源：国际电联关于固定业务频率使用及未来趋势的新报告）

2.4.4.1 FWS 和 BWA 系统的典型距离和带宽

截至 2014 年年底，固定无线系统（FWS）和宽带无线接入（BWA）系统的典型参数如下。

- 时分多址（TDM）向 E1s、STM-1 和 STM-4 提供的容量。
- STM-4（622 Mbit/s）或吉比特以太网通过高容量连接提供 10 Gbps（室外试验速率为 100 Gbps）传输速率。
- 在 71～76 GHz 和 81～86 GHz 频段，载波能够传输 112 MHz 信道带宽，单信道带宽达 5 GHz（总带宽为 10 GHz），辅助信道带宽为 250 MHz，具备信道聚合能力和较强的空间频率复用能力。
- 可实现 4 QAM 至 2048 QAM（10 比特/符号）智能调制。
- 在相对较低频率上可实现的通信距离为：
  ➢ 每跳距离为 50 km，可用性达 99.999%；
  ➢ 实际部署距离达 80 km。

2.4.4.2 FWS 和 BWA 系统的参数和工作特性

ITU-R F.755 建议书介绍了固定业务单点对多点系统的参数和工作特性。ITU-R F.758 建议书详细介绍了系统参数，以及用于数字固定无线系统与其他系统共存分析的指标。ITU-R F.2086 报告介绍了固定宽带无线接入系统的技术和工作特性及应用。ITU-R F.2108 报告详细介绍了不同频段的系统参数。

2.4.5 可用无线电频谱和频率规划

微波系统既可能工作在授权频段，也可能工作在非授权频段。ITU-R F.746 建议书给出了固定业务无线系统的射频信道和模块配置。

2.4.5.1 授权和非授权频段的固定无线系统

基于非授权、无干扰、不受保护的原则,固定无线系统可工作在 2400~2500 MHz(中心频率为 2450 MHz)这一 ISM(工业、科学和医疗)频段,具体见 ITU-R F.1243 建议书及国际电联《无线电规则》第 1.15 款[工业、科学和医疗(ISM)应用(射频能量)是指:服务于工业、科学、医疗、家庭或类似领域,用于产生和使用本地射频能量的设备或装置的运行,用于电信领域的设备除外],具体见 3.1.2 节。

由于电波传播损耗和大气衰减作用,工作在 30 GHz 以上频段的固定链路产生干扰的可能性较低,因此,大多数非授权频段位于 30 GHz 以上。

2.4.5.2 固定业务系统的频率配置

ITU-R F.746 建议书给出了建立固定无线系统频率配置的指南,主要是对目前分散在多个建议书中的固定无线系统信道配置(CA)方案进行汇总,并提出了新的信道配置。目前有关固定无线系统射频信道配置的 ITU-R 建议书见表 2.22。

表 2.22 固定无线系统信道和模块配置

序号	频段	ITU-R 建议书	序号	频段	ITU-R 建议书	序号	频段	ITU-R 建议书
1	406.1~450 MHz	F.1567	10	5925~6425 MHz	F.383	19	21.2~23.6 GHz	F.637
2	1350~1530 MHz	F.1242	11	6425~7125 MHz	F.384	20	25 GHz、26 GHz、28 GHz	F.748
3	1350~2690 MHz	F.701	12	7110~7900 MHz	F.385	21	31.8~33.4 GHz	F.1520
4	1900~2300 MHz	F.1098	13	7725~8500 MHz	F.386	22	36~40.5 GHz	F.749
5	2290~2670 MHz	F.1243	14	10.0~10.68 GHz	F.747	23	CA 和模块在 40.5~43.5 GHz	F.2005
6	2 GHz、4 GHz	F.382	15	模块在 10.15~10.3 GHz、10.5~10.65 GHz	F.1568	24	51.4~52.6 GHz	F.1496
7	模块在 3400~3800 MHz	F.1488	16	10.7~11.7 GHz	F.387	25	CA 和模块在 71~76 GHz、81~86 GHz	F.2006
8	3400~4200 MHz	F.635	17	14.4~15.35 GHz	F.636	26	92~95 GHz	F.2004
9	4400~5000 MHz	F.1099	18	17.7~19.7 GHz	F.595			

2.5 卫星通信

2.5.1 卫星通信的定义

国际电联《无线电规则》第 1 条第 I 节《通用术语》第 1.8 款将空间无线电通信定义为:"包括利用一个或多个空间电台或者利用一个或多个反射卫星,或者利用空间其他物体所进行的任何无线电通信。"其他空间术语的定义参见《无线电规则》有关条款和 ITU-R S.673 建议书。

2.5.1.1 《无线电规划》中空间无线电业务的定义

根据《无线电规则》第 1 条第 III 节,表 2.23 给出了空间无线电业务的定义。

表 2.23 《无线电规则》第 1 条给出的空间无线电业务的定义

《无线电规则》条款	空间无线电业务的定义
1.21	卫星固定业务：利用一个或多个卫星在处于给定位置的地球站之间的无线电通信业务，该给定位置可以是一个指定的固定地点或指定区域内的任何一个固定地点
1.22	卫星间业务：在人造地球卫星之间提供链路的无线电通信业务
1.23	空间操作业务：仅与空间飞行器的操作，特别是与空间跟踪、空间遥测和空间遥令有关的无线电通信业务
1.25	卫星移动业务：在移动地球站和一个或多个空间电台之间的一种无线电通信业务，或者该业务所利用的各空间电台之间的无线电通信业务，或者利用一个或多个空间电台在移动地球站之间的无线电通信业务。该业务也可以包括其运营所必需的馈线链路
1.27	卫星陆地移动业务：其移动地球站位于陆地上的一种卫星移动业务
1.29	卫星水上移动业务：其移动地球站位于船舶上的一种卫星移动业务，营救器电台和应急示位无线电信标电台也可参与此种业务
1.35	卫星航空移动业务：其移动地球站位于航空器上的一种卫星移动业务，营救器电台和应急示位无线电信标电台也可参与此种业务
1.36	卫星航空移动（R）*业务：供主要与沿国内或国际民航航线的飞行安全和飞行正常有关的通信使用的卫星航空移动业务。*（R）航线
1.37	卫星航空移动（OR）**业务：供主要国内和国际民航航线以外的通信使用的卫星航空移动业务，包括那些与飞行协调有关的通信。**（OR）航线以外
1.39	卫星广播业务：利用空间电台发送或转发信号，以供公众直接接收（包括个体接收和集体接收）的无线电通信业务
1.41	卫星无线电测定业务：利用一个或多个空间电台进行无线电测定的无线电通信业务
1.43	卫星无线电导航业务：用于无线电导航的卫星无线电测定业务
1.45	卫星水上无线电导航业务：地球站位于船舶上的卫星无线电导航业务
1.46	航空无线电导航业务：有利于航空器飞行和航空器安全运行的无线电导航业务
1.47	卫星航空无线电导航业务：地球站位于航空器上的卫星无线电导航业务
1.49	卫星无线电定位业务：用于无线电定位的卫星无线电测定业务

2.5.1.2 《无线电规则》中空间无线电电台、系统、网络和链路的定义

表 2.24 给出了空间无线电电台、系统、网络和链路的定义。

表 2.24 《无线电规则》第 1 条第 IV 节给出的空间无线电电台、系统、网络和链路的定义

《无线电规则》条款	空间无线电电台、系统、网络和链路的定义
1.63	地球站：位于地球表面或地球大气层主要部分以内的电台
1.64	空间电台：位于地球大气层主要部分以外的物体上，或者位于准备超越或已经超越地球大气层主要部分的物体上的电台
1.68	移动地球站：用于卫星移动业务、专供移动时或在非指定地点停留时使用的地球站
1.70	陆地地球站：用于卫星固定业务或有时用于卫星移动业务、位于陆地上某一指定的固定地点或指定的区域内、为卫星移动业务提供馈线链路的地球站
1.110	空间系统：一组为特定目的而相互配合进行空间无线电通信的地球站和（或）空间电台
1.111	卫星系统：使用一个或多个人造地球卫星的空间系统
1.112	卫星网络：仅由一个卫星及其相配合的多个地球站组成的卫星系统或卫星系统的一部分
1.113	卫星链路：一个发射地球站与一个接收地球站间通过一个卫星所建立的无线电链路。一条卫星链路由一条上行链路（上行线）和一条下行链路（下行线）组成
1.114	多卫星链路：一个发射地球站与一个接收地球站间通过两个或多个卫星、不经过任何其他中间地球站所建立的无线电链路。多卫星链路由一条上行链路、一条和多条卫星至卫星间链路及一条下行链路组成

续表

《无线电规则》条款	空间无线电电台、系统、网络和链路的定义
1.115	馈线链路：从一个设在给定位置上的地球站到一个空间电台，或从一个空间电台到一个设在某固定点的地球站的无线电链路，用于除卫星固定业务以外的空间无线电通信业务的信息传递。给定位置可以是一个指定的固定地点，或指定区域内的任何一个固定地点

2.5.1.3 ITU-R S.673 建议书中有关空间业务术语

ITU-R S.673 建议书《空间无线电通信相关术语和定义》给出的有关空间无线电通信的定义如下。卫星是指围绕着另一个质量远大于其本身的物体旋转的物体，其运行主要并长久地由前者的引力决定。空间飞行器是指飞往地球大气层主要部分以外的人造飞行器。同步卫星是指公转周期与轨道中央星自转周期相同的卫星。静止卫星是指与轨道中央星保持相对静止的卫星。注意：静止卫星必须是轨道位于赤道上空大圆形轨道、相对轨道中央星静止不动的同步卫星。地球静止卫星是以地球为主天体的静止卫星。

（卫星或空间中其他物体）的轨道根数用来定义空间中物体的轨道姿态、维度、位置和运行周期相对于某参照系的参数。地球静止卫星轨道是所有地球静止卫星的特定轨道。地球同步卫星是一种与地球同步运行的卫星，其中地球自转周期为 23 h 56 min。（卫星）倾斜轨道是指介于赤道和极地轨道之间的卫星轨道。近地轨道（LEO）是指高度为海平面以上 1000 km 左右的卫星轨道。中地球轨道（MEO）是指高度为海平面以上 10 000 km 左右的卫星轨道。

2.5.2 卫星轨道和卫星业务

卫星主要用于商业、政府/军事、科学、研究和天文等领域。为避免地面障碍物对信号影响，满足全部服务质量要求，卫星的仰角（卫星与地平面的最小夹角）一般应大于5°。若要实现对极地地区的覆盖，卫星的仰角也可能小于5°。有关卫星通信的历史背景信息可参见国际电联《卫星通信手册》（SAT HB）第 2～5 页。该手册第 359 页还比较分析了通信卫星的轨道信息。表 2.25[①]汇总了卫星主覆盖性能和链路限制情况。

2.5.2.1 地球静止轨道（GSO 或 GEO）

地球静止轨道（GSO）也称为对地静止轨道（GEO）或地球同步赤道轨道（GEO）。卫星轨道分为地球静止轨道、非地球同步轨道或非地球静止轨道（NGSO）。其中 NGSO 也称为非 GSO 或非 GEO。GSO 卫星的轨道位于地球赤道上空的大圆，角度间隔约为 1°，能够容纳 360 个卫星[②]。GSO 和 GEO 轨道高度为赤道上空 35 786 km（22 236 mi），方向为地球自转方向。国际电联《无线电规则》第 22 条第Ⅲ节（第 27 款，空间电台的位置保持）指出，装载在地球静止卫星上的空间电台使用分配给卫星固定业务或卫星广播业务频率时，第 22.7 款（a）规定"应具备将卫星位置维持在±0.1°经度范围内的能力"。[③]

假设信号在卫星上的传输和处理时间为 0，对位于与卫星轨位经度相同的赤道地球站，则

---

① 表 2.25 中数据来源于《卫星通信手册》中表 6.1，并做了多处修改，包括增添了"科学任务"一栏，并对最后一行"系统举例"进行了修改。

② 目前，有些轨位包含多个卫星。例如，挪威电信（挪威）3 个卫星位于西经 0.8°。此外，还存在同位卫星网络或共用频段卫星。

③ 进入 21 世纪后，卫星通常将其位置维持在±0.05°东经/西经范围。

无线电信号从地球至卫星再从卫星返回地球的时长约为 $0.24\text{s}\left(=\dfrac{36\,000\times 2}{300\,000}\right)$[①]。根据地球静止卫星与地球之间的距离，可计算出信号经两个地面站（存在信号延迟）再经卫星转发的传输时间约为 0.275 s[②]。对于地球静止卫星，通常无须动态跟踪卫星的位置[③]。

一颗地球静止轨道卫星最多可覆盖地球表面的 40%。为实现卫星对全球或区域覆盖，需要将卫星组网，如采用 3 颗卫星就可实现全球覆盖。只要通信双方位于卫星覆盖范围之内，并且满足条件（技术、成本等）要求，通过 GEO 卫星链路，可实现地球表面任意点之间的通信，而与地理距离远近无关。同时，通过卫星间通信链路，可以实现非同一卫星覆盖范围内点之间的通信，而无须配置地面通信链路或额外地球站支持。GEO 卫星的服务用户应处于通信卫星系统的覆盖区，即不仅位于卫星对地球的可视区域，还必须位于卫星天线波束的覆盖范围内。为减小卫星功率和带宽需求，卫星天线需要针对所覆盖的区域进行波束"成形"设计。GEO 卫星的主覆盖区域一般被限定在北纬或南纬 75° 以下，因此不能覆盖极地区域[④]。地球静止卫星的仰角约等于 90° 减去绝对纬度值（这种计算方法在高纬度精度不高）。地球站所处的纬度决定了与卫星之间的仰角，也限定了卫星所能覆盖的边界。地球站所处的经度则决定了其可接收哪颗卫星的信号，详见《卫星通信手册》第 81 页。

表 2.25　轨道对比：主覆盖性能和链路限制

轨道	近地轨道（LEO）	中地球轨道（MEO）	高椭圆轨道（HEO）	地球静止轨道（GEO）
环境限制	通常低（空间碎片越来越受到关注）	低/中	中/高	低、轨位数量紧缺、位置保持
		范艾伦带：4 次穿越/天		
典型轨道周期	1.5～2 h	5～10 h	12 h	24 h
高度范围	500～1500 km	8000～25 000 km	远地点达 40 000 km（近地点约 1000 km）	35 700 km
可见时间	15～20 min/pass	2～8 h/pass	8～11 h/pass（远地点）	永久
仰角	快速变化，高和低角度	慢速变化，高角度	无变化（远地点），赤道附近时高角度	无变化，高纬度时低角度
传播延迟	几毫秒	数十毫秒	数百毫秒（远地点）	大于 250 ms
链路预算（距离）	与小型卫星手持用户终端的兼容性良好	与小型卫星手持用户终端的兼容性一般	与小型卫星手持用户终端的兼容性较差，需要大型和大功率卫星	不适合小型卫星手持用户终端
瞬时地面覆盖（对于仰角为 10° 的大圆直径）	约 6000 km	约 12 000～15 000 km	16 000 km（远地点）	16 000 km（约等于地球赤道周长的 0.4 倍）
系统举例	铱星、全球星、天空之桥、轨道通信、国际空间站（ISS）	奥德赛系统（Odyssey）、O3B、全球定位系统（GPS）、格洛纳斯系统（GLONASS）、伽利略（Galileo）、北斗	闪电（Molniya）系统、阿基米德（Archimedes）系统	国际通信卫星（Intelsat）、国际海事卫星（Inmarsat）、气象卫星（Meteosat）、军事通信（MILCOM）卫星、欧洲通信卫星（Eutelsat）、阿莫斯（Amos）卫星
		科学任务		

来源：国际电联《卫星通信手册》中表 6.1。

[①] 已知地球半径为 6371km，地球静止轨道半径为 36 000 km+6371 km=42 371km，光速为 300 000 km/s，设地球站纬度 $\varphi=\pm 60°$，且与卫星位于相同的子午线上，则可基于余弦公式计算信号从地球至卫星再返回地球的时间，所得结果为 264 ms。
[②] 卫星通话信号的天地往返时间约为 550 ms，通过采用回音控制设备，能够有效避免免语音质量在传输过程中产生不可接受的降级。有些通过卫星转发的通信系统之所以不能正常工作，主要是因为信号传播延迟（单向延迟 240～280 ms）超过了相关通信指标要求，见《卫星通信手册》第 791 页。
[③] 除非 GEO 为倾斜轨道。
[④] 在极端情况（如 GEO 为倾斜轨道）时，可覆盖极地区域（每天仅几个小时），且需要配备特殊的地球站。

第 2 章 主要无线电业务

卫星固定业务（FSS）

图 2.17 描绘了基本的 GEO 卫星链路。由于卫星与地球相距较远（至少 35 786 km），空间电波传播损耗较大[①]，所以需对地球站和空间站之间的传播损耗进行补偿。卫星转发器的性能好坏直接关系到地球站的功率需求能否得到满足。特别是当服务区域较小时，对星载天线波束宽度和卫星有效辐射功率的要求更高，满足地球站的性能指标更加困难。因此，为降低卫星发射功率和成本，一般要求卫星覆盖范围稍大于服务区域即可，详见《卫星通信手册》第 15、16 页。

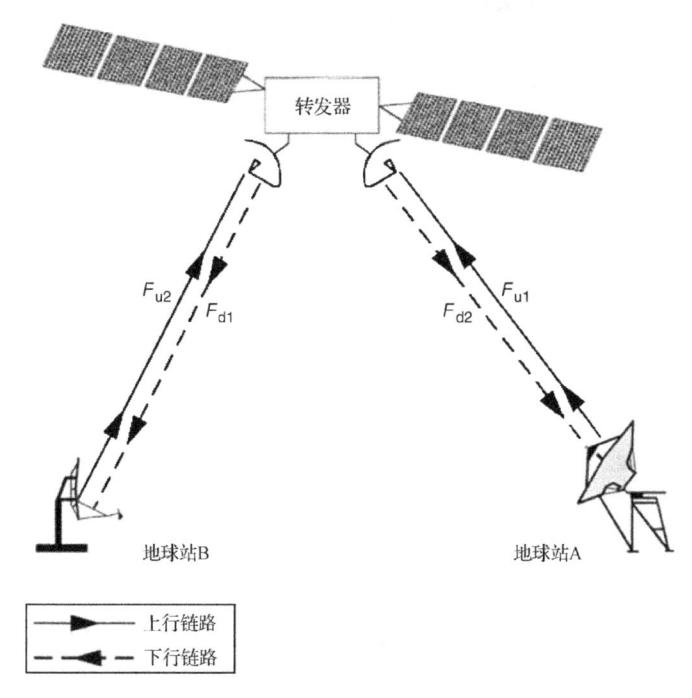

图 2.17　基本的 GEO 卫星链路（来源：国际电联《卫星通信手册》中图 2-1）

卫星广播业务（BSS）

GEO 卫星非常适合用于广域广播传输。当前电视业务正由传统的直接入户节目（娱乐、新闻和热点事件）、教育培训节目向视频会议等方向拓展（见《卫星通信手册》第 24、25 页）。卫星广播业务能够弥补地面电视业务所面临的距离/成本短板。某些情况下，卫星电视已成为唯一可用或最经济的视频传播手段。卫星固定业务和卫星广播业务均可提供无线音频节目（如高保真音频和立体声）及卫星新闻采集等应用。通常，卫星广播系统的上行链路包括大型天线（集线器/地球站）的发射系统，下行链路包括小型天线/地球站的接收系统，接收机的天线尺寸最小可至 0.6 m。

相较地面电视广播，卫星电视广播信号的功率更低，因而对人体的射频辐射较小（见第 9 章）。接收卫星信号的地面站通常固定设置，同时应保证接收天线能够始终对准广播卫星。尽管卫星广播系统可以传送电视信号，但要满足陆地移动业务要求，目前还需 UHF 频段地面电视系统将信号发送至移动通信网络用户（如 IMT 和 LTE）。

[①] 电波传播损耗 p_l 与频率有关。例如，当频率为 12 GHz（$\lambda = 0.025$ m）时，由公式 $P_l = 92.45 + 20\log 12 + 20\log 35\,786$ 计算得到电波传播损耗为 205.1 dB。详见第 5 章。

如前所述，卫星广播业务作为一种无线电通信业务，其信号可由空间电台直接发送或转发，并由公众用户使用电视单收天线（TVRO）接收。服务于卫星广播业务的卫星常被称为直播卫星（DBS）。电视直接接收方式包括直接入户（DTH）、有线电视（CATV）和卫星公共接收电视（SMATV）（见图2.18）。图2.18给出了卫星广播业务网络示意图。目前使用最为广泛的卫星数字电视传输标准是卫星数字视频广播（DVB-S）。

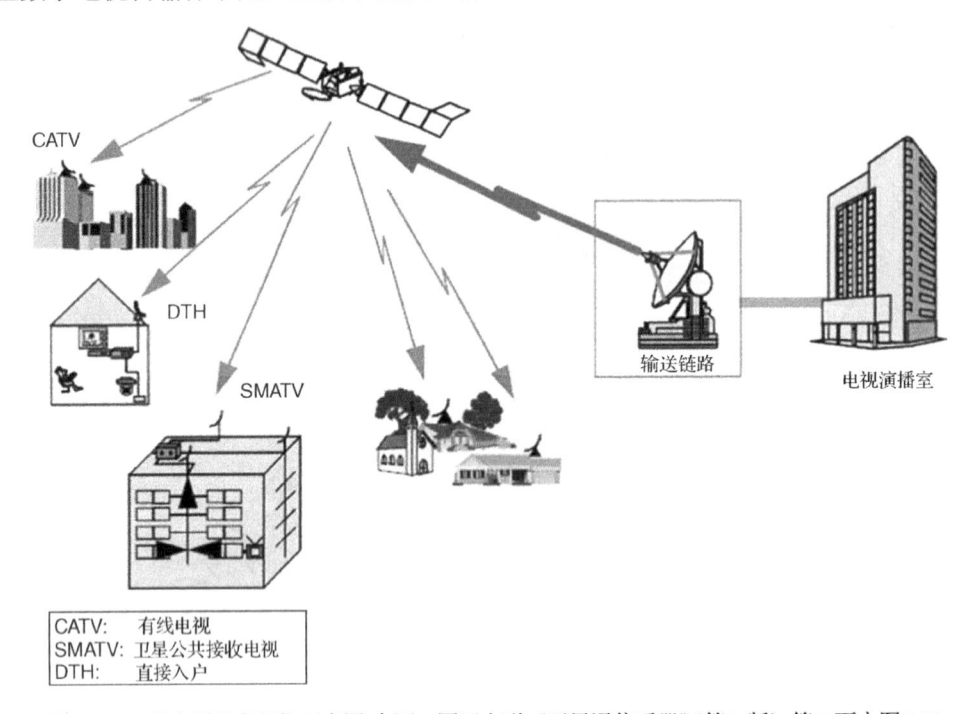

图2.18 卫星广播业务网络示意图[来源：国际电联《卫星通信手册》（第3版）第8页中图1.3]

2.5.2.2 非地球静止轨道（NGSO）

近地轨道（LEO）卫星的轨道高度为200～2000 km，并相对地球高速运转，因此需要地面能够动态跟踪卫星位置。由于LEO卫星相比GEO卫星距离地球更近，因而前者的信噪比一般高于后者。但由于LEO卫星相对地球的位置不断发生变化，当其采用定向天线时，需要地面站能够实时跟踪卫星位置。LEO卫星与地面之间的通信延迟时间较短，典型值为1到10 ms。若部署3或4颗LEO卫星，并采用椭圆轨道，就能达到近似静止卫星的运行模式，即从地面观察到的卫星地面航迹仅存在微小移动。

非地球静止卫星既能够服务卫星移动业务（MSS），也能服务卫星固定业务（FSS）。这些业务大多（不是全部）基于近地卫星星座，利用非地球静止卫星发送用户信息，再直接通过卫星间链路（ISL）或地球站到达收信方。其中收信方既可能是另一个用户终端，也可能是地面通信节点。

非地球静止卫星系统可完成多种特殊应用和服务，如气象观测、遥测、无线电导航、通信和监视等。这类卫星具备一个独特优势，即可利用单个卫星周期性地观测整个地球表面。通过将这类卫星部署在多个轨道高度上，即可实现实时地球观测。这类卫星包括：

- 近地轨道（LEO）卫星，如某些气象卫星系统；

- 中地球轨道（MEO）卫星；
- 高椭圆轨道（HEO）卫星，如导航卫星 GPS 和 GLONASS。

卫星移动业务（MSS）

图 2.19 描绘了卫星移动业务网络示意图。

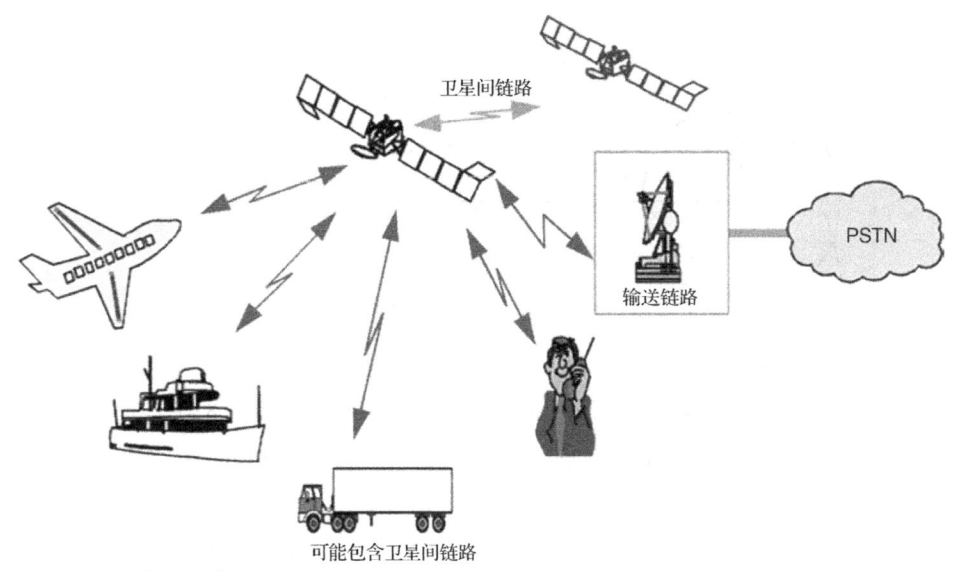

PSTN：公共交换电话网络

图 2.19　卫星移动业务网络示意图（来源：国际电联《卫星通信手册》中图 1.2）

高地球轨道（HEO）

高地球轨道（HEO）[①]可用于非地球静止轨道系统和卫星固定业务。ITU-R S.1758 建议书将高地球轨道定义为：一个或多个使用椭圆轨道并具有下列轨道和运行特征的卫星。

- 地球同步周期（23 h 56 min）乘以 m/n，其中 m 和 n 为整数，其结果为 m 天可达到 n 个远地点。根据 m/n 小于、等于或大于 1，可将轨道分为下面 3 种类型。
  - 地球同步 HEO：轨道周期为 23 h 56 min 的 HEO（m/n=1）。
  - 亚地球同步 HEO：轨道周期为 23 h 56 min 乘以 m/n（<1）（如 11 h 58 min、5 h 59 min 等）。
  - 超地球同步 HEO：轨道周期为 23 h 56 min 乘以 m/n（>1）（如 47 h 52 min 等）的 HEO。
- 轨道倾角为 35°～145°。
- 远地点高度至少为 18 000 km。
- 与遥测和控制载波传输不同，业务载波传输应限定于某轨道的一段或多段工作弧。

图 2.20 给出了某 HEO 的受限工作弧，以保证其不与地球静止轨道和地表之间的任何轨道相交。

1 颗 HEO 卫星每天可覆盖目标区域 8 h，利用 3 颗 HEO 卫星构成的星座（还需增加 1 颗在轨备用卫星）即可实现全天不间断覆盖。闪电（Molniya）卫星系统是一个典型的 HEO 卫星星座，它利用高椭圆轨道提供纬度 60°～70°范围的覆盖，并可实现对俄罗斯领土全覆盖。

[①] HEO 是高地球轨道、高椭圆轨道或高偏心圆轨道的英文缩写。

该卫星所选取的轨道倾角能够保证卫星运行至轨道北半部分时，仍能在选定位置获取较好的仰角，并且能够覆盖地球静止轨道卫星所不能覆盖的西伯利亚地区。

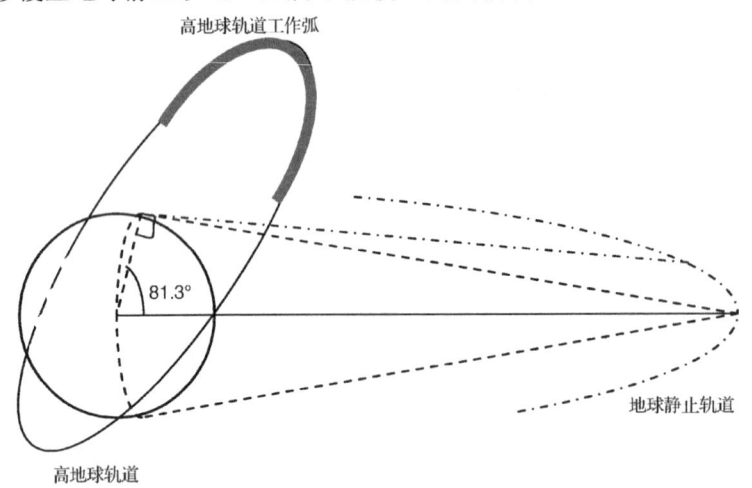

图 2.20　某高地球轨道受限工作弧示意图（来源：ITU-R S.1758 建议书）

卫星无线电测定业务（RDSS）和卫星无线电导航业务（RNSS）

如前所述，国际电联《无线电规则》第 1.43 款将卫星无线电导航业务定义为："用于无线电导航的卫星无线电测定业务。"卫星无线电导航业务是卫星移动业务最重要的应用领域。卫星无线电导航网络能够为全球定位、导航和授时及安全等应用提供精确信息。全球导航卫星系统（GNSS）通过覆盖全球的卫星网络，为世界范围内数十亿用户提供导航服务。目前，全球导航卫星系统主要包括美国的全球定位系统（GPS）（全球使用最广的导航系统）和俄罗斯的格洛纳斯系统。欧洲的伽利略系统目前正处于初始部署阶段。此外，中国的北斗系统已经能够覆盖亚洲和西太平洋区域，未来将扩展为全球导航系统。

根据国际电联《频谱监测手册》（2011）6.1.2.1 节[①]，通过在高度约为 20 000 km 的 6 个倾斜轨道面上部署 32 颗（至少 24 颗）GPS 卫星，就能利用同步信号为全球用户提供位置和时间信息，还能为用户提供三维导航服务。通过测量 3 颗不同卫星发射的同步信号，即可确定地面接收站的位置。通常，处于地球上任一点的用户可同时观测到 GPS 星座中的 8 颗卫星。同时，差分全球定位系统（DGPS）基于参考位置的 GPS 接收机，通过向远端接收机提供修正和相对位置数据，从而为用户提供更为精确的位置信息。在卫星信号覆盖较好的区域，DGPS 可将传统 GPS 的精度由 15 m 提高到 10 cm，详见表 2.28。GPS 的另一个功能是基于卫星装载的精确时钟和地面监测站控制，实现时间和频率分发。通过特殊用户 GPS 接收机获取的时间和频率信息，可满足某些电信设施和标准实验室对精确时间和可控频率的需求。

每颗 GPS 卫星持续发射包含发射时间和卫星位置的消息信号，GPS 接收机通过精确测定 GPS 卫星发射信号的时间来计算所处位置。为获取接收机三维坐标（x,y,z）和用户时钟偏差（b）[②]，需保持至少 4 颗卫星（$i=1,2,3,4$）处于可视范围。

[①]　其中有关全球定位内容的原始材料是由作者撰写的，包括国际电联《频谱监测手册》（1995）5.1 节中表 49：GPS 和 GLONASS 系统的比较。

[②]　设 c 为光速，第 i 颗卫星发送消息的时间为 t_i，位置为（x_i,y_i,z_i），伪距（c 乘以时差）为 $r_i=c\times\Delta t_i$。通过求解 4 个方程，即 $(x_i-x)^2+(y_i-y)^2+(z_i-z)^2=(r_i-c\times b)^2$（$i=1,2,3,4$），可得到接收机位置（$x,y,z$）和时钟偏差 b。

第2章 主要无线电业务

国际电联《卫星通信手册》(第321页)指出,在分布式网络中,中心地球站(有时称为中心设备)主要为单发站(尽管也可能包括用于网络控制和管理的接收设备),外围地球站为单收站(RO)(通常称为终端站)。将卫星信息分发至单收站可支持多种应用,GPS即是最好的应用实例。这是因为GPS参考信号是由在轨的多颗卫星播发,然后由手持式终端进行接收。另一个应用实例是寻呼系统,该系统通过寻呼台将特定信号转发给用户。

根据国际电联《无线电规则》第5条,表2.26列出了1215~1626.5 MHz频段划分情况,该频段的主要业务为卫星无线电导航业务。在国际电联划分的3个区域,5010~5030 MHz频段的主要业务均为卫星无线电导航业务(空对地和空对空)。

无线电主管部门应严格保护卫星无线电导航频率,以确保导航卫星能够提供连续地面覆盖。《无线电规则》5.328B脚注指出"卫星无线电导航业务系统和网络使用1164~1215 MHz、1215~1300 MHz、1559~1610 MHz 和 5010~5030 MHz 频段应遵循《无线电规则》第9.12款、第9.12A款和第9.13K款等的规定"。

表2.26 国际电联《无线电规则》划分给卫星无线电导航业务的L1和L2频率

1215~1240 MHz	卫星地球探测(有源)
	无线电定位
	卫星无线电导航(空对地)(空对空)
	空间研究(有源)
1240~1300 MHz	卫星地球探测(有源)
	无线电定位
	卫星无线电导航(空对地)(空对空)
	空间研究(有源) 业余
1559~1610 MHz	航空无线电导航
	卫星无线电导航(空对地)(空对空)

来源:国际电联《无线电规则》第5条。

由到两点(可认为是两颗无线电导航卫星)的距离差为常数的点构成的轨迹为双曲线。为确定卫星无线电导航接收机的三维坐标(x, y, z)和时间信息,至少需要接收4颗或更多卫星的信号,为此,可将接收机置于3个或更多双曲线的交点上。

根据国际电联《频谱监测手册》(2011)中表6-3[①],表2.27和表2.28[②]对美国GPS和俄罗斯GLONASS有关参数进行了对比,参数的数据更新到2015年3月29日。

表2.27 俄罗斯GLONASS和美国GPS对比

参数	GLONASS	GPS
星历信息表示方法	地心固定坐标系及其一阶和二阶导数	修正开普勒轨道要素
大地测量坐标系	PZ-90坐标系	大地基准WGS-84坐标系
相对协调世界时(UTC)的时间修正	UTC(SC) SC为俄罗斯UTC	UTC(USNO)、美国海军天文台主时钟
卫星数量(全部运行)	GLONASS-M: 24颗+2颗备用卫星+2颗GLONASS-K试验星	30颗+1颗备用卫星+1颗试验星
轨道面数量	3	6
轨道倾角	64.8°	55°

---

① 国际电联《频谱监测手册》(1995)第404页中表49由作者制作。
② 表2.28中数据来源于多个文献。

续表

参数	GLONASS	GPS
轨道高度	19 100 km	20 180 km
轨道周期	11 h 15 min	12 h
卫星信号分集方法	FDMA	CDMA
L1 频段（MHz）（民用）	1598.0625～1605.375，中心频率 1602	1575.42±1.023
L2 频段（MHz）（+军用）	1242.9375～1248.625，中心频率 1246	1227.6±1.023
历书传输时间	2.5 min	12.5 min
超帧容量	7500 bits（5 帧）	37 500 bits（25 帧）
帧长	30 s	
同步码重复周期	2 s	6 s
邻道串音	−48 dB	−21 dB
粗码/捕获（C/A）、切普每秒	511 kHz	1023 kHz
C/A 码长度（符号）	511	1023
C/A 码类型、伪随机噪声（PRN）	伪随机测距码	二进制序列、gold 码
调制方式	BPSK	
导航消息数据速率	50 bit/s	

来源：摘自《频谱监测手册》中表 6.1-3。

表 2.28　GPS、GLONASS 和 GPS+GLONASS 的精确度对比

精确度参数（标准，95%）*	GLONASS	GPS	GPS+GLONASS
水平	28 m	22 m	20 m
垂直	40 m	33 m	30 m
速度	15 cm/s	50 cm/s	5 cm/s
时间精度（ns）	700	200	<200

备注：
*民用精度。
GLONASS 的精确度基于开放标准精度。
GPS 的精确度基于标准定位服务（SPS）（不具备选择可用性）。

根据 http://en.wikipedia.org/wiki/GLONASS 网站 2010 年发布的信息，当空间电台平均数量为 7 或 8 时，由 GLONASS[①]精度信号确定的经纬度的导航精度为 4.46～7.38 m（$p=0.95$）。当空间电台平均数量为 6～11 时，由 GPS 精度信号确定的导航精度为 2.00～8.76 m。GPS 标准定位精度约为 15 m（49 ft），采用差分 GPS（DGPS）后，可将定位精度提高到 3～5 m（9.8～16.4 ft），再采用广域增强系统（WAAS）接收机后，可将定位精度提高到 3 m（9.8 ft）。现代接收机可同时接收 GLONASS 和 GPS（总共超过 50 颗卫星）信号，因而可显著改善覆盖效果，提供更为快捷的定位服务。若同时使用上述两种导航系统，当空间电台平均数量为 14～19 时，GLONASS/GPS 导航系统的定位精度可达 2.37～4.65 m。

伽利略导航系统预计 2020 年具备完全运行能力。2011 年 11 月，位于法属圭亚那的欧洲空间中心发射了前两颗伽利略卫星。伽利略导航系统的完整卫星星座将分布在 3 个相对赤道倾角为 56°的轨道面上，每颗卫星绕行地球一周的时间为 14 h。每个轨道面上保留一颗备用卫星，以防其他

[①] GLONASS 标准精度信号能够提供的最高水平位置精度为 5～10 m，垂直位置精度小于 15 m，速度矢量测量小于 10 cm/s，时间精度小于 200 ns，这些指标均是在同时存在 4 颗一代卫星条件下测量得到的。注意：这些数据与表 2.27 和 2.28 中的数据不完全一致。

卫星发生异常。在全球大部分地区，通常能观测到 6～8 颗卫星，从而确保获取的位置和时间保持很高的精度，导航精度甚至可达厘米级。通过与美国 GPS 相互协作，能够进一步提升伽利略系统服务的可靠性。表 2.29[①]列出了伽利略导航系统在 5010～5030 MHz 频段的传输链路参数。

表 2.29　伽利略导航系统在 5010～5030 MHz 频段的传输链路参数

参数	参数值
卫星数量（完全运行，约 2020 年）	24 颗（完全服务）和 6 颗（备用）
轨道面数量	3 个轨道面
轨道倾角	56°
轨道高度	23 222 km（中地球轨道）
信号频率范围（MHz）	5019.861±9.86
伪随机码（PRN）切普速率（Mchip/s）	10.23
导航数据比特率（bit/s）	50～50 000
信号调制方式	经滤波的交错正交相移键控（10）*
极化方式	圆极化
椭圆率**（dB）	最大 1.5
参考天线输出端最小接收功率电平（dBW）	−171.6

备注：
*交错正交相移键控（SQPSK）的伪随机码速率为 10 Mbit/s。
**椭圆率与轨道偏心率类似，也可表示为扁率。

2.5.3　卫星设备

与卫星有关的空间和地面设备应符合国际电联《无线电规则》有关条款、建议书及各国法规要求。由于卫星空间设备的活动范围通常会超出一国边界，因此该类设备应遵守相关国际法规，而国家法规不应与相关国际法规相抵触。

2.5.3.1　卫星的空间设备

卫星（也称为空间飞行器）通常由多个子系统构成，例如：

- 用来收集并存储太阳能量的太阳能电池板，其中部分太阳能会直接被消耗掉；
- 用于控制和管理卫星热量供给与传递的热能子系统；
- 用于确保卫星准确入轨的推进系统；
- 用于收集、转发地面站信号或控制和监测卫星的无线电通信载荷。

其中无线电通信载荷分为以下两种系统。

- 有源转发器：用于解调接收到的通信信号并将其重新调制后发回地球。
- 无源转发器：在功能上类似透明信道，该转发器接收到来自地球的信号后，仅改变其载波频率，再将其发回地球。

一个典型的通信卫星包括如下分系统：

- 卫星平台或外壳；

---

① 表 2.29 中数据来源于 ITU-R M.2031 建议书中表 2-3、欧洲全球导航卫星系统局（GSA）网站（链接时间为 2016 年 4 月 19 日）及维基百科网站（链接时间为 2016 年 4 月 19 日）。

- 电源供给系统；
- 环境系统；
- 轨道控制组件；
- 通信载荷。

地球静止轨道卫星的发射和运行需解决如下问题：

- 发射卫星并确保其准确入轨；
- 能够为卫星提供稳定运行 10~15 年所需的能源；
- 太阳能电池板和天线稳定可靠；
- 将太阳能转化为卫星所需电能，但需要解决阳光被遮挡时（当卫星位于地球背面时）的供电问题；
- 基于微波或激光实现卫星与卫星之间的通信；
- 相关组件需要特别"加固"，不仅能够适应极端温度，还要适应恶劣的太空环境；
- 对电气和其他组件进行有效的热量控制；
- 高精度轨位和高度控制；
- 高精度天线指向控制。

对于近地轨道卫星，由于约一半时间在地球背面运行，因此必须装配电池供电系统。对于非地球静止轨道卫星，虽然无须固定保持轨位，但由于轨道高度较低，相关引力作用将加快轨道衰落，导致卫星寿命变短。通常低轨道卫星对发射载具（火箭）的要求相对较低。

2.5.3.2 地球站

地球静止轨道和卫星移动业务地球站

地球站是卫星通信链路的传输、接收、延迟和控制终端。地球站的基本结构与无线电接力设备区别不大，但由于地球站与卫星之间的距离较远（约 36 000 km），载波的自由空间损耗非常高（约 200 dB），因此对地球站的主要分系统性能提出了更高要求，具体可参见国际电联《卫星通信手册》第 471~473 页。地球站通常需满足如下要求：

- 天线增益高（如大口径、高性能）[①]。由于天线波束很窄，使得接收机对噪声和干扰的敏感性降低。
- 接收机灵敏度高（如具有非常低的内部噪声）。
- 发射机功率大。

地球站通常包括如下分系统：

- 天线、接收机放大器（低噪声）、发射机放大器（功率）；
- 频率合成器和调制器等通信设备；
- 多路合成器和分离器；
- 与地面通信网络相连接；
- 附属设备、电源供给设备和通用基础设备。

---

① 地球站的天线既用于接收信号，也用于发射信号。

小型地球站

地球站通常根据其天线尺寸进行分类。当地球站工作频段为 6/4[①]GHz、14/10～12 GHz 和 30/20 GHz 时，所对应的天线尺寸分别为 7 m（通常小于 5 m）、2.5 m 和 1 m。小型地球站包括多个种类，可用于卫星固定业务（工作频段为 6/4 GHz、14/10～12 GHz 和 30/20 GHz），对应的卫星包括地球静止轨道或非地球静止轨道卫星系统。小型地球站的应用具有诸多特点，既可作为偏远地区通信系统（如乡村通信、海岛通信、管道通信、矿井通信等），也可用于服务圈内人群的商务通信（企业网络），还可用于电话和数据传输、电视信号接收和局地分发（如有线电视）或转发等。

电视单收（TVRO）系统主要包括接收卫星广播的天线和附属设备。该系统既可用于卫星广播业务，也可用于卫星固定业务，但前者所需的系统尺寸较小。例如，若接收 11 GHz 频段的数字电视信号，则所需天线的直径为 0.6～0.8 m[②]。详见国际电联《卫星通信手册》第 488、489 页。

超小孔径终端（VSAT）主要用于商业通信。VSAT 地球站可用于卫星固定业务，常用频段为 14/11～12 GHz 和 6/4 GHz，详见 ITU-R S.725 建议书。

当天线增益和带宽一定时，频率越高，天线尺寸越小[见式（5.17）][③]。典型天线的尺寸[④]为：

C 波段（4～6 GHz）　　　　　1.4～2.4 m
Ku 波段（11～14 GHz）　　　0.45～1.2 m
Ka 波段（20～40 GHz）　　　0.2～0.6 m

表 2.30 列出了典型卫星无线电频段，注意该频段划分与 IEEE 对频段的命名有所区别。

表 2.30　卫星无线电频段划分

频段	频率（GHz）
S 波段	2～4
C 波段	4～8
X 波段	8～12
Ku 波段	12～18
K 波段	18～27

可搬移式和便携式地球站

可搬移式地球站适用于如下场合：

- 卫星信息收集（SNG）；
- 自然灾害发生时的紧急通信；
- 临时通信；

[①] 斜线左边的数字表示上行链路频率，斜线右边的数字表示下行链路频率。下行链路通常采用较低频率，以减小传播损耗，见 5.2.5.2 节。
[②] 为避免地球站受到邻近卫星干扰，对其天线尺寸有一定要求。但对于卫星广播业务，由于卫星之间间隔较大，天线尺寸不受上述因素影响。
[③] 当波长 λ 和天线长度或直径 l 相等时，天线增益 G_0（dBm）= 7.9 − 20log(λ/l)。
[④] 通常天线尺寸（直径）可由 X 波段（8～12 GHz）和 K 波段（18～26.5 GHz）的波长导出。为保持天线增益不变，需要保持 λ/l 不变，所以 X 波段（10 GHz）天线直径是 K 波段（20 GHz）天线直径的两倍，详见 5.5.1.2 节。

- 为服务特定事件（如体育赛事、演唱会和电视直播等）而增加通信容量。

可搬移式地球站通常利用货车、船舶或飞机运输，通过国际、区域和国内卫星系统提供语音、数据和视频服务。可搬移式地球站使用频率为 6/4 GHz、14/12 GHz 和 30/20 GHz，详见国际电联《卫星通信手册》第 494 页。

在服务卫星移动业务或个人卫星通信的铱星系统和全球星系统中，已经开始采用超小型手持式地球站（通常简称为"终端"）。这些终端的设计主要遵循地面蜂窝移动通信系统的技术体制。

便携式地球站的典型增益为–5 dBi，可接收采用半球覆盖天线、仰角大于 5°的卫星信号。伽利略卫星地球站的天线增益为–5～4 dBi，适用的仰角范围为 5°～90°，详见国际电联《卫星通信手册》第 496 页。

2.5.4 卫星通信的监测和管理

2.5.4.1 卫星通信的监测

国际电联《频谱监测手册》（2011）5.1 节给出了对空间飞行器发射进行监测的有关内容。

2.5.4.2 规则制定和系统规划

地球同步卫星往往覆盖较大区域，可能与多个国家相关无线电业务发生频率冲突，其中有些频率还会被重复使用。因此，制定卫星全球部署运行规则非常必要。目前，国际电联已经建立了由国际电联《组织法》、《公约》和《无线电规则》构成的法规框架。这套法规包含立法的主要原则，并对下述内容做出特别规定：

- 各种无线电通信业务的频率划分情况（见《无线电规则》第 5 条）；
- 各国确认拥有国际频率登记总表（MIFR）中记录已经使用或即将使用的频率指配和轨道位置信息的权利（见《无线电规则》第 11 条）。

按照《无线电规则》，非地球静止轨道卫星网络和地球静止轨道卫星网络由不同的主管部门管理。所有地球静止轨道卫星网络使用频段，都应与可能受其影响的其他地球静止轨道卫星开展轨道规划和频率使用协调，且应在卫星规划的早期阶段向国际电联无线电通信部门提交相关申请。非地球静止轨道卫星网络在使用特定频段或开展特定空间业务时，应根据国际电联频率划分表有关脚注说明开展轨位和频率协调。《无线电规则》第 9 条和附录 5 规定了空间系统开展轨位和频率协调的规定程序。《无线电规则》第 9 条规定了开展正常空间业务协调的两个步骤：一是提交所规划卫星网络的简要信息，以及可能受到影响、需要开展协调的卫星系统信息；二是遵守国际电联确定的卫星发射的优先次序，该次序主要根据向国际电联提交轨位和频率协调的时间来确定。同时，该条款还讨论了开展空间系统（卫星和地球站）与同一频段内其他卫星系统或地面业务之间频率协调的需求。此外，《无线电规则》第 11 条规定了对国际频率登记总表中的空间网络频率指配进行记录和通告的程序。

国际频率登记总表赋予地球静止轨道卫星网络使用频率的"权利"。但这种权利并非永久享有。享有频率和轨位使用权的卫星运营商应进行一切可能的努力，使相关频率和轨位满足新发射卫星需求，详见《无线电规则》第 9.53 款和国际电联《程序规则》。卫星运营商只有在卫星寿命周期内或卫星移出先前占用的轨位而无其他卫星占用该轨位时，才享有相关频率使用权利。有关频谱资源的所有权和使用权内容，详见 4.2.5 节。

《无线电规则》还包含空间业务与地面业务频谱共用相关条款。《无线电规则》第 21 条第 Ⅰ～Ⅲ 节对地面固定和移动业务发射提出限值要求，防止其对 1 GHz 以上地球静止轨道空间业务构成干扰，并规定地面台站发射方向应与地球静止轨道卫星方向偏离 2°以上。同时，为防止地面接收台站受到空间电台干扰，第 Ⅳ、Ⅴ 节分别规定了地球站最小仰角和空间电台的功率流量密度（pfd）的限值。《无线电规则》第 22 条对空间无线电通信业务做出进一步规定。

2.5.4.3 开展协调的程序

若国家主管部分计划将有关频率划分表"交付使用"，则需要将频率划分表转化为频率指配表。《无线电规则》第 9 条和第 10 条适用于空间无线电通信业务频率指配的协调、通告和登记。目前主要将频段分为两类：一是已规划频段，即正式将该频段分配给指定区域内的指定业务；二是未规划频段。

在国际电联频率规划中存在 3 类相互关联的频率划分：

- 已规划卫星固定业务，见《无线电规则》附录 30B；
- 未规划卫星固定业务，见《无线电规则》第 9 条和第 11 条；
- 已规划卫星广播业务，见《无线电规则》附录 30 和 30A。

有关协调程序汇总如下：

- 若卫星使用卫星固定业务规划的频段，见《无线电规则》附录 30B；
- 若卫星使用卫星广播业务及其反馈链路规划的频段，见《无线电规则》第 4 条和附录 30 和 30A 的附件 1 和附件 2；
- 若卫星使用非地球静止轨道卫星固定业务系统所使用的频段，见《无线电规则》第 130 号决议和第 158 号决议。

在未规划频段内，卫星网络（除卫星广播业务之外）通常应遵循《无线电规则》第 9 条和第 11 条有关条款。下列网络的频率协调应遵循相关条款。

- 地球静止轨道卫星网络适用《无线电规则》第 9 条和第 11 条相关程序。
- 地球静止轨道卫星广播业务网络适用《无线电规则》第 33 号决议、第 9.7 款、第 9.11 款和第 11 条。
- 在特定频段上工作的非地球静止轨道卫星网络适用：
  - 《无线电规则》第 46 号决议相关条款（WRC-95/97、RR 第 9.11A 款）；
  - 《无线电规则》第 11 条相关条款。

对于已规划频段，适用如下条款：

- 在卫星固定业务规划频段（6/4 GHz 和 13/10～11 GHz），地球静止轨道卫星网络频谱协调适用《无线电规则》附录 30B，以及该附录的第 6、7、8、10 条。

- 在卫星广播业务规划频段，地球静止轨道卫星网络频谱协调适用《无线电规则》附录30和30A。
- 非地球静止轨道卫星网络的频谱协调适用《无线电规则》第11条规定程序。《无线电规则》第538号决议给出了卫星广播业务及其反馈链路规划中由非地球静止轨道卫星系统使用的频段。《无线电规则》第130号决议给出了卫星固定业务规划（见RR附录30B）中由非地球静止轨道卫星系统使用的频段。

2.5.4.4 卫星使用频段

表2.31列出了地球静止轨道卫星主要使用频段。这些频段主要在国际电联1区使用，相同频段经简单修改后也适用于国际电联2区和3区的地球静止轨道卫星系统。表2.31中信息也可参见国际电联《卫星通信手册》第12页中表1-2。表2.31[①]给出的频率划分适用于卫星固定业务、卫星广播业务、卫星移动业务和卫星间业务。

30.0～31.0 GHz上行频段和20.2～21.2 GHz下行频段（《卫星通信手册》第12页中表1-2未提到）主要用于军事业务，但并非强制性的。

表2.31 地球静止轨道卫星主要使用频段

名称	频段（GHz）	
	上行链路（带宽）	下行链路（带宽）
6/4（C波段）（未规划FSS）	5.725～6.725（1000 MHz）	3.4～4.2（800 MHz）
6/4（C波段）（已规划FSS）	6.725～7.025（300 MHz）	4.5～4.8（300 MHz）
8/7（X波段）（未规划FSS）	7.925～8.425（500 MHz）	7.25～7.75（500 MHz）
13/11（Ku波段）（已规划FSS）	12.75～13.25（500 MHz）	10.7～10.95、11.2～11.45（500 MHz）
13～14/11～12(Ku波段)（未规划FSS）	13.75～14.5（750 MHz）	10.95～11.2、11.45～11.7、12.5～12.75(750 MHz)
18/12（Ku波段）（已规划BSS）	17.3～18.1（800 MHz）	11.7～12.5（800 MHz）
30/20（Ka波段）	27.5～31.0（3500 MHz）	17.7～21.2（3500 MHz）
40/20（Ka波段）	42.5～45.5（3000 MHz）	18.2～21.2（3000 MHz）

来源：《无线电规则》附录9.1-1和《卫星通信手册》第900～913页。

尽管地球静止轨道卫星的覆盖范围可能包含多个国际电联区域，但其在不同国际电联区域所使用的频段非常接近。表2.32列出了卫星广播业务在国际电联各个区域的使用频段。

表2.33展示了国际电联3个区域卫星固定业务频段24.65～25.25 GHz（上行链路）划分对比。其中24.65～24.75 GHz在国际电联1区和3区仅被划分给卫星固定业务。24.75～25.25 GHz在国际电联所有区域均被划分给卫星固定业务。详见《无线电规则》中关于24.65～25.25 GHz的划分规定。

表2.32 国际电联3个区域的卫星广播业务使用频段（GHz）

	1区	2区	3区
上行链路（带宽）	17.3～18.1（800 MHz）	17.3～17.8（500 MHz）	17.3～18.1（800 MHz）
下行链路（带宽）	11.7～12.5（800 MHz）	12.2～12.7（500 MHz）	11.7～12.2（500 MHz）

备注：14.5～14.8（300 MHz）GHz频段为欧洲以外国家预留。

---

① 表2.31中数据来源于《无线电规则》附录9.1-1和《卫星通信手册》第900～913页。

表 2.33　国际电联 3 个区域卫星固定业务频段 24.65~25.25 GHz（上行链路）划分对比

频段（GHz）		
1 区	2 区	3 区
24.65~24.75 固定 卫星固定（地对空）5.532B 卫星间	24.65~24.75 卫星间 卫星无线电定位（地对空）	24.65~24.75 固定 卫星固定（地对空）5.532B 卫星间移动
24.75~25.25 卫星固定（地对空）　5.532B	24.75~25.25 卫星固定（地对空）　5.535	24.75~25.25 卫星固定（地对空）　5.535

来源：国际电联《无线电规则》。

5.532B　卫星固定业务（地对空）在 1 区对 24.65~25.25 GHz 频段和在 3 区对 24.65~24.75 GHz 频段的使用限于最小天线直径为 4.5 m 的地球站。（WRC-12）

21.4~22.0 GHz 频段也被卫星广播业务下行链路使用。

已规划的卫星固定业务频段（见《无线电规则》附录 30B）和已规划的卫星广播业务频段（见《无线电规则》附录 30 和 30A）均可用于国家卫星网络，由各国主管部门具体负责其频率分配事宜。

- 在整个已规划的卫星固定业务频段内，每个国家的卫星天线波束（上行和下行链路）应能覆盖该国领土范围，其他卫星网络不应对该国卫星网络构成干扰，国家主管部门根据有关保护标准保留申诉的权利。
- 在整个已规划的卫星广播业务频段内，每个国家的卫星轨位及天线波束（上行和下行链路）应能覆盖该国领土范围，其他卫星网络不应对该国卫星网络构成干扰，国家主管部门根据有关保护标准保留申诉的权利。

在上述频段内可以新增其他卫星系统或网络，但新增的卫星网络不应对已规划的国家卫星网络（或已部署的卫星网络）产生干扰。

参 考 文 献

说明：*表示作者参与该文献的编写工作。

3GPP TS 36.104 V12.6.0 (2015-02) *3rd Generation Partnership Project; Technical Specification, LTE; Evolved Universal Terrestrial Radio Access (E-UTRA); Base Station (BS) Radio Transmission and Reception (3GPP TS 36.104 version 12.6.0 Release 12)*. Available at: www.etsi.org/deliver/etsi_ts/136100_136199/136104/12.06.00_60/ts_136104v120600p.pdf (accessed April 19, 2016).

3GPP2 C.S0002-E Version 1.0 Date: September 2009 *Physical Layer Standard for cdma2000 Spread Spectrum Systems Revision E*. Available at: http://ftp.3gpp2.org/TSGC/Working/_TSG-C%20Published%20Documents/__C.S0002-E_v1.0_cdma200_1x_PHY-090925.pdf (accessed April 19, 2016).

ARIB ISDB-T ARIB STD-B31 Version 1.6 *Transmission system for Digital Terrestrial Television Broadcasting*. Available at: www.arib.or.jp/english/html/overview/doc/6-STD-B31v1_6-E2.pdf (accessed April 19, 2016).

ATSC (Advanced Television Systems Committee) Standards. Available at: http://atsc.org/standards/atsc-standards/ (accessed April 19, 2016).

Carson, J.R. (1922) Notes on the Theory of Modulation. *Proceedings of IRE* **10**(1), 57–64.

EBU (2013a) *Handbook TR 022 Terrestrial Digital Television Planning and Implementation Considerations*. Available at: https://tech.ebu.ch/docs/techreports/tr022.pdf (accessed April 19, 2016).

EBU (2013b) Tech 3348, *Frequency and Network Planning Aspects of DVB-T2*. Available at: https://tech.ebu.ch/docs/tech/tech3348.pdf (accessed April 19, 2016).

EC (2014) *Results of the Work of the High Level Group on the Future Use of the UHF Band (470–790 MHz)*. Available at: www.ec.europa.eu/digital-agenda/en.news (accessed April 19, 2016).

EC Decision 2010/267/EU on *Harmonised Technical Conditions of Use in the 790-862 MHz Frequency Band for Terrestrial Systems Capable of Providing Electronic Communication Services in the EU.* Available at: http://eur-lex.europa.eu/LexUriServ/LexUriServ.do?uri=OJ:L:2010:117:0095:0101:en:PDF (accessed April 19, 2016).

ECC/CEPT 2014 ERC Report 25, *The European Table of Frequency Allocations and Applications in the Frequency Range 8.3 kHz to 3000 GHz (ECA Table).* Available at: www.erodocdb.dk/docs/doc98/official/pdf/ERCRep025.pdf (accessed April 19, 2016).

ECC Report 103, *UMTS Coverage Measurements, Nice, May 2007.* Available at: www.erodocdb.dk/docs/doc98/official/Pdf/ECCRep103.pdf (accessed April 19, 2016).

ETSI EN 302 755 V1.3.1 (2012-04) *Digital Video Broadcasting (DVB):Frame Structure Channel Coding and Modulation for a Second Generation Digital Terrestrial Television Broadcasting System (DVB-T2).* Available at: www.etsi.org/deliver/etsi_en/302700_302799/302755/01.03.01_60/en_302755v010301p.pdf (accessed April 19, 2016).

ETSI TS 136 521-1 V11.2.0 (2013-10) *LTE; E-UTRA; User Equipment (UE) Conformance Specification; Radio Transmission and Reception; Part 1: Conformance testing.* Available at: www.etsi.org/deliver/etsi_ts/136500_136599/13652101/11.02.00_60/ts_13652101v110200p.pdf (accessed April 19, 2016).

FCC CFR 47 part 2, *United States Table of Frequency Allocations.* Available at: http://www.ecfr.gov/cgi-bin/text-idx?SID=7f949a4956bc250a071fd55c76d6d9fc&node=47:1.0.1.1.3&rgn=div5#47:1.0.1.1.3.2.216.6 (accessed April 19, 2016).

FCC CFR 47 part 22, *Subpart H—Cellular Radiotelephone Service.* Available at: http://www.ecfr.gov/cgi-bin/text-idx?SID=1e4e3a6f11c860cae31f69111ad6a863&node=47:2.0.1.1.2&rgn=div5#47:2.0.1.1.2.8 (accessed April 19, 2016).

FCC CFR 47 part 74, *Subpart G—Low Power TV, TV Translator, and TV Booster Stations.* Available at: https://www.gpo.gov/fdsys/pkg/CFR-2009-title47-vol4/pdf/CFR-2009-title47-vol4-part74.pdf (accessed April 19, 2016).

ITU (2002a) *Handbook on Satellite Communications*, third edition, John Wiley & Sons, Ltd, Chichester.

ITU (2002b) *DTTB Handbook Digital Terrestrial Television Broadcasting in the VHF/UHF Bands.* Available at: http://www.itu.int/pub/R-HDB-39 (accessed April 19, 2016).

ITU (2010) *Guidelines for the Transition from Analogue to Digital Broadcasting.* Available at: www.itu.int/dms_pub/itu-d/opb/hdb/D-HDB-GUIDELINES.01-2010-R1-PDF-E.pdf (accessed April 19, 2016).

ITU (2011) *Handbook on Spectrum Monitoring*.* Available at: www.itu.int/pub/R-HDB-23-2011 (accessed April 19, 2016).

ITU (2012) *ITU Radio Regulations* Edition of 2012*. Available at: www.itu.int/pub/R-REG-RR-2012 (accessed April 19, 2016).

ITU-R Rec. BS.412, *Planning Standards for Terrestrial FM Sound Broadcasting at VHF.* Available at: www.itu.int/rec/R-REC-BS.412/en (accessed April 19, 2016).

ITU-R Rec. BS.450, *Transmission Standards for FM Sound Broadcasting at VHF.* Available at: www.itu.int/rec/R-REC-BS.450/en (accessed April 19, 2016).

ITU-R Rec. BT.417, *Minimum Field Strengths for Which Protection May Be Sought in Planning an Analogue Terrestrial Television Service.* Available at: www.itu.int/rec/R-REC-BT.417/en (accessed April 19, 2016).

ITU-R Rec. BT.2052, *Planning Criteria for Terrestrial Multimedia Broadcasting for Mobile Reception Using Handheld Receivers in VHF/UHF Bands.* Available at: www.itu.int/rec/R-REC-BT.2052/en (accessed April 19, 2016).

ITU-R Rec. F.746, *Radio-Frequency Arrangements for Fixed Service Systems*.* Available at: www.itu.int/rec/R-REC-F.746/en (accessed April 19, 2016).

ITU-R Rec. F.758, *System Parameters and Considerations in the Development of Criteria for Sharing or Compatibility Between Digital Fixed Wireless Systems in the Fixed Service and Systems in Other Services and Other Sources of Interference *.* Available at: www.itu.int/rec/R-REC-F.758/en (accessed April 19, 2016).

ITU-R Rec. F.1668, *Error Performance Objectives for Real Digital Fixed Wireless Links Used in 27 500 Km Hypothetical Reference Paths and Connections.* Available at: www.itu.int/rec/R-REC-F.1668/en (accessed April 19, 2016).

ITU-R Rec. F.1703, *Availability Objectives for Real Digital Fixed Wireless Links Used in 27 500 Km: Hypothetical Reference Paths and Connections.* Available at: www.itu.int/rec/R-REC-F.1703/en (accessed April 19, 2016).

ITU-R Rec. M.2012, *Detailed Specifications of the Terrestrial Radio Interfaces of International Mobile Telecommunications Advanced (IMT-Advanced)*.* Available at: www.itu.int/rec/R-REC-M.2012/en (accessed April 19, 2016).

ITU-R Rec. P.525, *Calculation of Free-Space Attenuation.* Available at: www.itu.int/rec/R-REC-P.525/en (accessed April 19, 2016).

ITU-R Rec. S.673, *Terms and Definitions Relating to Space Radiocommunications.* Available at: http://www.itu.int/rec/R-REC-S.673/en (accessed April 19, 2016).

ITU-R Rec. S.1758, *Characterization of HEO-Type Systems in the Fixed-Satellite Service.* Available at: www.itu.int/rec/R-REC-S.1758/en (accessed April 19, 2016).

ITU-R Report BT.2140, *Transition from Analogue to Digital Terrestrial Broadcasting.* Available at: www.itu.int/pub/

R-REP-BT.2140 (accessed April 19, 2016).

ITU-R Report BT.2295, *Digital Terrestrial Broadcasting Systems*. Available at: www.itu.int/pub/R-REP-BT.2295 (accessed April 19, 2016).

ITU-R Report F.2086, *Technical and Operational Characteristics and Applications of Broadband Wireless Access in the Fixed Service*. Available at: www.itu.int/pub/R-REP-F.2086 (accessed April 19, 2016).

ITU-R Report F.2323, *Fixed Service Use and Future Trends*. Available at: http://www.itu.int/pub/R-REP-F.2323 (accessed April 19, 2016).

ITU-T Rec. G.826, *End-To-End Error Performance Parameters and Objectives for International, Constant Bit-Rate Digital Paths and Connections*. Available at: www.itu.int/rec/T-REC-G.826-200212-I/en (accessed April 19, 2016).

ITU-T Rec. G.827, *Availability Performance Parameters and Objectives for End-To-End International Constant Bit-Rate Digital Paths*. Available at: www.itu.int/rec/T-REC-G.827-200309-I/en (accessed April 19, 2016).

Kreher, R. and Gaenger, K. (2011) *LTE Signaling, Troubleshooting and Optimization*, John Wiley & Sons, Ltd, Chichester.

Mazar, H. (2009) *An Analysis of Regulatory Frameworks for Wireless Communications, Societal Concerns and Risk: The Case of Radio Frequency (RF) Allocation and Licensing*, Boca Raton, FL: Dissertation.Com. PhD thesis, Middlesex University, London*. Available at: http://eprints.mdx.ac.uk/133/2/MazarAug08.pdf

Sesia, S., Toufik, I. and Baker, M. (2011) *LTE: The UMTS Long Term Evolution: From Theory to Practice*. John Wiley & Sons, Ltd, Chichester.

第3章 短距离设备和频谱执照豁免

3.1 短距离设备管理制度

3.1.1 定义和应用

短距离设备（Short Range Devices，SRD）（也称为短距离无线电设备或微功率设备，译者注）主要包括具备单向或双向通信功能、不会对其他无线电设备构成严重干扰的无线电发射设备。在国际电联《无线电规则》中，没有将短距离设备列入"无线电通信业务[①]"范畴，因此，短距离设备未能获得初次和二次频率划分，也未被纳入国际频率协调和保护机制。《无线电规则》没有为短距离设备划分使用频率。

短距离设备的使用基于无干扰和无保护原则，也无须取得运营执照。通常，由各国自行确定短距离设备工作频段及相关法规制度。短距离设备可在共用频段工作，但不应对其他无线电业务构成有害干扰。短距离设备用户应按照无干扰原则，合理设置、使用设备的技术和运行参数，一旦获知设备产生有害干扰，则应停止设备使用。一般而言，短距离设备不应对无线电业务，其他有意和无意发射设备，工业、科学和医疗（ISM）设备或偶发无线电设备提出保护要求。

与调频广播和蜂窝网络的发展历程相似，短距离设备也受到主管部门的极大关注。短距离设备的发展为技术创新向实体企业的转移提供了载体和机遇，进而推动整体经济发展和相关社会领域进步（如可促进乡村地区无线宽带的普及应用）。特别是随着 Wi-Fi 的广泛应用和物联网的快速发展，短距离设备正受到越来越多的关注。下面列出了短距离设备的典型应用：

- 宽带数据传输：无线局域网（RLAN/WLAN）/Wi-Fi（包括蜂窝网络流量分流）、无线接入系统（WAS）、超宽带（UWB）、近场通信（NFC）[②]、视频、白色空间设备（WSD）[③]等。
- 射频识别（RFID）、身份识别、电磁感应系统、近距离传感器和无线键盘（RAKE）等。
- 汽车和车库门开启设备、公路运输和交通远程信息处理（TTT）、公路收费、铁路应用、汽车防盗系统、宽带低运行模式（WLAM）、用于车载和运输环境的位置跟踪和传感器应用（LTA）、民航应用[如货物跟踪和监测、（飞机）翼尖防撞系统和宽带数据传输]、蓝牙等。
- 物流业，如畜牧养殖和电子防窃系统（EAS）。
- 无线电定位：车载雷达、无线电测量仪器、雷达传感器、水平探测雷达（LPR）、合成孔径雷达（SAR）、短距离雷达（SRR）等。

[①] 国际电联《无线电规则》第1.19款将无线电通信业务定义为："用于特定电信应用与传输、发射和（或）接收无线电波有关的的业务。"
[②] NFC 也可通过对载波进行调制以实现控制和探测，还可用于电磁能量传输。
[③] 在美国和欧洲，WSDs 的工作基于无保护、无干扰原则，见 8.2.2.1 节。

- 语音应用：对讲机、婴儿监视、远程控制、无线话筒、无线扩音器和电话、助听设备等。
- 遥感、跟踪、自动抄表系统（AMR）、模型控制、路灯和水表的监测与控制、智慧城市相关设备等。
- 医疗设备：有源医疗植入物、医用遥测系统、远程医疗、医疗区网络、健康监测设备病人监视等。
- 追踪和数据获取、家庭自动化、汽车工业、机器到机器（M2M）和市区机器网络（M3N）。
- 报警：公共报警系统、防盗系统、紧急探测等。
- 家庭自动化：智能住宅/电网/电表等。
- 其他应用。

由于短距离设备可能被跨境使用，因而有必要依据法规和标准，对其频率使用进行管理和协调。同时，主管部门还应对外国机构和人员在境内使用短距离设备的相关事宜做出规定。

随着无线电环境的变化和新兴技术在短距离设备中的应用，短距离设备的应用领域将不断拓展。由于短距离设备为免执照[①]无线电设备，且应用无处不在，相关制造商和主管部门应对其技术限值和性能的符合性进行严格审核。

3.1.2 无干扰、无执照和无保护

全球各个领域对短距离设备的需求正在逐渐增长。短距离设备的使用频段涵盖 ISM 频段和非 ISM 频段，如图 3.1 所示。由于国际电联《无线电规则》第 1.15 款未将短距离设备纳入 ISM 设备范畴，因而短距离设备使用频率也不局限于 ISM 频段。随着短距离设备应用范围的不断扩大，其频谱需求不断增加，ISM 频段已无法满足短距离设备用频需求。

ITU-R 第 54-1（2012）号决议给出了关于短距离设备的若干考虑：

e）国家主管部门负责短距离设备有关法规的贯彻实施；

f）为减轻主管部门和用户负担，应尽可能简化短距离设备相关法规的执行程序；

g）短距离设备不应对其他任何依据国际电联《频率划分表》工作的无线电通信业务构成有害干扰，也不应提出干扰保护要求。

原则上，短距离设备无需运营执照，原因是其基于无干扰、无保护和无协调原则来使用频谱。这里所说的"无需运营执照"，是指短距离设备运营商或用户无须从主管部门获得执照，也无须支付频谱使用费用。但在某些特殊情况下，短距离设备运营商或用户也需要获得授权或完成注册。"无保护"是指短距离设备受扰后无法获得主管部门保护，这也意味着公共安全业务不能使用短距离设备。与执照设备类似，终端用户不应擅自改变短距离设备的频谱参数，包括工作频率、发射功率、天线增益和带宽等。

正如罗马时期古语所言"买者自慎之"，短距离设备用户应对可能出现的干扰和无保护原则了然于胸。设备供应商应积极采用新技术以防止干扰。主管部门应明确宣告，短距离设备的频谱使用不受保护，设备采购商、销售商和供应商都可能面临如何消除电磁干扰的问题，而这一问题与主管部门无关，详见 4.1.2.2 节。

---

① 术语"免执照（license-exempt）"和"无执照（unlicensed）"在本书中可互换使用。

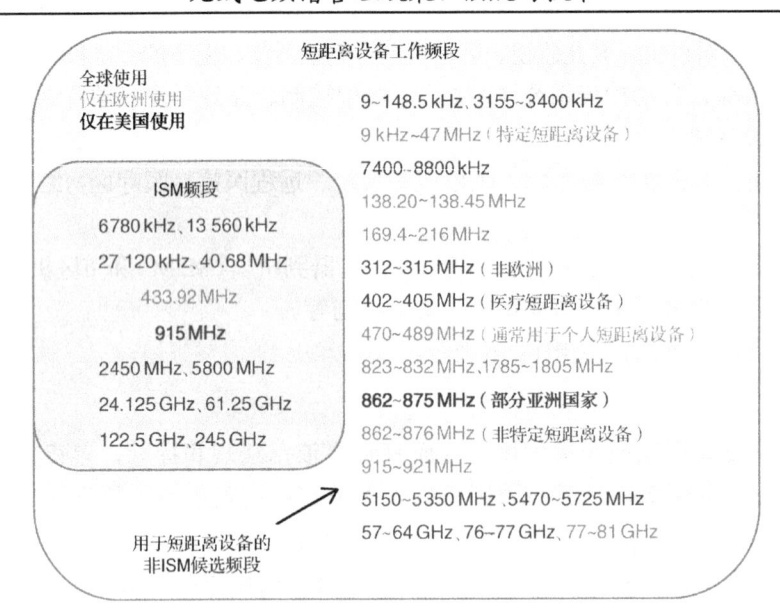

短距离设备工作频段	
全球使用 仅在欧洲使用 **仅在美国使用**	9~148.5 kHz、3155~3400 kHz 9 kHz~47 MHz（特定短距离设备） 7400~8800 kHz
ISM 频段 6780 kHz、13 560 kHz 27 120 kHz、40.68 MHz 433.92 MHz **915 MHz** 2450 MHz、5800 MHz 24.125 GHz、61.25 GHz 122.5 GHz、245 GHz	138.20~138.45 MHz 169.4~216 MHz 312~315 MHz（非欧洲） 402~405 MHz（医疗短距离设备） 470~489 MHz（通常用于个人短距离设备） 823~832 MHz、1785~1805 MHz **862~875 MHz**（部分亚洲国家） 862~876 MHz（非特定短距离设备） 915~921 MHz 5150~5350 MHz、5470~5725 MHz 57~64 GHz、76~77 GHz、77~81 GHz
用于短距离设备的 非 ISM 候选频段	

图 3.1 用于短距离设备的 ISM 和非 ISM 候选频段（原著中分别用绿色字体、红色字体和紫色字体表示全球使用、仅在欧洲使用和仅在美国使用频段，考虑到本书中不用彩色，分别用黑色字体、灰色字体和加粗字体表示全球使用、仅在欧洲使用和仅在美国使用频段。其中仅在美国使用频段为 915 MHz 和 862~875 MHz。译者注）

3.1.3 国家/区域间双边协议

由于短距离设备可能会被跨境携带使用，因此其有可能对国外无线电业务构成干扰，详见 ITU-R SM.2210 报告。欧盟（EU）及欧洲自由贸易联盟（EFTA）已经与美国、加拿大、澳大利亚和新西兰签署了双边互认协议（MRAs）。根据该协议，设备制造商应确保其产品符合由相关第三国主管部门指定的该国实验室、检查机构和评估机构的鉴定要求，以求降低开展上述鉴定的费用，缩短产品进入海外市场的周期。

3.1.4 短距离设备的上市和标识

由于短距离设备可能会跨境流动，因此政府应对其上市地点和标识内容进行明确规定。短距离设备的标识用于表明其符合相关国家、区域和国际法规的要求。各国政府均认识到，为了使另一国家/区域的认证测试实验室认可本国/区域的符合性测试结果，最有效和高效的方法是签署双边协议。

尽管主管部门对机载短距离设备的使用已经做出了严格限制，但为了确保航空安全，飞机制造商或所有者在将短距离设备装载上飞机之前，应征求国际民航组织（ICAO）和相关区域和国家主管部门的意见。

3.1.4.1 欧洲对短距离设备的分类

电子通信委员会（ECC）和欧洲邮电主管部门大会（CEPT）制定了业内广泛知晓的欧洲无线电通信委员会 70-03 建议书（ERC/REC 70-03）。该建议书给出了 CEPT 成员国区域内短距离设备的分类方法，并依据所采用的符合性评估方法，为短距离设备的标识和自由流通提供了 3 种方案。欧盟 1999/5/EC 指令（R&TTE）[①]规定了 EU/EFTA 成员国短距离设备上市和自由流动事宜，目前该指令已被 2016 年 6 月 13 日实施的新无线电设备指令（RED）（2014/53/EU）取代。为确保公平高效使用频谱资源，ECC 181 报告《提高短距离设备频段频谱效率》给出了短距离设备频谱效率的定义，该定义综合考虑了时间、频谱和地理空间 3 个要素。CEPT 44 报告对欧盟委员会关于短距离设备的 2000/299/EC 决定的技术附件进行了修改，主要是简化了原技术附件中关于短距离设备应用的分类，并提出了更加通用的分类方法。

欧洲电信标准化协会（ETSI）为大多数短距离设备制定了欧洲协调标准，设备制造商只要按照有关协调标准开发短距离设备，就能符合 R&TTE 要求。短距离设备在上市过程中，还应符合 R&TTE 框架下的其他标准和技术指标。此外，若能提供包含技术参数的技术设计文件（CTF），也能证明设备符合法规要求。

R&TTE 第 4.1 款给出了短距离设备的分类，欧盟委员会 2000/299/EC 决定第 1 款确定了以下两类短距离设备：

- 第 1 类是指可以上市且使用不受限制的短距离设备。欧盟委员会通过与成员国协商，发布针对第 1 类设备的指示和非详尽清单。ERC/REC 70-03 中列出的大多数短距离设备均属于第 1 类设备，详见欧盟委员会第 2000/299 号决定第 1(3)款及欧洲通信办公室（ECO）频率信息系统（EFIS）数据库（EFIS RTTE 子类）。欧盟委员会 2006/771/EC 决定——《短距离设备决定》包含了大多数短距离设备，该决定已代替 ERC/REC 70-03，明确了欧盟成员国（非 CEPT 成员国）第 1 类短距离设备的名称。
- 第 2 类是指欧盟成员国限制使用的短距离设备。这类短距离设备需要张贴作为设备身份类别的警示标志，主要包括 WLAN（5.15~5.35 GHz）、UWB（1.6~10.6 GHz）、宽带数据传输系统（57~66 GHz）和动物植入设备（12.5~20.0 MHz），详见欧盟委员会第 2000/299 号决定第 1(3)款。

3.1.4.2 短距离设备在欧洲的标识

产品拥有 CE 标识意味着其符合欧盟法律要求，也表明其在欧盟市场可以自由流通。从制造商的角度看，只要产品被贴上 CE 标识，他们就可以负责地宣称产品符合欧盟所有法规要求，从而可以在由欧盟 28 个成员国（英国已于 2017 年启动脱欧谈判，译者注）和欧洲自由贸易联盟国家（包括冰岛、挪威和列支敦斯登）构成的欧洲经济区（EEA）内合法销售。上述要求同样适用于在欧洲经济区外生产而在区内销售的产品。短距离设备的标识表明设备的工作参数符合特定指标要求。

欧盟 1999/5/EC 指令（R&TTE）第 12 条（关于 CE 标识）指出"在确保不影响 CE 标识可见性和辨识度的前提下，可以在产品上再增加其他标识"。产品上的 CE 标识应保持可见性和可辨认性，若由于产品本身原因无法做到这点，则须将标识张贴在产品包装和附带说明书上。CE 标识由

图 3.2　CE 标识

[①] R&TTE：2014 年 4 月 16 日，欧盟颁布了一套新的关于无线电设备上市的法规，并要求其成员国在两年时间内，依据 2014 年 5 月 22 日发布的新无线电设备指令（RED）（2014/53/EU）对本国法律进行修改，新指令于 2016 年 6 月 13 日实施，现行的无线电&电信终端设备指令（1999/5/EC）也随之废止。

类似 CE 字母的标志组成,如图 3.2 所示。

3.1.4.3 适用于联邦通信委员会(FCC)Part 15 规定的设备进入美国市场

为确保电信设备符合相关技术标准和联邦通信委员会法规,《美国联邦法规》第 47 篇(47CFR)第 2 部分规定了对美国电信设备的型号认可程序。该型号认可的主要依据包括:校验(47CFR§2.902),自认可程序;符合性声明(47CFR§2.906),自认可程序;认证(47CFR§2.907),需要有关责任方提交审核和批准申请。短距离设备(如车库门开关)都需要通过联邦通信委员会认证,认证标识应贴在设备显著位置。通过实施型号认可程序,有助于联邦通信委员会对短距离设备参数的管理和调整。

认证和校验是设备获得使用许可的两种主要方式。认证和校验程序规定,必须对设备的射频辐射进行测试,并提交测试报告。所有 FCC Part 15 发射设备在上市前,必须经过相关机构测试和认可。ITU-R SM.2153 报告(第 36~38 页)对认证和校验进行了介绍,表 3.1[①]列出了相关程序。

表 3.1　FCC Part 15 发射设备许可程序

低功率发射设备	许可程序
教学区内使用的调幅发射设备	校验
使用 490 kHz 及以下频段的电缆定位设备	校验
载波通信系统	校验
隧道无线电系统	校验
必须开展现场测试的设备,如围墙防护系统等	对 3 个设备进行校验,而后将校验数据用于认证
泄漏同轴电缆系统	若仅用于调幅广播频段,则进行校验,否则进行认证
其他 Part 15 发射设备	认证

校验

47CFR§2.902 指出:

(a)校验是指设备制造商通过测量或采取必要措施,确保设备满足特定技术标准的过程。除非联邦通信委员会依据 47CFR§2.957 提出要求,否则无须向联邦通信委员会提供用于表明设备符合性的样本或典型数据。

(b)校验涉及制造商或进口商交易的所有设备,这些设备应与 47CFR§2.908 所规定的经测试和制造商认可的样品相一致。

符合性声明

47CFR§2.906 指出:

(a)符合性声明是指有关责任方通过测量或采取必要措施,确保设备满足特定技术标准的过程。除非联邦通信委员会依据 47CFR§2.1076 提出要求,否则无须向联邦通信委员会提供用于表明设备符合性的样本或典型数据。

(b)符合性声明涉及责任方交易的所有设备,这些设备应与 47CFR§2.908 所规定的经测试和责任方认可的样品相一致。

---

① 表 3.1 中数据源于 ITU-R SM.2153 报告中表 5(和表 13)、47CFR§2.902 校验(自认可程序)和 47CFR§2.907 认证,见 8.3.4.2 节"联邦通信委员会(FCC)"。

认证

47CFR§2.907 指出：

（a）认证是由联邦通信委员会基于申请者提供的样品和测试数据，对设备授予许可。

（b）认证涉及被授予者交易的所有设备，这些设备应与 47CFR§2.908 所规定的经测试样品相一致，除非联邦通信委员会依据 47CFR§2.1043，准许对设备进行调整或改变。

3.1.4.4　FCC Part 15 设备在美国的标识

47CFR§15.19"标识要求"中，§15.19（a）指出"提交校验或认证的设备应按照如下方式进行标识"。

§15.19（3）规定如下。

有关设备应在其显著位置标注如下语句："本设备符合 FCC Part 15 规定。"设备的运行应满足以下两个条件：（1）本设备不会产生有害干扰；（2）本设备必须容忍任何干扰，包括可能造成非期望后果的干扰。

校验标识

设备经校验后，由制造商（或进口商）负责制作设备符合性标识，并将其置于所有销售或进口的发射设备上。经校验的设备应采用特定的商标名称或型号进行标识，不应与已上市的发射设备相混淆，也不应采用 FCC ID 标识或与 FCC ID 标识相混淆。只要制造商（或进口商）申请报告通过符合性验证，且符合性标识已经置于发射设备上，则发射设备就可上市。已完成校验的设备无须在联邦通信委员会处备案。

为防止电话网络受到有害干扰，所有接入公众交换电话网（PSTN）的设备（如无绳电话）均应满足 FCC 法规第 68 部分有关规定要求，并在上市之前由联邦通信委员会对其进行登记。

符合性声明标识

47CFR§15.19"标识要求"中，§15.19（b）指出"通过符合性声明许可的产品，应将符合性声明标识置于其显著位置，其中应包含 47CFR§2.1074 所描述的特定标识及如图 3.3 所示的标识。"

认证标识

认证标识由其申请者负责制作，并置于销售或进口的所有设备上。符合性标识的语句见 FCC 法规第 15 部分，并与 FCC ID 标识一致。注意：在设备获得认证许可之前，不应标注符合性标识或 FCC ID 标识。

图 3.3　FCC 标识

3.1.4.5　亚太电信组织的许可、型号认可、认证和校验机构

亚太电信组织（APT）是负责亚太地区电信事务的区域性组织，详见 7.4.2 节。亚太电信组织无线工作组（APT/AWG）的工作涵盖了各类无线系统。APT/AWG/REP-07 报告详细介绍了文莱达鲁萨兰国、中国、日本、韩国、马来西亚、菲律宾、新西兰、新加坡和越南等国家和地区的短距离设备运行和认可程序。

3.1.5 短距离设备对无线电通信业务的干扰

若短距离设备对属于《频率划分表》中处于主要地位的无线电通信业务构成干扰，则干扰值不应超过无线电通信接收机所接收噪声功率总和的 1%。这个指标相当于干扰噪声比为 –20 dB，或导致接收机灵敏度降低 0.04 dB，详见 ITU-R BS./BT.1895 建议书中"建议 2"。关于干扰噪声比为 –20 dB 为何会导致接收机灵敏度降低 0.04 dB，表 5.7 给出了相关解释，更多信息可参考 5.8.2 节。

在 30 MHz 以下频段，接收机可能会受到外部噪声的严重干扰。由于大气噪声、人为噪声和银河系噪声及大气和水汽辐射远大于接收机噪声功率 $ktbf$（一种接收机噪声功率的表达式，见 5.4 节，译者注），因此，短距离设备在 30 MHz 以下频段所造成的干扰相对较小。图 3.4 给出了 10 kHz～100 MHz 的噪声值。

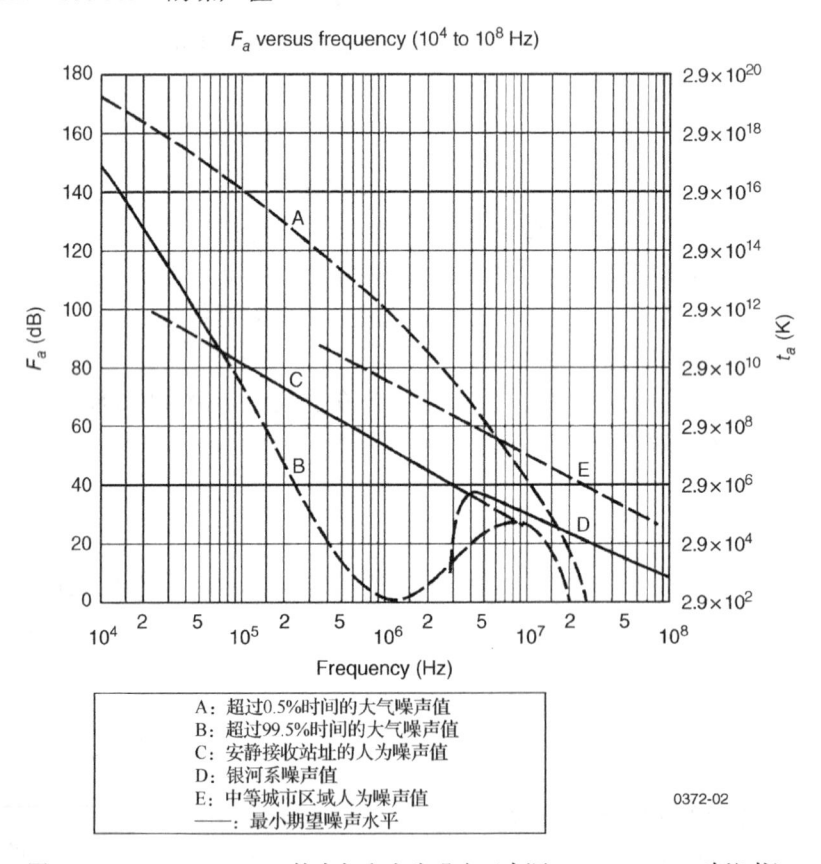

图 3.4 F_a versus frequency (10^4 to 10^8 Hz)

A：超过 0.5%时间的大气噪声值
B：超过 99.5%时间的大气噪声值
C：安静接收站址的人为噪声值
D：银河系噪声值
E：中等城市区域人为噪声值
——：最小期望噪声水平

图 3.4　10 kHz～100 MHz 的大气和人为噪声（来源：ITU-R P.372 建议书）

3.2 短距离设备的推广使用

3.2.1 风险对风险（Risk-verse-Risk）

无线技术所带来的风险与法规的创新调整往往会带来所谓"风险对风险"的两难选择。例如，若一味降低短距离设备的功率或减小超宽带系统的带宽，则将使这些新技术的优势不复存在。一方面，实现区域用频协调存在风险，另一方面，基于个体决策的独立用频行为也会对局部地区的频谱优化使用带来危害[①]。与上述"风险对风险"所产生的冲突结果相对的是"利益对利益"。公众可用的频谱资源越多，短距离设备的射频功率和带宽范围越大，从而能够促进相关新兴技术和服务的发展，就像 Wi-Fi 和宽带接入的成功应用那样。与短距离设备所带来的这种获益方式相对的是，若短距离设备被越少的人使用，则发生用频冲突的概率越低，相应的服务质量（QoS）越好，在无线电频率这个"公园"内发生"公地悲剧"[②]的可能性越低。对那些可能对现有授权业务造成干扰的新兴技术采取支持的态度非常重要。难道主管部门必须通过阻止非授权用户或限制射频功率/带宽的方式才能避免"公地悲剧"的发生吗？本书 4.1.1.1 节将会给出主管部门处理这些涉及伦理问题的更多信息。实际中是采用个体化观点（向短距离设备提供更多频谱和带宽）还是集体化观点（更好的服务质量）将会带来完全相反的规则体系。

3.2.2　从集体化视角看待短距离设备频率协调的观点

持集体化观点（Collectivized View）的人认为，由于短距离设备数量急剧增加且难以控制，因而从长远考虑，应强化短距离设备执照管理，节省无线电频谱资源。应尽可能减小短距离设备发射功率，减小其射频带宽，缩短其许可使用周期。通过严格限制短距离设备的允许发射功率，将为各国各地区之间开展频率协调提供便利。同时通过详细规定短距离设备的工作参数（相对于技术性参数），有助于降低干扰发生的概率。虽然短距离设备自身不需要受到保护，但若其功率过大或带宽较宽，则会对公众带来有害干扰。

无线电频率"环保人士"希望尽可能节省频谱资源，以减少对其他无线电系统的"污染"。他们无法接受短距离设备带来的风险，因而主张通过对短距离设备进行严格限制来减少干扰。他们认为短距离设备的用户应受到保护（包括对其他非法或无执照设备的使用），设备供应商应受到严格监管，以节省无线电频谱资源。为使无线电频谱得到优化使用，他们通常对射频干扰及其相关风险后果做出最坏的估计。

即使短距离设备发射功率小于 100 mW，许多集体主义者也会要求人们对短距离设备的辐射危害保持警惕，这一观点尤其会受到电磁过敏症和恐电症患者的支持。许多城市居民出于对射频辐射危害的考虑，反对在学校安装 Wi-Fi 或无线水表。

3.2.3　从个体化视角看待最少限制的观点

持个体化观点（Individualized View）的人认为，应向短距离设备/超宽带设备/白色空间设备提供更多频率资源，适当增大其发射功率。最明显的例子是美国《1934 年通信法案》所实施的面向短距离设备（电子设备）的包含风险倾向的计划，该计划允许无执照/无保护"低功率设备"使用已被 ISM 设备占用（和"污染"）的频段（《美国联邦法规》第 47 篇第 15 部分）。欧洲[③]也于 1997 年在挪威特罗姆瑟通过了首份 ERC/REC 70-03 建议书。上述法规主要基于如下考虑。

[①] 见 Martin Cave 报告中与协调风险有关的建议 4.1～4.5（2002，第 35 页）。
[②] 无线电频率属于公共物品，若所有用户不能同时平等地使用无线电频率，就会发生"公地悲剧"。
[③] 434 MHz 在 1989 年时受到极大关注，各国政府对其做出了划分。虽然低端 433.92 MHz ISM 已被使用，但该频段被认为仍会向上扩展。

- 思想意识：法规限制个体自由，而放松无线电和短距离设备法规限制能够鼓励个体的首创精神。
- 法规：无线电频谱具有非枯竭性，根据"奥卡姆剃刀"原则（简化原则）和"低干涉"方法，对市场的限制将随短距离设备数量的增多而减少。

自由市场国家的法规制度更有利于创新发展。短距离设备的兴起促进了管制放松、自由化、自律监管、公平竞争和主要工业领导者的"管理权利"。即使在短距离设备工作频段，供应商也可提供能与无线运营商相竞争的业务。

持个体化观点的主管部门对公众充满信任，因而允许短距离设备使用较大功率和较宽带宽，并相信用户设备不会超过功率或带宽限值。技术型社会乐意承担更多风险，包括承担短距离设备功率和带宽增大所带来的不确定后果。

相对于增加无线应用和宽带网络竞争所产生的收益，消除短距离设备干扰所需付出的成本相对较小。美国法规充分反映了具有寻求风险倾向政府的特点，通常允许更多用户使用无线电频谱，如允许短距离设备工作在授权的卫星上行频段，对白色空间设备的限制也相对较少，详见 8.2.2 节。

中立性：基于个体主义原则会导向中立性，如美国 FCC Part 15[①]基本上未规定具体的应用 [非授权-国家信息基础设施（U-NII）除外]。欧盟 ERC/REC 70-03 附件 13 对各种应用进行了详细说明。中立性观点会支持短距离设备的应用和频率协调。相反，集体主义者会摘取 ERC/REC 70-03 部分附录内容来强调频谱共享的重要性，详见 8.1.3.10 节。

3.3 短距离设备技术参数的工程背景知识

3.3.1 弗里斯公式、接收功率、电场和磁场强度的数值公式

实际应用中，短距离设备发射机和接收机相距较近且无障碍物，因而两者之间的信号传输可假设为自由空间传播，具体参见 5.6.2 节。

下列参数均采用国际单位制（SI）：

p_t ——发射机输出功率（W）；

g_t ——发射天线增益（无量纲，无单位）；

g_r ——接收天线增益（无量纲，无单位）；

e.i.r.p.——发射功率与天线增益（相对于各向同性天线）的乘积（w）；

e.r.p.——发射功率与天线增益（相对于半波阵子天线）的乘积（w）；

e ——电场强度（V/m）；

h ——磁场强度（A/m）；

d ——辐射源与接收机之间的距离（m）；

pd ——接收机端入射功率密度（W/m^2）；

$\bar{s}$ ——坡印廷矢量。

[①] §15.247 要求 75 跳频系统至少使用 75 个非重叠跳频信道。

第3章 短距离设备和频谱执照豁免

$$\vec{s} \equiv \vec{e} \times \vec{h} = \text{pd} = \frac{p_t \times g_t}{4\pi d^2} = \frac{\text{e.i.r.p.}}{4\pi d^2} \tag{3.1}$$

$$|\vec{s}| = |\vec{e}| * |\vec{h}| = \frac{e^2}{120\pi} = 120\pi h^2 = \text{pd} = \frac{\text{e.i.r.p.}}{4\pi d^2} \tag{3.2}$$

3.3.2 接收功率和电场强度的数值公式

短距离设备的发射限值定义为能够保证短距离设备正常工作的特定距离上的最大发射功率或最大电场强度（或磁场强度）。在国际单位制下，设 e.i.r.p. 为等效全向辐射功率，d 为距短距离发射设备的距离，e 为电场强度，p_r 为全向天线（$g_r = 1$）接收到的功率（自由空间传播），λ 为波长，c_0 为光速，f 为频率（见5.6.3.4节）。

根据式（3.2），得：

$$\text{pd} = \frac{e^2}{120\pi} = \frac{\text{e.i.r.p.}}{4\pi d^2} \tag{3.3}$$

$$e = \frac{\sqrt{30 \times \text{e.i.r.p.}}}{d} \tag{3.4}$$

$$p_r = \frac{e^2}{120\pi} \times \frac{\lambda^2}{4\pi} \tag{3.5}$$

$$p_r(\text{W}) = \frac{e^2}{120\pi} \times \frac{(c_0)^2}{4\pi f^2(\text{MHz}) \times 10^{-12}} = \frac{89\,875.518 \times e^2}{480\pi^2 f^2(\text{MHz})} = \frac{18.97 \times e^2(\text{V/m})}{f^2(\text{MHz})} \tag{3.6}$$

在接收功率保持不变的前提下，考虑到接收机灵敏度的特性，短距离设备的发射场强限值随着频率的升高而增大。例如，在 47CFR§15.209 中表的最后1行"发射限值通用要求"（见表 3.6）中规定，在距短距离设备 3 m 处，30～88 MHz 频段的发射限值为 100 μV/m，88～216 MHz 频段的发射限值为 150 μV/m，216～960 MHz 频段的发射限值为 200 μV/m，960 MHz 以上频段的发射限值为 500 μV/m。

大多数 FCC Part 15 设备的发射限值用场强值[①]来表示，单位为 V/m、mV/m 或 μV/m，而非对数形式的 dBV/m、dBmV/m 或 dBμV/m，距离通常取 3 m，有些频段也会使用 30 m（490～30 000 kHz）和 300 m（9～490 kHz），具体见表 3.6 和表 3.8。

当 $d = 3$ m 时，式（3.4）可表示为：

$$e = \frac{\sqrt{30 \times \text{e.i.r.p.}}}{d} = \frac{\sqrt{30 \times \text{e.i.r.p.}}}{3} = \sqrt{\frac{\text{e.i.r.p.}}{0.3}}$$

且 e.i.r.p. 的计算式为：

$$\text{e.i.r.p.}(\text{W}) = 0.3 \times e^2(\text{V/m}) \tag{3.7}$$

美国联邦通信委员会认识到自由空间的等效场地（如全电波暗室）和开阔场所获得的测量结果存在差异，详见 47CFR§95.627《401～406 MHz 频段医用无线电发射设备》。在开阔场测量环境下，相同 e.i.r.p. 所对应的场强值增大为 2 倍，而相同场强所对应的 e.i.r.p. 值增大为 4 倍。

---

① 日本、韩国和许多其他国家均将该量值用于短距离设备，这也说明 FCC Part 15 规定的影响范围较广。而欧盟 70-03 建议书规定，针对 10m 处的 30 MHz 以下频段感应场相关应用采用磁场强度，相关转换公式见式（3.21）；70-03 建议书规定的磁场强度单位为 dBμA/m，具体见表 3.19。

3.3.3 接收功率和磁场强度的数值公式

当频率小于 30 MHz 时，发射功率限值通常采用 10 m 处的磁场强度表示，具体见 ERC/REC 70-03 建议书。磁场强度（h）的单位为 A/m，也可表示为 μA/m 或 dB（μA/m）。与式（3.4）类似，根据式（3.2）可得自由空间中的坡印廷矢量 $\vec{s}$（国际单位制）为：

$$|\vec{s}| = \frac{e^2}{120\pi} = 120\pi h^2 = \frac{\text{e.i.r.p.}}{4\pi d^2} \tag{3.8}$$

$\vec{h}$ 在天线主瓣方向峰值功率的绝对值与自由空间中远场 e.i.r.p. 的均方根有关，即：

$$|\vec{h}| = \sqrt{\frac{\text{e.i.r.p.}}{480\pi^2 d^2}} = \frac{\sqrt{\text{e.i.r.p.}}}{68.83 \times d} \tag{3.9}$$

与式（3.7）类似，由磁场强度计算得出的 e.i.r.p. 为：

$$\text{e.i.r.p.} = |\vec{h}|^2 \times (68.83 \times d)^2 \tag{3.10}$$

对于 1000 MHz 以下频率，采用 e.r.p. 表示的磁场强度绝对值为：

$$|\vec{h}| = \sqrt{\frac{\text{e.r.p.} \times 1.64}{480\pi^2 d^2}} = \frac{\sqrt{\text{e.r.p.}}}{53.75 \times d} \tag{3.11}$$

3.3.4 接收功率、电场强度和磁场强度的对数公式

自由空间公式中电场强度（e）的对数形式（E）可表示为（标准单位）：

$$E = 20\log e = 10\log 30 + \text{E.I.R.P.} - 20\log d = 14.77 + \text{E.I.R.P.} - 20\log d \tag{3.12}$$

当采用其他单位时，电场强度计算公式的对数形式为：

$$E(\text{dB}\mu\text{V/m}) = 14.77 + 120 + \text{E.I.R.P.} - 20\log d = 134.77 + \text{E.I.R.P.}(\text{dBW}) - 20\log d(\text{m}) \tag{3.13}$$

$$E(\text{dB}\mu\text{V/m}) = 134.77 + \text{E.I.R.P.} - 20\log d(\text{km}) - 60 = 74.77 + \text{E.I.R.P.}(\text{dBW}) - 20\log d(\text{km}) \tag{3.14}$$

当已知 E 求 e.i.r.p. 时，式（3.13）可表示为：

$$\text{E.I.R.P.}(\text{dBW}) = E(\text{dB}\mu\text{V/m}) + 20\log d(\text{m}) - 134.77$$

当 e.i.r.p. 单位取 dBm 时，上式可表示为：

$$\text{E.I.R.P.}(\text{dBm}) = E(\text{dB}\mu\text{V/m}) + 20\log d(\text{m}) - 104.77 \tag{3.15}$$

采用对数形式表示的磁场强度计算公式为（标准单位）：

$$H = 20\log h = \text{E.I.R.P.} - 20\log d - 36.76 \tag{3.16}$$

当采用其他单位时，磁场强度计算公式的对数形式为：

$$H(\text{dB}\mu\text{A/m}) - 120 = \text{E.I.R.P.}(\text{dBm}) - 30 - 20\log d(\text{m}) - 36.76$$

$$H(\text{dB}\mu\text{A/m}) = \text{E.I.R.P.}(\text{dBm}) - 20\log d(\text{m}) + 53.24 \tag{3.17}$$

与式（3.15）类似，由磁场强度计算得出的 e.i.r.p. 为：

$$\text{E.I.R.P.}(\text{dBm}) = H(\text{dB}\mu\text{A/m}) + 20\log d(\text{m}) - 53.24 \tag{3.18}$$

对于 1000 MHz 以下频率，测量系统的计量值通常取 e.r.p.（相对于半波阵子的有效辐射功率），相关案例可参考亚太电信组织 APT/AWG/REP-07 报告或表 3.9。因此，这里也采用 e.r.p. 代替 e.i.r.p. 来表示短距离设备的发射限值（两者的差值 2.15=10log 1.64），磁场强度可表示为：

$$H(\text{dB}\mu\text{A/m}) = \text{E.R.P.}(\text{dBW}) + 10\log 1.64 - 20\log d(\text{m}) + 53.24$$

$$H(\text{dB}\mu\text{A/m}) = \text{E.R.P.}(\text{dBm}) - 20\log d(\text{m}) + 55.38 \tag{3.19}$$

当已知 H 求 e.r.p. 时，式（3.19）可表示为：

$$\text{E.R.P.}(\text{dBm}) = H(\text{dB}\mu\text{A/m}) + 20\log d(\text{m}) - 55.38 \tag{3.20}$$

由于欧盟 ERC/REC 70-03 建议书采用 10 m 处磁场强度的对数值（$20\log\mu\text{A/m}$），因此式（3.20）可转换为：

$$\text{E.R.P.}(\text{dBm}) = H(\text{dB}\mu\text{A/m}) + 20\log 10(\text{m}) - 55.38 = H(\text{dB}\mu\text{A/m}) - 35.38 \tag{3.21}$$

由于 30 MHz 以下频段短距离设备的发射限值采用磁场强度表示，且在该频段磁场天线的有效孔径远小于波长（因 $\lambda>10$），因此短距离设备的工作范围处于近场区域，式（3.21）仅能表示接近远场区域的有效辐射功率。欧洲无线电通信委员会（ERC）069 报告给出了近场感应应用的重要公式。

详细案例如下。

磁场强度和电磁强度计算举例

ERC/REC 70-03 建议书附件 12 中，有源医疗植入物工作在 30.0～37.5 MHz 频段，允许 e.r.p. 为 1 mW（e.i.r.p. 为 1.64 mW）。在远场自由空间传播条件下，根据式（3.11）计算得出的距离为 10 m 处的磁场强度为：

$$|\vec{h}| = \frac{\sqrt{\text{e.r.p.}}}{53.75 \times d} = \frac{\sqrt{0.001}}{53.75 \times 10} = 58.83 \times 10^{-6}\,(\text{A/m})$$
$$= 58.83\,(\mu\text{A/m}), \text{相当于} 20\log 58.83 = 35.39\,(\text{dB}\mu\text{A/m})$$

对于工作在 12.5～20.0 MHz 的有源医疗植入物，允许磁场强度为 -7 dBμA/m（距离为 10 m 处）。在远场自由空间传播条件下，根据式（3.21）计算得出的 E.R.P.(dBm) $=-7-35.38=-42.38$(dBm)。

还有另一个关于医疗设备的例子：利用距离为 3 m 处测得的磁场强度 $h=42$ μA/m 和电场强度 $E=84$ dBμV/m 来计算 e.i.r.p.。在远场自由空间传播条件下，根据式（3.9）计算得出距离为 3 m 处的磁场强度为：

$$h = \frac{\sqrt{\text{e.i.r.p.}}}{3 \times 68.83} = \frac{\sqrt{\text{e.i.r.p.}}}{206.5}; h(\text{A/m})^2 \times 42\,638.1 = \text{e.i.r.p.}(\text{W}); \text{ for}$$
$$h = 42(\mu\text{A/m}), \text{e.i.r.p.}(\mu\text{W}) = 10^6 \times 42^2 \times 10^{-12} \times 42\,638.1 = 75.2(\mu\text{W})$$

e.i.r.p. 的对数形式 E.I.R.P. 为 $10\log 75.2=18.76$（dBμW）。对于同一设备，若使用测得的电场强度 $E=84$ dBμV/m 来计算 E.I.R.P.，则根据式（3.15），可得：

$$\text{E.I.R.P.}(\text{dBm}) = E(\text{dB}\mu\text{V/m}) + 20\log d(\text{m}) - 104.77 = 84 + 20\log(3) - 104.77$$
$$= -11.23(\text{dBm}) = 18.77\,\text{dB}\mu\text{W}$$

18.77 dBμW 的数值为 75.3 μW，这与上面采用磁场强度值计算得到的 75.2 μW 大致相等。

3.4 短距离设备的国际法规

3.4.1 短距离设备的全球化应用

短距离设备的固有特性使其可以单独或嵌入其他系统中使用，也常被携带和跨国界流动，因而在全球得到广泛应用。从历史上看，模拟和数字电视的技术体制并未实现全球通用，Wi-Fi 依靠自底向上的方式迅速走向世界，而 LTE 和短距离设备正在逐步向全球推广。目前，电话已经可以实现在传统的蜂窝通信模式与 Wi-Fi 网络语音电话业务（VoIP）模式之间切换。

信息社会缩短了人与人之间的距离，也使得各国法规之间的差异逐步减小。例如，欧洲和美国在某些领域已经开始采用同一标准。为促进 Wi-Fi 的全球应用，要求制定全球通用的技术标准。各国对执照豁免设备的标准化和统一协调管理表现出强烈意愿。由于很难利用边境等传统的障碍条件限制短距离设备的流通使用，因而需要制定全球通用的短距离设备标准。短距离设备的全球化制造、部署和自由流动使得相关技术向各国扩散。开展短距离设备使用频率的全球和区域协调、增加其制造基地和设备数量，将为短距离设备用户和管理者带来极大便利，这包括：

- 扩大短距离设备贸易规模；
- 提升短距离设备的可用性；
- 增强人们对短距离设备跨区域使用功能的信心；
- 减少对短距离设备的法规限制；
- 提高频谱利用率。

尽管能够带来上述便利，但短距离设备的全球化还有很长的路要走。例如，由于未能完成 RFID（射频识别）设备使用 860～960 MHz 频段的全球协调工作，使得 RFID 设备无法实现跨区域使用[①]，具体见 3.6.2 节。

3.4.2 国际电联《无线电规则》和频谱管理建议书规定的 ISM 频段

3.4.2.1 ISM 的定义

国际电联《无线电规则》第 1.15 款将工业、科学和医疗（ISM）应用（利用无线电频率能量）定义为："除了用于电信领域外，能够产生或利用无线电频率能量用于工业、科学、医疗和家庭等类似用途的设备或装置。"ISM 频段主要用于 ISM 设备的非电信应用，其应用于无线电通信业务（和短距离设备）的可用性不能得到保证。

3.4.2.2 ISM 频段

《无线电规则》第 5.138 款和第 5.150 款规定了 ISM 频段。其中第 5.138 款规定下列频段"用于工业、科学和医疗（ISM）应用"：

6765～6795 kHz	（中心频率为 6780 kHz）
433.05～434.79 MHz	（中心频率为 433.92 MHz）国际电联 1 区
61～61.5 GHz	（中心频率为 61.25 GHz）
122～123 GHz	（中心频率为 122.5 GHz）
244～246 GHz	（中心频率为 245 GHz）

根据《无线电规则》第 5.150 款，下列频段也可用于 ISM 应用：

---

① 国际电联 3 个区域，包括欧洲与非洲（1 区）、美洲（2 区）和亚洲（3 区）对该频段的划分不一致。

13 553～13 567 kHz　　　　　　　（中心频率为 13 560 kHz）
26 957～27 283 kHz　　　　　　　（中心频率为 27 120 kHz）
40.66～40.70 MHz　　　　　　　　（中心频率为 40.68 MHz）
902～928 MHz　　　　　　　　　　（中心频率为 915 MHz）国际电联 2 区
2400～2500 MHz　　　　　　　　　（中心频率为 2450 MHz）
5725～5875 MHz　　　　　　　　　（中心频率为 5800 MHz）
24～24.25 GHz　　　　　　　　　　（中心频率为 24.125 GHz）

若无线电通信业务工作在上述频段，则必须接受由 ISM 设备所带来的有害干扰[①]。

ISM 频段和短距离设备频段容易引起混淆。目前，美国规定的"非授权 ISM 频段"仅包括 900 MHz、2400 MHz 和 5800 MHz，并未包括 ISM 设备使用的所有频段。短距离设备可能使用所有 ISM 频段，还可使用其他频段。因此，短距离设备频段不等同于 ISM 频段，后者是前者的充分条件[②]而非必要条件。图 3.1 给出了短距离设备所使用的 ISM 频段和非 ISM 频段，其中非 ISM 频段也是短距离设备区域性和全球使用频率的潜在频段。

3.4.2.3　ISM 设备的应用

ISM 设备一般用于非通信目的，所以不存在 ISM "通信设备"。国际电联《无线电规则》未对使用 ISM 频段的 ISM 设备功率提出限值要求。国际无线电干扰特别委员会（CISPR）标准 CISPR-11:2015《测量限值和方法》给出了 ISM 设备有关标准。

- 最常见的 ISM 设备（有意辐射/发射非调制电磁能量）包括家用和商用、工业区的微波炉，工作频段为 2.45 GHz。
- ISM 设备的其他用途包括冶炼、焊接、烘干、解冻、回火处理、硬焊、半导体晶体生长和提炼、铸造等，用于加热或充电的无线能量传输，利用 30 MHz 以下频段进行短距离近场磁耦合等。
- 微电子领域的科学应用。
- 医疗领域的用途包括核磁共振成像（MRI）、超声波诊断成像、电外科装置（ESU）和透热/超热设备等。

表 3.2[③]列出了多个 ISM 频段的应用情况。ISM 设备典型射频功率电平可参考 ITU-R SM.1056 建议书《工业、科学和医疗（ISM）设备辐射限值》。

《美国联邦法规》分别对"无线电频率设备"（FCC Part 15）和"工业、科学与医疗设备"（FCC Part 18）做出规定。其中 FCC Part 18 的重要内容如下（未按序号排序）。

- 47CFR§18.109：通用技术要求。ISM 设备的设计和制造应吸取丰富的工程实践经验，满足充分的屏蔽和滤波要求，并在§18.301 规定频段以外频率上满足辐射抑制指标。
- 47CFR§18.305：场强限值。（a）不对工作在§18.301 规定频段上的 ISM 设备的发射功

---

① 有趣的是，ISM 频段的中心频率（6780 kHz）满足：6780kHz×2=13 560 kHz, 6780 kHz×4=27 120 kHz, 6.780 MHz×6=40.680 MHz, 6.780 MHz×64=433.920 MHz, 61.25 GHz×2=122.5 GHz, 61.25 GHz×4=234 GHz。
② 依据 ITU-R SM.1896 建议书《短距离设备的全球和区域协调频段》附录 1 和附录 2，全球所有 ISM 频段均可供短距离设备使用。
③ 表 3.2 中数据来源于 ITU-R SM.2180 报告中表 1、ITU-R SM.1056 建议书第 3、4 页和其他文献。

率提出限值要求。(b) 除非特殊声明，工作在§18.301 规定频段以外的 ISM 设备的发射场强不应超过如下指标……

- 47CFR§18.301：工作频率。ISM 设备可以工作在除§18.303 规定以外的所有 9 kHz 以上频段。根据§2.106 规定，将下列频段划分给 ISM 设备使用。

表 3.2 工作在 ISM 频段或其他频段的 ISM 设备的应用

频率	应用
1000 kHz 频段	电磁感应加热、超声波清洗和医疗诊断、家用感应厨具、金属冶炼、二次加热、焊管、焊接等、元件加热、点焊、选择性表面加热、金属构件处理、半导体晶体生长和提炼、车身表面缝焊、精密封装、用于电镀的带钢加热、退火和烤漆、电外科装置（ESU）、超热设备
1～10 MHz	外科透热疗法（抑制波振荡器）、木材胶合和木头固化（3.2 MHz 和 6.5 MHz）、基于半导体材料的阀感应发电机、电弧稳定焊接、电外科装置
10～100 MHz	绝缘加热和材料预热（主要工作在 13.56 MHz、27.12 MHz 和 40.68 MHz 等 ISM 频段，也可能工作在 ISM 频段以外频率上）：（纺织品、玻璃纤维、纸张和纸张涂料、胶合板和木材、铸芯、胶合物、胶卷、溶剂和食物）烘干、制陶、商品（书、纸张、胶和干燥剂）、食物（烘焙、肉制品烘干）、木材胶合、塑料加热（焊接和铸造、模具密封和塑料压纹）、固化胶黏剂 医疗应用：医疗透热和超热设备（27 MHz）、核磁共振成像（MRI）（10～100 MHz，大型屏蔽室）
100～915 MHz	医疗应用（433 MHz）、超热设备（433 MHz 和 915 MHz）、食物加工（915 MHz）、射频等离子体发生器、橡胶硫化（915 MHz）、核磁共振成像
915 MHz 以上频段	家用和商用微波炉（915 MHz 和 2450 MHz）、食物退火、解冻和烹饪、射频烤漆和涂层固化、制药、射频等离子体发生器、橡胶硫化（磁控管 915 MHz 和 2450 MHz）

表 3.3 列出了国际电联 2 区全部 ISM 频段。需要强调的是，对工作在这些频段的 ISM 设备的发射功率没有限值要求。

表 3.3 FCC Part 18 规定的 ISM 频段

ISM 频段	频率容限
6.78 MHz	±15.0 kHz
13.56 MHz	±7.0 kHz
27.12 MHz	±163.0 kHz
40.68 MHz	±20.0 kHz
915 MHz	±13.0 MHz
2450 MHz	±50.0 MHz
5800 MHz	±75.0 MHz
24 125 MHz	±125.0 MHz
61.25 GHz	±250.0 MHz
122.50 GHz	±500.0 MHz
245.00 GHz	±1.0 GHz

由于 ISM 设备可能与某些无线电通信设备距离较近，ITU-R SM.1280 报告分析了 ISM 设备对无线电通信设备的影响。

3.4.3 短距离设备的全球和区域协调频率范围

图 3.1 列出了短距离设备全球使用的所有频段。有些主管部门将短距离设备列入非授权无线电通信业务，考虑到其对公众的用途，要求对这些设备提供一定程度的保护，防止其遭受有害干扰，也确保其不对其他业务产生干扰。这方面的一个典型应用是超低功率有源医疗植入物（ULP-AMI）通信设备，该设备与其他业务共用某些频段。根据欧洲 ERC/REC 70-03 建

议书、美国 FCC Part 15 和日本《无线电法》，有源医疗设备可能工作在非保护的短距离设备频段，但也有可能作为受保护业务。例如，402~405 MHz 被作为次要业务频段用于陆地移动业务（航空业务除外）。有关短距离设备医疗应用的法规和标准如下。

- 全球：ITU-R RS.1346 建议书。
- 欧洲：欧洲无线电通信委员会报告 25，ERC/DEC/（01）17 和 EN 302 537。
- 美国：《美国联邦法规》第 47 篇第 95 部分第 I 子部分。

表 3.4 和表 3.5[①]列出了国际电联 3 个区域短距离设备通用工作频段，但这些频段并非都经过协调，以供短距离设备在全球和区域使用。除了前两行 9~148.5 kHz 和 3155~3400 kHz 频段，以及图 3.1 中所列的用于 RLANs 的 5150~5350 MHz 和 5470~5725 MHz 频段外，表 3.4 中的所有频段均为 ISM 频段。

表 3.5 列出的频段均小于 1000 MHz，在一定技术条件下，这些频段经协调可在区域范围内使用。在国际电联 3 区，这些频段"在某些国家可用"。

表 3.4 短距离设备全球协调频段

频率范围	ISM 频段、RR 脚注	中心频率；说明
9~148.5 kHz*	非 ISM 频段	78.75 kHz
3155~3400 kHz*		3277.5 kHz；RR 脚注 5.116
6765~6795 kHz*	RR 脚注 5.138	6780 kHz；在欧洲无特定短距离设备
13.553~13.567 MHz*	RR 脚注 5.150	13.560 kHz；在欧洲无特定短距离设备
26.957~27.283 MHz*	RR 脚注 5.150	27 120 kHz；在欧洲无特定短距离设备
40.66~40.7 MHz	RR 脚注 5.150	40.68 MHz
433.050~434.790 MHz	RR 脚注 5.138	433.920 MHz；仅国际电联 1 区有 ISM 频段，见 RR 脚注 5.280，经全球协调
2400~2500 MHz**		2450 MHz
5725~5875 MHz	RR 脚注 5.150	5800 MHz
24.00~24.25 GHz		24.125 GHz
61.0~61.5 GHz		61.25 GHz
122~123 GHz	RR 脚注 5.138	122.5 GHz
244~246 GHz		245 GHz

来源：摘自 ITU-R SM.1896 建议书。
备注：
*电磁感应短距离设备应用。
**在某些国家频段上限为 2483.5 MHz。

表 3.5 短距离设备区域协调频段

频率范围	国际电联 1 区	国际电联 2 区	说明
7400~8800 kHz	可用		
312~315 MHz		可用	仅在国际电联 1 区某些国家可用且频段范围可能发生变化
862~875 MHz	可用	非可用	在美洲该频段被用于集群通信和蜂窝下行系统，具体见国家法规

[①] 表 3.4 和表 3.5 中数据分别来源于 ITU-R SM.1896 建议书附录 1 和附录 2。由于 433.920 MHz 频段为非全球协调 ISM 频段，因此 ITU-R SM.1896 建议书附录 1 中未包含该频段，附录 2 中仅将该频段列为区域协调频段。

续表

频率范围	国际电联 1 区	国际电联 2 区	说明
875～960 MHz	915～921 MHz 可用	902～928 MHz 可用	902～928 MHz 仅在国际电联 2 区为 ISM 频段（RR 脚注 5.150）。在拉丁美洲，该频段仅部分频率可用于短距离设备。欧洲 GSM 的上行链路使用 873～915 MHz，下行链路使用 918～960 MHz

来源：摘自 ITU-R SM.1896 建议书。

3.4.4 短距离设备的技术和工作参数及频谱使用

ITU-R SM.2153 报告《短距离无线电通信设备的频谱使用及技术和工作参数》列出了短距离设备的常用频率范围、功率电平及其他技术和工作参数。该报告包含两个附件，其中附件 1 列出了多种短距离设备应用的技术参数，附件 2 的附录部分给出了短距离设备技术和工作参数及频谱使用的国家/区域法规信息。

确定短距离设备的发射电平需要经过细致的分析，并考虑与设备使用频率、具体应用及相关频段业已使用或规划使用的业务和系统等因素。这种分析程序具有全球通用性，具体将在 3.5 节中论述。

3.5 短距离设备的区域性法规

有关短距离设备的 3 个主要区域性法规为：
- ERC/REC 70-03 中与短距离设备有关的部分；
- 《美国联邦法规》第 47 篇第 15 部分《无线电频率设备》；
- 亚太电信组织 APT/AWG/REP-35 报告[①]。

上述 3 个法规性文件规定了与短距离设备有关的主管部门要求、市场环境、技术参数、频段划分要求、最大功率电平、信道间隔、占空比和其他限值等。可通过降低工作占空比来减少干扰发生概率。

美国和欧洲在短距离设备频段划分上秉持不同的理念。ERC/REC 70-03 建议书仅规定了可用频段，而 FCC Part 15 规定了除特殊限制频段以外的所有可用频段，具体可见表 3.9（该表来自 47CFR§15.205）。同时在设备管理上，欧洲遵循 R&TTE（后由 RED 取代），而美国推行 FCC Part 15 型号许可（包括制造商校验、符合性声明和 FCC 认证），具体见 3.1.4 节。如前所述，这两个法规性文件采用不同的频段和单位定义发射源的辐射限值。通常对于 30 MHz 以下频段，ERC/REC 70-03 建议书规定了距辐射源 10 m 处以 dBμA/m 为单位的磁场强度限值，而 FCC Part 15 规定了距辐射源 3 m 处以 μV/m 为单位的电场强度限值。ERC/REC 70-03 建议书相比 FCC Part 15 更新更加频繁，因为该法规的成效可通过欧盟和 CEPT 成员国的贯彻落实来体现。在 3.6.2 节中提到的全球射频识别设备法规凸显了欧洲和北美法规的区别，前者的审批程序比较简单，而后者对设备的频率范围和发射功率的要求更为宽松。

---

① 也可参见亚太电信组织 APT/AWG/REP-07 报告。

3.5.1 国际电联 1 区和 CEPT/ECC ERC 70-03 建议书

欧洲邮电主管部门大会和电子通信委员会建议书《短距离设备使用规定》明确了 CEPT 成员国短距离设备通用频率划分。ERC 70-03 建议书遵循 R&TTE（已由 RED 取代）所确定的有关短距离设备上市的法规框架。ETSI 制定了面向大部分短距离设备的欧洲协调标准。欧盟委员会通过的 2006/771/EC《短距离设备决定》确定了适用于特殊短距离设备的法规。根据 R&TTE 对设备的分类，若成员国要求本国设备执行更严格的指标，则这些设备不能在欧洲范围内无限制使用，且被列为"第 2 类"设备。

为区分短距离设备的不同应用，ERC/REC 70-03 建议书的附件对各种应用的使用频率和协调标准进行了说明，其中设备的技术参数内容包含在其所对应的协调标准中。

- 附件 1 通用短距离设备
- 附件 2 跟踪、追踪和数据获取
- 附件 3 宽带数据传输系统
- 附件 4 铁路应用
- 附件 5 运输和交通远程信息处理（TTT）
- 附件 6 无线电定位应用
- 附件 7 警报
- 附件 8 模型控制
- 附件 9 电磁感应应用
- 附件 10 包括助听器在内的无线麦克风应用
- 附件 11 射频识别应用
- 附件 12 有源医疗植入物及其附属设备
- 附件 13 无线语音应用

欧洲无线电通信委员会 70-03 建议书附录 2 列出了相关 ECC/ERC 决定、报告、欧盟委员会决定和 ETSI 标准[①]。附录 3 给出了各国实施情况表和有关限制规定，其中实施情况表可用于了解特定短距离设备工作频段的协调进展。

3.5.2 国际电联 2 区和 FCC 47CFR Part 15 无线电频率设备

《美国联邦法规》第 47 篇第 15 部分给出了美国无执照数字设备的使用规则和标准。除美国外，巴西和加拿大也沿用该法规的有关内容，具体见 ITU-R SM.2153 报告 6.2 节（第 13 页）。FCC Part 15 的具体实施程序涉及设备型号、校验、符合性声明和认证等，具体见 3.1.4.3 节。FCC Part 15 不仅为美国境内各种无执照的有意、无意和偶发辐射源确立了运行规则，还设置了与 Part 15 设备上市有关的技术指标、管理要求和其他条件等。相比 ERC/REC 70-03 建议书，FCC Part 15 还包括个人电脑等无意辐射源（及其限值），因而内容上更为全面。FCC Part 15 的主要内容包括：

- 子部分 A——概述
- 子部分 B——无意辐射源

[①] ITU-R SM.2210 报告也包含了 ECC/ERC 报告中有关短距离设备的内容，但该报告的更新周期不如 ERC/REC 70-03 频繁。

- 子部分 C——有意辐射源。参见有意辐射的附件条款，其中 47CFR§15.245 规定的工作频段为 902～928 MHz、2435～2465 MHz、5785～5815 MHz、10 500～10 550 MHz 和 24 075～14 175 MHz；§15.245 规定的工作频段为 902～928 MHz、2400～2483.5 MHz 和 5725～5850 MHz；§15.249 规定的工作频段为 902～928 MHz、2400～2483.5 MHz、5725～5875 MHz 和 24.00～24.25 GHz
- 子部分 D——无执照个人通信业务设备
- 子部分 E——无执照国家信息基础设施设备
- 子部分 F——超宽带设备
- 子部分 G——电力线宽带（BPL）接入
- 子部分 H——电视频带设备

FCC Part 15 的重要规定和表格

欧洲、非洲和亚洲国家所称的短距离设备，以及美国所称的无线电频率设备、数字设备、低功率发射设备、无执照发射设备和 Part 15 设备，均可归结为 47CFR Part 15 所规定的低功率和无执照发射设备。尽管使用 FCC Part 15 发射设备的用户无须获得授权，但发射设备若要合法出口美国或在美国上市，则需获得 FCC 许可。通过颁发设备使用许可，能够确保相关设备符合 FCC 技术标准，使其不会对授权无线电通信业务构成潜在干扰，详见 ITU-R SM.2153 报告（第 45 页）。若某 Part 15 设备符合 FCC 所规定的所有标准和要求，但仍会对授权无线电通信业务构成干扰，则该设备会被要求停用，直到干扰问题得以消除为止。

下面列出了 FCC Part 15§15.209 "辐射发射限值通用要求"中有关美国数字设备的重要规定。

与 ERC/REC 70-03 建议书仅允许短距离设备使用特定频段不同，Part 15 允许短距离设备在满足一定的发射限值条件下，使用所有无线电频谱[①]。其中有意辐射源的发射电平不应超过表 3.6[②]列出的场强值。

为保证美国境内[③]航空移动和 960～1164 MHz 频段航空无线电导航业务等无线电业务的灵敏度要求，规定了表 3.7[④]所列频段的杂散发射要求。

表 3.6 47CFR§15.209，辐射发射限值通用要求

频率（MHz）	场强（μV/m）	测量距离（m）
0.009～0.490	2400/f（kHz）	300
0..490～1.705	24 000/f（kHz）	30
1.705～30.0	30	30
30～88	100	3
88～216	150	3
216～960	200	3
960 以上	500	3

来源：47CFR§15.209。

---

① 除了表 3.6 所列出的受限频段外，无线电频率设备可使用其他所有无线电频谱；Part 15 子部分 C 给出了更高的发射限值（相对于表 3.7）。
② 表 3.6 中数据来源于 47CFR§15.209 和 ITU-R SM.2153 报告中表 2（第 13 页）、表 10（第 28 页）和表 23（第 69 页）。
③ 特殊设备除外，见§15.205 中（d）部分。
④ 表 3.7 中数据来源于 47CFR§15.205 和 ITU-R SM.2153 报告中表 12（第 36 页）和表 22（第 69 页）。

表 3.7 47CFR§15.205 规定的工作频段

MHz	MHz	MHz	GHz
0.090～0.110	16.42～16.423	399.9～410	4.5～5.15
0.495～0.505	16.694 75～16.695 25	608～614	5.35～5.46
2.173 5～2.190 5	16.804 25～16.804 75	960～1240	7.25～7.75
4.125～4.128	25.5～25.67	1300～1427	8.025～8.5
4.177 25～4.177 75	37.5～38.25	1435～1626.5	9.0～9.2
4.207 25～4.207 75	73～74.6	1645.5～1646.5	9.3～9.5
6.125～6.218	74.8～75.2	1660～1710	10.6～12.7
6.267 75～6.268 25	108～121.94	1718.8～1722.2	13.25～13.4
6.311 75～6.312 25	123～138	2200～2300	14.47～14.5
8.291～8.294	149.9～150.05	2310～2390	15.35～16.2
8.362～8.366	156.524 75～156.525 25	2483.5～2500	17.7～21.4
8.376 25～8.386 75	156.7～156.9	2690～2900	22.01～23.12
8.414 25～8.414 75	162.012 5～167.17	3260～3267	23.6～24.0
12.29～12.293	167.72～173.2	3332～3339	31.2～31.8
12.519 75～12.520 25	240～285	3345.8～3358	36.43～36.5
12.576 75～12.577 25	322～335.4	3600～4400	38.6 以上
13.36～13.41			

来源：47CFR§15.205。

表 3.8[①]列出了适用于辐射发射通用限值要求之外 30 MHz 以下频段的发射限值。

表 3.8 FCC 规定的适用于辐射发射通用限值要求之外的发射限值（30 MHz 以下）

频率范围	使用设备	发射限值
9～45 kHz	电缆定位设备	峰值输出功率为 10 W
45～101.4 kHz	电缆定位设备	峰值输出功率为 1 W
101.4 kHz	电话公司电子标识探测器	23.7 µV/m（300 m）
101.4～160 kHz	电缆定位设备	峰值输出功率为 1 W
160～190 kHz	电缆定位设备	峰值输出功率为 1 W
	所有	射频末级功率输入为 1 W
190～490 kHz	电缆定位设备	峰值输出功率为 1 W
510～525 kHz	所有	射频末级功率输入为 100 µW
525～1705 kHz	所有	射频末级功率输入为 100 µW
	校园操场上的发射机	24 000/f（kHz）µV/M（校园以外 30 m）
	载波电流和泄漏同轴电缆系统	15 µV/m[距电缆 47 715/f（kHz）m]
1.705～10 MHz	6 dB 带宽≥中心频率 10%的所有设备	100 µV/m（30 m）
	6 dB 带宽<中心频率 10%的所有设备	15 µV/m[距电缆 47 715/f（kHz）m]
13.553～13.567 MHz	§15.225 规定的使用 13.110～14.010 MHz 频段的设备	10 000 µV/m（30 m）
26.96～27.28 MHz	§15.227 规定的使用 26.96～27.28 MHz 频段的设备	10 000 µV/m（3 m）

FCC Part 15 有关重要章节如下。

- 根据 47CFR§15.247，"902～928 MHz、2400～2483.5 MHz 和 5725～5850 MHz 频段的使用"限于跳频和数字调制有意发射设备。其中 2400～2483.5 MHz 频段是全球范围内 Wi-Fi 等短距离设备的协调频段。全球各区域对这些频段的功率限值提出了不同要求，如美国规定的最大允许发射功率为 1 W（902～928 MHz），欧洲相应的限值为 0.1 W。

---

① 表 3.8 中数据来源于 FCC Part 15 和 ITU-R SM.2153 报告中表 11 和表 25。

- 根据47CFR§15.249，工作在902～928 MHz、2400～2483.5 MHz 和 5725～5875 MHz 的非特殊电子设备的最大场强限值为 50 mV/m（测量距离为 3 m）。其中采用式（3.7）e.i.r.p（W）=$0.3 \times e^2$（V/m）来计算 e.i.r.p. 值，具体为：e.i.r.p（W）=$0.3 \times e^2$（V/m）=$0.3 \times 0.050^2 = 3 \times 25 \times 10^{-5}$；e.i.r.p.（W）=$0.75 \text{ mV} \times 10^{-3}$，即允许的功率限值为 e.i.r.p.=0.75 mW。在 24.00～24.25 GHz 频段，允许场强值为 250 mV/m，即场强值增大为 50 mV/m 的 5 倍，则 e.i.r.p. 将增至 5^2=25 倍，因而该频段允许 e.i.r.p.=25×0.75=17.75 mW。

需要指出，在美国境内使用的 GPS 接收机也适用于 FCC Part 15 规定。考虑到 GPS 的重要性，FCC 不允许任何授权和非授权设备在 GPS L1（1575.42 MHz）和 L2（1227.6 MHz）频率上工作。

3.5.3 国际电联 3 区和亚太电信组织成员国的短距离设备

亚太电信组织无线工作组报告 APT/AWG/REP-07（Rev.1）《短距离无线电通信设备通用工作频段》给出了短距离设备工作频率和特征信息，其中有些频段已在相关国家间进行过协调。该报告同时还给出了有关短距离设备上市的技术参数和条件。

表 3.9[①]列出了文莱达鲁萨兰国、中国香港、日本、韩国、马来西亚、菲律宾、新西兰和新加坡 8 个国家和地区的短距离设备协调频段。表 3.10[②]列出了中国香港、韩国、菲律宾、新西兰和新加坡 5 个国家和地区的短距离设备协调频段。

表 3.9 亚太地区 8 个国家和地区短距离设备协调频段

典型应用	频率/频段（MHz）	功率限值区间
无绳电话/遥测	315	25 μW～10 mW（e.r.p.）
医疗植入物	402～405	25 μW（e.r.p.）
射频识别	433.92	1～25 mW（e.r.p.）
WLAN	2400～2483.5	1.000～100 mW（e.r.p.）
车载雷达	76.000～77.000	10 mW 至 100 W（e.r.p.）

来源：APT/AWG/REP-07 报告中表 1。

表 3.10 亚太地区 5 个国家和地区短距离设备协调频段

典型应用	频率/频段（MHz）	功率限值区间
射频识别	13.553～13.567	100 mW（e.i.r.p.）/42 dBμA/m（10 m）
	26.96～27.28	0.5～3 W（e.r.p.）/42 dBμA/m（10 m）
模型控制	40.66～40.70	1.000～100 mW（e.r.p.）
	72～72.25	10～750 mW（e.r.p.）
无绳电话	864.8～865	1.000～10 mW（e.r.p.）
WLAN	5.725～5.850	10 mW～4 W（e.i.r.p.）

来源：APT/AWG/REP-07 报告中表 2。

亚太电信组织无线工作组报告 APT/AWG/REP-35 列出了 15 个 APT 成员国短距离设备的协调频段及使用情况，这些频段与 ERC/REC 70-03 建议书所规定频段相近。

---

① 表 3.9 中数据来源于 APT/AWG/REP-07 报告中表 1。
② 表 3.10 中数据来源于 APT/AWG/REP-07 报告中表 2。

APT/AWG/REP-35 报告中表 1 详细介绍了经前期研究的短距离设备频段的使用情况。[①]
表 3.11[②]列出了适用于亚太地区的短距离设备候选协调频段。

表 3.11 亚太地区短距离设备的候选协调频段

频段	典型应用	参考文献
402～405 MHz	医疗植入物	亚太电信组织建议书 REC-05
433.05～434.79 MHz	射频识别	亚太电信组织报告 REP-07
862～960 MHz	射频识别	亚太电信组织建议书 REC-03
5150～5350 MHz	WLAN	亚太电信组织建议书 REC-06
5470～5725 MHz	WLAN	
76～77 GHz	机载雷达	亚太电信组织报告 REP-07

来源：APT/AWG/REP-35 报告中表 2。

有关亚洲短距离设备法规的详细情况可参考 3.6 节中的案例。

需要指出，北美地区均采用 FCC Part 15 规定（见表 3.6）。韩国和日本[③]对极低功率的无线电台实施执照豁免。同时由 ITU-R SM.2153 报告中图 1 和表 3、表 4 和表 17[④]可知，若无线电设备电场强度（距无线电设备 3 m 处）满足如表 3.12 所示的限值要求，则对其实施执照豁免。该限值要求也适用于韩国。

表 3.12 日本和韩国对发射设备最大场强的限值（距设备 3m 处）

频段	电场强度（μV/m）
$f \leqslant 322$ MHz	500
322 MHz $< f \leqslant 10$ GHz	35
10 GHz $< f \leqslant 150$ GHz	$3.5 \times f$（GHz）*

备注：
*由于该公式计算出的最大场强为 500 μV/m，因此对于 143 GHz 以上频率，最大场强限值均为 500 μV/m。

3.6 全球和区域短距离设备管理案例及对比分析

通过对上述不同区域短距离设备法规的比较可知，国际电联 3 个区域对短距离设备的频段、功率、信道间隔、占空比和干扰消除要求等方面的规定具有较大区别。短距离设备所采用的主要技术包括（以首字母排序）自适应频率捷变（AFA）、基于载波感知（CS）的冲突回避算法、碰撞检测（CD）、检测和回避（DAA）、动态频率选择（DFS）、集成天线、先听后讲（LBT）、介质利用（MU）、单次可编程（OTP）、扩频技术[如跳频（FHSS）]和发射功率控制（TPC）等。

[①] 9～148.5 kHz、148.5～315 kHz、3155～3400 kHz、6765～6795 kHz、7400～8800 kHz、13.553～13.567 MHz、26.957～27.283 MHz、40.66～40.7 MHz、312～315 MHz、433.05～434.79 MHz、401～402 MHz、402～405 MHz、405～406 MHz、862～875 MHz、875～960 MHz、2400～2483.5 MHz、5150～5350 MHz、5470～5725 MHz、5725～5875 MHz、24.00～24.25 GHz、61.0～61.5 GHz、76～77 GHz、122～123 GHz 及 244～246 GHz。
[②] 表 3.11 中数据来源于 APT/AWG/REP-35 报告中表 2。
[③] 2005 年版《日本无线电法》第 21 款对 1950 年 5 月 2 日颁布的《日本无线电法》的第 131 款进行了修改，其中在第 II 篇 "为无线电台等颁发执照" 第 1 节 "无线电台执照" 第 4 条规定，所有有意开设电台的人员均应取得主管部门的执照，但发射功率极低的电台除外。
[④]《日本无线电法》第 4 条§§1）和§§3）所列出的无线电台。

除上述技术外,短距离设备还可能使用超宽带技术和认知无线电技术,但由于国际电联《无线电规则》未给短距离设备划分使用频率,因此,短距离设备使用上述技术时,不应对同频段或相邻频段的授权业务产生干扰。

3.6.1 案例 1:Wi-Fi、RLAN、WLAN、U-NII

3.6.1.1 全球 RLAN

宽带无线局域网(RLAN)广泛应用于固定、半固定(可运输)、便携式设备和网络接入应用。Wi-Fi(与毫微微蜂窝类似)有助于改善蜂窝网络容量,满足不断增长的网络流量需求。目前,公共 Wi-Fi 已经得到广泛普及。"热点 2.0"支持用户在不同城市甚至不同宾馆的 Wi-Fi 网络之间无缝切换。通过嵌入至智能手机和平板电脑等方式,Wi-Fi 能够以非常低的成本提供高达 7 Gbps(主要用于视频传输)的数据速率。基于两种不同的记账和认证系统,运营商可将 Wi-Fi 作为蜂窝网络的补充或替代性网络。许多用户(如没有蜂窝连接功能的平板电脑用户)无须定制蜂窝网络服务,只要通过私人网络或公共 Wi-Fi 网络,就可以获取蜂窝网络服务,这不仅降低了用户成本,而且能够提高网络容量,增大网络覆盖范围。

根据国际电联《无线电规则》第 5.150 款,2400~2500 MHz(中心频率为 2450 MHz)被划分给 ISM 应用,该频段同时也是短距离设备的全球协调频段。与 ISM 低频段(如 13.560 MHz、27.120 MHz 和 433.92 MHz)相比,该频段具有更宽的带宽;同时比 5800 MHz 和 24.125 GHz 频段具有更好的电波传输性能和穿透能力。该频段以"主要地位"被划分给固定和移动业务,以"次要地位"被划分给业余无线电业务,同时在国际电联 2 区和 3 区以"主要地位"被划分给无线电定位业务,如表 3.13 所示。

表 3.13 《无线电规则》第 5 条第Ⅵ节对 2400~2500 MHz 频段的划分

1 区	2 区	3 区
2300~2450 MHz 固定 移动 5.384A [业余] [无线电定位]	2300~2450 MHz 固定 移动 5.384A 无线电定位 [业余]	

来源:国际电联《无线电规则》第 5 条。

案例 1 将分析工作在 5.15~5.35 GHz 和 5.470~5.825 GHz 频段的 Wi-Fi、RLAN、WLAN、U-NII[①]有关法规。

2014 年更新的 ITU-R M.1450 建议书给出了宽带无线局域网的技术参数、相关标准、工作特性和设计指南等。表 3.14[②]和表 3.16 给出了宽带 RLAN 相关标准。表 3.15 给出了适用于特定国家或区域的通用技术要求。

---

① 根据 WRC-2003 第 229 号决议,5 GHz RLAN(3 个 U-NII 频段)为非短距离设备频段。
② 表 3.14 中内容源于 ITU-R M.1450 建议书中表 2(有改动)。作者曾参与该表的编写工作。

表 3.14 宽带 RLAN 相关标准及特性（主要包括 IEEE 标准 802.11）

特性	IEEE 标准 802.11-2012（第 17 款，通常所称的 802.11b）	IEEE 标准 802.11-2012（第 18 款，通常所称的 802.11a[1]）	IEEE 标准 802.11-2012（第 19 款，通常所称的 802.11g）	IEEE 标准 802.11-2012（第 18 款、附件 D 和附件 E，通常所称的 802.11j）	IEEE 标准 802.11-2012（第 20 款，通常所称的 802.11n）	IEEE 标准 802.11ac-2013	IEEE 标准 802.11ad-2012	ETSI EN 300 328	EISI EN 301 893	ARIB HiSWANa[1]
接入方法	CSMA/CA、SSMA	CSMA/CA					计划中，CSMA/CA			TDMA/TDD
调制	CCK（8 复用切普扩频）	64 QAM-OFDM 16 QAM-OFDM QPSK-OFDM BPSK-OFDM 52 个子载波	DSSS/CCK OFDM PBCC DSSS-OFDM	64 QAM-OFDM 16 QAM-OFDM QPSK-OFDM BPSK-OFDM 52 个子载波	64 QAM-OFDM 16 QAM-OFDM QPSK-OFDM BPSK-OFDM 20 MHz 包含 56 个子载波，40 MHz 包含 114 个子载波 MIMO，1~4 个空流	256 QAM-OFDM 64 QAM-OFDM 16 QAM-OFDM QPSK-OFDM BPSK-OFDM 20 MHz 包含 56 个子载波，40 MHz 包含 114 个子载波，80 MHz 包含 242 个子载波，160 MHz 包含 484 个子载波 MIMO，1~8 个空流	SC:DPSK、π/2 BPSK、π/2 QPSK、π/2 16 QAM OFDM: 64 QAM、16 QAM、QPSK、SQPSK 352 个子载波	对调制类型无限制	64 QAM-OFDM 16 QAM-OFDM QPSK-OFDM BPSK-OFDM 52 个载波（见图 1）	
数据速率 (Mbit/s)	1、2、5.5、11	6、9、12、18、24、36、48、54	1、2、5.5、6、9、11、12、18、22、24、33、36、48、54	3、4.5、6、9、12、18、24、27（10 MHz 信道间隔） 6、9、12、18、24、36、48、54（20 MHz 信道间隔）	6.5~288.9（20 MHz 信道间隔） 6~600（40 MHz 信道间隔）	6.5~693.3（20 MHz 信道间隔） 13.5~1600（40 MHz 信道间隔） 29.3~3466.7（80 MHz 信道间隔） 58.5~6933.3（160 MHz 和 80+80 MHz 信道间隔）	57~66 GHz	2400~2483.5 MHz	6、9、12、18、27、36、54	
频段	2400~2483.5 MHz	5150~5250 MHz[4] 5250~5350 MHz[3] 5470~5725 MHz[3] 5725~5825 MHz	2400~2483.5 MHz	4940~4990 MHz[2] 5030~5091 MHz[3] 5150~5250 MHz[4] 5250~5350 MHz[3] 5470~5725 MHz[3] 5725~5825 MHz	2400~2483.5 MHz 5150~5250 MHz[4] 5250~5350 MHz[3] 5470~5725 MHz[3] 5725~5825 MHz	5150~5250 MHz[4] 5250~5350 MHz[3] 5470~5725 MHz[3] 5725~5825 MHz	2160 MHz		5150~5350 MHz[3],[4] 5470~5725 MHz[3]	4900~5000MHz[2] 5150~5250MHz[4]
信道间隔	5 MHz				5 MHz(2.4 GHz 频段) 20 MHz(5 GHz 频段)	20 MHz	2160 MHz		20 MHz	在 100 MHz 带宽内存在 4 个信号，信道间隔为 20 MHz

续表

特性	IEEE标准 802.11-2012（第17款，通常所称的802.11b）	IEEE标准 802.11-2012（第18款，通常所称的802.11a(1)）	IEEE标准 802.11-2012（第19款，通常所称的802.11g）	IEEE标准 802.11-2012（第18款，附件D和附件E，通常所称的802.11j）	IEEE标准 802.11-2012（第20款，通常所称的802.11n）	IEEE标准 802.11ac-2013	IEEE标准 802.11ad-2012	ETSI EN 300 328	EISI EN 301 893	ARIB HiSWANa(1)
发射机干扰消除方法	LBT	LBT/DFS/TPC	LBT	LBT/DFS/TPC	LBT/DFS/TPC		LBT	DAA/LBT, DAA/non-LBT, MU	LBT/DFS/TPC	LBT

来源：引用自ITU-R M.1450建议书中表2。

备注：ETSI EN 302 567工作频段为57~66 GHz。ITU-R M.1450建议书列出的频谱掩模未包括在本表中。
(1) 物理层参数介于IEEE标准802.11a和ARIB HiSWANa之间。
(2) 见802.11j-2004和日本无线电设备管理法令MIC第49-20条和49-21条。
(3) 在许多国家和区域，DFS适用频段为5250~5350 MHz和5470~5725 MHz。
(4) 依据WRC-12第229号决议，5150~5250 MHz频段限于室内应用。

CCK：互补码元键控。CSMA/CA：基于碰撞回避的载波感知多址接入。OFDM：正交频分复用。PBCC：分组二进制卷积编码。SC：单载波。SSM：扩频多址接入。DAA/LBT：基于先听后发的侦测避让。

表 3.15 适用于特定国家或区域的通用技术要求

典型频段	国家或区域	特定频段（MHz）	发射机输出功率（mW）（注明的除外）	天线增益（dBi）
2.4 GHz 频段	美国	2400～2483.5	1000	0～6 dBi（Omni）
	加拿大		4 W（e.i.r.p.）[2]	N/A
	欧洲		100 mW（e.i.r.p.）[3]	N/A
	日本	2471～2497	10 mW/MHz [4]	0～6 dBi（Omni）
		2400～2483.5	10 mW/MHz [4]	0～6 dBi（Omni）
5 GHz 频段[5][6]	美国[13]	5150～5250 [7]	50 mW、2.5 mW/MHz	0～6 dBi [1]（Omni）
		5250～5350	250 mW、12.5 mW/MHz	0～6 dBi [1]（Omni）
		5470～5725	250 mW、12.5 mW/MHz	0～6 dBi [1]（Omni）
		5725～5850	1000 mW、50.1 mW/MHz	0～6 dBi [8]（Omni）
	加拿大	5150～5250 [7]	200 mW（e.i.r.p.）、10 dBm/MHz（e.i.r.p.）	
		5250～5350	250 mW、12.5 mW/MHz（11 dBm/MHz）	
		5470～5725	1000 mW（e.i.r.p.）[9]	
		5725～5850	250 mW、12.5 mW/MHz（11 dBm/MHz）	
			1000 mW（e.i.r.p.）[9]	
			1000 mW、50.1 mW/MHz [9]	
	欧洲	5150～5250 [7]	200 mW（e.i.r.p.）、10 mW/MHz（e.i.r.p.）	
		5250～5350 [10]	200 mW（e.i.r.p.）、10 mW/MHz（e.i.r.p.）	
		5470～5725	1000 mW（e.i.r.p.）、50 mW/MHz（e.i.r.p.）	
	日本[4]	4900～5000 [11]	250 mW	13
		5150～5250 [9]	50 mW/MHz	N/A
		5250～5350 [10]	10 mW/MHz（e.i.r.p.）	N/A
		5470～5725	10 mW/MHz（e.i.r.p.）	N/A
			50 mW/MHz（e.i.r.p.）	
57～66 GHz	欧洲	57～66 GHz	40 dBm（e.i.r.p.）[12]	N/A
			13 dBm/MHz（e.i.r.p.）	

来源：ITU-R M.1450 建议书中表 3。

备注：

(1) 在美国，当天线增益大于 6 dBi 时，需要将发射机输出功率适当降低，详见 FCC 法规§15.247 和§15.407。

(2) 在加拿大，该频段允许 e.i.r.p.>4 W 的点对点系统使用，条件是该 e.i.r.p.通过高增益天线获得，而非仅通过发射机功率获得。

(3) 该要求参考 ETSI EN 300 328。

(4) 见日本无线电设备管理法令 MIC 第 49-20 条和 49-21 条。

(5) WRC-03 第 229 号决议设定了 WAS（包括 RLAN）使用 5150～5250 MHz、5250～5350 MHz 和 5470～5725 MHz 的条件。

(6) 在许多国家和区域，DFS 适用频段为 5250～5350 MHz 和 5470～5725 MHz。

(7) 依据 WRC-12 第 229 号决议，5150～5250 MHz 频段限于室内应用。

(8) 在美国，当天线增益大于 6 dBi 时，需要将发射机输出功率适当降低，除非为点对点系统，详见 FCC 法规§15.247 和§15.407。

(9) 有关最大 e.i.r.p.大于 200 mW 的设备法规，详见加拿大工业部 RSS-210 附件 9。

(10) 在欧洲和日本，5250～5350 MHz 频段限于室内应用。

(11) 针对已注册的固定无线接入。

(12) 该值是指采用功率控制的发射机在发射器件的最大功率控制范围限值。不允许使用固定室外设施。

(13) 该备注未包含在 ITU-R M.1450 建议书中。依据 FCC ET 第 13-49 号议题，2014 年 4 月 1 日发布的关于 U-NII 的决定取消了在美国室内使用的限制，同时将功率密度提高至 30 dBm/500 kHz。

表 3.16 IEEE 标准 802.11 的主要参数

	802.11a	802.11b	802.11g	802.11n	802.11ad*	802.11ac**	802.11af***
标准批准（发布）日期	1999 年 9 月	1999 年 9 月	2003 年 6 月	2009 年 10 月	2012 年 12 月	2013 年 12 月	2014 年 2 月

续表

	802.11a	802.11b	802.11g	802.11n	802.11ad*	802.11ac**	802.11af***
最大数据速率（Mbps）	54	11	54	<600	<7Gbps		<600****
调制	OFDM	CCK 或 DSSS	CCK、DSSS 或 OFDM		SC 及 OFDM	OFDM	
射频带宽（GHz）	5	2.4	2.4 或 5		60	5	1 GHz 以下电视频段
空间流数	1			1~4	5~8	1、2、3、4 或 8	达到 4 个空间流数
标称信道宽度（MHz）	20			20 或 40	80 或 160	20、40、80、160	欧洲为 8，北美为 6

备注：

*也被称为微波 Wi-Fi，商标名称为 WiGig，工作频段为 2.4 GHz、5 GHz 和 60 GHz。

**也被称为 Gigabit Wi-Fi、5G Wi-Fi 和高容量（VHF）5G。

***也被称为 White-Fi 和超 Wi-Fi。

****电视频道为 6 MHz 和 7 MHz 时，最大数据速率为 426.7 Mbit/s；电视频道为 8 MHz 时，最大数据速率为 568.9 Mbit/s。

为保护 5150～5250 MHz 频段卫星移动业务中非地球静止轨道卫星反馈链路，ITU-R M.1454 建议书给出了无线局域网的 e.i.r.p.密度限值和运行限制条件。表 3.14 和表 3.16 对重要 Wi-Fi 标准进行了汇总。

3.6.1.2　欧洲 RLAN 相关法规

依据 ERC/REC 70-03 附件 3《宽带数据传输系统》中表 3，表 3.17 给出了欧洲无线局域网规定参数（未含信道间隔）。

表 3.17　欧洲无线局域网规定参数

频段	功率	干扰消除技术	备注
2400～2483.5 MHz	e.i.r.p.为 100 mW	采用射频共享机制（如先听后说、侦测与回避）	对于非跳频扩频的宽带调制系统，最大 e.i.r.p.密度为 10 mW/MHz
57～66 GHz	平均 e.i.r.p.为 40 dBm*		不允许安装室外固定设备，平均 e.i.r.p.密度为 13 dBm/MHz**

来源：欧洲无线局域网规定参数。

备注：

*该功率为采用功率控制的发射机功率最大值。

**固定业务点对点链路由 CC/REC/（05）02 和 ECC/REC/（09）01 规定。

有些特殊短距离设备未被包括在 ERC/REC 70-03 或 2006/771/EC《短距离设备决定》中，而是包括在欧盟委员会和电子通信委员会决定中。例如，电子通信委员会和欧盟委员会 2005/513/EC 决定和修改后的 2007/90/EC 决定均包括欧洲 5 GHz 无线局域网有关内容，且该业务相对移动业务为次要业务。欧盟 2007 年 2 月 21 日发布的 2007/131/EC 决定《允许区域内超宽带设备以共用方式使用无线电频谱》包括超宽带设备有关规定，并通过引用的方式包括在 ERC/REC 70-03 中。

3.6.1.3　美洲 Wi-Fi 和 U-NII 相关法规

47CFR 第 15 部分§15.245 和§15.247（也可参见案例 2 中有关射频识别内容）给出了无执照设备相关法规，上述法规中对 Wi-Fi 和 U-NII 的规定没有明显差别。

国际电联 2 区基本遵循 FCC 47CFR 第 15 部分有关要求。但在巴西，工作在 2.4 GHz 频段的短距离设备（包括 Wi-Fi 和 U-NII[①]）不享有无条件执照豁免。要求在超过 500 000 人居住的地区[②]部署 e.i.r.p.超过 400 mW 的设备时，必须获取用频执照。用户无须为频谱使用付费，而是缴纳台站年费，具体见巴西国家电信管理局第 397 号决议。

47CFR 第 15 部分第 E 子部分《无执照国家信息基础设施设备》给出了适用于工作在 5.15～5.35 GHz、5.47～5.725 GHz 和 5.725～5.825 GHz[③]频段的 U-NII 设备的规定。U-NII 设备通常采用宽带数字调制技术，能够为个人、公司和有关机构提供宽带高速移动和固定通信应用，详见 47CFR§15.403。

3.6.1.4 亚太地区 WLAN 相关法规

APT/AWG/REP-35 报告中表 2(见表 3.11)给出的非 ISM 频段 5150～5350 MHz 和 5470～5725 MHz 是亚太地区 WLAN 的候选协调频段。APT/AWG/REP-07 报告中表 2 给出了中国香港、韩国、菲律宾、新西兰和新加坡等国家和地区的协调频段。其中 WLAN 在 ISM 频段 5725～5850 MHz 的最大功率为 10 mW～4 W(e.i.r.p.)。

3.6.2 案例 2：射频识别的全球和区域性法规

3.6.2.1 全球射频识别法规

射频识别的许多应用使人们的生活变得更加高效、安全和便捷。射频识别的主要应用包括资产管理、库存系统、产品跟踪、运输和后勤、动物跟踪和识别、医疗设备识别和健康照料、计时比赛、基于计算机控制的切削工具和废物箱识别等。射频识别设备作为一种短距离设备，可工作在多个频段。

ITU-R SM.1896 建议书指出，312～315 MHz、433.050～434.790 MHz、862～875 MHz 和 875～960 MHz 可作为短距离设备区域协调频段。ISM 频段 433 MHz 和 2450 MHz 是使用最多的全球协调频段。ITU-R SM.2255 报告所提到的 ISO/IEC 18000 标准 6:2004、4:2008 和 7:2009 列出了射频识别全球使用频段及技术规则。

根据国际电联《无线电规则》和欧洲《通用频率划分表》（ERC 报告 25），在欧洲，790～862 MHz 频段的主要业务为电视广播业务。862 MHz 以上而 876 MHz（GSM-R、GSM 扩展和 GSM 上行链路开始）以下，欧洲依据 ERC/REC 70-03 将 865～868 MHz 分配给射频识别（见 ETSI EN 302 208[④]）。在国际电联 2 区，806～890 MHz 频段的主要业务为移动业务，其中公共安全系统下行链路工作在 862～869 MHz 频段。在国际电联 3 区，610～890 MHz 频段全部划分给移动和广播业务。因此，862～869 MHz 没有全球协调频段，902～928 MHz 同样如此。如前所述，876～915 MHz 在欧洲被分配给 GSM-R、E-GSM 和 GSM 的上行链路，而在国际电联 2 区，902～928 MHz 被划分给 ISM 频段，该频段也是射频识别的适用频段。

---

① 将该系统称为"无线宽带局域网接入"，见巴西国家电信管理局第 506 号决议第 X 节。
② 巴西语称为"区域"，由巴西地理和统计局（IBGE）划设。这种区域不一定指一个街区或城市，但一定是整个城市的一部分。
③ 见 ET 2014 年 4 月 1 日发布的第 13-49 号议题（R&O），该议题目的是促进 5 GHz 频段的应用，将 5.725～5.825 GHz 频段的频率上限提高至 5.85 GHz（与§15.247 一致），同时取消工作在 5.15～5.25 GHz 频段的 U-NII 设备只能在室内使用的规定，将§15.407 规定的允许功率谱密度增大了 16 dB，即从 17 dBm/MHz（14 dBm/500 kHz）增大至 30 dBm/500 kHz。
④ 射频识别询问器载波工作频段为 865.6～867.6 MHz，在 4 个带宽为 200 kHz 的信道上发射信号，e.r.p.为 2 W。标签应答器工作在与询问器相邻的 865.0～865.6 MHz，e.r.p.为 100 mW，e.i.r.p.(W) =e.r.p.(W)×1.64W；E.I.R.P.dBW=E.R.P.dBW+2.15。

3.6.2.2 欧洲与美洲射频识别法规的比较

ERC/REC 70-03 附件 1 给出了通用短距离设备限值，如工作在 863～869 MHz 频段的射频识别设备（属于通用短距离设备）的功率限值为 25 mW（e.r.p.）。ERC/REC 70-03 附件 11《射频识别应用》给出的工作在 865.6～867.6 MHz 频段的射频识别设备的功率限值为 2 W（e.r.p.）。ETSI EN 302 208-2（V1.4.1）规定了射频识别询问器和标签应答器的指标，涉及 15 个带宽为 200 kHz 的信道（共 3 MHz）。最近 ERC/REC 70-03 又增加了对工作在 915～921 MHz 频段的 UHF 射频识别设备的功率限值（e.r.p.为 4 W）。欧洲与美洲 865～928 MHz 频段射频识别设备指标对比如表 3.18 所示。

表 3.18 欧洲与美洲 865～928 MHz 频段射频识别设备指标对比

	频段（MHz）	最大 e.r.p.（W）	信道（kHz）	总带宽（MHz）	审批程序
欧洲	865～868	2（e.r.p.）×1.64=3.28	15×200	3	R&TTE
	921～925	4（e.r.p.）×1.64=6.56	4×400*	4	
美洲	902～928	4**	52×500	26	美国对所有 RFID 进行测试

备注：
*射频识别询问器 e.r.p.为 4 W，只允许在载波频率为 916.3、917.5、918.7 和 919.9 MHz 的 4 个信道上工作，每个信道最大带宽为 400 kHz。
**47CFR 第 15 部分规定的"最大峰值传导发射功率"为 1 W，方向性天线的增益不超过 6 dBi。

美洲国家主要采用美国联邦通信委员会有关射频识别法规，具体见 47CFR 第 15 部分《无线电频率设备》。北美（无执照和无保护）电子设备使用的数字设备工作频段为 902.0～928.0 MHz，采用跳频体制时，信道个数为 52 个，信道带宽为 500 kHz，发射功率（e.i.r.p.）限值为 1 W（e.i.r.p.）（见 47CFR§15.247[①]）。47CFR§15.245[②] 规定的 902～928 MHz 频段射频识别设备在 3 m 处的场强限值为 500 mV/m（相当于 0.075 W[③]），且未对跳频参数和射频带宽提出要求。需要指出，美国许多用于电子收费（ETC）和车辆运营（CVO）系统的射频识别设备工作频段为 902～928 MHz，主要遵循 47CFR 第 90 部分《私人陆地移动无线电业务》规定而非 47CFR 第 15 部分规定。其中要求电子收费和车辆运营系统拥有执照且发射功率小于 30 W，具体见 47CFR§90.357《902～928 MHz 频段陆地移动无线电业务频率使用》。

表 3.18 对欧洲和美洲 UHF 频段无执照射频识别设备法规进行了对比，可以看出，美洲国家射频识别设备的带宽更宽（26 MHz vs. 3 MHz），发射功率更大（4 W vs. 3.28W e.r.p.），但美洲无线设备的审批程序（要求对每个射频识别设备进行测试和审核）相较欧洲 R&TTE（欧盟委员会 1999/5/EC 指令）《无线电设备&电信终端设备》更为严格。同时，对于美国联邦通信委员会所要求的预先认证程序（在设备上标注 FCC 编号）的规定，欧盟也不再沿用（如对于 RFID&GSM 设备），而仅要求设备生产商提供符合性声明即可。此外，欧盟对 ERC/REC 70-03 的更新较为频繁，而美国很少对 47CFR 第 15 部分进行更新。

由表 3.7 可知，北美国家依据 47CFR§15.025 规定了包括射频识别设备在内的短距离设备的工作频段，从而保证短距离设备可工作在多个无线电频段（受到一定限制）。这与欧洲的情况有所不同。

全球射频识别设备频率划分和频谱使用情况充分反映了欧洲和美国相关法规的影响力。依据 2014 年召开的国际物品编码协会（GS1 2014），欧洲邮电主管部门大会所有 48 个成员国、阿拉伯国家和印度均遵循 ERC/REC 70-03 和 ETSI EN 302 208。

[①] 工作频段为 902～928 MHz、2400～2483.5 MHz 和 5725～5850 MHz。
[②] 工作频段为 902～928 MHz、2435～2465 MHz、5785～5815 MHz、10 500～10 550 MHz 和 24 075～24 175 MHz。
[③] 见式（3.7）：e.i.r.p.（W）=$0.3 \times e^2$（V/m）=0.3×0.5^2=0.075（W）。

2013 年 6 月 27 日，英国通信办公室决定"依据 CEPT 的协调技术措施，将 870~876 MHz 和 915~921 MHz 频段开放为执照豁免频段"。在征求相关意见后，英国通信办公室已经将上述频段释放为执照豁免频段。针对 CEPT 所开展的在未利用的 870~876 MHz/915~921 MHz 频段争取新频率的建议，2014 年 2 月，ERC/REC 70-03 将 870~876 MHz/915~921 MHz 纳入"软协调方法"中。915~921 MHz 为美国 ISM 频段 902~928 MHz 的一部分，而南非的射频识别设备使用 915.4~919 MHz 和 919.2~921 MHz 频段。

截至 2016 年 1 月，CEPT 仍未就 915~921 MHz 和 870~876 MHz 频段的协调使用达成一致，仅有少数欧洲国家同意执行相关法规。

3.6.2.3 亚太地区射频识别法规

依据 47CFR§15.247，美洲国家的射频识别设备还使用 902~928 MHz 频段。由于 880~915 MHz 为蜂窝移动通信系统上行链路频段，因此巴西规定射频识别设备不使用 907.5~915 MHz 频段，具体见 ITU-RM.1036 建议书中频段 A2 和第 3 代合作伙伴计划（3GPP）频段 8。由于 902~915 MHz 为蜂窝移动通信系统上行链路频段，因此澳大利亚规定射频识别设备仅可使用 920~926 MHz，且设备 e.i.r.p.限值为 4 W；韩国规定射频识别设备仅可使用 917~920.8 MHz，且设备 e.i.r.p.限值为 4 W；中国台湾地区和泰国规定的射频识别设备使用频段分别为 922~928 MHz 和 920~925 MHz。新西兰规定射频识别设备可使用欧洲相关频段 864~868 MHz，以及部分美国相关频段 921.5~928 MHz。类似的，关于射频识别设备可用频谱，南非规定的频段为 865.6~867.6 MHz、915.4~919 MHz 和 919.2~921 MHz，马来西亚规定的频段为 866~869 MHz 和 919~923 MHz，新加坡和越南规定的频段为 866~869 MHz 和 920~925 MHz。中国规定的频段为 840.5~844.5 MHz 和 920.5~924.5 MHz，且规定设备 e.i.r.p.限值为 2 W。日本规定的频段为 952~956.4 MHz，且规定设备 e.i.r.p.限值为 4 W。

亚太电信组织报告 APT/AWG/REP-07 中表 1 给出的文莱达鲁萨兰国、中国香港、日本、韩国、马来西亚、菲律宾、新西兰和新加坡等国家和地区射频识别设备的协调频率为 433.92 MHz，最大功率范围为 1~25 mW（e.r.p.），详见表 3.9 有关 8 个亚太国家协调频段内容。

依据 APT/AWG/REP-35 中表 2 和表 3.11，亚太地区短距离设备的候选协调频段为 ISM 频段 433.05~434.79 MHz 和欧洲相关频段 862~960 MHz。同时，表 3.19[①]给出了两个 ISM 频段 13.553~13.567 MHz 和 26.96~27.28 MHz，这两个频段为中国香港、韩国、菲律宾、新西兰和新加坡射频识别设备的协调频段。

表 3.19　适用于 5 个亚太国家和地区的射频识别设备协调频段

频段（MHz）	最大功率范围*
13.553~13.567	100 mW（e.i.r.p.）/42 dBμA/m（距离为 10 m）
26.96~27.28	0.5~3 W（e.r.p.）/42 dBμA/m（距离为 10 m）

来源：摘自 APT/AWG/REP-07 中表 2。

备注：

*该值依据式（3.10）e.i.r.p.=$|\dot{h}|^2 \times (68.83 \times d)^2$ 和式（3.17）E.I.R.P.（dBm）= H（dBμA/m）+20log d（m）−53.24 计算得到。对于 42 dBμA/m（距离为 10 m），E.I.R.P.（dBm）=42（dBμA/m）+20log10（m）−53.24=8.76（dBm），该值与频率无关；e.i.r.p. 等于 7.5 mW，e.r.p.为 4.5 mW。计算值不同于 100 mW（e.i.r.p.）/42 dBμA/m（距离为 10 m）及 0.5~3 W（e.r.p.）/42 dBμA/m（距离为 10 m），即表 3.19 中右侧列。计算值约等于 42 dBμA/m（距离为 10 m）及 10 mW（e.r.p.），见表 3.21 中第 1 行。

---

① 表 3.19 中数据源自亚太电信组织 APT/AWG/REP-07 报告中表 2。

3.6.3 案例 3：ISM 和民用频段 26.96～27.28 MHz

国际电联《无线电规则》将 ISM 频段以"主要地位"划分给固定业务和移动业务，如表 3.20 所示。

表 3.20 《无线电规则》第 5 条第Ⅳ节：26.96～27.28 MHz 频段划分

国际电联 1 区	国际电联 2 区	国际电联 3 区
26 350～27 500 固定 移动（航空移动除外）	26 420～27 500 固定 移动（航空移动除外）	26 350～27 500 固定 移动（航空移动除外）
5.150	5.150	5.150

来源：《无线电规则》第 5 条。

表 3.21 给出了工作在 27 MHz 频段的短距离设备的区域和国家法规。

亚太电信组织 APT/AWG/REP-07 报告中表 2 给出了中国香港、韩国、菲律宾、新西兰和新加坡的协调频段，如表 3.19 所示。在 26.96～27.28 MHz 民用频段，最大功率范围为 0.5～3 W（e.r.p.）或 42 dBμA/m（距离为 10 m）。

表 3.21 26.957～27.283 MHz 民用（和 ISM）频段全球短距离设备参数

区域/国家	应用类型		具体频率（MHz）	发射限值
CEPT 和许多其他国家*	附件 1：通用短距离设备		26.957～27.283	42 dBμA/m（距离为 10 m）；10 mW（e.r.p.）
	附件 8：模型控制		26.995、27.045、27.095、27.145、27.195	100 mW(e.r.p.),占空比<0.1%
	附件 9：电磁感应应用		26.957～27.283（附件 1）	42 dBμA/m（距离为 10 m）
美洲**	任意		26.965、26.975、26.985、27.005、27.015、27.025、27.035、27.055、27.065、27.075、27.085、27.105、27.115、27.125、27.135、27.155、27.165、27.175、27.185、27.205、27.215、27.225、27.255、27.235、27.245、27.265、27.275、27.285、27.295、27.305、27.315、27.325、37.335、37.345、27.355、27.365、27.375、27.385、27.395、27.405、40 个信道	10 mV/m（距离为 3 m），等效功率为 30 μW（e.i.r.p.）
中国***	模型和玩具远程控制		26.975、26.995、27.025、274.045、27.075、27.095、27.125、27.145、27.175、27.195、27.225、27.255 最大带宽：8 kHz	750 mW（e.r.p.）
	其他短距离设备		26.957～27.283	42 dBμA/m（距离为 10 m）
韩国***	单工通信		见美洲部分内容	3 W
	无线电控制器	汽车、舰船模型	26.995、……、27.195 MHz（5 个信道，间隔为 50 kHz）	10 mV/m（距离为 10 m），等效功率为 333 μW（e.i.r.p.）
		玩具、安全报警或遥控	26.958～27.282 MHz	
俄罗斯***	汽车报警		26.939～26.951 MHz	2 W，占空比<10%，最大天线增益为 3 dB
	安全报警		26.954～26.966 MHz	
	模型控制		26.957～27.283 MHz，操作频率为 26.995 MHz、27.045 MHz、27.095 MHz、27.145 MHz、27.195 MHz，信道间隔为 50 kHz	最大发射机功率为 10 mW，最大天线增益为 3 dB
	通用短距离设备		26.957～27.283 MHz	

区域/国家	应用类型	具体频率（MHz）	发射限值
白俄罗斯、哈萨克斯坦、俄罗斯***	防盗警报	26.945	2 W
	报警和求救	26.960	

注释：

*依据 ERC/REC 70-03。

** 依据 47CFR§15.227 关于 26.96~27.28 MHz 频段的规定和 47CFR§95.407 关于工作信道的规定。

***依据 ITU-R SM.2153 报告。

参 考 文 献

说明：*表示作者参与该文献的编写工作。

APT Report APT/AWG/REP-07 Edition: September 2012, *Common Frequency Bands for Operation of Short Range Radiocommunication Devices*. Available at: www.apt.int/sites/default/files/Upload-files/AWG/APT-AWF-REP-07Rev.2_APT_Report_on_SRDs.doc (accessed April 19, 2016).

APT Report APT/AWG/REP-35 Edition: March 2013, *The Frequency Bands for Harmonized Use of Short-Range Devices (SRDs)*. Available at: http://www.apt.int/sites/default/files/Upload-files/AWG/APT-AWG-REP-35-APT_Report_on_Frequency_bands_for_harmonized_use_of_SRDs.docx (accessed April 19, 2016).

CEPT/ECC (2012) Report 181, *Improving Spectrum Efficiency in SRD Bands*. Available at: www.erodocdb.dk/docs/doc98/official/pdf/ECCRep181.pdf (accessed April 19, 2016).

CEPT/ECC (2013) Report 44, *Annual Update of the Technical Annex of the Commission Decision on the Technical Harmonisation of Radio Spectrum for Use by Short Range Devices*. Available at: www.erodocdb.dk/Docs/doc98/official/pdf/CEPTREP044.PDF (accessed April 19, 2016).

CEPT/ECC (2014) ERC Report 25, *The European Table of Frequency Allocations and Applications in the Frequency Range 8.3 kHz to 3000 GHz (ECA Table)*. Available at: www.erodocdb.dk/docs/doc98/official/pdf/ERCRep025.pdf (accessed April 19, 2016).

CEPT/ERC (1999) Report 069, *Propagation Model and Interference Range Calculation for Inductive Systems 10 Khz–30 Mhz*. Available at: www.erodocdb.dk/docs/doc98/official/pdf/Rep069.pdf (accessed April 19, 2016).

CEPT/ERC Recommendation ERC/REC 70-03 Version of 9 October 2012 edition of May 2013, *Relating to the Use of Short Range Devices (SRD)*. Available at: www.erodocdb.dk/docs/doc98/official/pdf/rec7003e.pdf (accessed April 19, 2016).

CISPR-11:2015 *Industrial, Scientific and Medical Equipment: Radio-Frequency Disturbance Characteristics. Limits and Methods of Measurement*. Available at: webstore.iec.ch/publication/22643 (accessed April 19, 2016).

EC Commission Decision 2000/299/EC *Establishing the Initial Classification of Radio Equipment and Telecommunications Terminal Equipment and Associated Identifiers*. Available at: http://eur-lex.europa.eu/LexUriServ/LexUriServ.do?uri=OJ:L:2000:097:0013:0014:EN:PDF (accessed April 19, 2016).

EC Commission Decision 2005/513/EC *On the Harmonised Use of Radio Spectrum in the 5 Ghz Frequency Band for the Implementation of Wireless Access Systems Including Radio Local Area Networks (WAS/RLANs)*; see amending Decision 2005/513/EC, Commission Decision 2007/90/EC. Available at: http://eur-lex.europa.eu/LexUriServ/LexUriServ.do?uri=OJ:L:2005:187:0022:0024:EN:PDF (accessed April 19, 2016).

EC Commission Decision 2006/771/EC (SRD Decision) *Harmonisation of the Radio Spectrum for Use by SRDs*. Available at: http://www.erodocdb.dk/Docs/doc98/official/pdf/2006771EC.PDF (accessed April 19, 2016).

ETSI EN 302 208-2 (V1.4.1) *ERM; Radio Frequency Identification Equipment Operating in the Band 865 MHz to 868 MHz with Power Levels up to 2 W*. Available at: www.etsi.org/deliver/etsi_en/302200_302299/30220802/01.04.01_60/en_30220802v010401p.pdf (accessed April 19, 2016).

FCC 2014 CFR 47 FCC Part 15—*Radio Frequency Devices*. Available at: http://www.ecfr.gov/cgi-bin/retrieveECFR?gp=&SID=3730f6913055952727222a462af52ae3&n=47y1.0.1.1.16&r=PART&ty=HTML#_top (accessed April 19, 2016).

FCC CFR47 § 15.249 *Operation within the Bands 902–928 MHz, 2400–2483.5 MHz, 5725–5875 MHZ, and 24.0–24.25 GHz*. e-CFR Data is current as of September 22, 2014.

GS1 (2013) *Regulatory Status for Using RFID in the UHF Spectrum**. Available at: www.gs1.org/docs/epc/UHF_Regulations.pdf (accessed April 19, 2016).

Industry Canada (2010) RSS-210 *Licence-exempt Radio Apparatus (All Frequency Bands): Category I Equipment*. Available at: http://www.ic.gc.ca/eic/site/smt-gst.nsf/eng/sf01320.html (accessed April 19, 2016).

ITU (2012) *ITU Radio Regulations* (Edition of 2012)*. Available at: http://www.itu.int/pub/R-REG-RR-2012 (accessed April 19, 2016).

ITU-R Rec. M.1450 *Characteristics of Broadband Radio Local Area Networks**. Available at: http://www.itu.int/rec/R-REC-M.1450/en (accessed April 19, 2016).

ITU-R Rec. SM.1896 *Frequency Ranges for Global or Regional Harmonization of Short-Range Devices**. Available at: http://www.itu.int/rec/R-REC-SM.1896/en (accessed April 19, 2016).

ITU-R Report SM.2153 *Technical and Operating Parameters and Spectrum Use for Short-Range Radiocommunication Devices**. Available at: www.itu.int/pub/R-REP-SM.2153 (accessed April 19, 2016).

ITU-R Report SM.2180 *Impact of Industrial, Scientific and Medical (ISM) Equipment on Radiocommunication Services**. Available at: www.itu.int/pub/R-REP-SM.2180 (accessed April 19, 2016).

ITU-R Report SM.2210 *Impact of Emissions from Short-Range Devices on Radiocommunication Services**. Available at: www.itu.int/pub/R-REP-SM.2210 (accessed April 19, 2016).

ITU-R Report SM.2255 *Technical Characteristics, Standards, and Frequency Bands of Operation for RFID**. Available at: www.itu.int/pub/R-REP-SM.2255 (accessed April 19, 2016).

ITU-R Resolution 54 *Studies to Achieve Harmonization for Short-Range Devices**. Available at: www.itu.int/pub/R-RES-R.54-1-2012 (accessed April 19, 2016).

Japanese Radio Law, *Law amended last by Law No. 21 of 2005* (Law for Amending the Income Tax Law, Etc.) (unofficial translation): in Japanese 電波法施行規則. Available at: www.soumu.go.jp/main_sosiki/joho_tsusin/eng/Resources/laws/2003RL.pdf (accessed April 19, 2016).

Ofcom UK (2013) *Statement on 870-876 MHz and 915-921 MHz*. June 27. Available at: http://stakeholders.ofcom.org.uk/consultations/870-915/ (accessed April 19, 2016).

第4章 无线电频谱管理政策、法律和经济框架

4.1 影响无线电频谱管理政策的世界观

4.1.1 文化、法规和不确定性风险

无线电频谱管理政策通常由政府制定,并由国家无线电管理机构组织贯彻落实。国家直接或指定专门机构开展无线电频谱的规划、管理和监测等活动,投入专项资金和技术设备,以确保频谱使用满足国家和公众需求。决策者的世界观决定了无线电频谱管理政策的方向。通常,在民主国家,稀缺性资源、服务网络和市场的配置在很大程度上受到"人民的呼声是上帝的旨意"[1]和"公众诉求"等理念的影响,公众整体认知和集体意识[Mazar 2009,第267页,引自克鲁泡特金(Kropotkin)1899]决定着电信政策的方向。主管部门的价值取向、目标和决策者的政治观点等,直接影响主管部门管理稀缺性资源的方式和风格,并可能导致不确定性风险。

对无线电频率的划分和电信市场的管理不属于垄断行为,而是对稀缺性资源和公共产品进行配置,对具有一般经济价值的网络化服务进行监管。无线电频谱管理是一种能够创造社会福利的事业。虽然各国主管部门对公众的终极利益存在不同的看法,但均无法否认文化对社会发展的深层次影响。现代西方国家的文化源于古希腊和基督教思想,将公民和消费者视为管理的出发点(Mazar 2009,第251页)。语言、宗教、法律渊源、历史、传统、教育、地理、自我感知和归属感等文化元素既体现了国家的特征,也对无线电频谱法规、频率划分和无线电网络管理等产生重要影响。

一个信任度较高的社会,也许依靠非正式的规则就可正常运转(Hood等1999,第163页);而对于信任度较低的社会,往往需要实施严格的管控。无论是推动无线电频率市场化,还是对射频人体危害进行限制,均应以相关政策为依据。许多国家(如美国、加拿大、日本)的主管部门基于对公众较高的信任度,制定了较为宽松的发射机杂散发射(见ITU-R SM.329建议书《杂散域无用发射》)和射频人体危害(见9.3.1.5节)限值。

4.1.1.1 不确定性风险管理中的零风险和"风险对风险"

与事实一样,风险并非绝对存在。"不存在充足的证据,也不存在零风险的事情;最好是学会与它共同相处"(Mazar 2009,第43页)。减小无线系统的功率和带宽虽然有助于减少干扰,但也可能会阻碍新技术的应用。基于独立决策可能会对本地频谱优化使用带来危害,但采用区域频率协调标准也存在一定风险[2]。

---

[1] 见古罗马作家塞尼卡所著《争论》(Controversia)1,1,10和荷马所著《奥德赛》3,214f。
[2] 见《Martin Cave报告》(2002,第35页)关于协调的风险建议4.1~4.5。

这里介绍一个有趣的例子。使用手持式小型个人电子设备（PEDs）[①]可能会对飞行安全产生风险，在飞机起飞或降落阶段风险会更大些，特别是在低能见度条件下更是如此[②]；在飞机正常飞行阶段，使用 PEDs 所带来的风险相对较小，但这时也会面临蜂窝网络和 Wi-Fi 信号中断的风险。自 2013 年起，美国联邦航空局（FAA）和欧洲航空安全局（EASA）已经将商业航空飞行全程使用 PEDs 视为安全行为，条件是这些 PEDs 处于"飞行模式"或非发射状态；同时要求航空公司在执行该规定之前，应表明其具备处置相关干扰的能力。尽管欧洲和美国以外国家的航空公司通常会执行美国联邦航空局和欧洲航空安全局的规定，但具体执行与否由各国自己决定。

美国联邦航空局规定，只要航空公司能够安全地处置由 PEDs 所引起的无线电干扰，则允许在飞机上使用 PEDs，但同时飞行员保留要求其停止使用的权利。有些飞机通过卫星转发方式提供互联网服务，当飞机在 10 000 ft（约 3000 m）以上高度飞行时，允许使用受限（如发送文本、邮件和数据）的 Wi-Fi 功能。

自 2014 年 9 月 26 日起[③]，欧洲航空安全局允许乘客在整个飞行过程中使用 PEDs，且无论该设备是否处于发射状态（或"飞行模式"），具体执行与否由航空公司决定。当然，实施上述规定要求航空公司通过必要的评估，以表明飞机在任何情况下均不会受到 PEDs 发射信号的影响。出于安全考虑，欧洲航空公司会针对不同型号的飞机，对 PEDs 的使用提出详细要求，且相关要求比欧洲航空安全局的规定更为严格。

上述关于 PEDs 使用的例子表面上反映的是飞行安全与 PEDs 使用的对立关系，但从中可以了解"风险对风险（risk-versus-risk）"及其对立面"收益对收益（benefit-versus-benefit）"的矛盾关系。

无线电管理中存在的过度不确定性往往会推动无线技术的创新；当存在不确定风险（如有害干扰），或者无法以及时、透明和量化方式解决现实问题时，往往也为创新带来机会。若对认知无线电系统（CRS）[④]、电力线宽带（BPL）或无线电频谱交易等创新观点视而不见，就无法实现频谱的最佳利用。决策者若能坚持"帕累托最优"方法（Mazar 2009，第 296 页，引自 Simon 1985）和民主立场，将会为公众和无线消费者带来最大利益。

频率授权运营商若使用非授权频段，将会减小公众的可用频率范围。主管部门会利用非授权和无保护频率，即通过 Wi-Fi 分流的方法提高蜂窝网络的容量吗？

关于广播台站、蜂窝基站和输电塔等是否会对人体产生危害的问题，一些较为保守的国家（如瑞士和意大利）持谨慎态度，而一些对自由具有较高容忍度的国家（如美国和日本）会基于"无罪推定"的原则看待该问题。

4.1.1.2 微量（De-Minimis）[⑤]、限值和干扰概率

"无论是在贫困社会还是在高度工业化时代，零风险都是不切实际的幻想"[Mazar 2009,

[①] 由乘客带上飞机的电子设备包括平板电脑、笔记本电脑、智能手机、电子书或 MP3 播放器等。
[②] 这些论述并未考虑人体射频暴露（见第 9 章）及其社会影响，如关闭蜂窝网络和 Wi-Fi 设备，造成人们之间的交流中断，侵犯了人的隐私权等。
[③] 见《机载便携式电子设备（PED）》，下载网站为 http://easa.europa.eu/easa-and-you/passenger-experience/portable-electronic-devices-ped-board。
[④] 在批准生命安全业务频率划分之前，主管部门应对美国提出的认知无线电系统和动态频谱接入（DAS），以及欧洲提出的授权共享接入（LSA）持谨慎态度。
[⑤] "最不重要"或"微不足道"的拉丁语表述。在风险评估中，微量（De-Minimis）表示低至无须关注的风险等级。

第 43 页，引自 Graham 和 Wiener（1995）第 147 页][1]；"无风险就是最大的风险"（Mazar 2009，第 43 页，引自 Wildavsky 1990）。决策者若将所谓的"零风险"指标定得过于严格，反而会受到该指标的很大限制。因此，决策者应将风险控制在一个特定区间内，而不要过于拘泥利益得失。设定射频人体危害或有害干扰限值，需要综合考虑新技术引入和现有业务防护的关系，并使两者达到平衡。在确定蜂窝基站和射频杂散辐射的允许限值时，需要考虑微量值的影响。在处理无线电干扰过程中，有必要定义未见影响水平（NOEL）[Mazar 2009，第 43 页，引自 Douglas 和 Wildavsky（1982）第 198 页及 Thompson（1986）第 118 页]。NOEL 将决定选用哪个功率计算公式、开展多大规模的测试、选用哪种射频暴露-响应模型及举证责任的立足点等（Douglas 和 Wildavsky 1982，第 187 页）。这带来了所谓的微量值（可忽略风险）困境：公众往往希望给出确定限值，在该值以下的射频辐射可以忽视。定量安全限值带有主观性和政治性[Mazar 2009，第 43 页，引自 Jaeger 等（2001）第 12 页]。基于理性的方法无法使问题（如不可接收风险水平）得到解决（Jaeger 等 2001，第 118 页），反而使得问题政治化。

当现有授权业务受到干扰时，有必要采用新的技术或划分新的频段吗？人们会追求零干扰吗？有关问题可参考《论有害干扰对无线创新的促进作用》（IEEE-USA 2014）。此外，主管部门将低于干扰限值的信号定义为"微量信号"。

选择何种干扰场景和传播模型非常重要。若基于最恶劣干扰情形和自由空间传播模型，将导致干扰电平过高。而基于实际干扰场景，采用包含多径传播和数字地形模型的传播模型，会得到更为准确的计算结果。授权接收机的最小保护距离和空间隔离条件决定了非授权设备的发射掩模（包括功率和带宽等）。有害干扰分析（见 5.8.2.2 节）中，蜂窝网络的覆盖范围（而非容量）主要由噪声功率决定（见 5.4.1 节）；而在城市地区，蜂窝网络的服务质量（QoS）还会受到网络容量的影响，且潜在干扰电平高于噪声功率值。在最坏干扰情形分析中，蜂窝小区间干扰通常忽略不计。此外，在 100 MHz 以下频段，人为噪声使得环境噪声水平增加，无线电通信系统在该频段引起的有害干扰相对较少，见 3.1.5 节。

另一个需要考虑的重要因素是干扰概率。国际电联《无线电规则》附录 8（3.1 节）和 ITU-R S.738 建议书指出，当 $\Delta T/T$（潜在干扰）计算值大于 6%时[2]，需要开展卫星协调。为保护电视广播台站正常工作，ITU-R BT.1895 建议书（见 5.8.2.2 节）指出：

> 在与《无线电规则》频率划分规定不相符的频段内，接收机接收到的总的辐射和发射干扰不应大于接收机总噪声功率的 1%，接收机接收到的来自所有主要业务发射的总干扰不应大于接收机总噪声功率的 10%。

从技术角度讲，综合考虑真实场景、干扰概率、降雨损耗及统计传播模型，有助于提高系统共存分析的准确性。有害干扰的存在实际上促进了新技术的发展。

4.1.1.3 Ⅰ类错误和Ⅱ类错误

由于决策者所秉持的世界观不同，导致他们会犯两类错误。在制定无线电频谱管理政策过程中，关键问题是选择避免Ⅰ类错误或Ⅱ类错误。若干扰评估过程中不愿采用更高效的频谱使用技术，不允许存在干扰或妨碍竞争，则容易犯Ⅰ类错误；若干扰评估过程中允许有害

---

[1] 4.1.1.2 节中的参考文献在 Mazar（2009）中有专门说明，见 Mazar（2009，第 43 页和参考文献部分，第 306~313 页）。
[2]《无线电规则》附录 30 和附录 30A 还采用了除 6%以外的其他限值。

干扰存在或反竞争性交易,则容易犯II类错误。若制定政策的目标是尽可能减少I类错误,则应允许大多数用频行为和交易存在,仅对明显会增加或妨碍竞争的行为做出限制,即应坚持事后(ex-post)干预原则。若制定政策的目标是尽可能减少II类错误,则仅允许不会造成有害干扰的用频行为存在,即应坚持事前(ex-ante)干预原则。

4.1.2 集中规划(事前和先验)模式与基于市场(事后和后验)模式

文化决定无线电频谱政策的框架,引导其向集中规划(central planning)模式或基于市场(market-based)模式发展。与邮政、运输、水和电等其他公共网络或资源类似,无线法规的重要作用是促进行业的竞争性。当竞争性不强或竞争法律不完善时,就需要主管部门介入。竞争是降低价格、改善服务质量的重要手段,而非目标。有线通信抗干扰能力较强,因而无须采取太多的管理防护措施。与之相反,无线通信对带内和带外发射较为敏感,且有可能对人体造成有害影响,因此需要主管部门规定人体射频暴露限值。

国家和市场均会对无线法规和标准产生重要影响,且相应地形成直接控制和自由市场两种管理模式。这两种模式基于不同的世界观,前者对无线电频谱利用持保守立场,后者鼓励竞争。这两种模式产生了集中规划和基于市场两类相互对立的政策框架,其中前者排斥风险,而后者乐于接受风险。

鉴于无线电频谱管理法规框架分为保守的集中规划模式和自由的基于市场模式,主管部门通常会在两种模式之间寻求平衡。例如,集中规划模式较适用于生命安全业务,因为船舶或飞机的安全管理与蜂窝通信和短距离设备的管理区别很大。相对于非授权无保护频率,紧急救助人员和安全业务(如无线电定位)所使用的频率应优先受到保护。下面介绍集中规划和基于市场两种模式的特点。

虽然采用基于市场模式和竞争有助于降低价格、改善服务质量,但也会带来负面影响。通过市场这只"看不见的手",能够促进经济良性发展,确保资源得到高效配置。但要确保环境得到有效保护,以及广播和紧急业务(如公安、消防和个人医疗等)的用频安全,就必须采用集中规划的管理模式。

由于基于市场模式可能对海岸、森林、乡村和频谱资源等带来破坏,还可能导致射频人体危害的增加,因而有必要采用集中规划的管理模式,加强对无线电频谱等稀缺性资源的保护。在频率定价或招标过程中,不应为公共广播业务与蜂窝通信业务设置相同的竞争条件。若在蜂窝移动通信领域引入竞争机制,难免导致网络基础设施的重复建设。在频率划分和无线网络授权管理中,若分别采用"指挥与控制"和基于市场两种模式,将会产生两种相互对立的政策倾向:一是事前先验型,即依据典型公式和指标,通过协商形成频率规划;二是事后后验型,即依据经验和需求做出有针对性决定。前者较适用于自顶向下的集体主义理念,而后者较适用于自底向上的个体主义理念。

随着蜂窝基站数量的不断增多,公众对基站电磁辐射问题越来越关注,使得对射频人体危害的管理变得愈发重要。对全球范围内蜂窝基站电磁辐射的监测表明,其辐射水平小于国际非电离辐射防护委员会(ICNIRP)1998标准规定的功率密度参考值的10^{-6},详见9.5.2节。从该例也可看出"事前"管理理念与"事后"管理理念的区别。若国家对风险秉持"事前"管理理念,则会对所有蜂窝基站建设实行强制许可;若国家对风险秉持"事后"管理理念,则会根据公众对蜂窝基站抱怨的具体情况,开展必要的测量评估。

4.1.2.1 集中规划和"事前"管理的优势

鉴于前述两种不同的世界观会产生截然不同的法规框架,为避免主要业务受到有害干扰,应针对紧急和安全通信业务制定"指挥与控制"政策,实施统一频率规划和严格执照管理制度。"宁可事先谨慎有余,不要事后追悔莫及。"在减小无线台站电磁辐射和射频人体危害方面,应坚持"事前"管理理念,采取较为谨慎的措施。

根据 ITU-D《信息通信技术管理工具箱》,"事前"管理是政府采用适当的控制手段实施预期性干预,例如:

- 阻止出现非期望的社会行为或市场影响;
- 促进市场行为向社会期望的方向发展。

在涉及频谱资源配置和授权台站保护方面,较适合采用"事前"管理模式。主管部门应审慎制定有害干扰预防的法规。为保护全球海上遇险和安全系统(GMDSS)等生命安全系统正常工作,应对稀缺性通信资源(如频谱、号码和基站等)进行统一管理。应基于最坏情形(或至少基于实际情形)对射频干扰和射频人体危害进行管理,制定严格的干扰控制措施。为新业务或台站预留充足的保护频带,实行预先授权制度。主管部门往往按照"有罪推定"原则看待新兴技术,怀疑它们可能会引起干扰,直到事实证明并非如此为止。

4.1.2.2 市场导向和"事后"管理的优势

市场导向和"事后"管理模式较适合非生命安全频率的管理,实际上大多数无线电业务均在此列。按照亚伯拉罕·林肯(1863)的《葛底斯堡演说》和"民有、民治和民享的政府"等名言所阐释的理念,无线电频谱应属于公众所有,并为公众服务(这也为美国所秉持)。传统观点认为应基于集中规划模式来消除干扰。但诺贝尔经济学奖获得者 Ronald Coase 指出:"有些人认为无线电管理的目标是尽可能消除干扰,但这是错误的。正确的目标是使收益最大化。"(Coase 1959)无视干扰必然要付出代价,但及时采用新技术也会带来收益,最好的办法是在两者之间取得平衡。

与"事前"管理不同,"事后"管理往往意味着会采取罚款、禁令和取缔等强制措施,处理具体的申诉(如有害干扰)问题,纠正已认定的不端行为。尽管仅仅依靠"事后"管理不足以保护生命安全频率,但也没有必要对所有无线电业务都采取集中规划和"事前"管理。通过采取必要的追溯措施,"事后"管理能够促进商业进步,提供更加经济和可行的解决方案,并可能成为更优和更灵活的选择。主管部门应按照"无罪推定"的原则,对频率执照申请者抱以充分信任。崇尚个体主义(individualist)的国家应积极采用行业/本地机构的标准代替政府强制性指令。相关政策应明确规定,只有在有害干扰可能发生时,才将"事前"(先验)管理法规付诸实施。

短距离设备的频率使用基于无保护(无执照)原则。随着短距离设备在全球的广泛应用,主管部门需要为其划分更多的工作频率,同时也要防止对短距离设备产生干扰。事实上,若仅存在较少的干扰,不会对短距离设备工作带来致命影响。在短距离设备的管理上可以秉持"购者自慎"(caveat emptor)和"自由选择"(liberum arbitrium)的原则,设备质量好坏应交由购买者自主决定。这样做不仅能够为公众提供更多频谱(功率和带宽),也有助于减轻政府对频谱资源的控制,从而使短距离设备用户和主管部门均获益,详见 3.1.2 节。

"事后"管理的一个典型案例是欧盟通过发布 1999/5/EC 指令（R&TTE），对工作在协调频段的无线设备颁发通行证（laissez-passer），表明其满足市场准入条件。当该设备受到用户投诉时，可根据"事后"管理机制启动测试检验工作。R&TTE 将设备的频率管理职责转交给了设备制造商或进口商。目前，欧盟已停止实施（如针对短距离设备和 GSM 家族设备的管理）美国联邦通信委员会的"事前"认证制度（为设备标注 FCC 号码）。

在市场导向和"事后"管理模式下，政府无须对市场进行太多干预，而是通过颁布少量法规来代替行政管理职能，采用"低干涉"方式简化市场准入条件。主管部门具有较强的风险容忍度，准许系统接受少量干扰的存在。由于目前尚没有关于射频人体危害的科学证据，因而没有必要按照预防的原则，对该问题持过于谨慎的态度。主管部门不应对电磁过敏症和恐电症等推测性"虚构风险"投入过多资源。

4.1.3 无线电频谱管理框架和基本目标

无线电频谱管理涉及工程、法律和经济等许多领域。所谓管理，是政府为达到其社会和经济目标而对市场实施影响的手段。从公众角度看，无线电频谱管理促进了"公平合理使用无线电频谱和对地静止卫星轨道"，详见国际电联《无线电规则》第 0.6 款有关规定。本章重点基于产权理论，对无线电频谱这一稀缺性资源的法律、制度和经济问题进行总体讨论。

国际电联《无线电规则》第 0.5 款（位列第 0.6 款至第 0.10 款之前）详细指出了该规则的目标。同时《无线电规则》下列条款列出了无线电频谱管理的目标。

- 第 0.6 款：促进公平合理使用无线电频谱和对地静止卫星轨道。
- 第 0.7 款：确保为遇险和安全目的提供的频率的可用性并保护其不受有害干扰。
- 第 0.8 款：帮助防止和解决不同主管部门的无线电业务之间的有害干扰情况。
- 第 0.9 款：促进所有无线电通信业务高效率、有效能地运营。
- 第 0.10 款：提供并在需要时管理新近应用的无线电通信技术。

4.2 法律环境

4.2.1 两种法律传统：民法法系和普通法系

法律阐明了人们在特定社会中的法定活动边界，规范了人们日常生活的方方面面。国家所遵从的法律体系规定了国家主权与国民之间的关系。法律保护个人免受国家专制统治的伤害。

民法法系（civil law）和普通法系（common law）是影响国家法律环境、倾向和模式的两种主要法律传统，它们具有不同的法律渊源。

- 民法法系以《查士尼丁法典》和《拿破仑法典》等为历史渊源，试图构建适用于所有事件类型的完整法典。罗马法历经长期发展演变后成为国家法律，并以法典化的成文法为主要形式。民法法系来源于罗马的《国法大全》，并以《德国民法典》和《拿破仑法典》为基础建立起来。
- 与民法法系不同，普通法系以司法判例为基础，源于英国国王颁布的法令文书。普通法系深受英国《大宪章》（1215年）①和《人身保护令》②中所倡导的个体自由理念的影响。

上述两种法律框架在管理模式上具有如下特点：

- 民法法系原则上主张人们仅享有法律允许范围内的行为自由权利，并对人们生活的各个方面做出规定。基于此，欧洲无线电通信委员会建议书（ERC/REC 70-03）对欧洲短距离设备的使用频段做出了详细规定，不允许短距离设备在大多数频段上工作，即使其发射电平非常低。
- 普通法系适用于英国、美国和加拿大等国家。由于基于个体自由（如英国《大宪章》和美国《人权法案》所规定）理念，普通法系本质上更倾向于对政府的干预行为进行限制，原则上主张人们享有充分的自由权利，除非法律明确禁止③。基于此，在美国和加拿大，若短距离设备发射电平足够低，就可在《美国联邦法规》第47篇第15部分（FCC Part 15）和加拿大《无线电标准规范》（RSS-210）规定的禁止频段以外的大多数频段上工作。

在实行普通法系的国家，法官一般掌握较大的灵活性④，对法律条文具有较多的解释权（interpretation）。尽管民法法系和普通法系具有诸多共同之处，但它们仍存在很大差异，且这种差异构成了集中规划和基于市场两种频谱管理政策各自的法律渊源。

- 集中规划的理念源于民法法系（罗马法），其认为君主拥有无上的权威。典型案例是GSM系列设备发展所形成的自顶向下式法规和标准，其所遵循的"先验"规划模式源于集体主义世界观。
- 普通法系作为另一种法律存在形式（基于司法裁决），倡导基于市场的政策，支持权利属于人民。这种"后验"模式类似于美国的市场经济，具有自底向上、分散和分布式等特点。互联网和Wi-Fi即是个人主义世界观所催生的典型"成果"。

在实行集中规划管理模式的国家（如法国），由国家将部分频率的使用权授予运营商，运营商可将部分频谱资源视为无形资产，可在特定时间内将其用于私人用途。在特定条件下，运营商可以在其财务报表中公布频谱使用情况。

美国和英国的频谱交易比法国更为活跃。在美国，无线电频谱可由个人或购买者支配。在英国，无线电频谱属购买者所有。英国虽然允许频谱交易，但若频谱未得到适当或高效使用，政府则有权收回。英国的卫星运营商可通过国际电联的国际频率登记总表（MIFR），将卫星轨道和频谱使用权转交给其他公司。

4.2.2 法律框架

按照国家、区域和国际等不同层级，法律框架可分为法律、条约、协议、规则、规范和

---

① 《大宪章》签署于1215年6月15日，集中体现了英国普通法系的思想。《大宪章》肯定和保护英国公民的自由权利。
② 《人身保护令》（HC）中有句名言："你的身体你做主。"《人身保护令》由英国议会于1679年批准，并得到美国的继承。美国《宪法》第九条第一款和1982年生效的加拿大《权利和自由宪章》第十部均沿用《人身保护令》条文。
③ 相对于大陆法系，普通法系更加坚持"若非禁止，即为允许"的原则。
④ 这种灵活性主要存在于高等法院，低级法院的法官会受到有约束力判例的限制。同时，由于普通法系不仅体现法律制定者的意志，而且建立在法官裁决基础上（至少历史上如此），因此其带有天然的灵活性。此外，另一种平行发展的法律（衡平法）赋予了普通法系灵活性。但也应看到，当代民法法系已经开始注重灵活性。

标准等。国家、区域和国际法规、双边和多边条约或协议均为国家法律框架的组成部分，相关内容可参考1969年签署的联合国《维也纳条约法公约》。涉及无线电事务的区域和双边条约主要由相邻国家签署，目的是防止和管控有害干扰，协调边境地区频率指配。条约签署国有义务遵守根据国际公法有关规则制定的国际法规，如国际电联文书（经条约法认可）等。

国际法规一旦通过某个国家的审批程序，就与该国国内法规一样具有法定约束力，且比国内法拥有更高地位，不应被单边随意废止。根据联合国《维也纳条约法公约》第11-5条，条约经国家批准、接受或赞同后，以签署表示承受条约之约束。该条约第2条（1）（b）指出：称"批准"、"接受"、"赞同"及"加入"者，各依本义指一国据以在国际上确定其同意条约约束之国家行为。《联合国条约汇编》对"批准"的定义为：

批准是指国家同意接受条约约束的一种国际行为。对于双边条约，需要双方交换批准文书；对于多边条约，通常由保管机关收集相关国家的批准书，并将此情况通知相关方。批准机构应为条约通过相关国家国内审批及为条约施行制定配套法律预留必要时间。

在无线电频谱管理领域，国际电联《组织法》、《公约》和《无线电规则》是约束各国无线电频谱管理事务的国际法规。此外，国际民航组织1944年在美国城市芝加哥签订《国际民用航空公约》（也称《芝加哥公约》），并成为联合国的一个专门机构。

国际法律只有经相关国家批准才具有约束力，并作为国家制定宪法、法律或规章的重要参照。一国的国内法应符合国家已批准的现行条约和协议，并通过国内法律批准程序。国内法须规定频谱接入要求、频谱管理的决策过程及用户与国家频谱管理机构的互动形式。

在欧洲（见7.1节），频谱授权属于公共法律行为，即国家主管部门（NRA）将频谱使用权移交给私人实体或公民（如非政府频谱使用），且各国对该行为的执行不应有所区别。相对而言，"执照"的含义更广。频谱使用权利的移交既可通过执照（授权）的形式，也可通过豁免的形式。个体授权（个体使用权）与一般授权（非个体使用权）有所区别。个体使用权仅限于规定的期限（如移动通信执照为15年），且未授予运营商频率的所有权，频率的所有权属于国家。图4.1描述了欧洲国家频谱使用立法的基本流程，详见电子通信委员会（ECC）205报告中图1（第13页）。

4.2.3 无线电通信法律

国际电联《组织法》的序言指出："充分确认各国拥有管理其电信事务的主权。"国际电联《无线电规则》第0.11款指出："《无线电规则》条款的应用并不反映国际电联对任何国家、领土或地理区域主权和法律地位的观点。"但是，国际电联《组织法》第197条和《无线电规则》第0.4款指出："所有电台，无论其用途如何，均不应对其他成员国无线电业务或通信造成有害干扰……"因此，国家对频谱的自由使用和主权受到一定限制，依据自愿原则（国际电联无强制性权利），一国的电台不应对其他国家的电台构成干扰。

制定上述无线电通信法律的目的是为各国管理频谱使用建立法律基础，有关无线电规则可为各国制定无线电管理政策提供指导。国家无线电频谱管理法律与国家国土和水资源法律享有同等地位。

由于欧盟各成员国均批准了2002/21/EC指令（框架）所规定的所有指令与决定，因此这些指令与决定均具有约束力。同时，欧洲议会所通过的法律的地位事实上高于成员国法律。

第 4 章 无线电频谱管理政策、法律和经济框架

《欧盟运行条约》（TFEU）起初基于 1958 年成员国签署的《罗马条约》，后修改为《里斯本条约》[①]，并于 2009 年 11 月 2 日生效。该条约的许多观点来自《西班牙宪法》，详见 4.2.4 节。例如，2002/21/EC 指令（框架）第 9（3）条赋予成员国允许频率使用权在企业之间转移的权利。

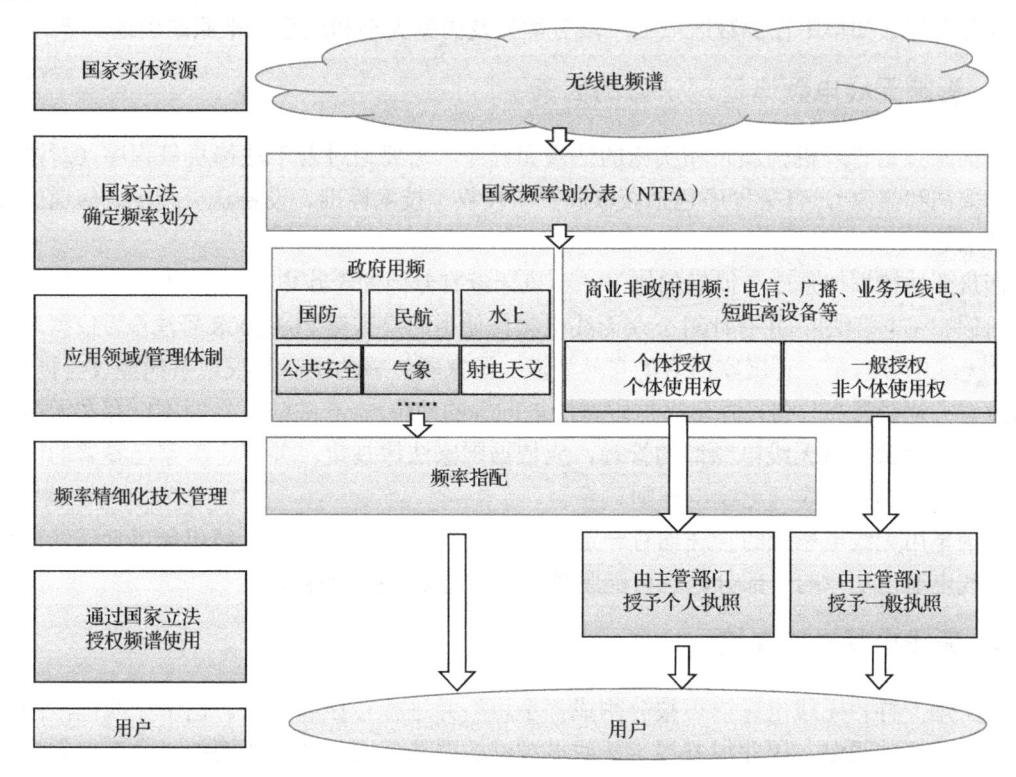

图 4.1 欧洲国家将无线电频谱使用权移交给用户的立法过程[来源：ECC 205 报告中图 1（第 13 页）]

事实上，无线电频谱是由国家管理的共同财富[②]。相对来讲，政府的频谱使用较容易管理，而对非政府的频谱使用需要通过专门授权来进行管理。由于无线电频谱具有共享性，通常会受到市场因素的影响，因此必须基于国家的整体利益，通过制定法规对其进行管理。在许多国家（如法国、西班牙、瑞士等），频谱管理与电信网络和服务管理被纳入同一法规。而在另一些国家（如英国、日本、澳大利亚、新西兰、印度、韩国、以色列等），大多制定和颁布了《无线电通信法》[③]，对无线电通信相关事务做出规定，并用以取代相关电信法律。ITU-R《国家频谱管理手册》也建议各国对无线电通信进行立法。

无线电通信法律既是无线电频谱作为一种国家资源的法理基础，也为基于所有公民利益管理频谱资源提供了基本依据。该法律赋予了政府管理频谱使用和制定频谱管理法规的权利，并赋予了公民和政府机构操作无线电通信设备的权利。同时，该法律要求频谱主管部门基于

---

① 《里斯本条约》对欧盟的两个核心条约（即《欧盟条约》和《欧洲共同体条约》）做出修改，其中后者已被更名为《欧盟运行条约》。
② 这里借用了国际卫星电信组织（ITSO）关于轨道位置频率指配中"共同财富"表述。也可参考《各国开发与利用外太空活动监督规定条约》中关于月球和其他天线的规定（第 11.1 条）"月球和其他自然资源是人类的共同财富……"
③ 新西兰是第一个颁布《无线电法》的国家，颁布时间（1903 年）比英国早一年（Mazar 2009，第 47 页）。

透明原则，对公众频谱接入权利及相关限制做出明确规定。此外，该法律提供了对政府有关规定进行审查的标准和程序，且这些标准和程序应尽可能简便易行。

主管部门应依据相关法律法规，推动实施频谱拍卖、频谱权利转移或二级市场。无线电频谱管理的立法进程与诸多社会经济因素有关，如国内生产总值（GDP）、人口总量和密度、人口地理布局（如集中在少数区域或广域分散）及国家大小和地形（平原或山地）等。

4.2.4 影响无线电频谱管理法律的因素

由国家频谱管理机构颁布和实施的法规和程序，需要通过若干法律决策程序（对法规和程序的采纳和修改），有关程序包括获取和更新授权、技术标准、设备认可程序、信道配置和运行要求等。

西班牙法律框架是一个很好的例子。西班牙没有专门的无线电通信法律，但于 2014 年 5 月 9 日颁布《电信法》，并有针对公众无线电频谱使用的皇家第 863/2008 号法令。依据西班牙法律，无线电频谱是一种国家所有的自然资源。国家所签署的国际协议或条约经议会批准后，应通过官方途径发布公告，并享有与国家法规同等的地位[①]。有关法规之间不应存在矛盾和冲突。政府主管部门对无线电频谱的管理，应依据国家法律规定，并符合国家已签署的区域和国际条约，如国际电联《无线电规则》等。

各国军用无线电系统的管理均有一定特殊性，详见 8.3 节。军事无线电频谱管理法律有可能是无线电通信法律的一部分，也可能脱离无线电通信法律而存在。

4.2.5 无线电频谱所有权

与土地一样，无线电频谱可被分割成"小块"并进行转让和租赁。由于无线电波的传播不受物理边境的限制，因此很难界定无线电频谱的覆盖范围。依据所谓的"频谱出售"的概念，可以通过授权方式将频谱使用权进行转移，或者通过市场拍卖方式对频率进行指配。将频率指配给用户，实际上是将频谱授权给该用户使用。通常，频谱授权和执照会明确规定无线系统的技术参数（主要包括功率、频率和带宽）、工作特性（如室内、工作时间和时长等）、具体位置（地理坐标和地面高度）、部署区域或国家（国家范围的移动通信执照）等。

在传统频谱授权体制下，由主管部门设定频谱执照的适用条件，负责处理用户干扰投诉和相关国际频谱事务，同时确定通过频谱拍卖和交易所取得的频谱所有权。若允许频谱执照持有者擅自改变无线电用途，将会带来诸多问题，特别是在多国交界区域或存在潜在干扰的情况下尤其如此。

频谱所有权包括主管部门在频谱执照过期之前可将频谱收回的权利。由于频率指配并不涉及执照过期后如何更好地使用频谱的问题，因此主管部门需要建立特定机制，以促进频谱持续高效使用。为此，需要在获取经济效益和限制技术参数之间寻求平衡方案。

2.5.4.2 节给出了将卫星频率指配录入国际频率登记总表的基本要求。频率指配被录入国际频率登记总表，意味着其享有国际认可的、由国际电联《无线电规则》条款具体规定的权利，同时也须承担相关义务。国际频率登记总表的频率指配记录并不能提供频谱的"所有权"，

---

① 例如，《西班牙宪法》规定（根据国会的官方翻译）："已完成缔结并经国家发布的国际条约，应视为西班牙国内法律的一部分。对国际条约实施废除、修改或中止，只能依据该国际条约的规定或国际法的通用规定。"

而仅仅是频谱的"使用权"。地面无线电业务的频谱所有权通常均有一定期限，但依据《无线电规则》附录 4（同时考虑了频谱所有权的中止情形），一旦卫星频率指配被录入国际频率登记总表，则对该频率的使用通常没有期限要求。对于有期限要求的频谱规划，可参考《无线电规则》附录 30/30A 有关条款（如第 14/11 条）和附录 30B 有关条款（如第 11 条），如《无线电规则》附录 30/30A 第 4.1.24 款规定，任一指配的操作期限不得超过 15 年。

各国针对无线电频谱所有权所制定的政策不尽相同。如前所述，一些较为宽容的国家（如英国）允许蜂窝移动通信或卫星运营商将其频谱使用权或国际频率登记总表有关权利（包括登记）转移或交易（见 4.3.5 节）给新企业，申请者只需将转移或交易的时间告知主管部门，且保证新企业按照有关程序[①]接受频谱使用权即可。

4.2.6 国际、区域和国家立法

4.2.6.1 无线电频谱管理

许多国家的频谱管理事务曾经分散在多个政府部门。20 世纪 90 年代，欧洲各国政要、论坛组织和制造商等逐步达成共识，筹划建立统一的无线电频谱主管部门。随着媒体关注程度的不断提高和新兴技术的不断发展，关于制定无线电频谱管理法规和管理机构的呼声逐渐高涨，主要目的是期望构建动态和有竞争力的市场，确保公共政策具有更宽的适用性。在此背景下，许多国家建立了覆盖所有无线电频谱使用领域的统一主管部门。

4.2.6.2 国家主权

国家法律（相对于超国家法）的权威不仅体现在法律领域，还包含特定的文化意义。由于无线电频谱具有公共属性，因此必须基于国家整体利益对其实施管理。国家为参与区域或国际无线电频谱协调活动，需要将其部分无线电频谱管理主权让渡给相关国际组织。国家作为频谱资源的法定管理者，拥有要求私人用户缴纳频谱费[②]的权利，详见 4.3 节。国家指定专门机构履行频谱规划、管理和监测职能。为确保频谱使用符合国家法律规定，必须开展频谱规划、管理和监测活动，积极推进频谱管理设备研发和经费投入。

依据相关法律规定，主管部门可向私人频谱用户收取行政管理费用，以弥补实施频谱规划、管理和监测所需经费。有关频谱使用费用的法律规定必须相对稳定，从而为频谱用户提供可预期的政策和法律保障。对于需要执照的无线设备，用户应通过缴纳费用获取频谱执照，同时享有现行法规提供的用频保护；对于无需执照的无线设备，用户无须缴纳费用，其频谱使用也就不受保护。依据上述法律原则，许多免费接入频率无须缴纳频谱使用费用。

4.2.6.3 国际法规和国家法规的关系

与其他各领域一样，国家法律的起草通常需考虑国家事业与其相关国际事务之间的关系。国家在无线电频谱和卫星轨道资源管理领域的权利和责任主要受到国际电联《无线电规则》的制约，根据该规则，无线电频谱和卫星轨道资源必须得到合理、高效和经济的使用，所有国家拥有平等使用频谱资源的权利（见国际电联《组织法》第 196 款）。

[①] 英国通信办公室需要确认新频谱执照持有者是英国本土企业，还是英国海外领地、海峡群岛或马恩岛的注册公司，并要求其提供商业计划等。
[②] 该费用也称为执照费、频谱占用费、频率可用费或频谱使用费，也可简称为费用。

《无线电规则》是国际电联《组织法》和《公约》的重要补充，享有国际条约的地位，各成员国必须确保其国内法律与《无线电规则》有关条款相一致[①]。《无线电规则》由平均每 4 年召开一次的世界无线电通信大会（WRCs）批准，随后各国应根据新修订的《无线电规则》对其国内法规进行必要修改。各国还应承担其参与的区域性组织（如欧盟）或签署的双边和多边协议所赋予的义务。

由于卫星、无线电导航、射电天文、业余航空和水上电台大多需要开展国际无线通信业务，因而其法律框架主要基于国际条约和协议。国际漫游规则即是无线通信受国际、国内法律和经济环境影响的典型例子。为规范工作频段和发射机掩模等技术参数，需要根据国际无线电通信法规制定特定的国际和国内标准。

4.2.6.4 领海、领空和太空界限

国家的水平和垂直界限决定了国家法律的界限，领海、领空和太空界限均与国家立法有关。

- 《联合国海洋法公约》（UNCLOS）于 1994 年生效，截至 2014 年 10 月，已有 166 个国家和欧盟加入该公约。该公约规定了各国领海界限及利用全球海洋的权利和责任。第 2 条规定了领海的界限。第 3 条规定了领海的宽度，指出："每个国家有权确定其领海的宽度，直至从按照本公约确定的基线量起不超过 12 海里的界限位置。"国家的水平领空范围与领海宽度相一致。各国领海之外的海域称为"公海"，也属于国际水域。目前许多国家对按照国际习惯法所确定的海洋界限仍有争议。
- 领空是指与地面直接接壤的物理空域，是由国家控制的三维空间。根据 1944 年签署的《芝加哥公约》，各国对其领土上方的空气空间享有完全和排他的主权。国家主权不能委托。例如，美国联邦航空局（见有关机载个人电子设备内容）负责维护"美国在领空和国际空域（公海上空）享有的国内和国际飞行主权"。国际法并未规定国家领空的高度上限。国际航空联合会曾提出卡曼线（Kármán line），将 100 km 高度定义为地球大气层和外太空的分界线，但该定义并未被广泛接受。
- 太空是指地球大气层及其邻近的以外空间，即包括地球大气层（航空）和外围空间（航天）。目前没有明确领空的垂直界限的国际协议，外太空（不受国家管辖）和领空之间的界限也未明确。有趣的是，1976 年 12 月 3 日，许多赤道国家决定宣告和维护他们对地球静止轨道卫星所使用自然资源的主权，并通过签署《波哥大宣言》来强调他们拥有对其领土以上太空的控制权利。《波哥大宣言》最终未被国际社会接受，因此地球静止轨道卫星所占据的轨道位置不属于所在经度上赤道国家的主权管辖范畴。

4.3 经济环境

4.3.1 经济和频谱管理

1776 年，亚当·斯密（Adam Smith）在其著作《国富论》中首次指出：自由市场通过"无形的手"来提高社会效率；价格会周期性波动，直到供需达到平衡；当所有消费者和生产者

[①] "各成员国有义务采取必要措施，责令所有经其批准而建立和运营电信并从事国际业务的运营机构或使用对其他国家无线电业务造成有害干扰的电台的运营机构遵守《组织法》、《公约》和《行政规则》的规定"（见国际电联《组织法》第 38 款）。

的效能和利润均达到最大化,社会也就达到竞争性均衡状态。这种新观点由 Arrow 所著的《福利经济的第一原理》(1951)证明,即假设所有个体和公司均为自利的价格接受者,则竞争性均衡为帕累托最优,除此之外不存在使各方更能获益的方案。

若上述理论成立,那么政府为何、何时和对何处进行干预呢?政府的干预是为了提供市场无法独立产生的公共产品,如安全或国家基础设施,并应对由竞争所引发的市场混乱。市场竞争所引发的典型问题包括环境污染、过度不平等(及贫困)、保险金或失业金及交通问题等。

4.3.1.1 经济原理

无线电频谱是新兴技术频谱接入和现有无线电业务应用的必要条件。无线电业务能够提高生产效率,增加就业和出口,减少运营成本,从而推动经济发展。无线电频谱对经济的推动作用,不仅体现在无线电频谱是核心经济领域的重要构成要素(如电信服务提供商或无线电设备制造商),还体现在无线电频谱对核心经济领域发挥重要作用(如无线电频谱可支持利用遥测和遥控技术的油气供应公司及利用无线通信传递乘客信息的出租车公司)。

无线电频谱已经广泛应用于经济、社会、文化、科学和发展领域。从经济角度看,无线电频谱不仅应用于国防或紧急服务等公共机构,还应用于窄带和宽带电信、航空和水上通信、广播和科学研究(如射电天文和环境感知等)等。"走向移动"(going mobile)对无线电频谱提出了更多需求,同时也对无线电频谱管理的效率提出了更高要求。

电波传播特性和信号所能携带的信息量是无线电频谱的重要特征。通常,信号载波频率越高,所能携带的信息量越大,但传播的距离越近。这些特征限制了相关应用的可用频谱范围。与油料和水不同,由于无线电频谱具有非耗竭性且无法储存,因而不是普通的经济资源。尽管无线电频谱的使用越来越拥挤,且不能先存后用,但其可以被持续不断地使用。因此,只有付出额外成本,才能将频谱应用于社会领域的流水线式过程。无线电频谱的应用如此广泛,以至于很难采用裁决方式解决频谱短缺问题,只能根据政治因素决定频谱的优先保障方向。随着无线技术已经成为连接商业和家庭之间的语音、数据和多媒体业务的主要手段,高效的频谱管理能力对国家繁荣非常重要。目前,许多发展中国家正在推进信息政策和管理改革,无线服务领域已远超有线连接的应用范围,频谱管理逐渐成为核心关注领域。随着技术创新迅速发展和全球化不断推进,频谱需求不断增长,频谱政策的有效性逐渐增强,使得无线电业务不断扩展,行业准入门槛大大降低。

尽管业界已经对无线电频谱在特定领域的经济价值进行了初步研究,但由于频谱经济价值本身的复杂性,以及市场环境、数据匮乏和所采用的预测技术等原因,目前对无线电频谱经济价值的评估仍存在诸多挑战。

2012 年,英国商业、创新和技能部及文化、传媒和体育部发布 Mason 报告,对英国分配给公众通信业务(如移动通信、电视广播等)的频谱的经济价值进行了估算,得出 2011 年公众移动通信业务产生的价值为 487 亿英镑,由电视广播业务所产生的价值为 124 亿英镑。无线电频谱是一种有限的稀缺性资源,主管部门应确保频谱资源得到优化和有效使用。如前所述,频谱费不同于管理费。管理费是为了补偿行政部门的服务费用。频谱费是面向国家经济和新业务发展需求,由主管部门在综合考虑频谱使用收益和频谱管理手段发展需要的基础上提出的经费需求。管理费的主要问题是,其额度多少不能反映频谱的经济价值,无视执照持有者期望获得或实际占用的频谱量,且有可能对执照持有者产生错误引导。频谱费是国家和频谱管理机构财政收入的重要来源。有关频谱基本商业模型的更多信息可参考 ECC 53 报告。

频谱费的征收需要综合考虑通货膨胀、技术发展和频谱管理机构预算状况。采用物权理论和市场机制有利于频谱的优化使用,提高频谱管理的有效性。

4.3.1.2 提高国家频谱管理效率的经济因素

无线电频谱作为一种自然资源,具有技术和经济两重性。

- 技术方面,频谱高效利用的基本要求是所有可用的频谱均得到充分利用。频谱占用度和数据速率是衡量频谱效率的两个技术指标,可用来确定无线电业务和用户对特定指配频率的使用效率。频谱占用度反映一定时间内频谱的使用程度,而数据速率反映特定频谱能够传送的数据和信息量。详见第 5 章中有关频谱工程方面的内容。
- 经济方面,频谱的高效利用意味着可用频谱能够产生最大价值,这里所说的频谱价值包括由政府或其他公共机构利用频谱所产生的公共产品的价值。

为实现上述技术和经济目标,应将频谱这一稀缺性资源分配给不同的用户,以使所有用户均能享有剩余频谱带来的边际效益。例如,对于总量一定且只适用于移动通信和商用广播业务的频谱,应如何将其分配给这两类用户呢?显然,相比,采用行政性分配方法,基于频谱拍卖和交易的市场方法能够获得更高的经济效益。从表面上看,由技术创新所带来的频谱效率提升似乎是一种自我吹捧,实际上技术创新确实是频谱配置决策中需要考虑的首要因素。

除频谱管理和标准化机构之外,还存在许多会对频谱管理决策产生影响的利益攸关方,包括设备制造商、高技术企业和公共产品的用户等。

4.3.1.3 频谱管理与频谱经济价值的估算

频谱价值的构成要素带有很强的政治性和社会经济性。影响频谱执照价值产生的因素包括频率的拥挤程度和可用性、执照期限、政府频谱管理模式、市场结构和投资法规等。同时,国家的人口状况、地理条件和政治历史等都会对频谱价值的评估产生重要影响。目前主要存在 3 种频谱管理模式:①指挥控制模式;②共用管理模式;③所有权管理模式。

- 指挥控制模式最适用于对政府用频、电视和音频广播业务的管理,也适用于对水上和航空业务(如飞行安全应用)进行授权管理,还适用于专用频率的管理,如科学业务、雷达、气象、遥感、专用移动通信、点对点地面链路和卫星通信等。
- 共用管理模式主要针对 Wi-Fi(WLAN)和短距离/电子设备的管理,详见第 3 章。在这种管理模式下,用户无须持有频谱执照或单独占用频谱的授权,而是将特定频段划分给免执照或未授权无线电业务"共用"。通过估算工作在给定频段的所有无线电设备和业务的总产出,即可估算该非授权频段的价值。根据微软公司对免执照频谱的经济价值的研究,通过向固定宽带网络提供增值服务,全球范围内的非授权 Wi-Fi 频段每年向消费者提供 520 亿美元至 990 亿美元的盈余(Thanki 2012,第 8 页)。该研究同时预测,基于 Wi-Fi 的机器对机器通信(M2M)业务 2020 年的产值将达 5600 亿美元至 8700 亿美元。
- 基于市场机制的管理模式最适用于蜂窝移动通信行业和其他商用地面无线业务的管

理。可采用该模式确定最适合授予执照的运营商。有时由于市场对频谱的需求不够强烈，可能无法开展竞争性投标。

灵活的法规和所有权制度能够为运营商提供如下便利：

- 频谱执照持有权的转移（通常需得到主管部门许可）；
- 确定频谱的用途（受限于技术要求）；
- 通过频谱资源的使用、租赁或重新出售获利。

大多数发达国家通常会综合采用上述 3 种频谱管理模式，如基于指挥控制模式管理政府用频业务，采用拍卖与竞标方式颁发商用（如蜂窝移动通信）无线电业务执照，采用共用管理模式对短距离设备和低功率设备（如 Wi-Fi）进行管理等。由于目前尚未形成按照市场机制评估频谱价值的方法，因此仅能依据商用移动通信执照的价值估计频谱价值，而商用移动通信执照的价值主要通过拍卖或缴纳年费的方式来反映。

4.3.1.4 影响无线电频谱价值的因素

2012 年 ITU-D 发布了《宽带频谱的价值和经济评价研究》报告，给出的影响无线电频谱价值的因素如下：

- 内在因素包括传播特性、共享容量、用户数量、全球与区域协调及国际限制等（其他为外在因素）；
- 物理因素包括地理因素和气象因素等；
- 社会经济因素包括人口统计特征、人口密度、收入分布、经济水平和增长率、政局稳定性、廉洁和法治程度等；
- 政策和法规因素包括监管机构的独立性、投资优惠和习惯法、竞争政策、基础设施共享程度、公众电磁波防护法规、法规的公开程度、技术中立性、干扰防护、保险责任、频谱上限、频谱拍卖规则和竞标信用/驳回、透明性、授权制度和争议解决机制等。

4.3.2 无线电频谱的应用收益

无线电频谱应用促进经济繁荣，提高国内生产总值（GDP）和劳动生产率。通常采用两种方法计算无线电频谱对经济的贡献：

- GDP 和就业；
- 消费者和生产者的收入盈余。

无线电频谱应用所带来的收益不仅能够增加对相关领域的投资额度，也有助于促进新业务和新技术的引进与应用。无线电频谱的收益与多种经济因素密切相关，而无线电业务所带来的社会效益更难以估量。例如，无线电广播能够对教育、培训、新闻、娱乐、信息传播、多样性保持、改善公共服务、促进社会融入等带来很大便利。紧急无线电业务能够为下列领域提供无线通信服务：警察、突发救援行动和灾难控制、学术研究和野生动物保护、家庭健康照料、高龄老人看护等私人服务，以及气象和射电天文业务等。

4.3.2.1 利用 GDP 计算无线电频谱收益

如果商业活动能够提供蜂窝通信、有线视频和音频广播等无线服务,则认为其对 GDP 产生直接效应。前向关联(forward linkages)是指为无线电企业生产设备、运输和销售服务的商业活动,后向关联(backward linkages)是指为无线电企业提供生产设备购买或服务(如人员招聘、信息技术支持和市场调研等)的商业活动。对 GDP 和就业的贡献等于直接效应、前向关联和后向关联的总和,其大小与国家固定设备、原材料投入和收入水平有关。实际上,各国均需进口一定数量的固定设备和原材料,这会降低其对 GDP 的贡献。然而,即使一国的固定设备和原材料均依赖进口,仍可通过消费、设备生产、运输和销售等途径,为 GDP 和就业做出贡献。

受位移效应(displacement effects)的影响,GDP 和就业数据通常需要向下修正。这实际上体现了总会存在替代方案的原则。例如,若不存在有线电视传输手段,则有线电视将会增加。这种效应还会导致如下情况:

- 无线电业务可能替代其他非无线电业务,如蜂窝网络路由器是非对称数字用户线路(ADSL)的替代物;
- 若某项无线电业务不再增长,则原本计划投向该业务的资源将会投向其他经济领域。

此外,还应考虑乘数效应(multiplier effects)的影响。乘数效应源于工资和利润的影响,产生于与无线电频谱使用相关的所有经济活动,融入国家经济的各个领域,并在此过程中产生收入和就业机会。根据国家经济结构的组成,可基于相关量值估算 GDP 和就业数据。典型的乘数效应可使收入和就业数据变为约 1.4 倍。因此,无线电业务对 GDP 和就业数据的总贡献为:

$$(DE+FL+BL-DPE) \text{ MPE} \quad \text{或} \quad (DE+FL+BL-DPE) \times \text{MPE}$$

其中,DE——直接效应;
　　　FL——前向关联;
　　　BL——后向关联;
　　　DPE——位移效应;
　　　MPE——乘数效应。

企业的营业额(收入)数据可直接用于计算直接效应。在利用频谱费及其核算价值计算直接 GDP 和就业数据时,建议主要选取那些无线电频谱收益占总收入比重较大的企业,也就是说,不考虑无线电频谱用户规模很小的企业。主要原因在于,严格划分每个企业中无线电频谱使用相对其他要素对收入和就业的贡献非常困难。

ITU-D 于 2012 年发布的《宽带业务对经济的影响》报告中表 2 指出,经济合作与发展组织(OECD)成员国宽带业务 10%的增长率将对 GDP 产生 0.9%~1.5%的增长率(Czernich 等 2009),而其他资源仅能贡献 0.25%的 GDP 增长率(Koutroumpis 2009)。由于无线电产业对各国的经济产出贡献不同,其对各个国家与区域 GDP 增长的贡献也不一致。例如,移动通信业务对各国年度 GDP 的贡献率为 0.03%[美国移动通信联合会(AMTA)2009]至 2.04%(GSM 联盟/Plum 咨询 2013),无线广播对各国年度 GDP 的贡献率为 0.05%[GSM 联盟/伊比利亚美洲电信研究与企业联盟(GSMA/AHCIET)2011]至 0.93%[移动动画联盟(MPA)和国际移动动画版权联盟（JIMCA）2012]，详见经济合作与发展组织报告（2014）。之所以存在上述量值差别，主要原因在于各个国家和地区市场化程度不同，对经济价值的定义及统计方法也有差异。

4.3.2.2 利用消费者和生产者盈余计算无线电频谱收益

无线电频谱应用所带来的总盈余等于所有无线电业务所对应的消费者和生产者的总盈余，详见 ITU-R SM.2012 报告和英国通信办公室报告（2012）。英国通信办公室《知识产权导则》的浏览网站为 www.ofcom.org.uk/website/terms-of-use/。图 4.2 给出了消费者和生产者的盈余情况。

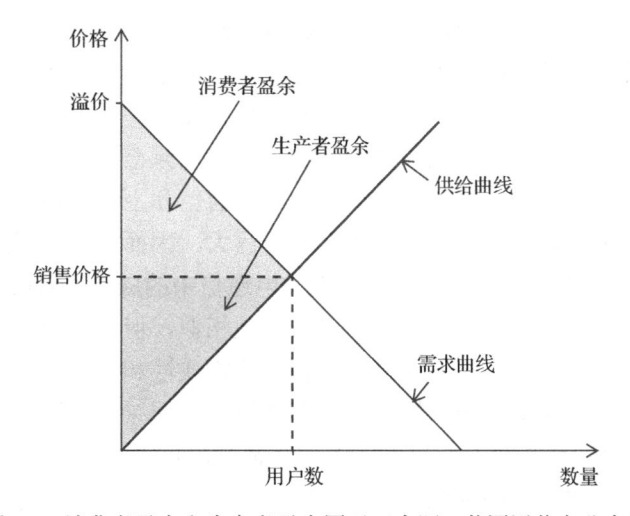

图 4.2　消费者盈余和生产者盈余图示（来源：英国通信办公室）

消费者盈余是指消费者愿意支付的价格与产品实际价格的差值。确定消费者盈余需要估计需求曲线，即商品价格（y 轴）随商品销售量（x 轴）的变化曲线。消费者盈余可用商品价格水平线（从零至商品购买数量之间）和需求曲线所围成的区域表示。通常对需求曲线（包括其斜率和弹性）进行估计较为困难，而且若不能获取需求曲线，则无法计算消费者盈余。生产者盈余是指生产者收入和成本之间的差值，其与消费者盈余有关。生产者盈余被定义为厂商生产一种产品的总收益加上补偿给要素所有者超出或低于他们所要求收益的数量。

图 4.2 给出了消费者盈余和生产者盈余图示，两个坐标轴分别表示商品的价格和销售数量。供给曲线和需求曲线的交点表示销售价格。在该交点上，销售数量为当前的订购数或用户数，价格为当前的销售价格或每用户平均支出。消费者盈余可用需求曲线与销售价格之间的区域表示。生产者盈余可用供给曲线与销售价格之间的区域表示。

上述计算消费者盈余和生产者盈余的标准方法基于线性下斜需求曲线和线性上斜供给曲线[1]。需求降至零时（需求曲线与 y 轴相交）所对应的价格为最高价格（溢价）[2]。通常，公众移动通信设备供应曲线的截距为零，总盈余为溢价的一半乘以用户数量。

---

[1] 曲线的真实形状不得而知。实际中，需求曲线通常为凹曲线，供给曲线为凸曲线。当选定的溢价较高时，将需求曲线假设为直线将导致对消费者盈余的估计过高。

[2] 许多用户愿意为某种业务支付比他们实际支付价格高出很多的价格。

为估算蜂窝移动通信设备生产者的年度收益，可将预期用户数量乘以每用户预期平均支出（ASPU），再减去年度生产成本。其中生产成本也称为销售商品成本（CoGS），其值等于资本支出（capex）和运营支出（opex）之差。

4.3.3 国家成本账目：无线电频谱作为非生产性资产

4.3.3.1 频谱是有形资产吗？频谱执照费代表销售价格还是租金？

无线电频谱的所有权属于国家和公民，主要服务于政府无线电业务、工业领域和免执照用户。如前所述，与土地、水、油气和矿产一样，无线电频谱是一种有限的国家资源。但无线电频谱又与这些资源不完全相同，因为土地、水、油气和矿产若未得到使用，它们还会客观存在；但如果无线电频谱未被使用，则是一种经济上的浪费。而且，由于无线电频谱具有可再生性，当前的频谱使用不会对未来的使用构成任何影响。在 FM 广播、蜂窝移动通信和卫星通信等业务领域，无线电频谱已经非常稀缺。无线电频谱既可被视为有形资产，也可以频谱执照形式被视为无形资产。蜂窝移动通信、地面通信和卫星广播系统运营商将频谱视为重要的有形资产。由于频谱使用费和拍卖所得费用巨大，因而需要考虑以何种方式将其纳入国家账目及其对国民总收入（GNI）的影响。无线电通信中的成本账目类似于不动产账目。无线电频谱不会随着时间的推移而减少，这一点与土地相似，但与有形资产有所区别。土地的价值通常与地理位置和面积大小有关，且具有较强的物质性和可感知性；相对而言，无线电频谱属于非生产性资产。频谱执照也属于非生产性资产，而频谱执照费既非税收也非频谱售价。就用途而言，土地、地下矿产和频谱属于同类资产，其价值都通过租赁或执照费来体现。由于不存在单一、通用和清晰的标准来区分租金和资产售价，因而应建立适当的标准来确定无线电频谱拍卖的收益与国家账目的关系。

无线电频谱作为一种非生产性资产，即使先前已授权给移动通信或广播业务使用，但当频谱执照到期后，无线电频谱的状态仍未发生变化。这种对无线电频谱使用的支付方式与对一定时期内独自占用一块土地的支付方式类似。在国家账目体系中，将一块土地的长期独自使用合同视为租赁，其收益称为租金。即使通过一次付清的方式支付预付，租金仍会在租赁内进行累积。

从技术上讲，无线电频谱不能被视为不动产。但从国家角度看，为了估算无线电频谱的价值，可将无线电频谱及其执照视为半不动产，详见 Musey 所著的《频谱手册》（2013）。无线电频谱还可被视为一种固定无形资产、一种长期资源和投资。实际上，无线电频谱是国家一种无价的无形资产，这一点与专利类似。相关无形资产还包括软件、商标、专门技术、数据库、接入权、通行权、地图和图像等。由于这些资产均通过长期的不同方式演化累积形成，因此很难将其计入公共账目。

本节中，我们将无线电频谱的使用视为标准会计形式，无线电频谱资产的成本核算采用成本导向型的计价机制。与政府建筑和土地的价值估算类似，许多国家（巴西、法国和英国）将无线电频谱的预期收益（使用费和执照费）纳入政府决算表。无线电频谱作为一种可带来巨大收入的高价值资源，既可为政府日常运行和新兴技术发展提供资金支持，也可通过成功拍卖所得减少政府债务。尽管如此，大多数国家仍未将其列入资产名录。

无线电频谱作为运营商的一项通用核算内容，许多人建议将其纳入企业预算表。这样一来,无线电频谱的核算不仅会出现在商业收购或交易中,而且会成为运营商财务报表的一项基本内容。欧盟委员会 2005/698 建议书中"鉴于条款 2"指出:"成本核算系统确保主要运营商在受到价格控制或成本导向型价格的限制时,能够按照公平、客观、透明和可承受的原则将成本分担给各项业务。"同时,该建议书给出的"建议 2"指出:"应依据成本产生的原因(如基于行为计算成本,'ABC')①来实施成本分配、资本配置和收益分担。"

成本核算是一种通用的会计工具,可用来对费用进行一致性分类。通常,执照费应一次性付清(如拍卖完成后),频谱使用费每季度或每年支付一次,费用多少由频率(相当于土地的地理位置)和射频带宽(相当于土地的面积)决定。其中公众移动通信、广播(见 Ofcom 2014)和固定无线电通信业务提供商为频谱使用费的主要缴纳者。

4.3.3.2 如何估算无线电频谱的资产价值(向国家预算提供资金)?

主管部门通过收取特定的频谱执照费和频谱使用年费,将无线电频谱转化为向国家预算提供的资金。估算无线电频谱这一国家资产价值的最直接方法是依据其带来的收入,即运营商缴纳的年度频谱费用。资产价值的另一种估算方法是基于货币时间价值概念的净现金流(DCF)。通过对未来所有现金流进行估算和贴现可获取其现值(PVs),将未来所有收入的现金流称为贴现现值(PV),也就是这里所讨论的现金流价格。因此,无线电频谱的资产价值等于所有期望年费(AF)的贴现现值,即现值形式的年度总现金流。

若频谱执照被视为无形非生产性资产的售价,则净现金流方法中应包括频谱执照的支付费用,同时将频谱拍卖所得计为年费,详见英国国家统计局(ONS)网站文献(2011 年 8 月)。2000 年,英国政府向 5 个移动电话公司拍卖了 2000 年至 2021 年频谱执照,允许这些公司独自接入部分频谱,支持其开展第 3 代移动电话业务。这次执照拍卖的总费用为 225 亿英镑。英国政府按照频谱执照的整个周期(20 年)收取执照费,而法国政府按照执照使用年数分别收取执照费②。

由于无线电频谱始终是国家的自然资源和公共财产(即使被拍卖),采用逐年偿付的方式收取频谱费用实际上是一种变相折旧。无线电频谱与土地类似,使用无线电频谱需要付费就相当于一定时期内独自占用一块土地需要签署合同。在国家账目体系中,将一块土地的长期独自使用合同视为租赁,其收益称为租金。即使通过一次付清的方式预付,租金仍会在租赁内进行累积。基于上述方法,英国国家核算和公共部门财政将 225 亿英镑的总收入按照每年 10.4 亿英镑计为年度收入,而不是将 225 亿英镑全部计为 2000 年的总收入。

与英国相似,法国公共会计部门也按照年度核算频谱执照费(26.40 亿欧元)。表 4.1 列出了 2012 年法国通信电子与邮政管理局(ARCEP)对 4G 移动通信执照的拍卖结果,拍卖频段为数字红利 800 MHz(791~821 MHz 和 832~862 MHz),带宽为 30 MHz×2,详见 ARCEP 2011 年 12 月 22 日发布的 4G 频谱分配公告。

4.3.3.3 应如何理解利率 r?

利率 r 是将未来现金流折算为现值(PV)的折现率。折现率反映了货币的时间价值和风

---

① ABC 更强调过程和行为而非结果。2009 年,欧盟第 1211 号决议开始施行,该决议得到欧洲管制集团(ERG)(04)15 意见决议 1 的支持。

② 这样表述并非完全准确,原因是忽略了财政收入。国库计入的总结算在法国涵盖 20 年,而在英国涵盖 18.5 年。

险，并随风险、债务、时间偏好、新兴技术和无线电频谱的预期价格而变化。更进一步说，折现率是体现现金流风险的资本成本，反映了货币的时间价值（无风险率）和风险溢价。

表 4.1　法国 4G/LTE 网络频谱执照费拍卖总额（10 MHz 双工）

中标人	频谱执照费总额（百万欧元）
Bouygues 电信公司	683.087
SFR 电信公司	1065
Orange 电信公司	891

若实际年费 AF（或周期性费用）保持稳定（不是由通货膨胀引起的名义稳定），由 n 次支付所产生的年度现金流 PV 可表示为几何级数和，其中 r 为一定周期内的复合利率，n 为支付周期数：

$$PV = AF + \frac{AF}{(1+r)^1} + \frac{AF}{(1+r)^2} + \cdots + \frac{AF}{(1+r)^n} = \sum_{t=0}^{n} \frac{AF}{(1+r)^t} = AF \sum_{t=0}^{n} \frac{1}{(1+r)^t} \quad (4.1)$$

式（4.1）可进一步表示为：

$$PV = AF \sum_{t=0}^{n} \frac{1}{(1+r)^t} = AF \frac{1+r}{r} \left[1 - \frac{1}{(1+r)^n}\right] \quad (4.2)$$

随着周期数（如年数）n 趋向于无穷大，$\frac{1}{(1+r)^n}$ 项将变得非常小，PV 将近似等于不依赖于 n 的有限值：

$$PV = AF \frac{1+r}{r} \quad (4.3)$$

当利率 r 非常小时，即 $r \ll 1$ 时，$1+r \approx 1$，则：

$$PV = AF \frac{1}{r} \quad (4.4)$$

因此，从长期看（满足 $n \gg 1$），年费的现值 $PV = \frac{AF}{r}$。

例如，假设频谱年费 AF 为 3000 万美元，典型年度折现率（见法国会计信息[①]）为 4.0%，则依据无线电频谱成本核算出的现值 PV 为 $\frac{30 \times 10^6}{0.04}$ =7.5（亿美元）。

需要指出的是，上述方法并未考虑无须缴纳年费的频段，如国际水上和航空通信、科学研究（如射电天文）、气象、短距离通信（SRDs）和紧急情况通信（针对无须缴费业务；但也有例外，如加拿大军队需要缴纳频谱费用）。

法国国家机构（APIE 2011）和法国公共会计师（DGFIP）每年对无线电频谱的价值进行审查，详见国家金融报告（国家总账目，第 59 页）和法国国家机构年度报告。表 4.2 列出了法国无线电频谱的净值（net value）。

表 4.2　2008—2013 年期间法国无线电频谱的净值（单位为十亿欧元）

日期	31/12/2008	31/12/2009	31/12/2010	31/12/2011	31/12/2012	31/12/2013
净值	4.084	4.753	5.118	7.022	7.145	7.028

---

① 根据英国 2012 年报告，现值（PV）基于英国政府的社会零售价格指数（RPI）（每年增长 3.5%），因此社会年度折现率为 3.5%。

这里所说的净值是指蜂窝移动通信执照在未来 15 年的期望现金流的现值。受市场波动的影响，需要每年对现金流和折现率进行评估，如 2010 年至 2013 年的折现率分别为 4.3%、4.4%、2.8% 和 3.8%。

4.3.4 频谱收费政策

国家作为无线电频谱的所有者，拥有向私人频谱用户收取频谱费的权利，同时也可依据相关法规，向私人频谱用户收取行政管理费（即所称的频率管理费或服务费，也称为行政性收费），以用于频谱规划、管理和监测活动的成本和支出。频谱费和行政管理费的制定和收取必须基于透明、客观、按比例、无腐败和非歧视原则。例如，根据透明原则，频谱费用的计算规则应简单明了，便于所有关注人群了解掌握。

主管部门可根据上述原则和行政费用支出需要，制定基于成本或基于市场（如采用拍卖）的收费模式，并在收费过程中区分下列情形：

- 无线电业务类型，包括广播（音频和视频）业务、移动业务、固定链路和卫星业务等。
- 终端设备类型和无线电发射机，包括型号许可[不包括欧盟 1999/5/EC 指令（R&TTE）签署国]、执照审核、核查认证（符合性评估）、射频人体危害测量等。

英国通信办公室（2014）依据英国频谱定价政策，给出了基于成本的地面数字电视（DTT）频谱费收取案例，收费额度由网络覆盖范围确定，具体如下：

- 全国电视覆盖每年 188 000 英镑；
- 本地电视覆盖每年 23 900 英镑；
- 北爱尔兰电视覆盖每年 3360 英镑。

国际电联《无线电规则》脚注 5.340 规定了"禁止所有发射"的频段范围，这些频段主要用于气象业务、空间研究业务和射电天文业务。由于这些频谱不允许用于其他无线业务，因此无法估算其价值。

频谱费的主要收取对象为地面电台和部署在特定国家的地球站（地球至空间），但不包括空间卫星[①]。覆盖范围是地面蜂窝移动通信、广播和单点对多点（P-MP）固定无线通信的重要指标。对于点对点链路，通信距离往往比覆盖面积更重要。

欧盟 1997/13/EC 指令（关于执照）第 11 款（关于个体执照费）允许对频率使用活动收取费用，以提高频率使用效率。

1. 各成员国应确保针对认证程序的收费涵盖个体执照的受理、管理、控制和实施。个体执照费的额度应与相关工作量相匹配，并以适当形式向公众发布，以保证公众易于获取足够详细信息。
2. 除上述第 1 款规定外，当涉及稀缺性资源使用时，为使这些资源得到优化利用，各成员国应允许其主管部门收取费用。在收取费用过程中，主管部门应坚持无歧视原则，积极促进新兴业务发展，创造有利竞争环境。
3. 频谱费通常包括两部分：

---

① 一颗地球静止轨道卫星可覆盖地球表面积的 40%。

- 一次性执照费（one-off license charge）是针对电信业务的认证许可费用。它包括与频谱执照相关的成本费用（如频谱规划和管理、国际协调、行政开支和设备投入费等），以及通信和法律等人事部门的非直接费用。一次性执照费由相关成本费用决定，不能与频谱拍卖所得相混淆。频谱执照费应能够反映使用执照所带来的收益，如营业额或利润占比等。这部分费用主要针对蜂窝移动通信和数字电视等业务。
- 频谱年费包括执照持有者向主管部门按年缴纳的费用和无线电监测成本费用。无线电监测主要用于保护无线电设备用频安全，确保无线电设备的频谱参数符合相关规定。频谱年费由政府部门部长或议会批准，并向社会公布。

由于行政性费用主要是对行政开支的估算，因此应对其进行审查和动态跟踪。编制行政性费用时，应考虑到来年的盈余和赤字情况。年度执照费应随通货膨胀率变化按年调整。

频谱执照持有者的业务活动可能对整个经济（如经济增长、就业、技术创新等）产生积极影响，这种影响比频谱拍卖所带来的国家收入更为重要。正如短小箴言所说："应利用频率创收，而非直接用频率赚钱。"无线电频谱的定价方法不仅对频谱拍卖非常重要，也可为估算频谱执照价值和执照更新或延期提供支持。这里存在一个问题，即当频谱执照过期后，主管部门会依据原先拍卖的起始价定价吗？

另一个值得关注的是短距离设备的频谱收费政策，详见第 3 章。尽管短距离设备依照无执照/无保护原则使用频谱，但主管部门仍需开展多项工作[①]（如审批程序、国外工作、干扰查处等）。完成这些工作所需费用由国家财政承担（如荷兰），而非由短距离设备运营商（公众）支付。

4.3.5 节将详细说明一次性执照费的估算方法，4.3.6 节将分析频谱年费的量化方法。

4.3.5　频谱执照费：比较评估方法、拍卖、彩票抽奖法和二次交易

4.3.5.1　罗纳德·科斯（Ronald Coase）的愿景

只有当频谱需求超过可用频谱的供给时，频谱拍卖才能够具备可行性。1991 年诺贝尔奖得主罗纳德·科斯曾论及频谱分配的刚性和次优分配的近似确定性，并指出，"应由市场而非政府决策来主导资源的分配"（Coase 1959）。科斯认为，若通过产权的初次分配，未能使频率得到最优配置，则市场上会一直存在频率交易，直到所有可行项目均在可接受的条件下得到实施为止。科斯所提出的解决方案并非要废除频率单独使用执照，而是将这种机制进一步扩展，使频谱执照成为可以买卖的产权。他还声称无论这种产权是如何初次分配的，通过双向的互惠交易，最终将形成经济高效的频谱分配格局。科斯的上述观点在接下来的 55 年得到广泛认同。频谱拍卖已经成为频谱使用权指配的最常用方式，频谱执照交易在许多国家获得许可。

4.3.5.2　估算频谱执照费的不同方法

频谱拍卖在价格预评估披露机制下，具有竞争、透明、可问责、快捷等特点，有助于优化频谱接入，为公众提供最高资源使用价值，因此是一种非常高效的频谱配置方式。但频谱拍卖也可能出现能力欠缺者竞拍成功的反竞争结果。例如，大型运营商可能会获得过多的可

---

① 为管理和促进短距离设备（如 Wi-Fi）应用，主管部门投入了大量资源。

用频谱。因此，需要引入拍卖保护机制，限制竞标者所能获得的频谱数量，或强制中标人使用授权频谱。频谱的销售价格应等于预评估的最高期望价格。通过提高通信基础设施水平，减少股权门槛，增加频谱接入需求，将会带来国家税收的巨大增长。此外，还存在许多其他估算频谱执照费的方法，如采用选美比赛中所实行的基于市场的收费方法，或不定期收取频谱"使用费"。

在相关配套政策（如行政性刺激定价）的支持下，频谱交易和市场化有助于确保频谱优化使用，促进无线业务创新、投资和竞争，推动经济增长，为商业变革提供新机遇，提高消费者使用新业务速度，降低产品价格等，详见英国通信办公室网站和8.3.3节有关英国无线电频谱管理的案例。

比较评估方法或"选美比赛"

在比较评估方法中，由主管部门决定将特定频段分配给哪个实体。该方法保证了多个申请者拥有相对平等的地位，同时要求申请者最少具备如下条件：

- 所申请频率的技术容量和商业可行性；
- 金融资源的正当性。

比较评估主要基于如下指标：

- 报价；
- 服务质量——覆盖范围和容量；
- 网络部署目标；
- 实现频率高效利用的技术。

上述指标可作为入选资格或选择标准。比较评估方法的主要缺点是缺乏透明性，也易带有主观性。此外还需对申请者的经济能力和技术规划进行深入评估。

彩票抽奖法

彩票抽奖法是一种快捷、相对低廉、透明、可解释的同等资格候选人选择方法。该方法通常遵循官方认定的程序，选取候选人参与彩票抽奖，见ITU-R《国家频谱管理手册》（2005年版）。彩票抽奖法能够适应申请者数量较大的情形，从候选者中随机确定中奖者。该方法虽然简单、便捷且透明，但有可能将频率指配给不适当的申请者。由于频率指配过程无须主观参与，也无须对申请者进行审核，因此相关决策的合法性面临挑战。同时，若不对申请者收取准入费，最后的中奖者就无须支付大额频谱费用。因此，为确保中奖者具备提供相关服务的能力，主管部门应对参与抽奖的候选者收取准入费，并设置其他准入条件，从而限制申请者的数量，体现频谱的重要价值。彩票抽奖法也存在许多不足。例如，当中奖者（执照持有者）的授权频段具有很大市场价值时，他可以通过二次交易将所持执照出售，从而赚取高额利润。实际中，彩票抽奖法未得到广泛采用。

拍卖

拍卖是由市场来最终确定频谱执照持有者。一个设计良好的拍卖机制能够在合格的竞买人中产生最高的报价。拍卖开始之前，主管部门需要基于与比较评估方法相类似的标准来初选竞标者，拍卖实施过程中，要将无线电频谱转交给出价最高的竞买人，并确保中标人所支付的价格具有竞争性。如前所述,实施拍卖要求可用频段(信道)数量多于参与企业数量。通常,相对传统招标或比较竞标,采用拍卖方式指配频率显得更加快捷和高效。拍卖能够适应申请者数量较大的情形,且能够减少徇私和违法的机会,因此被认为是一种客观、透明的频谱执照授权方法。

频谱拍卖的典型应用包括蜂窝移动通信和广播业务,而点对点通信频率指配通常不采用拍卖的方式。新西兰、英国和美国等盎格鲁-撒克逊国家率先将私有化和竞争引入通信和广播领域,其中新西兰(1903年制定首个《无线电法》的国家)于1989年组织了首次频谱拍卖,美国联邦通信委员会在20世纪90年代初期曾将频谱租借给出价最高的竞买人。

频谱拍卖目前存在多种类型,最常见的包括如下两种:

- 单轮或单次(公开或闭门)拍卖;
- 多轮(依次或同时)拍卖。

各种标准拍卖方式之间的差别较大,实际中往往会采用多种拍卖的组合方式。拍卖分为公开(公开竞标)或闭门(密封竞标)两种方式。在密封竞标(首次报价)中,每个竞买人以信封或电子形式分别向卖方报价,卖方对所有报价加以考虑。上述竞标是仅持续一轮的"静态"过程,竞买人并不了解其他竞买人的报价。公开竞标分为如下几种。

- 增价拍卖(ascending auction)也称英式拍卖,是最常用的拍卖方式。拍卖中,拍卖人首先报出底价,各竞买人在满足规定的最小竞标增量要求的前提下,依次报出更高的价格,直到没有更高的出价为止,出价最高即最后一个竞买人获得无线电频谱使用权。中标者的报价可能存在两种情况:第一种情况是中标者所报价格是拍卖过程中最高的,第二种情况是中标者所报价格等于被淘汰竞买人的最高报价。增价拍卖通常要求预设适当的拍卖持续时间(如采用"蜡烛"限时或互联网限时拍卖)。
- 降价拍卖(descending auction)也称荷兰式拍卖。现有拍卖人首先给出一个远高于市场价值的最高价,然后不断降低价格,直到有人接受价格(喊出"我的")。出价"最高"的竞买人获得无线电频谱使用权。拍卖过程中,有些竞买者可以一直不泄露身份,但享有首先接受价格(喊出"我的")的自由。降价拍卖通常要求预设拍卖持续时间(如时钟拍卖)。
- 时钟拍卖(clock auctions)既可应用于增价拍卖,也可应用于降价拍卖,常用来对多个同质物品进行拍卖。对于同一类拍卖品,拍卖人设定时钟价格并持续特定时间,经多轮增价或降价拍卖,当竞买人报价与售价一致时,拍卖成交。时钟拍卖还有一种演变形式,采用这种拍卖方式时,竞买人对所有类别的拍卖品均可报出相同价格。
- 其他拍卖方式。组合时钟拍卖(CCA)是一种国际通用的频谱拍卖方式。采用这种拍卖方式时,竞买人可以同时关注一组频谱执照,而非传统的单个频谱执照。CCA的报价基于时钟拍卖方式,可在一个流程中拍卖多个物品。它为竞买人提供了很大灵活性,使其可以按照频段(如澳大利亚相关案例)或区域(加拿大和美国[①]对600 MHz拍卖的案例)对频谱的不同组合进行竞买。21世纪头十年,CCA迅速成为许多主管部门授权各类业务频谱(主要是移动通信频谱)的首选拍卖方式。例如,英国、荷兰、澳

---

① 2012年10月,美国联邦通信委员会启动了全球首个激励拍卖的规则制定工作,详见后面2014年的拍卖结果。

大利亚、瑞士和丹麦等均采用这种频谱拍卖方式。CCA 允许竞买人购买一组竞拍品，但不允许其所选定的竞拍品组合被拆分，即竞买人不能仅购买其选定竞拍品组合的一部分。这意味着竞买人要么拍得所有竞拍品组合，要么无法拍得任何竞拍品。2013 年 4 月，澳大利亚通信与媒体管理局（ACMA）采用 CCA 方式对 2.5 GHz 频段和 700 MHz 频段进行重新分配。2012 年 10 月，美国联邦通信委员会启动了全球首个激励拍卖的规则制定工作。2014 年 11 月 28 日，经过超过 36 轮竞拍，高级无线服务-3（AWS-3）频谱拍卖总共筹得 382 亿美元资金，共出售 65 MHz 频段，其中包括 4 个成对频段 2×25 MHz(1755~1780 MHz 和 2155~2180 MHz)，以及两个独立频段 15 MHz(1695~1710 MHz)。2014 年 1 月 14 日至 2 月 13 日，加拿大基于 CCA 方式对 700 MHz 频段进行了拍卖。这次拍卖共持续 22 个工作日[①]，8 个加拿大公司拍得了 98 个频谱执照中的 97 个，拍卖总收入为 52.7 亿美元。加拿大所开展的基于 CCA 方式的复杂频谱拍卖，为这种拍卖方式带来了新的挑战。CCA 鼓励竞买人开展任意组合式竞拍。根据北美开展类似拍卖的经验，将频谱执照依据区域划分后，将会使其分解为更多的组合和执照。根据相关统计，全部拍卖组合数可达到惊人的 109×10^{18} 种！

图 4.3 给出了拍卖的类型划分情况。

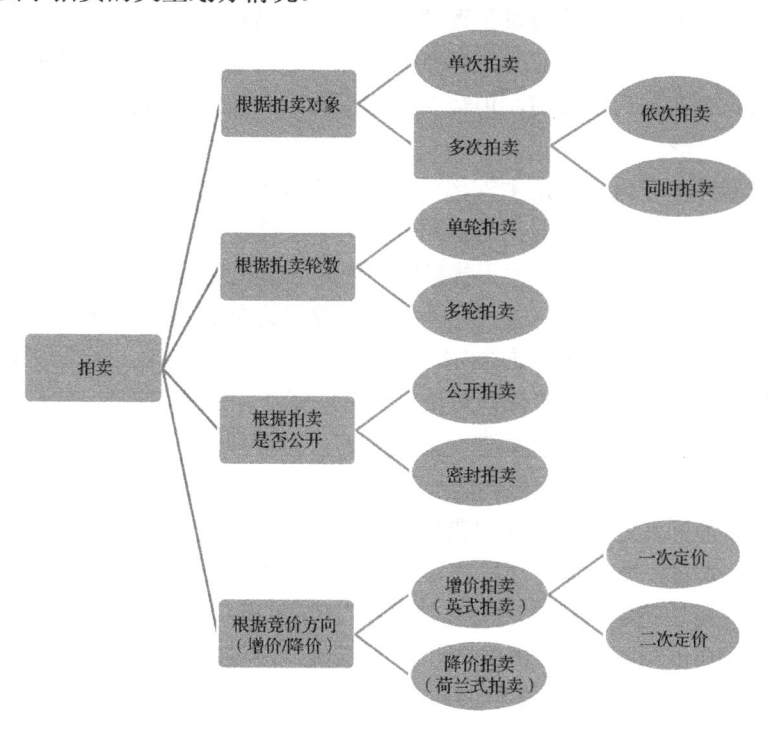

图 4.3 拍卖的类型划分（来源：ITU-D 世界电信发展大会第 9 号决议的报告中图 6）

二次交易

二次交易是将先前由频谱管理部门授予的设备执照或频谱使用权进行再次买卖的行为，

[①] 这次拍卖总共进行了 108 轮，其中第一阶段开展了 106 轮拍卖，随后所进行的补充拍卖允许竞买者提高报价。在第 107 轮拍卖结束时，由拍卖软件基于拍卖组合的最高报价确定中标人。第二阶段和第三阶段主要为中标人分配频谱，并确定其所拍得频段的具体执照。

它包括频谱"使用权"的全部转移,有时所转移的频谱使用权,仅代表从转移之日至原有使用权中止期间的频谱使用权。二次交易需要获得相关法律许可,具体操作可在当事人之间进行,也可通过中介进行。1959年,科斯根据产权经济理论创立了二次交易理论。二次交易不仅可以提高商品拍卖价格(竞买者可将相同商品再次出售),而且具有更好的灵活性,有助于提高频谱效率,促进竞争、创新和投资。执照持有者在征得主管部门同意的前提下可以通过二次交易将其执照转让。为防止由二次交易所导致的垄断行为,应将其置于反托拉斯法的框架之下。一般而言,为获得频谱执照,运营商需要支付巨额资金,同时还要缴纳频谱使用年费,从而促使在执照有效期内形成二次交易市场。二次交易有助于简化频率指配(因为频谱购买者可将其再次出售)程序,促使频谱执照和频率使用权优先转移至报价最高的一方。有时这种使用权的转移往往意味着频谱应用领域的改变,但这种改变不会经常发生。此外,一些新兴企业也可以通过二次交易获取所需频谱。

由于无线电频谱"使用权"的交易可能带来巨额资本增益,从而破坏市场的自由竞争关系,因而主管部门需要采取措施,明确无线电频谱的用途,规范频谱"使用权"的出售和租赁行为。

需要指出,当频谱(或其一部分)通过二次市场进行出售或租赁后,与该频谱拍卖或招投标有关的经济或竞争因素可能会发生改变。首先,频谱持有者通过二次交易获得频谱使用权,其目的不仅在于为扩展自身业务预留频谱资源,同时也希望通过这种交易获取利润。二次交易虽然无须花费初始竞买费用,但需要为购买商品和谈判投入资金。此外,频谱购买者还需要支付卖者的年费。

鉴于二次交易过程较为复杂,主管部门应制定严格的二次交易规则和程序,以防止发生电磁干扰,促进频谱协调使用。对于有些用于政府、安全、广播或科学用途的频段,由于通过二次交易获益不多,但却面临较大干扰风险,因此应禁止对其进行二次交易。

另一个问题是,是否应对二次交易进行事前(交易之前获得主管部门许可)或事后(无须事先许可)评估。在根据市场导向制定政策的国家,主管部门倾向于采取事前评估。若交易过程涉嫌违反竞争规则,则主管部门可依据现有法律规定追究责任。

当采取事前评估框架时,所有频谱交易实施前,均需通过由主管部门组织的评估。这种方法有助于减少或消除Ⅱ类错误,但会增加Ⅰ类错误(见4.1.1.3节,译者注)。在开展频谱初次交易时,采用事前评估是一种较优的选择。

2012年3月14日,欧盟委员会发布243/2012/EC决定《无线电频谱政策计划》。该决定允许成员国转移或租赁特定协调频段的"使用权"。这里所指的协调频段(RSPP频段)主要指欧洲的蜂窝移动通信频段[1]。自2014年1月29日起,爱尔兰主管部门已经开始RSPP频段"使用权"的转移工作。目前已经花费5000欧元行政费完成频谱转移事项的通告工作,详见爱尔兰2014年发布的通信法规ComReg 14/10。

频谱执照费总结

通过实施频谱拍卖和二次交易,不仅有助于优化频谱使用,促进国家电信事业发展,而且能够增加国家财政收入,从而为频谱规划、分配指配、监测和计算机辅助系统发展提供资

---

[1] 包括790～862 MHz、880～915 MHz、925～960 MHz、1710～1785 MHz、1805～1880 MHz、1900～1980 MHz、2010～2025 MHz、2110～2170 MHz、2.5～2.69 GHz 和 3.4～3.8 GHz 频段,也可参考图2.10。

金支持。尽管如此，决策者还是应该吸取发生在 2000 年年初的有关事件的教训，认识到过高的频谱费有可能引起金融震荡，进而影响整个电信行业的稳定。

4.3.6 无线电频谱年费

频谱年费（AF）是针对特定无线电业务按年收取的费用。无线电通信业务的典型年费包括：

- 无线电频谱年费，主要用于支持无线应用；
- 台站年费，主要用于台站运行维护（如台站启用或技术改造），该费用与台站和移动通信用户的数量有关。

频谱年费主要是用于支持开展无线电频谱管理和频谱监测所需的行政性开支，确保为主管部门提供充足资金支持，详见英国通信办公室报告（Ofcom 2014）。频谱年费与频谱拍卖费不同，后者涵盖了开展频谱初次分配、定价和竞标所需费用。

有些国家（如法国）除了收取频谱年费外，还会按照企业（如运行 3G 业务的电信企业）营业额的 1% 收取可变年费。可变年费的收取需要考虑各种风险因素，且会发生变动。

4.3.6.1 确定频谱年费的方法

频谱年费的计算要考虑所有频段和业务，体现频谱的经济价值，计算模型应尽量简单、实用和透明。通常，频谱年费在每个季度初缴纳，每年缴纳 4 次。频谱年费的额度与频段宽度成正比，即所占用的频谱越多，缴纳的年费越多。例如，若双向通信占用 12.5 kHz 带宽，则频谱年费将比占用 6.75 kHz 带宽的年费高出一倍。由于 VHF/UHF 频段（30～3000 MHz）可用于蜂窝移动通信、音频和地面电视广播等几乎所有无线电通信业务，因而使用该频段时需要缴纳的年费最高。在计算单位频谱年费的模型中，业务类型和具体频段均应作为加权因子。

主管部门在确定无线电业务的频谱年费时，应综合考虑无线电台站发射功率、频率、带宽和离地高度等指标[①]，并根据这些参数确定无线电台站的覆盖范围和受扰范围[②]。除此之外，与频谱年费有关的因素还包括台站运行时长、频谱占用度、人口覆盖、用户设备的稀缺性和可用性、文化多样性、媒体的多元性、社会经济指标等。影响频谱年费的市场因素还包括频率的经济价值，以及由于阻碍其他非共享频谱使用所产生的影子价格（shadow price）等。有关这方面信息的详细信息，可参考加拿大工业部 RIC-42 报告《无线电执照费计算导则》。

4.3.6.2 频谱年费的计算方法

主管部门应综合考虑经济、技术和政治等因素，针对具体情况确定频谱年费。ITU-R SM.2012 报告《频谱管理的经济因素》给出了确定频谱年费的具体案例。这些案例可适用于固定和专用网络、蜂窝移动通信和广播业务等。这里所说的频谱年费是指按年度缴纳的频谱费。

适用于地面和卫星业务中固定台站、移动业务中专用网络的频谱年费

在计算频谱年费的若干案例中，需要用到下列系数。

---

① 不包括天线增益。增加天线增益不仅能够增大台站覆盖范围，而且使得主瓣以外方向的干扰迅速减小。
② 功率越大、频率越低、带宽越宽、离地高度越高，则无线电信号传播距离越远。一般而言，无线电台站（如电视和广播台）的干扰区域大于台站的覆盖范围，具体与接收机的保护率有关。即使有用信号低至无法提供可接受的音频或视频服务质量，仍可能对其他业务构成干扰，详见 5.8.2 节。

- BW：允许带宽。
- bv：频率在无线电频段所处位置，由表格规定某频段中每个候选频率对应的系数 bv。
- a：通过频率分配获取的频率使用权限。频率分配所确定的带宽不仅适用特定频率指配，也适用所有区域。
- c：频率使用权所覆盖的地表面积，由表格规定候选地表区域所对应的系数 c。
- k_1、k_2、k_3：针对具体应用的参考币值。

下面列出了几种固定台站频谱年费的计算公式。

- 向特定点对点台站指配频率：$AF=BW×bv×k_1$。
- 向多个点对点台站分配频率：$AF= BW×bv×a×c×k_1$，其中 c 表示频率分配所覆盖的区域面积相对国家领土总面积的比率。
- 向固定或卫星移动业务地球站（地对空）指配频率：$AF=L×bv×k_2$。
- 向固定或卫星移动业务分配频率：$AF=BW×bv×k_2×a$。
- 向移动业务专用网络指配频率：$AF=BW×bv×c×k_3$。

适用于蜂窝移动通信和广播行业的频谱年费

许多国家的军队用户无须缴纳频谱费，国家收取的频谱费用主要来自蜂窝移动通信和广播行业。决定频谱年费额度的主要因素包括频谱执照所覆盖的人口数量、领土面积及相关业务应用所带来的收入。这些费用中除了每年固定缴纳的部分外，由频谱应用所产生的营业收入将占据主要部分。若以营业收入为基础计算频谱年费，则需要对频谱年费的定义和内容做出明确规定。

计算频谱年费需要用到下列系数。

- F：每年固定缴纳的费用，该费用与分配给运营商的频谱总量成比例。
- TO：运营商相应年份的营业收入。
- to%：对运营商营业收入的征收比率，通常主管部门将 to%设定为接近 1%。

蜂窝移动通信和广播行业缴纳的频谱年费为：$AF=F+to\%×TO$。

4.4 国际、区域和国家频率划分表和频谱重新配置

4.4.1 频率划分表

频率划分表是确保频谱管理有效、透明的基础。国际频率划分表（见国际电联《无线电规则》第 5 条）由国际电联世界无线电通信大会审批，适用于国际电联 3 个区域[①]，也是各国制定频率划分表的基础依据。由于国际电联频率划分表仅将同一频段划分给不同的无线电业务，因而需要各国根据自身频谱使用要求制定国家频率划分表。例如，有些国家在其国家频率划分表中，将频段分别划分给政府用户和私人用户。无论基于何种方法，主管部门均需考虑其他国家频谱使用情况，因为这不仅是确保与邻国频谱兼容的需要，也是确保各类无线电业务和产品的经济效益的需要。

---

① 国际电联将全球划分为 3 个区域，其中欧洲、非洲属于 1 区，美洲属于 2 区，亚洲属于 3 区，各区域的频率划分不同。

频率划分表是无线电频谱使用的总体规划，是确保频谱高效使用和防止国家、区域和国际各种无线电业务之间相互干扰的基本法规。区域频率划分表反映了特定区域国家的共识，是该区域各国主管部门制定频谱管理政策和国家频率划分表、规范频谱使用的依据，有利于推动区域频谱管理合作，促进频谱高效利用。在国际电联无线电通信部门的协调下，区域频谱管理组织与国际电联和其他区域有关组织相互合作，依据《无线电规则》制定本区域频率划分表。有关国家频率划分表的详细信息可参考第 8 章。

4.4.2 无线电频谱重新配置

ITU-R SM.1603 建议书中"建议 1"对频谱重新配置（spectrum redeployment）或频谱重整（spectrum refarming）的定义为：

频谱重新配置是行政、经济和技术的综合手段，旨在将现有频率指配中的用户或设备完全或部分地从特定频段上迁移，再将该频段划分给同一或不同无线电业务。频谱重新配置可在短期、中期和长期内执行。

与频谱管理一样，实施频谱重新配置是国家主管部门的职责。国家主管部门应在其制定的国家频谱规划中明确频谱重新配置任务，并建立频谱重新配置协助落实机制。

迁移现有频谱用户可能出于多种原因，如：

1. 划分的频谱已经使用了相当长时间，并且目前已不能满足现代系统的性能要求；
2. 某种新的无线电业务需要在特定频率范围内划分频率，而这些频率已被占用，且新业务不能与其共用；
3. 国际电联世界无线电通信大会做出决定，将现有已占用频段划分给其他不同的区域或全球业务。

美国是率先开展频谱重整的国家之一。"频谱重整"一词原本是 1992 年美国联邦通信委员会发布的公告和决策制定评述（PR Docket No.92-225）中所使用的非正式名称，旨在制定陆地专用移动网络（PLMR）频谱划分和高效使用整体战略，满足未来通信需求。

频谱重新配置包括自愿频谱重新配置和规定的频谱重新配置两种方式。

4.4.2.1 自愿频谱重新配置

当频谱申请用户数量少于频段数量时，频率指配的成本最低或为零。当执照延期时，相应的成本将会提高[①]。当频谱资源稀缺时，可通过拍卖或"选美比赛"方式进行指配。当采用"选美比赛"方式时，可能还要包括额外费用（"自愿申请"）。主管部门若采取自愿频谱重新配置方式，表示其鼓励现有频谱用户主动将所用频率返还，以备主管部门重新进行指配。通常，当出现比现有设备提供更好服务的新技术时，可采用自愿频谱重新配置方式。

如果某频段被腾空，则频谱管理部门应尽快考虑重新配置该频段。当主管部门将自愿频谱重新配置列为既定政策时，则有必要将其与执照费等收费机制相关联。

4.4.2.2 规定的频谱重新配置

规定的频谱重新配置是与主管部门的频谱重新配置政策紧密相关的方法。这一方法主要

---

① 例如，2010 年，荷兰的前两个 GSM 900 执照（1995 年颁发）到期，并延长至 2013 年。在 3 年延长期内，运营商必须支付执照费，缴纳标准为 1 102 871 欧元/兆赫兹/年。

包括中止执照和拒绝更新执照两种行政管理方式。主管部门提前通知或公布频段规划,对于确保受影响方拥有充足时间规划备份方案至关重要。通常,主管部门选择执照到期时段实施频谱重新配置,且具体实施情况与执照期限有很大关系。若现有执照期限较长,或执照持有者认为执照能够自动更新从而购买了无线电设备,则主管部门可能会面临补偿要求。主管部门若希望在设备生命周期终止时实施频谱重新配置,则应尽可能提前公布实施频谱重新配置的意向。有时主管部门有必要与用户达成设备固定寿命协议,或强制规定截止日期,从而尽量防止用户提出赔偿要求。

为鼓励用户腾出频段,可采用两种机制:频谱定价和某种形式的补偿。

- 频谱定价主要用于鼓励用户自愿腾出某一频段。频谱定价机制较为灵活,可为频谱用户更换设备和频段提供资金支持。频谱定价还可促进分区域频谱重新配置。但是,如果用户没有为支付执照费做好准备,频谱定价可能会导致非法使用频谱,因而主管部门需要向频谱监测和执法活动提供更多资源。
- 补偿主要与完成频谱重新配置的时长、频谱执照所赋予的权利和主管部门保留的频谱权利有关。补偿可通过直接资金支付、许可协助(试用执照)或设备补贴等方式实现。

参 考 文 献

说明:*表示作者参与该文献的编写工作。

APIE (*Agence du patrimoine immatériel de l'État*) (2011) *La comptabilisation des actifs immatériels: enjeux et applications* [Accounting for Intangible Assets: Challenges and Applications]. September Available at: http://www.economie.gouv.fr/files/files/directions_services/apie/page-publications/pilotage/publications/Comptabilisation_actifs_immateriels_2011.pdf (accessed April 19, 2016).

Arrow, K.J. (1951) *An Extension of the Basic Theorems of Classical Welfare Economics*. Second Berkeley Symposium on Mathematical Statistics and Probability, ed. J. Neyman, Berkeley: University of California Press, pp. 507–32. Available at: https://books.google.co.il/books/about/An_Extension_of_the_Basic_Theorems_of_Cl.html?id=GRRjHQAACAAJ&hl=iw (accessed April 19, 2016).

Coase, R.H. (1959) The Federal Communications Commission, *Journal of Law and Economics*, 2, Oct., pp. 1–40. Available at: http://www.jstor.org/discover/10.2307/724927?uid=3738240&uid=2&uid=4&sid=21103502951327 (accessed April 19, 2016).

Compte général de l'état (2012). Available at: http://www.performance-publique.budget.gouv.fr/sites/performance_publique/files/files/documents/budget/comptes/2013/cge_2013.pdf (accessed April 19, 2016).

Department for Business, Innovation and Skills (BIS), Department for Culture, Media and Sport (DCMS) and Mason Report (2012) *Impact of Radio Spectrum on the UK Economy and Factors Influencing Future Spectrum Demand*. Available at: https://www.gov.uk/government/publications/impact-of-radio-spectrum-on-the-uk-economy-and-factors-influencing-future-spectrum-demand (accessed April 19, 2016).

EC Decision No. 243/2012/EU of the European Parliament and of the Council (RSPP) Establishing a Multiannual Radio Spectrum Policy Programme. Available at: http://eur-lex.europa.eu/LexUriServ/LexUriServ.do?uri=OJ:L:2012:081:0007:0017:EN:PDF (accessed April 19, 2016).

EC Directive 1997/13/EC (Licensing) of the European Parliament and of the Council of 10 April 1997 Common Framework for General Authorizations and Individual Licences in the Field of Telecommunications Services. Available at: http://eur-lex.europa.eu/LexUriServ/LexUriServ.do?uri=CELEX:31997L0013:EN:HTML (accessed April 19, 2016).

EC Recommendation 2005/698/EC of 19 September 2005 Accounting Separation and Cost Accounting Systems Under the Regulatory Framework for Electronic Communications. Available at: http://eur-lex.europa.eu/LexUriServ/LexUriServ.do?uri=OJ:L:2005:266:0064:0069:EN:PDF (accessed April 19, 2016).

ECC Report 53 (2004) *Cost Allocation and Accounting Systems Used to Finance the Radio Administration in CEPT Countries*. September. Available at: http://www.erodocdb.dk/docs/doc98/official/pdf/ECCRep053.pdf (accessed April 19, 2016).

ECC Report 205 (2014) *Licenced Shared Access (LSA)*. February. Available at: http://www.erodocdb.dk/Docs/doc98/official/pdf/ECCREP205.PDF (accessed April 19, 2016).

EU on the Functioning of the European Union (TFEU), EU Treaty of Rome (effective since 1958). Available at: http://eur-lex.europa.eu/legal-content/EN/TXT/PDF/?uri=CELEX:12012E/TXT (accessed April 19, 2016).

Hood, C., Scott, C., James, O., Jones, G. and Travers, T. (1999) *Regulation inside Government: Waste Watchers, Quality Police, and Sleaze-Busters*. Oxford University Press, New York.

Industry Canada RIC-42 *Guide for Calculating Radio Licence Fees*. Available at: http://www.ic.gc.ca/eic/site/smt-gst.nsf/eng/sf01027.html (accessed April 19, 2016).

Ireland ComReg (2014) Commission for Communications Regulation ComReg 14/10, Spectrum Trading in the Radio Spectrum Policy Programme (RSPP) Bands, and ComReg 14/11 Framework for Spectrum Transfers: Spectrum Transfer Notification Form. Available at: www.comreg.ie/_fileupload/publications/ComReg1410.pdf (accessed April 19, 2016).

ITU (2012) *ITU Radio Regulations* Edition of 2012*. Available at: www.itu.int/pub/R-REG-RR-2012 (accessed April 19, 2016).

ITU-D (2012) *Exploring the Value and Economic Valuation of Spectrum Broadband Series*. Ed. J. Alden. Available at: www.itu.int/ITU-D/treg/broadband/ITU-BB-Reports_SpectrumValue.pdf (accessed April 19, 2016).

ITU-D (2014) Market Mechanisms Used for Frequency Assignment; Resolution 9: Participation of Countries, Particularly Developing Countries, in *Spectrum Management** Available at: www.itu.int/dms_pub/itu-d/opb/stg/D-STG-SG02.RES09.1-2014-PDF-E.pdf (accessed April 19, 2016).

ITU-R (2005) *Handbook of National Spectrum Management**. Available at: www.itu.int/pub/R-HDB-21 (accessed April 19, 2016).

ITU-R Recommendation SM.1603 Spectrum Redeployment as a Method of National Spectrum Management*. Available at: http://www.itu.int/rec/R-REC-SM.1603/en (accessed April 19, 2016).

ITU-R Report SM.2012 Economic Aspects of Spectrum Management*. Available at: www.itu.int/pub/R-REP-SM.2012 (accessed April 19, 2016).

Mazar, H. (2009) *An Analysis of Regulatory Frameworks for Wireless Communications, Societal Concerns and Risk: The Case of Radio Frequency (RF) Allocation and Licensing*, Boca Raton, FL: Dissertation.Com. PhD thesis, Middlesex University, London*. Available at: http://eprints.mdx.ac.uk/133/2/MazarAug08.pdf (accessed April 19, 2016).

Musey, J.A. (2013) *The Spectrum Handbook 2013*, Summit Ridge Group, August. Available at: http://papers.ssrn.com/sol3/papers.cfm?abstract_id=2286901 (accessed April 19, 2016).

OECD (2014) Digital Economy Papers No. 235. *New Approaches to Spectrum Management**. Available at: http://www.oecd-ilibrary.org/science-and-technology/new-approaches-to-spectrum-management_5jz44fnq066c-en;jsessionid=bhasailgm1sf.x-oecd-live-03

Ofcom (2014) *Spectrum Pricing: A Framework for Setting Cost Based Fees*. Available at: http://stakeholders.ofcom.org.uk/binaries/consultations/cbfframework/statement/CBFstatement.pdf (accessed April 19, 2016).

Office for National Statistics (ONS) (Phil Stokoe) (2011) *Treatment of the Sale of UK 3G Mobile Phone Licences in the National Accounts*. Available at: www.ons.gov.uk/ons/dcp171766_224333.pdf (accessed April 19, 2016).

Smith, A. (1776) *An Inquiry into the Nature and Causes of the Wealth of Nations*. London.

Spain Royal Decree 863/2008… to use the public RF spectrum; *Real Decreto 863/2008, de 23 de mayo, al uso del dominio público radioeléctrico - BOE*. Available at: www.boe.es/diario_boe/txt.php?id=BOE-A-2008-9855 (accessed April 19, 2016).

Spain Telecommunications Law 4950 2014: *Disposición 4950 del BOE núm. 114 de 2014 – BOE; Ley 9/2014, de 9 de mayo, de Telecomunicaciones*. Available at: www.femp.es/files/566-1604-archivo/BOE-A-2014-4950.pdf (accessed April 19, 2016).

Thanki, R. (2012) The Economic Significance of Licence-Exempt Spectrum to the Future of the Internet. Available at: http://download.microsoft.com/download/A/6/1/A61A8BE8-FD55-480B-A06F-F8AC65479C58/Economic%20Impact%20of%20License%20Exempt%20Spectrum%20-%20Richard%20Thanki.pdf (accessed April 19, 2016).

United Nations (1969) *Vienna Convention of the Law of Treaties 1969*, concluded at Vienna on 23 May 1969, in force since 27 January 1980. Available at: https://treaties.un.org/doc/Publication/UNTS/Volume%201155/volume-1155-I-18232-English.pdf (accessed April 19, 2016).

United Nations Treaty Collection (2014) Available at: https://treaties.un.org/pages/Overview.aspx?path=overview/glossary/page1_en.xml#ratification

第 5 章 频谱工程与链路预算

5.1 端到端无线通信

本章介绍无线电频谱管理和标准化中的频谱工程内容。图 5.1[①]描述了无线通信发射和接收的互易性:基带信号经转换(如语音经麦克风被转换为电信号)、编码和载波调制形成射频信号,然后经过射频放大器和天线,以无线电波形式发射出去;无线电信号在传输过程中会产生一定失真,并受到加性噪声影响,接收天线将空间无线电信号转换为射频信号,送入接收机前端滤波器和放大器,再由信号解调和解码单元将射频信号恢复为初始信源信息。

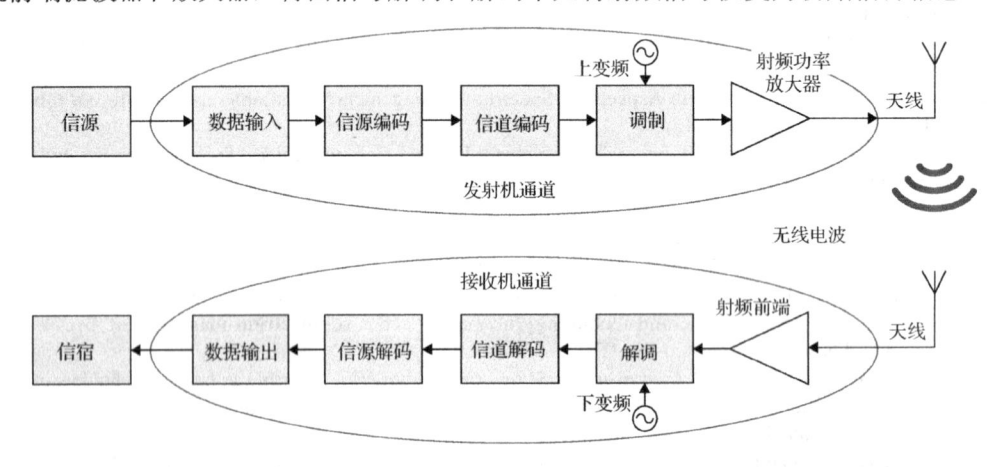

图 5.1 无线通信链路框图

为确保所有无线电业务合理、公平、高效和经济地使用无线电频谱,业内人员应该了解无线通信的基本技术。本章介绍无线电信号、发射机、接收机、天线和电波传播的基本知识,并对通信链路预算和系统的频谱共用能力进行分析,重点讨论频谱工程的基础技术。这些内容也是制定无线电频谱管理政策、法规和标准的基础。

本书采用国际单位制(SI)(国际计量局 2006):数量符号用斜体字表示(如 t 表示时间),小写字母表示数字符号(如 p 表示功率,g 表示天线增益),大写字母(如 P 和 G)表示分贝数,即 10 倍的以 10 为底的对数值。

表 5.1 列出了频谱工程分析中所使用物理量的参考单位。这些单位主要采用国际单位制。

表 5.1 物理量及其单位

量值	符号	单位	单位符号	备注
角度	θ(仰角) φ(方位角) Ω(立体角)	弧度 度	rad °	$1\text{rad}=180/\pi° \approx 57.3°$ Ω 单位为立体弧度

[①] 通常,调制和上变频无须合并处理;许多通信体制中,调制信号需经过独立组件(基于混频器)实现上变频。同理,下变频往往与解调分开并位于其前端,即首先将射频信号转换为零中频或低中频信号,而后进行解调处理。

续表

量值	符号	单位	单位符号	备注
（有效）面积	A_e	平方米	m^2	
带宽	b	赫兹	Hz	
玻耳兹曼常数	k	焦耳/开尔文	J/K	$k = 1.38 \times 10^{-23}$ J/K
对数形式	K	dB（焦耳/开尔文）	dB (J/K)	$K = -228.6$ dB (J/K)
容量	c	比特/秒	bit/s	
载噪比	c/n、cnr	无量纲		与 s/n 可互换，不同于载干比（c/i）
对数形式	C/N、CNR	dB		
电导率	σ	西门子/米	S/m	
		姆欧/米	℧/m	
（天线）方向性系数	d_0	无量纲		
对数形式	D	dBi		$D = 10 \log d_0$
距离	d	米	m	
（天线）效率	η	无量纲		$\eta(\text{antenna}) = g/d_0$
频率	f	赫兹	Hz	
电场强度	$\vec{e}$	伏/米	V/m	矢量，实际中常使用 μV/m 和 dB (μV/m)。$E = 20 \log e$
对数形式	E	dB (V/m)		
（天线）增益	g	无量纲		
对数形式	G	dBi（相对于各向同性天线）		dBd（相对于半波阵子）
阻抗	r	欧姆	Ω	
（自由空间本征）阻抗	z_0	欧姆	Ω	$\approx 120\pi \approx 376.730\,313\,461\ldots \approx 377$
磁场强度	$\vec{h}$	安培/米	A/m	矢量，实际中常使用 μA/m 和 dB (μA/m)。$H = 20 \log h$
对数形式	H	dB (A/m)		
噪声因子	nf	无量纲		
对数形式	NF	dB		也称为噪声系数
相位	φ	弧度	rad	
相位率	w	弧度/秒	rad/s	$w = 2\pi f$
磁导率	μ	亨利/米	H/m	真空（自由空间）中 $\mu_0 = 4\pi \times 10^{-7}$
相对磁导率	μ_r	无量纲		$\mu = \mu_r \mu_0$
介电常数	ε	法拉/米	F/m	真空（自由空间）中 $\varepsilon_0 \approx 8.854 \times 10^{-12}$
相对介电常数	ε_r	无量纲		$\varepsilon = \varepsilon_r \varepsilon_0$
功率	p	瓦	W	实际中大功率发射机常用 kW
对数形式	P	dBW		实际中接收功率常采用 dBm
功率密度或功率通量密度	$\vec{s}$	瓦/平方米	W/m²	坡印廷矢量，pd 也用来表示功率密度
		毫瓦/平方厘米	mW/cm²	
反射系数	Γ	无量纲		$\lvert\Gamma\rvert = \rho$, $\rho = \dfrac{\text{vswr} - 1}{\text{vswr} + 1}$
对数形式	Γ	dB		$20 \log \lvert\Gamma\rvert = 20 \log \rho$
灵敏度	s	瓦	W	也采用 μW、nanoW（毫微瓦）；由于功率 $p = v^2/r$，也可用 μV 表示灵敏度
对数形式	S	dBW		实际中常使用 dBm
信噪比	s/n、snr	无量纲		与 c/n 可互换
对数形式	S/N、SNR	dB		
信号与干扰和噪声之比	sinr	无量纲		sinr 和 snir 可互换 信号/干扰+噪声 信号/噪声+干扰
对数形式	SINR	dB		
信号与噪声和干扰之比	snir	无量纲		
对数形式	SNIR	dB		

续表

量值	符号	单位	单位符号	备注
趋肤深度	Δ	米	m	
温度	t_0	开尔文	K	
时间	T	秒	s	
光速	c_0	米/秒	m/s	$c_0 = 299\,792\,458 \approx 300 \times 10^6$
电压驻波比	vswr	无量纲		$\left\|\dfrac{v_r}{v_f}\right\| = \rho$，$\mathrm{vswr} = \dfrac{1+\rho}{1-\rho}$
对数形式	VSWR	dB		$\mathrm{VSWR} = 20\log(\mathrm{vswr})$
波长	λ	米	m	
波数	k	1/米	1/m	$k \equiv \omega\sqrt{\mu\varepsilon}$

5.2 射频特性：调制和多址

5.2.1 调制和数字化

射频通信系统中，信源基带信息（语音、视频和数据）通过射频信道（无线或有线）进行传递。基带信息被射频载波携带的过程称为调制。调制器通常有两路输入和一路输出。其中两路输入分别为信源基带调制信号和载波信号，输出为射频调制信号。在数字系统常用的正交调制体制中，两路相互独立的信号由同一载波进行调制。被调制的载波参数可以是载波的幅度或相位，也可以是其同相分量和正交分量，其中后者也被称为信号复包络。

实际中除少数物理信号原本就是数字形式（如用数字表示的数据）之外，大多数信号原本属于模拟信号，包括作为信源的音频和视频信号，以及用于传输信息的电磁波等，且这些信号均为连续波形。在模拟通信系统中，如调频无线广播（应用最广）和调幅无线广播，模拟信源信息被直接送至调制器。第 1 代移动通信系统（1G）基于模拟传输系统，如高级移动通信系统（AMPS）、全接入通信系统（TACS）。第 2 代移动通信系统（2G）发展为全数字化系统，如欧洲的 GSM、美国的 IS-95 和 IS-136 及日本的 PHS 系统。奈奎斯特在其著名的抽样定理（Nyquist 1928）中证明，最高频率为 b Hz 的模拟信号，可通过最低采样率为 $2b$ 的采样得到完全恢复。根据该定理，模拟信号可实现向比特序列的转换。随着技术的进步和硬件集成水平的提高，越来越多的信息被转换为数据，推动通信及其应用向数字化不断发展。同时，许多计算领域的技术——数据的处理、存储、识别、确认和加密等也已经实现数字化。

在数字时代，容量率（比特每秒或 bps）和带宽效率（bps/Hz）是调制技术的两个重要特性。射频频谱效率（bit/s/Hz）表示给定带宽内能够传输的信息。总数据率等于射频带宽 b 和频谱效率 η 的乘积。通常，要采用新技术才能达到所需的通信容量。通过增大处理增益和纠错机制，能够提高带宽效率，增加数据速率，并有助于克服干扰与多径效应。在评估用于卫星通信的数字调制系统时，为达到既定误码率性能，需要重点考虑发射功率和带宽两个指标。

相比音频信息传输，视频信息传输所需带宽更宽，因而视频信号的数字化对编码和解码技术的依赖性更强，如采用 MPEG-4 等信源统计冗余技术以获取具有更高压缩率的数字信号。

这种技术在完成数字转换过程中，只对某些移动子帧进行刷新操作，因而可获取很高的数据压缩率。总之，将模拟信号转换为数字信号能够获取很多好处，如增强数据压缩能力和数据处理能力等。

5.2.2 调制信号的表示

首先列出下面公式中将用到的参数：

s——调制信号；
a——载波幅度；
f_c——载波频率；
t——时间；
φ——调制信号相位；
f——调制信号频率=$\dfrac{\mathrm{d}\varphi}{\mathrm{d}t}$；
b——调制信号带宽。

对于纯载波，a、f_c 和 φ 均为固定值。载波经过调制后，这些参数会随时间而变化。信源信息可通过多种方式对载波进行调制。例如，模拟调频（FM）信号对载波的频率进行调制；二进制频率键控（FSK）利用 0 和 1 对两个固定载波频率进行调制。由于调制信号带宽通常远小于载波频率（不包括超宽带信号），因此调制信号被称为窄带或带通信号，即满足 $b \ll f_c$。

在时域，调制信号 s 可表示为 3 种等效形式：

- 极坐标表达式；
- 笛卡儿坐标（正交）表达式；
- 解析表达式。

5.2.2.1 极坐标表达式

$$s(t) = a(t)\cos\left[2\pi f_c t + \varphi(t)\right] \tag{5.1}$$

其中，$s(t)$、$a(t)$ 和 $2\pi f_c t + \varphi(t)$ 分别是调制信号、调制信号的幅度和相位。

5.2.2.2 笛卡儿坐标（正交）表达式

式（5.1）也可表示为两个独立的变化缓慢的信号之和：

$$s(t) = a(t)\cos\varphi(t)\cos(2\pi f_c t) - a(t)\sin\varphi(t)\sin(2\pi f_c t) \tag{5.2}$$

$$s(t) = x(t)\cos(2\pi f_c t) - y(t)\sin(2\pi f_c t) \tag{5.3}$$

其中，$a(t)\cos\varphi(t) = x(t)$，$a(t)\sin\varphi(t) = y(t)$。

式（5.3）可视为两个低频信号分量 $x(t)$ 和 $y(t)$ 分别对载波分量 $\cos(2\pi f_c t)$ 和 $\sin(2\pi f_c t)$ 进行调制，因而 $x(t)$ 和 $y(t)$ 构成基带信号（或复包络）的同相分量和正交分量。对于包含两个正交分量的带通信号 $s(t)$，$x(t)\cos(2\pi f_c t)$ 代表"同相" I（x 轴）部分，$y(t)\sin(2\pi f_c t)$ 代表"正交" Q（y 轴）部分。

调制信号 $s(t)$ 的幅度 a（信号包络的幅度）和相位 φ 也可表示为复包络正交分量的函数，即：

$$\varphi(t) = \arctan\frac{y(t)}{x(t)}; \, a(t) = \sqrt{x^2(t) + y^2(t)} \tag{5.4}$$

5.2.2.3 解析表达式

通常可假设调制波为带通信号且 s(t) 为复数形式（Proakis 2001，第 150 页）。通过引入解析信号 z(t)（也称为复数相量）[①]，可将 s(t) 表示为如下复指数形式（$j \equiv \sqrt{-1}$）：

$$z(t) = a(t) e^{j[2\pi f_c t + \varphi(t)]} \tag{5.5}$$

电场矢量 $\vec{e}$ 和磁场矢量 $\vec{h}$ 也可表示为复数相量，见式（5.65）和式（5.66）。

式（5.1）中的调制信号 s(t) 可表示为解析信号的实数部分：

$$s(t) = \text{Real}\, z(t) = \text{Real}\{a(t)\exp j[2\pi f_c t + \varphi(t)]\} = a(t)\cos[2\pi f_c t + \varphi(t)] \tag{5.6}$$

5.2.2.4 频域转换

将调制信号 s(t) 由时域转换至频域有助于对信号进行更深入分析。利用复指数积分公式，可对调制信号进行傅里叶变换，并将其转换为频率的函数：

$$\int_{-\infty}^{\infty} s(t) e^{-2\pi j f t} dt = \int_{-\infty}^{\infty} a(t)\cos[2\pi f_0 t + \varphi(t)] e^{-2\pi j f t} dt \tag{5.7}$$

若 $b \ll f_c$，则可将时域信号 s(t) 转换为带宽为 b、载频为 f_c 的频域信号。

5.2.3 模拟调制

模拟调制中，载波的振幅（振幅也称幅度）、频率或相位直接跟随输入信号的变化而连续变化。幅度调制（AM）利用信号对载波的瞬时相位进行调制，频率调制（FM）利用信号对载波的频率进行调制，相位调制（PM）利用信号对载波的相位进行调制。

5.2.3.1 幅度调制

在调幅[②]通信中，发射信号的射频带宽是基带信号（如 AM 广播中的语音信号）带宽的两倍，信号振幅为非恒定包络。抑制载波双边带调制（DSB）和单边带调制（SSB）是幅度调制的两种特殊形式，其中前者对调幅信号的载波进行抑制，后者仅发射调幅信号的一个边带。这两种调制方式由于无须发射载波，因而发射功率大大降低。例如，相比 AM 信号，SSB 的带宽减小一半，发射功率减小 75%。AM 的另一个特殊形式是残留边带（VSB）调制，即对单边带信号的一部分进行截止或抑制，主要用于发射模拟电视（NTSC、PAL 和 SECAM）的亮度信号。正交幅度调制（QAM）是一种模拟（对 NTSC 和 PAL 的子载波进行调制）和数字混合调制方式，它通过两个正交载波发射不同的信息，可传送两路模拟信号或两路数据比特流（见图 5.2）。QAM 是目前应用最为广泛的数字调制方式（在 OFDM 中也有应用）。不过由于 QAM 主要是对振幅调制，因此对幅度噪声较为敏感。

此外，幅度调制还包括对信号脉冲的形状进行调制，如脉冲幅度调制（PAM）、脉冲频率调制（PFM）、脉冲宽度调制（AWM）和脉冲位置调制（PPM）等。

---

① z(t) 由 s(t) 和将 s(t) 偏移 j2πf_c 后形成的虚数组成。
② 中波广播发射机是最常见的 AM 通信系统。

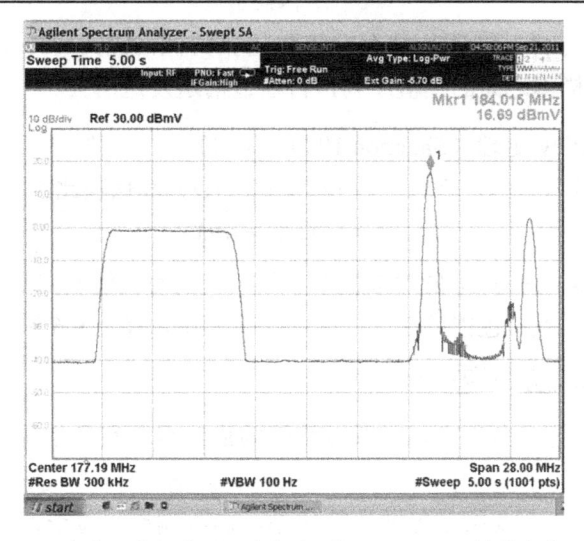

图 5.2　两个实测电视信号：左侧为采用 256 QAM 的数字信号，右侧为模拟残留边带信号（说明：该图由作者本人测量得到）

5.2.3.2　角度调制：频率调制和相位调制

在频率调制和相位调制中，载波的频率或相位跟随调制信号幅度的变化而变化，调制后信号的包络基本保持不变。相比 AM 信号，FM 信号的带宽更宽，因此，FM 声音广播能够提供更高的语音质量，可用于传送立体声广播信号。AM 信号带宽约为 5 kHz，而 FM 信号带宽约为 15 kHz。此外，与 AM 信号的幅度噪声相比，FM 信号的频率和相位噪声往往较小。

5.2.4　数字调制

数字调制利用离散基带信号对模拟载波进行调制。其中载波调制器适用于有限符号，载波信号的变化通过 M 个交替出现的符号来体现。一个符号代表 n 个数据比特，且满足 $M = 2^n$。若采用两电平数字调制，则一个带宽为 25 kHz 的无噪低通信号的最大容量为 50 000 波特（符号/秒）。奈奎斯特通过研究，给出了信号最高频率与采样速率（也称采样率）之间的关系，指出奈奎斯特速率 f_n 为避免发生混叠效应（信号失真和无法分辨）所需的最小采样率，且 f_n 等于被采样信号最大带宽 b（Hz）的两倍，即：

$$f_n \equiv 2b \text{（采样数/秒）} \tag{5.8}$$

由于模拟信号不是绝对带限信号，对模拟信号进行数字采样过程中必然伴随失真，包括以下两种。

- 混叠失真：主要由对信号频率较高部分的采样引起，通常采样速率越高，所得信号的分辨率越高。
- 量化失真：主要由于连续信号被有限数量的符号抽样量化后信号的质量下降所致，通过采用更多的量化电平[①]（每个采样电平对应更多的比特）可减小量化失真。由于模

---

① 通过采用非均匀量化可进一步改善失真影响。非均匀量化需采用一种被称为压缩器的非线性器件对信号样本进行处理来实现。在接收端，需要通过扩展器对信号进行反向非线性处理，并将数字信号转换为模拟信号。上述非线性处理收发组件称为压缩扩展器。

拟信源相邻信号样本之间往往存在较强的相关性，因此可以采用基于增量的量化方法，获取相邻样本之间的差值序列，再通过信道发送出去。

根据 Shannon-Hartley 定理（Shannon 1949，第 43 页，定理 17[①]），一个给定网络通信链路的最大信道容量（信息速率）（bit/s）、射频带宽（Hz）和信噪比的关系为：

$$c = b\log_2(1+s/n) \tag{5.9}$$

由于信道容量与带宽和（$1+s/n$）的对数值直接相关，因而当信道带宽 b 较大时（达到某一特定值），即使信噪比非常低，也能够获得一定的信道容量，详见 9.6.3 节。

5.2.4.1 键控方法、带宽和功率效率

在系统发射功率一定的条件下，为获取系统的最佳容量和覆盖范围，有必要采用自适应调制和编码技术。低阶调制（每个调制符号对应很少数据比特，如 QPSK）具有较好的鲁棒性和较强的抗干扰性能，但仅支持较低的比特速率。高阶调制（每个调制符号对应较多数据比特，如 64 QAM）容错率较低，且能够支持较高的比特速率，但对干扰和噪声较为敏感，详见 Sesia 等（2011，第 217 页）。在调制方式一定的条件下，采用何种码率（数据流中有用或非冗余码所占的比例）由信道状况决定：链路状况较差（信噪比较低）时采用较低码率，反之亦然。

功率效率与信号的调制方式有关。有些已调制信号[满足 $da(t)/d(t)=0$]的相位或频率随时间变化，但信号包络保持不变；有些已调制信号的包络随时间变化。两种调制方式的功率效率不同。此外，低峰值-均值比信号可利用高效射频放大器获得更高的功率效率。对蜂窝用户的手持式设备而言，功率效率显得尤为重要。

键控利用两个（或更多）数值对载波进行调制，目的是通过模拟信道将数字信号发射出去。数字调制技术实际上是基于有限数值对信号幅度、频率和相位进行的键控调制。依据将输入信号幅度、频率和相位表示为两个或多个数值等不同情况，可将键控调制称为振幅键控（ASK）、频移键控（FSK）和相移键控（PSK）。

若输入信号的数值个数大于 2，则称为 M 进制，如 M-ASK（或表示为 M ASK）、M-FSK（或表示为 M FSK）或 M-PSK（或表示为 M PSK）。

- M 进制调制中，每个信号周期发送（或接收）n 个比特数据，因此数据速率（比特速率）大于信号速率，且 M 越大，数据速率越高。
- M-ASK 调制中，n 个比特数据采用 $M=2^n$ 个电平发送出去，每个符号代表 $\log_2 M$ 个比特数据；载波的振幅由每个符号所对应的比特数决定。例如，对于 8 ASK 调制，由 3 比特/符号可确定 8 个数值，即对应 8 个载波电平。
- M-FSK 调制中，n 个比特数据采用 $M=2^n$ 个频率发送出去。
- M-PSK 调制中，n 个比特数据采用 $M=2^n$ 个相位发送出去。由于载波振幅由正数变为负数等效于载波相位偏移 π 弧度，因此也可将相位变化视为幅度的改变。QAM 是一种 ASK 和 PSK 的组合调制方式。在数字 QAM 中，至少采用两个相位和两个幅度将信号发送出去。

假设二进制信号周期为 t_b（s），则信号带宽为 $1/t_b$（Hz）。二进制 ASK（BASK）、二进制

---

① 注意：Shannon 容量公式主要针对加性白"高斯"噪声信道，而移动通信链路为衰落信道。

FSK（BFSK）、二进制 PSK（BPSK 或 2PSK）和二进制 QAM 的带宽效率为 1 bps/Hz。若信号采用 M 进制调制，则每个信号周期为 $t = t_b \log_2 M$，在该周期内发送 n 个比特数据。相应地，M-ASK、M-PSK 和 M-QAM 的带宽效率为 $\log_2 M$ bps/Hz。例如，当 $M=8$ 时，带宽效率为 3 bps/Hz，即为二进制信号带宽效率的 3 倍。

图 5.3、图 5.4 和图 5.5 分别给出了采用二进制 ASK、FSK 和 PSK 调制方式对二进制基带信号进行调制所产生的 BASK、BFSK 和 BPSK 信号时域示意图。

（a）二进制信号

（b）对应的 ASK 调制信号

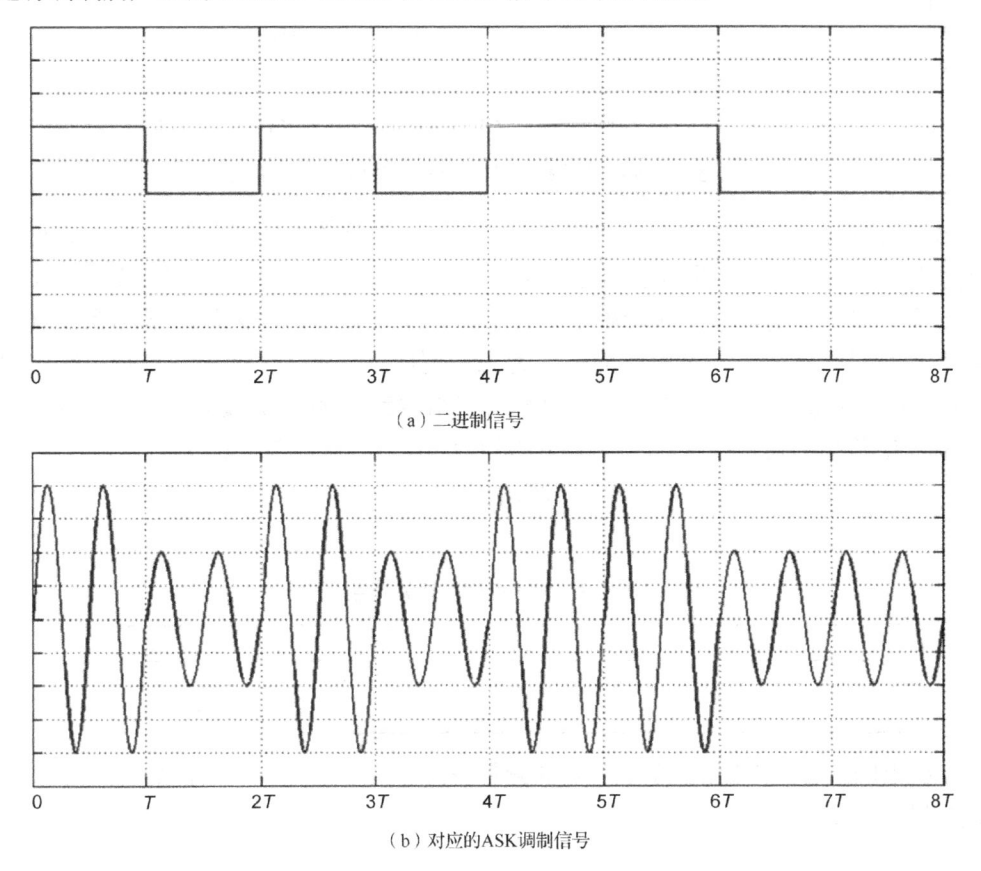

图 5.3 二进制信号和对应的 ASK 调制信号

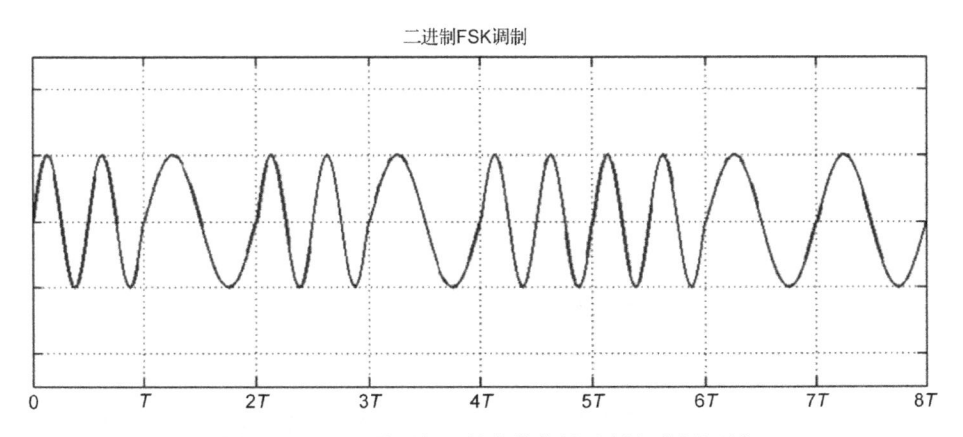

二进制FSK调制

图 5.4 FSK：基于相同的基带信号对频率进行调制

二进制PSK调制

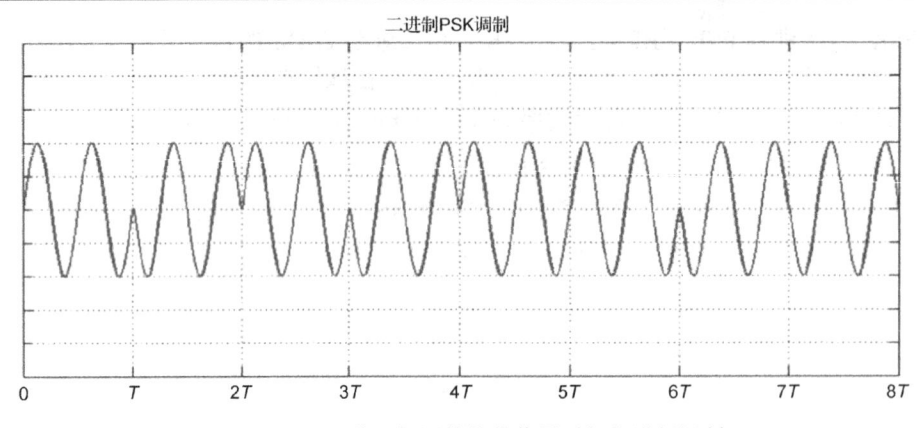

图 5.5 PSK：基于相同的基带信号对相位进行调制

向量图代表极坐标下的信号，见式（5.1），其中向量长度表示信号的幅度大小，向量角度表示信号的相位大小。星座图基于 x-y 坐标系，代表每个符号状态的复数分量，其中 I 为同相分量，Q 为正交分量，两者处于同一时刻。星座图中两点之间的最小距离表示功率效率，点数表示带宽效率。星座图的输入为二进制比特 0 或 1，输出为复数形式的调制符号，表示为 $x = I + jQ$。例如，BPSK 调制可将二进制比特 $b(i)$ 映射为复数调制符号 $x = I + jQ$，详情见欧洲电信标准化协会（ETSI）LTE 标准（2012）。对于 BPSK 调制，如表 5.2 所示，星座图中各点的振幅[与点（0,0）之间的距离]均为 1，逆时针相位分别为 $\pi/4$、$3\pi/4$、$5\pi/4$ 和 $7\pi/4$。

表 5.2 BPSK 调制映射关系

$b(i)$	I	Q
0	$1/\sqrt{2}$	$1/\sqrt{2}$
1	$-1/\sqrt{2}$	$-1/\sqrt{2}$

图 5.6、图 5.7 和图 5.8 给出了经计算和测量得到的星座图。其中坐标系中 x 轴和 y 轴分别表示复数星座的实数同相分量和虚数正交分量。

(a) QPSK星座图

(b) 64 PSK星座图

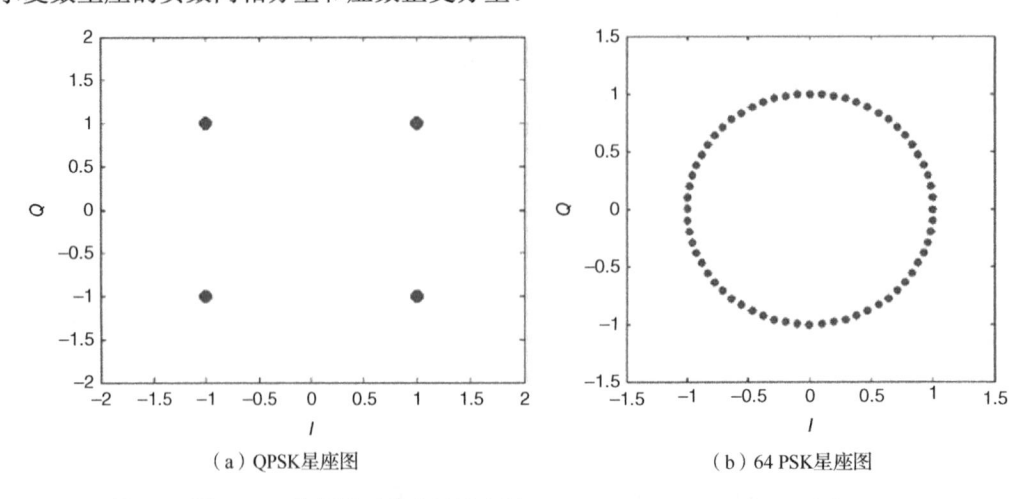

图 5.6 用 Matlab 绘制的无噪信号星座图：(a) QPSK（4 PSK）；(b) 64 PSK

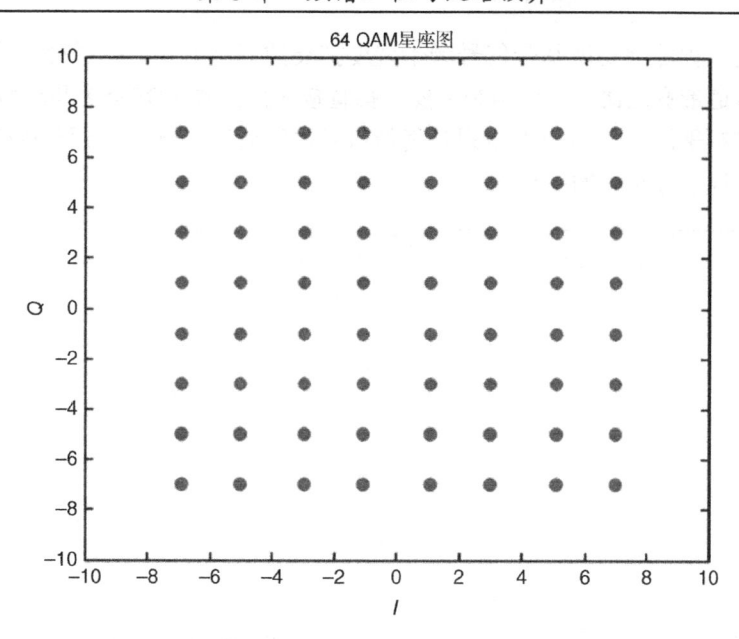

图 5.7　用 Matlab 绘制的 64 QAM 无噪信号星座图

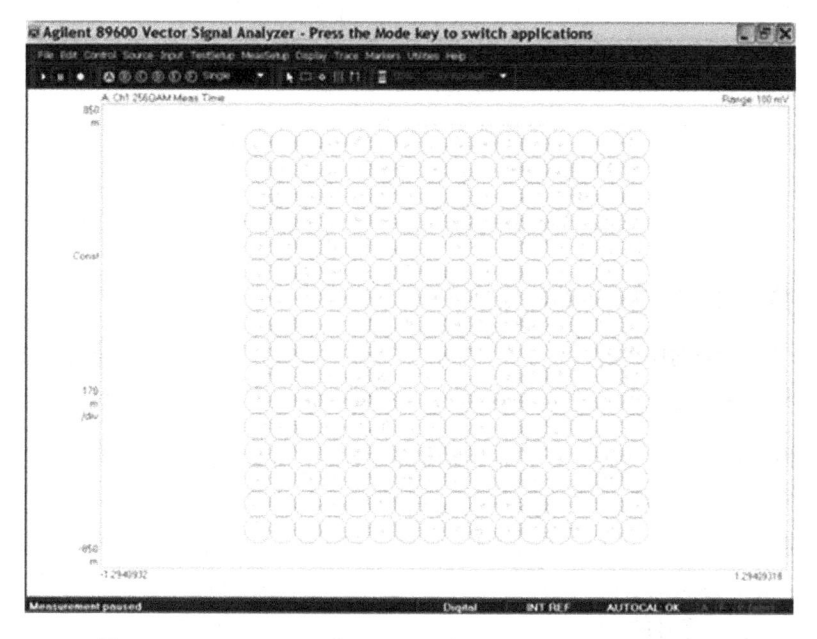

图 5.8　256 QAM 无噪信号测量星座图，信号比特状态不固定

5.2.4.2　OFDM 和扩频

正交频分复用（OFDM）是一种将调制和多路复用技术相结合的调制方式，它首先利用多个载波对数据进行编码，再将数据划分为若干分量，每个分量通过不同的载波发射出去。由于各载波之间是彼此正交的，因此可以实现多个载波同时传输而相互不产生干扰。正交频率复用非常依赖载波频率（相位的导数）的稳定性，因此对相位噪声非常敏感。图 5.9 给出了用 Matlab 绘制的 OFDM 频谱图，其中载波频率间隔为 1 kHz。

扩频调制是一种能够实现基带信号频带宽度扩展的调制方式。扩频处理增益等于发射信号带宽与基带信道带宽之比。扩频调制主要包括直接序列扩频（DSSS）和跳频扩频（FHSS），其中直接序列扩频采用宽带伪随机序列对基带信号进行调制，跳频扩频利用伪随机序列驱动频率合成器，实现信号频谱的扩展。

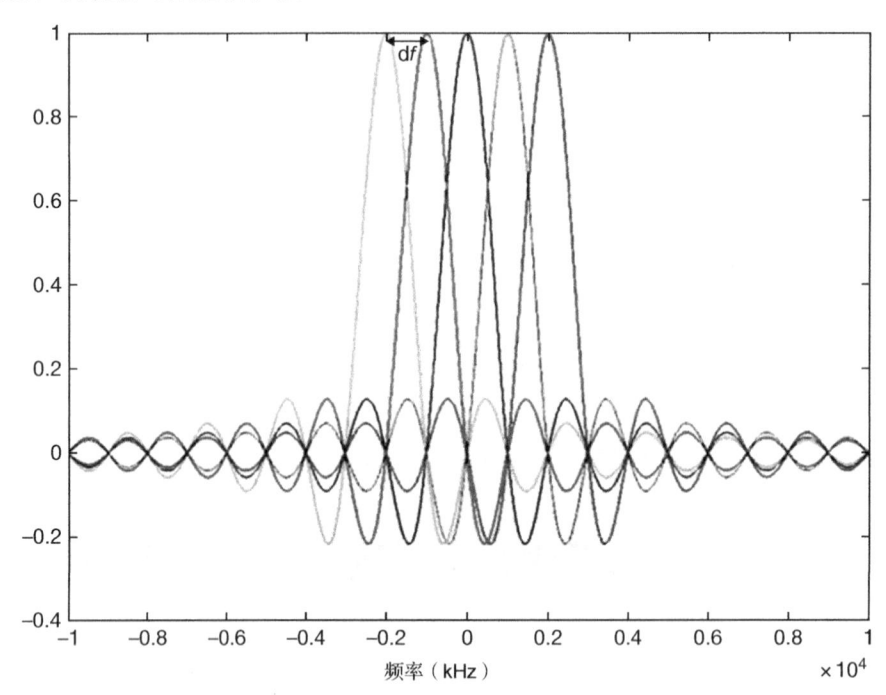

图 5.9　用 Matlab 绘制的载波频率间隔为 1 kHz 的 OFDM 频谱图

5.2.4.3　典型数字键控和多路复用技术

前面介绍了 3 种调制正弦波的方式，对于二进制情况，分别称为二进制幅度键控（BASK）、二进制频移键控（BFSK）和二进制相移键控（BPSK）。其他的典型键控调制方式如下。

- 幅度键控（ASK）：包括 M 进制残留边带调制，如 8 ASK（8 电平 ASK）和北美数字电视制式 ATSC 中所采用的视频数据调制方式 8 VSB。
- 频移键控（FSK）：包括多进制频移键控（M-FSK）和双音多频（DTMF）。
- 相移键控（PSK）：包括基于 M=4 个符号的正交 PSK（QPSK）、基于 M=8 个符号的 8 PSK、基于 M=16 个符号的 16 PSK、差分 PSK（DPSK）、差分 QPSK（DQPSK）、偏置 QPSK（OQPSK）和 π/4-QPSK 等。
- 相位连续调制：最小频移键控（MSK）。MSK 的带宽效率为 2 bps/Hz，等于 BPSK 带宽效率的 2 倍。
- 正交频分复用（OFDM）：OFDM 是一种将调制和多路复用技术相结合的调制方式，广泛应用于中国数字广播标准、地面数字视频广播（DVB-T）、手持式数字视频广播（DVB-H）、地面综合业务数字广播（ISDB-T）、地面数字多媒体广播（T-DMB）和电信标准化及综合业务数字广播（ISDB TSB），此外，OFDM 还应用于 Wi-Fi IEEE 802.11a/g/ac/af 标准。编码正交频分复用（COFDM）调制主要用于 Wi-Fi 5 GHz（IEEE

802.11a 标准）。COFDM 通过多个载波（如指定频段内的频谱切片）并行发送数字符号串，详见 Horak（2007，第 399 页）。通过将 OFDM 进行扩展，可形成正交频分多址接入（OFDMA），实现多址用户共享子载波，从而提供更加灵活的多址接入方式。OFDMA 可用于长期演进（LTE）的下行链路。还有一种单载波频分多址（SC-FDMA）也可用于 LTE 的上行链路，详情可参考 Sesia 等（2011，第 14 页）。扩频技术中的直接序列扩频（DSSS）被 ZigBee（紫蜂协议）IEEE 802.15.4 标准和 Wi-Fi IEEE 802.11b 标准采纳，跳频扩频（FHSS）被 Bluetooth（蓝牙）IEEE 802.15.1 标准采纳。

5.2.5 信道多路接入和全双工技术

5.2.5.1 信道多路接入

多路复用是指将多路数据或信号合成在同一信道上进行传输的技术。信道接入基于多路复用技术，实现多个信号共用同一通信信道。根据信道接入所采用的多路复用技术，可将其分为不同的类型。常用的信道接入技术包括：

- 频分多址（FDMA）；
- 时分多址（TDMA）；
- 码分多址（CDMA）。

频率复用：频分多址

在频率复用系统中，多个信号分别通过互不重叠的频段并行、同时传输。FDMA 系统为各路数据序列配置不同的频段。OFDMA 是 FDMA 的高级形式。在 OFDMA 系统中，每个设备或节点可以使用多个子载波，并为各个用户设置不同的数据速率。同时，系统可根据当前无线电信道状况和传输负荷，动态调整分配给各个用户的子载波。

时间复用：时分多址

在时间复用系统中，各路数据流分别在互不重叠的时隙上并行、同频传输。TDMA 系统基于循环重复帧结构为各路数据配置不同的时隙。当在多个频率上同时采用时分复用技术，即联合使用 TDMA 和 FDMA 时，可称作 TDMA/FDMA。例如，在 GSM 中，每个 200 kHz 信道被分为 8 个时隙。

码复用：码分多址

在码复用系统中，各路信号基于不同扩频码，通过互不重叠的频段和时隙并行、实时传输。接收端通过特定的码序列恢复出原始信号。CDMA 系统的带宽通常大于基带信号数据速率。CDMA 技术广泛应用于扩频系统、3G-UMTS W-CDMA 和 cdma2000 蜂窝移动通信系统。图 5.10 给出了两个 W-CDMA 下行链路载频实测频谱，系统工作频段为 2160～2170 MHz，测量时间为 2012 年 11 月 8 日。标注 1 代表第一个载波的中心频率。W-CDMA 射频带宽为 3840 kHz，信道间隔（零点至零点）为 5000 kHz。

5.2.5.2 全双工技术

在蜂窝移动通信和卫星系统[如卫星固定业务（FSS）和卫星广播业务（BSS），见 2.5 节]等无线网络中，蜂窝移动通信系统基站和卫星地球站与移动终端和卫星共享网络资源和通信容量。与半双工不同，全双工能够支持双向实时通信。双工技术是指对同一物理通信媒质的前向和后向通信信道进行划分的信道接入技术。作为 FDMA 和 TDMA 的具体应用，频分双工（FDD）和时分双工（TDD）是两种不同的双工技术，它们分别在频域和时域将上行链路和下行链路分开。在蜂窝移动通信中，上行链路是指从手机至基站的传输链路，下行链路是指从基站到手机的传输链路。在卫星通信中，上行链路是指从地球站（属于卫星固定业务）和手机（属于卫星移动业务）至空间卫星的传输链路，下行链路是指从卫星至地面的传输链路。

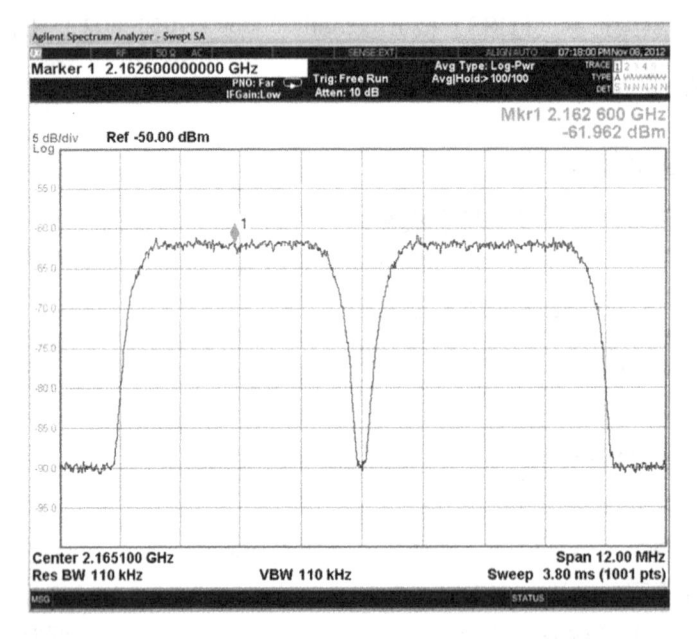

图 5.10　2160～2170 MHz 频段两个 W-CDMA 下行链路载频实测频谱

在信号发射和接收端（基站和地球站，或卫星和手机），通常采用相同的天线系统和电缆发射和接收信号。由于手持终端（手机）和卫星可用资源（如功率、体积和重量）非常有限，因此其发射往往选用收发频段中的低端频段。这是因为频段越低，信号传播性能越好，具体见 5.6 节。

例如，在卫星通信中：

- 6/4 C 波段为卫星固定业务规划频段（见《无线电规则》附录 30B），上行链路使用频段为 6725～7025 MHz，下行链路使用频段为 4500～4800 MHz（低端频段）；
- 18/12 Ku 波段为卫星移动业务规划频段（见《无线电规则》附录 30 和 30A），上行链路使用频段为 17.3～17.8 GHz，下行链路使用频段为 12.2～12.7 GHz（低端频段）。

通常，移动台使用收发频段中较低频段发射，见表 5.3。在某些特殊情况下，如 791 MHz 以下与电视频道相邻的 A3 频段[①]，基站使用较低频段发射。

频率双工：频分双工

如前所述，在频分双工（FDD）中，发射机和接收机在同一时间使用不同的载波频率，

---

① 国际电联频段 A3（3GPP 频段 20，见表 2.19）被称为"数字红利 1"，即将国际电联 1 区 UHF 电视广播频段 790～862 MHz 释放给 LTE。

第 5 章 频谱工程与链路预算

整个信道由上行链路频率和下行链路频率构成，两者之间间隔一定频段。收发间隔是指移动台发射频率和基站发射频率的差值。图 5.11 描述了 FDD 频率配置中单双工器和双重双工器的信道划分原理。

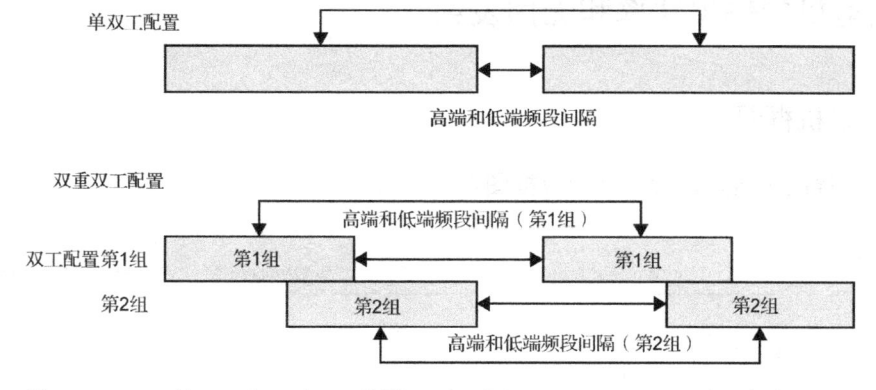

图 5.11 FDD 单双工和双重双工信道配置（来源：ITU-R M.1036 建议书中图 1）

表 5.3[①]列出了 ITU 和 3GPP 对全球常用蜂窝移动通信频段 698～960 MHz 的信道配置情况。注意：ITU M.1036 建议书中频段 A4 和频段 A6 包括未配对的 TDD 频段。

表 5.3 698～960 MHz 频段配置情况

无线电频段		配对使用				未配对（如 TDD）
M.1036	3GPP V12	移动台发射（MHz）	上行和下行链路频段间隔（MHz）	基站发射（MHz）	收发间隔（MHz）	（MHz）M.1036
A1	5	824～849	20	869～894	45	无
A2	8	880～915	10	925～960	45	
A3	20	832～862	11	791～821	41	
A4	12*	698～716*	12	728～746*	30	716～728
A4	13**	776～793**	13	746～763**	30	
A5	28	703～748	10	758～803	55	
无	14	788～798	20	758～768	30	无
	17	704～716	18	734～746		
	27	807～824	28	852～869	45	
	26	814～849	10	859～894		
	18	815～830		860～875		
	19	830～845	30	875～890		
A6	44***	无				698～806

备注：
*3GPP 频段与 ITU A4 频段不同，后者上行链路为 699～716 MHz，下行链路为 729～746 MHz。
**3GPP 频段与 ITU A4 频段不同，后者上行链路为 777～787 MHz，下行链路为 746～756 MHz。
***3GPP 频段与 ITU A6 频段不同，后者未配对频段为 703～803 MHz。

时间双工：时分双工

如前所述，在时分双工（TDD）中，发射机和接收机工作在同一载频上的不同时隙。TDD 的上行链路和下行链路处于同一频段，这为主管部门分配频率带来方便，如可为某新系统分

[①] 表 5.3 中数据源于 ITU M.1036 建议书中表 3 和 3GPP TS 36.104 V12.6.0（2015-02）中表 5.5-1。

配一个频段，而无须像 FDD 那样分配两个频段。同时，TDD 也能满足对通信容量的差异化需求，如满足蜂窝移动通信中上行链路和下行链路的非对称数据速率需求。

5.3 发射机的输出功率和无用发射

5.3.1 发射机框图

图 5.12[①]描绘了典型发射机行为级框图。

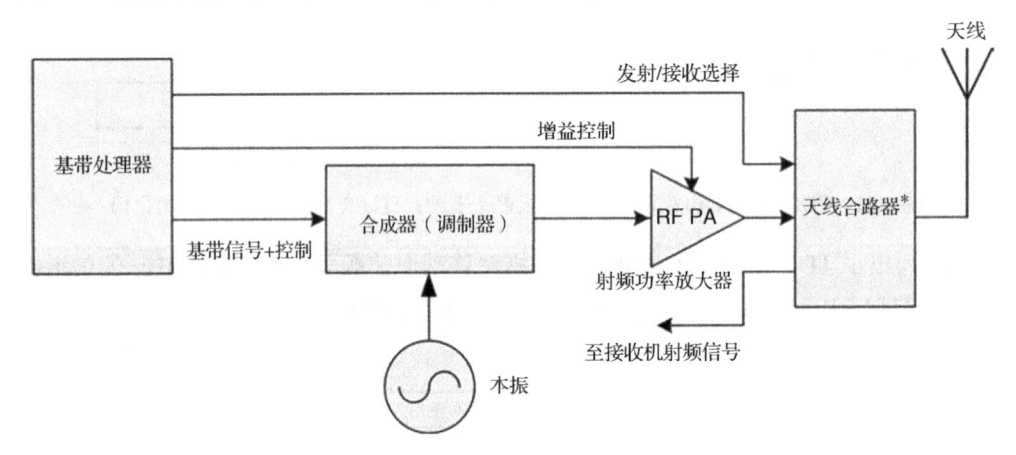

图 5.12 典型发射机框图

5.3.2 发射掩模

无线电信号由发射机输出后，有可能对其他接收机构成干扰，这点应引起主管部门的密切关注。主管部门对发射机进行核准，主要是对发射机的工作频率、输出功率、带宽和无用发射进行审核。其中无用发射包括杂散发射和带外发射，具体见国际电联《无线电规则》第 1.146 款。《无线电规则》还给出了杂散发射（第 1.145 款）、带外发射（第 1.144 款）、占用带宽（第 1.153 款）、必要带宽（第 1.152 款）、指配频段（第 1.147 款）和指配频率（第 1.148 款）等术语的定义。

5.3.3 无用发射

无用发射是管理无线电系统所需掌握的一个基本参数。无线电系统的无用发射有可能对邻近接收机构成干扰，还可能影响新系统的部署使用。无线电系统的无用发射越低，对其他系统构成干扰的可能性越小。图 5.13 给出了无用发射的频域划分及有关术语。

图 5.14 至图 5.16 给出了典型广播系统的发射频谱掩模限值。图 5.14 给出了功率为 39~50 dBW（8~100 kW）的地面数字视频广播发射掩模限值。图 5.15 给出了 VHF 调频声音广播发射机频谱掩模限值。

---

① 由 Ehoud Peleg 和 Oren Eliezer 博士协助。

ITU-R SM.1541 建议书给出了典型无线电系统的频谱掩模限值，ITU-R BT.1206 建议书给出了地面数字广播系统的频谱掩模限值。图 5.16 给出了 VHF 频段Ⅱ调频广播和 VHF 频段Ⅰ和频段Ⅱ数字调幅广播（DRM）的带外发射频谱掩模。相比调频广播，数字调幅广播在±200 kHz 以下的发射频谱掩模较低，而在±300 kHz 以上的发射频谱掩模较高。

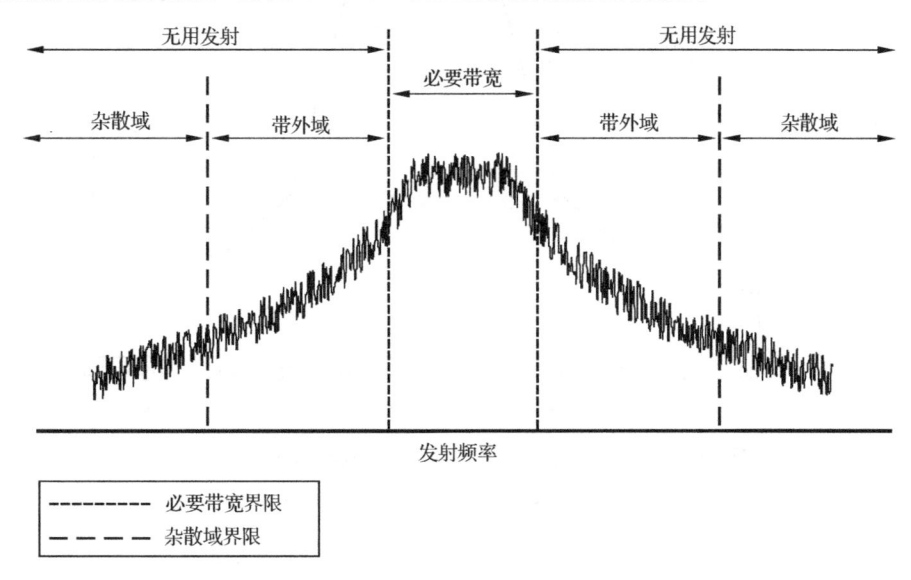

图 5.13　无用发射带外域和杂散域边界（来源：国际电联《无线电规则》附录 3-3 中图 1）

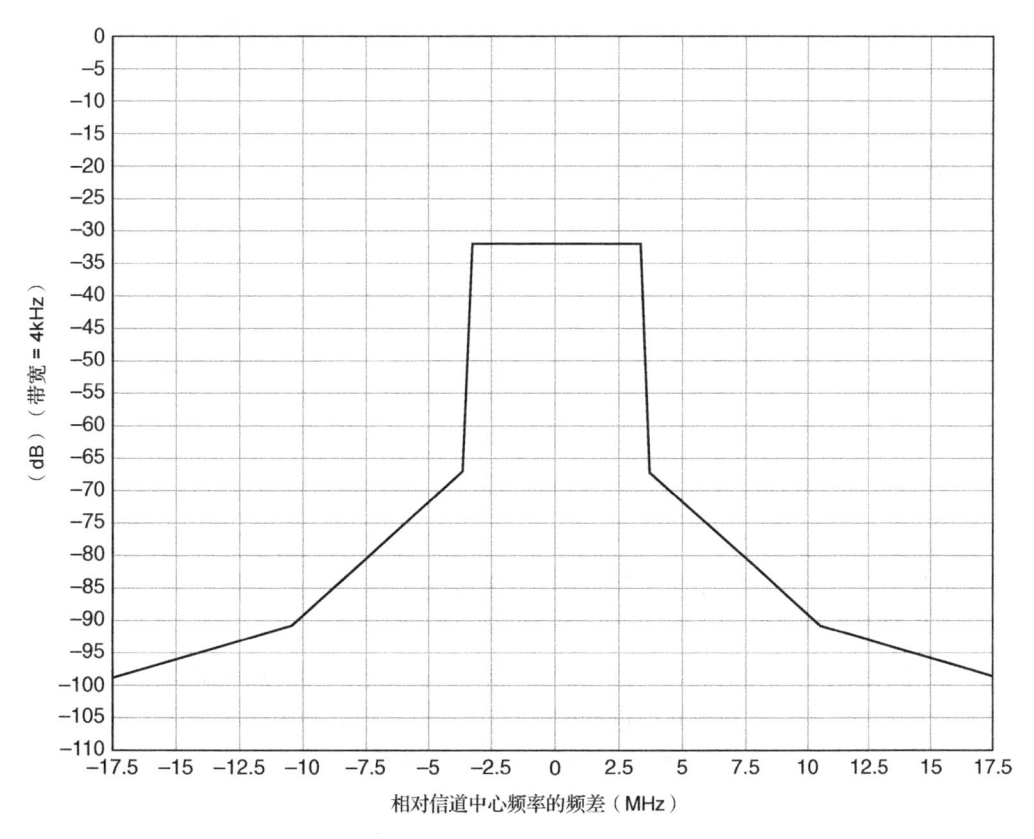

图 5.14　7 MHz 地面数字视频广播系统发射频谱掩模（来源：ITU SM.1541 建议书中图 22）

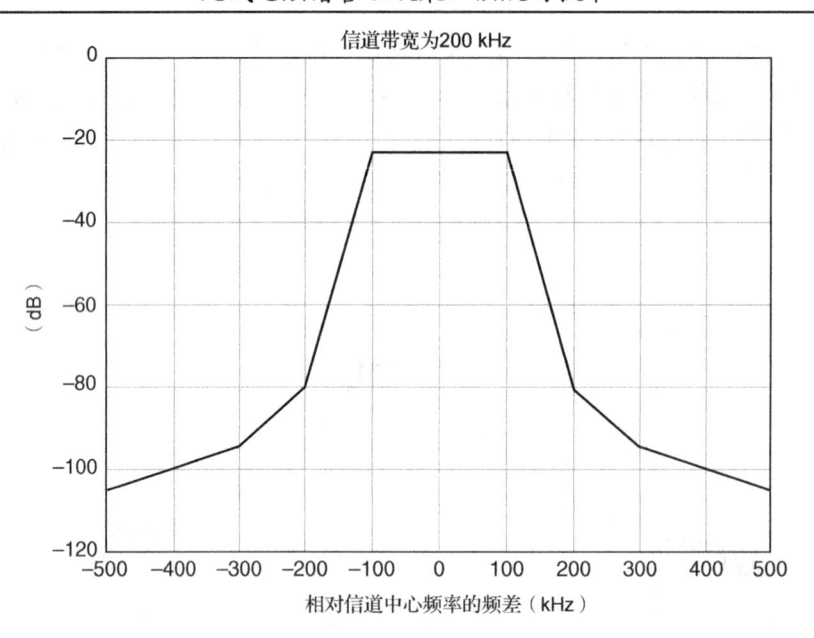

图 5.15 VHF 调频声音广播发射机频谱掩模，信道带宽为 200 kHz（来源：ITU-R SM.1541 建议书中图 26）

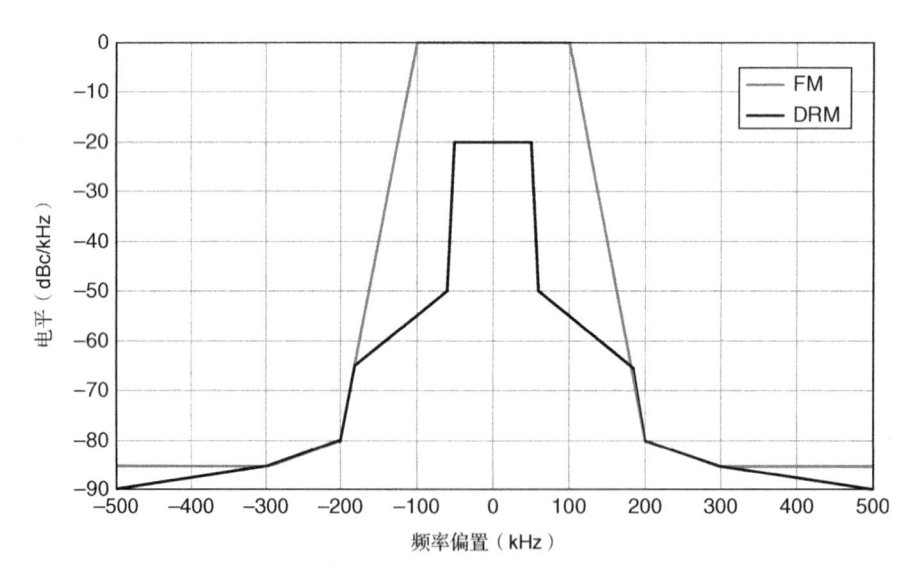

图 5.16 调频广播和数字调幅广播带外发射频谱掩模（来源：ITU BS.1660 建议书中图 11）

杂散发射属于无用发射，减小杂散发射电平，并不会影响发射信息的正常传输。国际电联《无线电规则》附录 3 规定了用于计算最大允许杂散发射电平的衰减值。ITU-R SM.329 建议书详细介绍了各类杂散发射电平，并被欧洲[如 ETS 300 328（1996 年 11 月）、CEPT/ERC/74-01 和 02-05 建议]、美国联邦通信委员会、日本（如 ARIB TR-T12-34.926）和许多国家主管部门及国际标准化组织（如 3GPP TR 34.926）所采纳。世界各大洲和各国采用的无线电杂散发射限值存在很大区别。表 5.4 给出了 4 类杂散域发射限值，其中 B、C 和 D 类杂散域发射限值相较 A 类更为严格。

表 5.4 杂散发射限值分类

A 类	用于计算最大允许杂散发射电平的衰减值。A 类杂散发射限值被国际电联《无线电规则》附录 3 所采纳
B 类	由欧洲（包括欧盟在内的全部欧洲国家）提出和使用，并被许多国家采用
C 类	由美国和加拿大提出和使用，并被许多国家采用
D 类	由日本提出和使用，并被许多国家采用

关于低功率无线电设备杂散发射的具体规定可参见 A 类（适用所有国家）和 B 类（适用欧洲）杂散发射限值，短距离设备（SRD）杂散发射规定可参见 B 类杂散发射限值。与欧洲不同，北美和日本对上述两种设备的杂散发射不做要求（产品进行市场交易除外）。这也说明各类杂散发射限值在应用上存在很大区别，通常需要综合考虑降低设备杂散发射的技术可行性及其成本。目前，欧洲是对杂散发射和频谱资源保护要求最为严格的地区，北美和日本则对无线电设备的市场需求最为敏感，见 Mazar（2009，第 29~31 页）。

5.4 接收机的概念、选择性、噪声和灵敏度

接收机参数是支持无线电设备兼容计算和频谱管理的关键要素，因此本节对其进行详细讨论。与发射机不同，接收机不会产生有意发射，也不会对远距离无线电通信系统构成干扰，因此北美和欧洲主管部门未对其发射做出规定[见欧洲电子通信委员会（ECC）报告 127 和欧洲通信办公室（ECO）报告 102]。但是，由于受到接收滤波器性能限制，接收机会捕获许多无用信号，导致其受到其他发射机的干扰。接收机的射频共享能力很大程度上取决于接收机的选择性，美国总统 2013 年备忘录曾专门强调接收机性能的重要性[①]。同时，欧盟新发布的关于无线电设备的 2014/53/EC 指令（RED）（1999/5/EC R&TTE 指令的更新版）第 11 节指出：

尽管接收机自身不会引起有害干扰，但根据欧盟共同法律要求，通过增强接收机抵抗有害干扰和无用信号影响的能力，进而提高接收机整体性能，已经成为提高频谱使用效率的重要考虑因素。

接收机的性能主要由其选择性、灵敏度、底噪和动态范围决定。图 5.17 描绘了接收机的相关概念。

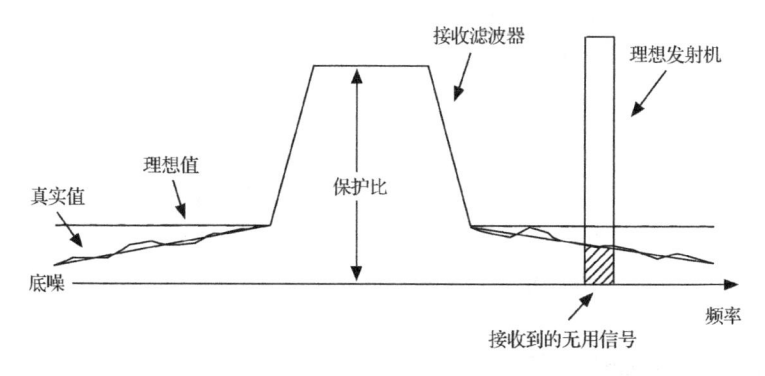

图 5.17 接收机相关概念和选择性示意图（来源：ITU-R SM.2028 建议书中图 9）

---

① "通过规定接收机的性能标准、等级和其他指标，来促进接收设备的设计、制造和销售，同时防止邻近频段的合法发射对接收机正常工作造成干扰，或者导致接收机性能严重降级、阻塞或周期性中断。"

5.4.1 接收机底噪和灵敏度

实际中，无线电系统的覆盖范围很大程度上取决于噪声的大小。通常，噪声呈现高斯白噪声（功率密度为常数）或正态分布（幅度均值为 0 的标准随机变量）。通信系统的灵敏度是指接收机输出端达到指定信噪比所需的最小输入信号功率。换句话说，接收机输入信号功率只有达到规定值，其输出图像、声音或数据的质量才能满足指标要求，这些指标要求通常用清晰度、音频或信息的限值表示。接收机产生期望信息所需的输入功率越低，表明接收机的灵敏度越高。接收机灵敏度的单位通常采用功率单位（dBm、μW）、电压单位（μV）或电场强度单位[dB（μV/m）、μV/m]，其数值可通过计算平均噪声功率和最小所需信噪比之积获得：

$$s_{\min} = k \times t_0 \times b \times \mathrm{nf} \times (s/n) \tag{5.10}$$

其中，$s_{\min}$——灵敏度（W）；

s_k——玻耳兹曼常数，为 1.38×10^{-23} J/K；

t_0——参考温度（K）（绝对温度，℃+273.15），这里取 290 K；

b——接收系统功率带宽（Hz）[①,②]；

nf——接收机噪声因子；

s/n——接收机输入端所需信噪比，与接收机输入端的载噪比 c/n 可互换使用。

式（5.10）的对数形式可表示为：

$$S_{\min} = K + T_0 + B + \mathrm{NF} + \mathrm{SNR} \tag{5.11}$$

其中，$S_{\min}$——灵敏度（dBW）；

K——玻耳兹曼常数，这里取 $10\log(1.38 \times 10^{-23})=-228.6$（dB J/K）；

T_0——参考温度，这里取 $10\log 290$（dBK）；

B——接收系统射频带宽，这里取 $10\log b$（dB Hz）；

NF——接收机噪声系数，这里取 $10\log(\mathrm{nf})$（dB）；

SNR、S/N——信噪比，这里取 $10\log(s/n)$（dB）；

CNR、C/N——载噪比，这里取 $10\log(c/n)$（dB）。

SNR、S/N 与 CNR、C/N 可互换使用。

当温度取 290 K（16.85℃）时，对应的热噪声功率密度为：

$$-204\ \mathrm{dBW/Hz} = -174\ \mathrm{dBm/Hz} = -144\ \mathrm{dBm/kHz} = -114\ \mathrm{dBm/MHz}$$

有用信号和噪声均与带宽有关，且通信链路质量通常采用信噪比和误码率（BER）等指标来衡量。其中信噪比是指单位比特能量 e_b 与噪声功率谱密度 n_0 的比值，误码率是指发生错误的比特数与总传输比特数的比值。信噪比主要由调制方式和编码方式决定。如对于长期演进（LTE）系统，当采用 QPSK 调制、码率为 1/8 时，信号干扰噪声比（SINR）（与 SNR 相关）等于-5.1 dB；当采用 64 QAM、码率为 4/5 时，SINR 等于+18.6 dB（Sesia 等 2011，第 478 页）。

信号噪声失真比（sinad）能够反映信号质量，它可表示为：

---

① 接收机带宽通常等于信道间隔，如单工通信带宽为 12.5 kHz，调频广播带宽为 100 kHz，电视系统带宽为 6～8 MHz。

② 根据 ITU-R S.673 建议书所定义的空间无线电通信术语，"参考带宽"是指为了测量或规定发射信号的功率谱密度而设定的固定带宽。对于空间业务，参考带宽通常为 4 kHz、40 kHz 或 1 MHz。

$$\text{sinad} = \frac{\text{信号} + \text{噪声} + \text{失真}}{\text{噪声} + \text{失真}}; \quad \text{SINAD} \equiv 10\log(\text{sinad})$$

无线电通信系统的覆盖范围主要受限于噪声,而城市蜂窝移动通信系统的覆盖范围主要受限于干扰。因此,若能保证信号质量,蜂窝移动通信系统可在满足最小信号噪声干扰比(SNIR)或信号干扰噪声比(SINR)条件下工作。对特定接收机:

$$\text{snir} = \frac{\text{信号}}{\text{噪声} + \text{干扰}} = \text{sinr} = \frac{\text{信号}}{\text{干扰} + \text{噪声}}$$

其中,"信号"代表输入信号功率,而非信号电压。$\text{SNIR} \equiv \text{SINR} \equiv 10\log(\text{snir}) \equiv 10\log(\text{sinr})$。

对于数字电视系统,若干扰特征与噪声相似,则噪声和同频道干扰均为加性的。

5.4.2 噪声因子和噪声温度

噪声因子(噪声系数是其对数形式)对接收机底噪和灵敏度具有直接影响,可用于对接收机性能进行修正。噪声因子反映了接收机各部件对信噪比所造成的降级作用。接收机输入噪声功率 p_n 及其对数 P_n 可表示为:

$$p_n = k \times t_0 \times b \times \text{nf}; \quad P_n = 10\log_{10}(k \times t_0 \times b) + \text{NF} \tag{5.12}$$

噪声因子定义为输入信噪比(snr)与输出信噪比的比值,或输入载噪比(cnr)与输出载噪比的比值,如式(5.13)所示:

$$\text{nf} = \frac{\text{snr}_{\text{in}}}{\text{snr}_{\text{out}}} = \frac{\text{cnr}_{\text{in}}}{\text{cnr}_{\text{out}}} \tag{5.13}$$

若接收机各部件为级联形式,则可根据弗里斯(Friis)[①]公式计算噪声因子,其中 nf_n 为第 n 个设备的噪声因子,g_n 为第 n 个设备的功率增益(线性,而非 dB)。

$$\text{整个级联电路 } \text{nf} = \text{nf}_1 + \frac{\text{nf}_2 - 1}{g_1} + \frac{\text{nf}_3 - 1}{g_1 g_2} + \frac{\text{nf}_4 - 1}{g_1 g_2 g_3} + \cdots + \frac{\text{nf}_n - 1}{g_1 g_2 g_3 \cdots g_{n-1}} \tag{5.14}$$

无线电接收机的噪声系数主要由其第一级电路的噪声系数决定。对于设计较好的接收机级联系统,其第一级的混频器(或滤波器、放大器)的噪声系数影响最大。

式(5.10)所定义的接收机灵敏度也可由接收机噪声温度导出,即:

$$s_{\min} = k \times (t_0 + t_r) \times b \times (s/n) \tag{5.15}$$

其中,t_0——接收机输入端的等效噪声温度(K),一般来讲,该值等于正常环境温度 290 K。

t_r——相对于接收机输入端的接收机等效噪声温度(K),t_r 在卫星通信中经常用到,详见国际电联《卫星通信手册》(2002,第 50 页)。

若接收机各部件为级联形式,则接收机噪声温度 t_{rn} 为第 n 个设备的噪声温度,g_n 为第 n 个设备的功率增益(线性,而非 dB),接收机级联电路总噪声温度 t_r 为:

$$t_r = t_{r1} + \frac{t_{r2}}{g_1} + \frac{t_{r3}}{g_1 g_2} + \frac{t_{r4}}{g_1 g_2 g_3} + \cdots + \frac{t_{rn}}{g_1 g_2 g_3 \cdots g_{n-1}} \tag{5.16}$$

同样,接收机总噪声温度由接收机级联电路第一级噪声温度决定。

接收机噪声因子可基于噪声温度[单位为开尔文(K),数值等于℃+273.15]表示为:

---

① 以丹麦裔美国籍电气工程师 Harald T.Friis 的名字命名,见 5.6.2 节。

$$\text{nf} = \frac{t_0 + t_r}{t_0} \tag{5.17}$$

若定义接收机总噪声温度为系统噪声温度 $t_s = t_0 + t_r$，则式（5.15）可表示为：

$$s_{\min} = k \times t_s \times b \times (s/n) \tag{5.18}$$

t_s 也可用 T_s（并非 $10\log t_s$）表示。系统噪声温度 T_s 主要用于卫星通信。根据国际电联《无线电规则》附录 8-2 和 ITU-R S.738 建议书：

T_s——空间站接收系统噪声温度，参考点为空间站接收天线输出端（K）；

T_e——地球站接收系统噪声温度，参考点为地球站接收天线输出端（K）；

T——卫星链路等效噪声温度，参考点为地球站接收天线输出端（K）；

ΔT——由其他卫星网络发射所引起的卫星链路整体噪声温度的增加值，参考点为地球站接收天线输出端（K）。

《无线电规则》附录 8-7 和 ITU-R S.738 建议书指出，当 $\Delta T / T$ 的计算值大于 6% 时，应开展与其他卫星网络的用频协调。5.8 节将进一步讨论该问题。

5.4.3 卫星地球站和空间站的增益与噪声温度比 G/T

衡量地球站与空间站性能的一个主要指标是天线增益与系统噪声温度比 g/t（K^{-1}）。如同等效全向辐射功率（e.i.r.p.）可反映发射机输出特性，g/t 或 $G/T[10\log(g/t)]$ 能够反映卫星地球站和空间站的接收特性。其中 G 表示天线增益，T 为天线与接收机各部件整体噪声温度，单位为开尔文。由于地球站比空间站对 T 的影响更大，因此上行链路（从地球站到空间站）噪声温度 T_{es} 小于下行链路（从空间站到地球站）噪声温度 T_{sat}。

根据式（5.18），接收机输入端的系统噪声功率 n 可表示为：

$$n = k \times t_s \times b \tag{5.19}$$

卫星通过下行链路发射至卫星地球站的有用信号功率的对数形式为：

$$S_{dl} = C_{dl} = \text{E.I.R.P.}_{sat} - PL_{dl} + G_{es} \tag{5.20}$$

将式（5.19）转换为对数形式，则卫星地球站接收噪声功率 n_{es} 为：

$$N_{es} = K + T_{es} + B \tag{5.21}$$

卫星地球站信噪比 SNR 为：

$$\begin{aligned} S_{dl}/N_{es} = C_{dl}/N_{es} &= \text{E.I.R.P.}_{sat} - PL_{dl} + G_{es} - T_{es} - K - B \\ &= \text{E.I.R.P.}_{sat} - PL_{dl} + G_{es}/T_{es} - K - B \end{aligned} \tag{5.22}$$

同理，上行链路接收信号功率的对数形式为：

$$S_{ul} = C_{ul} = \text{E.I.R.P.}_{es} - PL_{ul} + G_{sat} \tag{5.23}$$

卫星接收机输入端热噪声功率的对数形式为：

$$N_{sat} = K + T_{sat} + B \tag{5.24}$$

卫星接收机输入端信噪比或载噪比的对数形式为：

$$\begin{aligned} S_{ul}/N_{sat} = C_{ul}/N_{sat} &= \text{E.I.R.P.}_{es} - PL_{ul} + G_{sat} - T_{sat} - K - B \\ &= \text{E.I.R.P.}_{es} - PL_{ul} + G_{sat}/T_{sat} - K - B \end{aligned} \tag{5.25}$$

式（5.22）和式（5.25）表明，接收机输入端的信噪比 SNR 与 G/T 成正比。若对 S/N（或 C/N）进行归一化处理，或表示为地球站的接收功率密度，则式中不包含带宽 B 项。

典型案例：G/T 在 Ku 波段卫星链路预算中的应用

大多数卫星运营商选用的地球站类型基本相同。地球站天线直径一般为 3.7～13 m，家用地球站天线直径为 0.45～0.8 m，根据家用地球站位置和地球站与卫星主波束的间隔不同，有些家用地球站天线直径可达 1.4 m。表 5.5 中数据主要基于 AMOS 卫星、直播卫星（DBS）或家用直播卫星（DTH），地球站噪声温度为 100 K，空间站噪声温度为 500 K。考虑到波束类型和聚焦性能，空间站天线直径为 1.2 m，卫星地球站天线直径为 9.0 m，典型 DBS/DTH 地球站直径为 0.8 m。由于 $10\log k = 228.6$（其中 k 为玻耳兹曼常数），则 C/N（dB）= E.I.R.P.－PL＋G/T＋228.6－$10\log B$。

表 5.5 典型 Ku 波段链路预算和 G/T

参数	下行链路取值	上行链路取值	单位
E.I.R.P.（空间至地球）	52		dBW
E.I.R.P.（地球至空间）		71	dBW
PL（传播损耗）	205	207	dB
G（地球站）	37.4	60	dBi
G（空间站）		42	dBi
T（地球站）	$10\log 100 = 20$		dB/K
T（空间站）		$10\log 500 = 27$	dB/K
G/T（地球站）	37.4－20 = 17.4		dB/K
G/T（空间站）		42－27 = 15	dB/K
C/N（归一化下行链路热噪声）	93		dB
C/N（归一化上行链路热噪声）		107.6	dB
B（信道带宽）		$36×10^6$ Hz, $10\log 36×10^6 = 75.6$	dBHz
C/N	17.4	32	dB

备注：关于卫星链路计算的更多信息可参考国际电联《卫星通信手册》（2002，第 71～81 页）。本章 5.7 节也给出了关于这方面的更多细节信息。

5.5 天线基本参数

如果没有天线，无线电系统就无法收发射频信号。天线是一种能将传输线上的传导电磁波转换为自由空间中平面波的装置，反之也可用于接收电磁波。天线用于发射时，需将射频信号源与天线输入端相连；同理，用于接收时，天线从空间中接收电磁能量并传输至负载。天线的发射和接收遵循互易原理，即天线的所有发射和接收特性参数保持一致，这些特性参数包括方向性系数、增益、辐射方向图、波束宽度、极化方式、射频带宽、阻抗和驻波比等。

选用合适的天线有助于提高频谱效率。例如，采用自适应天线能够显著改善通信系统的链路预算，并有助于消除干扰；采用智能天线能够扩大蜂窝移动通信系统的覆盖范围，增加其通信容量。多天线（天线阵）主要基于如下 3 个原理，见 Sesia 等（2011，第 16 页和第 251 页）。

1. 通过提高增益和空间分集来增强抗多径能力。
2. 基于阵列天线技术，产生的多方向波束同时指向多个用户，也称为多输入多输出（MIMO）[①]技术。

[①] MIMO 支持多数据输入和多数据输出模式，即多个天线同时发射和接收通信信号。通过为单个设备配置 2 个、3 个或多个天线，MIMO 能够显著提高系统通信性能。

3. 基于增益复用技术，从多个方向向单个用户发射信号。MIMO 复用并不能扩展带宽，还增加了天线数量和信号处理过程。

5.5.1 天线孔径、波束宽度、方向性系数和增益

图 5.18 描述了天线的几何特性和电特性，其中天线孔径除图中所示矩形外，实际中还可能为椭圆和圆形等。

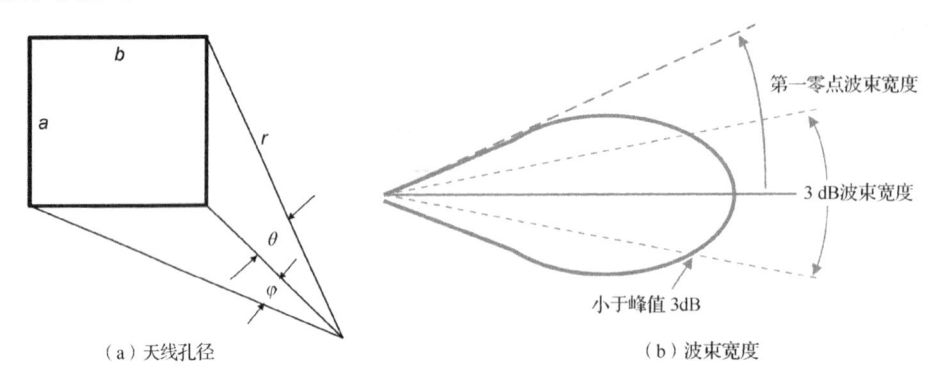

（a）天线孔径　　　　　　　　　　（b）波束宽度

图 5.18　天线孔径和波束宽度

5.5.1.1　天线方向性系数

天线方向性系数 d（分贝形式用 D 表示）被定义（Balanis 2008，第 16 页）为：

天线在指定方向上的辐射强度与在所有方向上的平均辐射强度之比。平均辐射强度等于天线辐射的总功率除以 4π。若未确定指定方向，则选择具有最大辐射强度的方向为指定方向。

天线方向性系数也可用波束立体角的球面度（steradian，也称立体弧度）[①]来定义。Balanis（2008，第 18 页，公式 1.12）将天线最大方向性系数 d_0 定义为：

$$d_0 = \frac{4\pi}{\Omega_A(\text{steradians})} \tag{5.26}$$

对于拥有一个主瓣和许多较小副瓣的天线，波束立体角 Ω_A 约等于仰角 θ 和半功率波束宽度（−3 dB）方位角 φ [以弧度（radian，可简写为 rad）[②]为单位]在两个正交面上的乘积，见 Lo 和 Lee（1988，第 1～29 页）与 Balanis（1997，第 46 页）。

$$d_0 = \frac{4\pi}{\Omega_A(\text{steradians})} \approx \frac{4\pi}{\varphi(\text{radians})\theta(\text{radians})} \tag{5.27}$$

由于 2π 弧度等于 $360°$ [° 表示度（degree）]，用度代替式（5.27）中的弧度，即可得到 Kraus 公式[③]为：

$$d_0 = \frac{4\pi}{\Omega_A(\text{steradians})} \approx \frac{4\pi}{\varphi(\text{radians})\theta(\text{radians})} \approx \frac{4\pi}{\varphi°\theta°}\left(\frac{180}{\pi} \times \frac{180}{\pi}\right) \approx \frac{41\,253}{\varphi°\theta°} \tag{5.28}$$

---

① 立体角的标准单位为 steradian，即在球的表面切割等于球半径平方的面积所对应的立体角。
② 弧度是平面角的基本单位，弧长等于半径的弧，对应的圆心角为 1 弧度。
③ 该公式虽然有用，但其中的空间波束为椭圆而非矩形，因此其立体角 Ω_A（球面度）并不是两个正交面 φ（弧度）和 θ（弧度）的乘积，还须增加几何修正因子。

5.5.1.2 天线增益

天线增益 g（分贝形式用 G 表示）被定义（Balanis 2008，第 24 页）为：

天线在指定方向上的辐射强度与采用相同功率而在全向辐射时所得辐射强度之比。全向辐射功率等于天线输入功率除以 4π。

在大多数情况下，天线增益是相对无损耗各向同性点源而言的。若未给定指定方向，则功率增益取具有最大辐射强度的方向为指定方向。

天线效率 η 为天线辐射功率与输入功率之比。天线效率考虑了天线与发射机和接收机之间的失配和损耗（传导和绝缘）。根据 Balanis（2008，第 24 页，公式 1.27 和 1.27a），η 等于天线增益除以方向性系数：$g(\theta,\varphi) = \eta d(\theta,\varphi)$。将 η 插入式（5.28），可得：

$$g_0 = \eta d_0 = \eta \frac{4\pi}{\Omega_A(\text{steradians})} \approx \eta \frac{4\pi}{\varphi(\text{radians})\theta(\text{radians})} \approx \eta \frac{4\pi}{\varphi^\circ \theta^\circ}\left(\frac{180}{\pi} \times \frac{180}{\pi}\right) \approx \eta \frac{41\,253}{\varphi^\circ \theta^\circ} \quad (5.29)$$

将典型天线效率 $\eta = 0.73$ 代入式（5.29），可得到多种实际天线最大增益 g_0 的计算公式：

$$g_0 \approx \eta \frac{41\,253}{\varphi^\circ \theta^\circ} \approx 0.73 \frac{41\,253}{\varphi^\circ \theta^\circ} \approx \frac{30\,000}{\varphi^\circ \theta^\circ} \quad (5.30)$$

式（5.30）可见 Balanis（2008，第 25 页，公式 1.30）。国际电联《卫星通信手册》（2002，第 104 页）给出的 $g_0 = \dfrac{27\,000}{\varphi^\circ \theta^\circ}$。

如图 5.18 所示，当天线孔径 a（仰角）和 b（方位角）与波长 λ 单位一致时，天线仰角 θ 和方位角 φ（-3 dB 波束宽度）可分别表示为：

$$\varphi(\text{radians}) = \lambda/a; \quad \theta(\text{radians}) = \lambda/b \quad (5.31)$$

将式（5.31）代入式（5.28），可得：

$$d_0 = \frac{4\pi}{\Omega_A(\text{steradians})} \approx \frac{4\pi}{\varphi(\text{radians})\theta(\text{radians})} \approx \frac{4\pi}{(\lambda/a)(\lambda/b)} \approx \frac{4\pi(a\times b)}{\lambda^2} \quad (5.32)$$

5.5.1.3 天线有效孔径面积

天线总效率[①] η 等于天线辐射功率与输入功率之比，也等于天线有效孔径面积 A_e 与几何孔径面积 A 之比（Balanis 2008，第 24 页中公式 1.25 和第 39 页中公式 1.53）。对于矩形孔径面积为 A 的天线，天线表面积等于 $a \times b$，则天线最大有效面积 $A_e = \eta A = \eta a \times b$，且天线效率为：

$$\eta = \frac{P_{\text{rad}}}{P_{\text{input}}} = \frac{A_e}{A} = \frac{g_0}{d_0} \quad (5.33)$$

综合式（5.33）和式（5.32），可得天线最大方向性系数为：

$$d_0 = \frac{4\pi(a\times b)}{\lambda^2} = \frac{4\pi A}{\lambda^2} \quad (5.34)$$

[①] Balanis（2008，第 23 页）指出，天线总效率 e_0 等于 3 个无量纲量值的乘积，这 3 个量值分别为：e_r 代表反射性（失配），e_c 代表导电性，e_d 代表绝缘性。天线辐射效率 $e_{cd} = e_c \times e_d = P_{\text{rad}}/P_{\text{input}} = \eta = \dfrac{g_0}{d_0}$；$e_r = 1 - |\Gamma|^2$，其中 Γ 为插入损耗。在 IEEE 标准中，天线增益不包括由阻抗失配和极化失配导致的损耗。

将式（5.34）两边均乘以 η，并设 $g_0 = \eta d_0$，$A_e = \eta A$，得：

$$\eta d_0 = g_0 = \frac{4\pi\eta(a \times b)}{\lambda^2} = \frac{4\pi\eta A}{\lambda^2} = \frac{4\pi A_e}{\lambda^2} \qquad (5.35)$$

Lo 和 Lee[1988，第 2~35 页，公式（95）]和 Cheng[1983，第 532 页，公式（11-87）]采用 $g = 4\pi A_e/\lambda^2$ 表示天线增益，见式（5.36）。天线增益与天线有效面积成正比，且天线发射和天线接收的有效面积相同。式（5.36）可根据天线的互易性定理导出，见 Cheng（1983，第 531、532 页）。天线有效孔径面积（《卫星通信手册》（2002，第 45 页，公式 4）可表示为：

$$A_e = \frac{g\lambda^2}{4\pi} \qquad (5.36)$$

式（5.36）在计算自由空间传播损耗和转换公式时非常有用，具体见 5.6 节。对于理想的无耗各向同性天线，其电效率为 100%，天线增益 $g=1$，各向平均接收截面（有效面积）A_e 等于 $\lambda^2/4\pi$，具体见 Lo 和 Lee（1988，第 2~35 页）：

$$A_{e\,\text{isotropic}} = \frac{\lambda^2}{4\pi} \qquad (5.37)$$

由式（5.31）和式（5.26）可导出多个有用公式。设天线效率 $\eta = 0.7$，将-3 dB 有效（θ 和 φ 乘以 $\sqrt{\frac{1}{\eta}}$）波束宽度角度 θ_e 和 φ_e 的单位由弧度转换为度；设天线长度或直径为 l，则可通过波束宽度估计 l/λ（单位相同）[①]，即 $\sqrt{\frac{1}{\eta}}\frac{\lambda}{l} = \sqrt{\frac{1}{0.7}}\frac{\lambda}{l} = 1.2\frac{\lambda}{l}$，且 $l/\lambda \approx 1.2/$波束宽度（弧度）[②]。

$$\varphi_e(\text{degrees}) = 1.2\frac{\lambda}{a} \times \frac{180}{\pi} \approx 70\frac{\lambda}{a}; \quad \theta_e(\text{degrees}) = 1.2\frac{\lambda}{b} \times \frac{180}{\pi} \approx 70\frac{\lambda}{b} \qquad (5.38)$$

各向同性天线方向性系数和增益的分贝形式表示为：

$$D_i = 10\log_{10}d; \quad G_i = 10\log_{10}g \qquad (5.39)$$

半波振子的天线增益 g_d 等于 1.64。实际中常采用相对半波振子的天线增益，即：

$$G_d = G_i - 10\log 1.64 = G_i - 2.15 \qquad (5.40)$$

式（5.30）的对数形式可表示为（°表示度）：

$$G_0 = 10\log 30\,000 - 10\log\theta° - 10\log\varphi° = 44.8(\text{dBi}) - 10\log\theta° - 10\log\varphi° \qquad (5.41)$$

当天线为圆形时，则 $\theta = \varphi$，则：

$$G_0 = 44.8(\text{dBi}) - 20\log\theta° \qquad (5.42)$$

当 λ/l 未知时，需要通过估计方法近似得到该比值。由式（5.38）可得 $\theta(度) \approx 70\frac{\lambda}{l}$，代入式（5.42），得到 $G_0 = 44.8(\text{dBi}) - 20\log 70\frac{\lambda}{l}$，因此得：

$$G_0 = 7.9 - 20\log\frac{\lambda}{l} \qquad (5.43)$$

在国际电联《无线电规则》附录 8-10 和 ITU-R F.699 建议书中，$20\log\frac{\lambda}{l} = G_0 - 7.7$，其中

[①] 式（5.38）由作者增加到 ITU-R F699 建议书中"建议 4.1"的更新中。

[②] 由国际电联《卫星通信手册》（2002，第 49 页）中公式 19 可知，$\theta(度) = 65\frac{\lambda}{a}$。

采用 $g_0 \approx \dfrac{28\,800}{\varphi° \theta°}$ 代替 $g_0 \approx \dfrac{30\,000}{\varphi° \theta°}$ [见式（5.30）]。ITU-R F.1336 建议书（公式 28a、32a、36 和 40）给出的计算扇形天线增益和波束宽度的半经验公式为 $g_0 = \dfrac{31\,000}{\varphi° \theta°}$。

5.5.2 天线三维辐射方向图和增益的计算

天线辐射方向图表示天线辐射随角度的变化特性。由于射频信号可能通过天线主瓣或副瓣进入无线电设备，因而天线方向图成为开展电磁干扰和人体射频暴露分析所需的重要参数。天线三维辐射方向图可以表示为特定仰角上的方位辐射方向图，也可表示为特定方位角上的垂直辐射方向图。其中最重要的天线方向图是在能够获取最大天线增益的仰角上的方位面方向图，以及在能够获取最大天线增益的方位角上的垂直面方向图，这两个方向图分别被称为水平辐射方向图（HRP）和垂直辐射方向图（VRP），如图 5.19 所示。

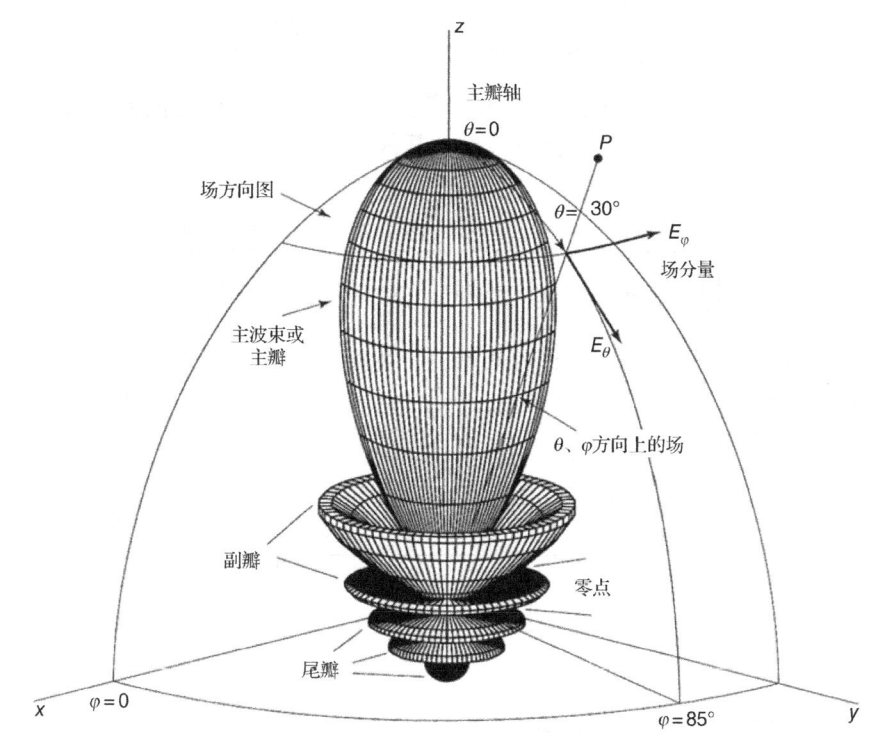

图 5.19 天线三维幅度场方向图[来源：(Balanis: 6, 图 1.4) Balanis C. 2008《现代天线手册》，Hoboken：John Wiley & Sons 公司]

在天线辐射的远场区域[①]，天线辐射的电场和磁场在传播方向上正交，这时可将天线视为点源。在远场区域，点源发射的功率密度通常为放射状，其坡印廷矢量（见 ITU-R BS.1195 建议书中图 2）和 $\hat{E}_r$（Balanis 2008，第 7 页，图 1.4）由两个横向切线电场分量 e_θ 和 e_φ（BS.1195）或 $\hat{E}_\theta$ 和 $\hat{E}_\varphi$（Balanis 2008）确定，如图 5.19 所示。

在球面极坐标系中，下列参数的含义为：

[①] 观察者与天线之间的距离大于 $2D^2/\lambda$，其中 D 为天线尺寸（或天线直径）的最大值，λ 为无线电波的波长，详见 5.6 节。

θ ——相对于水平面的仰角（$0 \leq \theta \leq \pi$ 弧度）；

φ ——相对于 x 轴的方位角（$0 \leq \theta \leq 2\pi$ 弧度）；

r ——点源和观察者之间的距离。

5.5.2.1 天线方向性系数和增益的计算

天线方向性系数定义为天线最大辐射强度与相同辐射功率下各向同性点源的辐射强度（或功率流量密度）之比，见 ITU-R BS.1195 建议书和 Balanis（2008，第 15 页）（Balanis 2008 和 BS.1195 对 θ 方向的定义不同）[①]。天线最大方向性系数可表示为：

$$d_0 = \frac{4\pi \, |e(\theta,\varphi)|^2_{\max}}{\int_0^{2\pi}\int_0^{\pi} |e(\theta,\varphi)|^2 \sin\theta \, d\theta \, d\varphi} \tag{5.44}$$

其中，$e(\theta,\varphi)$ ——辐射源电场矢量（球面坐标系）；

$|e(\theta,\varphi)|$ ——辐射源电场的幅度，$|e(\theta,\varphi)| = \sqrt{|e_\theta(\theta,\varphi)|^2 + |e_\varphi(\theta,\varphi)|^2}$。

根据能量守恒定律，总的天线方向性系数等于 1。式（5.44）给出的天线方向性系数为点源辐射方向图的函数。对于无耗各向同性点源，其天线辐射电场 $e(\theta,\varphi) \equiv 1$。将 $e(\theta,\varphi) = 1$ 代入式（5.44）可得：

$$d_0 = \frac{4\pi}{\int_0^{2\pi}\int_0^{\pi} \sin\theta \, d\theta \, d\varphi} = \frac{4\pi}{\int_0^{2\pi}[-\cos\pi + \cos 0]d\varphi} = \frac{4\pi}{2\int_0^{2\pi}d\varphi} = \frac{4\pi}{4\pi} = 1$$

将天线方向性系数 d 除以最大方向性系数 d_0，即对方向性系数（和辐射强度）进行归一化处理，根据式（5.44），可得 d/d_0 为 θ 和 φ 的函数，即：

$$\frac{\dfrac{4\pi \, e(\theta,\varphi)^2}{\int_0^{2\pi}\int_0^{\pi}|e(\theta,\varphi)|^2 \sin\theta \, d\theta \, d\varphi}}{\dfrac{4\pi \, |e(\theta,\varphi)|^2_{\max}}{\int_0^{2\pi}\int_0^{\pi}|e(\theta,\varphi)|^2 \sin\theta \, d\theta \, d\varphi}} = \frac{e(\theta,\varphi)^2}{|e(\theta,\varphi)|^2_{\max}} \tag{5.45}$$

5.5.2.2 天线方向图和副瓣的计算

如前所述，天线方向图是开展频谱共用和人体射频暴露分析所需的重要参数。当缺乏天线辐射方向图有关信息时，可采用仿真方法获取天线方向图。

直接基于场强分布（激励）获取方向图

假设天线上的电流分布为坐标系中仰角或方位角的函数。根据有限傅里叶变换，给定场强分布下的天线方向图 $F(\mu)$ 可表示为（见 ITU-R M.1851 建议书）：

$$F(\mu) = \frac{1}{2}\int_{-1}^{+1} f(x) \cdot e^{j\mu x} dx \tag{5.46}$$

[①] ITU-R 将仰角 θ 定义为从水平面至天顶点的角度，而 Balanis（2008）和 IEEE 将仰角 θ 定义为从天顶点至水平面的角度。

其中，$f(x)$——天线场强分布函数；

μ——等于 $\pi\left(\dfrac{l}{\lambda}\right)\sin\theta$；

l——孔径长度；

λ——波长；

θ——当指向角（主瓣）为 0 时，相对于孔径法线的角度；

x——沿孔径的归一化距离，$-1\leqslant x\leqslant 1$；

j——复数符号。

需要指出，天线方向图（包括副瓣）由其孔径上的场强分布（激励）决定。通过有限傅里叶变换，可导出天线方向性系数和增益，且小孔径天线方向图的主瓣更宽[1]。这里所说的方向图包括波束扫描角度相对于天线孔径方向 $\pm\pi/2$（$\pm 90°$）范围。当天线孔径边缘的场强幅度为 0 时，天线主瓣和前两个副瓣的方向图公式及参数如表 5.6 所示。若可获取天线实测方向图，则优先使用实测方向图。

通过减小天线副瓣上的场强，可增大天线主瓣上的场强[2]。天线副瓣电平越低，越有助于提高系统频谱共用能力，减小系统对有意干扰和无意干扰的敏感性。对于场强分布函数 $f(x)$（其中 $-1\leqslant x\leqslant 1$）和天线方向图 $F(\mu)$，表 5.6[3] 详细给出了半功率波束宽度 $\theta_{3\text{dB}}$（单位为弧度和度）和第一副瓣相对于主瓣峰值的电平（dB）。

表 5.6 天线方向性系数参数

场强分布 $f(x)$ 相对形状	方向图 $F(\mu)$	$\theta_{3\text{dB}}$ 波束宽度* （弧度）	（度）	μ 为 $\theta_{3\text{dB}}$（弧度）函数	第一副瓣 （dB）
归一化方波	$\dfrac{\sin\mu}{\mu}$	$0.89\left(\dfrac{\lambda}{l}\right)$	$50.8\left(\dfrac{\lambda}{l}\right)$	$\dfrac{\pi\cdot 0.89\cdot\sin\theta}{\theta_{3\text{dB}}}$	-13.2
$\cos(\pi x/2)$	$\dfrac{\pi}{2}\left[\dfrac{\cos\mu}{\left(\dfrac{\pi}{2}\right)^2-\mu^2}\right]$	$1.2\left(\dfrac{\lambda}{l}\right)$	$68.8\left(\dfrac{\lambda}{l}\right)$	$\dfrac{\pi\cdot 1.2\cdot\sin\theta}{\theta_{3\text{dB}}}$	-23
$\cos^2(\pi x/2)$	$\dfrac{\pi^2}{2\cdot\mu}\left[\dfrac{\sin\mu}{\pi^2-\mu^2}\right]$	$1.45\left(\dfrac{\lambda}{l}\right)$	$83.2\left(\dfrac{\lambda}{l}\right)$	$\dfrac{\pi\cdot 1.45\cdot\sin\theta}{\theta_{3\text{dB}}}$	-32
$\cos^3(\pi x/2)$	$\dfrac{3\cdot\pi\cdot\cos\mu}{8}\left[\dfrac{1}{\left(\dfrac{\pi}{2}\right)^2-\mu^2}-\dfrac{1}{\left(\dfrac{3\cdot\pi}{2}\right)^2-\mu^2}\right]$	$1.66\left(\dfrac{\lambda}{l}\right)$	$95\left(\dfrac{\lambda}{l}\right)$	$\dfrac{\pi\cdot 1.66\cdot\sin\theta}{\theta_{3\text{dB}}}$	-40
$\cos^4(\pi x/2)$	$\dfrac{3\pi^4\sin\mu}{2\mu(\mu^2-\pi^2)(\mu^2-4\pi^2)}$	$1.85\left(\dfrac{\lambda}{l}\right)$	$106\left(\dfrac{\lambda}{l}\right)$	$\dfrac{\pi\cdot 1.85\cdot\sin\theta}{\theta_{3\text{dB}}}$	-47

来源：ITU-R M.1851 建议书中表 2。

备注：*本列中的值与式（5.38）θ（度）$=1.2\dfrac{\lambda}{l}\times\dfrac{180}{\pi}\approx 70\dfrac{\lambda}{l}$ 或 θ（弧度）$=1.2\dfrac{\lambda}{l}$ 基本一致。

图 5.20 描绘了天线场强分布函数 $f(x)$ 的相对形状，包括方波 1、$\cos(\pi x/2)$、$\cos^2(\pi x/2)$、$\cos^3(\pi x/2)$ 和 $\cos^4(\pi x/2)$。

---

[1] 这可与信号从时域转换到频域的情况相类比：时域中信号脉冲间隔越小，其频域带宽越宽。
[2] 能量守恒定律决定了天线主瓣能量的增加（波束变宽）意味着天线副瓣能量的减小。
[3] 表 5.6 的框架来源于 ITU-R M.1851 建议书中表 2，其中不包含 $\cos^4(\pi x/2)$ 所在行和弧度列。

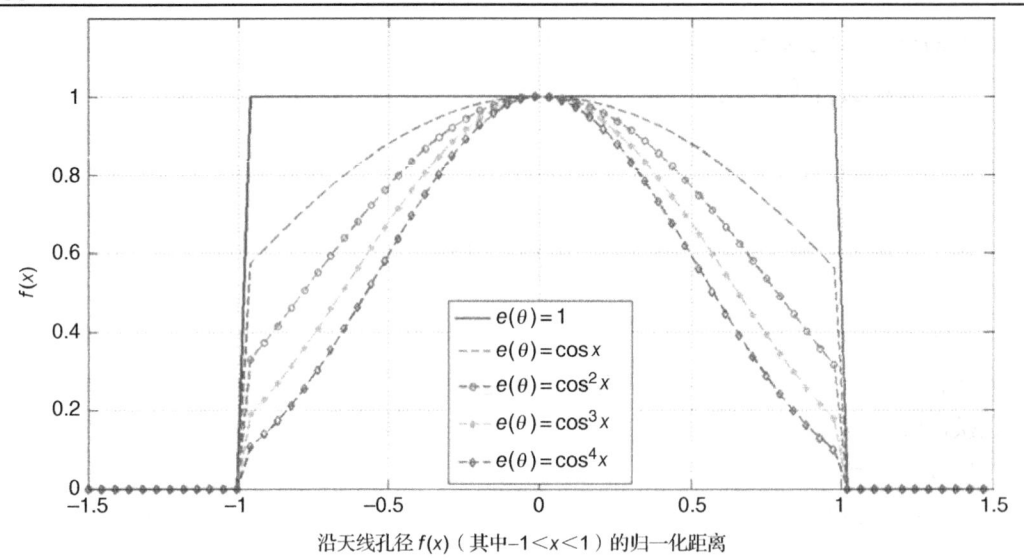

图 5.20 场强分布函数相对形状

图 5.21 描绘了根据上述 5 种归一化场强分布函数所导出的天线方向图[①]。

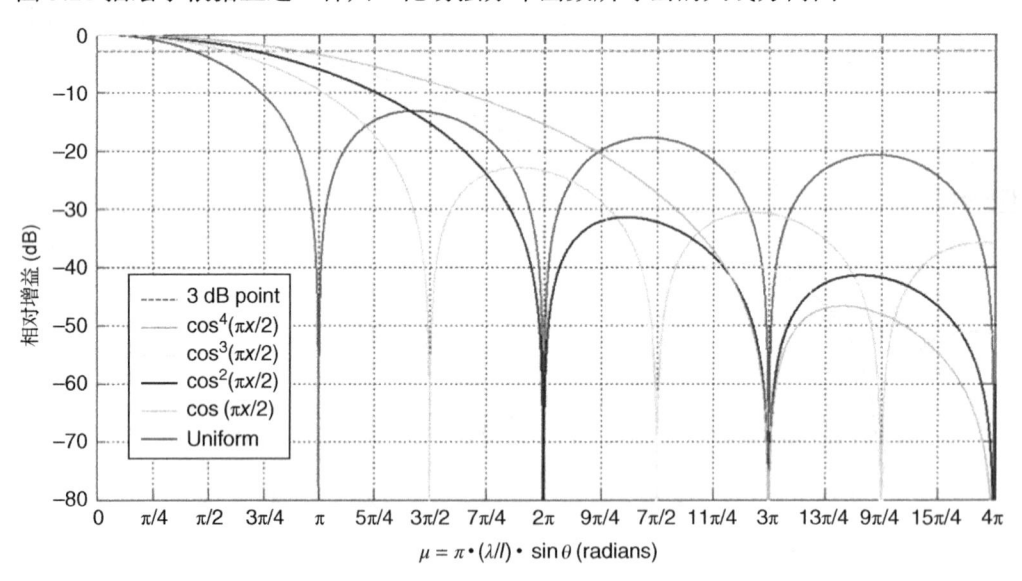

图 5.21 不同场强分布函数对应的天线衰减方向图

这里举一个方波的例子，即场强分布为 1（$-1 \leqslant x \leqslant 1$）和 0 的情况。根据式（5.46），当矩形反射器天线接收到场强 $e(\theta,\varphi)=1$ 的电波，且 $\mu = \pi\left(\dfrac{l}{\lambda}\right)\sin\theta$ 时，则：

$$F(\mu) = \frac{1}{2}\int_{-1}^{+1} f(x)\cdot e^{j\mu x}dx = \frac{1}{2}\int_{-1}^{+1} e^{j\mu x}dx = \frac{1}{2j\mu}\left(e^{j\mu} - e^{-j\mu}\right)$$

$$= \frac{(\cos\mu + j\sin\mu) - \left[\cos(-\mu) + j\sin(-\mu)\right]}{2j\mu} = \frac{\cos\mu + j\sin\mu - \cos\mu + j\sin\mu}{2j\mu} = \frac{\sin\mu}{\mu}$$

[①] ITU-R M.1851 建议书中图 2 给出了 4 个（不是 5 个）归一化波束宽度为 8°（0.14 弧度）的方向图。

将两个正交脉冲波形 θ（仰角）和 φ（方位角）（"1"表示在矩形之内，"0"表示在矩形之外）进行空间傅里叶变换后，可得到由两个 Sinc 函数[①]（$\sin\theta/\theta$) 和（$\sin\varphi/\varphi$) 构成的天线方向图。图 5.22 为矩形反射器天线接收到方波照射所形成的天线方向图，图中三维等角投射方向图表示离开轴线（坐标轴单位为弧度）的电平相对衰减值。

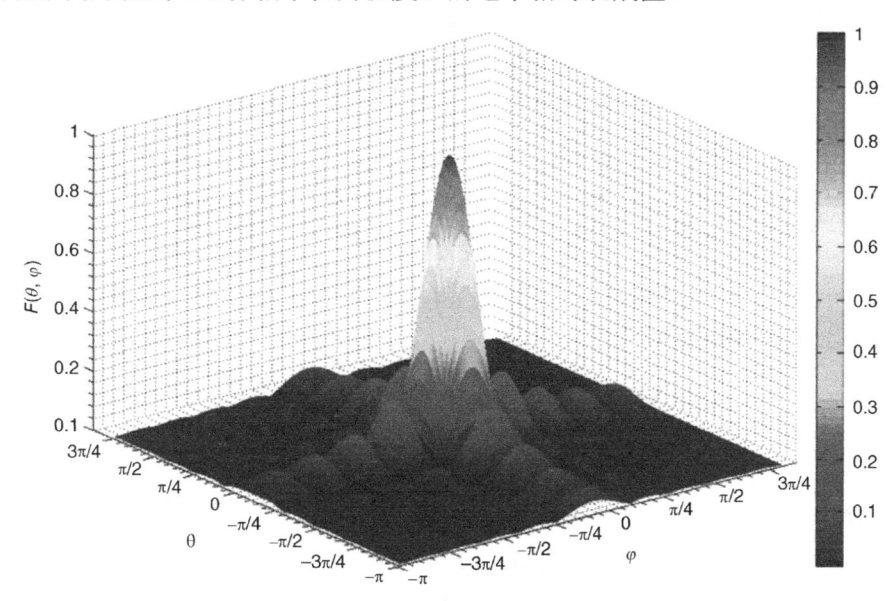

图 5.22　用 Matlab 绘制的矩形反射器天线三维衰减方向图

ITU-R F.1336 和 F.699 建议书给出的天线方向图

在 ITU-R F.1336 建议书包含的公式 41b 和 2a4 给出的天线方向图中，φ 和 θ 为相互正交的方位角和仰角，其等效离轴角 $\psi = \arccos(\cos\varphi \times \cos\theta)$，$0° \leq \Psi \leq 180°$。根据 ITU-R F.699 建议书，假设参考辐射方向图围绕视轴全方位对称，则可用 ψ 代替 φ 和 θ 计算天线方向图和 cosine 值。例如，对于 $\varphi = 5°$ 和 $\theta = 6°$，$\psi = \arccos(\cos5° \times \cos6°) = 7.8°$。

ITU-R F.699 建议书非常适合计算参考方向图[②]。与 ITU-R M.1851 建议书不同，F.699 建议书可用于计算天线增益，以及相对于最大增益的天线衰减方向图。相关计算公式主要基于天线长度或直径 l，且其单位与波长单位一致。设天线第一副瓣增益为 G_1（dBi），天线方向图的计算分为以下几种情况。

（1）当频率为 1 GHz 至 70 GHz，l/λ 值大于 100 时，可采用如下公式：

$$G(\varphi) = G_{max} - 2.5 \times 10^{-3} \left(\frac{l}{\lambda}\varphi\right)^2 \quad \text{其中, } 0° < \varphi < \varphi_m$$

$$G(\varphi) = G_1 \quad \text{其中, } \varphi_m \leq \varphi < \varphi_r$$

$$G(\varphi) = 32 - 25\log\varphi \quad \text{其中, } \varphi_r \leq \varphi < 48°$$

$$G(\varphi) = -10 \quad \text{其中, } 48° \leq \varphi \leq 180°$$

[①] 采用 Sinc^2 表示的天线远场方向性系数和衰减方向图由场强平方决定。
[②] ITU-R F.699 建议书中的某些公式也可用于对卫星固定业务（FSS）之间、以及 FSS 地球站与其他业务之间的干扰进行评估。相同公式也可参见 RR AP8-10 和 ITU-R P.620 建议书附录 1 的附件 4。同时，ITU-R S.465 建议书和 S.2196 报告也包含了类似公式。针对 l/λ 值大于 100 的情况，ITU-R F.1245 建议书和 F.758 建议书均引用 F.699 建议书。2016 年 4 月，作者向 ITU-R 提交了修改 F.699 中有关公式的提案。

其中，$G(\varphi)$——相对于各向同性天线的增益；

φ——与坐标轴的夹角（度）；

G_1——第一副瓣增益，为 $2+15\log\dfrac{l}{\lambda}$。

并且有：

$$\varphi_m\,(\text{degrees}) = \frac{20\lambda}{l}\sqrt{G_{max}-G_1}$$

$$\varphi_r\,(\text{degrees}) = 15.85\left(\frac{l}{\lambda}\right)^{-0.6}$$

（2）当频率为 1 GHz 至 70 GHz，l/λ 值小于等于 100 时，可采用如下公式：

$G(\varphi) = G_{max} - 2.5\times 10^{-3}\left(\dfrac{l}{\lambda}\varphi\right)^2$ 其中，$0°\leqslant \varphi < \varphi_m$

$G(\varphi) = G_1$ 其中，$\varphi_m \leqslant \varphi < 100\dfrac{\lambda}{l}$

$G(\varphi) = 52 - 10\log\dfrac{l}{\lambda} - 25\log\varphi$ 其中，$100\dfrac{\lambda}{l}\leqslant \varphi < 48°$

$G(\varphi) = 10 - 10\log\dfrac{l}{\lambda}$ 其中，$48°\leqslant \varphi \leqslant 180°$

（3）当频率为 100 MHz 至 1 GHz[①]，l/λ 值大于 0.63（G_{max} 大于 3.7 dBi）时，可采用如下公式：

$G(\varphi) = G_{max} - 2.5\times 10^{-3}\left(\dfrac{l}{\lambda}\varphi\right)^2$ 其中，$0° < \varphi < \varphi_m$

$G(\varphi) = G_1$ 其中，$\varphi_m \leqslant \varphi < 100\dfrac{\lambda}{l}$

$G(\varphi) = 52 - 10\log\dfrac{l}{\lambda} - 25\log\varphi$ 其中，$100\dfrac{\lambda}{l}\leqslant \varphi < \varphi_s$

$G(\varphi) = -2 - 5\log\dfrac{l}{\lambda}$ 其中，$\varphi_s \leqslant \varphi \leqslant 180°$

其中，

$$\varphi_s = 144.5\left(\frac{l}{\lambda}\right)^{-0.2}$$

根据 ITU-R F.699 建议书中"建议 2.3"所提公式（要求频率小于 1000 MHz），图 5.23 给出了矩形天线水平方向图，其中频率取 514 MHz，$\lambda = 300\times 10^6/514\times 10^6 = 0.58$（m），$G_{max}=37$ dBi，$\lambda/l=0.1$，水平波束宽度 $\varphi_{3dB}=7°$，$70\lambda/l=7°$。

根据上述参数，可得：

第一副瓣增益 $G_1 = 2+15\log\dfrac{l}{\lambda} = 2+15 = 17\,(\text{dBi})$

$$\varphi_m\,(\text{degrees}) = \frac{20\lambda}{l}\sqrt{G_{max}-G_1} = \frac{20}{10}\sqrt{37-17} \approx 9°$$

$$\varphi_s = 144.5\left(\frac{l}{\lambda}\right)^{-0.2} = 144.5\times 10^{-0.2} \approx 91°$$

[①] 关于采用该公式开展未来数字电视和固定业务之间的频率协调，作者于 2001 年和 2005 年向 ITU-R 提交相关提案，见 http://mazar.atwebpages.com/ContributionstoITU.html。

因此有：

$$G(\varphi) = G_{\max} - 2.5 \times 10^{-3} \left(\frac{l}{\lambda}\varphi\right)^2 = 37 - 0.25\varphi^2 \quad \text{其中，} 0° < \varphi < 9°$$

$$G(\varphi) = G_1 = 17 \, \text{dBi} \quad \text{其中，} 9° \leq \varphi < 100\frac{\lambda}{l} = 10°$$

$$G(\varphi) = 52 - 10\log\frac{l}{\lambda} - 25\log\varphi = 42 - 25\log\varphi \quad \text{其中，} 10° \leq \varphi < 91°$$

$$G(\varphi) = -2 - 5\log\frac{l}{\lambda} = -7 \, \text{dBi} \quad \text{其中，} 91° \leq \varphi < 180°$$

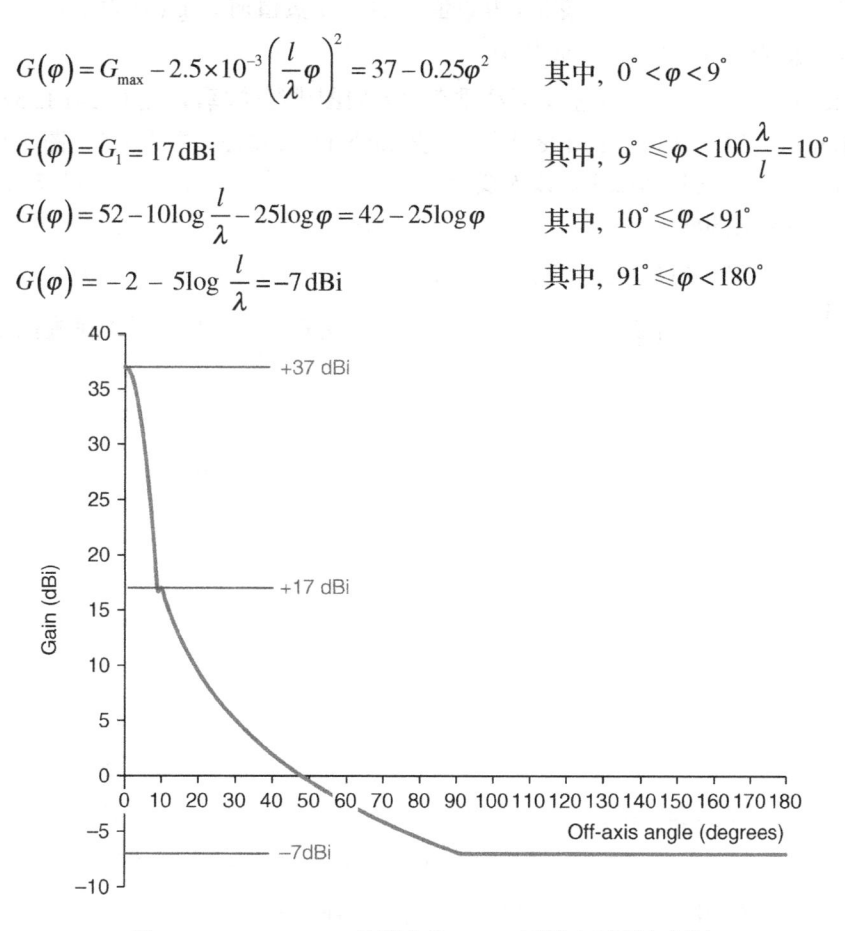

图 5.23　ITU-R F.699 计算出的 37 dBi 天线水平面方向图

通过 cosine 函数估计方向图

许多类型天线的主瓣增益较高，而尾瓣增益较低，其远场方向图可通过简单的解析方法进行估计，见 Lo 和 Lee（1988，第 1～28 页；Balanis 1997，第 48 页）。其归一化/相对垂直面（$0 \leq \theta \leq 2\pi$）和水平面（$0 \leq \varphi \leq 2\pi$）增益为：

$$g(\theta) = \left|(\cos\theta)^{q_{el}}\right|; \quad g(\varphi) = \left|(\cos\varphi)^{q_{az}}\right| \tag{5.47}$$

在天线半功率波束宽度 $\frac{1}{2}\theta_{3dB}$ 和 $\frac{1}{2}\varphi_{3dB}$ 处，所对应的天线增益值 $g(\theta)$ 和 $g(\varphi)$ 均为 0.5，因此，式（5.47）中的指数 q_{el} 和 q_{az} 的计算式为：

$$g\left(\frac{1}{2}\theta_{3dB}\right) = \cos^{q_{el}}\left(\frac{1}{2}\theta_{3dB}\right) = 0.5; \quad g\left(\frac{1}{2}\varphi_{3dB}\right) = \cos^{q_{az}}\left(\frac{1}{2}\varphi_{3dB}\right) = 0.5$$

$$q_{el} = \frac{\log 0.5}{\log\left(\cos\frac{1}{2}\theta_{3dB}\right)}; \quad q_{az} = \frac{\log 0.5}{\log\left(\cos\frac{1}{2}\varphi_{3dB}\right)} \tag{5.48}$$

当天线垂直面和水平面的波束宽度相等时（如圆盘天线），则 $q_{el} = q_{az}$。

实际上，天线方向图副瓣的包络可用 cosine 函数表示。对于 $g(\theta) = (\cos\theta)^{q_{el}}$，有 $g'(\theta) = -\sin\theta \times$

$q_{el} \times (\cos\theta)^{q_{el}-1}$。当 θ 为正值时，$g'(\theta)$ 为负值；当 θ 为负值时，$g'(\theta)$ 为正值。因此，对于 $0 \leqslant |\theta| \leqslant \pi/2$，$g(\theta)$ 随 $|\theta|$ 值的增大而减小[①]。

基于 cosine 方向图可对蜂窝基站天线垂直面方向图进行仿真，详见 ITU-T K.52 建议书（第 35 页）和 Linhares 等（2013，第 148 页）。根据 Linhares（2015）中图 4.5，图 5.24 给出了凯士林（Kathrein）天线的仿真结果。该天线半功率波束宽度为 10°，采用 $\cos^q(\theta-\alpha)$ 计算仿真方向图，其中 $q=181.806\,2$，电倾斜角为 7°，仿真方向图与真实天线半功率角误差小于 2%，–6 dB（线性值为 0.25）相对增益误差小于 7%。当相对增益大于 6 dB 时，误差会进一步增加。当 $\theta > 2.26\left(\dfrac{1}{2}\theta_{3dB}\right)$，即大于第一个零点对应角度时，仿真方向图仍能较准确模拟副瓣电平。

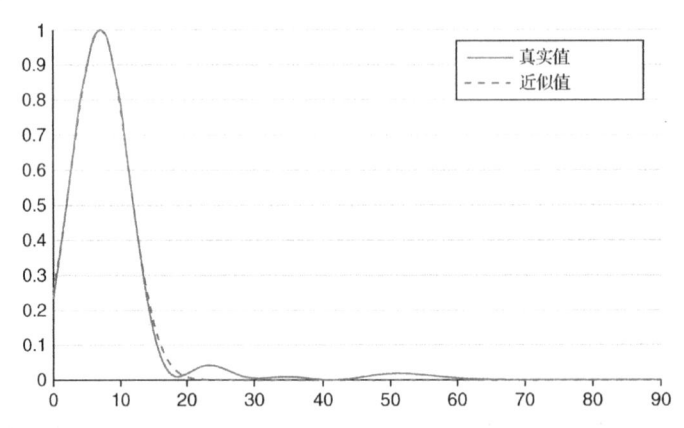

图 5.24 真实垂直面方向图与 $\cos^q(\theta-\alpha)$（倾斜角为 7°）近似值比较。[来源：Linhares（2015）博士论文中图 4.5]

根据式（5.38）中相同的波长 λ 和天线孔径 b（垂直面和水平面），可得 θ_{3dB} 的计算式为：$\theta_{3dB}(度) = 1.2\dfrac{\lambda}{b} \times \dfrac{180}{\pi} \approx 70\dfrac{\lambda}{b}$。采用解析方法时，通常无需 $g(\theta) = \left|(\cos\theta)^{q_{el}}\right|$ 的确定值。当 $g(\theta) = (\cos\theta)^{2N}$ 时，$\theta_{3dB} = 2\cos^{-1}(0.5^{1/2N})$，详见 ITU-R F.1336 建议书中公式 33。

5.5.3 天线极化、带宽、插入损耗和阻抗

5.5.3.1 极化和带宽

极化是指电场矢量 $\vec{e}$ 的方向，$\vec{e}$ 的方向既可能保持不变，也可能随时间变化。天线的极化由其发射电磁波的远场极化矢量确定。电磁波的极化分为线极化和圆极化，两者均是椭圆极化的特殊形式。

图 5.25[②] 描绘了椭圆极化波示意图，沿 z 轴传播的信号由两个相互正交的线极化波构成，其电场可表示为：

$$e_x = e_1\sin(\omega t); \quad e_y = e_2\sin(\omega t + \phi) \tag{5.49}$$

[①] 在反射器天线受方波照射的例子中，$g(\varphi) = \left(\dfrac{\sin\varphi}{\varphi}\right)^2$，因为 $g(\varphi) = (\cos\varphi)^{q_{az}}$，所以 $g'(\varphi) = \dfrac{dg}{d\varphi} = -\sin(\varphi) \times q_{az} \times (\cos\varphi)^{q_{az}-1}$。在 $0 < \varphi < \pi$ 范围内，$g'(\varphi)$ 为负值，$g(\varphi)$ 随 φ 的增加而减小；而在 $-\pi < \varphi < 0$ 范围内，$g'(\varphi)$ 为正值，$g(\varphi)$ 随 φ 的增加而增大。

[②] 见 Balanis（2008，第 219 页，图 5.21）和 ITU-R BS.1195 建议书中图 4。

其中，ϕ 为两个波的相位差。当椭圆极化波沿 z 轴传播时，矢量 $\vec{e}$ 形成了一个椭圆，椭圆的半轴为 e_1 和 e_2。

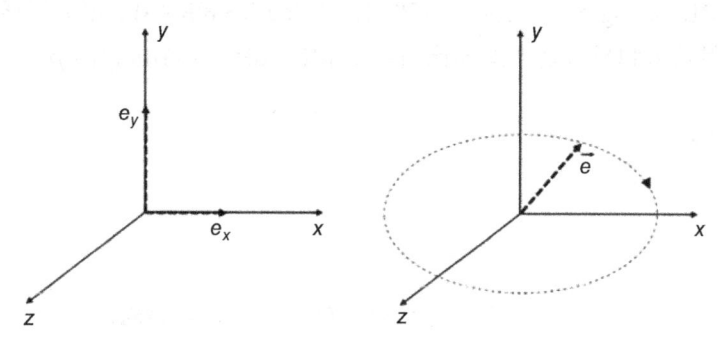

图 5.25 椭圆极化的示意图

式（5.49）中，当 $e_y=0$ 时，电波为水平极化；当 $e_x=0$ 时，电波为垂直极化；当 $e_1=e_2$ 且 $\varphi=0$ 时，电波为 45°（$\pi/4$）倾斜极化；当 $e_y=e\sin wt$ 且 $e_x=\pm e\cos wt$ 时，电波为圆极化。当符号为正时，电波在正 z 轴方向上沿顺时针方向旋转（右旋圆极化）；当符号为负时，电波为左旋圆极化。

极化矢量是电场矢量的归一化相量，也是单位振幅 $a(t)=1$ 的复数矢量。因此，可采用 I 和 Q [式（5.3）和式（5.4）]分量的形式表示电波极化，即沿 z 轴传播的平面波的场强方向为 x 和 y，且极化相量（或倾斜角）等于 $\arctan(y/x)$。

在衰落环境中，若两个信号极化正交（如水平/垂直极化，倾斜角为 $\pm\pi/4$，左旋/右旋），则两者近似不相关。无线系统采用交叉极化接收，有助于消除干扰，提高频谱效率。采用极化分集不仅能够增强有用信号，还可为单个阵子天线替代多个天线[①]提供技术支持。

Balanis（2008，第 26 页）将天线带宽定义为："天线性能满足规定指标时所对应的工作的频率范围。"决定天线带宽的参数包括天线输入阻抗、增益、辐射方向图、波束宽度、极化、副瓣电平、辐射效率等。中心频率为 f_0 的宽带天线带宽 FBW_{bb} 和窄带天线带宽 FBW_{nb} 分别为：

$$\text{FBW}_{bb}=\frac{f_{\max}}{f_{\min}};\ \text{FBW}_{nb}=\frac{f_{\max}-f_{\min}}{f_0}100\% \tag{5.50}$$

5.5.3.2 天线插入损耗和阻抗

天线输入阻抗的定义为天线端电压和电流的比值，它是一个与频率有关的量值。若天线与输入信号不匹配，馈线将传输驻波。这时传输线上最大电压与最小电压的比值即为电压驻波比（VSWR）。

对于电压为 v_f 的前向波和电压为 v_r 的反射波，其反射系数为：

$$\Gamma=\frac{v_r}{v_f}=\sqrt{\frac{p_r}{p_f}}$$

且 Γ 的绝对值 $|\Gamma|=\rho$，$v_{\max}=v_f+v_r$，$v_{\min}=v_f-v_r$。

VSWR 定义为：

[①] 基站采用两阵列交叉极化接收天线，能够将上行链路信号电平提高 6 dB，同时能够提高下行链路发射功率，减轻上下行链路的不平衡性。

$$\text{vswr} = \frac{v_{\max}}{v_{\min}} = \frac{1+\rho}{1-\rho}; \quad \rho = \frac{\text{vswr}-1}{\text{vswr}+1} \tag{5.51}$$

则天线回波损耗 RL$= 20\log\rho = 20\log(\text{VSWR}-1) - 20\log(\text{VSWR}+1)$。定义天线失配损耗（ML）为入射功率与入射功率和反射功率差的比值，则 ML（dB）$= -10\log(1-\rho^2)$。

5.6 电波传播

5.6.1 概述

射频信号衰减反映了发射信号和接收信号之间的关系，是射频环境的一个基本概念。为有效评估通信覆盖范围和电磁干扰，必须构建合理的电波传播模型。电波传播损耗类似于自由空间衰减。发射机和接收机之间由于存在自由空间，因而能够避免障碍物或大气对无线电信号的阻挡。同时，地面也能为电波传播提供帮助，如由于存在地面反射效应，10 kHz～30 MHz[见国际电联《地波传播手册》（2014）]电波可以传播得更远。地波信号的大小会受到地面区域范围和电特性的影响，即使在较小的范围（如几百米）内也会发生变化。ITU-R P.368 建议书中图 1-11 给出了场强随距离、电导率σ和介电常数ε变化的曲线。此外，2～30 MHz 远距离传播还受到电离层反射的影响。通常将高度为 50～300 km 范围内的电离层分为 D、E、F1 和 F2 四层，它能够透射微波，但对短波具有反射作用。虽然电离层会使电波产生损耗，但电波通过电离层反射后可以超视距传播，通信距离可达数千千米。电离层的反射效应与时间、入射电波频率、电子密度、太阳活动等因素密切相关，且很难精确预测。美国国家电信与信息管理局（NTIA）电信科学研究院（ITS）（位于科罗拉多州博尔德市）研制的 HFWIN32 模型，可用于高频电波传播计算。电离层传播计算也需用到基本的自由空间传播模型。

影响发射机和接收机之间电波传播损耗的主要因素（见 ITU-R P.1812 建议书）包括视距、绕射（圆形地表、不规则地面和其他传播路径）、大气散射、异常传播（大气波导和分层反射/绕射）、杂波变化、位置可变性、建筑物进入损耗和地球平均半径（=6371 km）[①]。目前经常使用的电波传播模型包括 Longley 和 Rice 模型、Hata Okumura 模型、Walfish Ikegrami 模型等。本章重点介绍最基本的自由空间传播模型。有关数字地形高程数据（DTED）和气象参数可通过链接 http://weather.uwyo.edu/upperair/sounding.html 获取。

5.6.2 弗里斯（Friis）传输公式和自由空间传播损耗

下列参数均采用国际单位制（SI）：

p_t——发射机输出功率（W）；

g_t——发射天线增益（无量纲和单位）；

d——发射机至接收机之间的视距（m）；

[①] 电波在平坦地表上传播时，发射机和接收机天线之间的视距由地球曲率（地球半径）决定。由于大气压强随高度逐渐降低，导致返回地面的无线电波发生弯曲，相当于将地球半径增加到了 4/3 倍，即所谓等效地球半径 a_e 约为 8500 km。为保持单位量值连续性，当发射机和接收机天线离地高度分别为 h_1 和 h_2 时，电波在平坦地表（无地形或障碍物阻挡）上传播的视距为：
$d_{\text{los}} = \sqrt{2a_e}(\sqrt{h_1} + \sqrt{h_2})$。

pd——接收机端入射功率密度（W/m²）；
A_e——接收天线有效面积（m²）；
λ——波长（m）；
g_r——接收天线增益（无量纲）；
p_r——接收功率（W）；
p_l——传播损耗（无量纲）。

接收信号与发射功率、传播损耗和天线增益（包括发射天线和接收天线）之间呈线性关系。信号衰减还包括发射机与其天线之间、接收机与其天线之间的损耗。设发射机功率为 p_t，发射天线增益为 g_t，传播环境为自由空间，则距发射机距离为 d 的功率密度为：

$$\mathrm{pd} = \frac{p_t g_t}{4\pi d^2} \tag{5.52}$$

接收功率 p_r 等于接收功率密度 pd 与接收天线有效面积 A_e 之积，即 $p_r = \frac{p_t g_t}{4\pi d^2} \times A_e$。根据式（5.36），用 $\frac{g_r \lambda^2}{4\pi}$ 代替 A_e，得：

$$p_r = \frac{p_t g_t}{4\pi d^2} \times \frac{g_r \lambda^2}{4\pi} \tag{5.53}$$

式（5.53）即为弗里斯（以 Harald T.Friis 名字命名）传输公式，该式表达了接收天线输出功率 p_r 与发射天线输入功率 p_t 之间的关系。将 p_r 与 p_t 采用同一单位表示，则根据弗里斯公式：

$$\frac{p_r}{p_t} = \frac{\frac{p_t g_t}{4\pi d^2} \times \frac{g_r \lambda^2}{4\pi}}{p_t} = g_t \times g_r \left(\frac{\lambda}{4\pi d}\right)^2 \tag{5.54}$$

当 $g_t = g_r = 1$ 时，式（5.54）仍然成立。式中 $\left(\frac{4\pi d}{\lambda}\right)^2$ 项与天线增益相独立，被称为自由空间损耗因子。若 d（距离）与 λ（波长）采用同一单位，则自由空间基本传播损耗 p_l（见 ITU-R P.525 建议书）可表示为：

$$p_l = (4\pi d / \lambda)^2 \tag{5.55}$$

由于 λ（波长）为 c_0（光速）与时间 t（周期=1/f）的乘积，所以有 $\lambda \equiv c_0 \times t$，以及 $c_0 \equiv \lambda \times f$ [见式（5.76）]，则自由空间路径损耗（路径损耗即为传播损耗）的另一表达式为：

$$p_l = \left(\frac{4\pi d}{\lambda}\right)^2 = \left(\frac{4\pi d f}{c_0}\right)^2$$

将自由空间路径损耗表示为频率或波长的对数形式，得：

$$P_l(\mathrm{dB}) = 20\log(4\pi d/\lambda) = 20\log(4\pi df/c_0) = 20\log(4\pi df) - 20\log c_0 \tag{5.56}$$

由于真空中光速 $c_0 \equiv 299\,792\,458$ m/s（BIPM 2006，第112页）$\approx 300 \times 10^6$ m/s，则 $\lambda \equiv c_0/f \approx 300/f$（MHz）。将式（5.56）中的 λ（m）用 $(299\,792\,458)/f$ 代替，得到的自由空间传播损耗公式为：

$$P_l(\mathrm{dB}) = 20\log\frac{4\pi d \times f}{299\,792\,458} = 20\log(4\pi/299\,792\,458) + 20\log d(\mathrm{m}) + 20\log f(\mathrm{Hz})$$

$$P_l(\mathrm{dB}) = -147.55 + 20\log d(\mathrm{m}) + 20\log f(\mathrm{Hz}) \tag{5.57}$$

取 d 单位为 km，f 单位为 MHz，根据《无线电规则》附录 8-9（常数取 32.45）和 ITU-R P.525 建议书（常数取 32.4），得：

$$P_1(\text{dB}) = 32.45 + 20\log d\,(\text{km}) + 20\log f\,(\text{MHz}) \tag{5.58}$$

本章后面还要介绍有关自由空间传播损耗的其他公式，如式（5.110）至式（5.112）。根据式（5.55）和式（5.56），自由空间传播损耗只取决于 d/λ 的比值。这是因为，自由空间中的电磁能量传播遵循反平方衰减规律，且与频率无关。自由空间传播损耗公式中的波长（和频率）分量均由接收天线孔径引入，而天线孔径用于表征天线将来波转化为功率的能力。式（5.55）和式（5.56）仅反映电磁波在空间中的扩散能力，接收到的自由空间场强与频率或波长无关，详情见式（5.88）至式（5.94）。但是，由于接收功率与天线有效面积有关，所以天线接收到的功率随波长的增加而增大[①]，如全向天线的有效面积为 $\lambda^2/4\pi$，见式（5.37）。

同时，频率越低，电波传播损耗也越小。因此，中波广播（采用 AM）比 VHF 广播（采用 FM）的传输距离远，而 VHF 电视比 UHF 电视（接收天线增益相同）的传输距离远。

利用弗里斯公式计算自由空间中的雷达方程

自由空间传播模型也可应用于雷达领域。雷达射频信号由发射机至目标，再由目标返回接收机。通常，雷达的发射机和接收机位于同一位置，因此可由弗里斯传输公式计算雷达的自由空间基本传播损耗 p_1，见式（5.54）。

下列参数均采用国际单位制[②]：

p_t——雷达发射功率（W）；
g_t——雷达发射天线增益（无量纲和单位）；
d——雷达至目标之间的视距（m）；
pd_{tg}——目标入射功率密度（W/m^2）；
σ——目标 RCS（雷达反射截面）（m）；
pd_r——雷达接收端功率密度（W/m^2）；
p_r——雷达接收功率（W）；
A_e——雷达接收天线有效面积（m^2）；
λ——波长（m）；
g_r——接收天线增益（无量纲）。

根据式（5.52），使用弗里斯公式，可得：

$$\text{pd}_{tg} = \frac{p_t \times g_t}{4\pi d^2};\ p_{tg} = \text{pd}_{tg} \times \sigma = \frac{p_t \times g_t \times \sigma}{4\pi d^2};\ \text{pd}_r = \frac{p_{tg}}{4\pi d^2} = \frac{p_t \times g_t \times \sigma}{4\pi d^2 \times 4\pi d^2} = \frac{p_t \times g_t \times \sigma}{(4\pi d^2)^2}$$

$$p_r = \text{pd}_r \times A_e = \frac{p_t \times g_t \times \sigma}{(4\pi d^2)^2} \times A_e$$

其中，$A_e = \dfrac{g_r \lambda^2}{4\pi}$ [见式（5.36）]，则：

---

① 同时天线接收到的功率随频率的降低而增大。
② RCS 是总的各向同性等效散射功率与目标入射功率密度的比值。目标散射功率与目标入射功率密度的比值为 p_{tg}/pd_{tg}。

$$p_r = \frac{p_t \times g_t \times \sigma}{(4\pi d^2)^2} \times \frac{g_r \lambda^2}{4\pi}$$

假设雷达（非双基地）采用通用天线（单基地）收发信号，则 $g_t = g_r = g$，得：

$$p_r = \frac{p_t \times g \times \sigma}{(4\pi d^2)^2} \times \frac{g\lambda^2}{4\pi} = \frac{p_t \times g^2 \times \sigma}{(4\pi d^2)^2} \times \frac{\lambda^2}{4\pi} = p_t \times g^2 \times \sigma \frac{\lambda^2}{(4\pi)^3 d^4}$$

与式（5.54）的导出过程类似，雷达自由空间路径损耗等于 p_t 与 p_r 之比，即：

$$p_l = \frac{p_t}{p_r} = \frac{p_t}{p_t \times g^2 \times \sigma \frac{\lambda^2}{(4\pi)^3 d^4}} = \frac{(4\pi)^3 d^4}{g^2 \times \sigma \times \lambda^2} \tag{5.59}$$

当采用全向天线时，$g_t = g_r = g = 1$，并用 c_0/f 代替 λ，则雷达自由空间路径损耗为[①]：

$$p_l = \frac{(4\pi)^3 d^4}{\sigma \times \lambda^2} = \frac{(4\pi)^3 d^4 f^2}{\sigma \times c_0^2} \tag{5.60}$$

将雷达自由空间路径损耗表示为对数形式，得：

$$P_l(\mathrm{dB}) = 10\log p_l = 10\log \frac{(4\pi)^3 d^4}{\sigma \times \lambda^2} = 32.98 + 40\log d - 10\log \sigma - 20\log \lambda \tag{5.61}$$

用 c_0/f 代替 λ 并代入式（5.61），得：

$$P_l(\mathrm{dB}) = 10\log \frac{(4\pi)^3 d^4 \times f^2}{\sigma \times c_0^2} = 40\log d + 20\log f - 10\log \sigma - 136.56 \tag{5.62}$$

将 f 和 d 的单位由国际单位分别变为 MHz 和 km，得：

$$P_l(\mathrm{dB}) = 40\log d + 120 + 20\log f + 120 - 10\log \sigma - 136.56$$
$$= 103.44 + 40\log d + 20\log f - 10\log \sigma$$

雷达自由空间传播损耗的计算通常采用最后一个公式。若自由空间衰减增加 $a(\mathrm{dB})$，则对数形式的雷达电波传播损耗增加 $2a(\mathrm{dB})$。

若目标沿雷达视距方向移动，则由于多普勒效应影响，目标散射信号的频率与雷达发射信号频率不再相等。多普勒频移与目标朝向发射机的速度，即距离变化率有关。单程和双程多普勒频移为：

$$\text{单程多普勒频移 } f_D \approx -\frac{\dot{r}}{\lambda}; \quad \text{双程多普勒频移 } f_D \approx -2\frac{\dot{r}}{\lambda} \tag{5.63}$$

当目标与雷达接收机之间相向移动时，多普勒频移为正值。用 c_0/f 代替 λ，其中 c_0 为光速，f_t 为发射机频率，则：

$$\text{单程多普勒频移 } f_D \approx -f_t \frac{\dot{r}}{c_0}; \quad \text{双程多普勒频移 } f_D \approx -2f_t \frac{\dot{r}}{c_0} \tag{5.64}$$

5.6.3 麦克斯韦方程和自由空间远场辐射的接收场强

5.6.3.1 麦克斯韦方程

1863 年，麦克斯韦提出了奠定宏观经典电磁理论的 4 个方程。这些方程反映了空间中某

---

① 该公式不包括由天线极化、衰减和大气吸收带来的损耗。

点处各种场量的时空变化率。在其相量表达式中，采用 e^{jw} 的导数 jwt 代表正弦时间变量。当电磁波在简单非导媒质（一种无源、线性、各向同性、均匀区域）中传播时，麦克斯韦方程可表示为4个差分公式[①]：

$$\nabla \times \vec{e} = -jw\mu\vec{h} \tag{5.65}$$

$$\nabla \times \vec{h} = jw\varepsilon\vec{e} \tag{5.66}$$

$$\nabla \cdot \vec{e} = 0 \tag{5.67}$$

$$\nabla \cdot \vec{h} = 0 \tag{5.68}$$

式（5.65）和式（5.66）为两个相量形式的旋度方程，包括两个未知量——电场矢量 $\vec{e}$ 和磁场矢量 $\vec{h}$（Pozar 2011，第14~16页）。为求解 $\vec{e}$，对式（5.65）两边求旋度，并将式（5.66）代入，得：

$$\nabla \times \nabla \times \vec{e} = -jw\mu\nabla \times \vec{h} = w^2\mu\varepsilon\vec{e} \tag{5.69}$$

根据式（5.67），对于无源区域，满足 $\nabla \times \nabla \times \vec{e} \equiv \nabla(\nabla \cdot \vec{e}) - \nabla^2\vec{e}$ 和 $\nabla(\nabla \times \vec{e}) = 0$，因此，$\vec{e}$ 的齐次亥姆霍兹方程为：

$$\nabla^2\vec{e} + w^2\mu\varepsilon\vec{e} = 0 \tag{5.70}$$

由于电场和磁场在麦克斯韦方程中具有一致性，同理可导出 $\vec{h}$ 的齐次亥姆霍兹方程为：

$$\nabla^2\vec{h} + w^2\mu\varepsilon\vec{h} = 0 \tag{5.71}$$

常数 $k \equiv w\sqrt{\mu\varepsilon}$ 称为波数或媒质的电波传播常数，其单位为 1/m，其大小等于 $2\pi/\lambda$，其中 λ 为波长，见式（5.76）。磁导率 μ 和介电常数 ε 分别为自由空间磁导率 μ_0、相对磁导率 μ_r 和理想介电常数 ε_0、相对介电常数 ε_r 的乘积，即 $\mu = \mu_r\mu_0$ 和 $\varepsilon = \varepsilon_r\varepsilon_0$。

5.6.3.2 无耗媒质中的平面波

在无耗媒质（自由空间）中，μ、ε 和 k 均为实数。为求解单位平面波，考虑沿 z 轴方向传播且在 x 和 y 方向上无变化的电场 $\vec{e}$，即满足 $\partial/\partial x = \partial/\partial y = 0$，则 $\vec{e}$ 的亥姆霍兹方程[即式（5.70）]可简化为：

$$\frac{\partial^2 \vec{e_x}}{\partial z^2} + k^2 \vec{e_x} = 0 \tag{5.72}$$

对于两个任意实数振幅 e^+ 和 e^-，式（5.72）在频率 w 处的时谐方程为：

$$e_x(z) = e^+\left(e^{-jkz}\right) + e^-\left(e^{-jkz}\right) \tag{5.73}$$

式（5.73）的时域解为：

$$e_x(z,t) = e^+\left(\cos wt - kz\right) + e^-\left(\cos wt + kz\right) \tag{5.74}$$

其中，$e^+(\cos wt - kz)$ 表示电波在 $+z$ 方向上的传播分量；$e^-(\cos wt + kz)$ 表示电波在 $-z$ 方向上的传播分量。对于电波正传播方向上的某点（相位一定），设 $(\cos wt - kz)$ 为常数或 $(wt - kz)$ 为常相量（Cheng 1983，第308页）。电波沿 z 轴的相速为距离的导数（不是相位的导数）：

---

① 矢量运算 ∇（读作 del）表示偏微分。

$$v_p = \frac{dz}{dt} = \frac{w}{k} = \frac{1}{\sqrt{\mu\varepsilon}}; \text{ in free-space } v_p = \frac{1}{\sqrt{\mu_0\varepsilon_0}} \equiv c_0 \quad (5.75)$$

其中，c_0 为光速，也等于 $\frac{w}{k}$。式（5.75）非常重要，它反映了真空介电常数 ε_0、真空磁导率 μ_0 与光速 c_0 之间的关系。波长被定义为两个连续波峰之间的距离。$(wt - kz) - [wt - k(z+\lambda)]$ 等于 $k\lambda$，该相位差应等于一个周期，即为 2π，且 $2\pi f = w$，则：

$$\lambda = \frac{2\pi}{k} = \frac{2\pi c_0}{w} = \frac{c_0}{f} \quad (5.76)$$

根据式（5.73）的对称性，对于波阻抗为 z_0 且在自由空间传播的平面波，有：

$$h_y = \frac{1}{z_0}\left[e^+\left(e^{-jkz}\right) + e^-\left(e^{-jkz}\right)\right] \quad (5.77)$$

对于无耗媒质中相位相同的电场和磁场，有：

$$z_0 \equiv \frac{|\vec{e}|}{|\vec{h}|} \equiv \frac{w\mu_0}{k} = \sqrt{\frac{\mu_0}{\varepsilon_0}} \quad (5.78)$$

5.6.3.3 自由空间特征阻抗的计算

对于单模行波，定义特征阻抗 z_0 为电场强度 $\vec{e}$ 和磁场强度 $\vec{h}$ 的幅度之比，其中 $\vec{e}$ 和 $\vec{h}$ 是沿横波 $+/-z$ 方向传播的正交矢量。z_0 的大小取决于自由空间磁导率 μ_0 和自由空间介电常数 ε_0。在无耗媒质中，μ_0 和 ε_0 均为正实数。其中 μ_0 称作真空磁导率，大小等于 $4\pi \times 10^{-7}$ [亨利/米（H/m）]；ε_0 称作真空介电常数，其值可通过 μ_0 和光速 c_0（m/s）计算得到。由于光速 $c_0 = 299\,792\,458$ m/s $\approx 3 \times 10^8$ m/s，因而可根据式（5.75）计算 ε_0 和 z_0。

$$\varepsilon_0 \equiv \frac{1}{c_0^2 \times \mu_0} \equiv \frac{1}{c_0^2 \times 4\pi \times 10^{-7}} \approx \frac{1}{(300 \times 10^8)^2 \times 4\pi \times 10^{-7}} \approx \frac{10^{-9}}{36\pi} \quad (5.79)$$

$\varepsilon_0 \approx \frac{10^{-9}}{36\pi}$ [法拉/米（F/m）]，约等于 8.854×10^{-12} F/m。

由于 μ_0 等于 $4\pi \times 10^{-7}$ H/m，c_0 约等于 3×10^8 m/s，则：

$$z_0 \equiv \mu_0 \times c_0 = 4\pi \times 10^{-7} \times c_0 \approx 4\pi \times 10^{-7} \times 3 \times 10^8 \approx 120\pi \quad (5.80)$$

因此，$z_0 \approx 120\pi$（Ω），约为 377 Ω。若已知 z_0，则可通过坡印廷矢量计算电场和磁场。

5.6.3.4 坡印廷矢量

坡印廷矢量[①] $\vec{s}$ 用于表示电磁场的功率密度（W/m²）矢量，它定义为电场 $\vec{e}$ 和磁场 $\vec{h}$ 的矢量（或交叉）乘积，即：

$$\vec{s} \equiv \vec{e} \times \vec{h} \quad (5.81)$$

$\vec{s}$ 为流出封闭区间的复数功率流量。平均功率密度为[②]：

$$s_{av} = \frac{1}{2}\text{Re}\left(\vec{e} \times \vec{h}^*\right) \quad (5.82)$$

式（5.82）中的系数 1/2 表示对电场 $\vec{e}$ 和磁场 $\vec{h}$ 的峰值求均方根，见 Balanis（2008，第

---

① 见 Balanis（2008，第 13 页）中公式 1.3 和 Cheng（1983，第 327 页）中公式 8-60 关于坡印廷矢量（$\vec{s}$）的定义。
② $\vec{h}^*$ 为 $\vec{h}$ 的复数共轭。

14页）。设 $\mathrm{d}\vec{a}$ 为封闭区域无限小平面的法向矢量，$\vec{s}$（W/m²）和 $\vec{a}$（m²）的标量积（点积）$p=(\vec{s}\bullet\vec{a})$（W），该值为标量功率值。经天线发射的平均功率为[①,②]：

$$p_{\mathrm{rad}}=\frac{1}{2}\oiint_{a}\mathrm{Re}(\vec{e}\times\vec{h}^{*})\bullet\mathrm{d}\vec{a} \tag{5.83}$$

在自由空间中，天线主瓣发射信号的峰值功率密度 $s_{\mathrm{peak}}=\dfrac{\mathrm{e.i.r.p.}}{4\pi d^2}$，见式（5.52）。同时，由于 $\vec{e}$ 和 $\vec{h}$ 正交，则有 $|\vec{e}\times\vec{h}|=|\vec{e}||\vec{h}|$，$\vec{s}$ 的峰值绝对值 $|s_{\mathrm{peak}}|$ 为 $\vec{e}$ 和 $\vec{h}$ 绝对值的乘积。根据式（5.52），天线主瓣发射信号的功率密度为：

$$|\vec{s}|=|\vec{e}|\ |\vec{h}|=\frac{\mathrm{e.i.r.p.}}{4\pi d^2} \tag{5.84}$$

由于自由空间特征阻抗为 z_0（Ω），单位面积上的瞬时功率流量，即坡印廷矢量可通过下式计算：

$$|\vec{h}|=\frac{|\vec{e}|}{z_0} \tag{5.85}$$

$$|\vec{s}|=\frac{e^2}{z_0}=z_0 h^2 \tag{5.86}$$

将式（5.80）中 $z_0\approx 120\pi$（Ω）代入式（5.86），得到坡印廷矢量峰值功率密度约为：

$$|\vec{s}|=\frac{e^2}{120\pi}=120\pi h^2=\frac{\mathrm{e.i.r.p.}}{4\pi d^2} \tag{5.87}$$

在自由空间远场区域，峰值场强 e 与等效全向辐射功率的平方根有关，即：

$$e=\frac{\sqrt{30\times\mathrm{e.i.r.p.}}}{d} \tag{5.88}$$

其中，e——电场强度（V/m）；

e.i.r.p.——发射功率与天线增益（相对于各向同性天线）的乘积（W）；

d——发射机至接收机的距离。

将各变量实际使用单位代入式（5.88），得：

$$e(\mathrm{mV/m})=173\frac{\sqrt{\mathrm{e.i.r.p.(kW)}}}{d(\mathrm{km})} \tag{5.89}$$

用 E.I.R.P. 表示 $10\log(\mathrm{e.i.r.p.})$，则基于标准单位表示的场强公式的对数形式为：

$$E=20\log e=10\log 30+\mathrm{E.I.R.P.}-20\log d=14.77+\mathrm{E.I.R.P.}-20\log d \tag{5.90}$$

若采用其他单位，场强公式的对数形式还可表示为[③]：

$$\begin{aligned}E(\mathrm{dB\mu V/m})&=14.77+120+\mathrm{E.I.R.P.}-20\log d\\&=134.77+\mathrm{E.I.R.P.(dBW)}-20\log d(\mathrm{m})\end{aligned} \tag{5.91}$$

$$\begin{aligned}E(\mathrm{dB\mu V/m})&=134.77+\mathrm{E.I.R.P.}-20\log d(\mathrm{km})-60\\&=74.77+\mathrm{E.I.R.P.(dBW)}-20\log d(\mathrm{km})\end{aligned} \tag{5.92}$$

---

① 矢量运算 $\oiint_{a}$ 代表在某区域上的积分。

② 自由空间传播环境中，接收机处的 $\vec{s}$ 和 $\vec{a}$ 相互平行，因此这两个矢量的标量积是坡印廷矢量和面积法向矢量的绝对值的乘积，即 $|\vec{s}||\vec{a}|$。

③ ECC（12）03 建议书将场强表示为 $E(\mathrm{dB\mu V/m})=134.8+\mathrm{E.I.R.P.}-20\log d$。

若采用有效辐射功率（E.R.P.）[①]代替 E.I.R.P.，则场强可表示为：

$$E(\mathrm{dB\mu V/m}) = 74.77 + \mathrm{E.R.P.} + 10\log 1.64 - 20\log d \\ = 76.91 + \mathrm{E.R.P.}(\mathrm{dBW}) - 20\log d(\mathrm{km})$$ (5.93)

若采用 E.R.P.（dBkW）[=E.R.P.（dBW）+30]，则要用 106.91 代替式（5.93）中的 79.91，得[②]：

$$E(\mathrm{dB\mu V/m}) = 106.91 + \mathrm{E.R.P.}(\mathrm{dBkW}) - 20\log d(\mathrm{km})$$ (5.94)

5.6.3.5 电场强度计算示例

某电视工作频率为 514 MHz，天线增益为 50（17 dBi），发射功率为 1500 W，e.i.r.p.为 1500×50 W，则根据式（5.88），在自由空间传播环境下，距离天线 75 m 处接收到的天线主瓣发射场强为：

$$e = \frac{\sqrt{30 \times \mathrm{e.i.r.p.}}}{d} = \frac{\sqrt{30 \times 1500 \times 50}}{75} = 20\,(\mathrm{V/m})$$

若在距离天线 1 km 处场强测量值为 96 dB（μV/m），则可根据式（5.92）计算得到 e.i.r.p.：

$$96\,\mathrm{dB}(\mathrm{\mu V/m}) = 74.77 + \mathrm{E.I.R.P.}(\mathrm{dBW}) - 20\log d(\mathrm{km})$$

$$96\,\mathrm{dB}(\mathrm{\mu V/m}) = 74.77 + \mathrm{E.I.R.P.}(\mathrm{dBW}) - 0$$
$$\mathrm{E.I.R.P.}(\mathrm{dBW}) = 21.23\,\mathrm{dBW}, \mathrm{e.i.r.p.}(\mathrm{W}) = 133\,\mathrm{W}$$

5.6.4 ITU-R P.1546 传播曲线（30～3000 MHz）

ITU-R P.1546 建议书适用于 30～3000 MHz 地面业务的点对面电波传播预测，并用于 GE-2006（区域无线电会议-2006）、ECC（01）01 建议书和 ECC（11）04 建议书中的频谱共用分析。P.1546 模型基于实测数据和统计分析，给出了有效辐射功率（e.r.p.）为 1 kW 而工作频率为 100 MHz、600 MHz 和 2000 MHz 时所对应的电波传播场强值曲线。这些电波传播曲线均基于多个参数，涉及陆地、海上等传播路径。通过采用建议书中给出的外插和内插方法，可获得任意工作频率上的场强值。发射天线高度分别为 10 m、20 m、37.5 m、75 m、150 m、300 m、600 m 和 1200 m，地被植物高度为 10 m，曲线上的点表示超过 50%、10%和 1%时间所对应的场强值，具体见图 5.26。干扰计算中，通常使用 50%时间概率曲线。此外，在许多频谱共用分析中，重点关注出现概率仅为 5%或 1%（或更小）的大（低损耗）信号。对于通信中常要求使用的 99%信号可用性指标，ITU-R P.1546 建议书中尚未涉及。

ITU-R P.2001 建议书给出了一种广泛适用的地面大范围电波传播模型，该模型可以预测超出年均 0%至 100%的有效时间内，由于信号增强和衰落所造成的地面传播损耗。该模型特别适用于有用信号和潜在干扰计算中需要采用同一传播模型且产生不间断输出的情况。该模型覆盖的频率范围为 30 MHz 至 50 GHz，距离范围为 3 km 至最少 1000 km。图 5.26 描绘了海上传播环境下的场强-距离曲线，其中系统工作频率为 600 MHz，时间百分比为 50%。

[①] 国际电联《无线电规则》第 1.162 款将有效辐射功率定义为："天线输入功率与天线在指定方向增益（相对于半波偶极子）的乘积。"半波偶极子在自由空间中相对于各向同性天线的增益为 1.64（2.15 dB）。

[②] ITU-R P.1546 建议书中有关图表给出了 e.r.p.为 1kW 时所对应的场强值[dB（μV/m）]。

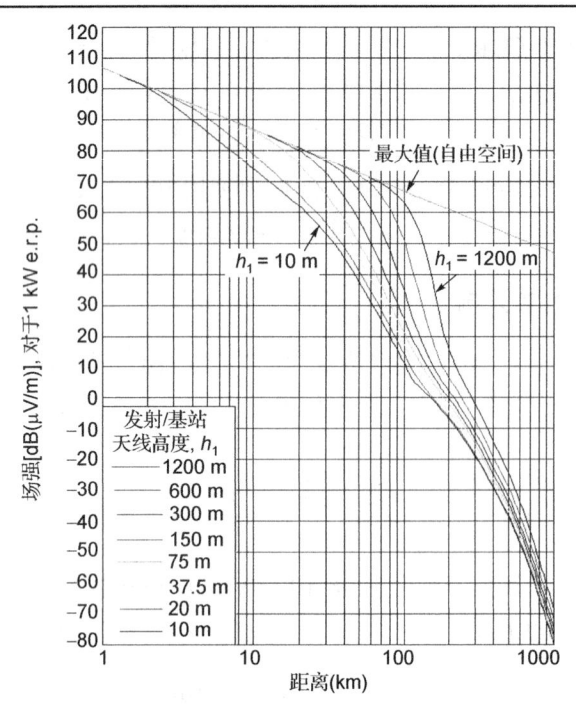

图 5.26 场强[dB（μV/m）]-距离（km）曲线（e.r.p.为 1 kW，频率为 600 MHz）（来源：ITU-R P.1546 建议书中图 12）

5.6.5 菲涅耳区

菲涅耳区非常重要，只有明确菲涅耳区，才能决定采用何种传播模型。菲涅耳区是横跨发射机天线和接收机天线之间的椭圆体。如图 5.27 所示，A 和 B 为椭圆的两个焦点，虚线为 A 和 B 的点位轨迹，当 A 和 B 取这些点时，直线 $\overline{AB}$ 与折线 $\overline{ACB}$ 之间的距离差为发射信号波长 λ 的一半（相位变化 π 弧度）。F_n 为第 n 个菲涅耳区半径，其对应的距离差和相位差分别为 $n\dfrac{\lambda}{2}$ 和 $n\pi$ 弧度。d 为两个端点之间的距离，$d(\overline{AB}) = d_1(\overline{AP}) + d_2(\overline{PB})$。

图 5.27 中，发射机和接收机之间某点的椭圆体半径近似表示为：

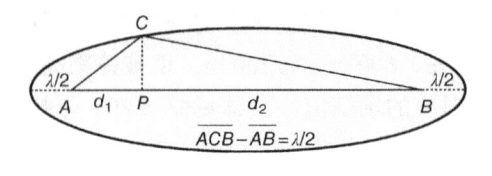

图 5.27 菲涅耳区示意图

$$F_1 = \sqrt{\dfrac{\lambda d_1 d_2}{d_1 + d_2}}, \quad F_n = \sqrt{\dfrac{n\lambda d_1 d_2}{d_1 + d_2}}; \quad F_n = \sqrt{n}\, F_1 \quad (5.95)$$

可以证明[可令 $d(F_n)/d(d_1) = 0$]，F_n 的最大值所对应的点为传输路径的中点，即满足 $d_1 = d_2$。根据式（5.95），$F_{n\_max} = \sqrt{\dfrac{n\lambda d}{4}}$，第三菲涅耳区为 $F_3 = \sqrt{\dfrac{3\lambda d_1 d_2}{d_1 + d_2}}$。

取频率 f 的单位为 GHz，路径长度 d、d_1、d_2 的单位均为 km，第一菲涅耳区半径 F_1 和第三菲涅耳区半径 F_3 的单位均为 m，则：

$$F_1 = 17.3\sqrt{\dfrac{d_1 d_2}{f d}}; \quad F_3 = 30\sqrt{\dfrac{d_1 d_2}{f d}} \quad (5.96)$$

图 5.28 描绘了将椭圆围绕视距射线旋转后形成的三维菲涅耳区视图。

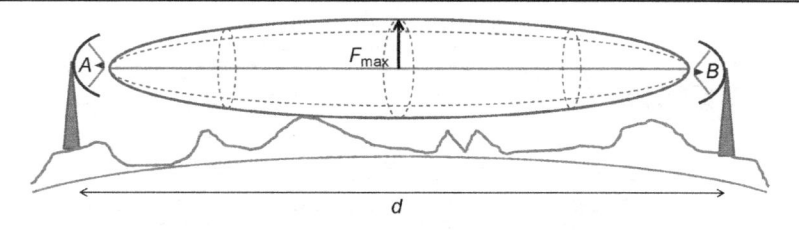

图 5.28　通过旋转 AB 连线而形成的菲涅耳椭圆体

实际电波传播计算中，当第一菲涅耳椭圆体内无障碍物时，菲涅耳区内的绕射损耗可以忽略，电波传播能够满足视距要求。若 1.5～3 个菲涅耳椭圆体内无障碍物，则可选用自由空间传播模型。

菲涅耳区理论公式的推导

按照定义，菲涅耳区内电波直射路径和反射路径的距离差为 $n\times(\lambda/2)$，即：

$$\sqrt{(d_1)^2+(F_n)^2}+\sqrt{(d_2)^2+(F_n)^2}-d=d_1\sqrt{1+\left(\frac{F_n}{d_1}\right)^2}+d_2\sqrt{1+\left(\frac{F_n}{d^2}\right)^2}-d=n\frac{\lambda}{2} \quad (5.97)$$

采用泰勒级数并在 0 处展开（麦克劳林级数），得到：

$$\sqrt{1+\left(\frac{F_n}{d_1}\right)^2}\approx 1+\frac{1}{2}\left(\frac{F_n}{d_1}\right)^2;\ \sqrt{1+\left(\frac{F_n}{d_2}\right)^2}\approx 1+\frac{1}{2}\left(\frac{F_n}{d_2}\right)^2$$

进而得到：

$$d_1\sqrt{1+\left(\frac{F_n}{d_1}\right)^2}+d_2\sqrt{1+\left(\frac{F_n}{d_2}\right)^2}-d\approx d_1+\frac{1}{2}\frac{(F_n)^2}{d_1}+d_2+\frac{1}{2}\frac{(F_n)^2}{d_2}-d$$
$$=\frac{1}{2}\frac{(F_n)^2}{d_1}+\frac{1}{2}\frac{(F_n)^2}{d_2}=n\frac{\lambda}{2} \quad (5.98)$$

$$\frac{(F_n)^2}{d_1}+\frac{(F_n)^2}{d_2}=n\lambda, (F_n)^2=\frac{n\lambda d_1 d_2}{d_1+d_2}=\frac{n\lambda d_1 d_2}{d}, F_n=\sqrt{\frac{n\lambda d_1 d_2}{d_1+d_2}}; QED \quad (5.99)$$

5.6.6　大气衰减

电波在地面和地空传播中大气衰减的计算通常基于两种方法。对于 1～1000 MHz 频段内的大气衰减，可采用大气吸收线累加的方法进行计算；对于 1～350 GHz 频段内的大气衰减，可采用气体衰减估计的方法进行计算。无线电信号在干燥空气中的衰减小于在标准空气中的衰减。在地对空电波传播中，受大气影响的高度上限至少为 30 km，在氧气线中心频率上可以达到 100 km。ITU-R P.2001 建议书给出了海平面以上各种无线电传播路径的大气衰减值，有关大气条件包括氧气、无雨条件下的水蒸气和降雨条件下的水蒸气等。图 5.29 给出了 50～70 GHz 指定高度上的大气衰减量。通常，高度越高，大气越稀薄，大气对电波的衰减也越小。

对于地面电波传播，图 5.30 给出了基于海平面的大气总天顶衰减和干燥空气与水蒸气天顶衰减。其中大气压取 1013 hPa[hPa 为百帕斯卡，等于 1 毫巴（mbar）]，地表温度为 15°，水蒸气密度为 7.5 g/m³。实际中，上述频段内所产生的大气（水蒸气和氧气）衰减可能对保密（反监听）通信带来好处。

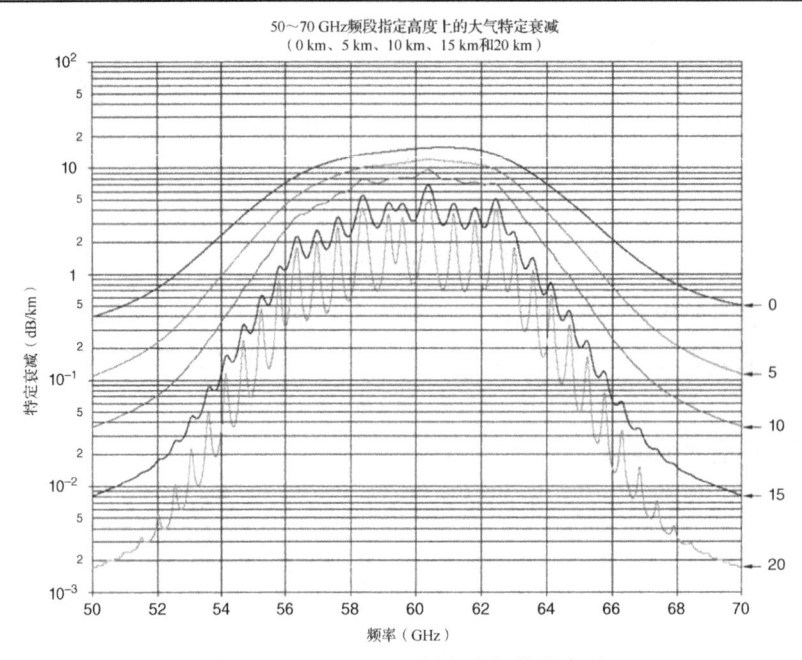

图 5.29　50～70 GHz 频段大气特定衰减

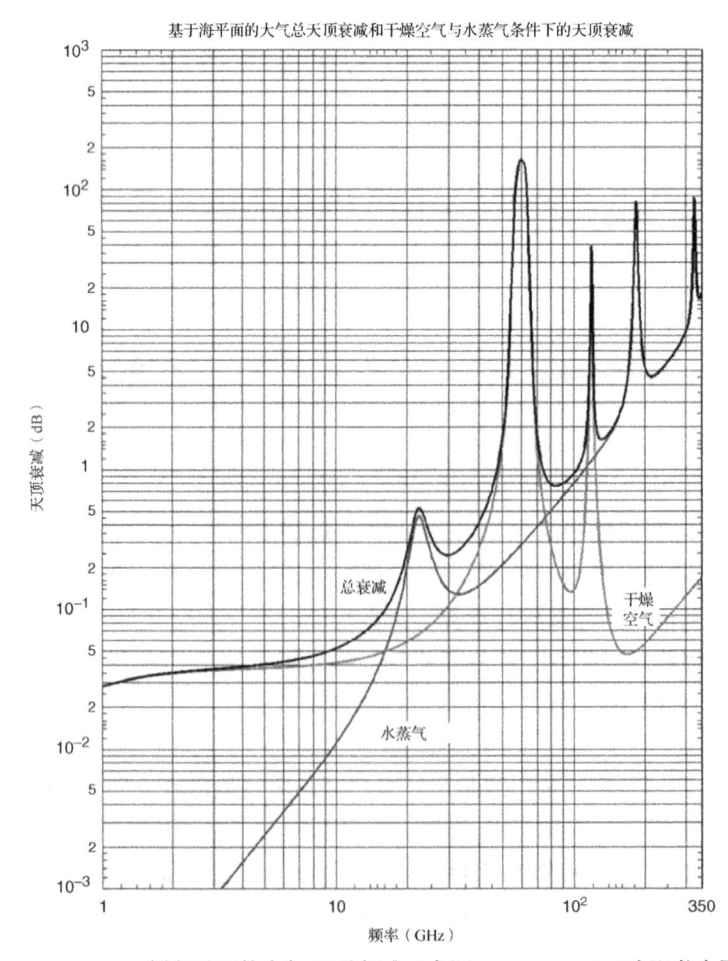

图 5.30　350 GHz 频段以下的大气天顶衰减（来源：ITU-R P.676 建议书中图 6）

5.6.7 近场和远场

了解电波传播区域的结构和划分非常重要。例如,手机和移动通信基站传播至人体头部的信号有很大区别,前者属于近场,后者属于远场。根据电磁场结构特点,可将天线周围空间分为 3 个区域:①感应近场区;②辐射近场区(弗里斯区);③远场区(夫琅和费区)。近场和远场可依据天线最大尺寸 D 和波长 λ 来区分。远场被定义为"在该区域内,电磁场随空间角度的分布规律不随与天线距离的变化而变化"(Balanis 2008,第 10 页)。夫琅和费距离所定义的方向性天线的远场边界为 $2D^2/\lambda$,且场在天线孔径距离上的相位变化为 $\pi/8$ 弧度(22.5°)。在近场区,电场和磁场不满足平面波特性。感应近场是指"紧邻天线且感应场占主导地位的近场区域"(Balanis 2008,第 10 页)。对于最大尺寸为 D 的天线,其感应近场边界为 λ、D 和 $D^2/4\lambda$ 的最大值。辐射近场被定义为"感应近场区和远场区之间的区域,在该区域感应场占主导地位,且场随空间角度的分布规律随与天线距离的变化而变化"(Balanis 2008,第 10 页)。感应近场区与辐射近场区的边界通常为 $0.62\sqrt{D^3/\lambda}$。对于小型天线,特别是非方向性天线,近场区的外边界位于 $\lambda/2\pi$ 和 3λ 之间。

5.6.8 电波穿墙和障碍物绕射中的频率相关性

室外无线电信号需要穿过墙壁才能进入封闭建筑物内部,有时将信号穿过建筑物内不同的隔间也纳入穿墙的范畴,详情可参见 ITU-R P.2040 建议书《建筑物材料和结构对 100 MHz 以上电波传播的影响》。通常,频率越高,对障碍物的影响越敏感。因此,陆地移动台站(如蜂窝移动通信)采用较低频段能够获得更好的传播效果。实际中,陆地移动通信网络(不包括基站之间的固定无线通信链路)一般工作在 6 GHz 以下频段[①]。本节着重回答如下问题:为何频率越低,电波穿透能力越强?为何频率越高,电波进入室内的衰减越大?

电波传播中存在绕射、散射和折射 3 种现象,实际中哪种现象占据主导地位主要由障碍物高度 h 和波长 λ 的比率决定。

- $h < \lambda$,绕射占主导地位;
- $h \sim \lambda$,散射占主导地位;
- $h > \lambda$,反射占主导地位。

对于无耗媒质(真空),存在 $\mu_r = \varepsilon_r = 1$,$\mu = \mu_0$,$\varepsilon = \varepsilon_0$,$\sigma = 0$,$z_0 \equiv \sqrt{\dfrac{\mu_0}{\varepsilon_0}} \approx 120\pi\ (\Omega)$。

电波在良好导体(金属、海水等)中传播时,受趋肤效应影响,电场强度按照指数规律递减。用 δ 代表"趋肤深度",它是指平面波衰减 e^{-1} 倍所需传播的距离。δ 可表示为(Pozar 2011,第 18 页,公式 1.60):

$$\delta = \sqrt{\frac{2}{w\mu\sigma}} = \sqrt{\frac{1}{\pi f \mu\sigma}} = \sqrt{\frac{\lambda}{\pi c_0 \mu\sigma}} \tag{5.100}$$

设 δ 的单位为 m,根据 ITU-R P.2040 建议书中公式 26,电波衰减率(单位为 dB/m)为:

$$\text{Att}_m = \frac{20\log e}{\delta} = \frac{8.686}{\delta} \tag{5.101}$$

[①] 见美国总统备忘录 2013"……争取更多可用于共享接入的候选频段,特别是 **6 GHz 以下频段**……"(强调的部分为作者添加)。

电波由室外透射进入室内的衰减与建筑物材料和频率有关。通常，c_0 和 μ 与频率不相关，但 σ 与 100 MHz 以上频率存在强相关性，且满足 $\sigma = \alpha f^\beta$（见 ITU-R P.2040 建议书中公式 28 和 87）。由式（5.100）和式（5.101）可知，δ 与 λ 成正比，因此频率越低（波长越长），电波的穿透能力越强，相应的衰减率越低[①]。

随着频率的升高，电波穿透砖墙和其他障碍物的衰减将增大。例如，频率低于 6 GHz 的信号可以穿透电梯金属门；屏蔽室和地下也可能接收到中波广播（AM）信号，但很难接收到 VHF 频段电视信号。由式（5.100）可知，当频率较高时，即使非常薄的良导体也能屏蔽电磁信号，但在较低频段，良金属导体不能阻止电波穿透屏蔽体。

低频信号对障碍物具有较强的绕射能力。设由式（5.96）计算得出的第一菲涅耳区半径为 F_1，h 为障碍物顶端高于菲涅耳区两终端连线的高度[②]（h 与 F_1 单位相同）。根据 ITU-R P.530 建议书，典型地形引起的绕射损耗约大于 15 dB，并可通过下式计算：

$$A_d = -20\, h/F_1 + 10\, (\text{dB}) \tag{5.102}$$

因为 $F_1 = 17.3\sqrt{\dfrac{d_1 d_2}{fd}}$（m）[见式（5.96）]，所以 A_d 随着频率的升高而增大。同时，由高度为 h 的障碍物引起的衰减与波长数 h/λ 有关。若障碍物高度 h 保持不变，则波长数随着频率的升高而增大，意味着障碍物可与更多波长相比拟。

因此，为增强信号穿透墙壁和绕过障碍物的能力，减小电波传播损耗，蜂窝移动通信系统使用频率最高不超过 6 GHz（厘米波）。目前，蜂窝移动通信载频工作在 2600 MHz 以下，而 Wi-Fi、固定和回程链路工作频率位于 2600 MHz 与 6 GHz 之间。未来 5G 和 6G 无线通信正在考虑使用 30 GHz 频段，主要满足微蜂窝小区的需求。

5.7 链路预算

5.7.1 功率公式

5.7.1.1 基于数值表示的链路预算公式

若采用国际单位制（SI），p_t 与 p_r 采用相同单位，则数值形式的链路预算计算公式为：

$$p_r = \frac{p_t \times g_t \times g_r}{p_l \times l_t \times l_r} \tag{5.103}$$

其中，p_r——接收功率（W）；

　　　p_t——发射机输出功率（W）；

　　　g_t——发射天线增益（无量纲，无单位）；

　　　g_r——接收天线增益（无量纲）；

　　　l_t——发射端损耗（线缆、连接器等）（无量纲）；

　　　p_l——电波传播损耗（无量纲）；

[①] 信号的极化方式也会影响衰减率。
[②] 若高度低于该连线，则 h 为负值；在 h 高度以上，电波传播路径不受地表面阻挡。

l_r——接收端损耗（线缆、连接器等）（无量纲）。

在自由空间传播条件下，d（距离）与λ（波长）采用相同单位，传播损耗p_l［见式（5.55）］和接收功率p_r分别为：

$$p_l = (4\pi d/\lambda)^2 \tag{5.104}$$

$$p_r = \frac{p_t \times g_t \times g_r}{(4\pi d/\lambda)^2 \times l_t \times l_r} \tag{5.105}$$

5.7.1.2 链路预算的对数形式

链路预算通常表示为对数形式①，即为：

$$P_r = P_t + G_t - L_t - P_l + G_r - L_r \tag{5.106}$$

其中，P_r——接收功率（dBW）；

P_t——发射机输出功率（dBW）；

G_t——发射天线增益（dBi）；

L_t——发射端损耗（线缆、连接器等）（dB）；

P_l——传播损耗（dB）；

G_r——接收天线增益（dBi）；

L_r——接收端损耗（线缆、连接器等）（dB）。

在自由空间传播条件下，见式（5.56），当d与λ取相同单位时，传播损耗为：

$$P_l(\text{dB}) = 20\log(4\pi d/\lambda) \tag{5.107}$$

由于$20\log 4\pi$等于21.98，则传播损耗可表示为d/λ的函数：

$$P_l(\text{dB}) = 20\log(4\pi d/\lambda) = 21.98 + 20\log(d/\lambda) \approx 22 + 20\log(d/\lambda) \tag{5.108}$$

$$P_r = P_t + G_t - L_t + G_r - L_r - 20\log(4\pi d/\lambda) \tag{5.109}$$

用c_0/f（c_0为光在真空中的速度）代替式（5.107）中的λ，且$f(\text{Hz}) = f(\text{MHz}) \times 10^6$，则：

$$P_l(\text{dB}) = 20\log\frac{4\pi d \times f(\text{MHz}) \times 10^6}{c_0} = 20\log(4\pi/299\,792\,458) + 20\log d(m) + 20\log f(\text{MHz}) + 120$$

$$P_l(\text{dB}) = -27.55 + 20\log d(m) + 20\log f(\text{MHz}) \tag{5.110}$$

当距离单位取km时，式（5.110）需增加60 dB，即得到：

$$P_l(\text{dB}) = 32.45 + 20\log d(\text{km}) + 20\log f(\text{MHz}) \tag{5.111}$$

当频率单位取GHz时，式（5.110）需再增加60 dB，即得到：

$$P_l(\text{dB}) = 92.45 + 20\log d(\text{km}) + 20\log f(\text{GHz}) \tag{5.112}$$

将采用距离d（km）和f（MHz）表示的自由空间传播损耗代入接收功率计算公式，即

---

① 分贝（dB）表示两个功率比值的常用对数的10倍。例如，p_1相对于p_0的对数形式定义为$10\log_{10}(p_1/p_0)$。相应地，dBW表示功率与1瓦（W）比值的常用对数的10倍。dBm表示功率与1毫瓦（mW）比值的常用对数的10倍。例如，p_1（mW）表示为dBm的值为$10\log_{10}(p_1/1\text{mW})$。dBi表示天线相对于全向天线（功率在各方向平均分布）的增益。分贝（dB）也表示两个电压、电场强度和磁场强度比值的常用对数的20倍。其中电压、电场强度和磁场强度由功率的平方根得到。当电压或场强的比值为相关功率平方根的比值时，两个功率、相关电压或相关场强比值的分贝值相等。

可得到：
$$P_r = P_t + G_t - L_t + G_r - L_r - 20\log d(\text{km}) - 20\log f(\text{MHz}) - 32.45 \quad (5.113)$$

5.7.1.3 链路预算计算示例

设某点对点系统距离 d 为 40 km，工作频率为 7500 MHz（波长为 0.04 m），发射功率为 2 W（33 dBm），发射和接收天线增益为 44.5 dBi（28 000），发射机和接收机馈线损耗为 1 dB（1.25），自由空间传播损耗为 $(4\pi d/\lambda)^2$，其对数形式为 $20\log(4\pi d/\lambda)$（dB），则：

$$p_r = \frac{2 \times 28\,000 \times 28\,000}{(4 \times \pi \times 40\,000 \div 0.04)^2 \times 1.25 \times 1.25} = 6.35 \times 10^{-6}\,(\text{W})$$

根据式（5.108），自由空间传播损耗为 $22 + 20\log(d/\lambda)$，则：

$$P_l = 22 + 20\log\frac{40\,000}{0.04} = 22 + 120 = 142\,(\text{dB})\,;\quad P_r = 33 + 44.5 - 1 - 142 + 44.5 - 1 = -22\,(\text{dBm})$$

如对于某典型地球静止卫星下行链路，采用表 5.5 中的链路数值要求，d = 35 786 km，取 Ku 波段频率 f = 12.5 GHz，卫星至地球站的 E.I.R.P.为 52 dBW，其对数值为 82 dBm，地球站天线（直径为 9 m）增益为 60 dBi，根据式（5.112），卫星下行链路自由空间传播损耗为：

$$P_l = 92.45 + 20\log d(\text{km}) + 20\log f(\text{GHz}) \approx 92.45 + 91.07 + 21.94 = 205.46\,(\text{dB})$$

根据式（5.109），地球站接收功率的对数形式为 $P_r = 82 - 205.46 + 60 = -63.46$（dBm），详见国际电联《卫星通信手册》（2002，第 73、74 页）。

5.7.2 转换公式

5.7.2.1 接收功率、功率密度和场强

根据式（5.87），可用坡印廷矢量 $|\vec{s}| = \dfrac{e^2}{120\pi}$ 计算功率密度。功率密度和场强均与频率无关。下列公式可用于计算自由空间条件下远场和近场的功率密度和场强，也可用于其他传播环境下功率密度和场强的近似估算。当用于近场计算时，频率应小于 30 MHz。

功率密度的对数形式可表示为：

$$S(\text{dBW/m}^2) = E(\text{dBV/m}) - 25.76 \quad (5.114)$$

可用于计算广播信号最小场强中值（单位为 dBμV/m）的公式为：

$$S(\text{dBW/m}^2) = E(\text{dBμV/m}) - 145.76 \quad (5.115)$$

根据式（5.36），接收天线的有效孔径 A_e 为 $\dfrac{g_r\lambda^2}{4\pi}$，则接收信号功率等于功率密度 $\vec{s}$ 乘以天线有效孔径 A_e：

$$p_r = \frac{e^2}{120\pi} \times \frac{g_r\lambda^2}{4\pi} \quad (5.116)$$

由于光速 $c_0 \equiv 299\,792\,458$ m/s $\equiv \lambda \times f$，用 f 代替 λ 得：

$$p_r(\text{W}) = \frac{e^2}{120\pi} \times \frac{(c_0)^2 \times g_r}{4\pi f^2(\text{MHz}) \times 10^{-12}} = \frac{89\,875.518 \times e^2 \times g_r}{480\pi^2 f^2(\text{MHz})} = \frac{18.97 \times e^2(\text{V/m}) \times g_r}{f^2(\text{MHz})} \quad (5.117)$$

将式（5.117）表示为对数形式，其中 P_r 单位为 dBW，f 单位为 MHz，其他为标准单位，则：

$$P_r(\text{dBW}) = 10\log 18.97 + 20\log e(\text{V/m}) + G_r(\text{dBi}) - 20\log f(\text{MHz})$$
$$P_r(\text{dBW}) = 12.78 + E(\text{dBV/m}) + G_r(\text{dBi}) - 20\log f(\text{MHz}) \quad (5.118)$$

将式（5.118）中各项重新进行排列，则自由空间场强可用接收功率 P_r 和接收天线增益 G_r 表示为：

$$E(\text{dBV/m}) = 20\log e(\text{V/m}) = P_r(\text{dBW}) - 12.78 - G_r(\text{dBi}) + 20\log f(\text{MHz}) \quad (5.119)$$

若 E 单位取 dBμV/m，P_r 用 dBm 表示，则：

$$E(\text{dB}\mu\text{V/m}) - 120 = P_r(\text{dBm}) - 30 - 12.78 - G_r(\text{dBi}) + 20\log f(\text{MHz})$$
$$E(\text{dB}\mu\text{V/m}) = 77.22 + P_r(\text{dBm}) - G_r(\text{dBi}) + 20\log f(\text{MHz}) \quad (5.120)$$

对于工作频率为 30 MHz 以下的短距离设备（SRDs），还涉及接收功率和磁场强度的转换，详见本书 3.3.2 节和 3.3.3 节。

5.7.2.2 接收功率、电压和天线因子的转换

根据欧姆定律，功率与电压的关系为：

$$p_r = \frac{v^2}{r} \quad (5.121)$$

若负载阻抗为 50 Ω[①]，则接收功率的对数形式为：

$$P_r(\text{dBW}) = 20\log v(\text{V}) - 10\log r(\Omega) = V - 10\log 50 \approx V - 17 \quad (5.122)$$

若功率用 dBm 表示，V 用 dBμV 表示，则：

$$P_r(\text{dBm}) - 30 \approx V(\text{dB}\mu\text{V}) - 120 - 17$$
$$P_r(\text{dBm}) \approx V(\text{dB}\mu\text{V}) - 107 \quad (5.123)$$

若负载阻抗为 50 Ω，结合式（5.116），得：

$$p_r = \frac{v^2}{50} = \frac{e^2}{120\pi} \times A_e = \frac{e^2}{120\pi} \times \frac{g_r \lambda^2}{4\pi} \quad (5.124)$$

天线因子定义为天线入射电场强度与感应电压的比值，即可用 e/v 表示天线因子 a_f，考虑到自由空间特征阻抗 $z_0 \approx 120\pi$，负载阻抗为 50 Ω，则：

$$a_f = \frac{e}{v} = \sqrt{\frac{480\pi^2}{50 g_r \lambda^2}} = \frac{9.73}{\lambda\sqrt{g_r}} (\text{m}^{-1}) \quad (5.125)$$

将天线因子表示为对数形式，则：

$$A_f = 20\log\left(\frac{e}{v}\right) = E(\text{dBV/m}) - V(\text{dBV}) = E(\text{dB}\mu\text{V/m}) - V(\text{dB}\mu\text{V}) = 20\log 9.73 - 20\log\lambda - G_r$$
$$A_f(\text{dBm}^{-1}) = E(\text{dBV/m}) - V(\text{dBV}) = E(\text{dB}\mu\text{V/m}) - V(\text{dB}\mu\text{V}) = 19.76 - 20\log\lambda - G_r \quad (5.126)$$

根据式（5.36），天线有效孔径 $A_e = \frac{g_r \lambda^2}{4\pi}$，即 $g_r \lambda^2$ 等于 $4\pi A_e$，用 $4\pi A_e$ 代替式（5.125）中的 $g_r \lambda^2$，得：

[①] 同轴电缆的阻抗一般为 50 Ω 或 75 Ω，其中 50 Ω 主要用于双向数字信号传输系统，75 Ω 主要用于电视和视频传输系统。

$$a_{\mathrm{f}} = \frac{e}{v} \sqrt{\frac{480\pi^2}{50 g_r \lambda^2}} = \sqrt{\frac{480\pi^2}{50 \times 4\pi \times A_e}} = \sqrt{\frac{2.4 \times \pi}{A_e}} = \frac{2.75}{\sqrt{A_e}} \left(\mathrm{m}^{-1}\right) \tag{5.127}$$

将式（5.127）转换为对数形式，则：

$$A_{\mathrm{f}}\left(\mathrm{dBm}^{-1}\right) = 20\log\left(a_{\mathrm{f}}\right) = 20\log\sqrt{\frac{2.4 \times \pi}{A_e}} = 8.77 - 10\log\left(A_e\right) \tag{5.128}$$

5.8 无线电干扰和频谱共用

国际电联《组织法》第 197 款和《无线电规则》第 0.4 款指出：

所有电台，无论其用途如何，在建立和使用时均不得对其他成员国或经认可的运营机构，或对其他正式核准开办无线电业务并按照《无线电规则》操作的运营机构的无线电业务或通信造成有害干扰。

国际、区域和国家无线电管理工作的主要目标是最大程度减小无线电干扰，同时这也是频谱工程的主要目标。由于干扰主要针对接收机，因此要实现上述目标，主要是要减小对接收机的干扰。从广义上讲，热噪声、干扰和失真等均属于电磁污染。通过采取频域、空域和时域隔离措施，有助于实现频谱共用。接收机遭受的干扰信号既可能来自发射机有用信号，也可能来自由两个或多个发射机产生的无用发射（带外和杂散域）和互调产物。若上述线性干扰信号或互调产物进入接收机 $f_r \pm BW$ 频带范围内，就会对接收机造成干扰。

5.8.1 非线性干扰

通常，发射机在辐射基频信号的同时，也会辐射频率为基频整数倍的谐波信号。一次谐波即为基频信号，其频率为 f，二次谐波频率为 $2f$，三次谐波频率为 $3f$ 等。谐波干扰主要会对邻近区域的接收机构成干扰。相对于线性同频干扰，互调产物一般强度较小，且可通过加装隔离器等措施加以消除。

5.8.1.1 互调

互调是由两个或多个信号共同在非线性器件上产生的非期望频率成分。这些无用信号频率对应信号基频和各次谐波频率的和或差。例如，处于航空频段之外的广播信号，会导致航空接收机进入非线性工作状态，并在航空接收机带内生成互调产物[1]。产生互调的广播信号数量至少为两个，且满足特定频率关系。其中一个广播信号的场强应足够大（其他广播信号功率可以较小），才能使接收机进入非线性工作区间。

根据产生互调产物的非线性阶数[2]，可将互调产物分为二阶、三阶等互调产物。偶数阶的互调产物一般落入接收机带宽之外并被滤除，而奇数阶互调产物一般会落入接收机调谐频率附近，如卫星通信中，当发射机中心频率远大于其带宽时，有些奇数阶互调产物会落入有用

---

[1] 互调可能会对生命安全业务产生有害干扰，本例只是其中一种事例。
[2] 包含互调产物的载波频率可表示为：$f_x = k_1 f_1 + k_2 f_2 + \cdots + k_N f_N$，其中 f_1、f_2……f_N 为输入载波频率，k_1、k_2……k_N 为整数。互调阶数定义为 $|k_1| + |k_2| + \cdots + |k_N|$。例如，$2f_1 - f_2$ 为一种三阶互调产物的频率。详见国际电联《卫星通信手册》（2002，第 335 页）。

信号频带，详情见国际电联《卫星通信手册》（2002，第335页）。互调失真（IMD）是由于两个或多个不同频率信号相互幅度调制所产生的失真。

三阶互调产物（IMP）[①]可由一个频率和另一个倍频之差产生，当其落入接收机通带内时，会对接收机构成干扰。这里所说的互调产物均由有源频率分量产生。对于由两个频率产生的三阶互调（两个信号情形），满足：

$$2f_{t1} - f_{t2} = f_r \pm BW \tag{5.129}$$

作者曾经历过一个三阶互调实例。其中发射机频率 f_{t1}=232 MHz（移动通信信道），f_{t2}=229.75 MHz（欧洲模拟电视12频道的声音载波），受扰频率为234.25 MHz（另一个移动通信信道），因此 IMP = $2f_{t1} - f_{t2} = f_r \pm BW = 2 \times 232 - 229.75 = 234.25$（MHz）。

此外，针对该三阶互调实例，作者曾参与在德国[②]开展的相关分析和测试。当时，在接收信号频率 f_r 上下取间隔相等的两个频率 f_{t1} 和 f_{t2}，即 $\Delta f = f_r - f_{t2} = f_{t2} - f_{t1}$ 或 $\Delta f = f_{t2} - f_r = f_{t1} - f_{t2}$。

三阶互调产物也可能由3个干扰信号产生（3个信号情形）：

$$f_{t1} + f_{t2} - f_{t3} = f_r \pm BW \tag{5.130}$$

其中 $f_{t1} > f_{t2} > f_{t3}$[③]。

一个值得关注的情况是互调产物由3个功率相等的信号产生。根据 ITU-R SM.1134 建议书中表2和 SM.575 建议书中第3页内容，由上述3个信号产生的互调产物的功率为[④]：

$$P_{IM3} = 3P_S - 2P_{IP3} + 6 (\text{dB}) \tag{5.131}$$

其中，P_{IM3}——三阶互调产物 IM3 的功率（dBm）；

P_S[⑤]——与互调有关的单个发射机的功率（dBm）；

P_{IP3}——接收机三阶截点（IP3）（dBm）。

5.8.1.2 无源互调

根据无源互调（PIM）的形成机理，无源器件是无源互调的主要载体。当发射机和接收机通过同一电缆连接至相同天线端口时，发射信号可能会产生无源互调。例如，两个（或多个）发射机发射功率均为 50 W（47 dBm），接收机灵敏度为 120 dBm，为确保发射信号不会干扰接收机，要求发射机和接收机的隔离度至少为 167 dBc。由于典型天线无源互调指标为 150 dBc，则当存在+17 dB（167–150）的干扰信号时，可能会导致接收机灵敏度降低。此外，受天气、湿度及老化等因素影响，设备的接口或宽松连接头会产生非线性变化，从而导致设备无源互调指标降低。

5.8.1.3 减敏和阻塞

来自邻近发射机的大功率信号可能会使接收机发生减敏或阻塞效应。当接收机输入端功

---

① 接收机三阶截点（IP3）定义了接收机对带外干扰的防护能力。接收机前端 IP3 功率电平能够反映接收机的非线性和对带外干扰的防护能力，见式（5.131）。

② 见 ITU-R BS.412 建议书《VHF 频段地面 FM 声音广播规划标准》附录2。

③ 见 ITU-R M.1841 建议书《87~108 MHz 频段 FM 声音广播系统与 108~117.975 MHz 频段航空地基增强系统兼容性》中有关 B1 类型干扰内容。

④ 国际电联《卫星通信手册》（2002，第337~342页）附录 5.2-3 也包含计算互调产物电平内容。

⑤ 所有3个发射机功率相同。实际上，若功率单位为 W 或 mW（非 dBm），则式（5.131）可表示为：$p_{IM3} = \dfrac{4 \times (p_S)^3}{(p_{IP3})^2}$。

率电平高于 10 dBm 时，将使接收机前端放大器进入非线性工作区，导致接收机灵敏度降低和过载，无法正常接收信号。阻塞电平定义为：在有用信号和干扰信号满足指定频率间隔条件下，带外干扰信号的最大功率值。

5.8.2 线性干扰

与采用收回或重新分配的方法将现有业务频段单独分配给新用户的做法不同，促使各类无线电业务共享频谱，能够更高效地满足新业务的频谱资源需求。为使频谱资源得到优化配置，制定共用规则至关重要。除非无线电系统已经采取了若干智能干扰回避方法，要实现无线电系统共存和频谱优化使用，必须满足相应的频谱共用条件。

线性干扰是指接收机遭受到的由发射机的一次谐波或无用发射所形成的干扰。若期望系统和干扰系统使用相同的频谱，则即使受扰接收机与发射机之间相隔数百公里，仍可能发生同信道干扰。出现干扰后，应通过协调加以解决。频率隔离是消除线性干扰的一种便捷方法。当发射机掩模与接收机选择性不重叠时，将不会发生干扰。当干扰信号超过接收机邻信道选择性（ACS）或带外（OoB）发射进入接收机通道时，就会产生带外干扰。地理隔离也是消除干扰的通用方法。所需隔离的距离与电波传播特性有关，一般频率越高，所需隔离的距离越远。频率较高时，若干扰发射机与受扰接收机之间被障碍物阻挡，则障碍物对干扰信号也会产生消减作用。空间隔离主要通过天线的空间分辨特性实现，如采用天线副瓣或交叉极化均可降低信号电平。此外，采用时间隔离方法，能够支持在同一位置共用相同频谱。时间隔离可通过在时间上交叉轮替来实现。调制也是消除干扰的一项关键技术。例如，通过采用 CDMA 和 OFDM 等数字调制方式，可将不同信号调制为不同码元，从而使其能够同时同频工作而不发生相互干扰。总之，通过积极采用各种新兴技术，能够促进频谱资源的优化使用和共享共用。

为防止接收机遭受电磁干扰，应确保接收机信干比（SIR）或载干比（C/I）和信噪比（SNR）或载噪比（C/N）高于接收机保护比（PR）。数字系统的接收机保护比与数据速率和干扰的编码方式有关。根据国际电联《无线电规则》第 1.170 款，接收机保护比定义为特定条件下接收机输入端有用信号与无用信号比率的最小值，通常表示为分贝形式。

理想情况下，$c/(i+n)$（载波干扰噪声比）较 c/i（信干比）更能确切表示信道环境状况，但由于前者需要计算干扰和噪声功率的数值之和（非对数值），且需要掌握其统计特性，所以实际中应尽量避免使用。

接收机保护比为评估接收机性能提供了门限值。例如，对于高速率宽带调制，通常保护比较高，具体见 2.2.4.5 节。频谱共用研究中通常基于两种指标来防止接收机受扰：

- 对于干扰受限网络，主要采用载干比指标；
- 对于噪声受限网络，主要采用载噪比指标。

若网络对干扰和噪声均有限制要求，则综合采用上述两种指标。

为开展无线电干扰与频谱共用分析，欧洲邮电主管部门大会（CEPT）组织开发了频谱工程高级蒙特卡洛分析工具（SEAMCAT）。SEAMCAT 通过建立各种无线电干扰场景下的统计模型，支持同频或邻频无线电系统的频谱共用和兼容研究。SEAMCAT 的模型库包括地面干扰分析涉及的各类无线电系统，能够综合考虑接收信号的时空分布和由受扰所引起的容量损失,给出各类无线电系统间干扰的概率值。目前,CEPT 大多数涉及新型无线电系统的最低技术要求的研究项目,都基于 SEAMCAT 完成相关计算。此外,SEAMCAT 还提供了许多模拟系统设计特性的功能插件(如智能天线插件),并且综合考虑地形/杂波等环境特性的影响。目前,SEAMCAT 软件可通过互联网直接下载。

5.8.2.1 载干比分析

在频谱共用分析中,当干扰的影响大于噪声时,可优先选用载干比指标。例如,对于工作在相同或相邻频段的 FM 广播电台之间或地面电视系统之间的干扰分析,常采用载干比指标。又如,对于蜂窝移动通信系统,常采用频率复用技术提高基站密度,这使得由热噪声所确定的最大覆盖范围不再是限制服务质量的主要因素,基站之间的干扰将会影响网络容量,进而决定网络服务质量。从技术角度看,由于干扰与有用信号之间构成此消彼长的关系,因此载干比更适于作为实际频谱共用分析的指标。

图 5.31 描绘了一种线性干扰的基本场景。S 区域的边界由功率密度等高线构成。由于接收机 RxA 也能收到发射机 TxB 的天线主瓣发射的信号,因此 S 区域内正常的通信链路会受到 S′ 区域射频活动的影响。

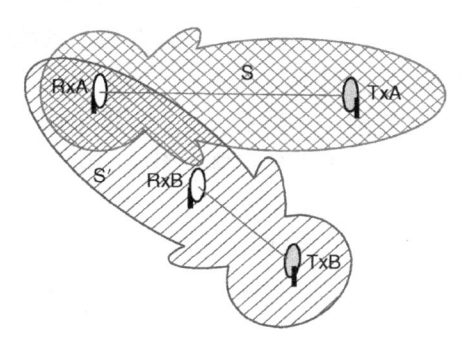

图 5.31 某区域典型干扰场景(来源:ITU-R F.2059 报告中图 1)

根据式(5.106)和图 5.31 中链路线性损耗情况,RxA 接收到的有用信号载波功率 C(对数形式,采用标准单位)为:

$$C = P_t + G_t - P_{l\_want} + G_r = \text{E.I.R.P.}_{wanted} - P_{l\_want} + G_r \tag{5.132}$$

来自干扰源 INT 的干扰信号功率 I 为:

$$I = INT + G_{int}(\varphi_1) - P_{l\_int} + G_r(\varphi_2) - 10\log\frac{\text{bw}_{unwanted}}{\text{bw}_{wanted}} - \text{XPD} \tag{5.133}$$

其中,φ_1——干扰源天线主瓣方向偏离受扰接收机方向的角度;

φ_2——受扰接收机天线主瓣方向偏离干扰源方向的角度;

P_l——传播损耗[①];

G——天线增益;

$\text{bw}_{unwanted}$——无用信号的带宽;

bw_{wanted}——有用信号的带宽;

XPD——交叉极化失配。

---

① 有用发射机和无用发射机与受扰接收机之间的 P_l 不相等。

正常通信链路中，发射机与接收机的主瓣方向一致。但在干扰分析中，由于干扰源的天线并非一定指向受扰接收机主瓣方向，因此受扰接收机一般通过副瓣接收干扰源信号，即 $G(\varphi)$ 不等于最大增益 G。

若干扰信号带宽大于受扰接收机带宽，则只有部分干扰信号能量进入受扰接收机；若干扰信号带宽小于受扰接收机带宽，则所有干扰信号能量均进入受扰接收机。极化失配会降低干扰信号的功率，交叉极化失配主要发生在天线主瓣方向和自由空间传播环境[①]。载干比（CIR）的对数形式为 $10\log c/i = C - I$，且满足：

$$C - I = \text{E.I.R.P}_{\text{wanted}} - P_{\text{l\_want}} + G_r - \left(\text{INT} + G_{\text{int}}(\varphi_1) - P_{\text{l\_int}} + G_r(\varphi_2) - 10\log \frac{\text{bw}_{\text{unwanted}}}{\text{bw}_{\text{wanted}}} - \text{XPD} \right) \quad (5.134)$$

其中，仅当 $\text{bw}_{\text{wanted}} < \text{bw}_{\text{unwanted}}$ 时，才存在 $10\log(\text{bw}_{\text{wanted}}/\text{bw}_{\text{unwanted}})$ 项。

如前所述，要达到系统间频谱共用条件，要求 CIR 应高于接收机保护比（PR）。实际中，需要考虑受扰接收机各个方向的有用信号和干扰信号比值，因此完成载干比的分析并非易事。

5.8.2.2 信噪比分析

对于噪声受限系统的频谱共用分析，主要关注信噪比指标，即干扰信号功率与受扰接收机热噪声（而不是有用信号）功率之比。信噪比指标考虑了系统受扰的最坏情况，虽然较为保守，但却非常实用。卫星通信和乡村地区蜂窝基站等无线系统的性能由其接收机灵敏度决定，因而对外部干扰的影响非常敏感。这类系统较适合采用信噪比指标。实际中，信噪比的参考电平是指等效噪声电平，该噪声电平包括接收系统的所有噪声和预设干扰。增加预设干扰电平（相对于热噪声）将导致系统性能降级。

假设干扰源带内信号均可进入受扰接收机，最大允许干扰信号功率门限 I_{thresh}（对数形式）等于接收机灵敏度减去保护比。根据式（5.11）$S_{\min} = K + T_0 + B + \text{NF} + \text{SNR}$，干扰信号功率门限（可称干扰门限）为：

$$I_{\text{thresh}} = S_{\min} - \text{PR} = K + T_0 + B + \text{NF} + \text{SNR} - \text{PR} \quad (5.135)$$

其中，保护比（PR）由接收机特性（如解调方式）、有用信号、总信号的特点和传播环境（连续或时变）等条件确定，并与接收机输出端的特定接收质量相对应。在高斯白噪声干扰条件下[②]，保护比（PR）等于信噪比（SNR）。正如本书第 2 章 2.2.4.5 节所述，噪声和同频道 DVB-T 干扰信号的功率密度平坦分布在电视频道范围内。同时 EBU 技术报告 3348 指出："对于采用 OFDM 技术的 DVB-T2 系统，其系统间（DVB-T2 与 DVB-T2 之间）同频道的保护比与各自的 C/N 值一致，DVB-T 与 DVB-T2 系统间的保护比也满足这种关系。"

由于保护比与信噪比相等，则干扰门限可表示为：

$$I_{\text{thresh}} = S_{\min} - \text{PR} = K + T_0 + B + \text{NF} \quad (5.136)$$

实际中应确保干扰功率小于干扰门限值。由式（5.136）可知，干扰门限 $K + T_0 + B + \text{NF}$ 与调制方式无关。式（5.136）是一个非常实用的公式。

ITU-R P.373 建议书《无线电噪声》指出，大气层和地球大气圈之外的辐射源会导致热噪声增大。在 425 MHz 以下频段（见 ITU-R P.372 建议书中表 3 和表 4），不应忽略人

---

① 在天线副瓣方向，XPD 的影响较小，因为信号的极化特性还会受到障碍物或多径等因素影响。
② 整个频段范围内功率密度为常数，即干扰信号分布于受扰接收机整个工作频段内。

为噪声（MMN）[①]的影响。结合式（5.136），可将干扰门限[②] $I_{\text{thresh}} = K + T_0 + B + \text{NF}$ 修正为：

$$I_{\text{thresh}} = K + T_0 + B + \text{NF} + \text{MMN} \tag{5.137}$$

无论是否存在人为噪声，受扰接收机的底噪 N_0 等于 $K + T_0 + B$。其中，K 为玻耳兹曼常数，取 $10\log(1.38 \times 10^{-23}) = -228.6$（dB J/K）；$t_0$ 为参考温度（T_0）（绝对温度，℃ + 273.15），通常取 290 K。当带宽为 1 Hz 时所对应的底噪为（标准单位）：

$$N_0 = K + T_0 + B = -228.6 + 10\log 290 = -203.98 \approx -204 \,(\text{dBW/Hz}) \tag{5.138}$$

即 16.85℃ 所对应的热噪声功率谱密度为：

$$N_0 = -204 \,\text{dBW/Hz} = -174 \,\text{dBm/Hz} = -144 \,\text{dBm/kHz} = -114 \,\text{dBm/MHz} \tag{5.139}$$

受扰接收机输入端的等效噪声电平等于干扰功率数值（单位为 W 而非 dBW）i 与热噪声 n 之和。若干扰信号与接收机热噪声功率之和为接收机输入端噪声功率的两倍，则接收机灵敏度将降低两倍（等效于 3 dB）。表 5.7 列出了接收机灵敏度随干扰与热噪声之比（I/N）的变化关系。

国际电联《无线电规则》将无线电频率划分给各类无线电业务（如广播、地面移动、无线电定位和卫星等）。对于属于相同无线电业务的系统间干扰分析，推荐的 I/N 的门限值为 −6 dB，具体见 ITU-R M.1767 建议书、ITU-R M.2241 报告和表 5.8。

表 5.7 接收机灵敏度降级程度随 I/N 的变化关系

干扰电平与接收机热噪声比值	热噪声增大（%）	$(i+n)/n$	灵敏度降级程度（dB）
0	100	$(n+n)/n = 2.00$	3
−6	25	$(n+n/4)/n = 1.25$	1
−10	10	$(n+n/10)/n = 1.10$	0.41
−12.2	6	$(n+0.06n)/n = 1.06$	0.25
−13	5	$(n+0.05n)/n = 1.05$	0.21
−20	1	$(n+n/100)/n = 1.01$	0.04

表 5.8 针对长发干扰的 I/N 值

I/N*	频率范围	共用/兼容条件	相关 ITU-R 建议书说明
−6 dB**	30 MHz～3 GHz	通常适用于组合干扰情形。当瞬态干扰风险可忽略时，I/N 值可取 −6 或 −10 dB。否则，−6 dB 或 −10 dB 应是来自其他共用主要业务的最大组合 I/N 值	
−10 dB***	>3 GHz***		
−13 dB	3～6 GHz	与超宽带系统兼容	仅适用于室内固定无线接入终端，见 ITU-R SM.1757 建议书
−15 dB	27～31 GHz	与使用 HAPS（高空平台站）的固定业务共用	ITU-R F.1609 建议书
−20 dB	3～8.5 GHz	与超宽带系统兼容	ITU-R SM.1757 建议书
−20 dB	所有频段	与次要业务和其他有意发射源兼容	包括无用发射和辐射，见 ITU-R F.1094 建议书

来源：ITU-R F.758 建议书中表 4。

备注：

*I/N 值适用于来自共用业务的组合干扰。

**当与一个以上主要业务共用频谱时，30 MHz～3 GHz 频段需满足 $I/N \leqslant -6$ dB，3 GHz 以上频段需满足 $I/N \leqslant -10$ dB。

***与超宽带系统兼容除外。

[①] ITU-R SM.1753-2 建议书给出了开展室外人为噪声测量的地点，包括偏远乡村、乡村、住宅区、城市、大城市、工业区、铁路和公路等。ITU-R P.372 建议书给出的噪声测量地点包括宁静乡村、乡村、住宅区和城市。广播业务仅适用于城市、郊区和乡村 3 种区域。

[②] 天线接收到的人为噪声也等效于接收机噪声系数与人为噪声之和（dB），即 $F_{\text{eq}} = \text{NF} + \text{MMN}$。

ITU-R F.758 建议书附录 1 给出了固定业务与其他业务和其他干扰源之间的频谱共用原则。对于未采用空间分集的系统，其多径衰落（瑞利分布）与热噪声相似，因此 ITU-R F.758 建议书中表 2 "由多径衰落导致的差错性能降级"与表 5.7 所列相同。表 5.8[①]列出了针对长发干扰的 I/N 值[②]。

将 I/N 指标设为–20 dB，主要是为了防止授权业务受到无意辐射和非授权发射的干扰。例如，ITU-R BT.1895 建议书中的"建议 2"指出："接收机端来自《无线电规则》未授权频率上发射和辐射的总干扰不应超过接收机总噪声功率的 1%。"这里所指的接收机总噪声功率的 1%所对应的 I/N 值为–20 dB。实际上，"I/N 值为–20 dB"与"I/N 值为–10 dB"所对应的干扰信号功率相差 0.37 dB，即 10log(1.1)–10log(1.01)=0.37（dB）。

S/N 防护标准已被应用在多种系统间的频谱共用分析中，如 VHF 和 UHF 频段地面数字视频和声音广播系统与固定无线系统（见 ITU-R F.1670 建议书）或与陆地移动系统（见 ITU-R M.1767 建议书）的频谱共用研究[③]。

根据 ITU-R M.2241 建议书（第 70 页）和 ITU-R M.1767 建议书中"建议 2"，在边境频率协调中，常采用场强门限代替功率门限。根据式（5.120）和式（5.139），得：

$$场强(dB\mu V/m) = -37 + NF + I/N(dB) - G + L + B(MHz) + MMN + 20\log f(MHz) \quad (5.140)$$

卫星通信干扰分析中，常采用 $\Delta T/T$ 方法，具体见国际电联《无线电规则》附录 8 和 ITU-R S.738 建议书。$\Delta T/T$ 方法与 $\Delta n/n$ 方法等效，主要是给出卫星链路噪声温度的增量，将干扰视为期望通信网络热噪声的增量。$\Delta T/T$ 比值用百分比表示。根据《无线电规则》附录 8-7、30 和 30A，$\Delta T/T$ 的百分比门限通常取 6%。在地球静止卫星网络频谱共用分析中，若 $\Delta T/T$ 高于 6%，就应对卫星网络用频进行协调。表 5.7 指出，热噪声功率升高 6%转化为对数形式为（10log 0.06=）–12.2 dB，且 $(i+T)/T = (i+n)/n = (0.06T+T)/T = (0.06n+n)/n = 1.06$ 等价于（10log 1.06=）0.25 dB。

案例分析：有线电视（CATV）和电力线通信（PLT）的允许发射限值的计算

上述干扰分析方法可用于计算发射源的无意发射允许限值。例如，在有线电视和电力线通信对室内蜂窝移动终端的干扰影响研究中，蜂窝移动终端接收频率为 950 MHz，到发射源距离大于 1 m，具体见 Mazar（2011 年）。根据式（5.137）和式（5.139），接收机灵敏度为 KTBF/1 MHz = –114+5 = –109（dBm/MHz）。其中，KTBF 为接收机热噪声，接收天线为无耗全向天线，接收机中频带宽为 1 MHz；典型噪声系数（NF）为 5 dB。若接收机热噪声的增量限值为 1%，其对应的接收机灵敏度为–129 dBm/MHz。由于电波传播损耗与频率有关，所以辐射源的功率限值也与频率有关。根据式（5.110），设频率为 950 MHz，传播环境为自由空间，则有线电视和电力线通信设备发射的允许限值为：

$$\begin{aligned} P_{thresh} &= -129 - 27.55 + 20\log 950 \\ &= -129 - 27.55 + 59.55 = -97(dBm/MHz) \end{aligned}$$

电视最小场强和最小中值等效场强的计算

为防止电视性能降级，通常对其接收最小场强和最小中值等效场强提出防护要求。功率

---

① 表 5.8 与 ITU-R F.758 建议书中表 4 中参数不完全一致。
② 长发干扰将会降低衰落防护的门限值，导致系统差错性能和可用性降级。
③ 作者参与起草了这两个建议书，见 http://mazar.atwebpages.com/ContributionstoITU.html。

密度和场强均可代替功率作为保护参数，具体见 ITU-R BT.1368、BT.2033、BT.2052 建议书和国际电联《数字地面电视广播手册》、欧洲广播联盟（EBU）技术报告 022 和 3348。主要计算如下参数：

$$P_n = \text{NF} + 10\log(kT_0 b)$$

$$P_{s\min} = C/N + P_n$$

$$A_a = G + 10\log(1.64\lambda^2/4\pi)$$

$$\varphi_{\min} = P_{s\min} - A_a + L_f$$

$$E_{\min} = \varphi_{\min} + 120 + 10\log(120\pi) = \varphi_{\min} + 145.8$$

$$E_{\text{med}} = E_{\min} + P_{\text{mmn}} + C_1 \quad \text{（针对屋顶固定接收）}$$

$$E_{\text{med}} = E_{\min} + P_{\text{mmn}} + C_1 + L_h \quad \text{（针对室外便携和移动接收）}$$

$$E_{\text{med}} = E_{\min} + P_{\text{mmn}} + C_1 + L_h + L_b \quad \text{（针对室内便携和手持移动接收）}$$

$$C_1 = \mu \cdot \sigma_t$$

$$\sigma_t = \sqrt{\sigma_b^2 + \sigma_m^2}$$

其中，P_n——接收机输入噪声功率（dBW）；

NF——接收机噪声系数（dB）；

k——玻耳兹曼常数（$k = 1.38 \times 10^{-23}$ J/K）；

T_0——绝对温度（$T_0 = 290$ K）；

b——接收机噪声带宽（$b = 7.61 \times 10^6$ Hz）；

$P_{s\min}$——接收机最小输入功率（dBW）；

C/N——接收机输入端载噪比（与 S/N 可互换）（dB）；

A_a——天线等效孔径（dBm^2）；

G——相对于半波偶极子（dBd）天线的天线增益；

λ——信号波长（m）；

$\varphi_{\min}$——接收剖面的最小功率流量密度（pfd）[dB（W/m^2）]；

L_f——馈线损耗（dB）；

$E_{\min}$——接收剖面的等效最小场强[dB（μV/m）]；

E_{med}——最小中值等效场强，设计值[dB（μV/m）]；

P_{mmn}——人为噪声允许量（dB）；

L_h——高度损耗（接收位置为地平面以上 1.5 m）（dB）；

L_b——建筑物或车辆进入损耗（dB）；

C_1——位置修正因子（dB）；

σ_t——总标准差（dB）；

σ_m——大尺度标准差（$\sigma_m = 5.5$ dB）；

σ_b——建筑物进入损耗标准差（dB）；

μ——分布因子，70%对应 0.52，90%对应 1.28，95%对应 1.64，99%对应 2.33。

5.8.3 干扰减小和消除技术

减小或消除给无线电系统造成影响的干扰，对于提高系统的可用性、节省无线电频谱资源至关重要。下面列出了减小和消除无线电干扰的典型技术。

- 改变传输媒质，如采用电缆、光纤、卫星等代替无线传输。
- 采用分集技术，包括：
  - 路由（站址）分集；
  - 频率分集；
  - 极化分集；
  - 空间分集；
  - 角度分集；
  - 综合采用多种分集。
- 选用更高的频率，意味着需要改进天线副瓣，弥补传播损耗。
- 采用选址技术，降低天线高于地平面或海平面的有效高度，或将天线向下倾斜。
- 开展频率协调，将蜂窝移动通信频率分为"优先频率"和"非优先频率"，若选用"非优先频率"，则可能受到干扰。
- 提高设备性能（见 ITU-R M.2241 建议书中第 74 页），包括：
  - 增大天线副瓣衰减[①]；
  - 采用智能天线；
  - 对发射信号和接收信号进行滤波；
  - 若干扰信号带宽大于受扰接收机带宽，则将受扰接收机带宽减小至能够接受的最小值，以减小进入接收机带宽内的干扰信号功率，同时减小接收机带宽也有助于减小热噪声，提高系统灵敏度；
  - 采用自适应调制编码技术；
  - 采取极化隔离措施，增加发射机和接收机天线之间的交叉极化失配损耗；
  - 采用新兴技术，如扩频、OFDMA 和 MIMO 等。

参 考 文 献

说明：*表示作者参与该文献的编写工作。

Balanis, C. (1997) *Antenna Theory: Analysis and Design*, John Wiley & Sons, Inc., New York.

Balanis, C. (2008) *Modern Antenna Handbook*, John Wiley & Sons, Inc., Hoboken, NJ.

BIPM (*Bureau International des Poids et Mesures*) (2006) *The International System of Units (SI) Organisation Intergouvernementale de la Convention du Mètre*. Available at: www.bipm.org/utils/common/pdf/si_brochure_8_en.pdf (accessed April 19, 2016).

Cheng, D.K. (1983) *Field and Wave Electromagnetics*, Addison-Wesley, Reading, MA.

EBU 2013 *Handbook TR 022 Terrestrial Digital Television Planning and Implementation Considerations*. Available at: https://tech.ebu.ch/docs/techreports/tr022.pdf (accessed April 19, 2016).

EBU 2013 Tech 3348 *Frequency and Network Planning Aspects of DVB-T2*. Available at: https://tech.ebu.ch/docs/tech/tech3348.pdf (accessed April 19, 2016).

[①] 例如，在受扰可能性较大的场合，可使用欧洲电信标准化协会"4 类"天线，见 ETSI EN 302 217-4-2。

ECC Recommendation (01)01 (revised Dublin 2003, Helsinki 2007) Border coordination of UMTS. Available at: http://www.erodocdb.dk/Docs/doc98/official/pdf/ERCREC0101.PDF (accessed April 19, 2016).

ECC Recommendation (11)04 Frequency Planning and Frequency Coordination for Terrestrial Systems for Mobile/Fixed Communication Networks (MFCN) Capable of Providing Electronic Communications Services in the Frequency Band 790–862 Mhz. Available at: www.erodocdb.dk/Docs/doc98/official/pdf/REC1104.PDF (accessed April 19, 2016).

ECC Recommendation (12)03 approved February 2013 Determination of the Radiated Power Through Field Strength Measurements in the Frequency Range from 400 Mhz to 6000 Mhz. Available at: www.erodocdb.dk/Docs/doc98/official/pdf/REC1203.PDF (accessed April 19, 2016).

ECC Report 127, October, 2008 *The Impact of Receiver Standards on Spectrum Management*. Available at: www.erodocdb.dk/Docs/doc98/official/pdf/ECCREP127.PDF (accessed April 19, 2016).

ECO Report 102, 25 June, 2010 *The Impact of Receiver Parameters on Spectrum Management Regulations*. Available at: www.cept.org/eco/deliverables/eco-reports (accessed April 19, 2016).

ERC Recommendation 70-03 2012 Relating to the Use of Short Range Devices (SRD). Available at: www.erodocdb.dk/docs/doc98/official/pdf/rec7003e.pdf (accessed April 19, 2016).

ERC/CEPT 1999 Report 069 *Propagation Model and Interference Range Calculation for Inductive Systems 10 KHz–30 MHz*. Available at: www.erodocdb.dk/docs/doc98/official/pdf/Rep069.pdf (accessed April 19, 2016).

ETSI EN 302 217-4-2 V1.4.1 (2008-11) *Fixed Radio Systems; Characteristics and Requirements for Point-To-Point Equipment and Antennas; Part 4-2: Antennas; Harmonized EN Covering the Essential Requirementsof Article 3.2 of R&TTE Directive*. Available at: www.etsi.org/deliver/etsi_en/302200_302299/3022170402/01.04.01_40/en_3022170402v010401o.pdf (accessed April 19, 2016).

Horak, R. (2007) *Telecommunications and Data Communications Handbook*, Wiley-Interscience, Hoboken, NJ.

ITU (2002) *Handbook on Satellite Communications*, third edition, John Wiley & Sons, Inc., Hoboken, NJ. Available at: www.itu.int/pub/R-HDB-42 (accessed April 19, 2016).

ITU (2012) *Radio Regulations Edition of 2012**. Available at: www.itu.int/pub/R-REG-RR-2012 (accessed April 19, 2016).

ITU (2014) *Handbook on Ground Wave Propagation*. Available at: www.itu.int/pub/R-HDB-59-2014/en (accessed April 19, 2016).

ITU-R Recommendation BS.1195 Transmitting Antenna Characteristics at VHF & UHF*. Available at: www.itu.int/rec/R-REC-BS.1195/en (accessed April 19, 2016).

ITU-R Rec. BS.1660 Technical Basis for Planning of Terrestrial Digital Sound Broadcasting in the VHF Band. Available at: www.itu.int/rec/R-REC-BS.1660/en (accessed April 19, 2016).

ITU-R Rec. BT.1206 Spectrum Limit Masks for Digital Terrestrial Television Broadcasting. Available at: www.itu.int/rec/R-REC-BT.1206/en (accessed April 19, 2016).

ITU-R Rec. BT.1895 Protection Criteria for Terrestrial Broadcasting Systems. Available at: www.itu.int/rec/R-REC-BT.1895/en (accessed April 19, 2016).

ITU-R Rec. F. 699 Reference Radiation Patterns for Fixed Wireless System Antennas for Use in Coordination Studies and Interference Assessment in the Frequency Range from 100 Mhz to About 70 Ghz*. Available at: www.itu.int/rec/R-REC-F.699/en (accessed April 19, 2016).

ITU-R Rec. F.758 System Parameters and Considerations in the Development of Criteria for Sharing or Compatibility Between Digital Fixed Wireless Systems in the Fixed Service and Systems in Other Services and Other Sources of Interference*. Available at: www.itu.int/rec/R-REC-F.758/en (accessed April 19, 2016).

ITU-R Rec. F.1336 Reference Radiation Patterns of Omnidirectional, Sectoral and Other Antennas in Point-To-Multipoint Systems for Use in Sharing Studies in the Frequency Range from 1 Ghz to About 70 Ghz*. Available at: www.itu.int/rec/R-REC-F.1336/en (accessed April 19, 2016).

ITU-R Rec. F.1670 Protection of Fixed Wireless Systems from Terrestrial Digital Video and Sound Broadcasting Systems in Shared VHF and UHF Bands*. Available at: www.itu.int/rec/R-REC-F.1670/en (accessed April 19, 2016).

ITU-R Rec. M.1036 Frequency Arrangements for Implementation of the Terrestrial Component of International Mobile Telecommunications (IMT) in the Bands Identified for IMT in the Radio Regulations (RR)*. Available at: www.itu.int/rec/R-REC-M.1036/en (accessed April 19, 2016).

ITU-R Rec. M.1767 Protection of Land Mobile Systems from Terrestrial Digital Video and Audio Broadcasting Systems in the VHF and UHF Shared Bands Allocated on a Primary Basis*. Available at: www.itu.int/rec/R-REC-M.1767/en (accessed April 19, 2016).

ITU-R Rec. M.1851 Mathematical Models for Radiodetermination Radar Systems Antenna Patterns for Use in Interference Analyses*. Available at: www.itu.int/rec/R-REC-M.1851/en (accessed April 19, 2016).

ITU-R Rec. P.368 Ground-Wave Propagation Curves for Frequencies Between 10 Khz and 30 MHz. Available at: www.itu.int/rec/R-REC-P.368/en (accessed April 19, 2016).

ITU-R Rec. P.372 Radio Noise*. Available at: www.itu.int/rec/R-REC-P.372/en (accessed April 19, 2016).

ITU-R Rec. P.525 Calculation of Free-Space Attenuation. Available at: www.itu.int/rec/R-REC-P.525/en (accessed

April 19, 2016).

ITU-R Rec. P.526 Propagation by Diffraction. Available at: www.itu.int/rec/R-REC-P.526/en (accessed April 19, 2016).

ITU-R Rec. P.530 Propagation Data and Prediction Methods Required for the Design of Terrestrial Line-Of-Sight Systems. Available at: www.itu.int/rec/R-REC-P.530/en (accessed April 19, 2016).

ITU-R Rec. P.676 Attenuation by Atmospheric Gases. Available at: www.itu.int/rec/R-REC-P.676/en (accessed April 19, 2016).

ITU-R Rec. P.1546 Method for Point-To-Area Predictions for Terrestrial Services in the Frequency Range 30 Mhz to 3 000 Mhz. Available at: www.itu.int/rec/R-REC-P.1546/en (accessed April 19, 2016).

ITU-R Rec. P.1812 A Path-Specific Propagation Prediction Method for Point-To-Area Terrestrial Services in the VHF and UHF Bands. Available at: www.itu.int/rec/R-REC-P.1812/en (accessed April 19, 2016).

ITU-R Rec. P.2001 A General Purpose Wide-Range Terrestrial Propagation Model in the Frequency Range 30 MHz to 50 GHz. Available at: www.itu.int/rec/R-REC-P.2001/en (accessed April 19, 2016).

ITU-R Rec. P.2040 Effects of Building Materials and Structures on Radiowave Propagation above about 100 MHz. Available at: www.itu.int/rec/R-REC-P.2040/en (accessed April 19, 2016).

ITU-R Rec. S.673 Terms and Definitions Relating to Space Radiocommunications. Available at: www.itu.int/rec/R-REC-S.673/en (accessed April 19, 2016).

ITU-R Rec. S.738 Procedure for Determining If Coordination Is Required Between Geostationary-Satellite Networks Sharing the Same Frequency Bands Recommendation. Available at: www.itu.int/rec/R-REC-S.738/en (accessed April 19, 2016).

ITU-R Rec. SM.329 Unwanted Emissions in the Spurious Domain*. Available at: www.itu.int/rec/R-REC-SM.239/en (accessed April 19, 2016).

ITU-R Rec. SM.1541 Unwanted Emissions In The Out-Of-Band Domain. Available at: www.itu.int/rec/R-REC-SM.1541/en (accessed April 19, 2016).

ITU-R Report M.2241 *Compatibility Studies in Relation to Resolution 224 in the Bands 698-806 Mhz and 790–862 Mhz**. Available at: www.itu.int/pub/R-REP-M.2241 (accessed April 19, 2016).

Linhares, A., Terada, M.A.B. and Soares, A.J.M. (2013) Estimating the Location of Maximum Exposure to Electromagnetic Fields Associated with a Radiocommunication Station, *Journal of Microwaves, Optoelectronics and Electromagnetic Applications*, **12**, 1, June.

Linhares, A. (2015) PhD thesis in Portuguese: Contribuições ao estudo da exposição humana a campos eletromagnéticos na faixa de radiofrequências.

Lo, Y.T. and Lee, S.W. (1988) *Antenna Handbook: Theory, Applications, and Design*, Van Nostrand Reinhold Company, New York.

Mazar, H. (2009) *An Analysis of Regulatory Frameworks for Wireless Communications, Societal Concerns and Risk: The Case of Radio Frequency (RF) Allocation and Licensing*, Boca Raton, FL: Dissertation.Com. PhD thesis, Middlesex University, London*. Available at: http://eprints.mdx.ac.uk/133/2/MazarAug08.pdf (accessed April 19, 2016).

Mazar (Madjar) H. (2011) *Interfering Thresholds Of Radio Services And Spectrum Emission Masks from PLT, CATV and ADSL*, IEEE TelAviv, COMCAS, 7 Nov 2011. Available at: www.moc.gov.il/sip_storage/FILES/0/2650.pdf (accessed April 19, 2016).

Nyquist, H. (1928) Certain Topics in Telegraph Transmission Theory, *Transactions of the A. I. E. E.*, pp. 617–44, Feb.

Pozar, D.M. (2011) *Microwave Engineering*, third edition. John Wiley & Sons, Inc., Singapore.

Proakis, J.G. (2001) *Digital Communications*. McGraw-Hill, New York.

Sesia, S., Toufik, I. and Baker, M. (2011) *LTE, the UMTS Long Term Evolution: From Theory to Practice*, John Wiley & Sons, Ltd., Chichester.

Shannon, C.E. (1949) A Mathematical Theory of Communication, *Bell System Technical Journal*, **27**, 379–423.

US Presidential Memorandum: Expanding America's Leadership in Wireless Innovation, 14 June 2013. Available at: www.whitehouse.gov/the-press-office/2013/06/14/presidential-memorandum-expanding-americas-leadership-wireless-innovatio (accessed April 19, 2016).

第6章 国际无线电频谱管理和标准化

6.1 国际无线电频谱管理法规和标准

无线电频谱资源属于国家所有。各国普遍意识到,无线电通信需要在全球、区域和国家层面进行监管。国际电联《组织法》的开篇就充分确认"各国拥有管理其电信事务的主权"。各国在其领土范围内独立行使主权被庄严载入通行国际法。无线电频谱与水、土地、油气和矿产一样,是一种属于国家所有的有限资源。一方面,无线电频谱与这些物质一样,具有有限性;另一方面,无线电频谱又具有可再生性,可以向更高频率不断延展,不会完全枯竭(参见1.4节)。因此,人类应该以最合理的方式利用无线电频谱资源,若无线电频谱未被充分利用,实际上是对这一自然资源的浪费。利用无线电频谱这一永恒媒介,可以实现无线电通信,提供无线网络化服务,产生重大经济收益(与交通、油气和电力类似)。无线电频谱管理在国家的理论、政策和实践中占有重要位置,直接关系国家的经济和军事能力,影响技术的进步、创新和传播。无线电频谱能够起到改善经济和社会环境的杠杆作用。因此,需要完善和创新频谱管理政策和模式,推动形成频谱资源拍卖、二次市场和循环利用机制,充分发挥频谱资源的经济效益。同时,良好的频谱管理政策环境,也是提高各种无线电业务的可用性、促进新兴通信业务发展的必要条件。无论是(陆地、水上和航空)移动业务,还是通过卫星转发的家庭固定电视业务,都离不开频谱的支持。就像 Wi-Fi 的普及性应用一样,在一些开放频段,无线网络正在经历快速的创新性发展。

通常,世界各国在文化、地理和外交政策等方面存在差异,因此其国防需求、国家基础设施乃至竞争意识都会有所不同。无线电频谱管理作为一种国家行为,必然具有明显的国家特征。但是,也应认识到,通过在全球和区域层面开展频率使用协调,能够取得许多积极成果(详见第7章)。相较其他国际事务(如外交事务和货币政策),各国更容易就无线电频谱的法规和标准达成一致,甚至有些情况下一个国家的无线电频率划分表无须改动就可适用于另一国家(当然这些国家应位于国际电联同一区域)。由于无线电频率具有全球共用、无处不在、能被平等合理地使用等特点,因此已广泛应用于紧急救援、多媒体广播、健康、教育和福利事业,使得各国人文和技术交流日益便利。但也应看到,各国实施频率划分主要是为了满足其军事和其他用途的无线电系统的频率需求。而且,以往的经验表明,许多国家主要基于本国的利益而非所在区域的无线电规则实施频率划分活动。

无线电频谱作为一种具有"网络化服务"属性的稀缺性资源,需要采用层次化理念对其进行管理,即自顶向下分为全球、区域、洲际、政府间、国家和省(州)、地区、市政和"个体属性"等多个层级,各层自下而上派出代表参与和影响较高层级的频谱资源和网络化服务(如建设广播和蜂窝移动通信基站)的管理。要使整个频谱空间达到和谐和兼容,每个层级就不应拘泥于各自利益,而需要舍弃部分权利,以获取其他层级在更重要问题上的支持。每个层级通过牢牢掌控各自管辖事务来对更高层级施加影响。这种高层优先的法律制度既为其成员提供机会，同时也为其成员设置了诸多限制条件。各地区、城镇或州层级的主管部门在开展协调过程中，需要考虑和处理如下共性问题：

- 目前有效的法律有哪些？
- 如何定义职责和权限？
- 较低层级主管部门目前承担哪些管理和标准化工作？
- 原有管理和标准化部门还需要保留吗？

国际电联各成员依据归属关系和兴趣参与区域性频谱管理或采纳区域内标准。许多情况下，各国都会强调其主权的完整性，主管部门通常坚持本国利益优先，放弃建立统一市场的努力，并制定各自的无线电法规和标准。本章主要介绍全球无线电频谱管理和标准化情况，重点介绍国际电联无线电通信部门（及其《无线电规则》）和电信标准化部门分别在全球无线电业务管理和电信标准化方面发挥的作用，并从国际层面介绍无线电频谱协调、法规和标准的整体情况。第7章还将详细介绍超国家、多国和区域性无线电频谱管理和标准化情况。表 6.1 至表 6.7 列出了有关区域性频谱管理和标准化的组织机构情况。

6.2 频谱管理法规和标准化

6.2.1 国际无线电频谱管理和标准化的组织机构

国际电联是负责制定全球无线电通信法规的主要组织机构。表 6.1 至表 6.7 列出了对国际无线电法规和标准化有重要影响的其他组织机构，这些组织机构大多是与各国政府和工业界密切相关的政府间组织机构[①]。

6.2.1.1 主要区域性无线电频谱组织机构

本章主要介绍全球无线电频谱管理组织机构，内容上也涉及超国家、多国和区域性频谱管理组织机构，其中区域性频谱管理组织机构将在第7章中重点介绍。表 6.1 列出了区域性政府间电信组织机构，这些组织机构对国际无线电频谱管理事务具有重要影响[②]。

表 6.1 主要区域性电信组织机构

名称	区域性政府间电信组织机构
APT	亚太电信组织，包括 38 个成员国
ASMG	阿拉伯国家频谱管理组织，包括 23 个成员国（或 22 个成员国，不含已暂停资格的叙利亚）
ATU	非洲电信联盟，包括 44 个成员国
CEPT	欧洲邮电主管部门大会，包括 48 个成员国
CITEL	美洲国家电信委员会，包括 36 个成员国
EACO	东非通信组织，包括布隆迪、肯尼亚、卢旺达、坦桑尼亚和乌干达（类似东非国家共同体）
FACSMAB	频率指配委员会，包括新加坡、马来西亚和文莱
RCC	通信领域区域共同体，包括 12 个成员国
REGULATEL	拉丁美洲电信主管部门论坛，包括 20 个主管部门

---

① 不保证表中所收录组织的完整性。
② 除南部非洲发展共同体（SADC）外，表中所有组织均为国际电联无线电通信部门成员。

续表

名称	区域性政府间电信组织机构
SADC	南部非洲发展共同体,包括15个成员国
WATRA	西非电信主管部门大会,包括15个成员国

6.2.1.2 其他政府间电信组织机构

表6.2列出了除表6.1中以外的其他政府间电信组织机构。这些组织机构大多由地理上相近的成员国组成,有些由使用相同语言的成员国组成,如阿拉伯国家主管部门网络(AREGNET)的官方语言为阿拉伯语,葡语国家共同体电信主管部门交流协会(ARCTEL-CPLP)的官方语言为葡语,法语国家邮政电信主管部门大会(CAPTEF)的官方语言为法语,英联邦电信组织(CTO)的官方语言为英语等。有关上述组织和其他组织的信息可参见国际电联全球目录(GD),更详细信息可参见各组织网站。这些组织名称被收录在国际电联《公约》第231款(区域性和其他国际组织)、第269B款(区域性电信组织)和第269C款(运行卫星系统的政府间组织)。

表6.2 影响国际电信管理的其他政府间电信组织机构

名称	区域性政府间电信组织机构
AICTO[*]	阿拉伯信息通信技术组织,包括22个阿拉伯联盟成员国
ASEAN	东南亚国家联盟
ARCTEL-CPLP	葡语国家共同体电信主管部门交流协会,包括8个成员国
AREGNET[*]	阿拉伯国家主管部门网络,包括20个成员国
ARICEA	东部和南部非洲信息通信主管部门协会
BEREC	欧洲电子通信主管机构,包括36个成员;也称为独立主管机构组织
CAATEL	安第斯电信委员会,包括4个成员国(安第斯国家共同体)
CAN	安第斯国家共同体,包括4个成员国
CANTO[*]	加勒比国家电信组织联盟,包括27个成员国
CAPTEF	法语国家邮政电信主管部门大会,包括22个成员国
CJK	中国、日本和韩国,包括3个成员国
COMTELCA[*]	区域电信技术委员会,包括6个中美洲成员国
CRASA	南部非洲通信主管部门协会,包括13个成员国
CTO[*(1)]	英联邦电信组织,包括33+18个成员国
CTU[*]	加勒比电信联盟,包括13个成员国
EAC	东非国家共同体,包括布隆迪、肯尼亚、卢旺达、坦桑尼亚和乌干达5个成员国
ECO[*]	欧洲通信办公室,包括48个欧洲邮电主管部门大会成员国
ECOWAS[*(2)]	西非国家经济共同体,包括15个成员国
ECTEL	东加勒比电信主管部门,包括5个成员国
EFTA	欧洲自由贸易联盟,包括冰岛、列支敦斯登、挪威和瑞士4个成员国
EPRA	欧洲主管部门论坛,包括46个成员国
EU[*]、EC[(3)]	欧盟和欧盟委员会,包括28个成员国
FRATEL	法语电信监管网络(法国),包括47个成员国
GCC[*]	海湾阿拉伯国家合作委员会,成员包括阿拉伯联合酋长国、巴林、沙特阿拉伯、也门、卡塔尔和科威特的电信机构
ICNIRP	国际非电离辐射防护委员会
IIRSA	南美洲区域基础设施一体化倡议,包括12个成员国
MERCOSUR	南美共同市场,包括阿根廷、巴西、巴拉圭、乌拉圭、委内瑞拉和玻利维亚6个成员国(在进行中)
NAFTA	北美自由贸易协议,包括加拿大、墨西哥和美国3个成员国
NATO	北大西洋公约组织,包括28个独立成员国

续表

名称	区域性政府间电信组织机构
PITA	太平洋岛国电信联盟，成员包括马拉西亚、密克罗尼西亚、玻里尼西亚、澳大利亚和新西兰的电信主管部门
PTC	太平洋电信理事会，成员国超过60个
SCG	频谱协调组（亚太），包括5个成员国(4)
UNASUR	南美洲国家联盟，包括12个成员国
UNESCAP	联合国亚太经济和社会委员会，包括53个成员国
WHO	世界卫生组织，包括193个成员国

备注：

*国际电联无线电通信部门成员。

（1）截至2016年4月29日，英联邦电信组织拥有34个完全成员国，另有18个国家和地区派出非直接代表参与。

（2）也称为西非电信主管部门大会（WATRA）。

（3）欧共体，也称为欧盟（EU）。

（4）文莱、印度尼西亚、马来西亚、新加坡和泰国。

6.2.1.3 影响无线设备标准发展的标准化组织

国际电联是领导全球电信和无线电通信标准发展的卓越组织。2001年，国际电联、国际标准化组织（ISO）和国际电工委员会（IEC）共同成立了世界标准合作（WSC）组织，其宗旨是致力于"国家和区域性标准的合作和信息交流"（ITU-T A.6）。

ITU-R第9号决议建议："国际电联与相关组织，特别是与国际标准化组织和国际电工委员会加强沟通和合作。"目前，国际电联与多个标准发展组织达成了合作协议。2012年7月3日，国际电联与欧洲电信标准化协会（ETSI）达成谅解备忘录。国际电联与国际标准化组织、国际电工委员会也已达成合作协议。此外，国际电联还与日本无线电工业和商贸联合会（ARIB）、中国通信标准化协会（CCSA）、韩国电信技术协会（TTA）及日本电信技术委员会（TTC）等签署了谅解备忘录。

表6.3和表6.4列出了对无线设备标准制定具有重要影响的国际组织。其中国家和区域性标准发展组织（SDOs）主要制定国家和区域层面遵守和执行的标准。表6.3列出了标准发展组织正在制定的无线设备标准。表6.4不仅列出了与无线设备标准发展有关的区域性和国家组织（许多来自东南亚），还包括一些认证组织。

表6.3 开展无线设备标准制定工作的标准发展组织

名称	组织（国家）
3GPP	第3代合作伙伴计划(1)
3GPP2	第3代合作伙伴计划2(2)
ANSI	美国国家标准研究院（美国）
ARIB	无线电工业和商贸联合会（日本）
ATIS[*,**,****]	电信工业解决方案联盟
	ATIS委员会WTSC（无线技术和系统委员会）
CCSA	中国通信标准化协会（中国）
ETSI[*,**]	欧洲电信标准化协会（欧洲）
GS1	全球第一商务标准化组织
IEC[*]	国际电工委员会
IEEE-SA[*,****]	电气与电子工程师协会-标准协会
ISO[*,**]	国际标准化组织

名称	组织（国家）
SAE	美国汽车工程师协会
TIA	电信工业协会（美国）
TSDSI	电信标准发展协会（印度）
TTA	电信技术协会（韩国）
TTC	电信技术委员会（日本）
UL Standards	保险商实验室有限公司
Wi-Fi Alliance	Wi-Fi 联盟

备注：
*国际电联无线电通信部门成员。
**国际电联电信标准化部门成员。
***ATIS 和 IEEE 标准需通过 ANSI 认证。
（1）3GPP 的 7 个合作伙伴为 ARIB、ATIS、CCSA、ETSI、TSDSI、TTA 和 TTC。
（2）3GPP2 是由 ARIB、CCSA、TIA、TTA 和 TTC 5 个标准发展组织共同参与的一项合作计划。

表6.4 与无线设备标准化有关的区域性和国家标准化组织

名称	组织（国家）
ANAB	美国国家标准研究院-美国质量协会国家认可理事会（美国）
BIS	印度标准局（印度）
BSN	印尼标准化机构（印度尼西亚）
COPANT	泛美标准委员会
DGN	墨西哥标准局（墨西哥）
DNTMS	国家贸易计量与标准部（斐济）
DSM	马来西亚标准部
GISFI**	印尼全球信息通信技术标准化论坛（印度尼西亚）
GOST	联邦技术管理与计量局（俄罗斯）
IAAC	中美洲认可合作组织
IAF	国际认可论坛(1)
ICONTEC	哥伦比亚技术标准协会（哥伦比亚）
INN	国家标准化协会（智利）
JISC	日本工业标准委员会
KATS	韩国技术和标准局（韩国）
NISIT	国家标准和工业技术研究院（巴布亚新几内亚）
PAC	太平洋认可合作组织
PASC**	太平洋区域标准大会
SA	澳大利亚标准协会
SABS	南非标准局
SAC	中国标准化管理委员会
SCC	加拿大标准委员会
SNZ	新西兰标准化协会
SPRING	标准、生产力和创新理事会（新加坡）
TCVN	标准、计量和质量理事会（越南）
TISI	泰国工业标准研究院

备注：
*国际电联电信标准化部门成员。
**PASC 秘书处设在新加坡。除了 GISFI 和认可组织，本表中的其他机构均为 PASC 成员。
（1）注意与国际宇航联合会（IAF）相区别。

6.2.1.4 与空间和卫星操作有关的组织

一颗地球静止卫星可覆盖地球表面约40%的范围，因此卫星通信大多需要进行国际协调。表 6.5 主要列出了对国际无线电频谱管理，特别是对空间和卫星操作有重要影响的国际组织。这些卫星组织均为国际电联有关部门成员[①]。

表 6.5 与空间和卫星操作有关的国际组织

名称	组织
ACeS	亚洲移动卫星公司
ARABSAT	阿拉伯卫星通信组织
AsiaSAT	亚洲卫星电信组织
B-SAT	卫星广播系统合作组织
COSPAR	空间研究委员会
COSPAS-SARSAT	国际卫星搜索和救援组织
ESA	欧洲航天局
Es'hail	卡塔尔卫星公司
ESOA(1)	欧洲卫星运营协会
EUMETSAT	欧洲气象卫星开发组织
EUTELSAT	欧洲通信卫星组织（ITU-R 成员）
IGO	政府间组织
Globalstar	全球星公司
Global VSAT	全球 VSAT（甚小孔径地面站）论坛
GSA	全球卫星导航系统局（欧洲）
HISPASAT	西班牙通信卫星公司
IMSO	国际移动卫星组织
Inmarsat	国际海事卫星组织
Intelsat	国际通信卫星组织
Intersputnik	国际卫星通信组织（苏联创建，译者注）
Iridium	铱卫星通信公司
ITSO	国际电信卫星组织
Measat	马来西亚通信卫星运营商（包括非洲 Intersat 公司）
NIGCOMSAT	尼日利亚通信卫星
RASCOM	非洲区域卫星通信组织
SES	SES 全球卫星运营商
Thuraya	欧星通信公司
ViaSat	美国卫讯公司

备注：
(1) 2015 年 3 月 16 日，ESOA 声明其成员包括国际电联 1 区的卫星运营商。

6.2.1.5 其他国际组织

表 6.6 列出了与全球无线电频谱管理相关的其他全球性组织。表 6.7 列出了属于国际电联各部门成员的其他国际组织[蜂窝电信工业协会（CTIA）除外]，如广播和运营机构等。

---

① 下列卫星组织（SATORG）可与国际电联和各国主管部门直接开展协调：ARABSAT、ESA、EUMETSAT、INTERSPUTNIK 和 RASCOM。下列经认可的卫星操作组织（ROA）选择某个国家作为其代理，如中国代理 AsiaSAT，法国代理 EUTELSAT IGO，日本代理 B-SAT，印度尼西亚代理 ACeS，卢森堡代理 SES，马来西亚代理 Measat，尼日利亚代理 NIGCOMSAT，卡塔尔代理 Es'hail，西班牙代理 HISPASAT，阿拉伯联合酋长国代理 Thuraya，英国代理 Inmarsat 和 SES（Gibraltar），美国代理 Globalstar、Intelsat 和 Iridium。

第6章 国际无线电频谱管理和标准化

表6.6 参与全球无线电频谱管理的国际组织

名称	国际组织
AMARC[1]	世界社区无线电广播协会
APWPT	专业无线产品技术协会
CIRM*	国际船舶电子公司协会
CISPR*	国际无线电干扰特别委员会
HFCC*	高频协调会议
IAF*	国际宇航联合会
IALA-AISM*	国际海上航标与灯塔协会
IARC	国际癌症研究机构
IARU*	国际业余无线电联盟
IATA*	国际航空运输协会
IAU*	国际天文学联合会
ICAO[1]	国际民航组织
ICSU*	国际科学理事会
Global Voice Group	国际语音集团
GSMA*	GSM协会
IMO	国际海事组织
IUCAF	射电天文学和空间科学频率划分委员会
MMF	移动制造商论坛
OECD	经济合作和发展组织
SITA*	国际航空电讯集团
SMPTE[2]	电影电视工程师协会
URSI*	国际无线电科学联盟
WBUTC*	世界广播联盟技术委员会
WMO	世界气象组织
WORLDDAB*	世界数字语音广播论坛
WTO	世界贸易组织

备注：
* 国际电联无线电通信部门成员。
(1) 国际民航组织和国际电联于2012年12月签署合作备忘录（MoC），通过建立合作框架，加强全球导航卫星系统干扰防护，防止有害干扰对航空安全造成影响。
(2) 国际电联和电影电视工程师协会于2001年3月21日达成一项协议。

表6.7 参与无线电频谱管理法规和标准化的其他国际组织

名称	其他国际组织
4G Americas	4G美洲（由美国通信运营商和移动通信设备制造商组成的业内团体，译者注）
ABU	亚太广播联盟
AHCIET	伊比利亚美洲电信研究与企业协会
AIR	航空无线电和电视，也称为AIRIAB或IAB
APBU	阿拉伯私人广播联盟
APSCC	亚太卫星通信理事会
ARRL	美国无线电转播联盟
ASBU	阿拉伯国家广播联盟
ASETA	安第斯共同体电信企业协会
AUB	非洲广播联盟
BIPM	国际计量局
BBC	英国广播公司
BNE	欧洲广播网络

续表

名称	其他国际组织
CBU	加勒比广播联盟
CEN[1]	欧洲标准化委员会
CENELEC[2]	欧洲电工标准化委员会
CCAA	加勒比中美洲行动
CRAF	射电天文频率委员会
CTIA	蜂窝电信和互联网协会（主体在美国）
DRM	数字调幅广播
EASA	欧洲航空安全局
EBU	欧洲广播联盟
ECTA	欧洲竞争电信协会
ETNO	欧洲电信网络运营商协会
EUROCONTROL	欧洲航空导航安全组织
INTUG	国际电信用户集团
ITU-APT	国际电联-亚太电信组织印度基金会
ITU-AJ	国际电联日本协会
MDG	移动发展集团
NABA	北美广播协会
SATNETWORK	南非远程计算中心网络
UMTS Forum	通用移动通信系统论坛
WIGIG	无线吉比特联盟

备注：
（1）CEN 不包括射频标准。
（2）CEN 包括电子设备的电磁兼容性标准。

6.2.2 全球无线电频谱管理法规和标准化

鉴于有害干扰会限制射频系统特别是生命安全系统[1]的正常工作，因此无线电频率的分配不能完全脱离法规监管。规范化管理的两大支柱是法规[2]和标准，因此无线电频谱管理需要依托法规和标准"两条腿走路"。全球频谱管理法规建设的主要目标是实现无线电频率的合理划分，而无线系统的标准化主要是建立发射机、接收机和天线的技术指标体系。主管部门通常将标准作为一种技术管理手段[3]。Malcolm Johnson（自 2015 年以来担任国际电联副秘书长）曾这样强调标准的重要性："一套标准就像一门通用语言，它能将人、事务、功能、经济和社会等要素联成一个整体。在这个不断变化的复杂世界里，标准使事情变得更为简单。"标准通常由官方机构制定，目的是促进兼容性和互操作性（Sarvas 和 Soininen 2002，第 2 页）。主管机构和标准化组织职责的互补关系可用下面的例子说明（Sesia 等 2011，第 2 页）：LTE 或任何射频信号的总数据速率等于带宽 b 与频谱效率 η 之积，这里带宽的大小由法规和执照确定，而频谱效率由技术和标准决定。

英国通信办公室（Ofcom）发布的《国际通信市场》报告1.3.1节将法规定义为："政府借以谋求对市场施加影响的规程，目的是实现社会和经济目标。在通信领域，主管部门的干预包括直接（如控制物价）和间接（构建市场运行的环境）两种方式。"国家法规是国家主权的

---

[1] 许多（陆地、水上和航空）移动通信系统被定义为生命安全系统。无线通信系统被警察、救护车/护理人员和消防队广泛使用。
[2] regulation 的拉丁语词根 "regula" 源于希伯来语 "regel"。
[3] 欧洲广播联盟公报（15/7/1950，第 132～142 页）指出，标准更多是对工业和商业利益考量的结果，而非仅是对技术的考虑。

重要保障（Hills 2002，第 292 页）。如果一国加入某个区域性组织，则意味着该国将其某些主权暂时让与该组织。国家的法规就如同该国的屏障。欧洲理事会第 98/34 号指令（修订版）M 1.6 将标准定义为：由公认（国际、区域或国家）的标准化机构批准的、针对重复性或持续性应用的技术指标；相关应用对标准的遵守不具有强制性，且标准需对公众公开。

标准的演变以现有技术为基础，一旦运营商、供应商或用户确定投资某个系统或采纳某套标准，则一般不会再轻易做出改变，运营商和终端用户也会优先从现有供应商处采购商品。因此，现有标准的应用情况会对未来标准的应用产生影响。无线电频率标准通常由无线电频谱管理机构提出，且与频段密切相关。国际电联将全球分为 3 个区域，欧洲、非洲、波斯湾以西的中东地区（包括伊拉克）、苏联和蒙古属于国际电联 1 区，美洲属于国际电联 2 区，大多数亚洲国家属于国际电联 3 区。3 个区域遵循不同的无线电频率划分规则。

下面以欧洲为例来说明国际频谱管理法规和标准化情况。欧洲的频谱管理法规和标准化工作主要由两个组织机构领导，其中欧洲邮电主管部门大会（CEPT）主要负责频谱管理法规工作，欧洲电信标准化协会（ETSI）主要负责标准化工作。欧洲电信标准化协会是欧洲标准的主要制定机构，其发布的标准得到除美国和加拿大以外的全球各国广泛采用。美国联邦通信委员会（FCC）主管频谱管理法规工作，也承担频谱管理标准化职责。全球标准发展组织——国际标准化组织（ISO）、国际电工委员会（IEC）、国际无线电干扰特别委员会（CISPR）和电气与电子工程师协会-标准协会（IEEE-SA）[①]对北美的影响大于对欧洲的影响，这主要是由于联邦通信委员会[和美国国家标准研究院（ANSI）]比欧盟[②]和其他欧洲国家更依赖上述国际组织的标准[③]，而后者更倾向于采用欧洲电信标准化协会的标准。国际电工委员会和国际标准化组织曾一起推动了数字电视的标准化工作，组建了移动图像专家组（MPEG），推动建立音频和视频压缩与传输标准。目前，这两个国际组织正在制定水上无线电使用相关标准，其中国际电工委员会负责无线电通信部分，国际标准化组织负责无线电导航部分。此外，国际电工委员会正在开展电场、磁场和电磁场人体暴露的评估和测量方法研究（技术委员会 106）。

国际电工委员会标准 IEC 62233 2005《关于人体暴露在家用和类似用途电器电磁场的测量方法》是一个典型的全球标准[④]，IEC 62233 和 EN 62233 2008 标准的测量方法基本一致。

表 6.3 列出了对无线标准有重要影响的主要国际标准发展组织。在全球层面，国际电联无线电通信部门（ITU-R）主要制定频谱管理法规，并组织各国主管部门开展协调工作。国际电联《无线电规则》将各区域和国家的无线电业务划分为主要业务和次要业务。国际电联电信标准化部门（ITU-T）主要根据设备和服务提供商等工业界提供的方案，起草电信领域标准。与国际电联相似，欧洲邮电主管部门大会（48 个成员国）是成员国主管部门的代表，而欧洲电信标准化协会是各制造商（不仅来自欧洲）的代言人。某些区域性政府间组织，如亚太电信组织、非洲电信联盟和通信领域区域共同体，主要组织制定相关法规，而工业界组织，如

---

① IEEE-SA 的成员分布在 160 多个国家。该专业协会制定了 802.11 Wi-Fi 标准和人体射频暴露限值标准（IEEE/ANSI C95.1-2005）等全球标准。国际电磁安全委员会（ICES）隶属于 IEEE，主要致力于制定和维护电磁场（EMF）安全标准。

② 欧盟（EU）依据马斯特里赫特条约创立，有时（包括本书）也称为欧洲共同体或欧盟委员会。

③ 例如，2013 年，FCC 在参考 IEEE C95.1-1999、1528-2003 标准和 IEC 62209、62232、62479 标准的基础上，对人体射频暴露限值和政策进行了重新评估，并对人体射频暴露法规提出修改意见。

④ 2007 年 12 月 1 日（批准日期），欧洲电工标准化委员会决定采纳欧洲标准 EN 62233 2008，该标准可用日期为 2008 年 4 月 4 日，通告日期为 2008 年 6 月 1 日，出版日期（欧盟成员国必须在该日期之前执行该欧洲标准）为 2008 年 12 月 1 日，撤销日期（任何与 EN 标准相冲突的国家标准必须于该日期之前撤销）为 2012 年 12 月 1 日。

第 3 代合作伙伴计划（3GPP）、电气与电子工程师协会（IEEE）和 Wi-Fi 联盟等，主要组织制定相关标准。

无线技术的全球应用能力（如全球漫游）是衡量该技术的一项关键指标，而无线电频率的国际协调和标准的兼容性是达到上述指标的重要支撑。全球标准和相关建议书是电信网络运行的基础。合理的法规和标准是推动国家经济发展和技术进步的关键要素。许多国家在推行国际法规和标准方面面临诸多困难，特别是发展中国家的法规和标准发展水平较低，从而形成了所谓的法规和标准"鸿沟"。无线电频谱管理法规和标准为各国提供了一个交流平台，也为弥补各国法规和标准"鸿沟"搭建了一座桥梁。目前，许多国际法规和标准都对公众开放，公众可通过互联网直接获取，如国际电联《无线电规则》，ITU-R 建议书和报告，ITU-T 建议书和报告，3GPP、CEPT 和 FCC 文稿（免费），ETSI 标准（免费）及 3GPP2 技术规范和报告（单次使用下载）等。

随着全球一体化进程的迅速发展，区域标准化机构（如 ETSI）和国家标准化机构（如 ANSI）都积极参与相关认证项目，目的是评估全球跨部门认可标准的适用性，如 ISO 9000（质量）和 ISO 14000（环境）管理系统等。

6.2.3 无线电频谱管理法规和标准的全球化

无线电通信系统（如计算机，见 Cooke 等 1992，第 7 页）的运行往往具有全球化特征。因此，经国际电联协商一致，无线电通信系统一经投入使用，就应遵守相关无线电频谱管理法规。从技术角度看，主管部门不应将其国家无线电频率规划与区域性和全球频谱规划割裂开来。在 20 世纪，制造商往往更注重区域性标准，因为他们认为全球某个区域范围已经能够容纳其经济活动。进入 21 世纪后，由于通信设备和廉价免执照系统[①]可以便捷出入各国边境，因此有必要为这些系统设备制定全球适用的法规。目前，一些新兴无线业务的频率划分已经显现全球化趋势。例如，国际电联各区域对 42 GHz 以上频率的划分基本一致。同时，在数字化时代背景下，由于市场的碎片化对供应商、运营商和消费者都带来不便，先前使用的大量蜂窝移动通信系统和数字电视标准逐渐归并为少量标准。在 20 世纪 90 年初，欧洲的蜂窝移动通信系统标准包括北欧移动电话（NMT）、英国全接入通信系统（TACS）、德国无线电话网（C-Netz）、意大利无线电话移动系统（RTMS）、法国 RC-2000 和 MATS-E（Bekkers 和 Smits 1999，第 31 页和第 156 页）。进入 21 世纪后，欧洲电信标准化协会和北美相继提出 GSM（演化为通用 UMTS 和后来的 LTE）和 CDMA TIA-95（演化为 cdma2000），并得到国际标准组织 3GPP（针对 UMTS 和 LTE）和 3GPP2（针对 cdma2000）、运营商和供应商的一致认可。目前，3GPP、ISO、IEEE-SA、IEC、ETSI、CENELEC 和 TIA 是全球无线通信标准发展领域最具有影响力的国际组织。

若某个国家希望加入区域性和全球组织，通常需要遵守相关国际组织的法规和规程，实际上意味着向其转让部分权利。例如，欧洲相关国家需要遵守欧盟的管理法规，而一些区域性电信主管机构需要接受国际电联（法规和标准）和世界贸易组织（贸易自由化）对其国际活动的指导。

由于国际法规属于共同体法（Lofstedt 和 Vogel 2001，第 414 页，Rogers 的评论），区域

---

① 与 ETSI GSM 通过自顶向下方式获得成功不同，IEEE Wi-Fi 主要通过自底向上方式发展普及。

性电信专家组织（如欧盟）也需要遵守国际法规。1997年，经69个国家一致同意，世界贸易组织开始构建"特别超国家法规体系"（Hall等2000，第210、211页），放宽了对电信政策的限制。2012年，世界贸易组织108个成员国承诺推动电信服务领域的贸易便利化。在国际电联和世界贸易组织框架内，区域性组织既遵守国际无线电频谱法规和划分规则，又对其施加影响。世界贸易组织成立于1995年1月1日，负责制定国际双多边贸易体系法律和法规，监督各国政府制定和执行国内贸易法律和规则，履行成员国主体合同义务，并致力于构建拥有最大自由度的贸易市场。1996年4月24日，世界贸易组织发布的电信参考文件阐述了关于稀缺性资源（包括频率、号码和权利）划分和使用的自由化政策，指出："任何行为……都要以客观、及时、透明和非歧视的方式进行。业已分配频率的使用状态应向公众公开，但分配给特定政府用户的详细频率使用信息除外。"因此，《服务贸易总协定》（GATS）要求所有成员国/组织应确保频率的划分和使用程序以客观、及时、透明和非歧视的方式进行。将上述协定具体落实到无线电设备的配置上，就是不允许只采用特定国家/区域的设备或标准而排斥其他国家的标准，除非采用其他国家的标准会导致明显有害干扰。目前，世界贸易组织成员已经开始承担对电信领域具有直接影响的条约所规定的义务。《服务贸易总协定》电信附件要求确保公共电信设施的合理接入和使用，并要求区域性法律（如欧盟指令）应减少法规上的分歧。根据世界贸易组织网站（2016年4月19日登录）统计，全球电信服务市场的总收入超过15 000亿美元，其中移动通信服务约占40%，而当前全球移动用户数量已超过固定电话用户数量的两倍。

经济合作和发展组织（OECD）的宗旨是帮助成员国政府制定和协调有关政策，以改善各成员国的经济，提高人们的生活水准。在通信基础设施和服务政策领域，经济合作和发展组织帮助成员国制定发展目标和策略，促进成员国对政策的理解，分享好的经验做法，提升国际合作水平。OECD通信基础设施和服务政策工作组（WPCISP）曾发布《国家宽带计划》等报告，现正准备发布题为"频谱政策的新方法"的报告。此外，国际电联部门成员，如高频协调会议（HFCC）、国际宇航联合会（IAF）、国际海上航标与灯塔协会（IALA）、国际癌症研究机构（IARC）、国际民航组织（ICAO）、国际海事组织（IMO）和国际标准化组织（ISO）等，也都颁布过电信相关法规。

国际民航组织是协调全球航空事务的核心组织，国际海事组织是协调全球水上事务的机构。有些国家公共部门的频率使用由相关国际机构管理和协调。例如，北约（NATO）在全球军用频率（如225～380 MHz频段）的协调和划分方面扮演重要角色，欧洲国家已经将空-地-空频率的管理权限交由北约负责。

信息社会（如因特网）和全球化不断缩短人与人之间的距离，也促使区域性（如欧洲和北美）和国家有关法规朝统一化方向发展。例如，Wi-Fi的应用和普及促使计算机工业界制定全球通用的Wi-Fi标准。同时，随着蓝牙和医用植入等技术兴起，有必要对执照豁免设备进行标准化、统一和协调管理。此外，由于很难限制短距离设备（SRDs）在边境或其他隔离地区的使用，因此短距离设备的全球化生产、流通和应用已成为必然趋势。不过，有些无线设备的全球化推广也存在困难。例如，由于在全球范围内协调860～960 MHz频段（不包含433 MHz频段）的使用十分困难（原因是该频段已用于蜂窝系统），使得UHF频段RFID（射频识别）设备的跨区域使用一直进展缓慢。

6.3 国家、区域和全球无线电频谱管理法规

6.3.1 国家向政府间机构转移管理权

由于基于自由市场的无线电频谱使用模式并不可行,因此各国都对无线电频谱使用实施较为严格的监管(Hills 2002,第 201 页)。实际中,由于各国无线电频率划分和指配方式存在差异,无线设备通常无法在全球范围内通用。此外,对大多数国家而言,军队是无线电频率的最大用户,需要专门考虑国防用频需求。频谱的兼容性对制造商、运营商和用户都非常重要。频谱协调有助于简化频率指配程序,避免频谱碎片化;有助于促进经济增长,扩展设备的可用性,提高频谱管理和规划水平;有助于扩大边境地区无线电设备的覆盖范围,增强通信的互操作性;有助于防止相邻国家在无线电法规上产生不必要冲突。此外,通过开展边境地区频率协调,能够为边境地区应急无线业务带来便利,有助于邻国的应急机构使用互操作频段交换信息,完成自然灾难响应等任务。对大国来说,频率协调往往具有较大回旋余地,但对小国来说是必须要解决的问题。频谱协调也有可能与国家的其他政策目标发生冲突,如国家希望保持更加灵活的政策,或者需要考虑与频谱规划和管理有关的特殊情况(如原有频段划分或本地供应商利益等)。

如同跨国公司有时更倾向于按照一套惯例而非各国法规行事一样,政府间机构行为有时也具有较大随意性。因此,国家向政府间机构转移特定管理权,既能提高政府间机构的可信度,也有助于规范其行为。相比国家主管部门,区域性组织往往更加鼓励竞争[①]。区域性争端更注重实质利益而非国家的限制。区域性组织主管机构的核心工作是制定规范和标准,并监督和督促这些规范和标准的实施,客观上也有助于完善和落实国家层面的政府法规。政府间/机构间可非常便捷地就相关问题展开讨论,而在大多数成员国主管部门内部做到这一点并非易事。尽管各成员国开展无线电频率协调的水平不同,对某些问题难免会产生分歧,但在一个共同市场内部实现频率兼容,显然对各成员国都有好处。在一个由多个国家构成的组织内,加强对电子通信特别是无线电频谱法规和标准的统一管理,对于实现频率兼容非常重要。法规、自由流通和区域频率兼容之间相互关联。此外,区域性组织的决策往往能够协助国家主管部门维护法规的公正性。

国际电联《组织法》序言的开篇指出:"充分确认各国拥有管理其电信事务的主权。"但是,根据《组织法》第 197 款和国际电联《无线电规则》第 0.4 款规定:

所有电台,无论其用途如何,在建立和使用时均不得对其他成员国或经认可的运营机构,或对其他正式核准开办无线电业务并按照《无线电规则》操作的运营机构的无线电业务或通信造成有害干扰。

无线电法规应遵循国家法规。国际协议有助于各国融入全球和区域体系,减少各国主管部门所用标准发生冲突的可能性。要实现无线电频谱兼容,所有主权国家都面临很大挑战。

国家法律(相对于国际法律)的权威不仅是一个法律问题,也是一个文化问题。为实现无线电频谱兼容,成员国可以向有关机构让渡其特定主权,即将他们的特定决策权与他们所

[①] 例如,欧盟迫切要求将 GSM 作为一个泛欧洲标准,见欧盟建议书 87/371/EEC。

参与的组织共享。各国都非常注重其国家尊严,不允许外部势力对其发号施令和损害其主权。国家主管部门担心参与区域性组织后,国家或民众的爱国主义、民族主义、传统文化、法律法规、自我归属感、独有特征、尊严和主权等受到侵犯。区域一体化可能会使国家主权变得模糊,掩盖人们对国家的认同感。由于国家行为是国际体系的一部分,随着无线电频率使用的全球化和区域化,即便是对外隔绝的岛国,想要保持"自给自足"已不太现实。因此,想要解决现实问题,就必须将眼光和触角伸向国外。正如之前所述,应更多从技术角度而非只从文化视角来认识无线电频谱使用和管理问题。

国际组织通常基于跨政府机制来运转,即所有决策经成员国一致同意后,交由各国议会批准后执行,而无须展开进一步谈判或修改。尽管如此,欧盟作为一个超国家组织,拥有一个经直选产生的议会,可根据多数原则做出决策。而国际电联和世界贸易组织基于一致性原则,因此他们的决策权小于欧盟。

应与哪些国家结合或协调?应遵循哪些区域性法规?邻国固然非常重要,但有时还不足以构成国际组织。目前,大多数国际组织是根据国家地理位置确定的区域性组织,也有一些国际组织是由文化背景相同的国家组成(如阿拉伯语、英语、法语、葡萄牙语、俄语和西班牙语)。文化可以影响和诠释无线电法规的风格(Mazar 2009,第 231 页)。区域性组织要构建本区域无线电频率法规框架,实现区域内频率兼容,其成员国必须具有某种共同特征。基于国家归属感和认同感,由 Carl Jung(1875—1961,瑞士著名精神分析专家,分析心理学的创始人。译者注)的集体无意识主义和 Kropotkin(1842—1921,俄国地理学家,无政府主义者。译者注)的共同理解学说决定稀缺性资源的分配和授权方式,确定对区域性法规的接受程度,并引发对陌生群体或敌对国家标准的不信任感(Mazar 2009,第 219 页)。国家都希望与具有相似文化渊源①的其他国家"抱团发展"并"争取认同"。国家主管部门会根据其地缘政治影响力接受或拒绝特定的无线电频率法规和标准。地理相邻、语言相通和地缘政策等因素都会引导决策者优先考虑相同国家群体的利益,违背这一规律的例子非常罕见。地缘政策有时也会带来消极影响,即对待某个国家的敌视态度(如南美洲国家对美国的态度)将会影响对该国无线标准的接受程度。

参与国际组织事务的方式有两种:一是对该组织成员国参与组织内部决策过程施加影响,二是对该组织法规的执行过程施加影响。

6.3.2 区域性无线电频谱管理和标准化的实施

若无线电频谱管理法规和标准被组织成员一致接受,就能够建立一种市场化组织框架,避免对竞争对手产生排斥作用。若各竞争对手采用不同的法规和标准,则竞争就会有失公平。这些问题不应完全由国家主管部门负责。通常,政府间组织会指导主管部门遵循特定的无线政策、法规和标准。例如,阿拉伯国家频谱管理组织(ASMG)会指导成员国采用欧洲 DVB-T 标准,而一些位于国际电联 2 区的国家更倾向于采用美国和加拿大的电视标准。法语国家邮政电信主管部门大会(CAPTEF)和法语电信监管网络(FRATEL)主要通过非洲法语区国家主管部门来扩大法语的影响。通信领域区域共同体(RCC)致力于扩大俄语的影响力。进入

---

① 如语言、宗教、历史、地理、传统、传承、法律渊源、地缘政治、行为范式、意识形态、管辖、教育、归属感、个人价值、伦理、习惯、对待尊长和性别的态度、艺术、音乐、比赛、饮食、生活方式、遗传、人际关系等。

21世纪以来，亚太电信组织（APT）和非洲电信联盟（ATU）在制定区域性法规[①]和标准方面开始发挥重要作用。许多国家同时是多个国际组织的成员，受到多个国际机构的影响。例如，法国、阿拉伯电信部长会议（ATCM）和非洲电信联盟均对突尼斯和安哥拉的电信政策有着重要影响。欧洲邮电主管部门大会（CEPT）通过与其他国际组织（如亚太电信组织、非洲电信联盟、美洲国家电信委员会和通信领域区域共同体等）达成谅解备忘录，扩大了欧洲在电信领域的影响力。正因如此，安第斯国家共同体（CAN）和西非国家经济共同体（ECOWAS）均表示欧盟为他们树立了一个区域性组织的良好范例。

实际上，英国在其14个海外领地（这些领地并不属于联合王国建制）建立了无线管理组织机构。法国对其海外领地实施直接管理，这些领地是法兰西共和国的组成部分。美国对其海外领地（如美属萨摩亚）也实行相似管理方式。此外，澳大利亚（圣诞岛、科克斯岛和诺福克岛）、丹麦（法罗群岛和格陵兰岛）、荷兰（阿鲁巴岛和安的列斯群岛）和新西兰（库克群岛、纽埃岛和托克劳群岛）等国家也都对其境外领土具有重要影响力。

因此，主管部门通过区域性无线电频谱管理和标准化组织，能够"爬到巨人的肩上"。正是利用这种"合理的"策略，使得无线电主管部门和国家标准化机构能够释放冗杂的事务，将资源聚焦到更有效的工作上。一个"合理的"主管部门体系有助于减少官僚主义（如对经济和创新的限制）和腐败，增强稳定性、确定性、清晰度和透明度，增加对工业的投资。通过实施区域性规划，能够促进新兴产业发展，为无线电频率这一有限资源提供更多应用空间。无线电频率本质上是一种"以太"（古希腊哲学家所设想的一种无处不在的物质，译者注），与文化和传统领域没有直接相关，也不同于国防、外交政策、法律体系和货币。此外，区域性无线电频谱管理和标准化还有助于减小数字鸿沟[②]。

国际电联《无线电规则》第6.1款"特别协议"§1指出："两个或两个以上成员国可以根据《组织法》有关特别条款规定，签订将频率细分给参与国适当业务的特别协议。"现有特别协议除了ITU RJ-1981 RJ81（中波AM广播）和RJ-1988[③] RJ88（1605～1705 kHz）两个美国广播分配计划及GE89（非洲VHF/UHF电视广播规划）外，其余均为欧洲广播或移动业务分配计划，包括HCM（协调计划方法，Zagreb，2010）协议（针对固定业务和陆地移动业务，1956年生效）、ST-1961 ST61（针对电视，经GE-2006 GE06修改）、ITU GE-1975 GE75（针对中波，也适用于亚洲和非洲）、GE-1984 GE84（针对FM广播）、GE-1985 MM-R1（针对国际电联1区中波水上移动和航空无线电导航业务）[④]和EMA（针对欧洲水上区域无线电信标）、威斯巴登-1995（经马斯特里赫特-2002和康斯坦察-2007会议修改）（针对数字广播）、切斯特-1997（针对数字电视，已废止）、GE-2006 GE06（针对数字电视，也适用于国际电联1区和伊朗）。欧盟作为一个成功的区域性一体化组织，也制定出台了大量无线电法规。主管部门在采用外部区域性法规（如欧盟无线电法规）前，应首先了解该法规的内容和实施情况。鉴

---

① 例如，亚太电信组织将700MHz规划为第2个数字红利频段，并被阿根廷、巴西、智利、哥伦比亚、哥斯达黎加、库拉索岛、多米尼加共和国、厄瓜多尔、墨西哥、巴拿马、秘鲁、委内瑞拉等拉丁美洲和加勒比国家所采用，见"拉丁美洲700MHz频谱进程"4G美洲，2015年8月。www.4gamericas.org/files/8314/4051/7653/4G_Americas_700_MHz_Spectrum_Process_Lat_Am.pdf（2016年4月19日登录）。
② 见国际电联弗洛里亚诺波利斯（WTSA-04）世界电信标准化大会第44号决议《缩小发达国家和发展中国家的标准化差距》。
③ RJ-88是1988年在里约热内卢举行的区域性无线电主管机构大会上由国际电联主持通过的区域性协议的附录文件。
④ 见国际电联《程序规则》，2012版A8节的更新。

于了解欧盟的法规框架及其标准化①对理解区域性无线电频谱管理大有裨益，本章会对其进行重点介绍。同时，欧盟的法规和标准本身也较适于其他区域性组织效仿和借鉴。

6.4 全球电信主管机构——国际电联

国际电信联盟（ITU）于1865年在巴黎成立，是联合国领导下负责信息通信技术事务（ICTs）的专门机构。国际电联作为国际电信事务的主管机构，负责全球政府间电信事务管理。全权代表大会是国际电联的最高决策机构，每4年召开一次，主要目的是制定国际电联的基本政策。国际电联成员包括成员国、公共和私营部门、信息通信技术主管机构、先进学术机构和约700个私人公司等。国际电联是唯一一个包括所有信息通信技术参与者的全球性组织，能够为各方就影响信息通信工业方向的广泛问题达成共识提供主要交流平台。国际电联的主要工作通过国际电联大会、理事会和研究组组织实施，总部设在瑞士日内瓦，在全球拥有12个区域性和地区办公室。国际电联下辖3个部门。

1. 无线电通信部门（ITU-R）负责划分全球无线电频谱和卫星轨道资源，确定无线电业务的技术特性和运行程序，在无线电频谱管理中发挥着关键作用。国际电联《无线电规则》为40余种无线电业务的频谱使用建立了有约束力的国际协议。
2. 电信标准化部门（ITU-T）主要制定相关国际技术协议和操作标准，以确保网络和技术无缝对接。
3. 电信发展部门（ITU-D）旨在推动电信基础设施向占国际电联193个成员国2/3的发展中国家扩展。

国际电联法规框架主要基于：

- 国际电联《组织法》和《公约》，这两部法规签署时间为1992年，生效日期为1994年7月1日，每4年由国际电联全权代表大会修改一次，最近一次修改是在2014年在韩国釜山召开的国际电联全权代表大会上；
- 行政规则，包括《无线电规则》和《国际电信规则》，这两个规则也是《组织法》和《公约》的重要补充。

6.4.1 ITU-D（也称为电信发展局，BDT）

ITU-D致力于实现全球信息通信连接，缩小数字鸿沟；定期出版综合性和权威的信息通信技术统计年鉴和发展指标。ITU-D通过向发展中国家提供电信/信息通信设备和网络建设、发展和改进的技术援助，促进国际合作和相互支持。ITU-D在联合国的资助下，重点推动如下领域有关项目：监管和市场环境、技术和网络发展、新兴信息通信技术应用、特殊需要人群的数字化需求、能力建设、网络安全、紧急电信网络等。同时，ITU-D促进信息通信技术在气候变化监测和改善领域的应用。ITU-D通过世界和区域性电信发展大会（WTDC）、电信发展顾问组（TDAG）和相关研究组会议等开展工作。

ITU-D第1研究组的职责是处理"环境、网络安全、信息通信技术应用和互联网相关问题"。

---

① 仅欧洲具有洲际标准化机构。

第 2 研究组的职责是处理"信息通信基础设施和技术发展、应急通信和气候变化的适应性"。表 6.8 列出了第 1 研究组和第 2 研究组的名称。

表 6.8 ITU-D 研究组

第 1 研究组	第 2 研究组
改善电信/信息通信技术发展环境	信息通信技术应用、网络安全、应急通信和气候变化适应性

可供下载的 ITU-D 研究组报告和课题包括：
- ITU-D 第 1 研究组课题报告和指南；
- ITU-D 第 2 研究组课题报告和指南。

ITU-D 正与无线电通信部门、业内专家、学术代表和利益相关者紧密合作，共同推动频谱管理培训项目（SMTP）[①]。

6.4.2 ITU-T（也称为电信标准化局，TSB）

ITU-T 主要负责制定互联网接入、通信协议、语音和视频压缩、家庭网络，以及其他信息通信技术领域标准，涉及领域包括核心网络功能和下一代业务[如交互式网络电视（IPTV）]等。国际电联自 1865 年成立至今，一直致力于工业技术和服务的协调发展，推动建立全球性电信系统的骨干网络。因此，ITU-T 的标准、协议和国际协定在全球电信领域具有重要影响力。与其他两个国际电联组成部门一样，电信标准化局（TSB）为其研究组提供电子化工作环境和会务管理等保障支持。ITU-T 世界电信标准化全会（WTSA）每 4 年召开一次，主要是确定 ITU-T 的总体发展方向和组成结构，包括制定总体政策、组建研究组、批准其下一个 4 年工作计划、任命研究组的主席和副主席等。

ITU-T 建议书为信息通信技术基础设施建设提供指导，制定的语音、数据和视频通信领域国际标准为全球无缝通信和互操作提供支持。ITU-T 的标准化工作由其所属的技术研究组（SGs）具体承担。这些研究组由 ITU-T 成员的代表组成，负责制定涉及国际电信诸多领域的建议书和标准。表 6.9 列出了各研究组的名称。

表 6.9 ITU-T 研究组

研究组	名称
第 2 研究组	运营方面
第 3 研究组	经济和政策问题
第 5 研究组	环境和气候变化
第 9 研究组	宽带电缆和电视
第 11 研究组	协议和测试指标
第 12 研究组	性能、服务质量和体验质量
第 13 研究组	未来网络
第 15 研究组	传输、接入和加强
第 16 研究组	多媒体
第 17 研究组	安全
第 20 研究组	物联网及其应用、智慧城市

---

① 该项目中的两个工程模块由作者提供。

6.4.3 ITU-R（也称为无线电通信局，BR）[①]

ITU-R 负责各种无线电通信业务、无线通信发展及无线电频谱和卫星轨道的国际管理事宜。当前，全球用户及各种无线电业务，如固定业务、移动业务、广播、业余无线电、空间研究、应急通信、气象、全球定位系统、环境监测和通信等，对无线电频谱这一有限资源的需求不断增长，全球无线通信系统的互操作性要求制定新的频率划分规则和频谱兼容标准。无线电频谱的正常使用直接关系到陆地、水上和空中的生命安全。无线电通信局（BR）在全球无线电频谱和卫星轨道管理方面发挥着关键作用，主要致力于实现所有无线电业务（包括使用卫星轨道的业务）能够合理、公平、高效和经济地使用无线电频谱，同时组织开展无线电通信领域课题研究，并批准相关建议书和报告等。

国家无线电管理机构的主要目标是确保无线电系统的无干扰运行。要实现该目标，需要各国履行国际电联《无线电规则》和区域性协议，并通过召开全球和区域性无线电通信会议对有关规则和协议进行修订。ITU-R 建议书用于确保无线电通信系统的运行达到必要的性能和质量。ITU-R 还寻求通过各种方式和手段节约频谱资源，确保频谱拥有满足未来扩展和新技术发展的灵活性。

ITU-R 负责制定和管理与空间业务相关的频率分配或指配计划，为新卫星发射获取适当轨道提供协调机制。无线电通信局为新卫星发射提供诸多支持，包括监管卫星网络频率指配程序和确保高速卫星网络正常运行等。

无线电通信局具体管理空间系统、地球站和地面站的频率协调和记录程序，处理和发布相关数据，审查由主管部门提交的频率指配/分配报告，并将其纳入先前协调程序或国际频率登记总表（MIFR）和规划。无线电通信局负责审查（成员国）主管部门提交的频率指配报告，处理国际协调、通知和登记程序；监督有关国家履行与卫星发射有关的频率分配或指配程序；实施与国际识别方式（如呼号序列）分配和生命安全相关的各项行政规则。

世界无线电通信大会（WRC）负责审议《无线电规则》这一指导无线电频谱使用、地球静止卫星和非地球静止卫星轨道使用的国际条约，有权建立国际频谱管理框架。世界无线电通信大会每 3 或 4 年召开一次（WRC-15 于 2015 年 11 月 27 日闭幕，下届为 WRC-19），会议议程由国际电联理事会根据前一次世界无线电通信大会的建议确立。为扩大世界无线电通信大会的影响力，WRC-15 决定将移动宽带应用（如国际电联 1 区的数字鸿沟）的频谱可用性列为未来 10~15 年 WRC 的议题之一。

无线电通信全会（RA）负责无线电通信有关研究的架构、程序和审批。无线电规则委员会（RRB）的 12 名委员由全权代表大会选出，他们以兼职身份独立履行其职责，通常每年在日内瓦召开 4 次会议。

来自世界各地的电信和信息通信技术组织和主管机构的专家参与无线电通信研究组工作，并经大会筹备会议（CPM）为无线电通信大会准备技术基础文件。各研究组负责编写 ITU-R 建议书，其最终文稿须由各国主管机构批准。其他文稿（如报告和建议书手册）则由 ITU-R 研究组批准。表 6.10 列出了 ITU-R 研究组的主要工作内容。

[①] 相比 BDT 和 TSB，BR 与本书的内容更为相关。

表 6.10 ITU-R 研究组

研究组	名称
第 1 研究组	频谱管理
第 3 研究组	无线电波传播
第 4 研究组	卫星业务
第 5 研究组	陆地业务
第 6 研究组	广播业务
第 7 研究组	科学业务
特别委员会（SC）	
词汇协调委员会（CCV）	
大会筹备会议（CPM）	

6.4.4 国际电联《无线电规则》

6.4.4.1 概述

国际电联《无线电规则》（RR）是对世界无线电通信大会决定的汇编，包括所有附录、决议和建议书等。基于《无线电规则》登记成员国频率指配的《程序规则》由无线电规则委员会（RRB）批准。《程序规则》通过解释特定规则和制定实施程序，为《无线电规则》的内容提供补充。《无线电规则》内容的编号由相关条编号及其条款编号组成，如 RR 9.2B 表示《无线电规则》第 9 条第 2B 款。附录的标题也采用标准形式，如 AP8-2 表示 RR 附录 8 第 2 页。《无线电规则》部分条款、附录、决议和建议书已经被废止。

《无线电规则》主要包括 4 卷：

1. X（10）章，分为 59 条；
2. 42 个附录；
3. 957 项决议和 724 项建议书；
4. 引证归并的 ITU-R 研究组建议书。

《无线电规则》第一卷第 1 章标题为"术语和技术特性"。第 2 章"频率"中第 5 条"频率划分"规定了将无线电频率划分给无线电业务的规则，该条也是《无线电规则》中应用最广的条款。第 3 章详细说明"频率指配和规划修改的协调、通知和登记"，第 8 条规定了"国际频率登记总表所记录的频率指配的地位"。第 4 章详细说明"干扰"。第 5 章介绍"行政管理规定"，如"电台识别"（第 19 条）。第 6 章说明"关于业务和电台的规定"，如"空间业务"（第 22 条）。第 7 章规定"遇险和安全通信"，如"全球水上遇险和安全系统（GMDSS）的使用频率"（第 31 条）。第 8 章规定"航空业务"。第 9 章规定"水上业务"。第 10 章为"《无线电规则》生效有关规定"。

《无线电规则》第二卷除其他条款外，还包括《附录 3：杂散域无用发射的最大允许功率电平》《附录 8：用于确定共用同一频段的地球静止卫星网络之间是否需要协调的计算方法》《附录 10：有害干扰报告》《附录 30：关于 11.7~12.2 GHz（3 区）、11.7~12.5 GHz（1 区）

和12.2～12.7 GHz（2区）频段内所有业务的条款及与卫星广播业务有关的规划和指配表》《附录30A：关于1区和3区 14.5～14.8 GHz、17.3～18.1 GHz 及2区 17.3～17.8 GHz 频段内卫星广播业务（1区 11.7～12.5 GHz、2区 12.2～12.7 GHz 和3区 11.7～12.2 GHz）馈线链路的条款和相关规划与列表》《附录30B：4500～4800 MHz、6725～7025 MHz、10.70～10.95 GHz、11.20～11.45 GHz 和 12.75～13.25 GHz 频段内卫星固定业务的条款和相关规定》。

《无线电规则》第三卷除其他条款外，还包括第233号决议（WRC-12）《对国际移动通信和其他地面移动宽带应用频率相关问题的研究》和第646号决议（WRC-12）《公众保护和灾难援助》。

《无线电规则》第四卷除其他条款外，还给出被引证归并的ITU-R P.525-2建议书《自由空间衰减计算》和ITU-R SM.1138建议书《必要带宽的确定及其计算举例与相关发射标志》。

《无线电规则》第1.5款规定无线电波是指"不依赖人工波导而在空间传播的、频率在3000 GHz 以下的电磁波"。

《无线电规则》第1.6款规定无线电通信是指利用无线电波的电信。

《无线电规则》第2.1款指出："无线电频谱可分为9个频段，各频段应根据下表按照递进整数命名。频率的单位为赫兹（Hz），其表达方式如下。

- 3000 kHz 以下（包括3000 kHz），以千赫兹（kHz）表示；
- 3 MHz 以上至3000 MHz（包括3000 MHz），以兆赫兹（MHz）表示；
- 3 GHz 以上至3000 GHz（包括3000 GHz），以吉赫兹（GHz）表示。"

6.4.4.2 基于地理经度的国际电联区域划分

国际电联将全球划分为5个行政区，即A区为美洲，B区为西欧，C区包括东欧和北亚，D区为非洲，E区包括亚洲和大洋洲。国际电联《无线电规则》还将世界划分为3个区域：其中1区包括欧洲、中东、非洲和苏联，包括西伯利亚；2区包括北美洲、南美洲和太平洋（国际日期线以东）；3区包括亚洲、澳大利亚和环太平洋地区（国际日期线以西）。国际电联的区域划分主要按照地理经度（Mazar 2009，第68页），其依据是各大洲无线电频率划分的差异性，这说明亚洲、美洲和欧洲的频率划分原本是不同的。Mazar（2009，第48、49页）说明了国际电联3个区域划分的历史进程。经度可能会横穿某些大洲，如子午线东经40°（E40）[①]横穿欧洲（俄罗斯）、亚洲（中东）和非洲。区域划分的界限在1区与欧洲轮廓（包括非洲、中东和俄罗斯[②]）重合，在2区与美洲轮廓重合，在3区与亚洲轮廓重合。

6.4.4.3 国际频率划分

国际电联《组织法》序言的开篇指出："充分确认各国拥有管理其电信事务的主权。"但是，国际电联《组织法》第197款和《无线电规则》第0.4款规定：

[①] 东经40°也是国际电联1区和2区的分界线。欧洲的东经40°边界与公元前125年哈德良统治下的大罗马帝国的东部边界一致。
[②] 俄罗斯文化（语言和宗教）源于欧洲，同时俄罗斯的部分领土（乌拉尔以西）属于欧洲。

所有电台，无论其用途如何，在建立和使用时均不得对其他成员国或经认可的运营机构，或对其他正式核准开办无线电业务并按照《无线电规则》操作的运营机构的无线电业务或通信造成有害干扰。

根据《无线电规则》第5.1款"成员国为电台颁发频率执照"和第5条第Ⅳ节"为无线电业务分配频率"，《无线电规则》第18-1款指出："在对电台进行审批的国家主管部门……没有授予执照之前……任何发射电台不能设置或启用。"国家主管部门依据国际电联《无线电规则》第5条的区域划分规则和国家无线电频率划分表，为电台颁发无线电频率执照。因此，主管部门应确保国际电联无线电通信局划分的频段与其无线电通信业务使用频段相一致（反之亦然）。

《无线电规则》第4.4款指出：

各成员国的主管部门不用给电台指配任何违背本章中频率划分表或本规则中其他规定的频率，除非明确指出这种电台在使用这种频率指配时不对按照《组织法》、《公约》和本规则规定工作的电台造成有害干扰，并不得对该电台的干扰提出保护要求。

频率划分表（《无线电规则》第5条）的表头包括3栏，每栏各与一个区域相对应。如果一项划分占了表中的全部宽度（如460～470 MHz），则称为世界划分，如果只占一栏或两栏，则称为区域性划分。频率划分表内，在一种或几种业务名称的下面所列的脚注，适用于各种划分的一种以上业务，或适用于相关划分的所有业务。若一个频带被标明划分给多个业务，则业务名称用大写（如 FIXED）排印的为主要业务，业务名称用正常字体（如 Mobile）排印的为次要业务。根据《无线电规则》第5.28款至第5.30款，次要业务台站不得对已经指配或将来可能指配频率的主要业务电台产生有害干扰，也不得对来自已经指配或将来可能指配频率的主要业务电台的有害干扰提出保护要求。表 6.11 给出了全球 460～890 MHz 频率划分表，表中业务名称用黑体（如**固定**）排印的为主要业务，业务名称用正常字体（如移动）排印的为次要业务。有关主要业务和次要业务的详细规定可参见国际电联《无线电规则》第5.23款至第5.31款。

有害干扰可对包括生命安全业务在内的所有无线电业务（如航空和水上移动业务、航空和水上无线电导航业务，以及搜索和救援操作等）造成致命影响。《无线电规则》第4.10款规定："成员国应认识到无线电导航和其他安全业务要求采用特别措施以避免受到有害干扰。"考虑到地球静止卫星和空间站可能受到地球表面40%区域内发射源的干扰，因而卫星业务的干扰防护同样非常重要。此外，高频电台对远距离干扰较为敏感。蜂窝基站天线因距离地面较高且具有方向性（与下行链路相比），因此基站接收的上行链路信号需要得到良好防护。

国际电联无线电通信局通过水上移动访问和检索系统（MARS），维护和更新海岸和船舶电台数据库。该数据库是根据例行性和特定监测计划从主管部门收集的有关监测结果汇总和紧急情况下可用频率/频段数据。

6.4.4.4　国际频率指配和通知

《无线电规则》第 8 条规定，通过第 11.31 款审查的登记在国际频率登记总表（MIFR）内的任何频率的指配享有国际承认的权利，并由无线电通信局在国际频率信息通报（BR IFIC）

中公布通知单。国际频率信息通报是一种基于高密度只读光盘（DVD-ROM）格式的业务文献，每两周公布一次。由于数据量较大，国际频率信息通报数据存放在两张 DVD 光盘中，分别存储地面业务和空间业务数据。国际频率信息通报所含信息主要用于频率管理，其中序言部分[①]对内容和出版信息进行说明。《无线电规则》第 9 条规定了"与其他主管部门开展协调或达成协议的程序"，第 11 条规定了"频率指配通知和登记"。

表 6.11 《无线电规则》第 5 条 460～890 MHz 频率划分

划分给以下业务		
1 区	2 区	3 区
460～470	固定 移动　5.286AA 卫星气象（空对地） 5.287　5.288　5.289　5.290	
470～694 广播	470～512 广播 固定 移动 5.292　5.293　5.295	470～585 固定 移动　5.296A 广播 5.291　5.298
	512～608 广播 5.295　5.297	585～610 固定 移动　5.296A 广播 无线电导航 5.149　5.305　5.306　5.307
	608～614 射电天文 卫星移动 （卫星航空移动除外） （地对空）	610～890 固定 移动　5.296A　5.313A 5.317A 广播
5.149　5.291A　5.294　5.296 5.300　5.304　5.306　5.311A 5.312	614～698 广播 固定 移动 5.293　5.308　5.308A　5.309　5.311A	
694～790 移动（航空移动除外）5.312A　5.317A 广播 5.300　5.311A　5.312	698～806 移动　5.317A 广播 固定 5.293　5.309　5.311A	
790～862 固定 移动（航空移动除外） 5.316B　5.317A 广播 5.312　5.319	806～890 固定 移动　5.317A 广播	
862～890 固定 移动（航空移动除外） 5.317A 广播　5.322 5.319　5.323	5.317　5.318	5.149　5.305　5.306　5.307 5.311A　5.320

来源：国际电联《无线电规则》第 5 条。

[①] 包括无线电通信局国际频率信息通报（地面业务）的序言和国际频率信息通报（空间业务）的序言。

有关地面频率指配/分配提交的通知函和指南可通过 www.itu.int/ITU-R/go/terrestrial-notice-forms 和 www.itu.int/ITU-R/go/space-support/网站获取。主管部门通过电子通知公布频率指配。国际电联无线电通信局每两周更新国际频率信息通报，该通报同时提供两种 DVD 应用软件，一种是被称为 TerRaNotices 的针对地面业务的软件，另一种是针对空间业务（包括卫星网络、地球站和射电天文站等）电子通知文件生成和校验的软件。图 6.1 绘制了地面业务通知流程图。

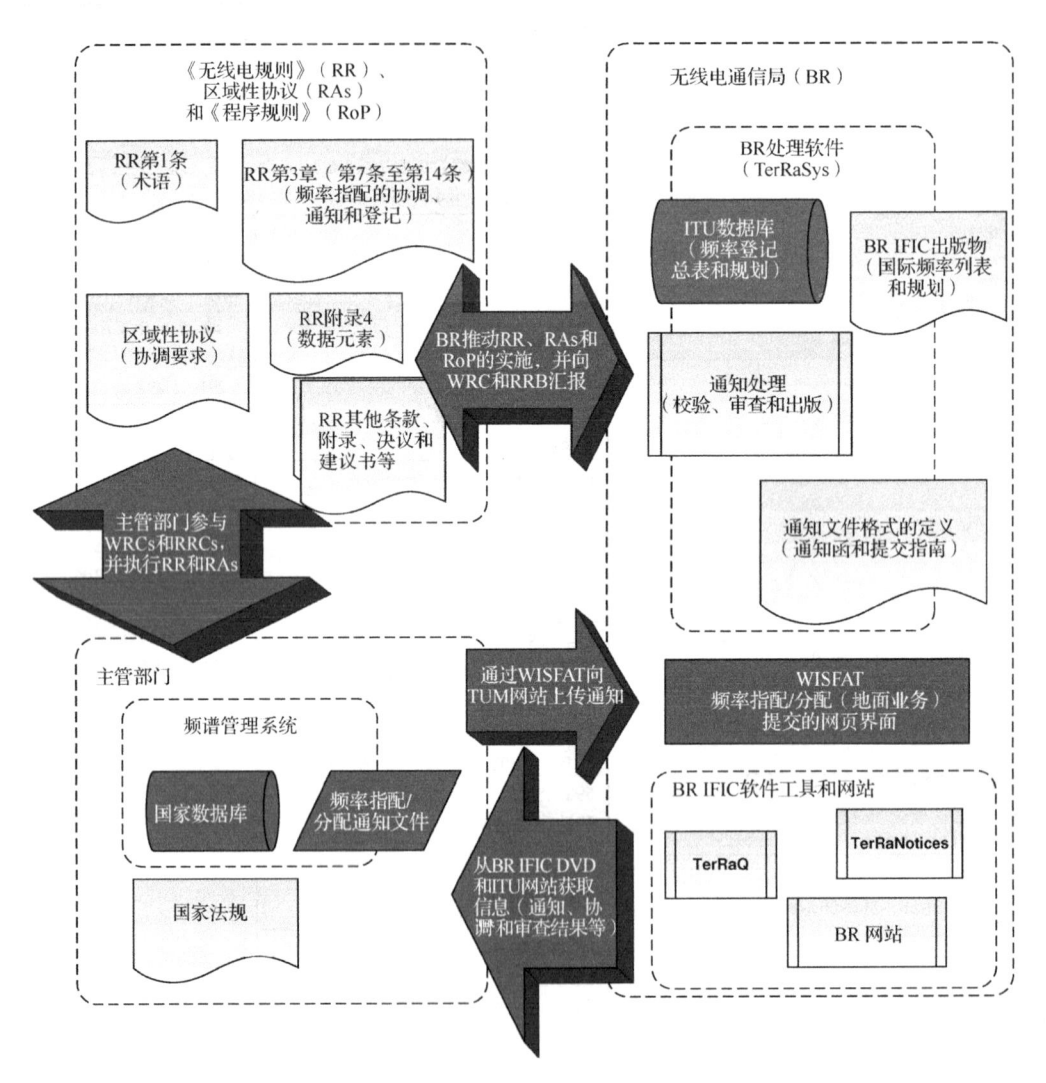

图 6.1 地面业务数据交互图（来源：国际电联《计算机辅助技术手册》中图 4.2）

为协助用户准备其空间业务电子文档，国家电联无线电通信局发布了专用软件——空间网络列表（SNL），并提供配套的帮助文档和使用教程。有关空间业务电子文档准备的更多信息可参考国际电联无线电通信局网站主页。ITU-R《用于频谱管理的计算机辅助技术手册》（2015 年版）给出了空间网络列表软件的总体架构，如图 6.2 所示。

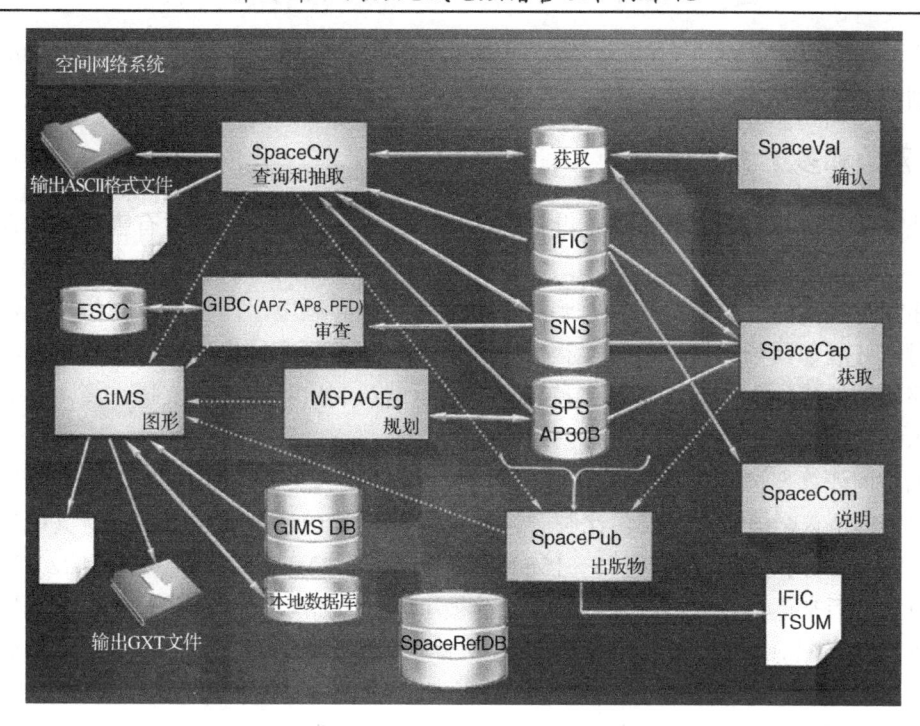

图 6.2 国际电联空间业务软件的总体架构（来源：国际电联"SAS"介绍材料）

6.5 边境地区频率协调、法规和技术

6.5.1 避免边境地区出现有害干扰

开展边境地区使用频率的程序性和工程协调对于避免干扰非常重要。《无线电规则》第 8.3 款规定，登记在国际频率登记总表内的任何频率的指配享有国际承认的权利。各国在开展频率指配时，应充分考虑邻国电台的用频情况。《无线电规则》第 1.169 款规定，有害干扰是指危及无线电导航或其他安全业务的运行，或者严重损害、阻碍或一再阻断按照《无线电规则》开展的无线电通信业务的干扰。国际电联《组织法》第 45 条第 1 款指出，所有电台，无论其用途如何，在建立和使用时均不得对其他成员国或经认可的运营机构，或对其他正式核准开办无线电业务并按照《无线电规则》操作的运营机构的无线电业务或通信造成有害干扰。《无线电规则》第 15.22 款第Ⅵ节规定了有害干扰事件的处理程序，其中强调在解决有害干扰问题时，各成员国应按照《组织法》第 45 条和本节有关规定，以最大善意进行合作。《无线电规则》第 15.23 款指出，处理有害干扰时，应考虑一切因素，包括相关技术和运行因素，如频率的调整、发射天线和接收天线的特性、时域共享、多信道传输中的信道切换等。《无线电规则》第 15.30 款指出，受扰台站在报告有害干扰时，应将干扰的详细信息发送至造成干扰的发射台站，以协助其确定干扰来源和特征。

需要指出，由于受扰方（接收电台）对干扰情况更为了解，也更加希望消除干扰，因此受扰方有义务提供干扰的详细信息，以促进干扰问题的解决。在邻国附近设置使用电台，应遵守国际电联《无线电规则》和频率分配计划，以减少潜在干扰。欧洲和非洲国家开展视频和声音广播频率协调主要基于 GE-1984（调频广播频率分配计划）和 GE-2006（数字电视频率分配计划）。

6.5.2 双边和多边协议

无线电信号可能跨境覆盖，并由此产生干扰。为避免边境地区发生有害干扰，各国主管部门需要基于双边或多边协议，开展边境地区频率协调。这些协议涉及技术、操作、地形参数、程序和电波传播等问题。特别是当相邻国家使用相同频段，但使用不同的技术体制和信道宽度时，开展邻国频率协调的难度很大。各国主管部门可通过组织电信运营商参与协调，提升频率协调的成效，包括鼓励和支持各国电信运营商制定频率协调安排，简化相关程序，达成技术协议，以扩大边境地区电信网络的覆盖范围。

欧洲协调计算方法（HCM）[①]是一种可用于 29.7 MHz 至 43.5 GHz 固定业务和陆地移动业务频率协调的协议。该协议最初由比利时、荷兰和德国于 1956 年倡导和签署，其中包含用于边境地区固定业务和移动业务（146～156 MHz、156～174 MHz 和 450～470 MHz）频率协调的计算方法，后来逐步被欧洲国家采用，目前被 17[②] 个欧洲国家主管部门采纳。根据该协议，在频率授权和指配前，需要遵守经过协调的技术条款，实施透明决策；同时，通过数据交换对干扰进行快速评估，给出识别潜在干扰发射机的方法和协调程序，避免产生有害干扰。HCM 通过选择优先频率集，促进公众移动通信网络的灵活规划。HCM 注重从经验中收集数据，不仅包括行政性和技术性条款，还包括软件和文档。

许多欧洲以外国家也将 HCM 作为双边和多边基础协议，用于频率优化和协调。随着 GSM 在全球的广泛使用，HCM 在边境地区陆地移动系统协调中发挥着重要作用。在欧盟和 HCM 小组的努力下，国际电联电信发展局将 HCM 推荐给非洲国家用于双边和多边频率协调（HCM4A）。未来，亚太和加勒比国家也将基于 HCM 开展国际频率协调。目前，HCM 被 ITU-D 推荐给世界其他区域用于边境地区频率协调。

欧洲邮电主管部门大会（CEPT）所发布的电子通信委员会（ECC）系列建议书包含边境地区多频段移动网络频率协调的详细信息，具体参见 www.erodocdb.ck。例如，ECC（11）04 建议书含有边境地区 800 MHz 频段的频率协调的案例。此外，相邻国家运营商也可开展边境地区频率协调，就各自在边境地区的频率指配等问题开展谈判，并达成相关协议（需要经过相关主管部门审批）。例如，通过提高通信网络的触发电平来扩大边境地区的网络覆盖范围等。

6.5.3 优先使用频率、触发电平和离开边界的距离

边境地区的频率规划需要基于相关主管部门达成的双边或多边协议。实际谈判中，运营商需就优先频率和代码使用达成协议，并经主管部门审批。例如，IMT-2000/UMTS 的国家代码需由运营商之间协调一致后报主管部门批准，或由主管部门与运营商共同开展协调。主管部门可采用划分优先频率的方式达成频率使用协议，确定优先频率所对应的可接受干扰电平，同时确保国内运营商拥有同等用频地位。例如，ECC（05）08 建议书，给出了边境地区的信

[①] 该方法自 1956 年被采用以来，先后经维也纳 1993 协议、柏林 2001 协议和 2003 协议、维尔纽斯 2005 HCM 协议修改确认，见 www.hcm-agreement.eu/http/deutsch/verwaltung/index_historie.htm。由于不断有新的频段加入，因此 HCM 需要进行相应修改。

[②] 相关国家包括奥地利、比利时、捷克共和国、德国、法国、匈牙利、荷兰、克罗地亚、意大利、列支敦斯登、立陶宛、卢森堡、波兰、罗马尼亚、斯洛伐克共和国、斯洛文尼亚和瑞士。

号场强触发电平,相邻国家无线电系统在各自境内的载波场强不应超过规定的触发电平,若某国无线电系统超过规定的触发电平,则需要重新开展协调。海上边界区的频率协调也需要基于主管部门认可的原则来进行。

边境地区频率协调中所采用的触发电平也可用于对频率协调机制进行量化评估,如可用来确定(如 GE-2006 协议):

- 需要与哪些主管部门开展边境地区频率协调;
- 边境地区频率协调在何种情况下需要开展潜在干扰评估。

ECC(01)01 建议书和(05)08 建议书给出了开展边境地区蜂窝网络协调的框架。相关协调需要划分优先频率和边境线两侧的场强触发电平。相邻国家无线电系统的载波不能超过各自边境内的触发电平,若能符合该规定要求,则无须再开展频率协调[①]。

当在边境地区仅部署使用 790~862 MHz 频段的频分复用(FDD)系统时,若蜂窝系统(所有发射机均在小区内)在边界线上方 3 m 高度上的信号平均场强不超过 55 dBμV/m/5 MHz,或在邻国境内 9 km 处 3 m 高度上的信号平均场强不超过 29 dBμV/m/5 MHz,则相邻国家无须开展频率协调,具体见 ECC(11)04 建议书。若边界线两侧均部署 LTE 系统,则将上述边界线正上方的场强限值提高至 59 dBμV/m/5 MHz,而将邻国境内 6 km 处的场强限值提高至 41 dBμV/m/5 MHz。此外,在干扰信号场强预测中要注意选用合适的传播模型。

6.5.4 减少边境地区干扰可采用的技术

为减少边境地区干扰,可考虑采用下列技术(ITU-R M.2241 报告,第 74 页):

- 降低天线高度(有效高度、离地高度和高于海平面高度)和(或)基站天线的下倾角;
- 将工作频率划分为优先频率和非优先频率,使用非优先频率容易受到干扰;
- 采用扩频、OFDMA 和智能天线等新技术;
- 在发射机端加装特定滤波器来减小发射信号的谐波电平;
- 干扰源天线和受扰接收机天线采用交叉极化方式。

此外,若干扰为宽带信号,则通过减小接收机带宽,能够降低进入接收机的干扰信号能量。但这样做也将减小接收机的热噪声,提高接收机的灵敏度,从而使接收机对干扰更为敏感。

参 考 文 献

说明:*表示作者参与该文献的编写工作。

Bekkers, R. and Smits, J. (1999) *Mobile Telecommunications: Standards, Regulation and Application*, Artech House, London.

Codding, G.A. (1959) *Broadcasting without Barriers*, UNESCO, Paris.

Cooke, P., Moulaert, F., Swingedow, E., Weinstein, O. and Wells, P. (1992) *Towards Global Localization: The Computing and Telecommunications Industries in Britain and France*, UCL Press, London.

[①] 例如,对于 GSM900 下行链路(935~960 MHz)和 DCS(GSM1800)下行链路(1805~1880 MHz),ECC(05)08 建议书中对优先频率的场强限值为:边境两侧 900 MHz 频段基站产生的载波场强不超过 19 dBμV/m,使用 1800 MHz 频段的数字基站在邻国境内 15 km 处 3 m 高度上的载波场强不超过 25 dBμV/m。

ECC HCM *Harmonised Calculation Method; Zagreb, 2010*. Available at: http://www.hcm-agreement.eu/http/englisch/verwaltung/index_europakarte.htm (accessed April 19, 2016).

EC Parliament and Council Directive 1998/34 (Standards and Regulations) *Information in the Field of Technical Standards and Regulations and of Rules on Information Society Services*. Available at: http://eur-lex.europa.eu/LexUriServ/LexUriServ.do?uri=CONSLEG:1998L0034:20070101:EN:PDF (accessed April 19, 2016).

ECC Rec. (01)01 (revised Dublin 2003, Helsinki 2007, Cluj-Napoca 2016) *Border Coordination for mobile/fixed communications networks (MFCN) in the frequency bands: 1920-1980 MHz and 2110-2170 MHz*. Available at: http://www.erodocdb.dk/Docs/doc98/official/pdf/ERCREC0101.PDF (accessed April 19, 2016).

ECC Rec. (05)08 *Frequency Planning and Frequency Coordination for the GSM 900 (Including E-GSM) /UMTS 900, GSM 1800/UMTS 1800 Land Mobile Systems*. Available at: www.erodocdb.dk/docs/doc98/official/pdf/Rec0508.pdf (accessed April 19, 2016).

ECC Rec. (11)04 *Frequency Planning and Frequency Coordination for Terrestrial Systems for Mobile/Fixed Communication Networks (MFCN) Capable of Providing Electronic Communications Services in the Frequency Band 790–862 MHz*. Available at: www.erodocdb.dk/Docs/doc98/official/pdf/REC1104.PDF (accessed April 19, 2016).

Hall, C., Scott, C. and Hood, C. (2000) *Telecommunications Regulation: Culture, Chaos and Interdependence inside the Regulatory Process*, Routledge, London.

Hills, J. (2002) *The Struggle for Control of Communication: The Formative Century*, University of Illinois Press, Urbana, IL.

ITU (2012) *Radio Regulations* Edition of 2012*. Available at: www.itu.int/pub/R-REG-RR-2012 (accessed April 19, 2016).

ITU *Preface to the BR International Frequency Information Circular BR IFIC (Space Services)**. Available at: www.itu.int/en/ITU-R/space/Preface/preface_e.pdf (accessed April 19, 2016).

ITU-R Report M.2241 *Compatibility Studies in Relation to Resolution 224 in the Bands 698–806 Mhz and 790–862 Mhz**. Available at: www.itu.int/pub/R-REP-M.2241 (accessed April 19, 2016).

Lofstedt, R. and Vogel, D. (2001) followed by commentaries by Renn, O., Slater, D. and Rogers, M.D. The Changing Character of Regulation. A Comparison of Europe and the United States, *Risk Analysis* **21**(3), 399–416.

Mazar, H. (2009) *An Analysis of Regulatory Frameworks for Wireless Communications, Societal Concerns and Risk: The Case of Radio Frequency (RF) Allocation and Licensing*, Boca Raton, FL: Dissertation.Com. PhD thesis, Middlesex University, London*. Available at: http://eprints.mdx.ac.uk/133/2/MazarAug08.pdf

OECD (2011) *National Broadband Plans*. Available at: www.oecd.org/internet/ieconomy/48459395.pdf (accessed April 19, 2016).

Ofcom (2007) *The International Communications Market*. Available at: http://stakeholders.ofcom.org.uk/market-data-research/market-data/communications-market-reports/icmr07/overview/landscape/ (accessed April 19, 2016).

Sarvas, R. and Soininen, A. (2002) Differences in European and US Patent Regulation Affecting Wireless Standardization, Workshop on Wireless Strategy in the Enterprise: An International Research Perspective, Helsinki, October 15–16.

Sesia, S., Toufik, I. and Baker, M. (2011) *LTE, the UMTS Long Term Evolution: From Theory to Practice*, John Wiley & Sons, Ltd., Chichester.

WTO (World Trade Organization) (1996) *Telecommunications Services: Reference Paper*. 24 April. Available at: www.wto.org/english/tratop_e/serv_e/telecom_e/tel23_e.htm (accessed April 19, 2016).

第7章 区域性无线电频谱管理

7.1 欧洲无线电频谱管理相关组织机构

7.1.1 政府间组织和国际组织的关系

欧洲邮电主管部门大会（CEPT）代表欧洲48个国家主管机构参与国际协调和合作，制定欧洲邮政和电子通信领域的统一政策。欧盟[EU，后面也称为欧盟委员会（EC）]由同意在特定领域建立共同政策的国家组成，其成员目前共包括28个国家（其中英国于2017年3月22日启动脱欧谈判，译者注），仅占欧洲国家的一部分，详情可见7.1.2节。图7.1介绍了欧洲大陆主要的电子通信组织机构。

电子通信委员会（ECC）作为欧洲邮电主管部门大会的智囊机构，负责CEPT成员国（包括欧盟28个成员国）、各类频谱用户和工业界代表，以及与欧盟签署谅解协议的合作方等之间的相关事务协调工作。ECC工作组成员主要来自工业界利益相关者（如公司、咨询顾问和工业组织）和有关国际机构等。

7.1.2 欧洲主要电信组织

7.1.2.1 欧洲邮电主管部门大会

欧洲邮电主管部门大会是负责全欧洲邮政和电子通信政策协调、决策和监管的机构，其最初成员为欧洲各国邮政和电子通信主管部门。CEPT致力于促进欧洲在商业、运营、管制和技术标准化问题上的合作，推动实现无线电频谱、卫星轨道和号码资源在欧洲的协调使用。CEPT向国际电联和其他国际组织起草欧洲共同提案，在国际场合发挥着重要作用。CEPT强调通过欧洲国家间的实质性合作，促进欧洲邮电事务管理的协调性，提升欧洲在无线电频谱领域的一体化水平。目前，CEPT共有48个成员国，覆盖了欧洲所有地区。CEPT的有关活动涉及全欧洲国家，包括处理主管领域的协调活动、组织工作组和项目团队起草有关决定和建议、推动有线通信和无线通信的融合等。欧洲通信办公室（ECO）为CEPT制定政策和建议提供支持，并组织无线领域专家独立或面向欧盟委员会开展技术研究。例如，欧盟委员会可向CEPT下达开展短距离设备（SRDs）的频谱共用等方面的研究项目。CEPT主要通过电子通信委员会（ECC）来开展国际协调活动[①]。

欧洲通信办公室（ECO）是CEPT（包括CEPT主席）的秘书机构，并与其所属的3个自治事务委员会组成联合组织。图7.2描述了各组织之间的相互关系，详见ECO 2012年度报告。

---

① 第8章将介绍用于协调边境地区蜂窝网络运行活动的ECC（01）01建议书和（05）08建议书。

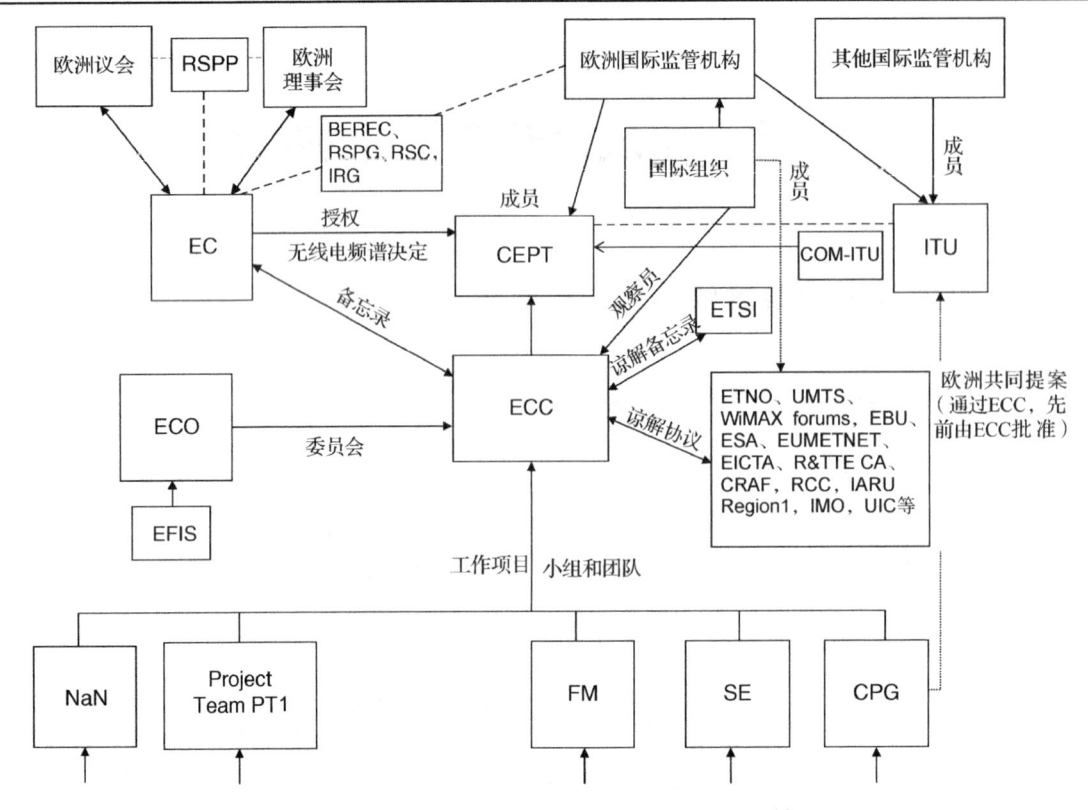

图 7.1 欧洲无线电频谱管理的主要组织机构 [1,2]

说明：

1 实线箭头表示强影响力，虚线箭头表示弱影响力。

2 本图来源于 Mazar（2009，第 74 页），并于 2015 年 12 月 14 日根据 Thomas Weber（来自 ECO）和 FatihYurdal 的意见进行了修改。

图中英文缩写注释如下。

BEREC：欧洲电子通信监管机构。

COM-ITU：欧洲邮政主管部门大会的 3 个委员会之一，其他两个为 ECC 和 CERP。

CPG：大会筹备组（筹备国际电联会议）。

CRAF：欧洲科学基金会射电天文频率委员会。

EBU：欧洲广播联盟。

EC：欧盟委员会（后来被称为欧盟，EU）。

ECC：电子通信委员会。

ECO：欧洲通信办公室。

EFIS：ECO 频率信息系统。

EICTA：欧洲信息通信技术工业协会。

ESA：欧洲航天局。

ETNO：欧洲电信网络运营商。

ETSI：欧洲电信标准化协会。

EUMETNET：欧洲国家气象业务。

FM：频率管理。

IARU：国际业余无线电联盟。

IMO：国际海事组织。

IRG：独立主管机构组织（全欧机构）。

NaN：号码和网络（非无线电频率）。

Project Team PT1：IMT-2000。
RCC：通信领域区域共同体。
RSPP：无线电频谱政策项目，2012 年批准。
R&TTE CA：无线电设备和电信终端设备检验协会。
RSPG：无线电频谱政策组（欧盟委员会机构）。
RSC：无线电频谱委员会（欧盟委员会机构）。
SE：频谱工程。
UIC：国际铁路联盟。

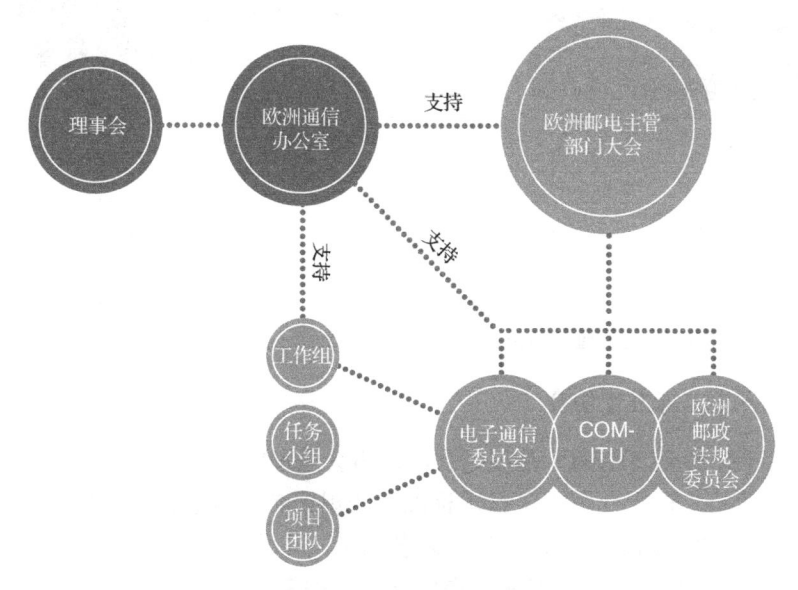

图 7.2　ECO 为 CEPT 及其 3 个事务委员会提供支持（来源：ECO 2012 年度报告）

与欧盟一样，CEPT 通过与其他国际组织签署 8 个谅解备忘录（MoU）[①]，扩大了欧洲在全球电子通信领域的影响力。

需要指出的是，CEPT 对成员国没有法律约束力，其工作主要基于协商一致原则。CEPT 发布的决定和建议书没有法律效力，这是其与欧盟委员会相比存在的主要差别。CEPT 支持各国行政主管机构执行其发布的建议书，各国行政主管机构向 ECC 主席和 ECO 报告有关建议书实施情况。已经证明，上述机制在无线电频率协调方面取得了很好的效果。例如，1982 年，CEPT 成立移动专门小组（GSM）开展欧洲移动通信技术研究，目前 GSM 已被认为是移动通信领域的伟大成就之一。1988 年，CEPT 负责组建了欧洲电信标准化协会（ETSI）。ECC/CEPT 根据欧盟委员会授权，发布 CEPT 报告、ECC 决定和建议书等。CEPT 报告为欧盟委员会颁布决定提供参考。《欧盟委员会决定》对欧盟成员国、欧洲经济区（EEA）国家、双边合作国家，包括预备加入欧盟的国家都具有法律效力。1988 年，CEPT 将其电信标准化职能转交给 ETSI。ECC 通过与 ETSI 建立密切合作关系，确保 ECC 决定和 ETSI "协调标准"之间保持一致。图 7.3 描述了 ECC 组织结构。

[①] 包括 CEPT 与亚太电信组织（APT）、阿拉伯电信部长理事会（ATCM）、非洲电信联盟（ATU）、通信领域区域共同体（RCC）、美洲国家电信委员会（CITEL）、欧盟委员会（EC）、国际海事组织（IMO）和万国邮政联盟（UPU）签署的谅解备忘录。

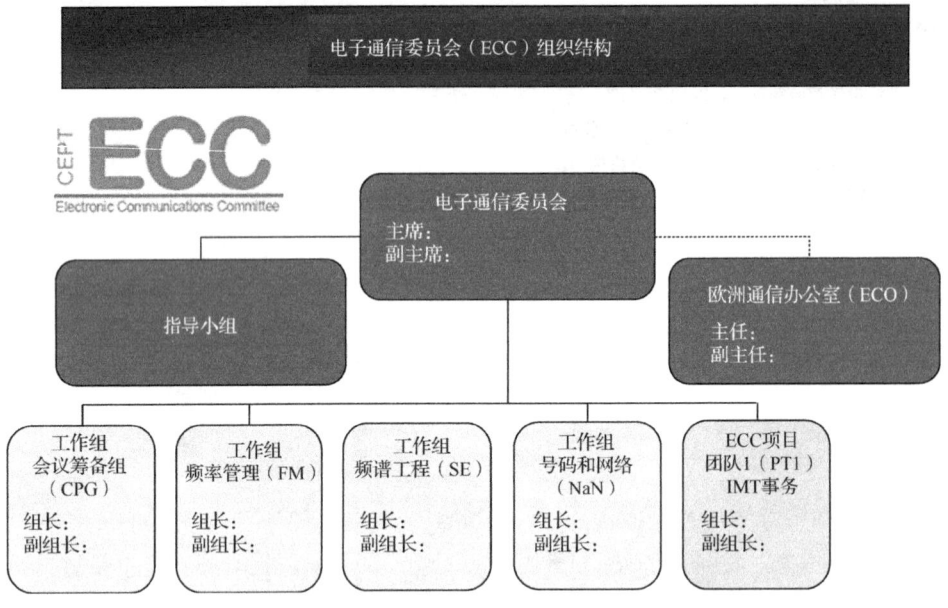

图 7.3 电子通信委员会组织结构图（来源：电子通信委员会）

7.1.2.2 欧洲电信标准化协会

欧洲电信标准化协会（ETSI）是根据欧洲理事会通过的 98/34/EC 指令（修订版），由欧盟委员会授权组建的。该指令规定了技术标准和法规领域的信息条款。如前所述，在 CEPT 的授权下，ETSI 通过与 CEPT/ECC 签署谅解备忘录，共同为无线电设备和 ECC 相关产品制定"协调标准"[①]，为欧洲制定法律法规提供支持。ETSI 是一个独立的非营利组织，主要任务是制定适于全球的信息通信技术（ICTs）标准，涉及领域包括固定业务、移动业务、无线电、融合应用、广播、互联网和航空等。截至 2015 年 12 月 11 日，ETSI 的成员超过 800 个组织，分布在五大洲 64 个国家，包括制造商、网络运营商、主管部门、服务提供商、研究机构和用户等。ETSI 召集组织成员的信息通信技术专家组建了 30 个技术委员会。2012 年 7 月 3 日，ETSI 与国际电联签署了谅解备忘录。

ETSI 制定的标准包括如下几类[见英国通信办公室（Ofcom）网站]。

- 欧洲标准，电信系列（EN）：欧洲标准（EN）主要满足欧洲地区特定需求，且需要转化为国家标准。该标准的起草工作须由欧盟/欧洲自由贸易联盟（EC/EFTA）授权，标准草案由各国标准化组织（NSO）批准。例如，英国的国家标准化组织为英国标准研究院（BSI）。
- ETSI 标准（ES）：当标准包含相关规范性要求时应当使用。该标准须经 ETSI 全体成员批准。
- ETSI 指南（EG）：当指南包含对技术标准化事项的处置内容时应当使用。该指南须经 ETSI 全体成员批准。
- ETSI 技术指标（TS）：当技术指标包含规范性要求、产品上市时间短、涉及重要审核和维护时应当使用。该技术指标由相关技术委员会审批。

---
① 欧洲"协调标准"是根据欧盟委员会要求制定的一套欧洲标准，主要目的是为相关法律条款提供实施方案。

- ETSI 技术报告（TR）：当技术报告包含通告内容时应当使用。该技术报告由相关技术委员会审批。

无线电设备的"协调标准"包含频谱有效使用和有害干扰避免方面的要求，可作为制造商开展符合性评估的一个依据。虽然由 ETSI 所制定的"协调标准"的执行不具有强制性，但其豁免应得到指定机构的许可。根据欧盟法律要求，各国标准化组织应将欧洲电信标准（ETSs 或 ENs）转化为国家标准，并消除有关冲突条款。

总之，ETSI 主要出版物包括欧洲协调标准（HEN 或 EN）、系统参考技术报告（TR 或 SRDoc）和技术指标（TS）。其中欧洲协调标准是在欧盟委员会授权下，由 ETSI 与欧洲电工标准化委员会（CENELEC）共同根据 R&TTE[①]制定，并经欧洲 37 个国家标准化组织批准。与 CEPT 法规类似，ETSI 标准主要基于协商一致原则，由欧洲和其他区域国家自愿执行。实际中，不仅 CEPT 的成员国有义务使用 ETSI EN[②]，包括俄罗斯在内的许多国家都在采用 ETSI 标准（和 R&TTE CE 标识）。

1998 年，ETSI 曾提出推动"合作伙伴计划"的倡议，号召创建第 3 代合作伙伴计划（3GPP），共同致力于 GSM 技术研究。作为 3GPP 的重要组织者，ETSI 制定并发布了蜂窝移动通信网络系列标准，并为出台 R&TTE（和 RED）制定了无线电和电磁兼容（EMC）系列标准。

除 ETSI 之外，欧洲另外两个重要的标准化组织为欧洲标准化委员会（CEN）（发布少量电磁兼容标准）和欧洲电工标准化委员会（CENELEC）（发布射频危害和电磁兼容等安全性标准）。ETSI 针对数字蜂窝电信系统的 EN 300 910 V8.5.1（2000—2011）标准属于早期 GSM 标准。DVB 标准 EN 300 744 V1.5.1 已被欧洲各国采用。EN 300 392 属于地面集群无线通信（TETRA）标准。

随着 ETSI 稳步推进欧洲电信标准的一体化，欧洲大多数国家标准化组织的职能已向 ETSI 转移。例如，法国标准化协会（AFNOR）在国内和国际电信领域的影响力已经大大降低。AFNOR 目前负责组建 ETSI 法国委员会，并行使法国对 ETSI 欧洲标准的投票权（这项权利大多数情况下只是一种例行性工作）。

7.1.2.3 欧洲自由贸易联盟

欧洲自由贸易联盟（EFTA）成员包括冰岛、列支敦斯登、挪威和瑞士[③]四国，主要宗旨是推动自由贸易和经济一体化。EFTA 参与欧洲经济区（EEA）并支持其自由贸易理念，以确保货物和服务能够完全进入欧洲市场。EFTA 遵守欧盟关于单一市场的所有法规，承担欧盟赋予的相应财政预算，但不参与欧盟决策。实际上，上述 4 个国家从经济上已经并入欧盟，因此 EFTA 被称为四国与欧盟的连接纽带。EFTA 遵守欧盟 R&TTE（和新 RED），并执行欧盟所有无线电法规和标准。

7.1.3 欧盟频谱管理法规框架

欧盟委员会（EC）代表和维护欧盟（28 个成员国）的共同利益，主要担负如下职责：

[①] R&TTE：2014 年 4 月 16 日，欧盟为投向欧洲市场的无线电设备制定了一套新法规，并推动其施行。新颁布的无线电设备指令（RED）（2014/53/EU）于 2016 年 6 月 13 日施行。
[②] 见 ETSI《程序规则》。
[③] 此外，瑞士还与欧盟签署了货物贸易（不包括服务贸易）协议。

- 为欧洲议会和欧洲理事会提出法律文件建议；
- 负责共同体各项政策的执行；
- 保障各成员国遵守共同体法律；
- 代表欧盟开展有关国际协议（特别是商贸和合作方面）的谈判，详见 ECC/CEPT 和 ETSI 2011 网站。

欧盟委员会计划增加 3 项有关欧洲频谱政策和管理的内容：

- 加强成员国之间的频率协调；
- 促进频率使用的灵活性；
- 推动市场机制特别是商贸机制在频谱管理领域的应用。

2014 年 4 月 3 日，欧洲议会通过了名为"互联大陆"的一揽子电信改革计划，旨在取消通话漫游费，协调欧洲对无线宽带的频谱审核方式，详见 EC COM（2013）627《实现欧洲电子通信单一市场和互联大陆》。欧盟决定和法规的地位高于 ECC 决定，当两者涉及同一问题时，后者没有法律约束力。通过建立欧盟单一市场，能够保证人口、货物和服务的自由流动。欧盟是一个建立在共同条约之上、以和平自愿原则为基础的区域性组织，尽管没有先例可循，但通过成员国将部分主权让渡给区域性组织的方式，确保成员国能够尽可能共同行动。其他区域性组织可以学习欧盟的先进经验，通过在国家主权与组织权利之间达成妥协，来提高本区域无线电频谱使用的协调性。总体来看，欧盟与国际电联和世界贸易组织（WTO）一样，推动全球化不断发展，同时在协调欧洲甚至全球无线电频率使用方面发挥着独特作用。此外，欧盟没有推行其意志的执法力量，这一点与国际电联相似。

尽管欧盟在欧洲频谱管理中发挥着关键作用，但无线电频率的指配仍由各国具体负责。不可否认，通过协调各国频谱管理活动，能够为消费者带来很大利益，也有助于各国经济增长。

7.1.3.1　欧洲电子通信主管机构

欧盟委员会实施 2002/627/EC 决定的目的主要是构建针对电子通信网络和服务的欧洲管制集团（ERG）。2009 年，欧洲议会和欧洲理事会通过了第 1211 号决议，各国签署了新的欧盟法规框架草案。同时，欧盟委员会组建了欧洲电子通信主管机构（BEREC）。后来 BEREC 取代 ERG，成为协调欧洲国家主管部门和欧盟委员会电子通信事务的唯一论坛性组织。BEREC 由欧盟 28 个成员国的相关主管部门组成，主要目标是增强各国之间的合作，并为欧盟组织机构（委员会、议会和理事会）提供咨询建议。此外，BEREC 还致力于发展欧洲各国电子通信网络市场。欧洲经济区（EEA）成员国和欧盟候选国的相关主管部门均为 BEREC 的观察员。

7.1.3.2　无线电频谱政策组

2002 年，欧盟委员会根据 2002/622/EC 决定（后修改为 2009/978/EC 决定），建立了无线电频谱政策组（RSPG），其主要任务为：

- 制定无线电频谱政策；
- 协调无线电频谱政策的执行；

- 针对国内市场构建和运行过程中对无线电频谱的可用性和效率要求，推动形成协调有序的环境条件。

RSPG 为欧盟委员会制定频谱政策提供协助和咨询建议。例如，2009 年欧洲理事会和欧洲议会审议一揽子电信改革计划时，曾向 RSPG 征求意见。RSPG 由欧盟委员会成员、欧盟成员国频谱管理机构的高层代表，以及 CEPT 和 EEA 代表组成，欧盟成员国、欧盟候选国和 ETSI 可以观察员身份派代表参加 RSPG 会议。

7.1.3.3 欧盟无线电频谱管理相关出版物

欧盟电子通信指令是对政府间行为进行约束的基本法规。欧盟制定电信法规的根本目的是增强欧盟电信市场的开放性和竞争性。欧盟委员会指令提出的"建立一个基于开放、客观、无歧视和透明原则，面向所有无线电频谱用户的共同体"的目标，是欧盟制定频谱法规的基本依据[①]。欧盟条约中明确要求欧盟委员会组织制定 5 类法规。

欧盟涉及无线电频谱的最主要法规如下（Gilles 和 Marshall 1997，第 570、571 页）。

1. 法规：指一般意义上的法律规则，不针对特定成员国、个人或实体。这些法规具有法律约束力，并赋予成员国和个体相应的权利和义务。与指令不同，法规无须成员国采取措施。例如，第 1/2003 号理事会法规（欧盟委员会）规定了整体豁免权。
2. 指令：指适用于全体成员国的强制性指示（欧盟条约第 249 条），目的是确保成员国的法律、规则和行政决定能够与指示规定相一致。例如，2002 年 3 月 7 日，欧洲议会和欧洲理事会通过如下指令：
   - 2002/20/EC 指令（许可）《电子通信网络和服务许可》；
   - 2002/21/EC 指令（制度）《电子通信网络和服务通用规章制度》。
   上述两项指令均要求欧盟成员国对其法律做出相应修改。
3. 决定：用于解决特定领域的重要问题。决定具有法律约束力。例如：
   - 2002 年 3 月 7 日欧洲议会和欧洲理事会通过的有关无线电频谱的 676/2002/EC 决定《欧洲共同体无线电频谱政策的规章制度》；
   - 关于含无线局域网的无线接入系统（WAS/RLANs）在 5 GHz 频段兼容使用的 C（2005）2467 决定；
   - 关于能够为欧盟提供电子通信服务的地面系统在 1920～1980 MHz 和 2110～2170 MHz 频段兼容使用的 C（2012）7697、2012/688/EU 决定；
   - 欧洲议会和欧洲理事会通过的关于建立若干年度无线电频谱政策计划的 243/2012/EU 决定。
4. 建议书：欧洲理事会和欧盟委员会为成员国提供的行动方针建议。建议书对成员国或个体没有强制约束力。例如，欧洲理事会 1999 年 7 月 12 日通过 1999/519 建议书《公众电磁场暴露限值（0 Hz～300 GHz）》。
5. 其他类型的非强制性措施办法，如欧洲理事会和欧洲议会的决议、欧洲理事会结论和欧盟文件等。欧盟文件如下：

---

① 欧盟关于无线电频谱政策的绿皮书（1998）（第 25 页）。相关内容在欧洲议会和欧洲理事会通过的第 676/2002 号决定第 9 条 "法规制度"（2002）中重申。

- 绿皮书：指由欧盟委员会发布的针对特定政策领域的讨论文件。有些绿皮书可为后续立法提供支持。例如，欧盟1998年12月9日发布关于无线电频谱政策的COM（98）596绿皮书。
- 白皮书：指表明欧盟在特定领域的行动主张的文件。白皮书通常包含欧盟针对特定政策的正式方案建议，阐明其发展的途径。例如，欧盟2003年11月11日发布COM（2003）673白皮书《航天政策行动计划白皮书》。

7.1.3.4　R&TTE 1999/5/EC[①]和新无线电设备指令 RED 2014/53/EU

1999年4月，欧盟发布1999/5/EC指令（R&TTE），用于替代原有的无线电许可法规。15年后，即2014年4月16日，欧盟制定了一套关于无线电设备进入欧盟市场的新法规，并颁布施行。欧盟要求其成员国在两年时间内，根据该新无线电设备指令（RED）（2014/53/EU，2014年5月22日发布）对其相关国内法规进行修改，并于2016年6月13日正式施行，R&TTE 1999/5/EC同时废止。

通过验证无线电和终端设备是否符合"协调标准"（由ETSI指定），可以表明其是否符合欧盟指令要求。R&TTE的颁布施行，推动了单一市场准入和兼容进程，促进了电子通信领域欧洲"联邦"的形成，有利于无线电设备在欧盟市场内的自由流通。R&TTE涵盖大多数用频设备，包括蜂窝电话、车门开关、民用无线电和广播发射机等移动通信设备，以及所有与公众电信网络有关的设备，如非对称数字用户线路（ADSL）调制器、电话、电话交换机等。同时，R&TTE简化了对产品的技术性要求，制造商只要通过对产品进行自检并取得适用性要求，即可获得市场准入许可。R&TTE还有助于统筹无线电设备频谱需求，从而提高频谱使用效率，避免有害干扰。在由R&TTE所促成的欧盟市场中，"只要无线电设备满足相关核心要求[②]，就允许其自由流通，并由主管部门对其频谱使用进行管理"[根据R&TTE（32）]。

欧盟委员会2000/299/EC决定第1条将无线电设备划分为两类。第1类设备由于已经符合欧盟"协调标准"（如GSM和UMTS），只要履行相关申报手续，即可直接进入欧盟市场，而无需无线电主管部门的许可或通知。第2类设备为特种设备，需要通过诸多型号许可。R&TTE为制造商提供了更多的灵活性，同时也加强了对违规行为的责任追究。R&TTE第12条规定了CE标识[③]，用于确保无线电设备符合指令要求。目前，R&TTE已经在欧盟28个国家（包括2013年年中加入欧盟的克罗地亚）和4个欧洲自由贸易联盟国家中施行。同时，CE标识被许多欧洲以外国家（如新加坡）所采用。有些非欧盟国家（如以色列和厄瓜多尔等）在某些应用中也采用CE标识，详见Mazar（2009）。

欧盟1999/5/EC指令（R&TTE）第3条给出了R&TTE的关键要求，即R&TTE第3.2条指出："无线电设备的设计应能有效利用划分给地面/空间无线电通信业务的频谱和轨道资源，以避免有害干扰。"ETSI EG 201 399（V2.1.1）给出了如何根据R&TTE生成候选"协调标准"申请的指南。

欧盟成员国限制无线电设备上市的主要原因涉及无线电频谱的有效和适当使用、有害干

[①] 1999年4月7日，欧盟发布1999/5/EC指令（R&TTE）《无线电设备和电信终端设备及其符合性双边认可》。
[②] "包括73/23/EEC指令中的健康与安全要求，89/336/EEC指令中的电磁兼容防护要求。对于无线电设备，应按照划分给地面/空间无线电业务的频率使用频谱和轨道资源，以避免有害干扰。"
[③] CE是欧盟符合性（European Conformity）的缩写，CE标识首次出现在1993年发布的93/68/EEC指令中。

扰的避免或公共健康相关问题等。所有进入欧洲市场的无线设备均应满足欧盟相关指令和法规要求，特别是由 ETSI 和 CENELEC 制定的"协调标准"。R&TTE 由欧盟各成员国的市场监管部门具体组织实施，主要是对无线设备的技术文件和合格声明等信息进行审查。这些信息由设备制造商驻欧洲代表机构或负责产品上市的进口商或人员提供。因此，制造商和销售商是产品进入欧盟市场的主要责任方。若产品遭到用户投诉，则制造商和销售商应对相关产品开展随机或全部检查，监管部门也会对市场上的产品开展检验和测试。若已经无法采取补救措施，则须将产品从市场强制召回，同时监管部门也可根据 R&TTE 第 9 条规定正式启动"保护"程序。该程序同时要求将已采取的措施向欧盟委员会进行正式报告。

进入欧盟市场的无线设备除遵守 R&TTE 之外，还需遵守相关部门规章。无线设备、网络和服务的通用法规（适用于所有部门）仅规定了最低要求，而相关部门的专业性法规，如汽车电磁兼容指令（2004/104/EC）和水上设备指令（96/98/EC）等，则给出了更严格要求。电信合格评定和市场监管（TCAM）委员会协助欧盟委员会监督 R&TTE 的落实情况。欧盟经与 TCAM 委员会协商，起草了关于"协调标准"实施的授权声明。

R&TTE 规定了欧盟和欧洲自由贸易联盟所属成员国无线设备上市（目前修改为"使其具备可用性"）和使用的规则，并由各成员国主管部门将 R&TTE 有关条款写入各国法律。对设备制造商来说，只要能够表明其设备符合 ETSI 相关频谱"协调标准"，就可表明其设备符合 R&TTE。若计划上市的产品所使用的频谱在欧盟区内尚未完成协调，则制造商可同时向多国主管部门提交其产品信息及上市计划。有关 1999/5/EC 指令（R&TTE）实施和应用的更多信息可登录欧盟网站。

下面列出了新无线电设备指令（RED）（2014/53/EU）相较旧版 R&TTE 的部分变化信息：

- RED 仅适用于无线产品，且电信终端设备（TTE）不再适用；
- RED 包括无线电定位设备；
- 由于接收机与干扰密切相关，RED 在鉴于条款（11）中对其进行了详细描述；
- 将 R&TTE 中"进入市场"修改为"使其在市场上具备可用性"，"进入市场"的表述对首次上市销售的产品会产生概念模糊，而后者被定义为"所有在欧盟区内用于销售、消费或使用等商业行为的无线电设备，无论其为有偿支付或免费使用"。

7.1.4 CEPT 采用的计算工具和协调方法

CEPT 开展频谱管理所采用的重要工具如下。

- SEAMCAT：频谱工程高级蒙特卡洛分析工具，详见 5.8.2 节。
- EFIS：欧洲通信办公室频率信息系统。
- 欧洲卫星监测系统。

EFIS 包含 CEPT 所有 48 个成员国有关频谱使用协调信息，主要用来协助落实欧盟 2007/344/EC 决定和 ECC/DEC/（01）03 决定，为实现欧洲理事会和欧洲议会有关无线电频谱政策目标及欧盟一致和透明决策提供支持。

EFIS 目前包含如下数据类型（法规信息）：频率划分（国际电联《无线电规则》术语）、无线电应用（欧盟认可的无线电应用术语）、国家无线电接口信息和有关文件（标有可适用对象、频率范围和频谱执照/权利等信息）等。从 2012 年开始，随着"非监管"组件的引入，频谱管理信息已经在 EFIS 中占据重要位置。CEPT 主管机构将其数据直接上传至 EFIS。

EFIS 数据库还为所有其他区域的感兴趣用户（不包括 CEPT 成员）提供地理可视化工具，可实现国家频率表信息和使用规划信息的可视化输出，并支持用户基于本国语言或其他语言下载和对比有关信息。

随着卫星业务的快速发展，空间频谱和轨道变得越来越拥挤。为实现频谱资源高效使用，需要对卫星开展频谱监测。根据欧洲有关建立卫星监测地球站的谅解备忘录，目前在德国建立了 Leeheim 空间无线电监测站。该监测站包含 4 个主天线，覆盖频段范围为 130 MHz～26.5 GHz，具有监测地球静止轨道卫星和非地球静止轨道卫星的能力，还可实施对干扰卫星的地面发射源进行定位。

由于卫星监测专业性强，建设成本高，有关国家主管部门需就卫星监测站使用和成本共享达成协议，且要求监测站具备如下功能：查处卫星发射或接收的电磁干扰、监视违规使用卫星行为，以及监测频谱和轨道资源使用情况等。截至 2015 年年底，已经签署协议的国家包括（以英文首字母为序）法国、德国、卢森堡、荷兰、西班牙、瑞士和英国，详见 CEPT 网站有关卫星监测的谅解备忘录。

7.1.5 欧洲无线电频谱管理的整体框架

7.1.5.1 欧洲大陆无线电频谱管理框架

在全欧洲范围内，欧盟委员会、欧洲电信标准化协会（ETSI）和欧洲邮电主管部门大会（CEPT）所属电子通信委员会，通过欧盟和全欧洲政府间协商，共同处理无线电设备和频谱法规问题。欧洲各国主管部门和 ETSI 积极致力于制定无线电频谱法规和标准，其中 CEPT 电子通信委员会负责制定相关法规，而 ETSI 负责制定相关标准。CEPT 规则和 ETSI 标准均不像欧盟法规和指令那样具有强制约束力，除非它们被欧盟法规和指令引用。为制定在全欧洲实施的强制性法规，主管部门、制造商和服务商需要频繁开展沟通交流。欧洲"协调标准"和法规对欧洲频率划分和无线电设备自由流通做出详细规定。欧洲相对较高的人口密度（相对其他大陆）使得开展区域频率协调非常必要。欧洲的法规框架具有较强的动态性，相关组织通过调整改革（如电子通信委员会将无绳电话组和无线电通信组进行合并），能够更高效地协调欧洲无线电频谱政策，保证欧洲在国际电联和其他非欧洲组织中持有统一立场。

欧洲国家通过参与频率协调进程，修改调整本国频率划分表，使其与欧洲整体频率划分表保持一致。经各国协调后形成的欧洲共同频率划分（ECA）表（ERC 25 报告），专门增加了国家频率使用和相关脚注，以确保各国频率划分表与欧洲共同频率划分表相一致。

欧盟（28 个成员国）、CEPT（48 个成员国）和国际电联（193 个成员国）均对欧洲无线电频谱管理具有重要影响。其中欧盟主要对欧洲各国国内电信事务具有直接影响，国际电联负责制定全球无线电频率划分规则，而 CEPT 负责制定欧洲无线电频率划分规划和法规。相对国家主权而言，无线电频谱和电信法规属于更偏向技术的领域，不直接涉及边界划分和联盟组成等国家特征。相较世界观、领土、国防、外交政策、教育、习俗、传统、移民、健康、语言、宗教、法律体系、货币、社会保险或税收等其他国际事务，各国更容易就无线电频谱法规和标准达成一致。实际上，欧洲各国主管部门具体负责本国领土范围内的无线电管理事务，包括特定无线电频率指配和执照管理、国家层面的立法和频谱监测，以及通过参与多国和国际组织推动制定欧洲无线电频谱管理法规等。欧洲无线电频率划分和分配基于自上而下的运行模式。有关无线电规则和划分问题由各国在区域层面协商解决（如释放 700 MHz 和 800 MHz 电视频段所带来的数字红利问题），各国将其部分主权让渡给区域性组织，促进区域整体利益的协调，同时通过区域性组织机构对相关事务实施统一管理。实现无线电频谱的协调使用、建立欧洲单一市场等目标促使欧洲采用共同法规框架。英国、德国和法国的法规属于典型的发达国家法规体系，特别是法国和德国这两个欧洲的"发动机"一直引领欧洲的法规发展进程。

欧盟 2002/21/EC 指令（框架）的主要成果是促使欧洲共同划分频率，同时在组织机构方面成立了超越党派利益的独立主管机构，以确保市场的公平竞争。这种较高层次的机构更加关注发展和国家政策问题，并通过区域层面自上而下的法规体系克服国家层面较为"保守"的权力观。区域层面的决策者往往拥有更宽的视角，能够从技术、法律和经济等专业领域解脱出来考虑问题，积极促进欧洲的一体化。在无线电频谱领域，欧洲确实在朝统一化方向发展（"将多样性统一起来"[①]）。例如，在 20 世纪 80 年代，欧洲理事会批准 87/371/EEC 建议书，并借助全球对移动通信的巨大需求，成功实现了 GSM 技术的发展普及。目前，无线电频谱协调被欧洲列入优先考虑议题。欧洲的无线法规和标准对其他大陆具有重要影响。例如，CEPT 无线法规和 ETSI 标准对国际电联 1 区（非洲和中东）、东亚（中国、韩国等）和拉丁美洲产生很大影响。目前，欧洲已经成功构建了无线领域的共同市场。无线电频谱协调的发展成就突显了欧洲各国之间的共性特征，淡化了国家和边境界限。随着欧洲无线电频谱事务逐步由欧盟、CEPT 和 ETSI 三大组织共同管理，欧洲各国主管部门和标准化组织的地位逐步弱化。

在 ETSI 标准和欧盟管理制度的指导影响下，欧洲国家在无线领域的步调趋于统一。例如，欧洲国家均采用 DVB-T 数字电视标准，采用相同的 GSM、UMTS 和 LTE 等移动通信技术体制，共同遵守国际非电离辐射防护委员会（ICNIRP）人体射频暴露限值（1998）。有关该限值和欧盟委员会 1999/519 建议书的更多信息可见第 9 章。

CEPT 是欧洲通信领域的监管组织，但其不享有与欧盟相同的法律地位。尽管许多 CEPT 成员国并不属于欧盟，但欧盟无线电法规在欧洲区域具有广泛的适用性。例如，中东欧国家和波罗的海国家已经完全放开其电子通信部门权限，并采用欧盟法规制度。瑞士和挪威均不属于欧盟（但均为 CEPT 成员国），但却参与欧盟无线电频谱协调进程，遵循欧盟指令[如 1999/5/EC 指令（R&TTE），现为 2014/53/EU 指令（RED）]和标准。这些例子均证明，非欧盟国家和非欧洲国家都可遵循欧盟法规和标准。

7.1.5.2 欧盟和欧盟委员会无线电法规框架

自 1998 年起，欧盟电信市场在一定的监管之下逐步放开管制，朝自由化方向发展。各成员国成立独立的主管机构，负责维护市场的开放性和竞争性，目前仅对稀缺性资源采用限制措施。欧盟奉行商品和设备自由流动的基本政策，着力推行自由化和放宽管制；同时，致力于减少法规数量，不轻易采取事前监管措施，除非竞争已失去效力或竞争性法律出现欠缺。对于已经没有必要存在的法规，及时予以废除。这种"低干涉"的管理方式大大降低了市场的准入门槛。但是，欧盟对于稀缺性资源（如频谱和号码）仍会按照统一尺度加强管理，明确相关权利（如频谱和号码使用权）和责任（保护消费者）。

---

① 摘自《欧盟宪法》序言中对欧盟使命的有关表述。

欧盟是一个由 28 个成员国组成的特殊超国家组织，既不同于基于联邦制的美国，也不是类似联合国的政府间合作组织。欧盟成员国通过向欧盟让渡部分主权，以获得单个国家所无法具备的能力和影响力。欧盟组成机构有权制定适用于成员国的法规框架（Hall 等 2000，第 107 页）。依据欧盟委员会 1997/13/EC 指令（"授权"：第Ⅲ节，个体执照，第 7 条，适用范围 1），无线电频谱接入是落实个体执照制度的重要体现。该指令第 11 条给出了收取频率使用费用的法律依据，见第 4 章。

在无线电频谱领域，欧盟委员会已经能够作为中央主管机构，对各国之间和对外贸易进行管理，并推动欧洲向联邦体制发展。拉丁美洲、阿拉伯联盟、前法属非洲殖民地国家、亚洲和亚太地区国家正纷纷效仿欧盟无线电频谱法规制度。

欧盟无线电频谱政策的实施并非基于保持频谱使用最少化的原则。欧盟成员国正在探寻更为通用的、非特定性的频率划分和"低干涉"的频谱管理制度。这种基于共同市场的政策促进了无线电频谱的协调，产生了 1999/5/EC 指令（R&TTE），孕育了 GSM 的诞生。GSM 及其衍生的 UMTS 和 LTE 系统为欧洲人民生活和工业发展带来了切实利益。

欧盟不是一个普通的联盟组织，也还未发展到国家政府的程度，它是一个基于条约的、具有某些"半联邦"性质的主权组织联合体，其成员国均同意遵守联盟宪法。欧盟成员国政府参与欧盟的立法过程（主要通过在欧洲理事会投票实现），有义务推动各自立法和行政机构落实欧盟有关政策措施。欧盟组成机构与成员国政府之间的关系复杂多变。原则上，欧盟的法律框架对各成员国同等适用，但实际中各国的法律细节会有所不同，详见 4.2.2 节。

欧盟法律相对于成员国法律的优先地位（Cave 2002：B.3.2.1）具有两面性，即一方面为欧洲频谱协调提供了机会，另一方面针对成员国所有设备强制推行所谓的"基本要求"。在成员国层面，无线电频谱由国家主管部门管理，即基于国家无线电频率划分表，确定无线电频谱使用框架，并通过授予执照或执照豁免制度将频率指配给用户。欧盟委员会指令可能会与成员国电子通信法规产生一定冲突。

7.1.5.3 欧洲无线电频谱管理框架总结

欧洲的金融危机、民族主义和政府间边缘政策可能对欧盟的未来带来威胁，但欧洲的无线电频谱协调具有可持续性。在欧盟相关指令和 CEPT 法规的指导下，欧洲国家遵循相似的无线电法规制度。CEPT 作为常设机构，负责欧洲频谱协调和划分事宜。各国电信主管部门可以通过欧洲电子通信主管机构（BEREC）、欧洲主管部门论坛（EPRA）、电子通信委员会（ECC）、无线电频谱政策组（RSPG）、无线电频谱委员会（RSC）和独立主管机构组织（IRG）频繁开展磋商，欧盟机构（如 BEREC 和 RSC）在全欧洲无线电频谱管理法规具体内容的协调方面发挥领导作用。

由于欧洲人口密度大，国家数量多，因此开展无线电频谱协调非常必要。欧洲各国对欧盟的归属感很大程度上决定着欧洲频谱协调的水平。CEPT 和欧盟委员会建立了欧洲无线电频谱领域的政府间框架，虽然 CEPT 法规不具有约束性，但欧盟可以颁布具有约束性的法规制度。欧盟委员会 1999/5/EC 指令（R&TTE）和 ETSI 标准等频谱协调法规，是支撑欧洲电信统一市场的主要法规。

随着欧盟在无线电频谱领域已经建立了较为完善的指令、决定、建议书、意见、报告等法规体系，且由 CEPT 在全欧洲层面统一开展无线电频率划分，欧洲国家主管部门的职能已经发生改变。传统上由各国主管部门负责处理电信领域的重要问题，但由于欧洲大力倡导开放的电信政策，这种政策氛围会对各国主管部门带来自上而下的压力，从而使得主管部门变为协调法规的执行者。甚至一些非欧盟成员国也同意遵守欧盟的法规，尽管他们没有这样的义务。因此，从无线电通信领域的视角看，欧盟实际上可以视为一个统一的"联邦体"。

欧洲国家主管部门通过超国家机构（欧盟）和国际组织（CEPT）参与电子通信事务，欧盟和CEPT也在无线电通信领域相互协调。欧盟在CEPT框架下向其成员国提供建议指导，同时向CEPT征求世界无线电通信大会筹备等事项的意见和建议。通过开展无线电频谱协调，欧洲各国强化了相互联系，促进了经济增长，提高了频谱使用效率。

欧盟无线电频谱法规不仅在欧洲国家得到实施，也在欧盟外部得到推广使用。东欧和苏联国家存在向其他欧洲国家靠拢的迹象。欧盟法规在欧盟内部具有决定性影响，在欧洲也占据主导性地位，甚至对非洲和西亚也具有重要影响（由于这些国家属于国际电联1区，因而与欧洲的无线电频率划分保持一致）。在东亚（如中国）、大洋洲（如澳大利亚）和南美洲，欧盟正与美国在无线电频谱法规和标准方面展开竞争。成员国通过让渡部分主权所形成的欧盟模式，将有可能在其他区域推广。有关欧盟无线电频谱管理的具体案例，将在8.3.2节和8.3.3节讨论法国和英国无线电频谱管理框架时进行详细介绍。

7.2 美洲无线电频谱管理相关组织机构

美国和加拿大是北美地区经济最强大的国家。需要指出，在2500～2690 MHz频段使用规则方面，加拿大决定不与美国保持一致；而墨西哥也决定不沿用美国或加拿大有关700 MHz数字红利频段的使用规则。表6.2和表6.7列出了美洲无线电频谱管理领域的主要组织机构，本节将对其中的主要组织机构进行详细介绍。8.3.4节将详细介绍美国无线电频谱管理框架，主要涉及美国国家标准研究院（ANSI）和电信工业协会（TIA）。

7.2.1 美洲国家组织和美洲国家电信委员会

美洲国家组织（OAS）是全球成立最早的区域性组织，其成员包括北美洲、南美洲，以及加勒比和中美洲国家等。美洲国家电信委员会（CITEL）是美洲国家组织的一个组成机构，主要负责协调美洲国家组织的电信事务。CITEL与政府机构和私人组织保持密切联系，并承担着美洲领导人峰会所赋予的扩大关键领域影响力的任务。CITEL的使命是：基于普适、团结、透明、平等、互惠、非歧视、技术中立和资源优化原则，促进和提升美洲电信与信息通信技术的整体可持续发展，并充分考虑环境和人类可持续发展要求，为区域内国家和社会发展赢得利益。

CITEL下设由11个成员组成的常设执行委员会（COM/CITEL）和两个常设顾问委员会（PCC）。其中常设第1顾问委员会（PCC.Ⅰ）主要致力于促进区域新技术、信息通信技术设施和服务发展，协调区域技术标准、关税和经济事务、符合性评估程序、美洲各国间协议、经济/社会/文化发展、信息通信网络和服务连接、经济和气候变化相关事务，还负责本区域参与国际电联大会和理事会的筹备工作。常设第2顾问委员会（PCC.Ⅱ）主要致力于促进区域无线电通信和广播业务，以及地球静止卫星轨道和非地球静止轨道的规划、协调、兼容和高效使用。

目前，已有 35 个美洲国家签署了《美洲国家组织宪章》，成为美洲国家组织和 CITEL 的成员国。此外，有 100 多个公司是美洲国家组织的非正式成员，包括欧盟在内的 30 多个国家和组织为美洲国家组织的观察员国。

美国很早以前已经取代英国成为加拿大主要的法规参照国。美国和加拿大在无线领域具有共同性，两国的蜂窝通信网络覆盖率也基本相同，具体见 ITU-D《世界电信/信息通信技术指标数据库 2015》（2015 年 12 月第 19 版）。美国对其近邻——加勒比海岛国的无线电事务也有很大影响力。与加拿大不同，这些岛国大多刚从英国殖民统治中独立出来，并且正迅速从以前对英国的殖民地式依赖转向对美国的非殖民地式依赖。有关美国无线电频谱管理的更多信息可参考 8.3.4 节。

7.2.2 安第斯国家共同体无线电频谱管理框架

安第斯国家共同体（CAN）根据 1969 年签署的《卡塔赫纳次区域整合协议》成立，目前成员国包括玻利维亚、哥伦比亚、厄瓜多尔和秘鲁等。智利和委内瑞拉分别于 1976 年 10 月 30 日和 2006 年 4 月 22 日退出上述协议。目前，智利、阿根廷、巴西、巴拉圭和乌拉圭为非正式成员国，墨西哥和巴拿马为观察员国。安第斯电信委员会（CAATEL）是安第斯国家共同体的一个组成机构，主要负责研究和提出安第斯国家共同体的电信政策，提高这些国家之间的互联互通水平。安第斯电信委员会通过与安第斯共同体电信企业协会（ASETA）协调，共同落实该次区域有关政策，其有关协议主要以决议的形式发布实施。安第斯电信委员会的成员主要由安第斯国家共同体的成员国或其代理国的主管部门组成。

安第斯国家共同体的管理框架较为灵活。自 2015 年 2 月 18 日起，厄瓜多尔电信监管局已由电信组织部（现称为国家电信法规和管理局）取代。

安第斯国家共同体的设备型号许可

欧洲 1999/5/EC 指令（R&TTE）和新 RED 规定了无线设备型号许可（TA）和自由流通之间的关系。《462-1999 决定》规范了安第斯国家共同体成员国的设备型号许可程序。获取设备型号许可是无线设备上市的必要程序，主要目的是防止公共网络受损，避免新设备对其他系统产生干扰，确保用户接入公共网络和服务的安全。进入安第斯国家共同体的无线设备不仅必须满足国际电联和美洲国家电信委员会相关建议书，而且必须获取安第斯国家共同体某个国家的型号许可执照，且该执照必须在安第斯电信委员会注册。安第斯国家共同体没有统一的无线设备标准，由成员国各自完成型号许可程序。型号许可程序周期一般不超过 90 天，除非需要履行特别程序。对设备的认证和许可只限于所授权的业务范围。安第斯电信委员会决议 II-8 给出了无线设备符合性和校验过程、指标和认证机构等信息。由于实际中无线设备很少面向单一市场，因此设备提供商所声明的市场范围会大于其开展频率协调和产品流通的市场范围。

7.2.3 安第斯国家共同体的整体管理模式

安第斯国家共同体是一个"地缘性文化区域"[①]，其成员国自认具有共同的历史、遗产（包括文化、物质和非物质遗产）、地理、语言、观念、方向和目标[②]。成立安第斯国家共同体的

---

① 有关该比喻的更多信息参见 Mahoney 和 Ruesche（2003，第 423 页）。
② 见安第斯国家共同体网站 www.comunidadandina.org（2016 年 4 月 19 日登录）。

目的是构建一个繁荣和共同的市场，促进成员国历史、政治、经济、社会和文化领域的整合，保持共同体的主权和独立地位。安第斯国家共同体的远期目标是逐步形成拉丁美洲共同市场（2003年6月25日通过的563决定），推进拉丁美洲的一体化。

《462-1999决定》第22条明确各国应根据本国法律规定，对包括无线电频谱、号码、识别码和物质设施在内的稀缺性资源，按照适当、客观、透明和非歧视方式进行分配。安第斯国家共同体成员国拥有使用无线电频谱的主权，同时也应遵循国际电联法规和技术规则。各成员国应成立无线电频谱管理部门，建立无线电频谱管理法律框架，公开其无线电频谱使用情况。

随着对电信领域的限制逐步放宽，特别是委内瑞拉的西蒙·玻利瓦尔（Simón Bolívar）卫星的成功发射，安第斯国家共同体在电信领域取得了巨大进步。其中在规范电信领域的自由化贸易方面，修改了相关法规中有关电信事项的若干条款（第462号决定），确定了西蒙·玻利瓦尔卫星运行的基本规则（第395、429、479和480号决定）。安第斯国家共同体鼓励电信领域的竞争行为，促进国家法规向政府间法规过渡，积极争取与其他重要国际组织达成相关协议，包括建立标准符合性评估和型号许可的信息交换机制等。安第斯电信委员会依据国际电联和美洲国家电信委员会有关规则，合理划分和分配包括无线电频谱和号码在内的稀缺性资源，为实现共同体各成员国无线电频谱协调、无线漫游和互操作性等目标而努力。

由于国家主管部门担心参与国际合作会影响到国家主权的独立性，因此相关政府间标准和法规仅适用于对其表示认可的国家。目前，安第斯国家共同体尚未建立无线电频谱协调、无线漫游和互操作性及共同市场领域的法规协议，因此电信设备和服务在共同体内的自由流通仍受到一定限制，但相关准备工作已经逐步展开。安第斯国家共同体及其成员国的法规体制更倾向于奉行集体主义而非个体主义。

7.2.4 安第斯国家共同体无线电频谱管理总结

国际电联和美洲国家电信委员会对安第斯国家共同体的电信法规具有重要影响。安第斯国家共同体的基本职能是推动成员国电信自由化、协调卫星通信有关事项。与欧盟等超国家组织不同，安第斯国家共同体对成员国的通信和电信事务没有最终决定权。多年来，尽管各方多次呼吁构建共同体无线电频谱协调和设备标准，但直至2016年1月，尚未建立共同体频率协调和无线设备标准，也未形成符合共同市场要求的终端设备自由流通机制。目前，安第斯国家共同体在无线电频谱划分方面主要沿用《美国联邦法规》第47篇第2部分有关规定。拉丁美洲蜂窝移动通信标准主要采用欧洲和亚太电信组织有关标准。过去，所有安第斯国家共同体成员国均采用美国NTSC制式电视标准[①]，这显示了历史上美国对拉丁美洲电信事务的影响力。

7.2.5 南美洲和加勒比地区其他相关组织

南美洲国家联盟（UNASUR）创建于2008年5月23日，是一个由12个南美洲大陆国家组成的超国家组织[②]。南美共同市场（MERCOSUR）于1991年创立，其经济和政治架构由1994年签署的欧鲁普雷图协议确立，成员国包括阿根廷、巴西、巴拉圭、乌拉圭、委内瑞拉和玻

---

① 厄瓜多尔是南美洲第一个（1969年7月20日）采用美国NTSC制式彩色电视标准的国家。
② 包括阿根廷、玻利维亚（准成员国）、巴西、智利（准成员国）、哥伦比亚、厄瓜多尔、圭亚那、巴拉圭、秘鲁、苏里南、乌拉圭和委内瑞拉。

利维亚，其中巴西、阿根廷和乌拉圭为最活跃成员国，智利、哥伦比亚、秘鲁、厄瓜多尔和苏里南为准成员国。

南美洲区域基础设施一体化倡议（IIRSA）包括南美洲国家联盟的 12 个南美洲国家，其中包括安第斯国家共同体的 4 个成员国（玻利维亚、哥伦比亚、秘鲁和厄瓜多尔）。IIRSA 涉及的领域包括空中运输、边境通道、商业工具、水上交通、多式联运、区域能源市场和信息与通信技术等。拉丁美洲电信主管部门论坛（REGULATEL）由拉丁美洲 20 个国家[①]电信主管部门参加，主要致力于促进成员国在电信领域的合作与协调。

东加勒比电信主管部门（ECTEL）是由 5 个成员国[②]组成的监管组织，创建于 2000 年，主要目标是基于公平、透明和独立原则，促进电信环境的自由化和良性竞争。加勒比电信联盟（CTU）是加勒比地区的一个政府间组织[③]，主要致力于区域信息通信技术发展。

拉丁美洲国际电信组织（OITA）创建于 2013 年 3 月 20 日，由拉丁美洲 8 个国家的电信运营商组成，包括阿根廷（ARSAT）、玻利维亚（ENTEL）、巴西（TELEBRAS）、古巴（ETECSA）、厄瓜多尔（CNT）、巴拉圭（WECAFC）、乌拉圭（ANTEL）和委内瑞拉（CANTV）。OITA 作为南美洲电信领域的协调平台，主要目标是促进成员国经验交流、推动技术进步和基础设施建设。AHCIET 是一个由 50 个葡语国家电信运营公司组成的民间组织，这些公司的业务覆盖拉丁美洲和西班牙等 20 个国家。AHCIET 作为一个协调行动、产品和服务的交流平台，通过与国际供应商和运营商共同合作，推动业界相关法规实施，促进新技术进步和全球信息社会发展进程。

7.2.6 南美洲政府间组织的整体模式

南美洲虽然地理上与美国相近，但由于长期为西班牙等国殖民地，独立后其文化传统仍深受后者影响。超过 45 年来，拉丁美洲自由贸易联盟（LAFTA）一直是南美洲经济领域的主要组织。在数字电视领域，大多数拉丁美洲国家跟随巴西采用日本的 ISDB-T 体制，并参照《亚太 APT700 频段规划》部署 700 MHz 数字红利频段的使用计划。在移动通信和模拟电视体制方面，南美洲国家采用 GSM 体制、NTSC 和 PAL 标准制式。美国对南美洲国家的经济、技术和文化具有重要影响，《美国联邦法规》不仅被加拿大、墨西哥和巴拿马等国直接沿用，也被许多拉丁美洲国家采用。美国、加拿大与巴西在国际电联 2 区无线电频率划分方面发挥着主导作用。虽然美国未能将北美自由贸易协议（NAFTA）扩展至南美洲，但仍然试图通过"美洲自由贸易区（FTAA）"影响南美洲经济事务，这反而使得南美洲经济模式不再倾向于新自由主义，而是频繁出现反美倾向。虽然历史上西班牙曾对南美洲的语言、宗教和法律具有显著影响，但由于西班牙位于国际电联 1 区，主要遵循 CEPT 法规，因此其对南美洲无线电法规和标准没有直接影响。

南美洲国家对外部干涉非常敏感，这些干涉主要源于长期影响其经济和政治事务的后殖民主义思想。南美洲国家在装备制造领域主要依赖进口，在电信领域虽有较大发展，但仍以

---

① 包括阿根廷、玻利维亚、巴西、哥伦比亚、哥斯达黎加、古巴、智利、厄瓜多尔、萨尔瓦多、危地马拉、洪都拉斯、墨西哥、尼加拉瓜、巴拿马、巴拉圭、秘鲁、波多黎各、多米尼加共和国、乌拉圭、委内瑞拉，以及西班牙、葡萄牙和意大利 3 个西欧国家。
② 包括多米尼加、格林纳达、圣基茨和尼维斯、圣卢西亚、圣文森特和格林纳丁斯。
③ 其中创始成员国包括安提瓜和巴布达、巴巴多斯、伯利兹、巴哈马、多米尼加、格林纳达、圭亚那、牙买加、蒙特塞拉特、圣基茨和尼维斯、圣卢西亚、圣文森特和格林纳丁斯，以及特立尼达和多巴哥；准成员国包括安圭拉、开曼群岛、英属维尔京群岛、特克斯和凯科斯群岛，以及加勒比共同市场的准成员国。

加工组装为主，相关技术、法规和标准主要受美国或欧洲影响。由于南美洲与北美洲属于国际电联 2 区，因此与后者遵循相同的无线电频率划分规定[①]，在向国际组织提出新的规则议案（或新的划分规则，或新的业务法规）时，不仅要协调巴西、墨西哥和其他南美洲国家立场，往往还要受到美国联邦通信委员会法规的限制。在这方面，只有巴西依靠其庞大体量，成为拉丁美洲国家唯一经常向 ITU-R 研究组提交议案的国家。欧洲对南美洲电信事务也有重要影响。由于欧洲法规具有西班牙语版本，因而较易被南美洲国家公众接受和采用。但由于欧洲和南美洲分别位于国际电联 1 区和 2 区，相关无线电频率划分频段和带宽[②]有所差异，因此大多数欧盟标准无法直接被南美洲国家采用。

南美洲法规和标准化组织在审批程序时还需加强协调和合作。在标准化方面，除泛美标准委员会（COPANT）和南美共同市场标准联盟（AMN）外，拉丁美洲还存在许多国家标准化机构[③]。虽然通过推动区域标准一体化，有助于减轻这些国家标准化机构的工作负担，但南美洲国家仍希望在这方面保持较强的独立性。与其他区域相比，南美洲国家往往参与多个区域性组织。例如，厄瓜多尔是 4 个区域性组织的成员（相对而言，英国仅参与 3 个区域性组织）。对许多拉美国家（如厄瓜多尔）来说，一些新的区域经济组织更加体现为"社会连带关系"，而非"社会市场"。相对于美国模式，拉丁美洲国家更倾向于推动社会包容发展。

在巴西里约热内卢召开的美洲国家主管部门大会通过了有关国际电联 2 区频率分配的两项规划，即《ITU RJ-1981AM 区域广播频率规划》和《ITU RJ-1988 1605～1705 kHz 频段使用规划》，这两项规划得到大多数美洲国家的响应[④]。除上述两项规划外，南美洲在广播业务和陆地移动业务方面未能达成新的频率分配协议，这也充分体现了大西洋两岸在区域性法规框架和频率协调领域的巨大差异。与欧洲和美国不同，许多南美洲国家在地理上呈现南北狭长分布（如智利），这种地理纬度上的差异也许是造成其在经济、法规和管理方面多样性的重要原因，详见 Mazar（2009，第 94 页）。

7.3 欧洲和北美两大阵营的比较

7.3.1 概述

本节主要对欧洲和北美地区无线电法规和标准进行对比，并对两者在技术和行政管理方面的差异进行分析。随着欧洲逐步向一体化方向迈进，世界无线电通信法规和标准化领域主要分为欧洲和北美两大阵营，两者在标准的制定、审批和协调规则方面存在显著差异。例如，由于区域构成和人口密度不一样，欧洲和北美的手机普及率不同，采用的数字电视标准也不一致。根据作者对 235 个国家和组织，特别是对英国、法国、美国和厄瓜多尔（Mazar 2009）

---

① 美洲国家电信委员会频率划分数据库（见 CITEL 网站）给出了其成员国频率划分情况。
② 欧洲和美洲 FM 声音广播频道间隔分别为 100 kHz 和 200 kHz，而 V/UHF 电视频道间隔分别为 7/8 MHz 和 6 MHz。
③ 主要国家标准化机构包括 IRAM（阿根廷）、IBNORCA（玻利维亚）、ABNT（巴西）、INN（智利）、ICONTEC（哥伦比亚）、INTECO（哥斯达黎加）、NC（古巴）、INEN（厄瓜多尔）、OSN（萨尔瓦多）、COGUANOR（危地马拉）、GNBS（圭亚那）、OHN（洪都拉斯）、JBSA（牙买加）、DGN（墨西哥）、MIFIC（尼加拉瓜）、COPANIT（巴拿马）、INTN（巴拉圭）、INDECOP（秘鲁）、INDOCAL（多米尼加共和国）、SLBS（圣卢西亚）、SSB（苏里南）、SKNBS（圣基茨和尼维斯）、SVGBS（圣文森特和格林纳丁斯）、TTBS（特立尼达和多巴哥）、UNIT（乌拉圭）、FONDONORMA（委内瑞拉）。
④ 古巴并未签署这两项规划。

等国的深入研究，欧洲的无线电频谱协调框架具有很强的独特性。如前所述，非洲和西亚通常采用欧洲标准，而中南美洲主要采用北美标准。下面列出了大西洋两岸在无线电法规存在差异的一些具体领域：

- 重要应用（如蜂窝移动通信和电视）；
- 动态频谱接入（DAS）和授权共享访问（LSA）的应用；
- 认知无线电系统（CRS）和超宽带（UWB）系统等新技术的应用；
- 允许杂散发射（见 ITU-R 329 建议书）的规定；
- 超宽带和白色空间设备（WSDs）的发射掩模；
- 短距离设备（SRDs）的法规和标准；
- 人体射频暴露限值。

在上述领域，美国、加拿大和欧盟 28 个成员国通常会分别秉持相似立场。

7.3.2 分析

欧盟对其他欧洲国家（非欧盟成员国）的影响与美国对加拿大的影响具有很多共同之处，如美国和加拿大采用相似的无线通信标准和发射限值，而欧盟和欧洲其他国家也采用共同的但与美国不同的无线通信标准和发射限值。欧洲（对国际电联 1 区）和北美（对国际电联 2 区）各自不同的影响范围反映了全球在无线通信法规标准领域的二元性[①]。其中欧洲阵营主要采用 CEPT 无线电频率划分（ERC 报告 25 和 ERC/REC 70-03 建议书）、ERC/ECC 决定和 ETSI 标准（如 GSM/UMTS 1900[②]和数字电视标准）等法规标准，而北美主要采用《美国联邦法规》（包括相对宽松的 FCC Part 15《无线电频率设备》规定），后者对相关风险具有较高的容忍度（如杂散发射、人体射频暴露、短距离设备功率限值和带宽，以及超宽带发射电平等）。美国标准（如 CDMA2000 和 ATSC）、电信工业协会（TIA）标准和无线电创新技术（如认知无线电系统和超宽带系统）标准均是美国法规标准的典型代表。

欧盟通过采取自顶向下的中央规划模式促进了 GSM 的全球推广，而北美通过采用自底向上的基于市场方式促进了 Wi-Fi 的广泛普及，两者各具优势。然而，欧洲的一体化促成了欧盟在蜂窝移动通信市场的领导地位，GSM 技术已经几乎被所有国家采用，且远远超出 CDMA2000 和 WiMAX 标准的影响范围。从欧洲和北美标准的实际应用效果比较，欧洲的标准化进程看似更为高效。

移动通信运营商大多从一级供应商采购产品，这些供应商也是 GSM 家族设备的主要供应商。当许多服务提供商还在计划采购 UMTS/HSPA 基站时，4G LTE 系统已经进入部署应用阶段，这导致 4G WiMAX 设备的部署应用数量非常少。由于国际漫游、互操作性、互联互通性和终端价格等原因，移动通信运营商逐渐放弃采用 CDMA2000 技术体制而转向采用 GSM 系列技术。随着 LTE 设备供应商和市场规模的扩大，设备的互操作性进一步提升，其供应/销售/定价等体系也进一步得到改善。但也应看到，每项技术都有其局限性，移动通信若仅依赖 LTE

---

① 中国标准（如蜂窝移动通信标准 TD-SCDMA 和电视标准 DTMB）并未在境外获得应用。日本的数字电视标准 ISDB-T 仅在亚洲一些国家得到应用，巴西采用的是 ISDB-T 标准的演变版本 ISDB-TB，大多数南美国家和一些非洲国家也采用该标准。
② 由于 FCC Part 15 规定低功率设备（国际电联 2 区）使用 ISM 频段 902~928 MHz，因此北美蜂窝系统不能使用 GSM 900 MHz 频段。

技术，就会影响产业服务供给的灵活性。如果宽带服务提供商均依赖相同的设备和服务类型，将严重制约其竞争能力，也使得通过竞争来促进移动通信产业发展的策略大打折扣。

欧洲依据风险规避的原则制定相关法规，对短距离设备发射功率和带宽、杂散发射电平、超宽带发射电平及射频人体危害限值等指标进行限制。北美推行的许多创新性政策与欧洲对主要业务受扰的担忧形成鲜明对比。欧洲无线电频谱管理法规严格遵循欧洲有关政策，在频谱资源的使用方面表现较为保守，在生态保护方面比北美更为敏感，这也是欧洲将短距离设备发射功率、杂散发射、超宽带发射和人体射频暴露等视为生态污染问题的原因。与欧洲所奉行的"指挥与控制"型的理念不同，美国则是秉持创业实干理念的典型代表。美国先后引领了模拟电视（NTSC，1954）、数字电视（ATSC）、超宽带和认知无线电系统等新兴技术的发展，而欧洲有时会跟随美国，在更高起点上进一步发展，如其所提出的 PAL/SECAM（1967）和 DVB 技术等。

与美国和加拿大不同，一旦欧洲各国已经在国家层面达成一致，欧洲区域主管机构就需要协调各国主管部门立场，并达成相关共识，相关工作量通常会非常繁重。但令人惊讶的是，欧洲在美国和加拿大之前，率先推行通用蜂窝移动通信标准。关于这一点，Mazar（2009）详细说明了地理（大陆及其距离赤道的距离）和文化（主要包括语言、后殖民主义、宗教和法律渊源）因素对法规制度、无线通信（包括手机普及率）、风险认知（针对人体射频暴露和杂散发射）和无线标准（电视和蜂窝移动通信）的影响方式及其原因。

富裕的国家都是相似的[①]。例如，英国和法国都具有殖民传统，欧洲和北美处于同一纬度带（均为30°以上），因而在许多方面表现出一致性。欧洲和北美均以消费者获益为发展目标，在无线电法规方面坚持客观、透明、可承受、无歧视、灵活、动态、公平和均衡等原则，致力于提升行业的竞争性，促进无线电频谱的优化使用。

与欧洲不同，北美通常对风险（无线电干扰和人体危害等）具有更高的容忍度，更加注重通过采用先进技术来克服潜在问题。北美在地理上较为孤立，加之国家相对年轻，因此整体上较为激进。而欧洲由于包含许多国家，且历史悠久，因此整体表现较为保守。Mazar（2009）指出欧洲的大陆法系倾向于秉持集体主义和"干涉"观点，而英国[②]和北美的普通法系更倾向于秉持个体主义和"低干涉"观点。

表7.1对欧洲邮电主管部门大会（CEPT，欧洲国家间组织）和美洲国家电信委员会（CITEL，包括北美在内的所有美洲国家）进行了分析和比较。

7.3.3 结论

欧洲和北美是对全球无线电通信法规和标准化影响最大的两个区域。一个国家的经济实力决定了其是否能够独立发展技术还是采用现有标准。出于各种原因，许多国家主管部门放弃制定新的法规和标准，而转而沿用欧洲或北美相关法规。欧洲主导的 GSM 在全球范围内成功使用，为欧洲的 DVB-T（在拉丁美洲与 ISDB 竞争）和 DVB-S 标准的推广创造了良好条件，也为 LTE 系统的应用铺平了道路。

与北美相比，欧洲包括许多国家，人口密度相对较高，因而无线电干扰发生的概率也较高。欧洲通过持续推动无线领域协调整合，致力于实现电子通信领域的一体化。

---

① 如同列夫·托尔斯泰所著的《安娜·卡列尼娜》开头所讲，"幸福的家庭都是相似的，不幸的家庭却各有各的不幸"。
② 依靠欧洲和北美"两条腿走路"。

从技术角度讲，人体对大功率广播发射机、蜂窝基站或手机等的电磁辐射的容忍度与地理区域无关，因此全球人体射频暴露限值不应有所差别，但事实上这种差别却一直存在，就像欧洲和北美对杂散辐射规定了不同限值一样。Wi-Fi（工作在 2.4 GHz ISM 频段）在全球的成功应用，特别是国际体育赛事或重大活动客观上要求无线设备能够在全球自由流通，逐步促成了一个"互联互通世界"。随着国际电联 IMT 规则和 3GPP 标准进程的不断推进，蜂窝移动通信的频率规划和标准化得到各国的普遍关注。

表 7.1 CEPT 和 CITEL 基本情况比较

	欧洲	美洲
成员国	48 个成员国	35 个成员国
电信组织	CEPT（1959 年成立）	CITEL（1963 年成立）
占主导地位的国家	法国、德国	美国、加拿大和巴西
目标	电子通信一体化	推动和促进电信发展
常设办公室所在地	哥本哈根（ECO）	华盛顿（OAS）
融合领域	有线和无线，电信和广播	
频率协调和自由流动	是	否
自由化和私有化	是	正向这方面发展
法律约束力	非强制性	非强制性

7.4 亚洲无线电频谱管理

国际电联《无线电规则》基于地理区域对无线电频率进行划分。在国际电联 1 区，非洲和西亚国家主要沿用欧盟无线电规则和标准。在国际电联 2 区，美洲主要沿用美国无线电法规。在国际电联 3 区（包括亚洲和大洋洲大部分国家），目前没有占主导地位的国家（中国或日本均发挥重要作用），亚太电信组织作为该区域电信领域的主管组织，发挥着与 CEPT 或 CITEL 相类似的作用，但是许多亚洲国家仍采用欧盟或美国法规。表 6.2 和表 6.7 列出了亚洲无线电频谱管理领域的主要组织机构，本节将对其中的主要组织机构进行详细介绍。

7.4.1 概述

让我们把目光从由美国和欧盟主导的太西洋移到太平洋地区，对世界最大、最多样化大陆——亚洲的无线法规和标准情况进行深入分析。亚洲的移动通信产业在过去 10 年里获得持续发展，目前移动通信连接数量已经超过 40 亿个，这导致各国移动业务对无线电频谱资源的需求急剧增长。亚洲许多国家都建立了独立于电信运营商的无线电频谱管理机构和组织。

亚洲的一体化程度不如欧洲、北美和拉丁美洲高，主要原因是该区域没有一个主导性的领导国家。中国面积最大，历史较为悠久，人口数量最多；印度（与中国）为佛教起源国；日本曾长期为最大的工业化国家。历史上，在国际电联广播频率分配规划方面，欧洲主要遵循 ST-1961、GE-1984 和 GE-2006 协议，美洲主要遵循 ITU RJ-1981 和 ITU RJ-1988 协议，非洲主要遵循 GE-1989 协议，而亚洲涉及广播业务的仅有一个规划[①]，即 GE-1975（关于中波）[②]。

---

① WARC HFBC-87 未采纳高频广播会议（HFBC）规划系统，但建议继续努力达成高频频段规划协议，详见相关网站的《WARC HFBC-87 最后决议书》（日内瓦，1987）。

② 《关于国际电联 1 区和 3 区中波频段和国际电联 1 区低频频段广播业务频率使用的区域协议》。

第 7 章 区域性无线电频谱管理

在 20 世纪，马来西亚、菲律宾、韩国等主要采用美国法规和标准，而阿拉伯国家、中国和印度等主要采用欧洲法规和标准。进入 21 世纪以来，亚洲国家采用的技术标准逐步向多元化发展。例如，韩国提出了与北美相一致的数字电视标准和移动通信初始标准，但在其他领域大多沿用欧洲和日本标准。亚太电信组织虽然对亚洲国家具有一定影响，但远不及 CEPT 对欧洲国家的影响力，甚至许多亚太电信组织成员国更倾向于欧盟标准。随着亚太电信组织所推动的 700 MHz 频谱规划（APT700）在亚洲国家的成功实施（美洲和欧洲也在推行该规划），其对亚洲国家的影响力正在逐步增强。例如，2016 年 4 月，第 2 届亚太频谱管理会议得到许多亚太地区以外国家主管部门和人员（包括作者）的积极响应。

7.4.2 亚太电信组织

亚太电信组织（APT）是一个与电信服务提供商、通信设备制造商、通信领域研究与发展组织，以及信息与创新技术团体具有密切联系的政府间组织，也是亚太地区信息通信技术和创新性项目的重要推动者。APT 是在联合国亚太经济和社会委员会（UNESCAP）和国际电联的联合倡导下于 1979 年成立的，目前拥有 38 个成员国[①]、4 个准成员（associate member）[②]和 130 个列席成员（affiliate member）。其中 UNESCAP 的 53 个成员国（不都属于亚太国家）均有资格成为 APT 成员。APT 致力于促进区域电信事务协调，支持和促进成员国信息通信技术服务质量和可持续发展，在弥补区域数字鸿沟方面发挥重要作用。APT 通过举办研讨会、研究组会议和培训班等活动，帮助成员国完善无线电法规体系，提高无线电频谱管理能力。APT 所推行的无线电通信活动受到其成员国、工业界和许多国际组织的大力支持。

APT 无线电通信活动主要包括两个工作项目（Work Program），即亚太电信组织大会筹备组（APG）和亚太电信组织无线工作组（AWG）。其中 APG 的主要任务是协调各成员国观点并形成共同提案，提交给世界无线电通信大会和其他国际电联会议[③]。

AWG 的前身为亚太电信组织无线论坛（AWF），该论坛顺应亚太地区未来数字融合新趋势，涉及领域涵盖 IMT-Advanced 等各种无线系统，主要目标是为低成本无线电通信提供解决方案，推动新兴技术应用，通过提出区域协调倡议促进频谱资源高效利用。同时，AMG 还为 APT 成员提供技术和无线电法规方面的意见建议，向国际电联无线电通信会议提交提案，以及参与和协调 CEPT 和 CITEL 形成共同观点文件。

此外，ITU-APT 印度基金会致力于组织电信领域的研究活动，支持领域包括广播、信息技术和空间科学，重点支持乡村地区发展。该基金会还为国际电联全权代表大会、亚太电信组织大会及国际电联和亚太电信组织的其他主要会议和活动提供支持。

7.4.3 世界最大无线市场（东南亚）的管理

亚洲人口占世界总人口的 60%。中国、日本和韩国（所谓的 CJK 区域）正在快速发展信

---

① 包括阿富汗、澳大利亚、孟加拉国、不丹、文莱、柬埔寨、中国、韩国、朝鲜、斐济、印度、印度尼西亚、伊朗、日本、基里巴斯、老挝、马来西亚、马尔代夫、马绍尔群岛、密克罗尼西亚、蒙古、缅甸、瑙鲁、尼泊尔、新西兰、巴基斯坦、帕劳、巴布亚新几内亚、菲律宾、萨摩亚、新加坡、所罗门群岛、斯里兰卡、泰国、汤加、图瓦卢、瓦努阿图和越南。
② 库克群岛、中国香港、中国澳门和纽埃。
③ 如国际电联全权代表大会（PP）、世界电信发展大会（WTDC）、信息社会世界峰会（WSIS）和世界电信标准化全会（WTSA）。

息和电信工业领域的标准。CJK 是在 4 个标准发展组织（SDOs）[①]的倡议下于 2012 年成立的。其中日本无线电工业和商贸联合会重点制定无线标准，日本电信技术委员会主要制定通用电信标准和 ITU-T 有关标准。CJK 积极鼓励成员之间的交流，积极参与区域和全球标准化组织，同时也是亚洲 APT 和 AWG 的活跃成员。根据 ITU-R M.1457 建议书规定的 5 项国际移动通信-2000（IMT-2000）地面无线电接口要求，中国提出了 IMT-2000 TD-SCDMA 标准，并基于该标准建设移动网络。中国是全球最大的无线设备市场，吸引了各国电信制造商和运营商，详见第 8 章。总之，CJK 在东南亚无线设备标准和技术中发挥着主导性作用。澳大利亚和新西兰主要遵循欧洲标准。

7.4.4 亚太广播联盟

亚太广播联盟（ABU）由区域内 58 个国家的 220 个广播公司组成，公司所在国涵盖西至土耳其、东至萨摩亚、北至俄罗斯、南至新西兰的众多国家和地区。ABU 成立于 1964 年，是一个专门从事区域广播发展的非营利非政府组织，主要目标是维护电视和无线电广播公司共同利益，鼓励广播公司参与区域和国际合作。ABU 的正式成员通常为亚太地区国家开展"免费播送"业务的广播公司，准成员通常为省级广播台、付费广播台或区域外国家广播公司等。ABU 业务涉及亚洲视野（Asia Vision）卫星电视新闻交换、联合制作和节目交流，提供技术、设计、法律和管理方面的咨询服务，以及国际频率规划和协调等。ABU 还承担本区域主要体育赛事和相关组织版权谈判事宜。

7.4.5 通信领域区域共同体

通信领域区域共同体（RCC）于 1991 年 12 月 17 日在莫斯科成立，成员包括 12 个苏联国家通信主管部门，还包括 7 个观察员（其中 4 个主管部门和 3 个运营商）。RCC 是一个电信和邮政领域的国家间协调机构，其主要职责包括：

- 协调通信网络和设施建设；
- 协调科学和技术政策；
- 无线电频谱管理；
- 制定通信服务和建设的关税政策；
- 人员培训；
- 与国际组织相互交流，互通信息。

RCC 的执行委员会位于莫斯科，并由频谱和卫星轨道利用委员会具体处理频谱管理事务，它包括以下 3 个工作组：

- 无线电广播工作组；
- 频谱管理工作组；
- 世界无线电通信大会筹备工作组。

频谱和卫星轨道利用委员会根据 RCC 成员国频谱协调使用情况，拟制审议有关报告、建议书和决定，代表 RCC 参与世界无线电通信大会。俄罗斯在 RCC 中发挥着主导作用。

[①] SDOs 成员包括中国的通信标准化协会（CCSA）、韩国的电信技术协会（TTA）、日本的无线电工业和商贸联合会（ARIB）及电信技术委员会（TTC），这些国家标准化组织也是 3GPP 和 3GPP2 的成员。

7.5 阿拉伯国家和北非的无线电频谱管理

表 6.1 和表 6.2 列出了多个阿拉伯国家无线电频谱管理组织机构，本节将对其中影响较大的组织机构进行重点介绍。阿拉伯国家（见 ITU-R 2012《阿拉伯地区信息通信技术发展现状及展望》）寻求构建透明和可预测的管理环境，促进本地区投资增长，增强固定（有线）技术和无线技术之间的竞争，降低信息通信技术服务成本。阿拉伯国家之间在无线服务的自由化程度及相关服务提供商数量等方面存在较大差异，其中移动通信市场是信息通信技术领域自由化程度最高的市场。

阿拉伯电信与信息部长理事会是在阿拉伯国家联盟（LAS）领导下，专门负责处理阿拉伯国家电信、信息和邮政事务的最高权力机构。理事会由 LAS 的 21 个成员国组成，下辖执行机构、常设委员会和常设工作组。其中执行机构由经选举产生的 7 位部长组成，每年召开两次会议，并向理事会报告工作；常设委员会和常设工作组分别负责不同领域事项，并直接向执行机构报告工作。除上述机构之外，阿拉伯电信与信息部长理事会于 2001 年设立了新的常设工作组——阿拉伯国家频谱管理组织（ASMG）。

ASMG 由 22 个阿拉伯国家[①]共同创建，主要任务是管理协调与阿拉伯国家频谱管理事务有关的所有事项，包括频谱管理、世界无线电通信大会、国际电联研究组和其他事项等[②]，其承担的主要工作包括（见 ITU-R SM.2093 报告 1.2.2.2.1）：

- 围绕国际电联《无线电规则》实施过程中国家频谱规划、频率指配程序和频谱监测技术手段等事项进行交流，探讨开展联合频谱监测和干扰查处等问题；
- 开展无线电设备型号许可程序方面有关专业问题的沟通交流，促成有关事项的审批；
- 提出高效合理的频谱使用方法，满足阿拉伯国家的频谱需求；
- 促进阿拉伯国家频谱管理立法合作，服务无线电设备应用；
- 协调阿拉伯国家参与无线电频谱相关会议[特别是世界无线电通信大会和区域无线电会议（RRCs）]的立场，确保有关议案和观点符合阿拉伯国家利益；
- 与有关组织高效合作，积极参与涉及频谱协调的有关会议；
- 积极采用软件等技术手段辅助频谱信息通知与记录；
- 协调阿拉伯国家在 ITU-R 研究组、无线电顾问组（RAG）和特别委员会中的立场，并在无线电规则委员会（RRB）决议的执行过程中保持沟通；
- 阿拉伯电信与信息部长理事会及其执行机构赋予的其他任务。

国际电联阿拉伯区域办公室（ARO）位于埃及，主要承担区域电信政策和管理事务。阿拉伯国家主管部门网络（AREGNET）创立于 2003 年，成员包括阿拉伯地区 20 个信息通信技术的主管部门和行政机构[③]，主要职责包括促进成员经验交流、协调立场、起草政策和法规草案、基于公平和透明原则推进区域信息通信技术现代化，以及加强与相关区域和国际组织合

---

① 包括阿尔及利亚、巴林、科摩罗、吉布提、埃及、伊拉克、约旦、科威特、黎巴嫩、利比亚、毛里塔利亚、摩洛哥、阿曼、巴勒斯坦、卡塔尔、沙特阿拉伯、索马里、苏丹、突尼斯、阿拉伯联合酋长国和也门等。叙利亚于 2011 年 11 月退出该组织。
② ASMG 的最近一次议程是根据国家电联 GE-2006 数字电视规划更新本区域频率指配通知。
③ 包括阿尔及利亚、巴林、科摩罗、吉布提、埃及、伊拉克、约旦、科威特、黎巴嫩、毛里塔利亚、摩洛哥、阿曼、巴勒斯坦、卡塔尔、沙特阿拉伯、苏丹、叙利亚、突尼斯、阿拉伯联合酋长国和也门。

作等。阿拉伯信息通信技术组织（AICTO）是在阿拉伯国家联盟指导下的政府间组织，总部位于突尼斯，主要任务是支持阿拉伯国家信息通信技术发展和创新。在国际电联理事会中，由阿拉伯国家联盟秘书长代表阿拉伯电信部长理事会（ATCM）出席会议。

7.6 非洲无线电频谱管理

7.6.1 非洲电信联盟

表 6.2 和表 6.7 列出了参与非洲无线电频谱管理事务的相关组织机构，本节将对其中具有重要影响的组织机构进行重点介绍。

非洲电信联盟（ATU）成立于 1977 年，是非洲大陆信息通信技术领域的主管部门和私人利益相关者之间的交流平台，主要宗旨是促进非洲信息通信技术、基础设施和服务的发展。ATU 的主要任务包括制定有关政策和策略、在全球决策会议上代表成员国利益、致力于促进区域市场整合、推动成员国间互联互通、吸引信息通信技术投资、加强制度和人力资源建设、确保非洲在全球信息和知识社会中的参与权等。ATU 目前拥有 44 个成员国和 16 个准成员（包括固定和移动电信运营商）。

7.6.2 西非国家及其区域性组织

西非国家经济共同体（ECOWAS）是一个包含 15 个成员国[①]的区域性组织，成立于 1975 年。与欧盟相似，ECOWAS 致力于推动包括电信领域在内的区域经济整合，促进西非国家电信与信息技术合作与发展。西非经济和货币联盟（UEMOA）负责制定 ECOWAS 电信政策，并承担电信法规协调项目。西非电信主管部门大会（WATRA）是在 ECOWAS 成员国和毛里塔尼亚政府倡导下，于 2004 年 11 月成立的，成员包括 15 个独立的国家电信主管部门，其主要任务包括：

- 推进西非国家主管部门共同体建设，增强投资者信心，吸引信息技术领域投资；
- 推进人力资源和资本建设，强化电信事务管理。

WATRA 与国际发展组织、私人电信运营商、各国政府、信息通信设备供应商和工业界投资方保持密切联系。WATRA 的总部位于尼日利亚。

7.6.3 东非国家共同体与东非通信组织

东非国家共同体（EAC）和东非通信组织（EACO）作为非洲东部的两个区域性组织，成员均包括布隆迪、卢旺达、坦桑尼亚和乌干达，主要致力于拓宽和深化东非地区的经济整合，提升区域竞争力。其中 EACO[②]由东非信息通信技术主管部门和经授权的区域通信运营商共同组建，负责协调东非地区所有信息通信技术事务和计划。EAC 的另一项任务是处理本区域非 EACO 成员国的信息通信技术发展事项。EAC 属于公约组织（国与国之间），而 EACO 为非公约组织。

7.6.4 南部非洲区域管理组织

南部非洲主要存在两个区域性组织：南部非洲发展共同体（SADC）和南部非洲通信主管

[①] 包括贝宁、布基纳法索、佛得角、科特迪瓦、冈比亚、加纳、几内亚、几内亚比绍、利比里亚、马里、尼尔、尼日利亚、塞内加尔、塞拉利昂和多哥。

[②] 组建时间为 2015 年 12 月 13 日，EACO 不属于 EAC。

部门协会（CRASA）。其中 SACD 是一个由 15 个成员国[①]组成的区域经济共同体，成立于 1992 年，主要宗旨是致力于南部非洲经济发展和区域整合。CRASA 也称为南部非洲电信主管部门协会（TRASA），成立于 1997 年，由 13 个成员国[②]组成，主要任务包括协调成员国信息通信技术和邮政管理事务、改善商业和投资环境、提高电信网络和服务运行效率、促进稀缺性资源的使用效益最大化。

参 考 文 献

说明：*表示作者参与该文献的编写工作。

CAN Decision 462-1999 *Provisions Regulating the Integration and Liberalization of the Trade in Telecommunications Services in the Andean Community*. Available at: http://intranet.comunidadandina.org/Documentos/decisiones/DEC462.doc (accessed April 19, 2016).

Cave, M. (2002) *Review of Radio Spectrum Management: An Independent Review*, Department of Trade and Industry and HM Treasury, London.

EC COM (2013) 627 Regulation of the European Parliament and of the Council, *Laying Down Measures Concerning the European Single Market for Electronic Communications and to Achieve a Connected Continent*. Available at: http://ec.europa.eu/information_society/newsroom/cf/dae/document.cfm?doc_id=2734 (accessed April 19, 2016).

EC Commission Decision 2000/299 *Establishing the Initial Classification of Radio Equipment and Telecommunications Terminal Equipment and Associated Identifiers*. Available at: http://eur-lex.europa.eu/LexUriServ/LexUriServ.do?uri=OJ:L:2000:097:0013:0014:EN:PDF (accessed April 19, 2016).

EC Decision No 243/2012/EU of the European Parliament and of the Council, *Establishing a Multiannual Radio Spectrum Policy Programme*. Available at: http://eur-lex.europa.eu/LexUriServ/LexUriServ.do?uri=OJ:L:2012:081:0007:0017:EN:PDF (accessed April 19, 2016).

EC Decision No 676/2002/EC (Radio Spectrum Decision) of the European Parliament and of the Council, *Regulatory Framework for Radio Spectrum Policy*. Available at: http://europa.eu/legislation_summaries/information_society/radiofrequencies/l24218a_en.htm (accessed April 19, 2016).

EC Directive 1997/13 (Licensing) *Common Framework for General Authorisations and Individual Licences in the Field of Telecommunications Services*. Available at: http://www.etsi.org/website/aboutetsi/roleineurope/ecdirectives.aspx (accessed April 19, 2016).

EC Directive 1998/34 (Standards and Regulations) *Information in the Field of Technical Standards and Regulations and of Rules on Information Society Services*. Available at: http://eur-lex.europa.eu/LexUriServ/LexUriServ.do?uri=CONSLEG:1998L0034:20070101:EN:PDF (accessed April 19, 2016).

EC Directive 1999/5/EC (R&TTE) *Radio Equipment & Telecommunications Terminal Equipment*, repealed by EC Radio Equipment Directive 2014/53/EU (RED) *Harmonisation of the Laws of the Member States Relating to the Making Available on the Market of Radio Equipment*. Available at: http://eur-lex.europa.eu/legal-content/EN/TXT/PDF/?uri=CELEX:31999L0005&from=EN (accessed April 19, 2016).

EC Directive 2002/20/EC (Authorisation) *Authorisation of Electronic Communications Networks and Services*. Available at: http://eur-lex.europa.eu/legal-content/EN/TXT/PDF/?uri=CELEX:32002L0020&from=EN (accessed April 19, 2016).

EC Directive 2002/21/EC (Framework) *Common Regulatory Framework for Electronic Communications Networks and Services*. Available at: http://eur-lex.europa.eu/legal-content/EN/TXT/PDF/?uri=CELEX:32002L0021&from=EN (accessed April 19, 2016).

EC General Council Recommendation 1999/519 *On the Limitation of Exposure of the General Public to Electromagnetic Fields, 0 Hz to 300 GHz*. Available at: http://ec.europa.eu/health/electromagnetic_fields/docs/emf_rec519_en.pdf (accessed April 19, 2016).

EC Green Paper COM 1998/596 *Radio Spectrum Policy in the Context of European Community Policies such as Telecommunications, Broadcasting, Transport, and R&D*. Available at: http://europa.eu/documents/comm/green_papers/pdf/com98_596.pdf (accessed April 19, 2016).

ECC/CEPT 2013 ERC Report 25, *The European Table of Frequency Allocations and Applications in the Frequency Range 8.3 kHz to 3000 GHz (ECATable)*. Available at: www.erodocdb.dk/docs/doc98/official/pdf/ERCRep025.pdf (accessed April 19, 2016).

ECC/CEPT and ETSI 2011 *The European Regulatory Environment for Radio Equipment and Spectrum: An Introduction*. Available at: http://apps.cept.org/eccetsirel/data/catalogue.pdf (accessed April 19, 2016).

---

① 包括安哥拉、博茨瓦纳、刚果（金）、莱索托、马达加斯加、马拉维、毛里求斯、莫桑比克、纳米比亚、塞舌尔、南非、斯威士兰、坦桑尼亚、赞比亚和津巴布韦。

② 包括安哥拉、博茨瓦纳、刚果（金）、莱索托、马拉维、毛里求斯、莫桑比克、纳米比亚、南非、斯威士兰、赞比亚、坦桑尼亚和津巴布韦。

ERC Recommendation ERC/REC 70-03Version of 9 October 2012 *Relating to the Use of Short Range Devices (SRD)*. Available at: www.erodocdb.dk/docs/doc98/official/pdf/rec7003e.pdf (accessed April 19, 2016).

ETSI EG 201 399 (V2.1.1) *Electromagnetic Compatibility and Radio Spectrum Matters (ERM); A Guide to the Production of Candidate Harmonized Standards for Application under the R&TTE Directive*. Available at: http://www.etsi.org/deliver/etsi_eg/201300_201399/201399/02.01.01_60/eg_201399v020101p.pdf (accessed April 19, 2016).

European Communications Office (ECO), Annual Report 2012, Available at: http://www.cept.org/files/1050/ECO/About%20ECO/ECO%20Annual%20Report/ECOAnnual%20Report%2012_FINAL_WEB.pdf (accessed April 19, 2016).

FCC (2016) CFR 47 FCC Part 15—*Radio Frequency Devices*. Available at: http://www.ecfr.gov/ (accessed April 19, 2016).

Gilles, D. and Marshall, R. (1997) *Telecommunications Law*, Butterworths, London.

Hall, C., Scott, C. and Hood, C. (2000) *Telecommunications Regulation: Culture, Chaos and Interdependence inside the Regulatory Process*, Routledge, London.

ITU (2012) *ITU Radio Regulations* (Edition of 2012)*. Available at: www.itu.int/pub/R-REG-RR-2012 (accessed April 19, 2016).

ITU-D (2012) *ICT Adoption and Prospects in the Arab Region*. Available at: http://www.itu.int/pub/D-IND-AR-2012 (accessed April 19, 2016).

ITU-D (2015) *World Telecommunication/Indicators Database 2015 (19th Edition/December 2015)*. Available at: http://www.itu.int/en/ITU-D/Statistics/Pages/publications/wtid.aspx (accessed April 19, 2016).

ITU-R Rec. SM.329 (2012) *Unwanted emissions in the Spurious Domain**. Available at: http://www.itu.int/rec/R-REC-SM.329/en (accessed April 19, 2016).

ITU-R Report SM.2093 Guidance on the Regulatory Framework for National Spectrum Management*. Available at: http://www.itu.int/pub/R-REP-SM.2093-1-2010 (accessed April 19, 2016).

Mazar, H. (2009) *An Analysis of Regulatory Frameworks for Wireless Communications, Societal Concerns and Risk: The Case of Radio Frequency (RF) Allocation and Licensing*, Boca Raton, FL: Dissertation.Com. PhD thesis, Middlesex University, London*. Available at: http://eprints.mdx.ac.uk/133/2/MazarAug08.pdf (accessed April 19, 2016).

第8章 国家无线电频谱管理

8.1 国家无线电频谱管理的地位作用

8.1.1 国家无线电频谱管理的目标

国家无线电频谱主管部门负责制定国家频谱管理政策规划并监督其实施。国家频谱管理政策对电信基础设施建设、国家相关法规和标准化制定、远景目标的规划（见 ITU-R SM.2015 报告）和新技术新业务发展等具有重要影响。同时，无线电业务的多样性对频谱管理政策的针对性和灵活性提出很高要求。频率划分对频谱的优化使用具有决定性影响。频率分配通过对频谱进行细化分割，确定用户使用频谱的界限，规定授权频谱的具体使用条件。

一个国家的无线电频谱事务通常由国家电信（固定和无线）部门或机构负责。随着固定业务和无线业务的融合发展，通常由电信主管部门对这两类业务进行统一管理。电信主管部门的业务范围可能包括或涉及邮政、信息技术、网络安全、广播和互联网内容等领域和部门，一旦业务之间发生冲突，通常需要采用仲裁、调停和专家裁决等方式来解决。

频谱管理的主要任务是将频率（频带）划分给无线电用户或业务，并采用各种手段确保频率划分规定得到有效落实。国家频谱管理（NSM）通过向政府或非政府用户提供无线电频谱资源，促进频谱资源得到高效有效使用，推动社会进步和经济发展。各国主管部门应围绕国家目标来评估频谱管理的法制化水平，通过制定频谱管理政策，确保频谱管理法规与国家法律和目标相一致，与国际规则和协议相协调。

国际电联无线电通信部门已经出版了 3 部重要手册，包括《用于频谱管理的计算机辅助技术（CAT）手册》（2015a）、《国家频谱管理手册》（2015b）和《频谱监测手册》（2011），这些手册可为主管部门履行职责提供重要参考，有关内容会在本章中进行介绍。

国家主管频谱管理通过制定长期政策，致力于实现如下目标：

- 制定能够促进频谱高效利用的政策；
- 发布有关频谱使用的长远战略；
- 为国家安全、国防和紧急事态提供频谱支持；
- 确保人民生命和财产安全，为犯罪预防和法律实施提供支持；
- 依据频率划分和频谱使用规则制定和发布有关政策；
- 促进新兴无线技术发展，推动无线基础设施和服务创新；
- 制定平时和战时频谱使用规划；
- 建立合理的频谱竞争制度，促进国家经济发展；
- 为个人和商业用户提供高效的国内和全球性电信服务；
- 为国家和国际运输与健康体系提供支持；

- 防止国家频谱资源浪费或闲置；
- 为传播教育、大众文化和娱乐信息提供支持；
- 促进科学研究、资源勘探与开发；
- 减小公众电磁场（EMF）暴露水平。

有些国家的无线电频谱管理职能由单一主管部门承担，如中国、日本和以色列等；有些国家由两个机构共同承担无线电频谱管理职能，如美国等，详见8.3.4节。在一个国家内部，划分给政府（包括军队）的频率和划分给商业用户的频率应保持适当平衡。

频谱管理机构的设置应以有关法律为依据，充分结合政府机构特点和电信资源使用情况，并明确如8.1.2节所述的职责，其中有些职责可根据频谱管理机构的编制进行合并或进一步分解。无线电频谱管理机构的主要目标是促进频谱有效使用，防止发生电磁干扰。频谱管理体系框架应围绕其职责任务进行合理设计。

8.1.2 国家频谱管理的主要职责

国家频谱管理机构是"人民的公仆"，他们代表公共和团体的利益，致力于促进无线电通信事业发展，避免发生有害干扰和人体射频暴露。频谱管理部门应充分依靠有关社会团体和机构，培养建立公众和主管部门之间的信任关系，促进无线电频谱的优化使用，并为新技术发展应用提供频谱支持。

国家频谱管理的主要职责（参见国际电联《无线电规则》第0.5款和第4.1款）可分为频谱规划[①]、频率许可[②]和国际协调。

8.1.2.1 频谱规划

频谱规划的主要职责如下：

- 制定频谱管理规则并推动实施；
- 为各类无线电业务管理和规划频谱资源；
- 协调政府和军用无线电业务的频谱使用；
- 促进新兴技术发展，鼓励良性竞争；
- 通过构建适当的竞争性频谱使用框架，支持国家经济发展；
- 促进频谱高效使用，量化评估无线电频谱的经济价值；
- 开展无线电频谱划分（包括执照豁免）和信道分配；
- 推动国家频谱管理立法进程；
- 制定无线电频谱的短期（除长期外）使用计划；
- 参与媒体管制法规调整，促进新兴技术在多领域多区域共同发展；
- 促进宽带业务和技术设施的创新与投资；
- 提供联络和咨询服务。

8.1.2.2 频率许可

频率许可的主要职责如下：

---

① 如同频率许可和频谱规划区别不明显一样，很难将频谱规划和频谱政策割裂开来。
② 在本章中关于法国的案例中，将讨论ANFR的频谱规划方法和ARCEP的频率授权过程。

- 向无线电台站指配频率并发放执照；
- 为持有执照的无线电台站提供用频保护[①]；
- 避免和查处无线电干扰；
- 为开展频谱资源评估提供频谱工程支持；
- 维护频谱使用数据库；
- 开展无线电监测和执法（通过核查和研究），确保电波和设备参数符合相关规定；
- 收缴无线电频谱执照费和使用年费，为政府部门提供融资支持。

8.1.2.3 在国际和区域频谱管理（包括无线设备的进口和出口）中的主要职责

国家频谱管理机构在国际和区域频谱管理中承担如下职责：

- 以频谱最佳使用为目标，推动区域和全球无线电规则和立法进程；
- 构建无线设备的标准、指标和许可程序[②]；
- 对国家边境地区无线设备的运输和使用进行核查；
- 开展面向多元市场的频谱划分；
- 筹备和参与国际和区域无线电会议，执行有关决议；
- 开展国际协调和合作，与邻国开展双边和多边协商；
- 执行国际频率登记总表（MIFR）中地面系统、空间系统和地球站有关通知和国际协议；
- 与国际电联及其他国际与区域性组织开展涉外合作和协调。

8.1.3 促进频谱优化使用的方针和措施

如前所述，频谱管理机构是"人民的公仆"，其服务的"顾客"是所有无线电用户，包括政府机构、通信业界人员和普通大众等。频谱管理的最终目标是满足消费者的需求。

8.1.3.1 优先使用有线通信和卫星通信

对于固定发射和接收设备，有线通信和卫星通信是节约无线电频谱资源的最佳通信方式。视频广播（通过移动设备或移动电视观看视频除外）和点对点通信通常采用固定通信方式。有些大容量文件和视频的传输会耗费大量无线流量，对这类信息最好采用有线或 Wi-Fi（与蜂窝网络系统相连）进行下载。无线通信通常适用于发射设备、接收设备（如广播电台）或收发设备（如手机、个人对个人通信）均需移动且没有其他解决方案的场合，如紧急救助（如警察、消防员和应急救援服务等）、移动（陆地、航空和水上）电台、车载调频广播和短距离设备（SRDs）等。有些无线电通信业务的正常工作必须依赖频率，如空间业务、射电天文业务、无线电测定业务、无线电导航业务、气象辅助业务、标准频率和时间信号业务，以及业余无线电业务等。

8.1.3.2 使用高端频率

主管部门应着力解决部分授权频谱使用率较低的问题，对闲置频段进行深入研究，因为

[①] 建议的优先级为紧急通信、国家安全、执法、生命安全、航空、航海、经济、空间通信、科学、社会、国际和其他政策事项，参见美国总统备忘录《无线宽带革命》（2010）和《加快无线创新》（2013）。

[②] 参见 R&TTE，CEPT 成员国内部程序较为简化。

频谱资源的闲置意味着经济上的损失。频谱管理机构可通过降低高端频率用户的执照费用或年费等方式，支持无线电业务向高端频率扩展。

为实现高速高质量视频和多媒体信息传输，5G（第5代移动通信）需要选取 6～100 GHz 频段内的大量频谱资源。目前，60 GHz 以上频率的占用率还很低。使用高端频率对无线系统具有诸多好处，如可以增大射频带宽、减少天线（如小型相控阵列）数量、减小波束宽度、减小硬件尺寸和质量、便于安装和重构等。使用高端频率不仅有助于支持宽带无线业务，而且由于高端频率传播损耗较大，所能覆盖的小区面积较小，因此能够显著提高频率复用度。此外，毫米波（30～300 GHz）可用于每秒吉比特级数据传输速率的无线通信，例如，IEEE 802.11ad 标准所规定的每秒吉比特级数据传输速率为 7 Gbit/s，其工作频段为 57～66 GHz，该频段位于 ISM 非授权频段 61～61.5 GHz 附近，中心频率为 61.25 GHz。

8.1.3.3　减小功率、带宽和发射高度

频谱管理机构的重要职责是提高同频段（带内）和相邻频段无线电用户的频谱共用能力。由于无线电干扰与电台发射功率密切相关，因此，应最大限度降低发射设备的带外发射水平，减小射频带宽，并采取输出功率管理和自动控制措施。

当频率高于 30 MHz 时，电波在发射机和接收机之间的非视距传输路径上衰减很快。若发射机（和接收机）位置较高，则信号传播效果较好，但受到干扰的概率也会增大。当发射天线和接收天线高度一定时，两者之间的视距范围由地球曲率（半径）决定。发射机高度应大于海平面高度（ASL）和地面高度（AGL），且发射机和接收机的海平面高度（乡村地区）和地面高度（城市地区）决定了两者的视距距离和传播损耗，具体见 5.6 节。

通过采取减小发射功率、射频带宽及天线高度等措施，可以有效控制发射机的影响范围。因此，在对发射台站实施管理过程中，应将台站天线的有效高度纳入考虑范围，台站执照费和年费也应随台站发射功率和带宽的减小而降低。

8.1.3.4　加强对天线副瓣和接收机的管理

大多数频谱管理机构并未对天线副瓣和接收机进行很好的管理。

电磁干扰很大程度上来自发射天线副瓣的辐射。例如，对于典型带宽为 2°的搜索雷达，通过天线主瓣所产生的干扰概率仅占 2/360（0.56%），而通过天线副瓣所产生的干扰概率为 358/360（99.44%）。同时，在卫星轨道协调中，大多数情况均是针对卫星天线的非主瓣方向。不同的天线标准（和价格）将导致天线性能表现出很大差异。

虽然接收机本身不产生干扰（接收机中的本振除外），但接收机灵敏度能够决定对邻频信号的抑制能力。同时，接收机的 1 dB 压缩点和三阶截点（IP3）电平决定了接收机对带外干扰的抑制特性，详见 5.8.1 节。

为提高无线电系统（如卫星地球站）的频谱共用能力，主管部门可能会要求降低天线副瓣水平，同时对工作在拥挤频段（如 87.5～108 MHz）的接收机提出更严格的指标要求。

8.1.3.5　提高频谱利用效率

国际电联《无线电规则》第 0.2 款指出："各主管部门应努力将所使用的频率数目和频谱限制至能够满意地运行必要业务所需的最低限度。为此，这些部门应尽力尽快地采用最新的先进技术。"主管部门应确保无线电频谱得到有效（复用）和高效（单位带宽传输的比特数）

使用。采用新的调制技术能够提高系统的频谱效率，减小信号功率和带宽。然而，在系统（如蜂窝移动通信网络和电视网络）发射功率不变的情况下，增大网络容量将减小网络的服务范围。同时，若增大系统的调制带宽，虽然可增大系统比特速率，但对载干比（C/I）提出了更高要求。这里对 DVB-T2 系统采用两种调制方式进行对比分析：当系统采用 64 QAM 调制方式时，比特速率为 30 Mbit/s，所需 C/I 为 15.1 dB；当系统采用 256 QAM 调制方式时，比特速率为 40 Mbit/s，所需 C/I 为 19.7 dB，具体见 2.2.4.5 节。

通过采用智能天线技术[如多输入多输出（MIMO）技术]，在发射机和接收机端设置多个天线，能够在无须增加发射功率的条件下，增大系统的覆盖范围和容量（增大单位时间单位带宽传输的比特数）。

蜂窝移动通信网络运营商通过采用主动站址共用和共址（包括设备和频谱）技术，能够提高频谱利用效率，见 2.3.3.1 节。运营商之间的合作虽然有助于优化频谱使用，但有些情况下也会对运营商之间的竞争带来消极影响。对主管部门来说，由于其首要目标是提高频谱效率、优化频谱配置，因此主管部门应尽可能支持运营商之间的频谱共用，并通过运营商合作减少对公众产生不良影响的蜂窝基站的数量。

8.1.3.6　与邻国和谐相处

各国主管部门应积极参与国际和区域无线电频谱管理法规建设，并遵循所在区域的频率划分和分配规定。全球化和一体化发展催生了"互联的世界"，促进了短距离设备的自由流通和世界的无缝连接。频谱兼容有利于产品的大规模生产及跨境漫游设备的协调[①]。相邻国家主管部门之间应积极开展（双边和多边）协商，允许经审查不存在干扰的无线设备在相关国家间自由流通。

8.1.3.7　向发达国家学习

如同列夫·托尔斯泰所著的《安娜·卡列尼娜》开头所讲，"幸福的家庭都是相似的，不幸的家庭却各有各的不幸"，"伟大的思想均相似，渺小的想法却各不相同"[②]，平面上两点之间仅存在一条直线，但却存在无数条曲线。富裕国家在很多方面具有相似性，这些国家的法规一般具有如下特性：客观、合理、高效、透明、非歧义、灵活、动态更新、公平、适当等，并鼓励竞争，能够为频谱优化使用提供保障。若你的国家并非大国（如同中国或美国），则无须制定本国的无线电规则和标准，只需遵循区域性法规和标准，或决定沿用哪个国家（通常为所处区域的富裕国家）的规则或标准。通过"站在巨人的肩上"[③]，向发达国家学习，并遵循相关区域无线电规则。当然，在采用无线电频谱政策时也应牢记"一个尺寸不适用于所有人"（FCC 2002，第 5 页和第 36 页）。

8.1.3.8　确保法规尽可能简明和公平

奥卡姆剃刀原理指出："最简单的答案总是正确的。"[④] 除非存在有害干扰或市场失败的

---

① 若无线电频率未经协调，怎能促成 Wi-Fi 或智能运输系统（ITS）设备的发展普及呢？
② 佚名，其中"伟大的思想均相似"出自 William Michaelian（美国作家，译者注）的诗句。
③ 来自艾萨克·牛顿于 1676 年 2 月 15 日所言：如果说我有所成就，那是因为我站在巨人的肩上。在古希腊神话中，瞎子俄里翁（Orion）将克达利翁（Kedalion）举到自己肩上，以指引其面向东方，随后太阳神（Helios）发出的光芒使俄里翁的视力重新得到恢复。
④ 威廉·奥卡姆（约 1287—1347 年）。与该句相似的还有亚里士多德（公元前 384 年至公元前 322 年）的《分析后篇》第 I 册第 25 章中语句：在其他条件相同的条件下，我们更喜欢基于更少假设得出的结论。

风险，否则主管部门应尽量不进行干预。坚持"低干涉"和最小干预往往会带来良好效果。通过推行去管制、自由化和自我管理，赋予行业参与者管理权，有助于提高频谱效率，减轻主管部门的负担。有些无线系统（如短距离设备）的频率使用不受保护，也不必受政府监管。室内超宽带系统或白色空间设备可能对电视和手机等无线电业务产生干扰，且相关干扰源可能来自同一个人（干扰的产生和消除均由此人决定）。正义固然最为重要，但正如所有手指不可能完全相同一样，世界上不存在一成不变的解决方案和绝对的正义。在追求公平和正义的过程中，主管部门应坚持公平竞争的原则，不应偏袒或区别对待任何一方。

8.1.3.9 坚持透明性

"阳光是最好的消毒剂，电灯是最高效的警察（Louis D. Brandeis 1914）。"透明是国家频谱管理所应坚持的重要原则。法规的透明性既包括立法透明，也包括执法透明。法规在实施过程中，应保持开放性，允许利益攸关方发表意见，且相关意见应作为最终决策的参考。法规应清晰明了，便于利益攸关方理解其含义，预见到可能对其产生影响的因素，具体见 IEEE USA（2014）。世界银行（2006）出版物指出："为打消利益相关者的疑虑，主管部门应依据已有规则、方法和程序做出决策。这就要求采用可公开获取、尽可能详尽的法规文件，以支持主管部门的决策。"

透明性使得了解法规、程序和基础数据变得更为便利，同时也有助于对可用于修改法规的信息的了解。透明性能够确保良好的可见性和可解释性，有利于防止腐败，维持稳定性。透明性的具体界限可由法律进行规定。公开主管部门日常安排既有助于无线行业参与者保持公平竞争，也使那些参与行业事务的公职人员在离开工作岗位时不用担心受到公众抱怨。法规和标准应向公众开放。

保持透明性对主管部门也有益处，如有助于所属部门员工获取信息，帮助决策者获取与其决策最相关的信息等。在频谱管理中坚持透明性原则大有裨益。国家频率划分表对频率使用进行了分类，适用于包括进口商在内的所有频谱用户。公共频率划分表能够为所有潜在频谱用户提供最新的频谱使用数据，并确认特定频谱用户的授权信息。频谱信息的透明化有助于建设频谱位置数据库，为白色空间设备和动态频谱接入提供支持，协助公共和市场部门更高效地管理频谱资源。

在制定频谱占用费和管理费的规则过程中，应坚持透明、客观、均衡和非歧视原则。为较好地体现透明性，费用规则的表述应简明易懂。

除了不设武装力量的国家（如安道尔和哥斯达黎加）之外，在几乎所有国家中，由公共部门管理或联合管理的频谱资源约占总量的一半，其中国防和安全部门使用的频谱最多。军队所使用的机密频率不能公开，无须满足透明性要求。同时，用于商业领域频率的透明性也受到一定限制。有些安全性要求很高的业务类型（如水上无线电业务和航空无线电业务）的频率需满足准透明性。根据对公共部门实际使用频率的不完全统计数据，公共部门对频率的使用效率并不高，这意味着还存在许多可以释放的频谱资源，也表明存在很大的频谱共享空间。

8.1.3.10 保持技术中立

一种无线通信技术要取得市场支配地位，通常需要具备互操作性、便于供应商和运营商大规模推广（如避免一部手机包含 6 种以上不同模式）、支持漫游和无缝业务，以及可实现频谱兼容等优点。欧洲集中式频谱规划模式要求由主管部门分配频率，采用 GSM 技术（基于欧盟理事会 87/371/EEC 建议书和理事会 87/372/EEC 指令），并要求在 15 年内保持 GSM 许可制度。GSM 的成功应用，表明欧洲自上而下的管理模式是一种高效的技术管理方式。欧洲还试图将制定 GSM 全球标准的经验推广至数字电视技术应用[①]。与之相对的是，欧盟 2002/21/EC 指令（框架）（第 18 条、第 30 条和第 31 条）要求"确保法规在技术上保持中立"。物理上没有将某段频谱与特定技术硬性关联，但变革性技术却有可能促成单一市场。目前，大多数商用业务频段需要经过授权才能使用，这实际上对运营商采用的具体电信标准和技术提出限制。主管部门若能够在上述领域保持中立，则有助于促进技术竞争、研究和创新，便于运营商在不占用新频段的前提下提供更好的服务质量。同时，频率许可不应对无线电业务及其所采用的技术进行限制，特别是取消针对移动业务的不必要限制，从而允许运营商可以提供更多业务类型。技术中立还有助于更为灵活地采用新兴技术，实施频谱拍卖和频谱交易，简化对短距离设备的管理。例如，FCC 法规第 15 部分在技术上保持中立，因而更有助于推动短距离设备的应用与频率兼容。

第 3 章重点阐述了短距离设备的重要性。若全球各国都对短距离设备持中立态度，则将有效推动短距离设备普及和新兴技术应用，避免出现频谱碎片。各个区域和国家针对短距离设备使用规定了不同的限值，这显示了短距离设备的众多部署场景和所采取的干扰消除技术，如提高短距离设备的发射限值等，同时也为短距离设备的频谱共用创造了条件。

通过网络中立、互联网中立或开放互联网，政府和服务提供商不再对网络内容、平台、应用、接入设备类型和通信方式等进行区别收费或持歧视态度，从而促使互联网上所有数据享有平等地位。

8.1.3.11　无须在专业性测量场所开展重复性测试

有些国家坚持要在本国对无线设备开展重复性测试。为减少进口壁垒、降低价格和缩短上市时间，主管部门应批准已获认可的实验室和专业性测量场所的测试结果。同时，主管部门应重点关注设备测试所依据标准的正确性。例如，在美国，902～915 MHz 为 ISM 使用频段，而在美洲和日本以外地区，该频段通常用于 GSM 设备的上行链路，因此，若美国对该频段设备测试结果表示认可，并不能保证欧洲、非洲和亚洲对该测试结果一定表示认可。

8.1.4　无线电频谱控制

8.1.4.1　无线电频谱控制：管理和监测

图 8.1[②]描述了国家无线电频谱管理和监测共同对无线电频谱控制的影响。

8.1.4.2　无线电频谱管理

依据 ITU-R SM.1370 建议书，自动频谱管理系统（ASMS）包括国际电联《无线电规则》附录 4、ITU-R SM.1413 建议书《用于通知和协调目的的无线电通信数据词典》和国际电联《用于频谱管理的计算机辅助技术手册》所要求的数据元素。自动频谱管理系统能够完成各种无线电业务的工程计算，包含地形数据库，支持多用户操作，具有良好的数据安全性。系统输出文件（如执照和票据）支持本地语言和文字。

---

① 2002/21/EC 指令第 18 条："……不能妨碍特定业务正常有序发展，例如，将发展数字电视作为提高频谱效率的一种手段。"
② 图 8.1 的原型（无太多更新）由作者根据国际电联《频谱监测手册》（2011）第 1 章中图 1.3-1 绘制。

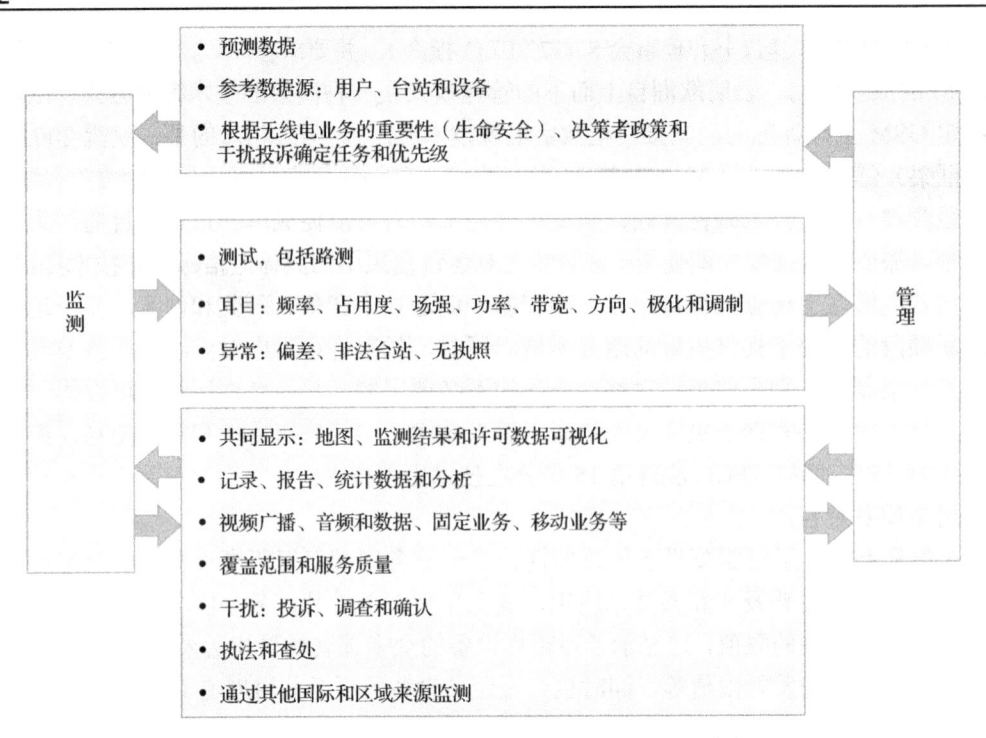

```
┌─────────────┐      ┌──────────────────────────────────────────┐      ┌─────────────┐
│             │ ←——— │ • 预测数据                                │ ←——— │             │
│             │      │ • 参考数据源：用户、台站和设备              │      │             │
│             │      │ • 根据无线电业务的重要性（生命安全）、       │      │             │
│             │      │   决策者政策和干扰投诉确定任务和优先级       │      │             │
│             │      └──────────────────────────────────────────┘      │             │
│             │                                                         │             │
│             │      ┌──────────────────────────────────────────┐      │             │
│  监          │ ———→ │ • 测试，包括路测                          │ ———→ │  管          │
│  测          │      │ • 耳目：频率、占用度、场强、功率、带宽、    │      │  理          │
│             │      │   方向、极化和调制                         │      │             │
│             │      │ • 异常：偏差、非法台站、无执照              │      │             │
│             │      └──────────────────────────────────────────┘      │             │
│             │                                                         │             │
│             │      ┌──────────────────────────────────────────┐      │             │
│             │ ←——— │ • 共同显示：地图、监测结果和许可数据可视化   │ ←——— │             │
│             │      │ • 记录、报告、统计数据和分析                │      │             │
│             │      │ • 视频广播、音频和数据、固定业务、移动业务等 │      │             │
│             │      │ • 覆盖范围和服务质量                       │      │             │
│             │      │ • 干扰：投诉、调查和确认                    │      │             │
│             │      │ • 执法和查处                              │      │             │
│             │      │ • 通过其他国际和区域来源监测                │      │             │
└─────────────┘      └──────────────────────────────────────────┘      └─────────────┘
```

图 8.1　国家频谱管理和监测职责的交互关系

频谱管理系统应能实现对数据、任务和监测台站优先级的管理。在频谱数据库的支持下，能够完成（一定区域内特定信道）监测信号与执照数据的对比分析，定位异常参数且确保结果的准确性。若发现台站发射参数偏离数据库中授权台站规定指标，则应对相关台站用户实施处罚。

8.1.4.3　无线电频谱监测

无线电频谱监测是频谱控制的重要组成部分。主管部门应对现有频谱监测系统（包括固定、移动和可搬移台站）进行评估，掌握监测台站对新兴无线电通信技术和系统的监测能力。但目前许多主管部门仅开展例行性的直接监测或委托其他机构获取无线电发射信息。通过提高频谱监测设备性能，能够增强频谱管理过程的效率和效能。频谱监测实际上是频谱管理的"耳目"。

频谱监测的目标包括：

- 确保发射机工作参数符合国家和国际法规与许可要求；
- 核准授权发射机的相关技术和工作参数；
- 探测和定位非法发射机和干扰源；
- 识别和查处干扰问题；
- 测量频谱占用度；
- 验证电波传播和频谱共用模型。

有关频谱监测的详细内容可参考国际电联《频谱监测手册》。

ITU-R SM.2039 建议书介绍了频谱监测的发展及相关要求和技术。表 8.1 列出了现代监测系统的多域分析功能。

表 8.1[①] 频谱监测多域分析

电平与时间	电平与频率	频率与时间	同相位与正交相位	空间与频率
幅度、脉冲、眼图	频谱占用度、无用发射、发射掩模、噪声	频率稳定度、射频偏置、跳频图案	星座图、误差矢量幅度（EVM）、相位偏置	多信道测向

来源：摘自 ITU-R SM.2039 建议书中表 1。

主管部门可以指定本国部分频谱监测站加入国家监测系统（见国际电联《无线电规则》第 16 条），并将这些监测站对地面或空间无线电通信业务的测量信息报告给国际监测站列表（列表Ⅷ[②]）。国际监测系统所属监测站采用定期或不定期方式共享监测数据，有些监测站会定期参与高频监测计划。欧洲邮电主管部门大会（CEPT）所属的频谱监测团队正基于通用格式实施地面监测，莱海姆（Leeheim）空间无线电监测站（位于德国）主要对地球静止轨道卫星和非地球静止轨道卫星实施监测，并对地面上的卫星干扰信号实施定位。

8.2 频谱管理的趋势、新兴技术和无线创新

8.2.1 频谱管理的趋势

频谱需求和供给的变化对消费者和公民具有重要影响，而无线电频谱管理在其中发挥着重要作用。频谱用户、工业界和主管部门需要采取行动，来应对频谱的供需变化。由于实施频谱拍卖和业务融合（无线通信能够传输语音、数据和视频业务的能力）可能带来巨额财政收入，无线电频谱管理受到各方重视。同时，宽带应用的迅速发展，对频谱资源提出了更多需求。全球移动通信数据流量的年增长率已经达到约 78%（见 ITU-D 2013），详见图 2.9：面向 2020 年的移动通信流量预测。因此，频谱管理部门的重要任务是满足日益增长的频谱需求。例如，目前全球蜂窝移动通信和调频广播（88～108 MHz）业务均面临频谱短缺的问题。

在许多发展中国家，宽带业务传输主要依靠无线通信，因此这些国家也可能面临频谱紧张的问题。未来需要重点研究的方向包括频谱复用、频谱共用、频谱重新规划、高端频率利用、新兴技术、无技术限制和网络中立、频谱开放，以及对现有频谱使用效率的深入评估。为确保频谱能够持续得到高效和有效利用，应实行频谱执照定期审查制度。依靠市场化模式（如拍卖、灵活使用、带内迁移、频谱共用和频谱交易等）和经济规则代替行政管理模式，尽可能提高频谱使用效能，详见 4.3 节。目前，各国主管部门已经采取许多措施，目的是扩大业务覆盖范围，提高频谱利用效率，鼓励运营商之间的良性竞争。

为提高运营商网络、非专属用户设备和频谱资源使用效率，地面公众移动通信（如单工、双工和集群通信系统）、紧急救助部门和军队应积极采用 4G LTE 及 5G 技术。

尽管存在频谱紧缺问题，但大量频谱资源在长时间内并未被充分利用，即使在城市人口密集地区和拥挤的 VHF/UHF 频段（30MHz～3GHz），这种情况依然存在，详细情况可参考如下两个报告：

- 欧盟委员会报告《无线电频谱存量》（2014）1.9 节介绍了 870～5150 MHz 频段中未充

[①] 表 8.1 中数据来源于 ITU-R SM.2039 建议书中表 1。
[②] 具体参见国际电联国际监测站介绍资料（表Ⅷ），网址为 www.itu.int/go/ITU-R/ListⅧ。

分使用或未使用的频段（见该报告中表1），该报告的主要建议是通过频谱共用解决上述问题；
- 《频谱共享公司报告》（2004～2009）介绍了美国弗吉尼亚州维也纳地区 30 MHz～3 GHz 频谱未充分使用的情况。

除此以外，毫米波 EHF 频段（30～300 GHz）在全球范围内均属于未充分使用频段，应尽量提高该频段的利用率。

由于电磁干扰主要对接收机造成影响，主管部门在处理干扰问题时，往往仅关注干扰发射机的违规问题，而未认识到发射机（功率和站址）和接收机（调制和灵敏度）均可能导致干扰发生。因此，当发生干扰时，全面考虑发射机和接收机的共同影响，有助于主管部门查找干扰源，并带来提高频率利用效率的机会。通过基于更为客观的干扰准则，将促使运营商采用更为多样的手段应对干扰，如改善接收机灵敏度和调制方式，建设数量更多、天线高度更低的基站，采用部分频段和内部保护频段，以及容忍偶发性能降级等。

8.2.2 新兴无线技术

无线系统的保护率通常用信干比或载干比（C/I）表示（见 5.8.1 节）。模拟电视所要求的载干比超过 40 dB。相比模拟调制，数字调制对干扰的敏感度较低，且频谱利用效率更高。因此，在不考虑经济和法律因素的情况下，除了 FM 广播之外（见 2.2.3 节），所有新指配的广播频率均应授权给数字广播电台。多输入多输出（MIMO）和其他自适应天线技术均能够使接收机优先处理有用信号，同时抑制干扰信号（利用多径传播），从而降低接收机的载噪比要求。

通过采用同频复用和先进频谱共用技术等方法可以提高频谱占用度和频率利用效率。目前正在快速发展的宽带无线系统能够显著提高通信系统（包括数据网络）的传输速率。新兴无线技术正在改变以往先寻找空闲信道再提交申请的用频模式，向着系统自主选择合适频率的方向发展。超宽带（UWB）、软件定义无线电（SDR）、认知无线电系统（CRS）和白色空间设备（WSDs）等技术的兴起将显著改善频率利用效率。需要指出的是，这些技术的应用（如认知系统的部署）不应对合法的生命安全业务（如航空移动）造成有害影响。

目前，许多新兴技术能够减小干扰对系统工作的影响，促进频谱共享共用，这些技术包括探测和回避（DAA 技术）、动态频率选择（DFS 技术）、载波侦听（LBT 技术）、扩频技术[如跳频扩谱（FHSS）]和发射功率控制技术（TPC）等，详见 3.6 节。

8.2.2.1 欧洲的授权共享接入（LSA）技术和美国的动态频谱接入（DAS）技术

随着各类无线电通信业务对容量和频谱资源的需求不断增长，频谱管理面临的环境越来越具有挑战性。为确保各类无线电业务能够获得并高效使用有限的频谱资源，需要加快技术创新，采用新型频谱管理技术。如第 2 章和 8.2.1 节所述，尽管全球均面临频谱资源紧缺的局面，但仍有大量频谱资源未被利用。这也是将某频段仅分配给某个单一应用的频谱管理政策所带来的必然结果。通过采用频谱清单和数据库技术能够促进频谱的机会式使用。在特定条件下，采用动态频谱接入有助于提升频谱使用效率。动态频谱接入和授权共享接入技术既是频谱管理的重要手段，同时也为频谱管理带来了新的挑战。具备认知能力的无线电系统是应对上述挑战的重要发展方向。

根据 ITU-R SM.2152 报告，软件定义无线电（SDR）和认知无线电系统（CRS）的定义如下。

软件定义无线电：一种允许通过软件对发射机或接收机的工作参数进行设置或调整的技术，这些工作参数包括但不限于频率范围、调制类型或输出功率等，但不包括根据系统指标或标准正常预设或预先确定的工作参数。

认知无线电系统：一种允许无线电系统获取其工作和周围环境知识、既定政策及其内部状态，并根据这些获取的知识，能够动态和自主地调整其工作参数和协议，以实现既定的目标，然后再从所获取的结果中学习的技术。

认知无线电系统具有智能和频率捷变能力，可为动态频谱接入提供必要支持。由于认知无线电系统的工作频率不局限于某个特定频段，可以根据需求和特定场景下的频谱可用性，动态选择工作频段和模式，因而在频谱使用上非常灵活。认知无线电系统可在不同通信系统（不同的调制类型、带宽等）之间交互操作，可机会式使用通常由其他用户占用的频率。2012 年世界无线电通信大会（WRC-12）将认知无线电系统定义为一种技术而非无线电通信业务，因此，认知无线电系统的工作只需依据现行国际电联《无线电规则》，无须被划分为主要业务和次要业务。

由于全球范围内（包括发达国家）大多数无线电频谱（除 FM 广播和蜂窝移动通信频段）并未被全时全区域使用，因而可通过引入认知无线电系统，推行动态频谱接入，使无线系统工作在暂时未被使用或"白色空间"频段，从而优化频谱使用。欧洲邮电主管部门大会（CEPT）报告 24 导论给出的"白色空间"的定义为："白色空间是在指定时间、指定区域内适用于无线电通信应用（业务和系统）的频段，且相对于国家范围内拥有更高优先级的其他业务，无线电通信业务或系统应按照无干扰无保护原则使用该频段。"白色空间设备基于认知能力使用白色空间频谱，不会对受保护业务构成有害干扰。认知无线电系统需要具备有效使用空闲频谱而不会干扰授权业务的能力，从而与之共享相同或相邻频段。认知无线电系统是一种特殊的无线电系统，而软件定义无线电是一种可对通信参数进行重构的技术。两者既有区别，又有联系。

为确定未使用/未占用频谱，需要由地理位置数据库提供需要保护的无线电系统和用户信息。该数据库也可用于对干扰实施管理。通过动态更新数据库，可以获取未使用/未占用频谱随时间变化信息。

在欧洲，CEPT 已经确定了地理位置数据库的下一步研究方向。在 ETSI 确定的框架下，欧洲已经开始地理位置数据库的需求协调和接口研究。

无线电频谱政策组（欧盟委员会机构）将授权共享接入定义为：

按照个体牌照发放制度，在已经或即将被指配给一个或多个合法用户的频段上，对有限数量的执照持有者使用额外无线电通信系统的管理方法。授权共享接入方法允许额外用户按照共享规则合法使用频段（或部分频谱），为包括现有用户在内的所有授权用户提供特定的服务质量。

欧洲正计划从认知无线电/白色空间向频谱共享方向发展，详见无线电频谱政策组关于认知技术（2011 年 2 月）和频谱使用审查（2012 年 2 月）的意见、欧盟委员会 COM 478（2012）《促进国内市场无线电频谱资源的共享使用》、无线电频谱政策组关于授权共享接入（2013 年

11月12日)的意见,以及欧盟委员会《无线电频谱清单》报告(2014年9月1日)。授权共享接入会对国家频率划分这一针对公共资源的主权决策产生影响。国家主管部门需要决定在现有频谱共用体制下,哪些现有无线电应用应成为合法用户,并根据国家政策目标,在较长时期内保持其地位。同时,主管部门还需考虑作为欧盟成员国所必须承担的国际义务和遵守的欧盟法律。

2011年,美国联邦通信委员会批准了首个电视白色空间数据库管理机构和设备,该许可基于无执照原则,要求相关设备必须包括地理位置定位数据库(GDB),且具备接入受保护无线电业务的能力。白色空间设备通过向数据库提供位置信息,获取可用信道列表(信道列表仅针对处于该位置的设备)。设备开始启动前,必须先完成数据库接入程序。主管部门通过发布公告的方式,公开召集第三方负责地理位置定位数据库的建立和运行。白色空间设备必须通过认证。详见联邦通信委员会网站"白色空间数据库管理"。认知无线电系统被用来发射IEEE 802.11ah和802.11af标准所规定的Wi-Fi信号。表3.16列出了包括White-Fi和超Wi-Fi在内的主要 802.11Wi-Fi 标准。联邦通信委员会允许美国境内的电视白色空间设备在54~698 MHz频段工作,信道带宽为6 MHz,相关地理位置定位数据库允许使用时长为48h。对于移动电视台站,要求其发射功率固定为100 mW,带宽为6 MHz;若相邻信道包含主要业务用户,则发射功率固定为40 mW。

在欧洲,欧盟允许电视白色空间设备工作在490~790 MHz,信道带宽为8 MHz,相关地理位置定位数据库允许使用时长为2h。若超出规定时长或移动距离超过50 m,则应报告其位置,或根据指示在5s内停止发射。相比FCC的开环模式,欧洲所采用的闭环体制具有更高(和更严格)的频谱利用效率。2009年4月,亚太电信组织无线工作组(AWG)成立了认知无线电系统和软件定义无线电任务组,推进亚太地区在该领域的研究工作。

8.2.2.2 超宽带(UWB)

UWB可能成为家庭娱乐网络的核心技术,目标是实现"任意位置、任意时间的最优连接"。与短距离设备类似,UWB设备是一种基于无保护无干扰原则的无线电通信设备。UWB可嵌入多种应用,如室内短距离设备、室外通信、安全和可靠通信、雷达成像、医疗成像、资产跟踪、监视、地下探测、车载雷达、智能运输、多功能设备等,同时可为多用户高速数据传输提供支持。由于UWB设备的功率密度非常低,很难被工作在相同频段的现有用户发现。UWB的有意发射可能会占用很多无线电通信业务使用频段,从而对这些业务的正常工作构成潜在影响。

《美国联邦法规》第15部分第F子部分对UWB设备使用做出规定。欧盟委员会2007年2月21日发布的有关UWB的2007/131/EC决定指出:"允许超宽带设备在确保与周围环境兼容的条件下使用无线电频谱。"这一表述也被CEPT和ERC/REC 70-03建议书沿用。

8.2.3 频谱政策、发展历程和无线创新

由国际电联世界无线电通信大会所通过的《无线电规则》包含针对蜂窝移动通信的频率划分,该频率划分对蜂窝移动通信容量的扩展至关重要。本节主要讨论国际电联世界无线电通信大会如何向移动通信业务划分更多频率,从而为其通信流量的持续增长提供支持。

- 为支持第 3 代移动通信（3G）发展，国际电联 1992 年世界无线电行政大会（WARC-92）[①] 通过《无线电规则》脚注 5.388，将 1885～2025 MHz 和 2110～2170 MHz 划分给国际移动通信-2000（IMT-2000）。9 年后的 2001 年，世界上首个大规模商用 UMTS 网络（运营商为 NTT DoCoMo）投入使用[②]。
- WRC-2000 将 2.6 GHz 频段划分给移动通信业务。2010 年年底，使用 3GPP 频段 3（其中上行频段为 2500～2570 MHz，下行频段为 2620～2690 MHz）的 LTE 系统投入使用。2015 年，1800 MHz[③] 和 2.6 GHz 频段仍为最常用 LTE 频段。
- WRC-2007 同意在国际电联 1 区将 790～862 MHz（称为"800 MHz 频段"）划分给除航空移动业务之外的移动业务[④]。自 2010 年 5 月 6 日欧盟委员会通过 2010/267/EC 决定后，许多欧洲国家已经将 800 MHz 频段转交给移动运营商。2010 年 4 月 12 日至 5 月 20 日，德国开展了包括 800 MHz 频段在内的多个频段的拍卖活动。2010 年 12 月，沃达丰（Vodafone，英国电信企业，译者注）在德国启用了 800 MHz LTE 网络。
- WRC-12 会议之初，非洲和阿拉伯组织提出将与现有 800 MHz 移动通信频段紧邻的较低频段（被称为第 2 个数字红利频段）划分给移动通信业务。WRC-12 最后通过决定，在国际电联 1 区将 694～790 MHz（称为"700 MHz 频段"）划分为新的移动通信频段，并于 2015 年正式生效。由此，经过 WRC-12 和 WRC-15 两次会议，仅用了 3 年半时间，第 2 个数字红利频段（694～806 MHz）在国际电联 1 区即获得使用。2015 年 6 月，德国从 700 MHz 频段用于 LTE 的拍卖中获得超过 10 亿欧元收入。2015 年 11 月，法国从相同频段的拍卖中获得 28 亿欧元收入。

尽管无线电频谱在移动通信领域的应用取得了很大成功，但总体上看，政府机构所出台的频谱政策往往具有较长的时间延后。无线技术创新的引领者通常对频谱法规现状及其国内、国际的修改程序并不熟悉，而这些法规往往就是为了处理创新性技术所涉及的现有频段或潜在频段的使用问题而制定的。许多新兴无线技术需要接入无线电频谱，但却无法获得主管部门的许可。因为管理问题所导致的延误和不确定性，将阻碍私营部门的投资。为加快创新步伐，促进无线技术发展，方便产品市场准入，需要提高频谱管理和标准化水平。早在 GSM 投入使用之前 30 年，一些政治家就建议工程师们接受协调标准。也许我们应重温一下曾于 1906—1909 年和 1917—1920 年担任法国总理的乔治·克列孟梭（Georges Clemenceau）的名言："战争太重要了，不能由将军决定。"在制定无线电频谱政策过程中，我们不仅要依靠工程师、律师和经济学家等专业人员，也要邀请政治人物参与其中[⑤]。

---

① 作者参与筹备工作的大会包括托雷莫利诺斯 WARC-92、伊斯坦布尔 WRC-2000、日内瓦 WRC-12 和日内瓦 WRC-15。
② 全球范围内 UMTS 使用 3GPP 频段 1[见 3GPP TS 36.104 V12.3.0（2014-03）]，其中上行频段为 1920～1980 MHz，下行频段为 2110～2170 MHz（见 ITU-R M.1036 建议书中频段 4）；北美使用 3GPP 频段 2，其中上行频段为 1850～1910 MHz，下行频段为 1930～1990 MHz。
③ 上行频段为 1710～1785 MHz，下行频段为 1805～1880 MHz。
④ 该频段为首个数字红利频段，是地面模拟电视平台向频谱效率更高的数字平台迁移过程中产生的。
⑤ 也可参考 M.J.Marcus（2015 年 3 月 6 日）《频谱政策和无线创新》，美国电气与电子工程师协会（IEEE）期刊《无线通信》第 22 卷第 1 期，2015 年 2 月 8 日。

8.3 几个重要国家的无线电频谱管理

本节将详细介绍中国、法国、英国和美国（依英文首字母顺序排列）的无线电频谱管理情况。有关这些国家频谱管理框架的重要资料可参考 ITU-R SM.2093 报告《国家频谱管理框架指南》。Mazar 2009 年所著的《无线通信管理框架分析》列举了厄瓜多尔、法国、英国和美国频谱管理有关案例。国家领土面积大小对无线电频谱管理具有重要影响，它能够为频谱管理提供一个与外界相对隔离的环境。俄罗斯、加拿大、美国、中国、巴西、澳大利亚和印度的无线电频谱管理具有很大的独立性。此外，卫星通信对面积较大国家更为适用。例如，大国可采用卫星广播业务代替传统的地面广播业务。

考虑到跨国语言障碍方面的因素，法国的无线电频谱管理和许可制度（包括具体格式）可适用于法语国家，而英国和美国的管理法规对英语国家具有天然优势。

根据《中情局世界概况》，表 8.2 列出了中国、法国、英国和美国的面积、人口、国内生产总值（GDP）和全球经济排名情况。

表 8.2 案例分析的一般指标

	面积（km^2）；全球排名	人口（年）；全球排名	人均 GDP（年）；全球排名	全球经济排名
中国	9 596 960；第 4 名	1 367 485 388（2015 年 7 月估计）；第 1 名	$14 300（2015 年估计）；第 112 名	第 1 名***
法国	643 801*；第 43 名	66 553 766**（2015 年 7 月估计）；第 22 名	$41 400（2015 年估计），第 38 名	第 11 名
英国	243 610；第 80 名	64 088 222（2015 年 7 月估计）；第 23 名	$41 200（2015 年估计），第 40 名	第 10 名
美国	9 826 675；第 3 名	321 368 864（2015 年 7 月估计）；第 4 名	$56 300（2015 年估计），第 19 名	第 3 名****

备注：表中指标的核准时间为 2016 年 3 月 8 日。

*包括海外领土面积。法国本土面积为 551 500km^2。

**法国本土人口数量为 62 814 233（2015 年 7 月统计）。

***根据国际货币基金组织（IMF）《世界经济和金融调查》，按照购买力评价（PPP）计算的 GDP，2014 年中国已成为世界最大经济体。以十亿美元为单位，中国 2012 年 GDP 为 14 774.38，2013 年 GDP 为 16 149.09，2014 年 GDP 为 17 632.01；美国 2012 年 GDP 为 16 163.15，2013 年 GDP 为 16 768.05，2014 年 GDP 为 17 416.25。

**** 1872 年，美国超过英国成为世界最大经济体，并持续至 2014 年。目前，美国为排在中国和欧盟之后的世界第三大经济体。

8.3.1 中国无线电频谱管理框架

8.3.1.1 概述

公元前 221 年，中国的首位皇帝秦始皇完成统一大业并建立秦朝，逐步实现了语言、货币和度量衡（如车轮轴）的统一。1947 年，在美国太平洋城召开的国际电联大会确立了 3 个区域的划分。20 世纪下半叶和进入 21 世纪以来，位于国际电联 3 区的日本和中国分别对全球无线电频谱管理法规和标准化做出了杰出贡献。特别是近年来，中国在国际电联中发挥着日益重要的作用。在 2014 年 10 月 20 日至 11 月 7 日召开的国际电联全权代表大会上，经出席会议的 152 个国家投票表决，中国的赵厚麟被全票推举为国际电联秘书长。2000 年后，中国先后提出了数字地面多媒体广播（DTMB）、时分同步码分多址接入（TD-SCDMA）[①]和基于 LTE 的宽带集群通信（B-Trunc）[②]等多项无线通信技术和标准。目前，上述技术和标准正逐步向国际化发展。根据国际货币基金组织（IMF）《世界经济和金融调查》，按照购买力评价（PPP）计算的 GDP，2014 年中国已成为世界最大经济体。中国也是全球最大的无线设备市场，吸引了全球各地的制造商和运营商。中国还是先进无线设备的供应方。2012 年，中国的华为公司超过爱立信成为全球最大的电信设备生产商。中国移动、中国联通和中国电信是中国 3 个主要的移动通信运营商。

自 2002 年起，国际电联的官方语言为阿拉伯语、汉语、英语、法语、西班牙语和俄语，6 种语言在国际电联享有平等地位（国际电联 2002 年马拉喀什全权代表大会第 115 号决议）。中国、俄罗斯和阿拉伯国家已经将其语言提升至与法语、英语和西班牙语相同的重要地位。

作者曾阐述语言与无线标准推广之间具有相关性（详见 Mazar 2009），语言也可能成为无线标准推广使用的障碍，这也是为什么中国标准（相对于中国设备）不易被其他区域采纳的重要原因。作为一个幅员辽阔的国家，中国不仅使用卫星通信，而且建立了"北斗"卫星区域导航系统（目前服务范围限于亚洲和西太平洋地区），未来该系统将扩展为"Compass"全球卫星导航系统。中国还作为亚洲 1 号通信卫星网络（AsiaSAT satellite networks）的代理国参与国际电联有关活动。

亚洲在无线领域的一体化发展方面不如欧洲和北美地区。中国和日本分别采用各自的无线标准[③]。亚洲各国在无线标准应用方面存在激烈的竞争局面，特别是欧洲与美国的无线电频谱管理法规和标准在东亚经常相互竞争。中国、日本和韩国在信息和通信行业的通用标准领域处于亚洲领先位置。中国通信标准化协会（CCSA）[④]积极推进 LTE（和 cdma2000）标准并在 3GPP（和 3GPP2）中发挥积极作用。中国香港和中国澳门的无线法规和标准框架与中国内地有所不同。与亚洲其他 37 个国家一样，中国是亚太电信组织（APT）成员国；同样，与新西兰库克群岛和纽埃岛一样，中国香港和中国澳门是亚太电信组织的准成员。

与中国接壤的国家包括阿富汗、不丹、缅甸、印度、哈萨克斯坦、朝鲜、吉尔吉斯斯坦、老挝、蒙古、尼泊尔、巴基斯坦、俄罗斯、塔吉克斯坦和越南等。

8.3.1.2　中国无线电频谱管理与监测[⑤]

中国无线电管理

依据中国无线电管理法规，全国无线电管理实行统一领导、统一规划，各级无线电管理

---

① 中国移动是全球 TD-SCDMA 网络用户数量最多的运营商。
② B-Trunc 的射频带宽为 1.4～20 MHz，支持一对多语音和视频通话。
③ 日本的 PHS（首个数字蜂窝移动通信标准）曾被中国采用（俗称小灵通）。
④ 2011 年，国际电联、中国通信标准化协会（CCSA）、日本无线电工业和商贸联合会（ARIB）、韩国电信技术协会（TTA）和日本电信技术委员会（TTC）签署了谅解备忘录。
⑤ 包括图 8.2 在内的 8.3.1.2 节由中华人民共和国工业和信息化部组织编写。2013 年 8 月送交初稿，2014 年 6 月 12 日返回修改稿。参与编写的中方人员包括工信部无线电管理局常若艇处长、国家无线电监测中心（SRMC）丁家昕博士和王志欣工程师。

机构负责本级无线电管理工作，通过科学管理无线电频率，促进无线电通信事业发展。

国家无线电管理机构在国务院的领导下，负责全国无线电频谱管理工作。各省（自治区、直辖市）无线电管理机构负责本级无线电管理工作。目前，工业和信息化部（MIIT）无线电管理局是国家无线电主管机构。中国无线电管理组织架构如图 8.2 所示。

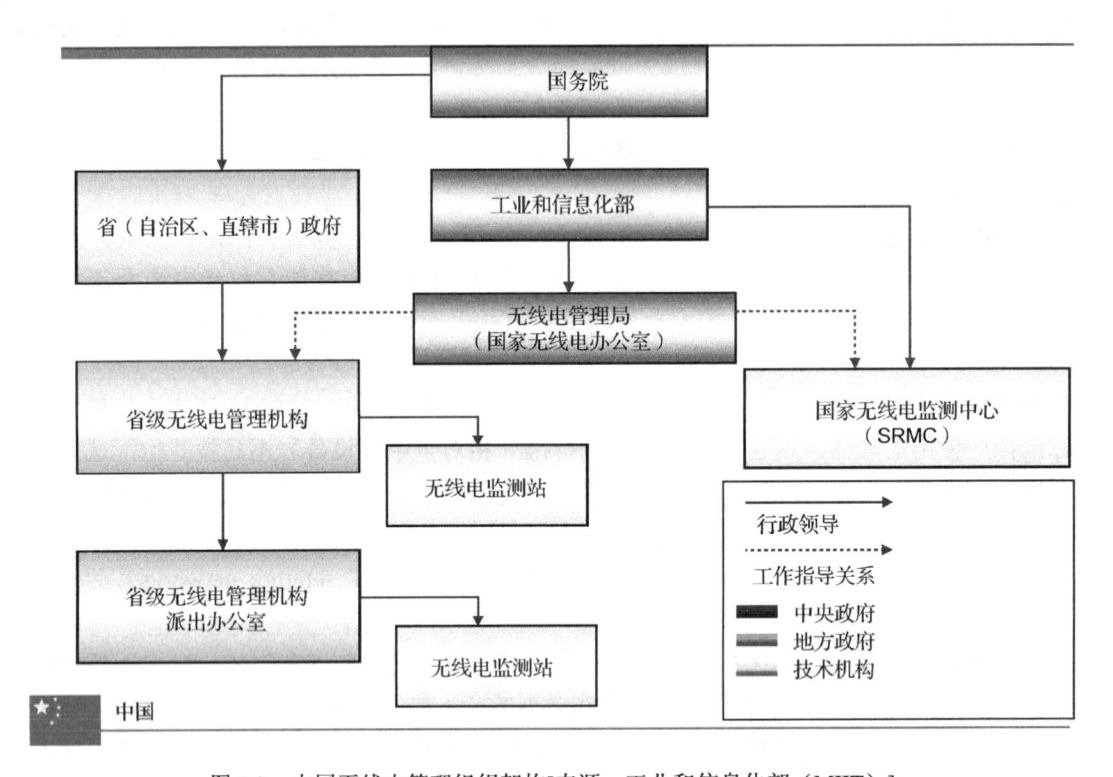

图 8.2　中国无线电管理组织架构[来源：工业和信息化部（MIIT）]

频率执照和费用

申请无线电频率执照，应当具备下列条件：

- 所申请的频率具有明确、具体的用途；
- 有切实可行的技术方案；
- 有相应的专业技术人员、设施和资金；
- 所申请的频率符合国家相关频率划分、规划及相关管理规定；
- 有可利用的频率资源，若需进行国际、国内协调，应当完成国际、国内协调；
- 国家法律、行政法规规定的其他条件；相关主管部门的批准文件。无线运营商应当获取相应的电信业务执照。

主管部门应基于公平和透明的原则，依据相关行政法规处理频率申请。目前，主管部门对蜂窝移动通信频率主要通过行政授权的方式进行分配，同时也在积极探索采取拍卖等基于市场的频谱管理模式。截至 2013 年年底，中国拥有 305 万个授权无线电台站，总共拥有超过 11 亿的公众移动通信用户，其中包括 2.2 亿 3G 用户。截至 2014 年年底，中国拥有 12.860 93 亿蜂窝移动通信用户，详见 ITU-D《世界电信指标数据库 2015》。

主管部门依据相关政策收取频谱占用费，每种商用无线电业务计费方式不尽相同。表 8.3 列出了中国蜂窝移动通信年度频谱占用费[①]情况。

表 8.3 中国蜂窝移动通信年度频谱占用费情况（人民币/兆赫兹）

频段范围	国家	省	县
960 兆赫兹以下	1700 万元/兆赫兹	170 万元/兆赫兹	17 万元/兆赫兹
960～2300 兆赫兹	1500 万元/兆赫兹	150 万元/兆赫兹	15 万元/兆赫兹
2300～2690 兆赫兹	1200 万元/兆赫兹	120 万元/兆赫兹	12 万元/兆赫兹

中国频谱监测

频谱监测在中国无线电管理中发挥着重要作用。中国的频谱监测主要包括短波监测网、VHF/UHF 监测网和卫星监测网。

- 国家无线电监测中心（SRMC）负责国家层面的短波和空间监测任务。国家短波监测网由 9 个国家监测站构成，分别位于北京、哈尔滨、上海、福建、深圳、成都（作者曾于 2016 年 1 月访问成都）、云南、陕西和乌鲁木齐。其中北京监测站是在国际电联登记的国际监测站。国家短波监测网能够完成对中国及周边国家短波频段发射的监测。
- 国家卫星监测网由位于北京和深圳的两个国家监测站构成，可完成 L、S、C、X、Ku 和 Ka 波段地球静止轨道卫星发射监测，以及 L、S 和 X 波段非地球静止轨道卫星发射监测。
- 各省无线电监测站隶属于省级无线电管理机构，主要完成 VHF/UHF 监测任务，包括信号监听、测量和干扰定位等。

中国在亚洲无线电管理领域的地位

随着经济的迅速发展，中国已逐渐在亚洲无线电通信领域占据主导地位。中国每年积极参与区域内的许多国际性会议，并在亚太电信组织大会筹备组（APG）、亚太电信组织无线工作组（AWG）和中日韩（CJK）相关组织中发挥着积极作用，许多中国人在上述组织中担任重要职位。例如，2014 年，亚太电信组织无线工作组主席、亚太电信组织大会筹备组第 2 工作组（WP2）和第 4 工作组（WP4）主席，以及中日韩国际移动通信工作组主席等均由中国人担任。许多中国人还被推选为亚洲其他组织的负责人。

中国已与越南、朝鲜等邻国达成了地面业务频率协调双边协议，并与相关国家定期举行频率协调会议。中国每年与日本、韩国、越南、马来西亚、泰国、新加坡和菲律宾等国召开多次有关空间业务频率协调的国际会议。中国内地还与中国香港和中国澳门定期召开地面业务和空间业务频率协调会议。中国无线电管理机构领导与韩国和越南等国的无线电频谱管理机构领导定期举行会晤。此外，中国国家无线电监测中心为亚洲许多发展中国家培训专业技术人员，如 2013 年曾举办两期此类培训班。中国的"北斗"卫星导航系统目前可覆盖亚洲和西太平洋地区。

[①] 2015 年 12 月 18 日，1 元人民币兑换 0.15 美元。

中国无线电频率划分规定

根据《中华人民共和国无线电管理条例》和国际电联《无线电规则》（2016年版本），结合中国无线电业务的发展现状，工业和信息化部（MIIT）颁发了《中华人民共和国无线电频率划分规定》（RRFA），目的是充分、合理、有效地利用无线电频谱，保证各种无线电业务的正常运行，防止各种无线电业务、无线电台站和系统之间的相互干扰。

频率划分表是无线电频谱管理法规的重要组成部分。中国无线电频率划分表共分两栏，分别是"中华人民共和国无线电频率划分"和"国际电联第三区无线电频率划分"。"中华人民共和国无线电频率划分"又分为"中国内地"、"中国香港"、"中国澳门"3栏。在中国香港、中国澳门特别行政区（SARs）内使用无线电频率，应当分别遵守中国香港、中国澳门特别行政区政府有关无线电管理的法律规定[①]。最新版《中华人民共和国无线电频率划划分规定》（中文版）（2018年2月7日公布，7月1日起施行。译者注）的下载链接为http://www.miit.gov.cn/n1146285/n1146352/n3054355/n3057254/n4698721/c6140002/content.html。

8.3.1.3 中国无线电管理机构和法规

工业和信息化部和无线电管理局（RRD）

ITU-R SM.2093报告介绍了中国无线电频谱管理组织机构及其职责。工业和信息化部（MIIT）是中国国家无线电管理机构。各省无线电管理机构在省政府的直接领导和工信部的业务指导下，负责本行政区内的无线电管理工作。工业和信息化部无线电管理局负责国家无线电频谱的日常管理工作，其主要职责包括：

- 拟订无线电管理的方针、政策和行政法规；
- 制定无线电管理规则和通用标准；
- 编制无线电频谱规划，确保无线电频谱资源得到合理利用；
- 负责无线电频率的划分、分配与指配；
- 依法监督管理无线电台站；
- 负责无线电监测工作；
- 协调处理电磁干扰事宜；
- 负责卫星轨道位置协调和管理；
- 负责涉外无线电管理工作。

省级无线电管理机构的职责包括：

- 贯彻落实无线电管理的方针、政策、法规和规章；
- 拟订适用于本行政区无线电管理的具体规定；
- 指配无线电频率和呼号，核发无线电台站执照；
- 负责本行政区内无线电监测。

无线电管理法规框架

1993年9月11日中华人民共和国国务院、中华人民共和国中央军事委员会令发布《中华人民共和国无线电管理条例》（2016年11月11日中华人民共和国国务院、中华人民共和国中

---

① 暂未列出中国台湾地区无线电频率划分。

央军事委员会修订，译者注）是中国无线电管理的基本行政法规，规定无线电频谱资源属于国家所有，国家对无线电频谱资源实行统一规划和管理。

中国有两部法律的地位高于《中华人民共和国无线电管理条例》和《中华人民共和国无线电频率划分规定》，它们对于确保无线电业务在中国国内正常运行十分重要。

- 《中华人民共和国刑法》规定：违反国家规定，擅自设置、使用无线电台（站），或者擅自占用频率，造成严重后果的，处以有期徒刑、拘役和罚款。
- 《中华人民共和国治安管理处罚法》规定：违反国家规定，故意干扰无线电业务正常进行的，或者对正常运行的无线电台（站）产生有害干扰，经有关主管部门指出后，拒不采取有效措施消除的，处以行政拘留。

执照费

根据 ITU-R SM.2012 报告，无线电管理局自 1989 年开始收缴执照费，主要用于补充频谱管理活动经费，提高无线服务水平。执照费不仅是税收的来源之一，也是提高频谱管理效率的有效手段。执照费的收缴和支出分散在多个政府部门。确定执照费的主要因素包括：

- 频率，如工作频率在 10 GHz 以上微波台站每兆赫兹的执照费仅为工作频率在 10 GHz 以下微波台站相应费用的一半（目的是鼓励运营商将新业务使用频率移至非拥挤频段）；
- 信号带宽；
- 台站覆盖范围，如市、省或多个省。

执照费通过以下两种方式向运营商收取：

- 指配频率的带宽，如根据分配给移动通信网络的频谱总量收取执照费，而不是向网内的每个台站收费；
- 每个运营台站，如地球站和微波站等。

用于下列用途的台站免收执照费：

- 政府和公务；
- 国防；
- 公安、安全部门、司法机关、监狱和渔政；
- 紧急救援和灾难救助、海上遇险、警卫、安全通信和导航；
- 广播部门安装的试验站、用于对外广播和播放电视的台站；
- 业余无线电；
- 边远地区农牧民设置的电视转发器。

8.3.1.4 《中华人民共和国无线电管理条例》和《中华人民共和国无线电频率划分规定》

《中华人民共和国无线电管理条例》和《中华人民共和国无线电频率划分规定》是中国无线电频谱管理的基本法规，是全国无线设备研制、生产、进口、销售、试验和运行中选频用频的法规依据。

《中华人民共和国无线电管理条例》主要对如下内容做出规定（见 ITU-R SM.2093 报告，

2016 年修订条例的下载链接为 http://www.miit.gov.cn/n1146285/n1146352/n3054355/n3057254/n3057261/c5382915/content.html。译者注）:

- 国家无线电管理的基本原则、各级无线电管理机构的工作分工，以及国家对无线电频谱使用实行有偿使用原则；
- 各级无线电管理机构的职责和合作机制；
- 无线电台站执照管理的要求和程序；
- 无线电管理机构分配、指配无线电频率的程序，以及防止无线电干扰的处置方法；
- 无线设备研制、生产、销售和进口等环节的频谱管理要求；
- 无线电管理机构实施无线电监测和监督检查的程序；
- 涉及非法使用频率的违法活动及其处罚措施。

《中华人民共和国无线电频率划分规定》详细说明了无线电业务的种类、无线电划分表、国际电联无线电频率划分脚注和中国无线电频率划分脚注。表 8.4 和表 8.5 是分别用中文和英文表述的典型无线电频段（606～960 MHz）的中国频率划分表。表中"中华人民共和国无线电频率划分"分为"中国内地"、"中国香港"、"中国澳门"3 栏。这两个表格信息来自中华人民共和国工业和信息化部发布的《中华人民共和国无线电频率划分规定》。中国依据国际电联《无线电规则》第 5 条关于 3 区频率划分表，对 610～960 MHz 频段进行划分。由于中文没有大写形式，所以对于《无线电规则》中用英文表述的主要业务名称（业务名称用大写排印，如 FIXED），用中文表述的主要业务名称两边不加任何符号排印；对于《无线电规则》中用英文表述的次要业务名称（业务名称用首字母大写加"[ ]"排印，如[Mobile]），用中文表述的次要业务名称加"[ ]"排印。例如，对于 890～942 MHz 频段，国际电联《无线电规则》3 区将其划分给 FIXED、MOBILE、BROADCASTING、[Radiolocation]，用中文表述为：固定、移动、广播、[无线电定位]。

为说明中国脚注，这里举 **CHN16** 905～930 MHz 和 **CHN28** 614～798 MHz 两个例子。

CHN16 905～925 MHz 可用于航空无线电导航业务，为次要业务；925～930 MHz 可用于航空无线电导航业务，为主要业务，其他业务不得对其产生有害干扰。（2001 年。）

CHN28 该频段引入的有关 IMT 应用的国际注脚，不改变移动业务在划分表中现有业务主次地位。同时，应尽快研究该频段已划分业务的应用模式、频率使用规划、业务间的兼容共存条件及协调程序。在此之前，IMT 应用不投入实际部署使用，但在 2300～2400 MHz 频段，IMT 可在室内使用。（2010 年。）

8.3.1.5 中国无线电频谱使用的独特性及受外部环境影响情况

与其他国家（包括许多发达国家）一样，中国无线电频谱管理法规具有自身特点，同时又受到欧洲和北美的影响。例如，中国分别采用了欧洲的 GSM、TETRA 和 PAL 等技术标准和美国的 cdma IS-95 标准。从 ITU-R SM.2153 报告附件 2 的附录 3《中国对短距离设备的规定和技术参数要求》中有关内容可以看出，中国对短距离设备的管理既保持一定独特性，同时也受到欧洲无线电通信委员会 ERC/REC 70-03 建议书和《美国联邦法规》第 47 篇第 15 部分的影响。

表 8.4　中国 606～960MHz 频段频率划分表（中文）

中华人民共和国无线电频率划分			国际电联第三区无线电频率划分
中国内地	中国香港	中国澳门	
606～610 广播 无线电导航　CHN15 射电天文 [固定] [移动] 5.149　CHN12	678～686 广播 移动		
610～614 广播 射电天文 [固定] [移动] 5.149　CHN12			610～890 固定 移动　5.313A 5.317A 5.296A 广播
614～798 广播 [固定] [移动]　5.313A　5.317A CHN28			
	686～798 广播		
798～806 固定 移动　5.317A [航空无线电导航] [无线电定位] CHN31	798～806 广播 移动	798～890 固定 陆地移动	
806～960 固定 移动　5.317A [无线电定位]	806～835 陆地移动		
	835～870 陆地移动		
	870～925 陆地移动		5.149 5.305 5.306 5.307 5.311A 5.320
	925～960 陆地移动	890～960 陆地移动	890～942 固定 移动　5.317A 广播 [无线电定位] 5.327
			942～960 固定 移动　5.317A 广播 5.320
CHN16			

表 8.5　Chinese allocation table, 606－960 MHz (in English)

RF People's Republic of China is divided into			ITU Radio Regulations Region 3
Mainland China	China Hong Kong	China Macao	
606–610 BROADCASTING RADIO NAVIGATION CHN15 RADIO ASTRONOMY [Fixed] [Mobile] 5.149　CHN12			610–890 FIXED MOBILE　5.313A 5.317A 5.296A BROADCASTING
610–614 BROADCASTING RADIO ASTRONOMY [Fixed] [Mobile] 5.149　CHN12			
614–798 BROADCASTING [Fixed] [Mobile]　5.313A 5.317A CHN28	678–686 BROADCASTING MOBILE 686–798 BROADCASTING		
798–806 FIXED MOBILE　5.317A [Aeronautical Radio Navigation] [Radiolocation] CHN31	798–806 BROADCASTING MOBILE	798–890 FIXED LAND MOBILE	
806–960 FIXED MOBILE　5.317A [Radiolocation]	806–835 LAND MOBILE		
	835–870 LAND MOBILE		
	870–925 LAND MOBILE		5.149 5.305 5.306 5.307 5.311A 5.320
	925–960 LAND MOBILE	890–960 LAND MOBILE	890–942 FIXED MOBILE　5.317A BROADCASTING [Radiolocation] 5.327
CHN16			942–960 FIXED MOBILE　5.317A BROADCASTING 5.320

ERC/REC 70-03 包含 13 个附件（和 14 个表格），中国主管部门将短距离设备分为 14 个类别（与 ERC/REC 70-03 相似），并规定了每类短距离设备的相关参数。2008 年，中国主管部门根据欧盟关于短距离的定义，将工作在 868～868.6 MHz 频段的短距离设备定义为"民用无线电遥控设备"。同时，ERC/REC 70-03 中所规定的"其他短距离设备"（设备 A 至 G）和 10 m 处的 dB（μA/m）[①]等内容均对中国短距离设备规定产生影响，下面列出具体的例子。

- 设备 A，工作频段为 10～190 kHz，离开短距离设备 10 m 处的磁场强度限值为 72 dB（μA/m），详见 ERC/REC 70-03 附件 9。
- 设备 C，工作频段为 6.765～6.795 MHz、13.553～13.567 MHz、26.957～27.283 MHz，离开短距离设备 10 m 处的磁场强度限值为 42 dB（μA/m），详见 ERC/REC 70-03 附件 9[②]。

受欧洲标准影响，中国短距离设备规定中采用磁场强度表示限值。ERC/REC 70-03 中 30 MHz 以下的限值采用磁场强度表示，而 30 MHz 以上的限值用功率值表示。北美（韩国和日本）标准中无线设备发射限值采用 3 m 处的电场强度（非磁场强度）的数值（非对数值）表示。ERC/REC 70-03 影响中国短距离设备规定的另一个例子是要求工作在 76～77 GHz 频段的车载雷达（防撞雷达）的发射限值为 55 dBm（峰值 e.i.r.p.），详见 ERC/REC 70-03 附件 5。ERC/REC 70-03 附件 8 规定 26.995 MHz、27.045 MHz、27.095 MHz、27.145 MHz 和 27.195 MHz 的发射功率限值为 100 mW（e.r.p.）。ITU-R SM.2153 报告附件 2 的附录 3 规定相似频率 26.975 MHz、26.995 MHz、27.025 MHz、27.045 MHz、27.075 MHz、27.095 MHz、27.125 MHz、27.145 MHz、27.175 MHz、27.195 MHz、27.225 MHz 和 27.255 MHz 的发射功率限值为 750 mW（e.r.p.）。此外，中国规定"工作频段为 2400～2483.5MHz 的数字无绳电话最少应使用 75 个跳频频率"，该规定是参照《美国联邦法规》第 47 篇§15.247 中条款"工作频段为 2400～2483.5 MHz 的跳频系统应至少使用 75 个非重叠跳频信道"。此外，中国香港规定工作频段为 402～405 MHz 的医用植入物的功率限值为 25 μW（e.i.r.p.），该规定同样参照《美国联邦法规》第 47 篇§95.627 对 401～406 MHz 频段医用无线发射设备的规定，详见 ERC/DEC/（01）17 中对有源医用植入物的有关规定。

8.3.1.6 中国人体射频暴露参考限值

中国目前正在实施的有关人体射频暴露的标准有两部：一部是国家电磁辐射标准 GB 8702—88，另一部是由原环境保护部制定的国家标准 GB 9175（GB 8702—2014 已经代替 GB 8702—88 和 GB 9175—88，并于 2015 年 1 月 1 日起实施。译者注）。这两部标准对人体射频暴露限值的规定有所不同。

GB 8702—88 是处理有关基站电磁辐射问题的重要标准依据。实际中，运营商为尽可能消除公众对电磁辐射的疑虑，往往会采用更为严格的 GB 9175[③]标准。上述两部标准规定 30～3000 MHz 公众暴露限值（功率密度）分别为 0.4 W/m^2 和 0.1 W/m^2，详见中国电信集团公司发布的《中国电信电磁暴露安全和行动》报告（第 7 页）[④]。

---

① 采用 dB（μA/m）作为限值单位是参照 ERC/REC 70-03 的做法，这显示了欧洲标准对中国的影响。
② 在自由空间远场条件下，该限值对应的功率为 7.5 mW（e.i.r.p.），详见表 3.19。与之相对应的北美法规（47CFR§15.227）对 26.96～27.28 MHz 频段的设备的限值为"该频段内距设备 3 m 处的任何发射场强不应超过 10 000 mV/m"，该限值的等效功率为 30 μW（e.i.r.p.）。
③ GB 9175 中的限值单位为 μW/cm^2，其中 1μW/m^2=100 μW/cm^2，0.4 W/m^2=40 μW/cm^2，0.1 W/m^2=10 μW/cm^2。
④ 需要澄清的是，中国官方规定的 900 MHz 频段人体射频暴露限值为 0.4 W/m^2，相应的国际非电离辐射防护委员会（ICNIRP 1998）规定限值为 4.5 W/m^2，因此，若采用功率密度表示，则中国规定的限值为 ICNIRP 1998 规定限值的 8.9%；若采用场强表示，则中国规定的限值为 ICNIRP 1998 规定限值的 0.8%。

GB 9175 仅包含场强限值，而不包含比吸收率（SAR）限值。GB 8702—88 规定职业 SAR 限值为 0.1 W/kg，公众 SAR 限值为 0.02 W/kg。这两个限值均为国际非电离辐射防护委员会（ICNIRP）规定的人体全身辐射相应限值 0.4 W/kg 和 0.08 W/kg 的 1/4。ICNIRP 限值也被国际电气与电子工程师协会（IEEE）、欧盟、美国、加拿大和日本采用。GB 8702—88 不包含人体局部身体的 SAR 限值，这些内容在 GB 21288—2007 中做出了规定。

此外，中国规定 1000 MHz 频段射频功率密度限值为 0.4 W/m^2，该限值为 ICNIRP（1998）参考限值 5 W/m^2 的 0.08 倍。依据第 9 章中表 9.2、表 9.3 及世界卫生组织（WHO）日本网站，表 8.6 对 ICNIRP（1998）、欧盟、美国、日本和中国规定的射频辐射限值进行了对比，参考值为 1000 MHz 频段的公众暴露值（IEEE 和美国非控制环境）和移动设备照射下的部分人体比吸收率。由表 8.6 可知，ICNIRP、IEEE、欧盟、日本和中国针对 10 g 部分人体的 SAR 限值为 2 W/kg，而美国（和加拿大）针对 1g 部分人体的 SAR 限值为 1.6 W/kg[①]。相关内容也可参考表 9.6。

表 8.6 1000MHz 频段非控制环境下射频辐射功率密度和 SAR 对比

	ICNIRP、IEEE 和欧盟	日本	美国	中国
功率密度（W/m^2）	f/200=5	f/150=6.7		0.4
SAR（W/kg）	2.0（10 g 人体组织平均）		1.6；1g 人体组织平均	2.0（10 g 人体组织平均）

表 8.6 表明中国规定的射频辐射限值[ICNIRP（1998）限值的 0.08 倍]比美国和日本严格。相比中国，瑞士和意大利对射频辐射的限制更为严格，其规定的 2 GHz 射频辐射限值为 ICNIRP（1998）参考限值的 0.01 倍。此外，波兰和卢森堡规定的公众辐射限值分别为 ICNIRP（1998）参考限值的 1/50 和 1/20。有关中国的射频辐射限值规定可参考世界卫生组织网站上发布的《全球电磁场标准》，访问时间为 2016 年 4 月 19 日。

8.3.2 法国无线电频谱管理框架

8.3.2.1 概述

法国本土（大陆）是西欧最大的国家，其邻国包括比利时、卢森堡、德国、瑞士、意大利、西班牙、摩纳哥和安道尔，开展频率协调时还涉及荷兰和梵蒂冈等国家。法国已经与邻国签署了双边和多边频率使用协议。例如，2013 年，法国与西班牙、荷兰、卢森堡、比利时签署了关于电视频率使用的协议。

法国的领土还包括多个海外领地，其中法属圭亚那、瓜德罗普岛、马提尼克、圣巴特岛（与荷兰共用）和圣皮埃尔-密克隆岛位于国际电联 2 区，马约特岛和留尼旺岛位于国际电联 1 区。由于法国的上述领地位于美洲和非洲，因此法国在国际电联 2 区拥有直接利益。此外，法国还在太平洋拥有法属玻里尼西亚、瓦利斯群岛和富图纳群岛等领地，因此法国频谱管理范围延伸至国际电联 3 区。

历史上，法国曾经发明了许多如"新兴殿堂"（Crane 1979，第 39 页）般的新技术，如顺序存储彩电（SECAM）制式、电信领域的公共信息网终端（Minitel）和航空领域的"协和式"

---

① 美国规定（见《美国联邦法规》第 47 篇§2.1093）了 1 g 人体组织的空间 SAR 峰值不应超过 1.6 W/kg，加拿大《安全规范 6》规定了人体头部、颈部与躯干上 1g 组织的空间平均 SAR 峰值。

超音速飞机（与英国共同研制）。法国的"教堂"与美国的"集市"相对应[①]。法国公民对其政府具有较高的信任度（Slovic 2000，第 324 页）。与所有发达国家一样，法国是一个市场经济体，但同时中央政府的政策对国家经济也具有重要影响。作为具有悠久历史的欧洲统一国家，法国的中央集权制可追溯至 1210 年菲利普·奥古斯特国王时期。法国至今仍是一个由中央政府管理的国家[②]。

法国具有权利分立的历史渊源。路易十四国王对君主特权（"国家就是我"）的信仰被终结之后，孟德斯鸠的"三权分立"逐渐成为现代政体的范例。法国的中央集权制与权力分立潮流不再相适应，法国按照"相互依存而非专制主义"的原则（Hall 等 2000，第 8 页），将权利分散至多个机构，如法国广播（内容和频率指配）由独立机构——高级视听委员会（CSA）管理。

法国和德国一直领导欧洲的无线电频谱协调进程[③]。法国在国际[④]和区域无线电规则制定方面发挥着积极作用，遵守 CEPT 法规及欧盟 2002/20/EC 指令（认证）和 2002/21/EC 指令（框架），履行《邮政与电子通信法典》（CPCE）[⑤]——无线电设备和电信终端设备指令 1999/5/EC（R&TTE），执行欧洲电信标准化协会（ETSI）有关标准。

法国从 2002 年起启用 DVB-T 广播，2005 年中期开始大规模部署（由总统希拉克宣布），并于 2011 年 11 月停止无线模拟电视广播。

法国在法语国家邮政电信主管部门大会（CAPTEF）、法语电信监管网络（FRATEL）、CEPT 和欧盟等许多国际组织中发挥着积极作用。

法国规定的蜂窝移动通信频段的人体射频暴露限值与欧盟相同，均采用 ICNIRP（1998）规定限值。由授权实验室测得的 2G/3G/4G 基站射频辐射场强（单位为 V/m）数据通过互联网公布，网址为 www.cartoradio.fr/cartoradio/web/。根据第 2013-1162 号法令，任何人均可申请查询具体测量结果。

8.3.2.2 法国无线电频谱管理主要组织机构

内阁电信管理机构

法国总理委托政府部门或独立机构将无线电频率划分给各类无线电业务。依据国际电联《无线电规则》第 18.2 款，政府部门可将无线电频谱使用权授予不同实体，独立机构可将无线电频谱使用权移交给私人实体。

法国经济、生产振兴和数字部负责制定法国电子通信和信息技术政策，竞争、工业及服务总局（DGCIS）负责起草政府关于邮政和电信事务的政策观点。经济、生产振兴和数字部长为公共网络和电话业务运营商颁发运行执照，拟制电信法律草案，确保法国在国际电信领域的发言权。文化部负责制定法国广播业务政策。其他政府部门均可对国家政策特别是国家安全或国防决策提出建议。

---

① 采用教堂-集市的比喻表示两国均具有开源软件社会背景的共识，见 Raymond（2000 年），http://www.catb.org/~esr/writings/cathedral-bazaar/cathedral-bazaar/ar01s11.html（2016 年 4 月 19 日登录）。
② 例如，在法国，若议会拒绝为预算拨款，则先前的预算会自动延续，以维持政府的运转，只是不能再增加新的预算。而在美国，若发生同样事情，则由于政府不具有内在的合法性，则会面临关门（除了关键服务部门）的局面。
③ 2013 年 3 月，法国国家频率管理局（ANFR）频谱规划和国际事务主任（DPSAI）Eric Fournier 被推选为欧洲邮电主管部门大会（CEPT）电子通信委员会（ECC）主席。2013 年 11 月，法国国家频率管理局总干事被推选为欧盟无线电频谱政策组（RSPG）主席。
④ 国际电联全权代表大会（2014 年 10 月 20 日至 11 月 7 日召开）推选 François Rancy 为国际电联无线电通信局主任。
⑤ CPCE 是由各种法律文件形成的汇编。

国家频率管理局（ANFR）

法国国家频率管理局是一个公共行政机构，主要目标是实现无线电频谱的最优化管理[①]。国家频率管理局的主要任务包括：

- 负责无线电频谱管理工作；
- 负责无线电频率指配和无线基站管理；
- 代表相关政府部门[②]（与通信公共产权相关）和两个独立机构管理无线电频谱资源；
- 组织无线电频谱控制和监测。

法国国家频率管理局的组织机构可参考国家频率管理局年度报告（2013，第60页）。政府部门（包括外交、金融和预算等部门）部长、两个独立机构（CSA和ARCEP，见下文）和工业界独立代表均对国家频率管理局有着重要影响，国家频率管理局通过项目分包的形式与上述机构开展合作。

国家频率管理局顾问委员会成员来自9个（7+2）管理机构[③]，并对运营商、工业界和频谱用户代表保持开放。在法国，由各主管部门负责特定信道的频率指配工作，国家频率划分表（NFAT，2015年3月22日更新）规定了各主管部门使用的每个频段的优先级。

法国国家频率管理局是欧洲和国际无线电管理领域最重要的组织机构之一，工作任务主要围绕工程展开。根据国家频率管理局2013年年度报告，该局固定雇员编制为308名，2012年和2006年实有雇员315名和350名。

高级视听委员会（CSA）

高级视听委员会是一个独立的机构，根据1986年9月30日通过的第86-1067号法案（1989年1月17日曾进行修正）建立[④]，该委员会是法国音频和视频业务的主管部门，主要使命是确保法国音频和视频通信自由。第86-1067号法案赋予高级视听委员会诸多职责，包括为广播台指配频率、管理语音和视频（通过电视、广播和有线电视）的内容和传送、通过广播自由化促进政治多元化等。高级视听委员会向FM广播台站和私人企业颁发广播执照，并要求私人电视公司的信号覆盖与人口数量和领土范围相匹配。法国的广播管理与英国和美国不同。英国和美国的广播业务和其他电子通信业务均由同一机构管理（英国为通信办公室，美国为联邦通信委员会）。而法国的广播业务由高级视听委员会和通信电子与邮政管理局共同管理，以促进通信的数字化和融合发展。高级视听委员会每年需要向法国参议院汇报工作，与参议员协商交流，但无须向政府报告。电视编辑和经销商需要缴纳特殊税费来资助无线电视的发展[⑤]。

通信电子与邮政管理局（ARCEP）

通信电子与邮政管理局是一个独立的行政机构，与电信局共同管理电子通信事务。通信

[①] 1994年，时任法国总理Balladur先生要求Huet先生报告无线电管理机构情况。Huet的报告中多次提到关于ANFR和ART（通信管理机构，现为ARCEP）的组建情况，以及对《邮政与电信法典》（现为《邮政与电子通信法典》）的修订情况。

[②] 包括国防部，内政部，国家太空研究中心，气象、民航、邮政、水上导航、射电天文事务管理机构和两个海外部门，也可参见下一个脚注。

[③] 7个主要政府机构：国防部、国家太空研究中心、民航管理局、内政部、科研部、港口与航海管理局、气象管理局。两个海外机构：共和国高级专员或办事处（TOM）、海外领地电信局。两个独立机构：通信电子与邮政管理局、高级视听委员会。

[④] 1986年9月30日通过的第86-1067号通信自由法案第22条。2000年8月通过的第2000-719号法案、2006年4月通过的第2006-460号法案和2006年8月通过的第2006-961号法案分别对其进行了修订。

[⑤] 根据高级视听委员会向法国参议院提交的年度报告，2010年所缴纳的税费为5.8亿欧元。

电子与邮政管理局的预算来自公共财政，并由参议院批准。法国的税费需补充基本预算，而不是直接转移支付给行政机构。通信电子与邮政管理局的业务涉及有线和无线电子通信，在相关法律、经济和技术条款的规定下行使职权，通过与欧洲电子通信主管机构（BEREC）和无线电频谱政策组（RSPG）合作，积极推行市场化政策。

《邮政与电子通信法典》（CPCE）为政府和主管部门设定的目标是：

- 促进公平和平衡的竞争；
- 使用户（企业、政府部门和个人消费者）以合理的价格从固定和移动业务中获益；
- 通过创新、投资促进市场和经济发展，增加就业机会；
- 促进区域数字化发展。

《邮政与电子通信法典》规定通信电子与邮政管理局的任务是，向非单独用于广播和政府用途（包括国防、国土安全、民用航空等）的无线电业务分配频率，收集无线电频谱使用需求，向移动通信网络（GSM、UMTS 和 LTE）运营商、私人移动无线网络（PMR）、视频直播传输、固定无线链路、卫星通信、业余无线电等公共应用指配频率，并收取费用。2013 年，通信电子与邮政管理局代表国家共征收了 2.98 亿欧元的频谱执照费，详见 ARCEP 年度报告（2013 年）。

通信电子与邮政管理局的职责包括督促运营商兑现其做出的通信服务承诺。在该机构网站"观察者"上，可查询到法国 4 个移动通信运营商（Bouygues Telecom、SFR、Orange France 和 Free Mobile）的覆盖范围、服务质量、上行数据量和下行数据量等信息。与高级视听委员会一样，通信电子与邮政管理局直接向法国参议院汇报工作。

8.3.2.3　无线电频谱使用

公共资源属于国家所有，无线电频谱被认为是公共资源的一部分，因而也属于国家所有。法律规定了国家公共资源的利用规则，为用户（个人用户和政府业务）使用这些资源提供了基本遵循。只有在公共产权法律的允许下，授权用户之间才能转让频率使用权（频谱交易）。法国法律规定，国有财产不能出售或租赁。国家有义务保护无线电频谱资源（包括对其进行监测），并依据国际电联《无线电规则》，促进频谱资源的高效利用。频谱使用权源自其属于公共产权的法律地位，这就决定了只有政府才拥有交易频谱使用权的权利。为实现对无线电频谱的控制，法国建设了 46 座频谱监测站（2013 年，2016 年监测站增加为 57 个），分属于 7 个区域办公室管理[1]。从频谱监测站的数量看，法国政府对无线电频谱管理的支持力度要大于英国和美国政府[2]，但仍不及德国政府[3]。

法国的边境线上除了与西班牙之间由比利牛斯山脉（Pyrenees）阻隔之外，几乎没有可以

---

[1] 依据法国国家频率管理局年度报告[Rapport Annuel（2013）]，在 6 个区域内（包括马赛、多杰斯、里昂、南锡、图卢兹和犹太城），法国国家频率管理局总共建有 35 个固定 VHF 和 UHF 测向站，其中 11 个固定站配备了可移动测向天线，可与 7 个中心站连接。此外，还配备了 4 个移动测向站、25 个可搬移监测站、24 个车载实验室及 1 辆 SHF 频段监测车，用于卫星和雷达监测。为完成短波监测，在 Rambouillet 国际无线电监测中心建设了占地 34 千公顷的天线场，其中包含 6 个统一控制的菱形高增益天线，同时在车载实验室上配有一个短波测向天线，可接入国防部网络。

[2] 国家频率管理局可能会关闭远程控制监测站。

[3] 根据德国联邦网络局 2014 年 8 月 19 日邮件，德国拥有 85 个固定监测站（包括人工控制站、远程控制站和测向设备）和 99 辆频谱测量车。

阻挡无线电传播的大型障碍物（如山脉）。30 GHz 以下（特别是 MF、HF、VHF、UHF 和 SHF 频段）的无线电波可轻易穿过法国边界地区。欧盟法律规定，无须对通过边境线的无线设备进行检查。但实际中，若无线设备不符合相关法规，可能会产生诸多问题，因而各国对携带无线设备入境均有所限制。目前，法国遵循欧盟电子通信法规和标准，入境法国的无线设备须工作在欧盟协调频段。

8.3.2.4 法国无线电频谱管理的三级体制

法国实行三级无线电频谱管理体制。图 8.3 列出了法国无线电频谱管理的三级体制架构，主要涉及国际电联、区域性机构 CEPT 和国内频谱管理组织机构。

图 8.3　法国三级无线电频谱管理体制（来源：法国国家频率管理局）

8.3.2.5 国家无线电频率划分和指配：两级机制

在法国国内，频谱管理通过两级机制实施。首先，政府总理根据国家频率管理局董事会（ANFR's Board）建议，批准国家频率划分表，然后由政府各部门和行政机构分别进行频率指配。国家频率管理局董事会是履行国家对无线电频谱管理职能的实体机构。经政府总理的批准，政府各部门和独立机构可获得无线电通信业务的使用权，并负责本部门和机构使用频率的指配工作。不同部门和机构之间共用同一频段时，必须依据相关法规开展协调，若仍存在争议，可通过国家频率管理局董事会协商解决。参议院拥有对所有频率用户进行问询的权利。

与英国不同，法国没有专门机构负责非军事无线电频谱管理工作。政府部门负责本部门无线电频谱管理工作，两个独立机构负责非政府频谱使用工作[①]。这种基于"利益相关者"的频谱管理模式在无线电通信业务管理和频率指配方面具有一定灵活性。政府部门和相关机构在使用无线电频谱过程中，必须确保公众获取相应利益。同时，政府可将无线电频谱使用权转交给通信电子与邮政管理局用于民用或商业用途。

---

① 这说明许多政府部门的无线网络使用频率须经通信电子与邮政管理局授权。

表8.7列出了通信电子与邮政管理局为通信业务（移动和固定业务）指配频率情况，以及高级视听委员会向广播业务指配频率情况。

表8.7 两级频率划分和指配机制*

法国	政府部门频谱使用	电信和反馈链路（包括音频和电视）频谱使用	广播传输频谱使用
频率划分机构	政府总理审批国家频率管理局董事会提交的国家频率划分表（已咨询通信电子与邮政管理局和高级视听委员会）		
频率指配机构	7个政府部门指配频率	通信电子与邮政管理局向电信运营商指配频率	高级视听委员会向广播台指配频率

备注：
*该表由Jean-Jacques Guitot于2014年8月5日修改。

8.3.2.6 法国无线电频谱管理的整体模式

总体上，法国实行的是偏向集体主义的福利性国家政策。法国既对欧洲区域法规、标准和许可制度具有重要影响，又执行欧盟法规制度，包括欧盟指令框架：1997/13/EC指令和修改后的2002/21/EC指令（框架）。法国频率划分表沿用欧洲无线电通信委员会第25号报告包含的欧洲共同频率划分表[European Common Allocation（ECA）table]，并增添了法国频率使用的注释，以满足区域协调要求。法国的广播网和电信网的融合发展由高级视听委员会和通信电子与邮政管理局共同负责，而广播的传输和内容均由高级视听委员会管理。

8.3.2.7 法国无线电频谱管理框架总结

法国是领导欧盟事务的核心国家之一。与欧洲其他国家一样，法国的无线电频谱管理权属国家所有，其中国家频率管理局负责无线电频率划分事宜，通信电子与邮政管理局、高级视听委员会和其他政府机构负责无线电频率指配和使用许可，通信电子与邮政管理局还负责有线电子通信事务。上述机构在全球和欧洲无线电管理组织中均发挥着积极作用。国家频率管理局是一个技术导向型机构，不仅履行行政管理职能，同时也引领国际电联和欧洲邮电主管部门大会等组织的许多技术和行政问题研究工作。法国作为欧盟事务的领导国家，一直遵循和执行欧盟无线电频率划分规定，推动区域频率协调进程。国家频率管理局、高级视听委员会和通信电子与邮政管理局既是欧盟有关决定的重要推动者，同时也是法国落实欧盟决定的主要责任方。与欧洲许多其他国家不同，法国未设置单一部门负责广播业务和电子通信管理，而是采取"双轨"管理体制。除了积极参与欧洲事务外，法国还广泛参与全球事务，发挥其在法语国家中的领导作用，维护本国政治地位和领土要求。

8.3.3 英国无线电频谱管理框架

8.3.3.1 概述

英国被大西洋所环绕，东临北海，南接英吉利海峡，西依爱尔兰海。北爱尔兰作为英国的一部分，与爱尔兰共和国接壤。

英国《无线电报法案》（1949）规定，所有无线电台和装置必须获得官方许可。实际中，随着越来越多的无线电设备满足豁免条款（等级执照、通用执照和执照豁免等），许多无线电设备用户无须持有个体执照。《无线电报法案》分别于1998年和2006年经过两次修改。目前，英国实行的是政府和英国通信办公室相对分离的无线电频谱管理体制。2003年之前，英国所有无线电频谱管理事务由政府管理，其中国防部（MOD）负责军用频谱管理，无线电通信局（RA）负责民用频谱管理。2003年，英国成立了独立的电信监管机构——通信办公室。同时，2003年《通信法案》规定，无线电通信局应将除政府频谱管理之外的绝大部分职能转交给通信办公室。这些政府机构的频谱使用因享有豁免权而无须获得授权，主要包括：交通部用于民用机场的雷达，商业、创新和技能部（BIS）用于气象、卫星、航天和其他科学应用的无线电业务，以及国土办公室用于紧急行动的无线电业务等。苏格兰政府负责本地区用于紧急服务的频谱使用管理。2012年后，英国国务大臣和文化、传媒和体育部（DCMS）在必要时可对通信办公室的频谱管理事务进行指导，以促进政府政策的实施。例如，2012年，国务大臣曾指示通信办公室为本地电视预留频率资源。通信办公室在政府政策的指导下开展工作。

与法国相似（如图8.3所示），英国接受欧洲区域性（包括欧洲邮电主管部门大会）无线电法规和标准，依据欧盟2002/20/EC指令（认证）和2002/21/EC指令（框架）制定本国电信管理政策，沿用欧盟1999/5/EC指令（R&TTE）和欧洲电信标准化协会（EISI）标准。英国政府在制定频谱管理政策时，注重与国防、交通、能源和安全等领域的政策相协调。

8.3.3.2 英国无线电频谱管理主要组织机构

服务于电信领域的部长级执行机构

与其他国家（中国、法国和美国）相比，英国电信领域的管理体制较为独特。2007年6月28日，英国政府贸易和工业部（DTI）被撤销，随后被商业、企业和管理改革部（BERR）取代，后者于两年后的2009年6月6日也被撤销，并与创新、大学和技能部（DIUS）合并，成立商业、创新和技能部（BIS）。依据权利下放原则，商业、创新和技能部制定的政策中，一部分仅适用于英格兰，其余部分适用于全英国。商业、创新和技能部在英国中央政府授权下，管理地区和地方政府有关事务，负责拟制本领域的法律法规，并通过权力下放，将国家电信主权转交给苏格兰和北爱尔兰。商业、创新和技能部的目标是促进英国与欧盟和国际社会的合作效益最大化，并推动欧盟和世界贸易组织（WTO）政策在英国的实施[①]。而这些并非英国通信办公室的职责。

英国文化、传媒和体育部主要负责英格兰文化和体育事务，以及全英国媒体相关事务（如广播和互联网管理等），管理英国旅游、娱乐和创意产业发展（在部分领域与商业、创新和技能部共同管理），促进数字经济建设。2011年，文化、传媒和体育部曾通过频谱战略委员会（SSC）指导通信办公室执行有关数字经济政策。

英国政府在国际电联全体性会议上的立场需要与政府的政策保持一致。文化、传媒和体育部协调其他政府部门，共同指导通信办公室拟制英国频谱管理政策要点。由于国际电联理事会和全权代表大会的参会代表主要由各国政府人员担任，而英国通信办公室未设专门的执行机构，因此其仅承担英国在国际电联中的日常技术性工作，并为文化、传媒和体育部提供咨询服务。国际电联作为联合国下属机构，包括无线电通信部门（ITU-R）、电信发展部门（ITU-D）和标准化部门（ITU-T）。英国参与国际电联的有关活动由各政府部门分别主导。其

---

① 例如，商业、创新和技能部所属的股东事务管理局（Shareholder Executive）承担着2020年前从5 GHz以下频段中释放500 MHz频谱的任务。

中商业、创新和技能部负责商业事务，外交和联邦事务部（FCO）负责海外外交事务，文化、传媒和体育部负责审核各部门频谱相关问题提案，并担任国际电联所有涉及英国事务的主要联络人。

英国在国际电联[①]和区域性无线电管理组织中发挥着重要作用。依据 2003 年《通信法案》第 22 节规定，英国通信办公室代表英国参与欧盟无线电频谱政策组事务，协助英国频谱战略委员会（见后文）制定英国国家频谱政策，同时参与欧盟无线电频谱委员会（RSC）活动，拟制有关政策的技术性落实措施。英国通信办公室代表英国参与欧洲邮电主管部门大会事务，英国代表团参与该组织的多个重要小组，如大会筹备组（CPG）和频率管理工作组（WG FM）等。通信办公室可根据 2003 年《通信法案》第 22 节和有关谅解备忘录，并在国务大臣的授权下，代表英国做出有关决定或签署有关协议。英国通信办公室还代表英国政府参与欧盟通信委员会（COCOM）和欧盟理事会事务，推动欧盟立法进程。

英国通信办公室

英国通信办公室（The Office of Communications，Ofcom）是面向英国通信行业的独立监管机构和反垄断主管部门，主要负责英国民用无线电频谱管理。2003 年 12 月 29 日，英国通信办公室开始履行其全部职能（其中许多职能承接自原无线电通信局和电信管理局等机构）及 263 项法定责任。英国通信办公室依据 2002 年《通信办公室法案》建立，并依据 2003 年《通信法案》和 2006 年《无线电报法案》确立频谱管理职能，其管理业务涉及电视、固定通信、移动通信、邮政业务和无线电波等。英国通信办公室向英国议会负责，有关工作规则由议会法案等确立，这些法案包括但不限于 1990 年和 1996 年《广播法案》、2010 年《数字经济法案》、2011 年《邮政业务法案》、1998 年《竞争法案》、2002 年《企业法案》等。《通信法案》所规定的英国通信办公室的基本职责是保护公民和消费者利益。英国通信办公室负责为通信行业颁布规章制度，并与竞争和市场主管机构一起，促进竞争法律在通信行业的落实。英国通信办公室从工业界中收取部分费用用于通信网络管理，同时接受政府的财政补贴，用于支付英国的国际电联成员费等。根据 2003 年《通信法案》第 22 节及与国务大臣签署的有关谅解备忘录，英国通信办公室还代表英国海外领地（海峡群岛和马恩岛）参与国际电联事务，同时也是这些地区有关卫星频率指配和信息归档的管理者。

英国通信办公室的主要职责是维持包括高速宽带业务在内的英国各类电子通信业务的正常运行，确保无线电频谱得到最有效利用。除了承担无线电频谱管理职能外，英国通信办公室还与通信管理部门共同负责电信和广播领域的多项职能，包括：

- 代表英国及其海外领地参与国际电联和欧洲邮电主管部门大会（根据国务大臣 2003 年指示，以及文化、传媒和体育部与通信办公室达成的谅解备忘录）；
- 为政府提供有关公众频谱使用的专业建议。

英国通信办公室负责除政府用频之外的英国所有频谱使用许可（约占英国频谱使用量的 75%），主要工作包括：为新应用释放频谱资源，通过制定有关政策促进频谱高效利用，与独立、自律监管机构[如广告标准管理局（ASA）]共同对电视内容和电台广告实施监管。依据《通信法案》规定，通信办公室的工作需知会多个委员会和顾问机构，包括通信用户专家组，英

[①] 在 2014 年 10 月 20 日至 11 月 7 日召开的国际电联全权代表大会上，来自英国的 Malcolm Johnson 被推选为国际电联副秘书长。

格兰、北爱尔兰、苏格兰和威尔士顾问委员会,通信办公室频谱顾问董事会及老年人与残疾人顾问委员会等。其中通信办公室董事会及所属委员会职责包括:

- 频谱咨询委员会(OSAB)为通信办公室提供战略频谱管理方面的独立建议,促进无线电频谱的最佳使用,满足不同用户需求;
- 广播许可委员会(BLC)主要完成通信办公室所赋予的与电视和无线电广播许可有关事宜,以及地面数字电视容量分配;
- 制定频谱清理财务委员会指南(SCFC)。

通信办公室颁发的执照类型如下。

- 无线电通信执照:颁发对象为航空电台、业余无线电设备、商业电台、地面固定链路、固定无线接入设备、授权短距离设备、水上电台(不包括船舶电台)、移动和无线宽带通信设备、非经营性电台、用于节目制作和特殊事件的电台、船舶电台或船上便携式电台。
- 无线电广播执照:颁发对象为模拟商用电台、社区电台,数字电台。
- 电台受限服务执照(RSL)。
- 电视广播执照:颁发对象为本地电视、电视许可内容服务(TLCS)、地面数字电视、适用于特定事件的受限电视服务(RTSL-E)。

在英国筹备国际电联世界无线电通信大会(WRC)过程中,由通信办公室国际频率规划组(IFPG)提出和拟制代表英国立场的文件,并进行研讨分析。国际频率规划组由通信办公室领导,其成员包括政府机构和英国海外领地(海峡群岛和马恩岛)的代表。自2012年世界无线电通信大会(WRC-12)起,国际频率规划组拆分为4个顾问工作组,即工作组A(WGA)、工作组B(WGB)、工作组C(WGC)和工作组D(WGD),其中工业界代表也可参与并提出有关建议。国际频率规划组的工作组与欧洲邮电主管部门大会筹备组(CPG)的项目团队(PTs)相对应,后者包括PTA(处理与科学、时间信号和管理相关的WRC议题)、PTB(处理卫星相关事宜)、PTC(处理水上和航空相关事宜)和PTD(处理国际移动通信有关事宜)。

依据2000年《信息自由法案》,2014年10月1日通信办公室向作者发送的信息如表8.8所示。表8.8列出了通信办公室809个固定雇员的分类情况,其中学术型雇员中,工程师占47.5%(85/179),经济学者占32.4%(58/179),律师占20.1%(36/179)。上述类别划分与法国国家频率管理局有关情况类似,其中后者的工程师雇员占多数,这一点与美国联邦通信委员会不同,详见表8.9比较信息。

表8.8 英国通信办公室雇员人数和专业分布

职业*	人数/百分比	备注
工程师	85/10.5%	职位簇中的"工程师"和职位名称前包含"工程师/工程"的雇员
经济学者	58/7.2%	"首席经济师和竞争经济"团队所有成员,包括担任主任职务的经济师,不包括人事助理(PA)
律师	36/4.4%	法律团队中的所有成员,包括律师助手,不包括人事助理
其他职业	630/77.9%	无
总计	809/100%	

备注:
*职业统计数据中不包括那些具备上述3种专业能力但目前未承担相关职责的通信办公室雇员。

表 8.9　英国通信办公室与美国联邦通信委员会雇员人数和专业占比的对比

职业/机构	英国通信办公室	美国联邦通信委员会
工程师	85/48%	269/29%
经济学者	58/32%	62/7%
律师	36/20%	585/64%
专业学者总数	179/100%	916/100%
其他职业	630	809
总计	809	1725

来源：英国通信办公室公开发布的信息。

英国频谱战略委员会（UKSSC）

英国频谱战略委员会隶属于内阁办公室，由文化、传媒和体育部与国防部（MOD）共同领导，成员来自国防部和涉及频谱使用与无线电通信发展的政府部门[①]。频谱战略委员会负责拟制英国国内频谱管理计划和英国参与国际频谱管理事务的立场文件。依据 2003 年《通信法案》第 22 节规定，通信办公室应咨询利益相关者特别是频谱战略委员会关于英国政府参与国际会议的立场，并承担英国在国际电联中的日常技术性工作。频谱战略委员会参与频谱管理的所有活动，包括对英国最主要频谱用户——军事、科学和气象业务的频谱分配和使用的管理。

英国通信办公室依据《无线电报法案》处理所有频率使用许可的技术性问题。国防部和其他政府机构负责本部门频谱管理工作，通信办公室无权干涉这些部门具体频率的使用事宜。当开展军民共用频率的同频段或邻频段国际协调时，需要通信办公室参与。频谱战略委员会负责制定英国频谱管理的整体政策，确定管理各个频段的牵头机构。

英国政府有权向通信办公室发布有关国家安全、公共安全和国际关系等具体事宜的指示，可以（通过文化、传媒和体育部）制定涉及频谱管理所有领域的政策，这些政策必须（通过文化、传媒和体育部）与议会协商，并经议会讨论和批准。频谱战略委员会是英国最高频谱政策制定机构。通信办公室作为频谱战略委员会的观察员，是频谱战略委员会的重要顾问，并负责英国整体频谱战略的具体组织实施。频谱战略委员会由文化、传媒和体育部与国防部的高级官员共同领导，这既说明文化、传媒和体育部是代表政府制定频谱政策的领导部门，也反映出国防部作为大多数频率资源管理部门所占据的地位。频谱战略委员会通过协调政府机构和公共部门中频谱相关利益组织，制定和审议频谱管理政策，并提交政府机构付诸实施。

频谱战略委员会是内阁的权威咨询顾问，在一定条件下有权代表阁僚做出决策。商业、创新和技能部代表私营部门，通信办公室代表公民和消费者，两者均可向频谱战略委员会提供工业领域的观点、建议和经验。频谱战略委员会主席向负责频谱政策的主管部长（国务大臣，文化、传媒和体育部）报告委员会的讨论结果，后者必要时会就重要问题与阁僚商议。

在英国与国际电联、欧洲邮电主管部门大会和欧盟等组织签署国际协议前，英国通信办公室须将有关协议草案提交频谱战略委员会审议，并经政府部门同意，以确保相关协议草案充分反映英国政府的政策。英国 2014 年 3 月 10 日发布的《为英国发展提供最大频谱价值》报告即为频谱战略委员会的代表性战略文件。

[①] 如商业、创新和技能部，民用航空管理局（CAA），交通部（DFT），外交和联邦事务部（FCO），国土办公室，气象局（Met Office），航天局（UKSA）等。

8.3.3.3 英国频率划分表和频谱使用比例分布

英国频率划分表

英国频率划分表（FAT）对英国所使用的 8.3 kHz（应用于气象辅助业务）至 275 GHz（应用于卫星地空链路）范围内的频谱进行了划分，规定了各频段在英国境内的用途，明确了对各频段进行规划和管理的机构，这些机构通常还履行频率指配和台站部署的管理职能。频率划分表还列出了国际电联《无线电规则》中经各国协商所形成的频率划分规定。英国频谱地图是一种交互式频谱显示工具，可用来浏览和查询使用各频段的部门、设备或应用。英国通信办公室 FWILF（14）013 报告给出了英国 87.5 MHz～86 GHz 频段使用情况。

英国频谱使用比例分布

英国通信办公室根据如下 3 类用途定义频谱使用的总水平：

- 市场用户（频谱接入由英国通信办公室授权且可用于市场）；
- 公共部门（频谱接入享有执照豁免权）；
- 空间和科学用户（频谱接入不需要执照或享有执照豁免权）。

图 8.4 描绘了市场用户、公共部门及空间和科学用户频谱使用的占比情况，其中市场用户接入频谱占比为 75%，公共部门接入频谱占比为 52%，空间和科学用户接入频谱占比为 20%，且约 40%（37.7%=20.4%+8.5%+5.6%+3.2%）的频谱由上述 3 类用户共用。对统计数据（未在图 8.4 中列出）的进一步分析表明，在公共部门使用的频谱中，有 43%（相对 52%而言）由政府部门单独使用，而在政府部门单独使用的这部分频谱中，允许市场用户接入的频谱仅占一半（43%的一半为 21%）。

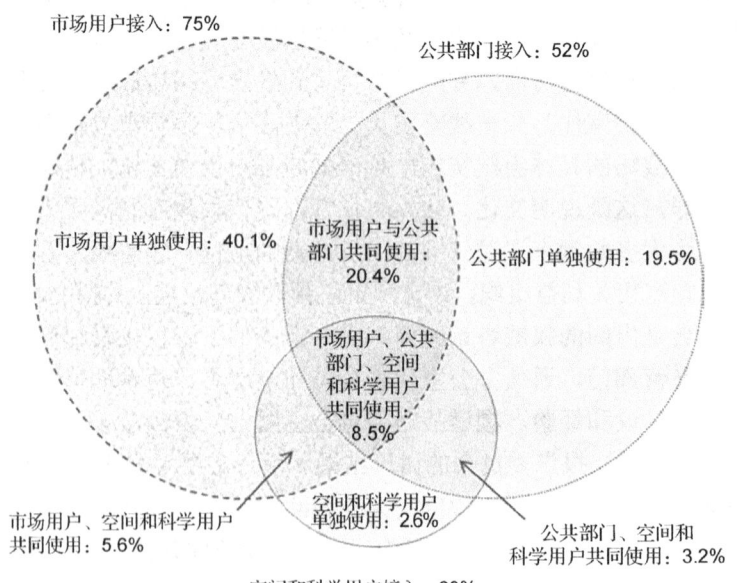

图 8.4 英国市场用户、公共部门、空间和科学用户频谱接入比例分布[来源：《英国频谱战略》（2014 年）中图 2]

大多数国家频谱使用比例与英国基本一致，即约一半频谱由公共部门管理或联合管理，军队使用频谱覆盖整个频段，总量约占 30%。法国国家频率管理局年度报告[Rapport Annuel

（2013）]第20页《法国频率分配报告》对法国与英国的频谱使用比例分布进行了对比[①]。对于像列支敦斯登这些没有军队的国家，有关部门和业务的频率使用比例与英国明显不同。

8.3.3.4 英国无线电频谱经济的理念和发展现状

英国的经济思想由来已久。历史上，英国对其殖民地都有经济利益的考量，"充足的土地和对本地事务的自主管理权是促进所有英国新殖民地繁荣的两个最重要原因；相比法国、西班牙和葡萄牙，英国殖民地的政治制度更具优势"（亚当·斯密 1776/1976，第570页）。

英国保守党执政期间致力于放松管制和加强灵活性，"这是英国通信办公室推行许多积极行动的原因"[Mazar 2009，第116页，引自 Lofstedt 和 Vogel（2001）第411页中 Slater 的评论]。由英国政府制定并由通信办公室负责组织实施的无线电频谱战略是英国无线通信领域的一项核心政策。频谱管理的模式很大程度上取决于上层的政治决心，而非来自下层的支持。例如，在英国政府的推动支持下，议会通过了2002年《通信办公室法案》，从而为实施频谱交易和放宽限制提供了法律依据。英国首相战略小组确立了英国的"低干涉"管理框架，认为"当个人或企业对他人或企业产生风险时，政府的角色是作为制定规则的监管者"。这种"低干涉"管理框架带有鲜明的基于市场的管理风格，体现了根植于普通法系中的效率原则（Djankov 等 2003，第35页）。通常，鼓励创新的政府往往推崇个体主义，而秉持集体主义观念的政府更加亲睐资源充足的服务提供商（如电信运营商）。

与包括美国在内的其他国家不同，英国无线电管理属于经济驱动型，充分考虑普通消费者的利益。在如何高效地促进无线通信发展、优化使用频谱资源、为新用户和公共用户提供充足频谱且不会对现有用户构成有害干扰方面，英国为其他国家树立了很好的榜样。同时，英国通信办公室公共咨询机制的运行成效也受到国际社会的普遍认可。

1998年《无线电报法案》首次规定，向用户收取的频谱费主要用于支持频谱管理事业，而非仅仅补偿政府颁发频谱使用许可的支出。2002年，Martin 教授向英国政府提交报告，阐述了适用于市场用户的频谱定价应用（当时该定价机制已被用于移动通信网络运营商收取频谱使用费）问题。2005年，英国政府委托 Cave 教授开展适用于公共部门的频谱定价研究。Cave 教授在随后向政府递交的报告中建议，公共部门使用频谱的定价政策应该主要由用户方确定，且用户方应遵循"用户支付"原则（一种认为只有当消费者完全承担其消费商品的支出时，才能使资源得到最有效分配的定价方法，译者注）。目前，英国政府的频谱经济政策是：政府不负责制定频谱的价格，而是根据市场需求确定用户方所需支出的频谱费用，从而促进频谱的高效使用。

在2013年财政支出审查中，英国通信办公室建议政府考虑公共部门所管理频率的机会成本，随后政府在部门预算中编制了特定项目，用于反映各部门及其所属单位频率使用的机会成本。这项支出在2015—2016财年中得到体现，并经修改后用于后续年份，以反映频谱使用的价值。详见发布在网络上的《英国频谱战略2014》。

根据 Mason 报告和英国《频谱战略》，英国2011年频谱使用的经济价值为520亿英镑，相比2006年增长了25%，其中仅广播电台频谱使用对经济的贡献就超过100亿英镑，这还不

[①] 法国国家频率管理局所指配的283 748个频率中，通信电子与邮政管理局（市场）使用频谱占比为40%（其中20%用户需要获得通用许可），英国市场使用频谱占比为40.1%；军队使用频谱占比为19%，而英国公共部门使用频谱占19.5%；内政部使用频谱占比为11%，广播业务使用频谱占比为9%。

包括其创造的其他公共服务价值。研究表明，移动通信业务频谱使用的经济价值占整个频谱经济价值的 60%，广播业务频谱使用的经济价值占比为 20%。同时，水上业务每年的经济产值为 140 亿英镑，航空业务每年的经济产值为 500 亿英镑，这些行业均高度依赖无线电通信和雷达系统来确保运行安全。

英国无线电频谱拍卖

根据欧盟 2002/21/EC 指令要求，英国通信办公室需要提升网络和电子通信领域相关服务和基础设施的竞争性。为贯彻该指令要求，2003 年《通信法案》将政府所拥有的频谱使用许可权转交给英国通信办公室，2006 年《无线电报法案》也包含频谱拍卖和频谱接入授权的条款。频谱拍卖被认为是一种分配频谱资源的较好方法。频谱交易权的转移有助于建立频谱交易市场，同时对单个频段使用的限制越来越少，详见 ITU-R SM.2093 报告。

英国无线电频谱交易

2004 年，英国与法国和德国共同将频谱交易列为放松频谱使用管制的重要议程。尽管完成频谱交易的次数仍不多，但英国仍然是欧洲频谱交易的引领者。频谱的二次交易有助于放松对频谱使用的管制。频谱交易、频谱放松管制和行政激励定价机制将对无线电频谱的最佳化利用产生重要影响。频谱交易有助于促进经济增长，推动无线服务的创新、投资和竞争，能够为商业发展提供新的机会，促使消费者更加快速和廉价地获取新的服务，详见英国通信办公室网站有关频谱交易的内容。

有关频谱交易的法律法规可从公共部门信息办公室（OPSI）获取。频谱许可法规包含频谱租赁有关条款，频谱租赁也是频谱交易的一种形式。下面列出了有关频谱二次交易的特定法律框架。

● 2004 年《登记条例》要求英国通信办公室建立和维护关于《无线电报法案》许可的登记名单。
● 2004 年《交易条例》有关无线电报（频谱交易）的条款规定，英国自 2004 年 12 月 23 日起实施频谱交易制度。
● 《通用许可条件手册》适用于下列应用中的频谱许可：商用无线电业务、节目制作和特殊事件、固定无线接入、卫星和科学技术等。

8.3.3.5 英国无线电频谱管理的整体模式

历史上英国一直拥有独立的政体。"在英国成为欧盟成员国之前，没有外国机构能够对白厅（泛指英国政府，译者注）的行为实施监管"（Hood 等 1999，第 72 页）。自 1973 年加入欧盟后，"英国内阁办公室成立了专门的欧盟秘书处，作为协调欧盟事务的核心机构"[Mazar 2009，第 115 页，引自 Bender（1991）第 16 页和 Dowding（1995）第 129、130 页]。2003 年《通信法案》的重要意义是促使英国开始遵循欧盟的法规框架。欧盟指令代替了英国原有的许可制度，后者要求电子通信网络在满足一般和特定的条件后才能被授权使用。《通信法案》与欧盟 2002/20/EC 指令（认证）和 2002/21/EC 指令（框架）共同构成了英国的频谱许可制度。由于需要根据欧盟指令要求做出调整，英国的电信法规框架经常变化。

英国通信办公室通过位于赫特福德郡鲍多克的固定监测站和 70 辆配有频谱测量设备的机动监测车，对英国境内的无线电频谱实施监控。英国境内还建立了可远程接入的频谱监测网络。

英国广播公司（BBC）是欧洲创新的引领者，历史上曾率先开展电视（1926，较美国 AT&T 公司早 1 年）、FM 广播（1955）、NICAM[①]立体声广播电视（1986）和数字电视（1998）的应用。由于英国政府早在 2003 年就将无线电管理权转交给隶属于议会的通信办公室，因而在放松电子通信管制方面走在欧洲前列。上述成就的取得与英国通信办公室的决策者主要由经济学家组成有关[②]，他们围绕服务普通公众的目标，善于从经济角度思考问题并做出决策，相比之下，法国国家频率管理局主要由工程师组成，美国联邦通信委员会主要由律师组成。

《无线电报法案》基于"低干涉"、开放、非歧视和透明许可原则，尽可能明确和简化频谱使用许可规则和条件，并取消了相当一部分执照获取程序。英国实施对无线电频谱使用放松管制的政策，推动欧洲建立频谱二次交易法规，出台"低干涉"频谱许可制度（如针对船舶和业余无线电台的全寿命许可服务），推行基于技术中立模式的频谱拍卖制度，促进军队用户释放频谱或与商用用户共享[③]。同时，英国还面向"服务中立"的目标，取消对移动通信运营商（不仅对固定或移动接入）的诸多限制，大力推广普及数字电视。

英国的地理位置使得无线电频谱使用具有诸多优势，如英国境内的短波发射信号可传送至大部分海外领地（Hills 2002，第 211 页）。英国相对欧洲更加靠近美国。英国作为一个岛国，可以很方便地将 AM 广播发射台站部署在海岸附近，从而使得中波（MF，300～3000 kHz）传播损耗大为减小，增大了电台的覆盖范围。

由于英国与欧洲大陆之间拥有一定的"射频保护距离"，从而有助于其保持一定的独立性。正如 Cave 报告（2002，第Ⅳ页）所言，当欧盟的无线电协调政策与英国有关利益发生冲突时，后者会采取保留立场。但英国与欧洲大陆之间的距离还没有远至可以无须考虑电波影响的程度，这是因为 3000 MHz 以下无线电波（MF、HF、VHF 和 UHF 频段）可以轻松穿越英吉利海峡，其有可能对海峡两岸无线电台站构成干扰。为防止发生相互的无线电干扰，英国必须与欧洲开展频率协调。无线电频率与货币（如英镑与欧元）或驾车习惯（如左手驾车）不同，它没有被赋予文化属性，因而德国、法国、英国和其他欧盟国家可以让渡他们的"无线电频率主权"，并联合采取适当的协调措施（如采用相同的法规和标准），以促进无线电频谱的最佳化利用。

无线电频谱的分配具有逻辑上的符合性。在英国，法官通常会援引法律的精神而非条文本身，基于对法律的"解释"做出判决[④]。无线电法规被视为一种手段，而非目的。英国所坚持的"释法"理念与不拘泥于法律条文的做法，与其遵循普通法系（基于判例进行裁决）有关。在遵循普通法系的国家，法官具有较大的自由裁量权。与英国不同，欧洲大陆主要遵循民法法系（成文法）。

作为一个占据全球领先地位的国家，英国的影响力遍及欧洲、非洲、亚洲和澳大拉西亚（特指澳大利亚、新西兰及其附近南太平洋诸岛，译者注），特别是对英语国家、英国前海外殖民地国家和英联邦国家的影响更为长远。历史上英国对其殖民地具有管辖权，而且曾经宣称，"英国对殖民地总的、可见的贡献就是法律和自由贸易"[Mazar 2009，第 117 页，引自

---

① NICAM 是近实时语音压扩多路传输的英文缩写，是一种模拟电视声音传播格式。
② 英国通信办公室前主席 Lord David Currie（担任至 2009 年 7 月 31 日）是商业经济学教授，前主席 Mary Colette Bowe（担任至 2014 年 3 月 31 日）也是经济学家出身，现任主席 Dame Patricia 曾长期在广播行业任职。
③ 见 Cave 报告（2002，第 39 页）和 Cave 审计报告（2005，第 50 页）。
④ 根据 2004 年 6 月与英国通信办公室官员的口头讨论。

Paterson（1993）第 121 页]。英国通过与原海外殖民地国家持续沟通合作，一直与这些国家保持密切关系，这种关系比葡萄牙、荷兰、德国和意大利等与其原殖民地国家的关系更为紧密。以色列根据英国 1949 年颁布的"强制性"《无线电报法案》（WTA）制定了本国的《无线电报法案》（与英国法案名称保持一致）。英国是第一个实行正式频谱审查的国家，欧洲随后也制定了详细频谱审查（DSI）程序。依据 ITU-D 第 9 号决议（关于国家频率划分表），欧洲频率划分表被进一步扩展。

英国的若干指标

英国是普通法系的发源地，普通法系也是所有英语国家的法律渊源。德国和英国于 1967 年率先采用 PAL 制式彩色电视系统，该电视系统的推广使用突显了英国（和德国）的殖民历史和地缘政治影响力。2008—2012 年，英国各地相继部署使用了 DVB-T 系统。英国是欧洲邮电主管部门大会、英联邦电信组织（CTO）[①]的成员国。经过媒体的激烈争论，英国政府事实上同意蜂窝移动通信基站发射应符合国际非电离辐射防护委员会（ICNIRP）1998 年制定的公众限值要求（在 1000 MHz 频率上的辐射为 5 W/m^2）。

8.3.3.6 英国无线电频谱管理框架总结

英国是无线电频谱管理领域的引领者，这得益于其奉行个体自由最大化原则。英国实行自由市场经济，也是放宽对电子通信领域限制的主要推动者。英国积极采纳有关建议（如 2002 年 Cave 报告所给出的建议），在欧洲大多数国家之前较早实施电信放松管制政策。英国作为欧洲一员，在促进欧洲和全球放宽对无线电频谱管理限制方面具有重要影响。英国是第一批执行欧盟指令的国家。在国际电联组织的世界无线电通信大会上，英国通常会与欧洲邮电主管部门大会协调立场。这些都体现出英国对国际电联、欧洲邮电主管部门大会、欧盟和欧洲电信标准化协会的重要贡献。但是，英国的立场在许多场合下会受到美国的影响。

英国已经开始实施广播和电信融合发展，其中在广播领域主要推行内容和传输的融合，在电信领域主要推行固定和无线电话的融合。英国在视频和声音广播的诸多新技术领域居于领先地位。

8.3.4 美国无线电频谱管理框架

8.3.4.1 美国无线电频谱管理法律法规

美国国会、联邦法院和政府共同构成美国通信领域的法律框架。

美国国会领导联邦通信委员会（FCC），并负责制定《通信法案》。自 1934 年以来，美国国会对《通信法案》进行了多次修订，特别是根据 1996 年的《电信法案》对其进行了较大修改。法案中涉及国家安全、通信执法和情报团体的内容，主要依据《通信援助执法法案》（CALEA）和《美国爱国者法案》进行修订。1934 年《通信法案》是对与电话、电报和无线电通信有关的多部联邦法规的汇总，并定期增加广播、电缆和卫星电视方面新兴通信技术的管理条款。国会可通过新立法对通信法律进行修订，也可通过联邦通信委员会对相关政策进行调整，还可通过立法或推迟执行来否决联邦通信委员会的决定。国会 1993 年通过的《综合

---

① 英联邦电信组织（CTO）是一个总部位于伦敦的国际组织。

预算调节法案》授予联邦通信委员会开展频谱拍卖的权利。国会通过其所属委员会和拨款程序对电信法规施加影响。正如 Hills.J.所言，"美国政府所领导的经济体对国内生产秉持强烈的保护主义；美国是一个分权制国家，生产者的压力可以轻易而有效地在国会得到消除"（Hills 1984，第 245 页）。

联邦法院：美国上诉法院可以对联邦通信委员会的决定进行审议，并对联邦通信委员会是否在其职权内做出有关决定进行判决。法院充分保障个体的权利，但有些激进的法官也会制定政策，导致联邦通信委员会的决策权受到侵犯。

美国政府："合众为一"[①]。《通信法案》明确规定了美国 50 个州对通信事务拥有诸多管理权。各州由公共事业委员会行使对本州通信事务的管理权。与联邦法院可对联邦通信委员会的决定进行审议类似，各州法院可对州公共事业委员会的决定进行审议。各州颁布的法规仅对本州适用，如联邦法规和州法规均对有线电视业务做出规定。包括短距离设备在内的大多数无线设备的使用范围可能会超出州的边界范围，因此需要通过联邦法规做出规定。

8.3.4.2 美国无线电频谱管理主要组织机构

国家电信与信息管理局（NTIA）

国家电信与信息管理局是隶属于商务部的行政机构，主要负责为总统提供电信和信息政策事务方面的建议。在无线通信领域，国家电信与信息管理局工作和决策的重点是扩展频谱的使用范围，为提高美国教育水平、改善健康质量和确保公众安全提供支持。国家电信与信息管理局负责管理联邦政府（包括国防部）频谱使用，为商业应用提供更多频谱资源，促进宽带和新兴技术发展。

国家电信与信息管理局由以下办公室构成，他们可向助理国务卿报告工作：

- 国际事务办公室（OIA）；
- 政策分析和发展办公室（OPAD）；
- 频谱管理办公室（OSM）；
- 电信和信息应用办公室（OTA）；
- 电信科学研究院（ITS）。

在国家电信与信息管理局领导下处理无线通信事务的 3 个重要机构如下。

- 频谱管理办公室致力于保护和管理联邦政府关键用频业务，同时支持商业无线宽带和技术发展。频谱管理办公室接受跨部门无线电咨询委员会（IRAC）的协助和建议。
- 跨部门无线电咨询委员会创建于 1922 年，由联邦政府各领域专家组成，负责提供频谱管理政策建议。跨部门无线电咨询委员会的主要任务是协助助理国务卿为美国政府无线电台指配频率，制定频谱划分、管理和使用方面的政策、计划、程序和技术标准。跨部门无线电咨询委员会由 1 个总委员会、6 个分委员会和若干临时工作组组成，业务范围涵盖了应急准备、频率划分指配等频谱管理的诸多政策领域。跨部门无线电咨询委员会的代表来自如下部门和机构：农业部、空军部、陆军部、广播理事会、海岸警卫队、商务部、能源部、联邦航空局、国土安全局、内务部、司法部、国家航空航

[①] 该格言刻在美国国玺中美洲鹰的上方。

天局、国家科学基金会、海军部、国务院、运输部、财政部、美国邮政部和退伍军人事务部。
- 商业频谱管理咨询委员会（CSMAC）向助理国务卿提供通信和信息领域的频谱政策建议，其成员由联邦政府外人士且被任命为"特别政府雇员"的频谱政策专家组成。委员会成员就推动新兴技术和业务发展提出意见和建议，包括公众宽带业务接入、公共安全、长期频谱规划等领域的改革建议等。委员会成员的遴选主要基于其技术背景和专业能力，并由国家电信与信息管理局委任，以确保成员观点的多样性和平衡性。委员会成员代表个人立场行事，不代表任何组织或利益团体。

图 8.5 给出了美国 2011 年无线电频率划分图，该图由国家电信与信息管理局频谱管理办公室绘制。美国 2010 年频率划分表文本可通过国家电信与信息管理局网站查询。包括《联邦政府 225 MHz～5 GHz 频段使用报告》（2014 年 4 月）在内的《联邦频谱目录》提供了相关频段内联邦政府重要业务的频率使用信息。

图 8.5 美国无线电频率划分图（来源：http://www.ntia.doc.gov/files/ntia/publications/spectrum_wall_chart_aug2011.pdf）

联邦通信委员会（FCC）

联邦通信委员会是一个独立的美国政府机构，直接向美国国会负责。联邦通信委员会根据 1934 年《通信法案》创建，主要负责管理跨州和国际无线电、电视、有线、卫星和电缆通信事务，是美国通信法律、规则和技术创新的主管部门，管辖范围包括美国 50 个州、哥伦比亚特区和美国属地。联邦通信委员会主要履行监管和标准化职责，依据技术委员会起草的标

第 8 章 国家无线电频谱管理

准制定相关规定。联邦通信委员会由 5 位委员领导，委员均由总统任命并经参议院批准，任期为 5 年。总统指定一位委员担任委员会主席[①]。图 8.6 为联邦通信委员会组织架构，更新时间为 2016 年 5 月 1 日。

```
                            FCC
                    Tom Wheeler（主席）
              Mignon L.Clyburn、Jessica Rosenworcel、
                    Ajit Pai、Michael O'Reilly
                            │
              ┌─────────────┴─────────────┐
          监长办公室                   律师办公室
```

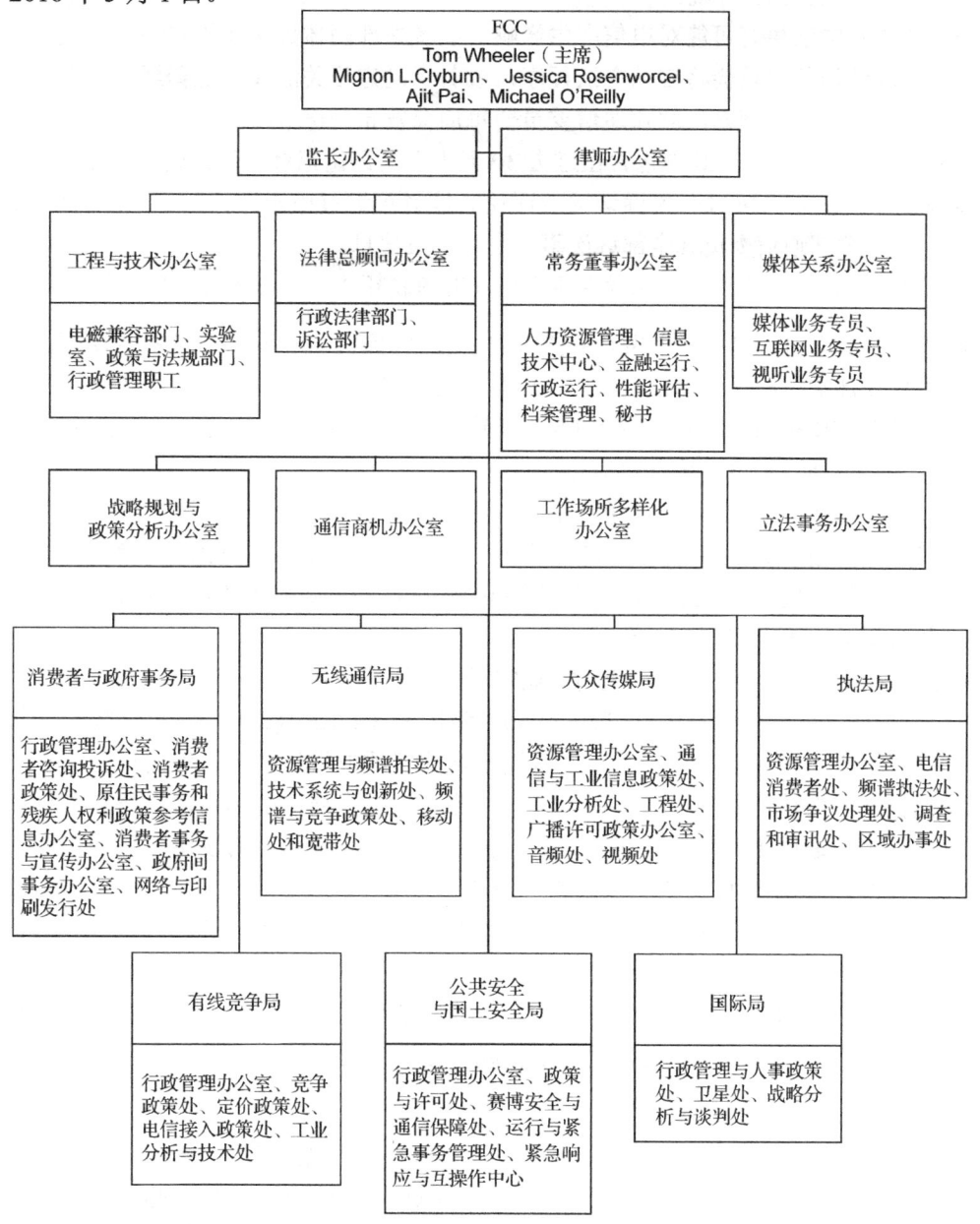

工程与技术办公室	法律总顾问办公室	常务董事办公室	媒体关系办公室
电磁兼容部门、实验室、政策与法规部门、行政管理职工	行政法律部门、诉讼部门	人力资源管理、信息技术中心、金融运行、行政运行、性能评估、档案管理、秘书	媒体业务专员、互联网业务专员、视听业务专员

战略规划与政策分析办公室	通信商机办公室	工作场所多样化办公室	立法事务办公室

消费者与政府事务局	无线通信局	大众传媒局	执法局
行政管理办公室、消费者咨询投诉处、消费者政策处、原住民事务和残疾人权利政策参考信息办公室、消费者事务与宣传办公室、政府间事务办公室、网络与印刷发行处	资源管理与频谱拍卖处、技术系统与创新处、频谱与竞争政策处、移动处和宽带处	资源管理办公室、通信与工业信息政策处、工业分析处、工程处、广播许可政策办公室、音频处、视频处	资源管理办公室、电信消费者处、频谱执法处、市场争议处理处、调查和审讯处、区域办事处

有线竞争局	公共安全与国土安全局	国际局
行政管理办公室、竞争政策处、定价政策处、电信接入政策处、工业分析与技术处	行政管理办公室、政策与许可处、赛博安全与通信保障处、运行与紧急事务管理处、紧急响应与互操作中心	行政管理与人事政策处、卫星处、战略分析与谈判处

图 8.6　联邦通信委员会组织架构（来源：联邦通信委员会）

联邦通信委员会在联邦层面实施对无线电频谱的管理，具有决策、指导、调查和审批权。同时，联邦通信委员会是通信法规制定的国际领导机构，对北美、南美洲和亚洲的通信法规

[①] 联邦通信委员会现任 5 位委员中有 4 位为律师，其中 Tom Wheeler 律师于 2013 年 11 月 4 日被任命为 FCC 第 31 任主席，其他 3 位律师委员包括 Jessica Rosenworcel 律师、Ajit Pai 律师和 Michael O'Reilly 律师。另一位委员为 Mignon L. Clyburn，获银行、金融和经济学学士学位。

具有重要影响力。八十多年来，联邦通信委员会通过与工业界保持密切协调关系，注重产权和无执照"公众"的频谱使用权，为无线电频谱应用领域制定了基于市场的政策制度，构建了灵活有效的管理和创新环境。

当国会颁布的法律有可能对电信产生影响，或者外部团体提交新的立法或修改现行法规的申请时，联邦通信委员会将启动立法程序，或着手制定相关法律的配套规章和政策，详情可参考联邦通信委员会网站。联邦通信委员会每周会发布一份事项清单，列出未决诉讼，并在全体委员会范围内传阅，其中包含在过去30天内有过评论记录的诉讼链接。任何人（包括通过美国域外网址）均可对有关诉讼发表评论。读者可通过电子评论归档系统（ECFS）获取1992年至今联邦通信委员会全部诉讼事件表和决策信息。

联邦通信委员会有关法律和规章主要列在《美国联邦法规》第47篇中。

- Part 15：适用于包括短距离设备在内的所有"无线电频率设备"的技术法规。该法规不仅在加拿大和墨西哥得到沿用，而且对巴西等大多数拉美国家、亚洲和非洲许多国家具有重要影响，详情可参考3.5.2节国际电联2区内容和《美国联邦法规》第47篇FCC Part 15《无线电频率设备》。
- Part 2：《频率划分和无线电条约事宜；通用法规与规则》已经编入美国《频率划分表》§2.106。美国《频率划分表》包含了9 kHz~275 GHz频段的《国际频率划分表》和美国频率划分规定。此外，联邦通信委员会还提供网络版的频率划分历史文件，最新更新时间为2014年7月25日。
- Part 2，Subpart J：《设备许可程序》规定了美国无线设备的授权程序，包括校验（47CFR§2.902）、符合性声明（47CFR§2.906）和认证（47CFR§2.907），其中校验和符合性声明属于自我认证过程，需要设备制造商或资质方根据联邦通信委员会法规开展自我认证，而认证需要通过资质方预先将测试数据提交给联邦通信委员会进行审核。认证主要适用于新型设备或工作时存在较大干扰风险频段的设备（包括车库门遥控开关），因此这些设备的测试数据即使通过审核，仍需满足一定的工作环境限制。通过认证的设备须张贴FCC标识。联邦通信委员会通过履行上述程序，一方面把好新技术准入关口，另一方面也可通过控制和修改射频参数，保证设备对无线电杂散发射具有一定的容忍度。设备制造商根据联邦通信委员会法规，对设备进行自我测试或经第三方测试，表明设备通过校验或符合性声明，即具备张贴FCC标识的条件。详见3.1.4.3节。

美国是率先开展频谱重整（refarming）的国家之一。"频谱重整"一词原本是1992年美国联邦通信委员会发布的公告和决策制定评述（PR Docket No.92-235）中所使用的非正式名称，旨在制定陆地专用移动网络（PLMR）频谱划分和高效使用整体战略，满足未来通信需求。1995年6月，联邦通信委员会制定了针对800 MHz以下陆地专用移动网络的窄带信道使用计划。1997年2月，联邦通信委员会通过《第二次报告和指令》（Second Report and Order），将20个分散的无线电业务频率组成两个频率池：公共安全频率池和工业/商业频率池。2001年5月，联邦通信委员会通过《第六次备忘录意见和指令》，对有关问题进行处理，并终止了频谱重整计划。

依据美国《信息自由法案》，2014年9月12日联邦通信委员会向作者提供相关信息[①]，该信息显示联邦通信委员会所有学术雇员中，律师占64%（585/916），工程师占29%（269/916），经济学者占7%（62/916）。与之相对应，法国国家频率管理局（ANFR）大多由工程师构成，英国通信办公室（Ofcom）雇员中经济学者占32%。联邦通信委员会比法国国家频率管理局和英国通信办公室承担更多的职责，如需要协助欧洲电信标准化协会完成标准化工作，以及在欧洲邮电主管部门大会中承担工作等。除人员构成不同外，联邦通信委员会与英国、法国电信机构的总雇员数量存在较大差别，如前者有1725位雇员，而后者雇员数分别为809位和308位。表8.9对联邦通信委员会和英国通信办公室的人员构成进行了对比。

美国国务院

依据国际会议组织程序，由美国国务院与联邦通信委员会和国家电信与信息管理局协调，指派美国参与国际会议的代表。国务院负责制定美国的国际通信和信息政策（CIP）。

负责经济增长、能源和环境事务的副国务卿掌管经济与商业局（EB）。经济与商业局的使命是促进美国本土和海外的经济安全与繁荣，该局共包含7个下属部门，其中CIP办公室（EB/CIP）负责制定、协调和审查美国国际电信和信息政策，指派美国代表参与双边和多边谈判，在电信安全、频谱和其他通信相关事务方面表达美国立场。EB/CIP的主要目标包括：

- 通过在国际电联等国际组织开展谈判，为当前和未来技术发展争取足够频谱；
- 推动各国采纳相关技术标准，特别是美国标准；
- 推动非必要海外法规的废止，促进国有企业的私有化。

EB/CIP下辖3个办公室：双边和区域事务办公室、多边事务办公室、技术和安全政策办公室。其中多边事务办公室（CIP/MA）全权代表美国的信息通信技术（ICT）和电信政策领域的利益，并参与下列多边组织：国际电联、经济合作和发展组织（OECD）、亚太经济合作组织（APEC）、美洲国家组织（OAS）下属的美洲国家电信委员会（CITEL）。

国际电信咨询委员会（ITAC）为国务院筹备参与国际条约组织提供咨询建议。国际电信咨询委员会包含3个部门（与国际电联相似），即电信标准化部门（ITAC-T）、电信发展部门（ITAC-D）和无线电通信部门（ITAC-R），相关部门的结构与职责与国际电联相对应。国际电信咨询委员会的成员面向公众招聘。

8.3.4.3 美国标准发展情况

国家标准与技术协会（NIST）

国家标准与技术协会创建于1901年，是隶属于美国商务部的非行政性联邦机构，主要目标是通过提升测量科学、标准和技术水平，促进美国创新和工业竞争力。国家标准与技术协会组织实施的主要项目如下：

- 国家标准与技术协会实验室主要开展世界级的研究项目，协助美国公司企业持续改进产品和服务；

[①] "截至该日期，联邦通信委员会拥有1725位雇员，其中包括269位工程师、585位律师、62位经济学者，以及拥有各种技术和管理技能的其他809位雇员，后者包括但不局限于消费市场专员，以及信息技术、金融管理和人力资源管理专员。"

- 霍林斯（Hollings）制造业扩展合作计划的目标是构建一个全国性区域中心网络，主要为小型制造商提供技术和商业服务；
- 波多里奇（Baldrige）卓越绩效计划的目标是提升美国制造商、服务公司、教育机构、医疗服务人员和非营利性组织的运营绩效。

美国国家标准研究院（ANSI）

美国国家标准研究院创建于 1918 年 10 月 19 日，是一个私营、非营利性组织，由政府机构、组织、企业、学术和国际性实体和个人构成，下辖电信等许多专业部门，代表着超过 125 000 家企业和 350 万专业人员的利益。美国国家标准研究院负责协调美国标准和合格评定系统，向标准开发人员和合格评定机构颁发认证许可。由认证标准开发者提出的标准经美国国家标准研究院批准后，即成为美国国家标准（ANS）。美国国家标准主要适用于美国民众和联邦政府。例如，联邦通信委员会所使用的 IEEE[①] Std C95.1-1999 标准（也记为 ANSI/IEEE C95.1）[②]由美国国家标准协会于 1992 年批准。

美国国家标准研究院是国际标准化组织（ISO）中的美国官方代表，是国际认可协会（IAF）成员，并通过美国国家委员会参与国际电工委员会（IEC）活动。在区域层面，美国国家标准研究院代表美国参与太平洋地区标准会议（PASC）和泛美标准委员会（COPANT）活动，同时也是太平洋认可合作组织（PAC）成员，并与美国质量学会（ASQ）国家认证委员会（ANAB）共同作为美洲国家间认可合作组织（IAAC）的成员。

工业界标准发展情况

参与无线电标准化工作的主要国内工业协会如下。

- 电信工业协会（TIA）是面向全球信息通信技术（ICT）领域的贸易协会，主要通过制定政策和标准，搜集商业机会、市场情报和网络事件，提升电信、宽带、移动无线、信息技术、网络、有线、卫星、联合通信、紧急通信和绿色技术等领域企业的商业环境。与美国国家标准研究院类似，电信工业协会主要基于自愿和共识原则，制定信息通信技术各个领域的标准，这些标准也需要经过美国国家标准研究院的认证。电信工业协会下辖 12 个工程委员会，关注的方向包括私人无线电设备、蜂窝通信基站、数据终端、卫星、电话终端设备、可接入性、网络电话设备、结构化布线、数据中心、移动通信设备、多媒体多路广播、车辆远程信息处理、医疗服务、智能设备通信、智能装置组网及可持续性/环境友好型通信技术等。目前有超过 500 个活跃参与者加入电信工业协会的标准制定工作，包括电信设备制造商、服务提供商、政府机构、学术机构、终端用户和其他利益相关者。电信工业协会与国际电联、国际标准化组织和国际电工委员会建立了协调机制。历史上，电信工业协会曾经制定了 TIA-95（CDMA 或 cdmaOne）、TIA-136（TDMA）和 TIA-2000（cdma2000）标准。2014 年 7 月，电信工业协会发布了 cdma2000 扩频通信系统的物理层标准 TIA-2000.2-F-1。
- 蜂窝电信和互联网协会（CTIA）创建于 1984 年，是一个面向无线通信工业领域的非

---

① IEEE 是美国国家标准协会认可的、可起草美国国家标准的 234 个标准开发者之一。
② 1996 年，联邦通信委员会开始采用 ANSI/IEEE C95.1-1992 和国家电磁辐射防护委员会（NCRP 1986）的射频暴露限值。2006 年，IEEE 对 ANSI/IEEE C95.1-1992 进行了修改，并发布了 IEEE C95.1-2005。同年，ANSI 批准了 IEEE C95.1-2005，并定名为 ANSI/IEEE C95.1-2006。上述两部标准规定了不同的射频暴露限值，且联邦通信委员会参与了前一标准的修改工作。

营利性国际组织,主要成员包括无线运营商及其供应商,以及无线数据服务和产品的供应商和制造商。蜂窝电信和互联网协会经常向各级政府会员发起倡议,协调工业界的志愿者为消费者提供多种选择和信息服务,包括自愿性的行业指南、移动设备循环回收和重复使用计划,以及为智障人士提供无线接入服务等。蜂窝电信和互联网协会还负责主持贸易展览和认证项目等。

除了电信工业协会与蜂窝电信和互联网协会外,还有其他许多私人协会参与美国标准和法规发展进程。与其他国家一样,工业界是美国标准发展的主要参与者,对美国法规的制定具有很大影响力(相较法国而言)。联邦通信委员会通过尽量减少对创新型实体频率指配的法规限制,从而促进了无线工业创新并树立了很好的典范。美国工业界不仅发明了调频广播、移动电话、地球静止轨道和非地球静止轨道卫星(包括 GPS)及 Wi-Fi,而且积极推进软件定义无线电(SDR)[1]、认知无线电系统(CRS)[2]和超宽带(UWB)[3]设备的创新发展,这些成就也体现了工业界和主管部门之间协同合作的价值。

科学和业余无线电

- 射频委员会(CORF)是由美国射电天文学家和遥感研究者等科学家组成的委员会,该委员会主要在美国国家科学院的支持下,通过向联邦通信委员会提交诉讼,来满足其无线电频谱需求和干扰保护要求。CORF 代表美国科学界参与国际科学理事会(ICSU)射电天文和空间科学频率分配委员会(IUCAF)有关事务,以及国际电联无线电通信部门有关工作组的工作。
- 美国无线电转播联盟(ARRL)成立于 1914 年,也称为美国全国业余无线电协会,是全球最大的业余无线电爱好者组织,截至 2015 年 12 月,其会员超过 161 000 人。美国无线电转播联盟的宗旨基于五大原则:公共服务、倡导、教育、技术和会员关系。

8.3.4.4 美国无线电频谱管理的整体模式

美国的开国元勋们将个人权利和自由视为神圣不可侵犯。通过大力倡导个人权利保护,并构建防止权利滥用的民事诉讼制度,美国形成了保护公民权利的模式。在美国,"人民是国家主权和政治合法性的最终来源"(Altman 2001,第 91 页);亚伯拉罕·林肯的"葛底斯堡演说"[4]道出了美国主权的归属:"民治、民有、民享。"无线电频谱作为一种资源,应该被尽可能充分地使用,以造福社会、经济和安全。Slovic(2000,第 324 页)认为美国人民对其政府、科学和工业持有不信任感,但事实上,美国是一个法制社会,美国公民信奉科学并推动工业不断发展。美国与欧洲的无线电频谱管理大为不同。尽管美国国土辽阔,社会多元,但制定无线通信政策和频谱管理的权利却集中在华盛顿的政客手中。美国的电报、广播和电信服务从来没有实现全国统一化。自 1920 年起,美国的广播电台一直由私人企业独立运营。

1946 年制定的美国《行政程序法案》(APA),规定了美国联邦政府行政机构提出和制定法规的程序,对美国诸多事务具有控制和管理作用。《行政程序法案》的核心是法规透明。联

---

[1] 软件定义无线电可以在无须改变无线电设备硬件的前提下,调整其频率范围、调制方式和输出功率。
[2] 认知无线电系统支持动态编程和参数配置,当系统探测到可用信道后,可在指定频段和位置动态指配频率,并调整发射和接收参数。
[3] 超宽带系统的发射功率极低,即使先前在同一频段工作的用户也很难感知其存在。超宽带系统是家庭娱乐网络的核心技术。
[4] 该演说发表于 1863 年 11 月 19 日。与该演说关于权利的表述相似,修昔底德(Thucydides)认为"权利掌握在大多数人手中"。

邦通信委员会所倡导的"国家频谱管理的最佳途径"是制定透明、公平、经济高效和有效的频谱管理政策。

1996年《电信法案》反映了美国的商业模式：基于市场、放松管制和低干涉。美国允许工业界和个人参与法规和标准制定。美国的管理环境受法律制约，法庭仅依据程序性证据对管理决策进行审查，一般不会关注决策内容是否站得住脚（Morgan 和 Henrion 1990，第293、294页）。美国无线电频谱管理的法律和政策与国家、联邦政府和地方政府机构之间具有复杂关联性，无线电频谱管理事务由联邦通信委员会和国家电信与信息管理局共同负责，构成国家无线电频谱管理体制。国家电信与信息管理局负责国防、空间科学和空中交通管理等联邦政府频谱使用的管理，而联邦通信委员会负责其他用户频谱使用的管理，包括个人（如Wi-Fi和蓝牙）、私营企业（如蜂窝移动通信运营商、电台和电视台）、州和地方政府（如警察和急救医务人员）。用于政府和商业服务的大量频谱由国家电信与信息管理局和联邦通信委员会共同使用和管理。图8.7描述了美国国家无线电频谱管理的体制框架[①]。

美国无线电频谱管理体制中还存在一个负责相关国际事务的主管部门——国务院。

除国防部和警察局等少数联邦政府机构外，大部分美国无线运营商为私人实体，如广播台、电视台、电信和电力公司等。美国在大部分无线技术领域领先于欧洲，如模拟蜂窝移动通信系统AMPS、NTSC制式彩色电视、ATSC制式数字电视、数字蜂窝移动通信系统CDMA和宽带电力线（BPL）等。因此，北美用户（包括其他采用美国标准的国家）通常会比欧洲更早地体验新型无线服务。欧洲在吸取大量经验的基础上，再开发出更为先进的技术标准（如PAL/SECAM、DVB-T和GSM）。一方面，美国通过率先采用尚未完全成熟的技术，能够缩短技术走向市场的周期（如CDMA），但也给竞争对手留下空间，同时需要牺牲一定程度的互操作性；另一方面，欧洲更倾向于发展成熟的技术标准，并确保相关产品的兼容性和一致性（如GSM）。

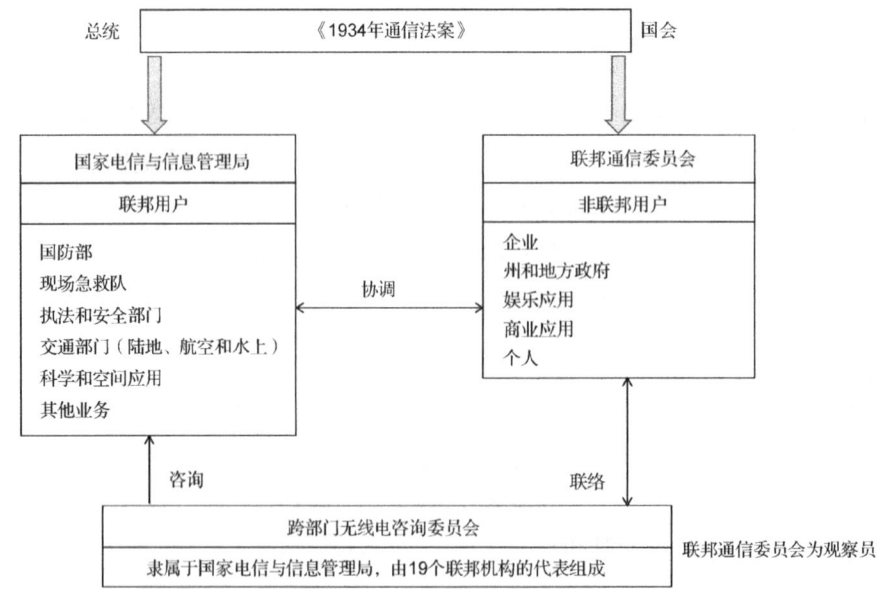

图8.7 美国国家无线电频谱管理的体制框架

[①] 图8.7中内容来源于多个网站和作者个人知识，如美国无线电转播联盟给出的国家频谱管理内容和 www.ic.gc.ca/eic/site/smt-gst.nsf/eng/sf09401.html 网站列出了跨部门无线电咨询委员会的19个联邦机构。联邦通信委员会仅与跨部门无线电咨询委员会保持技术联系，不能实质参与相关问题的讨论。若将联邦通信委员会计算在内，则跨部门无线电咨询委员会有20个机构。

美国政策通常鼓励更灵活的无线电频谱使用行为，甚至有些频段的授权使用尚未获得国际电联无线电通信部门许可。例如，允许卫星与非授权电子设备和超宽带设备共用频谱。由于美国与欧洲的人口密度不同，且美国的技术（非行政性）方案由人口密集城市的工业界提出，因此联邦通信委员会制定的无线电法规相较欧洲更为宽松。尽管美国国家电信与信息管理局和联邦通信委员会已经在频谱管理去管制方面做出了很多努力，但 2010 年和 2013 年总统备忘录仍要求这两个机构为无线宽带寻找额外 500 MHz 频谱，并推进更高层次的频谱共享。

除了欧洲之外，美国作为超级大国，其先进技术具有巨大国际影响力。美国的无线标准和联邦通信委员会的法规在全球得到广泛应用。例如，在加拿大[①]和墨西哥，部分美国标准和法规仅需通过例行性审批即可投入使用。然而，由于 GSM 系列标准在全球的成功推广（以及 LTE 相对美国 cdma2000 具有优势），日本成功在巴西推广 ISDB-T 标准，南美洲除了采用 FCC Part 15 "低功率设备"规定外，没有再采用美国的无线标准（也存在某些政治原因[②]）。非洲和中东（属于国际电联 1 区）更倾向于采用欧洲频率分配和有关标准。进入 21 世纪以来，东亚（包括中国、日本和韩国）和澳大利亚作为国际电联 3 区成员，开始积极制定推行本国的标准和法规。

8.3.4.5 美国电信领域相关指标（包括人体射频暴露）

联邦通信委员会办公室承担美国境内无线电频谱管控任务，其所属的 23 个办公室均拥有 1 个固定 VHF/UHF 监测站、2～4 辆移动监测/测向车，以及若干便携式/手持式监测设备。此外，联邦通信委员会还负责 14 个固定短波监测站的运行。联邦通信委员会总共拥有的固定、车载和便携式监测站数量约为 110 个。1994—2013 财年，联邦通信委员会通过组织 83 次频谱拍卖和收取 39 594 笔频谱执照费，总共收入 51 997 535 040 美元[③]。

1954 年，美国率先开通 NTSC 制式的彩色电视服务，比法国、德国和英国早 13 年。采用 60 Hz 交流电源和右侧驾车的国家（如菲律宾、韩国等）主要使用 NTSC 制式的彩色电视，而采用 50 Hz 交流电源和左侧驾车的国家（如泰国、新加坡、澳大利亚、印度等）主要使用 PAL 制式的彩色电视。全球很多国家都采用电话拨号"+1"和 cdma2000 技术（与 UMTS 相对），充分反映了美国标准的影响力。美国在欧洲之前启用数字电视标准（ATSC），截至 2009 年 6 月 12 日，美国所有大型广播台均停止了模拟电视广播服务。2015 年 9 月 1 日之前，美国所有的模拟电视台停止运行。2007 年 3 月 1 日之后，仅支持模拟体制的电视设备被禁止在美国境内销售。美国不仅是国际电联成员，也是美洲国家电信委员会（CITEL）成员和北美自由贸易协定（NAFTA）的签约国。加拿大和墨西哥通常会与美国的电信标准保持一致，这在世界上其他地区很少出现。

2016 年 2 月 2 日，美国主管部门将 400～1500 MHz 频段最大允许人体射频暴露限值（见《美国联邦法规》第 47 篇§1.1310）设定为 ICNIRP（1998）导则门限的 4/3 倍（联邦通信委员会的限值为 $f/150$，是 ICNIRP 限值 $f/200$ 的 4/3 倍），详见 9.3.1.5 节。在涉及移动通信基站射频暴露限值事项方面，美国和日本均为风险偏好型国家。这类国家往往追求效率、增长和发

---

① 大约 75%的加拿大人生活在距美国边境 160 km（100 英里）以内区域。采用国际经济界的"地心引力模型"，基于国家经济规模（如 GDP）和间隔距离，可以预测美国-加拿大和美国-墨西哥之间的双边贸易额。
② 美国的行为常会激起拉丁美洲国家对历史上西班牙帝国殖民的反感情绪。
③ 见美国联邦通信委员会《提交给国会的 2015 财年预算》（2014 年 3 月，第 36 页）。

展，对基站的电磁辐射风险具有一定容忍度[①]。但有时也有例外情形。例如，ICNIRP（1998）关于手机的比吸收率（SAR）限值得到欧盟总理事会第 1999/519 号建议书采纳，并通过 ANSI/IEEE C95.1-2006 标准（第 79 页）认可。其中规定的 SAR 限值为 2.0 W/kg，而美国政府 2016 年 2 月 2 日给出的部分人体 SAR 限值仍为 1.6 W/kg（见《美国联邦法规》第 47 篇§2.1093 和加拿大《安全规范 6》）。美国和加拿大采用上述限值也是有根据的，因为手机比基站距人体更近，所以手机对人体的辐射远大于基站对人体的辐射。

需要指出的是，不仅美国国家标准研究院和联邦通信委员会标准对手机近场最大允许 SAR 的规定有所区别，而且 ANSI/IEEE C95.1-2006 标准[与 ICNIRP（1998）导则类似，第 511 页中表 7]与《美国联邦法规》第 47 篇§1.1310 对公众远场暴露限值的规定也不一致。国际标准规定 400~1500 MHz 频段的功率密度限值为 f（MHz）/200 W/m^2，而美国（和日本）规定 300~1500 MHz 频段的功率密度限值为 f（MHz）/150 W/m^2，即美国标准为国际标准的 4/3 倍（前者更为宽松），详见 9.3.1.3 节。

美国国家标准研究院和 IEEE 均为民间组织。美国国家标准的制定和执行均基于自愿原则，而联邦通信委员会发布的标准具有强制性。联邦通信委员会第 13-39 号调查通知书（NOI）或第 03-137 号报告和指令（R&O）[②]对人体射频暴露限值做出详细规定。2013 年发布的报告和指令建议对《美国联邦法规》第 47 篇§1.1310 进行修改。《美国联邦法规》第 47 篇§1.1310 根据国家电磁辐射防护委员会（1986）和 ANSI/IEEE C95.1-1992 标准（1996 年批准）规定了电流限值。截至 2016 年 2 月 2 日，美国仍在研究确定人体射频暴露限值[③]。

由于美国拥有完善的有线电话网络，因而移动电话的普及率相对较低（相比欧洲），详见表 8.10。另外，全球大多数国家的移动电话都实行主叫方付费（CPP），而美国和加拿大却实行被叫方付费（RPP）。考虑到美国和加拿大国民平均收入较高，也许正是非主叫方付费和完善的有线电话网络导致两国移动电话普及率偏低。欧洲 GSM 的成功普及可能还有另外一个原因，即由于美国和加拿大的移动电话（及相关标准）普及率较低，使得美国技术未能占据主导地位，从而使得欧洲（爱立信公司）一直引领移动通信基站市场发展。

表 8.10 法国、英国、美国和中国无线电频谱管理框架总体对比

	法国	英国	美国	中国*
政策和法规				
正式加入国际电联时间	1866 年 1 月 1 日	1871 年 2 月 24 日	1908 年 7 月 1 日	1920 年 9 月 1 日
首部电信法颁布时间	1852—1870 年	1904 年	1912 年	1963 年
首个主管机构，年	总局，1941 年	邮政大臣（部长），1904 年	商务部长，1926 年	邮电部，1949 年
当前无线电频谱管理机构	通信电子与邮政管理局（ARCEP）、国家频率管理局（ANFR）、高级视听委员会（CSA）	通信办公室（Ofcom）	国家电信与信息管理局（NTIA）和联邦通信委员会（FCC）	工业和信息化部（MIIT）
政策制定者	经济、生产振兴和数字部长	文化、传媒和体育部长	商务部	
频谱规划模式	中央规划和基于市场相结合	基于市场、低干涉		中央规划和基于市场相结合

---

① Burgess 指出，"从历史和文化角度看，美国社会……更为崇尚个人主义，且较少受到历史认同和社群争论的影响"（Burgess 2006，第 334 页）。

② 也可参考第 13-84 号诉讼名册。

③ 加拿大已于 2015 年 3 月修改了人体射频暴露限值，对某些频段的限值规定更为严格，见加拿大《安全规范 6》。

续表

	法国	英国	美国	中国*
民用和军用频谱划分和指配	ARCEP（电信）和CSA（广播）指配民用频率，国防部指配军用频率，ANFR管理所有频谱	Ofcom负责非军用频谱管理，频谱战略委员会（SSC）负责军队、民用航空管理局、气象局、国土办公室和科学业务的频谱分配	FCC负责民用频谱管理，NTIA负责军用频谱管理	工业和信息化部负责民用频谱管理，并与中国人民解放军共同负责频率划分和军用频谱管理
有线和无线、内容和传输的融合	CSA负责内容和传输管理，ARCEP负责有线和无线认证，目前仅广播实现融合，广播和电信仍分立运行	Ofcom负责有线和无线、广播和电信事务管理	自1934年起，FCC负责有线和无线、广播和电信事务管理。NTIA负责政府频谱使用管理	工业和信息化部负责有线和无线通信管理。广播由国家广播电视总局管理
私有化启动时间	1998年组建法国电信（FT）（2013年7月1日，法国电信改称Orange）	1981年《电信法案》	1934年《通信法案》	1998年电信企业从政府中剥离
主要影响因素	工程、经济	经济、工程	法律	多种因素，包括法律、经济、行政管理和技术等
执照豁免	1990年		自1938年起，FCC Part 15设备	短距离设备和移动电话等
型号认可程序	欧盟第1999/5号指令（R&TTE），简单、高效		校验、符合性声明、认证	
无线电频谱管理和监测	体系化集中管理，包括46个固定监测站，监测站数据库齐全	分散配置；1个固定监测站位于鲍多克（Baldock），拥有70辆机动监测车，监测站可网络化远程连接	包括37个固定监测站，其中14个短波监测站，23个VHF/UHF监测站；约69个机动监测站（平均3辆监测车×23个办公室），以及若干便携式/手持式设备。总共约110个监测站	国家层面有9个短波监测站和2个卫星监测站，省级VHF/UHF监测站数量超过1000个
法律框架	民法法系	普通法系		民法法系
无线事务的主要影响区域	海外领地、法语国家	英联邦国家和前殖民地国家	北美和拉丁美洲、亚洲、澳大利亚	东亚
截至2014年移动电话用户数量**	101.21	123.58	110.2	92.7
广播声音和视频				
主要广播电台的建立	1945年建立国有法兰西广播电台（RFT），1982年开始允许开设私营广播电台	1922年建立国有的英国广播公司（BBC），该公司的传输业务于1985年实现私有化	一直为私营广播电台	1958年建立国有电视台——中央电视台（CCTV）
彩色电视开通时间	1967年		1954年1月23日	1973年5月1日
模拟电视终止时间	2011年11月底	2012年	2009年1月12日	计划2020年前
声音广播频段和信道间隔	低频广播频段：148.5~255 kHz。信道间隔为9 kHz AM广播频段：526.5~1606.5 kHz。信道间隔为9 kHz FM广播频段：87.5~108 MHz。信道间隔为100 kHz		没有低频广播 AM广播频段：525~1705 kHz。信道间隔为10 kHz FM广播频段：76~108 MHz。信道间隔为200 kHz	AM广播频段：526.5~1606.5 kHz。信道间隔为9 kHz FM广播频段：87~108 MHz。信道间隔为200 kHz
电视频段和信道间隔	47~68 MHz、174~230 MHz、470~862*** MHz；VHF频段频道间隔为7 MHz，UHF频段频道间隔为8 MHz		54~72 MHz、76~88 MHz、174~216 MHz、470~608 MHz、614~698 MHz；VHF和UHF频段频道间隔均为6 MHz	47.5~72.5 MHz、76~87 MHz、167~223 MHz、470~566 MHz、606~806 MHz；VHF和UHF频段频道间隔均为8 MHz
模拟电视标准	SECAM	PAL	NTSC	PAL-D****
数字电视标准	DVB-T		ATSC	DTMB

相对于ICNIRP（1998）的公众射频暴露限值：功率密度为5 W/m^2，比吸收率（SAR）为2 W/kg

续表

	法国	英国	美国	中国*
1000 MHz 的功率密度	5 W/m^2，100% ICNIRP（1998）限值		6.67 W/m^2，4/3 ICNIRP（1998）限值	0.4 W/m^2，8% ICNIRP（1998）限值
比吸收率（SAR）	10 g 人体组织的平均 SAR 为 2.0 W/kg，100% ICNIRP（1998）限值		1 g 人体组织的平均 SAR 为 1.6 W/kg，80% ICNIRP（1998）限值	10 g 人体组织的平均 SAR 为 2.0 W/kg，100% ICNIRP（1998）限值

备注：
*依据中国工业和信息化部 2014 年 9 月 5 日提供给作者的信息。
**2014 年移动电话用户（每百人）数据来自 ITU-D《世界电信/指标数据库 2015》。
***包括除航空业务之外的陆地移动业务，也包括数字红利频段 1（790～862 MHz）和数字红利频段 2（694～790 MHz）。
****PAL-D 制式通过采用延迟线，将连续条纹之间的色差进行了电平均。

8.3.4.6　美国无线电频谱管理框架总结

美国与欧洲和亚洲之间的电波传播由于被大洋相隔[①]，且国土面积和人口数量大于任何欧洲国家（不含俄罗斯），因而美国在无线电频谱管理领域奉行相对独立的政策。美国无线电频谱管理的目标是满足公众利益和需求，并充分考虑技术和设备的局限性。由于美国国会、国家电信与信息管理局和联邦通信委员会之间存在复杂的权利职责分割关系，一定程度上影响了无线电频谱管理战略规划的顺利实施。

在美国，财产所有权属于"天经地义"的权利。电信基础设施和无线电频谱均属于公众所有，无线电频谱是一种属于美国公民所有的公共财产，而并非联邦政府所独有。美国实行中立性的无线电频谱管理法规和许可制度，不受技术的局限。无线电频谱主管部门的权利受到很大限制，而赋予工业界和服务提供商相对较大权利。相比英国和法国，美国的无线电频谱管理体制更为稳定。在 20 世纪的很长时间里，美国无线电频谱管理所坚持的透明、"低干涉"、放松管制、市场机制和公共协商原则，成为欧洲和许多发达国家学习的榜样。美国认为无线电频谱的使用事关共同利益，积极鼓励创新性频谱管理技术，形成了相对高效的频谱分配模式。美国无线电频谱管理体制具有一定特殊性，联邦政府和各州政府分别履行其频谱管理职权，国家电信与信息管理局和联邦通信委员会则共享政策制定权和法规制定权。其中国家电信与信息管理局负责政府频谱使用管理，联邦通信委员会负责非政府频谱使用管理，大多数频谱管理政策需由这两个机构协商决定。在国际层面，代表美国立场的大多数提案议案由国家电信与信息管理局和联邦通信委员会联合提出，并由国务院派遣代表参与有关国际会议。工业界是美国无线电法规和标准的核心推动力。联邦通信委员会支持美国工业界成为商业管理的重要参与者。美国的无线电频谱管理框架很好地适应了美国企业家的进取精神。美国电信法规和标准对加拿大、拉丁美洲[②]和全球许多国家都有影响。欧盟执行相对独立的无线电频谱管理政策，且与美国形成相互竞争的局面。随着新兴技术、执照豁免频谱和认知无线电等的快速发展，联邦通信委员会所承担的职责可能需要做出调整。

8.3.5　国家无线电频谱管理框架案例研究结论

通过了解法国、英国和美国的国家无线电频谱管理框架，有助于对欧洲国家（包括德国），

---

① 卫星和短波通信除外，因为在美国使用这两种通信方式可能会与欧洲和亚洲存在相互干扰。
② 通常，拉丁美洲国家更倾向于采用日本的数字电视标准 ISDB-T 和亚太 APT700 频率规划，而非美国的 ATSC 标准。

以及大多数发达国家（如澳大利亚、加拿大、新西兰、韩国和瑞士等）的无线电频谱管理有更深入的认识。由于中国是世界主要大国之一，在远东和亚洲事务中发挥着主导性作用，因此中国无线电频谱管理及其发展具有重要影响。通过对各国无线电频谱管理框架进行比较研究，能够启发我们对无线电法规产生新的认知。本章所述几个国家的无线电频谱管理基本构成了全球无线电频谱管理的框架，这些国家的无线电频谱管理法规和标准为全球其他国家提供了参照。通常，发展中国家由于没有先进的无线通信工业，因而很难奉行独立的无线电频谱管理政策和法规。

作为本章的总结，表 8.10 对法国、英国、美国和中国的国家无线电频谱管理框架进行了对比分析，反映出各国无线电频谱管理的特点和区别。表 8.10 实际上构成了国家无线电频谱管理框架的典型内容，主要分为 3 个部分：

- 无线电频谱管理政策和法规；
- 广播声音和视频；
- 相对于 ICNIRP（1998）的公众射频暴露限值。

参 考 文 献

说明：*表示作者参与该文献的编写工作。

Altman, A. (2001) *Arguing About Law: An Introduction to Legal Philosophy*. Wadsworth, Ontario.
ARCEP Annual Report (2013) published on June 2014. Available at: www.arcep.fr/uploads/tx_gspublication/rapport-activite-2013-english-version.pdf (accessed April 19, 2016).
Burgess, A. (2006) The Making of the Risk-Centred Society and the Limits of Social Risk Research', *Health, Risk & Society* **8**(4), 329–42.
Cave, M. (2002) *Review of Radio Spectrum Management: An Independent Review*, (Cave Report), Department of Trade and Industry and Her Majesty's Department of Trade and Industry and Her Majesty's Treasury, London. Available at: www.ofcom.org.uk/static/archive/ra/spectrum-review/2002review/1_whole_job.pdf (accessed April 19, 2016).
Cave, M. (2005) *An Independent Audit of Spectrum Holdings*. Her Majesty's Treasury. London.
China's national standard for electromagnetic radiation GB 8702-88 1988. Available at: www.efolife.com/xinwen/430.html (accessed April 19, 2016).
China, RR of China *Regulations on the Radio Frequency Allocation of the People's Republic of China*' (RRFA). Available at: wgj.miit.gov.cn/n11293472/n11295310/n11297382/n14171099/14429938.html (accessed April 19, 2016).
China Telecom EMF safety and actions in China Telecom, September 25, 2014. Available at: www.itu.int/en/ITU-T/Workshops-and-Seminars/gsw/201406/Documents/Presentations/Forum-on-EMF-25-09-2014/Pres02-RumengTan-EMF-GSW2014-Session2-new.pdf (accessed April 19, 2016).
Crane, R.J. (1979) *The Politics of International Standards: France and the Colour TV War*. Ablex Publishing Corporation, Norwood, NJ.
CSA (2013) Rapport annuel 2013 (Annual Report 2013). Available at: http://www.csa.fr/Etudes-et-publications/Les-rapports-annuels-du-CSA/CSA-Rapport-annuel-2013 (accessed April 19, 2016).
Department for Business, Innovation and Skills (BIS), Department for Culture, Media and Sport (DCMS) and Mason Report (2012) *Impact of Radio Spectrum on the UK Economy and Factors Influencing Future Spectrum Demand*. Available at: https://www.gov.uk/government/publications/impact-of-radio-spectrum-on-the-uk-economy-and-factors-influencing-future-spectrum-demand (accessed April 19, 2016).
Djankov, S., La Porta, R., Lopez-de-Silanes, F. and Shleifer, A. (2003) Courts: the Lex Mundi Project, *Quarterly Journal of Economics* **118**, 453–517.
EC Directive 1997/13 *On a Common Framework for General Authorizations and Individual Licenses in the Field of Telecommunications Services*. Available at: http://http://eur-lex.europa.eu/legal-content/EN/TXT/PDF/?uri=CELEX:31997L0013&from=EN (accessed April 19, 2016).
EC Directive 1999/5/EC (R&TTE) *Radio Equipment & Telecommunications Terminal Equipment*. Available at: http://eur-lex.europa.eu/legal-content/EN/TXT/PDF/?uri=CELEX:31999L0005&from=EN (accessed April 19, 2016).
EC Directive 2002/20/EC (Authorization) *Authorization of Electronic Communications Networks and Services*. Available at: http://eur-lex.europa.eu/legal-content/EN/TXT/PDF/?uri=CELEX:32002L0020&from=EN (accessed April 19, 2016).

EC Directive 2002/21/EC (Framework) *Common Regulatory Framework for Electronic Communications Networks and Services*. Available at: http://eur-lex.europa.eu/legal-content/EN/TXT/PDF/?uri=CELEX:32002L0021&from=EN (accessed April 19, 2016).

EC Report from the Commission to the European Parliament and the Council, *The Radio Spectrum Inventory*, Brussels, 1.9.2014 COM(2014) 536 final. Available at: http://eur-lex.europa.eu/legal-content/EN/TXT/PDF/?uri=COM:2014:536:FIN&from=EN (accessed April 19, 2016).

FCC (2002) *Spectrum Policy Task Force SPTF Report*. Available at: https://apps.fcc.gov/edocs_public/attachmatch/DOC-228542A1.pdf (accessed April 19, 2016).

FCC (2014) *Fiscal Year 2015 Budget Estimates Submitted to Congress*. March Available at: https://apps.fcc.gov/edocs_public/attachmatch/DOC-325947A1.pdf (accessed April 19, 2016).

FCC NOI 13-39 or R&O 03-137 27 March 2013 First Report and Order (R&O) further Notice of Proposed Rule Making (NPRM) and Notice of Inquiry (NOI): *Reassessment of Federal Communications Commission Radiofrequency Exposure Limits and Policies*. Available at: https://apps.fcc.gov/edocs_public/attachmatch/FCC-13-39A1.pdf (accessed April 19, 2016).

FCC *Rules and Regulations*; Title 47 of the Code of Federal Regulations (CFR). Available at: www.fcc.gov/encyclopedia/rules-regulations-title-47 (accessed April 19, 2016).

FCC (no date) www.fcc.gov/general/best-practices-national-spectrum-management (accessed April 19, 2016).

France, ANFR, *Tableau National de Repartition des Bandes de Fréquences*. Available at: http://www.anfr.fr/gestion-des-frequences-sites/le-tnrbf/ (accessed April 19, 2016).

France, ANFR, *Rapport Annuel (Annual Report) 2013*, published July 23, 2014. Available at: http://www.anfr.fr/rapport2013/sources/indexPop.htm (accessed April 19, 2016).

France, *Code des postes et des communications électroniques* CPCE Version of May 30, 2014. Available at: www.legifrance.gouv.fr/affichCode.do?cidTexte=LEGITEXT000006070987 (accessed April 19, 2016).

Hall, C., Scott, C. and Hood, C. (2000) *Telecommunications Regulation: Culture, Chaos and Interdependence inside the Regulatory Process*. Routledge, London.

Hills, J. (1984) *Information Technology and Industrial Policy*. Croom Helm, London.

Hills, J. (2002) *The Struggle for Control of Communication: The Formative Century*. University of Illinois Press, Urbana and Chicago.

Hood, C., Scott, C., James, O., Jones, G. and Travers, T. (1999) *Regulation inside Government: Waste Watchers, Quality Police, and Sleaze-Busters*. Oxford University Press, New York.

Huet, P. (1994) *Rapport sur l'organisation de la gestion des fréquences radioélectriques*. Available at: www.anfr.fr/fileadmin/mediatheque/documents/organisation/0_Huet-Preambule.pdf (accessed April 19, 2016).

IEEE-USA's Committee on Communications Policy (2014) clarifying harmful interference will facilitate wireless innovation. Available at: www.ieeeusa.org/policy/whitepapers/IEEEUSAWP-HarmfulInterference0712.pdf (accessed April 19, 2016).

ITU (2012) *ITU Radio Regulations* Edition of 2012*. Available at: www.itu.int/pub/R-REG-RR-2012 (accessed April 19, 2016).

ITU-D (2013) Trends in telecommunication reform 2013, transnational aspects on regulation in a networked society. Available at: www.itu.int/dms_pub/itu-d/opb/pref/D-PREF-TTR.14-2013-SUM-PDF-E.pdf (accessed April 19, 2016).

ITU-R(2011) *Handbook of Spectrum Monitoring**. Available at: www.itu.int/pub/R-HDB-23 (accessed April 19, 2016).

ITU-R (2015a) *Handbook of Computer-aided Techniques for Spectrum Management (CAT)**. Available at: www.itu.int/pub/R-HDB-01-2015/en (accessed April 19, 2016).

ITU-R (2015b) *Handbook of National Spectrum Management**. Available at: www.itu.int/pub/R-HDB-21-2015/en (accessed April 19, 2016).

ITU-R Recommendation SM.1370 *Design Guidelines for Developing Automated Spectrum Management Systems**. Available at: www.itu.int/rec/R-REC-SM.1370-2-201308-I/en (accessed April 19, 2016).

ITU-R Rec. SM.1413 *Radiocommunication Data Dictionary for Notification and Coordination Purposes**. Available at: www.itu.int/rec/R-REC-SM.1413/en (accessed April 19, 2016).

ITU-R Report SM.2012 *Economic Aspects of Spectrum Management**. Available at: www.itu.int/dms_pub/itu-r/opb/rep/R-REP-SM.2012-3-2010-PDF-E.pdf (accessed April 19, 2016).

ITU-R Report SM.2015 *Methods for Determining National Long-Term Strategies for Spectrum Utilization**. Available at: www.itu.int/pub/R-REP-SM.2015-1998 (accessed April 19, 2016).

ITU-R Report SM.2093 *Guidance on the Regulatory Framework for National Spectrum Management**. Available at: www.itu.int/pub/R-REP-SM.2093-1-2010 (accessed April 19, 2016).

ITU-R Report SM.2152 *Definitions of Software Defined Radio (SDR) and Cognitive Radio System (CDR)**. Available at: www.itu.int/pub/R-REP-SM.2152 (accessed April 19, 2016).

Mazar, H. (2009) *An Analysis of Regulatory Frameworks for Wireless Communications, Societal Concerns and Risk: The Case of Radio Frequency (RF) Allocation and Licensing*, Boca Raton, FL: Dissertation.Com. PhD thesis, Middlesex University, London*. Available at: http://eprints.mdx.ac.uk/133/2/MazarAug08.pdf (accessed April 19, 2016).

Morgan, M.G. and Henrion, M. (1990) *Uncertainty: A Guide to Dealing with Uncertainty in Quantitative Risk and Policy Analysis*. Cambridge University Press, New York.

Pez, T. (2011) *Le domaine public hertzien attribution et exploitation des fréquences radioélectriques*, L.G.D.J., Paris. Available at: www.lgdj.fr/le-domaine-public-hertzien-9782275037233.html (accessed April 19, 2016).

Shared Spectrum Company (2010) *General Survey of Radio Frequency Bands – 30 MHz to 3 GHz*. Available at: www.sharedspectrum.com/wp-content/uploads/2010_0923-General-Band-Survey-30MHz-to-3GHz.pdf (accessed April 19, 2016).

Slovic, P. (2000) *The Perception of Risk*. Earthscan, London.

Smith, A. (1776/1976) *An Inquiry into the Nature and Causes of the Wealth of Nations*. Clarendon Press, Oxford.

UK Communications Act 2003. Available at: www.legislation.gov.uk/ukpga/2003/21/contents (accessed April 19, 2016).

UK Office of Communications Act 2002 (the 'Ofcom Act'). Available at: www.legislation.gov.uk/ukpga/2002/11/section/1 (accessed April 19, 2016).

UK Spectrum attribution metrics (2014) An overview of spectrum between 87.5MHz and 86GHz Ofcom's paper FWILF(14)013 of 24 June 2014. Available at: http://stakeholders.ofcom.org.uk/binaries/spectrum/spectrum-industry-groups/FWILF/2014/documents/FWILF14_013.pdf (accessed April 19, 2016).

UK Spectrum Strategy (2014) Delivering the best value from spectrum for the UK 10 March 2014. Available at: www.gov.uk/government/uploads/system/uploads/attachment_data/file/287994/UK_Spectrum_Strategy_FINAL.pdf (accessed April 19, 2016).

UK Spending Round (Spending Review) 2013. Available at: www.gov.uk/government/topical-events/spending-round-2013 (accessed April 19, 2016).

UK Wireless Telegraphy Act 2006. Available at: www.legislation.gov.uk/ukpga/2006/36/contents (accessed April 19, 2016).

USA Communications Act of 1934, 47 USC. § 151 et seq. has been amended by many acts of Congress since 1934, most extensively by the Telecommunications Act of 1996. Available at: https://it.ojp.gov/PrivacyLiberty/authorities/statutes/1288 (accessed April 19, 2016).

USA *Federal Government Spectrum Use Reports 225 MHz to 5 GHz* April 2014. Available at: www.ntia.doc.gov/other-publication/2014/federal-government-spectrum-use-reports-225-mhz-5-ghz_11142014 (accessed April 19, 2016).

USA Presidential Memorandum (2010) *Unleashing the Wireless Broadband Revolution* 28 June 2010. Available at: www.whitehouse.gov/the-press-office/presidential-memorandum-unleashing-wireless-broadband-revolution (accessed April 19, 2016).

USA Presidential Memorandum (2013) *Expanding America's Leadership in Wireless Innovation* 14 June 2013. Available at:www.whitehouse.gov/the-press-office/2013/06/14/presidential-memorandum-expanding-americas-leadership-wireless-innovatio (accessed April 19, 2016).

WHO www.who.int/docstore/peh-emf/EMFStandards/who-0102/Worldmap5.htm (accessed April 19, 2016).

World Bank Public-Private Infrastructure Advisory Facility (2006) How to improve regulatory transparency. Available at: http://www.ppiaf.org/sites/ppiaf.org/files/publication/Gridlines-11-How%20to%20Improve%20Regularotry%20Transparency%20-%20LBertolini.pdf (accessed April 19, 2016).

第 9 章 人体射频暴露限值

9.1 电磁辐射对人体的危害

随着全球范围内蜂窝移动通信基站和固定无线电设施的迅速增加，大型天线装置及其产生的电磁污染问题越来越受到公众关注。为使公众免受电磁辐射的危害，相关国际组织和各国相继颁布了多项电磁辐射控制法规。人体射频暴露是事关人类健康和安全的重要问题，主管部门、服务运营商和无线设备提供商均应遵守射频暴露限值要求。随着无线系统（如 Wi-Fi）和新兴技术的普及应用，使得人体在电磁场（EMF）中的暴露水平不断升高。例如，LTE 网络的运行可能会使人体射频暴露电平提高 20%。为保证公众和职业人员的射频环境安全，有必要规定人体射频暴露限值。对职业人员影响最大的射频源是近场无线电发射设备，对公众影响最大的射频源是随身携带或附近的无线电设备（如手机等）。由于无线电通信设备使用的电波频率远小于 X 射线、γ 射线等电离辐射频率[①]，而且无线电波携带的能量不足以穿透人体组织或导致人体内原子电离化，因此也将射频辐射称为非电离辐射（NIR）。

射频的短期加热效应（如微波炉）已经广为人知，但射频的长期辐射对人体健康的影响（如导致癌症）尚不明确。尽管已有许多研究表明射频辐射不会对生物组织产生热效应，但其结论并未得到确切证明。国际非电离辐射防护委员会（ICNIRP）[②]指出，"ICNIRP 认为，1998 年以来发表的科学文献尚不能提供所有射频效应均低于基本限值的证据"，详见 ICNIRP 2009a 声明。已有研究证明，移动电话所产生的电波能够引起（如水）极化分子的振动，并通过感应摩擦力在设备天线周围的生物组织中产生热量。此外，国际癌症研究机构（IARC）[③]基于较为保守的方法，将射频列为 2B 类型的物质，即"可能对人类具有致癌性"（国际卫生组织 2011）。针对移动电话和癌症的关系，以及人体射频暴露问题，《世界癌症报告 2014》指出：

- 使用移动电话与脑肿瘤之间不存在稳定的相关性。
- "医疗电离辐射是唯一被证实会导致脑肿瘤的电离辐射，而移动电话辐射对人脑的影响仍在研究中。"
- "已观测到过度使用手机与特定脑癌之间具有相关性，但治病机理尚有争议；还需要掌握更多数据，特别是长期使用手机的实验数据。"

---

① 电波频率高于紫外线频带的电磁辐射称为电离辐射。这是因为，电离辐射能量可使被照射体的原子里面分离出电子，进而改变其化学键。电离辐射的频率一般高于 2900 THz（2900×10^{12} Hz），该频率对应的波长约为 103.4 nm，最小电离能量为 12 eV。电磁辐射能量与频率之间的关系（普朗克-爱因斯坦能量公式）可表示为 $e=hf$，其中 h 为普朗克常数，且 $h=4.135\,667\,516\times10^{-15}$ eVs，因此电离辐射的最小频率 $f=12/(4.135\,667\,516\times10^{-15})=2.9\times10^{15}$（Hz）=2900（THz）。

② 国际非电离辐射防护委员会是一个由独立科学家组成的国际机构，专门从事非电离辐射防护工作，主要处理非电离辐射暴露对人体健康可能造成的危害等重要问题。

③ 国际癌症研究机构（IARC）是一个政府间跨学科机构，也是隶属于联合国的世界卫生组织（WHO）的一个分支机构，主要宗旨是促进癌症研究的国际合作。

- "由于缺乏针对人体射频暴露的精确评估和高质量研究，有关电视、广播、移动通信网络和军用发射源的电磁辐射对人体危害的证据尚不充分。"

比吸收率（SAR）是指人体单位组织吸收的平均射频功率，通常作为衡量非电离辐射对人体组织影响的主要参数。电场强度与功率密度可由SAR直接导出，用于计算和衡量基站对人体的射频暴露值。ICNIRP（1998）《限制时变电场、磁场和电磁场暴露的导则（300 GHz以下频段）》规定了下列参数的限值：

- SAR（第509页，表4）[①]；
- 场强和功率密度"参考值"（第511页，表6和表7）[②]。

ICNIRP导则反映了当前科学界在射频暴露问题上的共识，并受到世界卫生组织的支持。但并非所有国家都会采用国际组织推荐的射频暴露限值。有些国家（和城市）采用更高的射频暴露剖面（射频限值更低），从而导致对电磁场的限制过于严格。同时，国家法规通常基于本国优先原则，易受该国社会、经济和政治因素的影响，因此各国所采用的射频暴露限值不尽相同。尽管本章讨论的是一个较为专业的领域，但由于射频暴露相关政策、法规和规程会对无线电业务的管理带来影响，因此本章内容对频谱管理者和决策者具有重要参考价值。目前，关于电磁暴露风险的研究涉及范围较为广泛，本章主要介绍人体射频暴露相关政策和法规，不涉及生物领域的研究内容。

虽然ICNIRP（1998）导则已经对人体射频暴露限值做出规定，但公众对电磁辐射的疑虑并未得到消除。他们认为，目前针对电磁场对人体健康效应的研究还不全面，且没有证据能够证实ICNIRP限值的安全性。由于缺乏消除人们疑虑的确切证据，各国主管部门都承受着来自公众的压力。为解决这一两难问题，有些国家基于预防原则对人体射频暴露限值做出更严格规定。例如，2001年，英国主管部门成立了由多位专家组成的斯图尔特（Stewart）委员会，该委员会建议采用预防方法来处理电磁场健康风险的管理问题。该方法有可能会代替两状态风险管理模型（高于/低于门限值），并增加其他影响因素。预防方法实际上是一种介于存在不确定性（若最坏情况发生，则会带来危害）和实施更严格要求（需要资源并降低服务质量）之间的折中方案。

参照经联合国多个组织共同协商形成国际电离辐射基本安全标准的经验，世界卫生组织正在考虑以《国际电磁场项目进展报告（2013—2014）》为基础，推动形成人体电磁场暴露的国际标准。

9.2 射频健康风险的社会问题

9.2.1 电磁过敏症和恐电症（Electrophobia）

与安全问题相似，电磁场暴露不仅是一个科学问题，也是一个社会问题。人体电磁暴露

[①] 国际非电离辐射防护委员会再次确认了1998年发布的100 kHz～300 GHz频段电磁暴露基本限值，除非发布新的通告（ICNIRP 2009a声明，第257页）。

[②] ICNIRP（1998）针对SAR和电流密度使用的术语为"基本限值"，针对电磁场使用的术语为"参考值"；欧盟2013/35/EC指令和欧洲电工标准化委员会标准针对SAR使用的术语为"限值"，针对电磁场使用的术语为"行为值"；ANSI/IEEE C95.1-2006标准使用的术语为"SAR限值"和"最大允许暴露"（MPE）限值。

研究不仅需要基于生物机理研究结果获取相关数据，还要在遵守道德原则的前提下，从人类情感和信念的变化中获取可量化证据。同时，人对外界环境的反应具有选择性和不连续性，社会也会受到成员健康及其心态焦虑的影响。通过借助心理学，有可能解释为何一些人对新兴技术持消极态度。如果一个人受到某种伤害，他的心态可能就会变得非理性（甚至导致恐惧症）。例如，有些人在受到电磁场照射后，就会如孩童似的对黑暗充满恐惧，甚至会产生某种幻觉。

尽管目前尚未弄清电磁暴露对人体的危害机理，但已有大量有关电磁暴露会引起人体健康问题或轻微症状的报告。例如，有些人表现出想尽快逃离电磁辐射区的欲望；有些人不得不暂停工作，甚至整个生活都受到影响。通常，将这种对电磁场极度敏感的症状称为"电磁过敏症"（electromagnetic hypersensitivity，EHS）。电磁过敏症患者的症状有轻有重，因人而异，但都是因遭受电磁场暴露所致，详见 WHO（2005）。世界卫生组织认为，电磁过敏（EMF intolerance）属于身体状况，而电磁敏感症（electro-sensitivity）属于临床表现，受害者应该获得相关赔偿。欧洲理事会第 1815 号决议（2011）§8.1.4 建议，欧盟成员国应该"特别关注因患有'电磁过敏综合征'（syndrome of intolerance to electromagnetic fields）而对电磁敏感的人群，并为他们提供特殊保护措施，包括创建没有无线网络覆盖的无电波区域"。电磁过敏症有可能伴随善意环境下的诱导神经症，见 McCarty 等的研究结论（2011）。各国可以建设专门的电磁净化区域，为电磁过敏症患者的工作和生活提供电磁净化环境。当然也应看到，正如本章 9.7.3 节所述，公众对电磁暴露的恐慌往往带有很多脱离现实的主观臆想成分。

9.2.2 不确定性风险的管理

主管部门应重点关注由电磁场产生的不确定性风险管理问题，相关电磁辐射源包括手机、蜂窝或广播基站和业余无线电台站等。公众对移动通信系统的担忧主要是对大型通信基站辐射心存疑虑[①]，而相关生态保护组织可能对手机和基站的辐射都持反对态度。公众对电磁辐射"威胁"的抱怨主要基于经济利益和传统的环境保护理念。有些人担心电磁暴露会影响其身体健康或造成其资产贬值，因而会要求电磁"污染源"重新选址。其他一些抱怨电磁暴露的理由还包括：对开阔场地造成破坏、对自然风景（或视线）造成影响及民主理念——台站建设未征求意见（Burgess 2006，第 339 页）等。

解决人体射频暴露问题，既要发挥科学（通过"证据的效力"，即 ICNIRP 限值）的作用，也要做好风险评估（各国对限值进行修正）。科学能够为构建具有广泛基础的知识体系提供最有力、客观和高效的引擎。但是，科学并不能用来证明"零"或"空"假设问题。例如，针对人体射频暴露问题，无法依靠科学找到"不存在危害"的证据。正如 ANSI/IEEE[②] C95.1-2006 标准（第 79 页）所述："绝对安全（零假设）无法通过科学得到证明。"例如，"虽然原则上无法否认非热相互作用存在的可能性，但目前所提出的各种非热机制的可信性都非常低"（ICNIRP 2009a 声明，第 257 页）。国家标准所推荐的阈值或限值与该国政府对风险的容忍度及政策取向密切相关，所采用的限值往往反映了政府的公信力（Lofstedt 和 Vogel 2001，第 410 页，Slater 的评论）、政府和研究机构的自信程度及解决问题的能力（Burgess 2003，第 15 页；

[①] 电力输电线路（电源线）和大功率装置（电源、转换器）会产生磁场和电场，见 Mazar（2009，第 24、25 页）。ICNIRP（1998，第 511 页）中表 6 和表 7 中第 3 行及新版 ICNIRP（2010，第 827 页）中表 4 规定了极低频（ELF）50~60 Hz 的参考值，该电平大大低于广播和蜂窝基站辐射电平。

[②] IEEE 包括国际电磁安全委员会（ICES），该委员会主要致力于电磁安全标准的建立和维护。

2004，第 14 页）。如果公众对监管部门的信任度很高，则政府在有关限值的选取上就无须过于谨慎（通常意味着限值较高或不设限值）；反之，如果公众具有抵抗意识（包括对监管部门或科学不信任），则政府可能会设定较低的保护限值（意味着更严格的辐射控制）。进一步讲，信任建立在预先假设对方是清白的基础上。无须过于谨慎是典型的"无罪推定"思维方式，即在电磁暴露的风险得到科学证实之前，预先认为电磁场对人体健康没有危害。相反，在有些设定严格电磁暴露限值的国家，会考虑最坏的情况，对电磁场采取"有罪推定"的态度，即预先假设电磁辐射会对人体造成严重危害，进而认为应减小电磁暴露限值。造成上述矛盾政策的根源在于各国在理性认识和世界观上的差异（Mazar 2009，第 200 页）。

本书 4.1.1.1 节已经对飞行安全及由于在飞机上使用手持式小型个人电子设备（PEDs）所造成的通信中断风险进行了讨论。需要指出的是，用户受到手机的电磁辐射远大于受到基站的电磁辐射，主要原因在于用户距离手机太近。从社会价值观的角度看，手机电磁辐射和基站电磁辐射的主要差别在于，前者是用户自愿选择使用的，后者不是用户自愿接受的。Chauncey Starr（1969，第 1232～1238 页）提出的 3 个规律可对定量认识上述问题提供参考。

- 第 1 个规律（公众愿意接受其自愿选择所带来的风险）可以解释用户虽然对蜂窝基站辐射非常敏感，但却愿意使用手机，因为人们拥有承担不对他人构成威胁的风险的自由。
- 第 2 个规律（人们对风险的接受程度与所获得的收益大致成正比）可以解释斯堪的纳维亚人（Scandinavian，指北欧的挪威、瑞典、丹麦、芬兰和冰岛等国居民。译者注）对蜂窝移动通信所持的积极态度。
- 第 3 个规律（人们对风险的接受程度与受到该风险影响人群的数量成反比）更强调主管部门的关切，因为全球有超过 80 亿手机用户和数百万个蜂窝基站。

随着全球公众和主管部门对人体射频暴露问题的持续关注，有关国际组织已经开始采取行动。国际电联的最高决策机构——全权代表大会（釜山，2014）已经通过了修改后的第 176 号决议《人体电磁场暴露的测量》，国际电联电信标准化部门也已经批准了 2014 报告中有关课题 23/1 "针对人体电磁场暴露的策略和政策"。

9.3 射频（无线电频率）暴露和热损伤

9.3.1 射频暴露对人体的危害

非电离辐射（NIR）暴露限值[①]为各国政府控制电磁辐射的发生概率及其后果提供了标准依据。从发展历程看，相关标准规定的射频暴露限值呈现逐步降低的趋势。1995 年，欧洲电工标准化委员会（CENELEC）规定的欧洲射频暴露限值[②]为 9 W/m² （900 MHz）。2000 年 6 月，欧盟委员会决定采用 ICNIRP（1998）射频暴露限值[f（MHz）/200=]4.5 W/m²。21 世纪以

[①] ITU-T K.70 建议书第 3 页将非电离辐射暴露限值定义为"依据强制性法规设定的基本限值或参考值，并以此作为人体电磁场暴露的最大允许电平值"。

[②] 已并入英国健康防护局（HPA）的原国家放射防护理事会（NRPB）（2005 年 4 月 1 日）所规定的 GSM900 频段人体有害功率密度限值（NRPB 1993，第 4 卷和第 5 卷）比 ICNIRP（1998）和欧盟限值高 8.2。根据 NRPB 2004 建议书 131，英国目前的蜂窝基站辐射符合 ICNIRP（1998）导则所规定的公众射频暴露限值。见 ITU-R BS.1698 建议书第 67 页中表 9，其中包含上述 3 个著名研究机构所规定功率密度限值的对比数据。

前，对于发射功率小于 7 W 的无线终端一般不提出辐射限值要求，而目前即使峰值发射功率为 200 mW 的典型手机（UMTS 或 LTE）也需要依规进行检测。之所以出现对电磁场暴露的控制越来越严格的趋势，主要源于越来越多的人开始意识并关注电磁场暴露问题。人们本着预防原则，对电磁辐射可能导致的健康风险的容忍度逐渐降低。此外，媒体宣传和一些激进法规（如意大利的低功频暴露限值）的出台也是导致射频暴露限值降低的重要原因。

9.3.1.1 人体射频暴露的单位和标准

表 9.1 列出了工程上对人体射频暴露危害进行分析时所使用物理量的参考单位。与表 5.1 类似，这些单位均采用国际单位制（SI），见 BIPM（国际计量局）（2006）。

表 9.1 主要物理量及其单位

物理量	符号	单位	符号	备注
频率	f	赫兹	Hz	
电场强度	e	伏特/米	V/m	实际中多使用 μV/m 或 dB（μV/m）
对数形式	E	dB（V/m）		
磁场强度	h	安培/米	A/m	实际中多使用 μA/m 或 dB（μA/m）
对数形式	H	dB（A/m）		
磁通量密度	b	特斯拉	T	$1T=1Weber/m^2=10\,000G$（高斯）
功率	p	瓦特	W	
对数形式	P	dBW		实际中多使用 dBm
功率密度或功率通量密度	$\vec{S}$	瓦特/平方米	W/m^2	
		毫瓦特/平方厘米	mW/cm^2	
比吸收率	SAR	瓦特/千克	W/kg	
		毫瓦特/克	mW/g	

电磁辐射对人体产生的有害效应主要包括热效应和非热效应。热效应主要因人体的热调节系统功能紊乱所致，即当人体温度升（因吸收电磁场产生热量）至高于人体体温（约 36.5℃）时，就会无法完成正常调节功能。非热效应主要由电磁场和人体组织或系统的相互作用产生，所对应的电磁功率密度尚未导致人体组织的温度显著升高。ICNIRP（1998）限值主要是针对电磁辐射的热效应而提出的，因为目前已经构建了热效应对人体影响的量化分析方法，而非热效应对人体影响的分析方法尚未确立，且业界对这一问题尚有争议。

ICNIRP（1998）给出了 100 kHz~10 GHz 频段人体 SAR 基本限值，该限值可用于防止人体全机体热应力和局部组织过热。其中 10 MHz 频段的基本限值建立在人体温度升高值不大于 1℃ 的基础上。

该温度值（指升高 1℃，译者注）是个人连续 30 min 内处于全身 SAR 约为 4 W/kg 的适中环境下所对应人体温度的升高值。针对职业电磁场暴露防护，将全身 SAR 限值降为 0.4 W/kg[①]。针对公众电磁场暴露防护，在职业防护限值基础上增加安全因子 5，即规定平均全身 SAR 限值为 0.08 W/kg。

[ICNIRP（1998，第 509 页）]

将安全因子设为 50 将能为公众提供足够的电磁辐射防护（ICNIRP 2009a 声明，第 257 页）。

---

① ICNIRP（1998，第 508 页）指出，职业暴露人群是指暴露在已知环境下、接受过察觉潜在风险的训练且采取必要预防措施的成年人。相对应地，公众是指包括各个年龄段、各种健康状况及特殊敏感群体或个人。

9.3.1.2 ICNIRP（1998）和 ICNIRP（2010）参考值

根据 ICNIRP（1998，第 495 页）：

符合参考值将确保符合相关基本限值。若测量或计算值大于参考值值，并不表示一定大于基本限值。这时，有必要对相关基本限值进行符合性测量，以确定是否需要采取附加防护措施。

ICNIRP（1998）参考值获得世界各国的广泛认可，许多国家采用的限值与该参考值相一致。
ICNIRP（1998，第 511 页）中表 6 和表 7[①] 给出了电磁场暴露限值。世界卫生组织（WTO）将该限值作为电磁场暴露参考值。表 9.2 和表 9.3 及图 9.1 和图 9.2 给出了 ICNIRP 规定的不同频段公众暴露和职业暴露的参考值。在 10 MHz（波长为 30 m）以下频段，人体主要受近场环境影响，相关限值主要用电场强度（V/m）[②]表示。在 10 MHz～300 GHz 频段，基本限值主要基于功率密度（W/m²），以防止人体表面及其附近组织遭受过热效应。如前所述，公众暴露的功率密度值比职业暴露限值低 5 倍。

表 9.2 ICNIRP（1998）规定的职业暴露和公众暴露参考值

频率范围	电场强度（V/m）		等效平面波功率密度 S_{eq}（W/m²）	
	公众	职业	公众	职业
1～25 Hz	10 000	20 000		
0.025～0.82 kHz	250/f（kHz）	500/f（kHz）	未提供功率密度数据	
0.82～3 kHz	250/f（kHz）	610		
3～1000 kHz	87	610		
1～10 MHz	87/$f^{1/2}$（MHz）	610/f（MHz）		
10～400 MHz	28	61	2	10
400～2000 MHz	1.375$f^{1/2}$（MHz）	3$f^{1/2}$（MHz）	f/200	f/40
2～300 GHz	61	137	10	50

表 9.3 ICNIRP（1998）和 ICNIRP（2010）规定的 400 MHz 以下参考值

频率范围	电场强度（V/m）		等效平面波磁场强度（A/m）	
	公众	职业	公众	职业
3～100 kHz*	83	170	21	80
3～150 kHz	87	610	5	0.82～65 kHz：24.4
0.15～1 MHz			0.73/f（MHz）	0.065～1 MHz：1.6/f（MHz）
1～10 MHz	87/$f^{1/2}$（MHz）	610/f（MHz）	0.073/f（MHz）	16/f（MHz）
10～400 MHz	28	61	0.073	0.16

备注：
*表中仅第 1 行数据来源于 ICNIRP（2010），其他行数据均来源于 ICNIRP（1998）。

ICNIRP（2010）《限制时变电磁场暴露的导则（1 Hz 至 100 kHz）》对 100 kHz 以下电磁场暴露限值进行了更新。ICNIRP（2010）中表 4 给出了 10 MHz 以下参考值。依据"100 kHz 以

[①] 职业暴露（表 6）和公众暴露（表 7）的参考值均针对时变电磁场（无扰动的均方根值）。
[②] 除了近场情况，磁场强度和磁通量密度具有相关性。本章仅涉及人体射频暴露，不考虑由大功率电源装置（如发电机、变压器等）和电力传输线（电源线）等产生的极低频（50/60 Hz）磁场。

上频段的参考值还需考虑"的说明和 ICNIRP（2010）标题，该表中参考值截止频率为 100 kHz。主管部门可以采用 ICNIRP（2010）规定的 10 MHz 以下参考值，也可参考 ITU-R SM.2303-1（2015）报告中第 8 节（由作者撰写），后者参考了 ICNIRP 两个导则中有关 100 kHz～10 MHz 参考值。ICNIRP（2010）中的电场强度单位为 kV/m，以替换以前的单位 V/m。

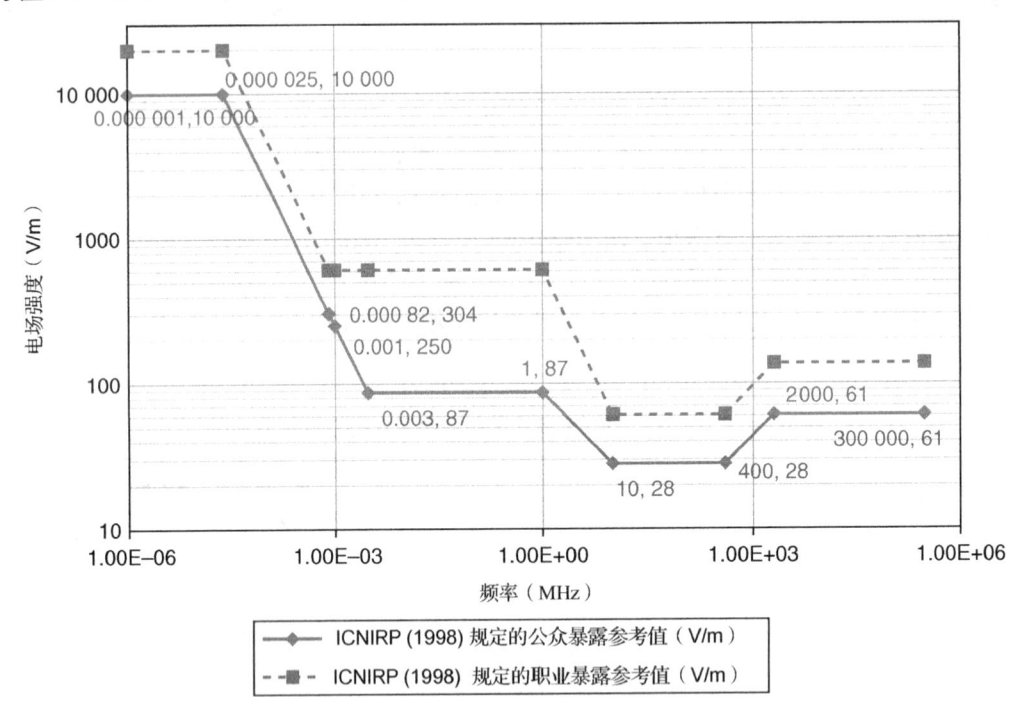

图 9.1 ICNIRP（1998）规定的职业暴露和公众暴露电场强度

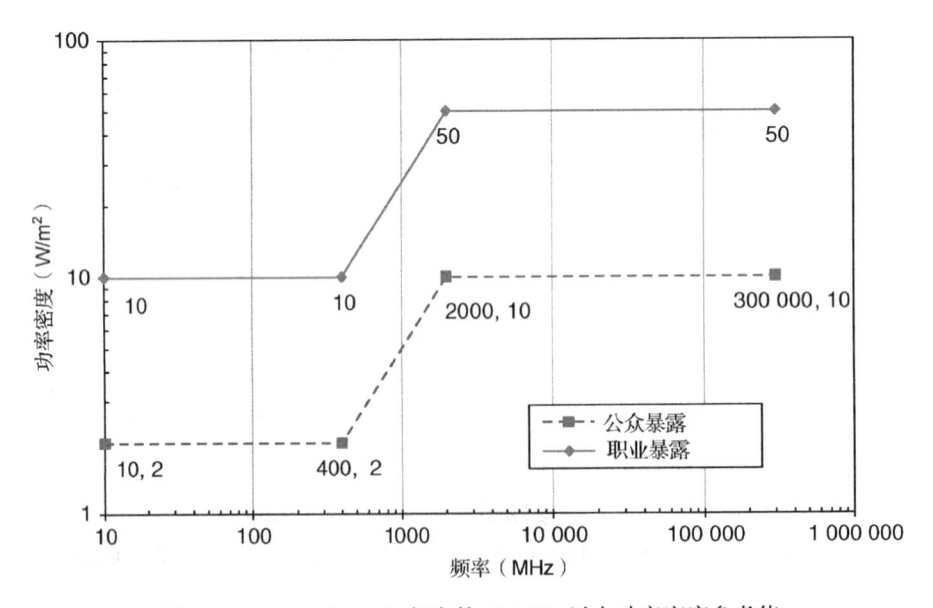

图 9.2 ICNIRP（1998）规定的 10 MHz 以上功率密度参考值

ICNIRP（2010）中表 2（职业暴露）和表 4（公众暴露）与 ICNIRP（1998）相比发生了

明显变化。图 9.3 对 ICNIRP（2010）和 ICNIRP（1998）规定的 10 MHz 以下参考值进行了对比分析[①]。

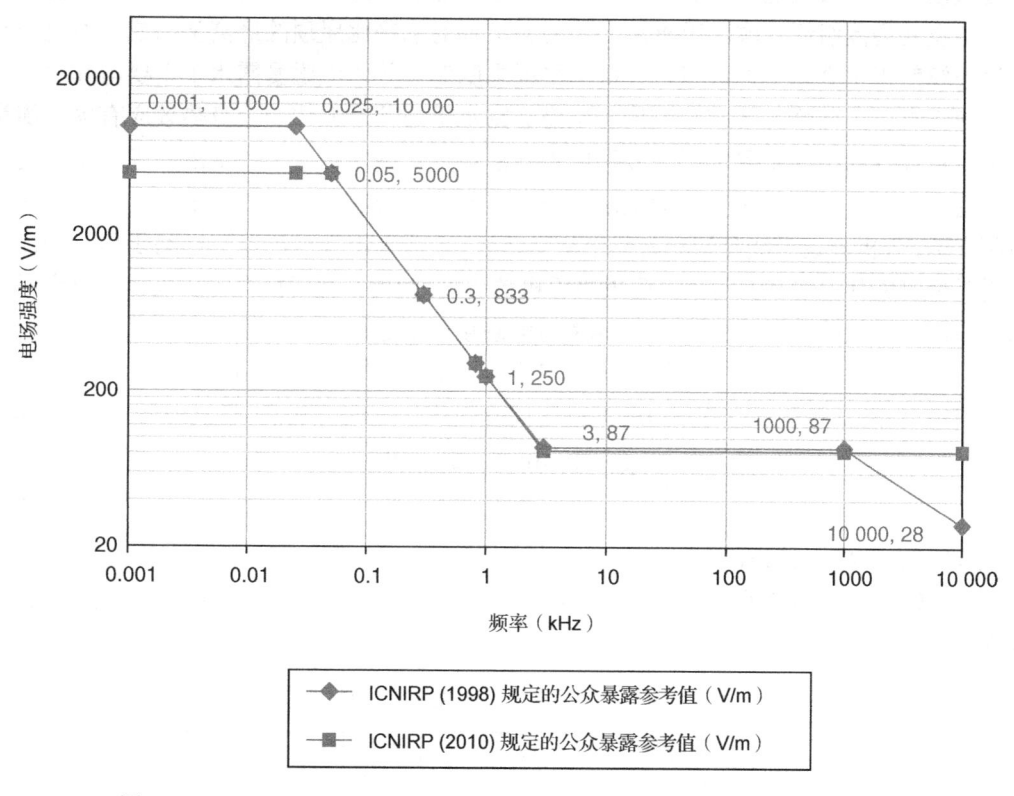

图 9.3　ICNIRP（2010）和 ICNIRP（1998）规定的 10 MHz 以下参考值对比

表 9.3 给出了 ICNIRP（1998）和 ICNIRP（2010）规定的 400 MHz 以下职业暴露和公众暴露参考值。尽管 ICNIRP（2010）强调相关参考值仅对 100 kHz 以下频段有效，但这里给出的 100 kHz～400 MHz 参考值仍被许多国家采用。

电磁场对人体的影响与频率密切相关。在 1 Hz～100 kHz 频段，电磁场主要对人体的神经系统（神经刺激）产生影响；在 100 kHz 以上频段，还应考虑电磁场对人体的热效应。尽管 ICNIRP（2010）规定的参考值仅对 100 kHz 以下频段有效，但在 100 kHz～10 MHz 频段，根据人体所处的电磁暴露环境，不仅要考虑高频电磁场的热效应，还需考虑低频电磁场对人体神经系统的影响。

下面讨论 ICNIRP（1998）和 ICNIRP（2010）在 100 kHz 以下频段参考值的主要区别。其中在 50 Hz 以下频段，ICNIRP（2010）规定的磁场参考值相较 ICNIRP（1998）更为宽松，而电场参考值却更为严格。

- 电场强度：ICNIRP（1998）在 25 Hz 的参考值为 10 000 V/m，而 ICNIRP（2010）相应参考值为 5000 V/m。
- 磁场强度：ICNIRP（1998）在 3～100 kHz 频段的参考值为 5 A/m，而 ICNIRP（2010）相应频段的参考值为 21 A/m。

---

① 即使在该频段，两者的参考值也不完全相同。

9.3.1.3 蜂窝手机的近场暴露水平

公众接收到的最大电磁辐射通常来自移动电话等手持式设备，这些设备的辐射能量大部分被人脑及其周围组织吸收。手机对人脑的典型辐射水平比屋顶的蜂窝基站或地面电视和广播台站的辐射水平高几个数量级。手机和平板电脑对人体的电磁暴露水平主要与其对人体的局部热效应有关，而蜂窝基站对人体的电磁暴露水平与其对人体的全身热效应有关。衡量基站和手机对人体的电磁暴露水平一般采用不同的量值。基站对人体的电磁暴露水平常用场强和功率密度表示，而手机对人体的电磁暴露水平常用比吸收率（SAR）表示。产生上述区别的原因在于，分析固定无线台站对人体电磁暴露时，主要采用其远场[①]信号（易于仿真和测量）；而分析手机对人体电磁暴露时，主要采用手机的近场[②]信号，且手机设计和人体部位会对人体组织的电磁能量吸收产生强烈影响。SAR 与电磁场所引起的人体温度升高有关，可作为衡量手机对人体的射频暴露水平。SAR 被定义为"在给定体密度（ρ_m）的单位容积（dV）内，由单位组织（dm）所吸收能量（dW）的时间变化率"（ITU-T K.91 建议书），单位为 W/kg。

$$\text{SAR} = \frac{d}{dt}\left(\frac{dW}{dm}\right) = \frac{d}{dt}\left(\frac{dW}{\rho_m dV}\right) \tag{9.1}$$

表 9.4[见 IARC（2013，第 116 页）中表 1.15]分别列出了非控制环境下 ICNIRP（1998）、欧盟[③]和北美[④]的比吸收率水平，表中限值是指移动设备对部分人体的电磁暴露限值[⑤]（也可参见表 8.6）。

表 9.4 手机辐射最大功率：比吸收率（SAR）（W/kg）

ICNIRP	欧盟	美国和加拿大
10 MHz～10 GHz、局部 SAR（头部和躯干）		便携式设备、公众/非控制环境
2.0（10 g 人体组织平均） （与 ANSI/IEEE C.95.1-2006 水平相同）*		1.6（1 g 人体组织平均）**

备注：
*根据日本东京国家信息与通信研究院 Lira Hamada 的邮件（2014 年 7 月 27 日），该限值也是日本所使用的限值。
**该限值也被韩国科学、信息通信技术和未来规划部（MSIP）在 2015 年采用。

根据式（9.1），SAR 可进一步表示为[⑥]如下公式：

$$\text{SAR} = \frac{\sigma e^2}{\rho} = C_i \frac{dT}{dt} = \frac{J^2}{\sigma \rho} \tag{9.2}$$

当射频能量以脉冲或类似样式辐射时，由于电磁暴露持续时间不长，所产生的传导或转

---

① ITU-T K.91（第 7 页）和 K.61（第 2 页）将远场定义为："场的方向分布与离开天线的距离无关的区域。在远场区，场具有平面波特性，例如，电场强度和磁场强度均分布在电波传播方向的切面方向上。"
② ITU-T K.91（第 8 页）将近场定义为："分布在天线或其他辐射体周围、电场和磁场均不具有平面波特性且在不同位置变化剧烈的区域。"最大尺寸为 D 的天线的感应近场边界为 Max($\lambda, D, D^2/4\lambda$)，其中 λ 为波长。与之相对，由夫琅和费距离所定义的定向天线的远场边界为 $2D^2/\lambda$。
③ 可参考 ICNIRP（1998，第 509 页）中表 4、1999/519/EC 附件Ⅲ中表 1、IEC 62209-1（第 1 版）、IEEE 1999 第 29 页。
④ 见 FCC 1997 OET 公告 65 第 75 页（FCC 2012 47CFR FCC§2.1093）和 1999 年加拿大《安全规范 6》。NOI FCC 13-39 或 R&O FCC 03-137 2013 的 SAR 水平保持不变，见 8.3.4.5 节。
⑤ 而且，目前 FCC 和 ICNIRP 针对 6 GHz 以上频段的暴露限值并不连续，也就是说在转换频率处，SAR 和功率密度基本限值存在间断点。
⑥ 见 ITU-R BS.1698 建议书第 72 页、ITU-T K.52 建议书第 4 页、K.61 建议书第 2、3 页、K.91 建议书第 12 页、IEEE 标准 1528-2003 第 11、12 页、ICNIRP 2009b Vecchia 第 47 页。

移热量使人体组织温度升高不明显。这时，基于人体组织温度上升时间变化率的 SAR 可表示为：

$$\text{SAR} = C_i \frac{\Delta T}{\Delta t} \tag{9.3}$$

其中，e——人体组织内部的电场强度（V/m）；

σ——人体组织的电导率（S/m）（西门子每米或姆欧每米）；

ρ——人体组织的体密度（kg/m³）；

C_i——人体组织的热容积（J/kg℃）；

dT/dt——人体组织温度的时间导数（℃/s）；

J——人体组织内的传导电流密度（A/m²）；

ΔT——温度增量（℃）；

Δt——射频暴露能量的脉冲宽度或持续时间（s）。

无线电设备的电磁辐射峰值限值由制造商根据国际标准设定，并且不同国家主管部门规定的具体限值会有一定差异。手机在较差的链路状况（信号受到遮挡或距基站较远）下发射功率较大，而在较好的链路状况（视距或距基站较近）下发射功率较小。

手机的最大 SAR 水平与其所采用的技术参数密切相关。例如，手机天线及其组装位置等都会对手机 SAR 产生影响。有关手机 SAR 的详细信息可从移动制造商论坛网站 www.sartick.com 上获取。

9.3.1.4 手机 SAR 仿真与测量

近场 SAR 测量非常复杂，需要依据标准规范并采用专业仪器和技术来实施。国际上针对人体头部 SAR 测量的标准主要是国际电工委员会[①]的 IEC 62209-1 标准和 IEEE 1528 标准。相比远场功率密度和场强测量，SAR 测量有着更为特殊的要求。考虑到电磁场和人体之间的相互作用，SAR 测量中需要构建人体头部的"体模"（Kuster、Balzano 和 Lin 1997，第 21 页）。IARC（2013，第 58 页）中图 1.12 给出了成人和儿童"体模"的 SAR 随频率的变化特性。由于手机与儿童脑部间的距离通常较成人更近，因此相同手机对儿童脑部的平均电磁暴露电平是成人的 2 倍，对儿童头骨的平均电磁暴露电平是成人的 10 倍，见 IARC（2013，第 408 页）。

开展手机的 SAR 符合性测量，需要对其最大功率电平进行严格的多点测量。由于手机在日常使用中很少工作在最大发射功率状态，因此手机测量报告中的 SAR 值一般大于实际生活中手机对人体的暴露值。手机 SAR 测量需要依据国际认可的测量标准及规程，并基于人体头部"体模"和躯干"体模"开展相关影响测试。其中"体模"内部填充物为模拟人体组织的液体，且液体的电特性与人体组织相似。通过在液体内部放置探头，来获取"体模"内部的电场强度，并用于确定最大 SAR 值。上述测量需要在手机的各个工作频点、各种工作模式、距人体不同位置等场景下进行。因此，手机的 SAR 符合性测量既复杂又费时，有时甚至需要持续数周时间。

图 9.4 给出了一个基于磁共振成像（MRI）原理的人体头部"体模" SAR 峰值空间分布图，其中手机天线归一化输入功率为 1 W，工作频率为 900 MHz。SAR 峰值的位置与天线结构、人体头部剖面和手机工作频率等因素有关。图 9.4 中，SAR 峰值出现在邻近手机部位的

[①] ICNIRP 成立后，IEC 也希望制定人体电磁暴露导则，后来两个组织进行了分工：由 ICNIRP 负责制定人体电磁暴露导则，由 IEC 负责制定人体电磁暴露评估标准。

耳朵表面附近位置。ICNIRP（1998）给出的人体头部空间平均 SAR 限值为 2 W/kg，基于该值的符合性测量与通过计算得到的限值一致。由于人体组织对电波传播具有衰减作用，电磁场进入人体头部后会迅速衰减。

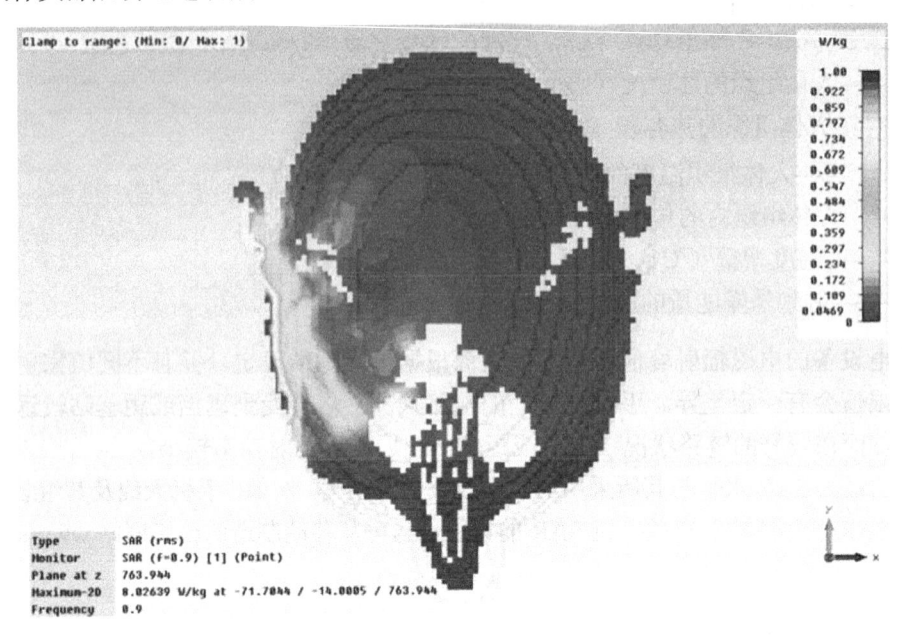

图 9.4　SAR 数值仿真图（来源：Holon 技术研究院）

基于磁共振成像原理，图 9.5 给出了某 3 岁儿童头部 SAR 仿真图[①]。其中手机工作频率为 900 MHz，天线类型为半波阵子，天线归一化输入功率为 1 W。空间 SAR 峰值为 0.096 W/kg，其余 SAR 值经归一化处理且小于 0.096 W/kg，数值范围标尺如图 9.5 中所示。如前所述，实际使用过程中手机的最大平均功率小于 0.2 W，且手机在典型工作模式下的功率电平远小于 0.2 W。需要指出的是，平均 SAR 是通过对数值进行后处理得到的。例如，在 IEEE 1529[②]中，根据所采用的 SAR 限值，对空间最大 SAR 附近 1 g 或 10 g 人体组织的 SAR 进行数值处理，从而得到平均 SAR。

图 9.6 给出了某商用手机 SAR 实测图，由图可知，实测值小于 2 W/kg 和 1.6 W/kg。

2013 年，法国国家频率管理局（ANFR）对 77 部手机（其中 15%为 4G 手机）的 SAR 开展了实际测量，见 Rapport Annuel（2013，第 44 页）。测量结果显示，所有手机的 SAR 均未超出 ICNIRP（1998）限值（2 W/kg），约 89%手机的 SAR 小于 1 W/kg，所有手机的 SAR 均小于 1.5 W/kg，平均 SAR 为 0.56 W/kg，最大 SAR 为 1.377 W/kg。

9.3.1.5　固定发射台站的远场暴露水平

表 9.5 和表 9.6 仅给出了固定发射台站在无扰动、非控制环境下的公众（不同于可控环境下的职业人员）暴露限值，这也是政府电信主管部门最为关注的环境条件和暴露场景。但有些主管部门更关注职业暴露问题。ICNIRP（1998，第 511 页，表 6）和欧盟 2013/35/EU 指令

---

① 如图 9.4 和图 9.5 所示的 SAR 仿真图和实测图由芬兰赫尔辛基阿尔托大学生物电磁学副教授 Jafar Keshvari 博士提供。
② 《与人体暴露有关的电场、磁场和电磁场评估方法》。

所指的"职业暴露",在47CFR FCC§1.1310中被称为"职业/可控暴露",在欧盟1999/519/EC指令中被称为"对职工的保护"。由于ICNIRP限值经过欧盟科学指导委员会SCENIHR(2015)认可,因此ICNIRP(1998,第511页,表7)与欧盟1999/519/EC指令(附件Ⅲ,表2)中的公众暴露限值相同。表9.5给出了ICNIRP(1998)、1999/519/EC和ANSI/IEEE C95.1-2006[①]中针对10 MHz以上固定发射台站的射频暴露限值,也可参考表9.2。

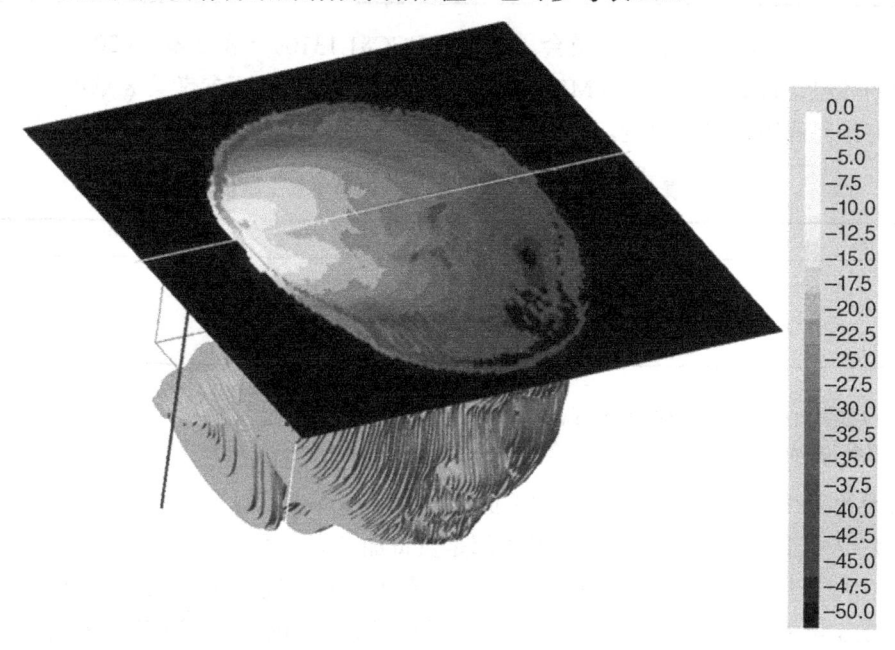

图9.5 某3岁儿童头部SAR仿真图(来源:芬兰赫尔辛基阿尔托大学)

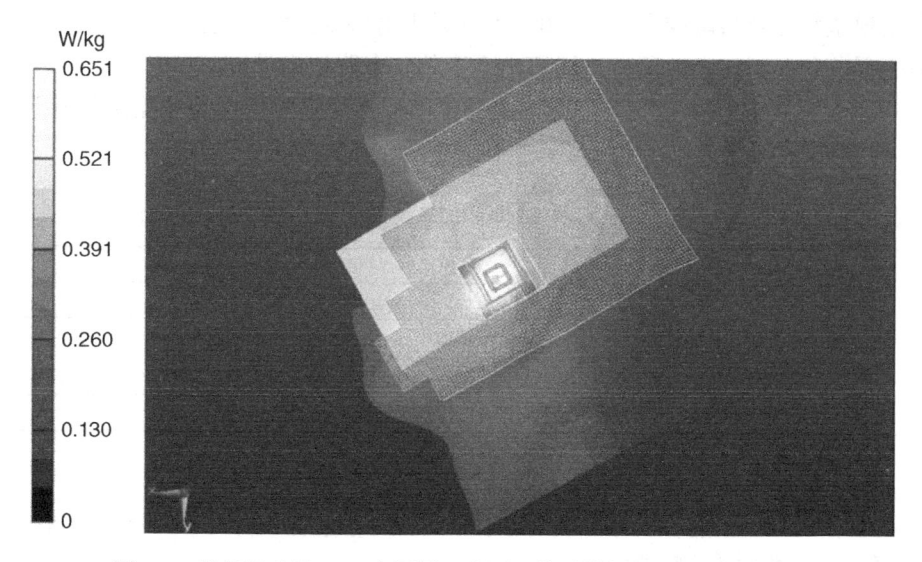

图9.6 某商用手机SAR实测图(来源:芬兰赫尔辛基阿尔托大学)

---

① ANSI/IEEE C95.1-2006(第25页,表9)规定的人体暴露限值与ICNIRP(1998)规定的人体暴露限值($f_{MHz}/200\ W/m^2$)一致。在10~400 MHz频段,IEEE和FCC规定的电场强度限值为27.5 V/m,与ICNIRP(1998)规定的28 V/m相当。IEEE给出的100 GHz以上人体暴露限值计算公式为$[(90 \times f_{GHz} - 7000)]/200\ W/m^2$。

表 9.5　ICNIRP、欧盟和 ANSI/IEEE 公众暴露限值

频率范围	电场强度（V/m）	等效平面波功率密度 S_{eq}（W/m^2）
10～400 MHz	28	2
400～2000 MHz	1.375 $f^{1/2}$	f/200
2～300 GHz	61	10

表 9.6 给出了美国联邦通信委员会（47CFR FCC§1.1310）[①]和日本[②]（2015，第 5 页）规定的非控制环境下最大允许暴露（MPE）（公众暴露）限值，也可参考第 8 章中关于中国和美国的人体射频暴露限值研究案例。

表 9.6　美国和日本公众/非控制环境暴露限值

频率范围(MHz)	电场强度（V/m）	功率密度 S_{eq}（mW/cm^2）*
30～300	27.5	0.2
300～1500	1.585 $f^{1/2}$**	f/1500
1500～100 000	61.4**	1

备注：
*日本和美国 FCC 使用的功率密度单位为 mW/cm^2，ICNIRP 使用的功率密度单位为 W/m^2，且 1 W/m^2=0.1 mW/cm^2。
**日本要求 300 MHz 以上频段的电场强度单位取 V/m。

加拿大的无线电通信事务由加拿大工业部主管。加拿大工业部已经在其标准和法规中采用了加拿大卫生部 SC6 限值。加拿大卫生部是负责加拿大公民健康和安全防护的政府机构。SC6 是加拿大卫生部发布的一份文件，全称为加拿大《安全规范 6》，其中给出了人体射频暴露限值。2015 年 3 月 13 日，加拿大卫生部对 2009 年限值（该值与目前美国采用的限值一致）进行了修改，并发布了新版加拿大《安全规范 6》（2015）[③]。新版 SC6 限值基于改进的人体射频场作用模型和最新科研成果，对 6000 MHz 以下射频暴露限值提出了更严格要求，以确保为包括新生婴儿和儿童在内的所有人群留出更多的安全防护裕量[④]。

表 9.7 列出了 ICNIRP（1998）、FCC§1.1310 和加拿大 SC6 规定的非控制环境下功率密度 S_{eq}（W/m^2）限值。由表 9.7 可知，加拿大 SC6 限值最为严格。

表 9.7　ICNIRP（1998）、FCC§1.1310 和加拿大 SC6 规定的功率密度限值（W/m^2）

频率（MHz）	ICNIRP（1998）	FCC§1.1310	SC6
300	2	2	1.291
1500	f/200 =1500/200–7.5	10	0.026 19× $f^{0.6834}$=3.88
3000	10 W/m^2		0.026 19× $f^{0.6834}$=6.23
6000	10 W/m^2		

[①] 最新公布的 FCC§1.1310 中的射频暴露限值仍沿用了先前的 MPE（SAR）限值，见 NOI FCC 13-39 或 R&O FCC 03-137 2013。FCC 收到了有关评论，但并未采取进一步措施。
[②] 参考手册由吉田健一郎 2012 年 10 月 1 日（平成 24 年）的邮件授权发布，他来自日本内务部电信主管机构的无线电和电磁环境部门。日本限值的频率上限为 300GHz，而非美国的 100GHz。
[③] 更多信息可登录加拿大卫生部网站：www.hc-sc.gc.ca/ahc-asc/media/ftr-ati_2014/2014-023fs-eng.php。
[④] 除发布 SC6 外，加拿大工业部还发布了多份关于台站符合性和设备认证方面的法规文件。RSS-102：无线电通信装置（全频段）射频暴露符合性。BPR-1，第一部分：通用法规——广播规程和法规。GL-01：3 kHz～300 GHz 频段射频场测量导则。还有社区发射塔实例等。

9.3.2 国际、区域和国家电磁暴露限值对比研究

除 ICNIRP（1998）导则外，许多研究机构还制定了针对特定区域的电磁暴露限值。

- FCC 仍采用[1]IEEE C95.1-1999 标准，该标准获得 ANSI（1992，ANSI/IEEE C95.1）许可。
- ANSI/IEEE C95.1-2006 标准未获得 FCC 许可。
- 欧盟理事会采用 ICNIRP 限值，见 1999/519/EC 附件Ⅲ中表 1 和表 2。

国家电磁暴露限值能够反映主管部门对风险的容忍程度，见 Mazar（2009，第 12 页）。对于 400~1500 MHz（包括蜂窝通信频段）远场辐射，ICNIRP 和欧洲规定的公众暴露最大允许功率密度为 f(MHz)/200 W/m^2[ICNIRP（1998），第 511 页，表 7]。对于 300~1500 MHz 频段，美国和日本规定的暴露限值为 f（MHz）/150 W/m^2，该限值是 ICNIRP（1998）限值的 4/3（200/150）倍。欧盟 1999/5/EC 指令（R&TTE）和 2013/35/EU 指令中提到射频危害问题，指出"应认识到无线电设备和电信终端设备不应对人体健康带来危害"。欧洲国家一般采用 ICNIRP（1998）限值[2]，如欧盟理事会的非强制性建议书 1999/519/EC 和基站公众兼容标准 EN 50385/ 2002 等。

需要指出的是，与对蜂窝基站功率密度限值的态度不同，韩国和北美针对手机 SAR 限值规定相较 1999/519/EC 和 ANSI/IEEE C95.1-2006 标准（第 79 页）更为保守。例如，欧盟（欧盟理事会建议书 1999/519/EC）和 ANSI/IEEE C95.1-2006 标准（第 79 页）采用的 ICNIRP（1998）限值为 2.0 W/kg，而韩国科学、信息通信技术和未来规划部（MSIP，2015），美国（47CFR FCC§2.1093）和加拿大卫生部《安全规范 6》）针对人体局部暴露的限值为 1.6 W/kg[3]，见表 9.4。韩国和北美对待 SAR 限值的态度更为理性[相对于瑞士和意大利将 ICNIRP（1998）功率密度除以 100 作为其限值]，这是因为相对基站而言，人体从手机辐射中吸收的电波能量更多，且手机离人体更近，见 Mazar（2011）。

欧洲各国所采用的电磁暴露限值也存在差别，这点在有关标准中并未反映出来。北欧国家的限值相较南部欧洲国家更为宽松，而西欧和东欧国家的限值没有明显差别。瑞士和意大利对 2$_{GHz}$ 以上频段采用的功率密度限值为 ICNIRP（1998）限值的 0.01 倍，并制定了应对电磁场对人体健康危害的措施。瑞士还针对公寓住宅、学校、医院、永久性厂房和儿童游乐场等敏感场所规定了固定设施限值（ILV），以对其电磁辐射进行预防。波兰、卢森堡和中国规定的公众暴露限值分别低于 ICNIRP（1998）限值 50 倍、20 倍和 12.5 倍[4]。美国和日本规定的公众/非控制环境暴露限值主要依据 FCC§1.1310 规定限值，并且是对人体射频暴露的不确定性限制最为宽松的国家。

---

[1] 见 FCC 1997 OET 公告 65 和 FCC 2011《美国联邦法规》47CFR§1.1310。

[2] 尽管欧盟发布了有关建议书（WHO 2007，第 129 页），有些欧盟国家仍采用更为严格的限值，见 WHO《全球电磁场标准》和 http://www.gsma.com/publicpolicy/mobile-and-health/networks-map。

[3] 即使以超过 1g 人体组织的平均 SAR 计算，美国规定的暴露限值也较为严格，见 FCC OET 公告 65（第 40 页）和 OET 公告 65 附件 C（第 75 页）。这里不取 ICNIRP（1998，第 509 页，表 4）、EC 1999/519/EC 和 ANSI/IEEE C95.1-2006 中对应的 10 g 值。

[4] 见表 8.6 中 1000 MHz 非控制环境下的功率密度和 SAR。

9.4 固定发射台站射频危害的量化表征

9.4.1 固定发射台站周围的功率密度、场强和安全距离

第 5 章 5.6.2 节和 5.6.3 节给出了远场自由空间传播损耗的计算公式，其中本章需要用到的公式如下：

$$s = \frac{p_t g_t}{4\pi d^2} = \frac{\text{e.i.r.p.}}{4\pi d^2} \tag{9.4}$$

$$d = \sqrt{\frac{\text{e.i.r.p.}}{4\pi s}} \tag{9.5}$$

$$e = \frac{\sqrt{30\,\text{e.i.r.p.}}}{d} \tag{9.6}$$

$$d = \frac{\sqrt{30\,\text{e.i.r.p.}}}{e} \tag{9.7}$$

$$|\vec{s}| = \frac{e^2}{z_0} = \frac{e^2}{120\pi} \tag{9.8}$$

其中，p_t——发射功率（W）；

g_t——发射天线增益（数值）；

e.i.r.p.[①]——等效全向辐射功率（W）；

s——功率密度（W/m²）（可作为电磁暴露限值）；

d——距离（m）；

e——电场强度（V/m）（可作为电磁暴露限值）；

z_0[②]——自由空间阻抗，$120\pi\,(\Omega) \approx 377(\Omega)$。

多辐射源暴露情形下安全距离的计算

式（9.4）和式（9.6）分别给出了距辐射源 d 处功率密度和场强的计算公式，两个公式均表明距离是影响功率密度和场强的重要参数。功率密度与 e.i.r.p. 成正比，而与 $1/d^2$ 成正比。当给定功率密度限值 s 和场强限值 e 时，可分别采用式（9.5）和式（9.7）计算安全距离 d。根据特定天线或天线塔的安全距离，可确定非控制/未扰动环境下公众射频暴露的等值分布线。根据式（9.8），功率密度 s 和电场强度 e 可互换使用（指两个参数，而非具体数值），因此，功率密度或场强均可表示射频暴露（限值和测量）值。

功率密度和坡印廷矢量均为电场强度 $\vec{e}$ 和磁场强度 $\vec{h}$ 的矢量之积。功率密度和这两个场量既有幅度大小，也有表示能量流动的方向。又因为发射功率和安全距离均为标量，因此，由同频工作的多个辐射源产生的功率密度通常表示为多个标量之和。实际中，通过求调查点处各个辐射源功率密度的加权和（标量和，而非矢量和），可得到标量能量（热能量）所对应的暴露电平。

---

① 国际电联《无线电规则》第 1 卷第 1.161 款将等效全向辐射功率定义为"天线输入功率与天线增益（指定方向上相对于各向同性天线的增益）之积"。e.i.r.p. 并不一定等于最大输入功率与天线最大增益之积，而是指定方向上的辐射功率。蜂窝移动通信系统发射机通常工作在功率可控模式，不会一直以最大功率发射。在蜂窝发射天线的邻近地面，由于所对应倾角上天线副瓣增益小于天线主瓣增益，所以 e.i.r.p. 往往较低。

② z_0 由自由空间传播的电场强度 $\vec{e}$ 和磁场强度 $\vec{h}$ 的幅度决定，即满足 $z_0 \equiv |\vec{e}|/|\vec{h}|$，见式（5.78）。

通常，主管部门会基于最坏情形来计算最大安全距离，即假设：

- 天线增益为最大，即调查点（POI）位于天线主瓣的方位面，有时甚至位于天线主瓣的垂直面[1]（在天线附近，垂直面方向图的衰减非常快）；
- 辐射源天线和调查点之间的电波传播为自由空间传播，即使两者之间存在障碍物；
- 发射功率为最大，即蜂窝基站能够覆盖小区边缘地带，能够承载最大流量，所有信道工作在其最大发射功率状态（见 ITU-T K.70 建议书）；
- 对不同频率上的功率密度求加权标量和，即使功率密度为矢量且各分量不一定同相。

9.4.2 多天线共址情形下射频暴露水平的计算

由图 9.2 可知，暴露限值所涉及的热效应与频率有关。对于多个辐射源共址情形，其总安全距离和总场强计算需要用到如下参数：

e.i.r.p._i ——第 i 个辐射源等效辐射功率（W）；

e.i.r.p._{eq} ——等效总 e.i.r.p.（W）；

d_i ——离开第 i 个辐射源的安全距离（m）；

d_{eq} ——等效总安全距离（m）；

s_i ——第 i 个辐射源的功率密度（W/m^2）；

s_{li} ——第 i 个辐射源的功率密度限值（W/m^2）；

e_i ——第 i 个辐射源的电场强度（V/m）；

e_{li} ——第 i 个辐射源的电场强度限值（V/m）。

9.4.2.1 多频段射频暴露的计算

如前所述，ICNIRP（1998）功率密度和场强参考值（s_l 和 e_l）与频率有关。对于多辐射源情形，需要定义等效总安全距离 d_{eq}，该距离等于单个辐射源安全距离 d_i 平方和的平方根，即 $d_{eq} = \sqrt{\sum_i d_i^2}$。

根据式（9.5），单个辐射源的安全距离 $d_i = \sqrt{\dfrac{\text{e.i.r.p.}_i}{4\pi s_{li}}}$。

以单个辐射源的功率密度限值 s_{li} 的倒数为权值，先求单个辐射源的加权 e.i.r.p.$_i$ 之和[2]，再对其求平方根，得到等效总安全距离为：

$$d_{eq} = \sqrt{\sum_i d_i^2} = \sqrt{\sum_i \frac{\text{e.i.r.p.}_i}{4\pi s_{li}}} = \sqrt{\frac{\text{e.i.r.p.}_1}{4\pi s_{l1}} + \frac{\text{e.i.r.p.}_2}{4\pi s_{l2}} + \cdots + \frac{\text{e.i.r.p.}_n}{4\pi s_{ln}}} \quad (9.9)$$

对于每个调查点，应针对每个频段确认单个辐射源功率密度 s_i（或其电场分量 e_i）相对于限值 s_l（或 e_l）的符合性。基于总加权功率密度[见 ITU-R《频谱监测手册》（2011，第 517 页）和 ITU-T K.83（第 11 页）]的总暴露指数（或总暴露率）应小于等于 1，即：

---

[1] 由于天线垂直面的增益随倾角发生变化，因此指向手机或广播接收机的天线下倾角（可达 10°）对射频暴露有一定影响。

[2] 平方和，其中每个 $d_i^2 = \dfrac{\text{e.i.r.p.}_i}{4\pi s_{li}}$。

$$s_t = \sum_{i=1}^{n} \frac{s_i}{s_{1i}} = \frac{s_1}{s_{11}} + \frac{s_2}{s_{12}} + \cdots + \frac{s_n}{s_{1n}} \leq 1 \tag{9.10}$$

总加权场强暴露率 w_t（见 ITU-T K.91、K.70 和 K.52 建议书）为①：

$$s_t = w_t = \sum_i \left(\frac{e_i}{e_{1i}}\right)^2 \leq 1 \tag{9.11}$$

对于第 i 个特定频率，e.i.r.p._i 表示 e.i.r.p. 的时间平均值，$\text{e.i.r.p.}_{\text{th},i}$ 表示特定天线参数和连接条件下的 e.i.r.p. 限值。若某发射台站各频率的归一化 e.i.r.p._i 之和小于 1，则该台站符合限值要求。式（9.12）给出了符合性指标（见 ITU-T K.52 建议书）。

$$\sum_i \frac{\text{e.i.r.p.}_i}{\text{e.i.r.p.}_{\text{th},i}} \leq 1 \tag{9.12}$$

通过计算每个频段的暴露率，可用来评估总暴露率的符合性。

9.4.2.2 同频段射频暴露的计算

特殊情况下，若各辐射源发射频率相同或处于同一频段②，则辐射源的暴露限值与频率不相关（如 10～400 MHz 和 2～300 GHz）。这时所有同频发射机的功率密度限值相等，即式（9.9）满足 $s_{11} = s_{12} = \cdots = s_1$，因此有：

$$d_{eq} = \sqrt{\sum_i d_i^2} = \sqrt{\sum_i \frac{\text{e.i.r.p.}_i}{4\pi s_{1i}}} = \sqrt{\frac{\text{e.i.r.p.}_1 + \text{e.i.r.p.}_2 + \cdots + \text{e.i.r.p.}_n}{4\pi s_1}} \tag{9.13}$$

等效总 e.i.r.p. 定义为所有辐射源功率的标量和，即满足 $\text{e.i.r.p.}_{eq} = \sum \text{e.i.r.p.}_i$，将其代入式（9.13）得到的安全距离为③：

$$d_{eq} = \sqrt{\frac{\text{e.i.r.p.}_{eq}}{4\pi s_1}} = \sqrt{\frac{\sum \text{e.i.r.p.}_i}{4\pi s_1}} \tag{9.14}$$

总场强暴露率 w_t（见 ITU-T K.91 建议书）和总功率密度暴露率 s_t 分别为④：

$$w_t = \sum_i \left(\frac{e_i}{e_1}\right)^2 = \frac{\sum_i (e_i)^2}{(e_1)^2} \leq 1 \tag{9.15}$$

$$w_t = s_t = \sum_i \frac{s_i}{s_1} = \frac{\sum_i s_i}{s_1} \leq 1 \tag{9.16}$$

9.5 射频暴露仿真和测量

9.5.1 多天线共址最坏情形下安全距离的计算

若某天线塔同时安装 FM 音频广播天线、电视广播天线、点对点通信天线和蜂窝移动通信天线，则可基于自由空间传播模型，计算该天线塔指向调查点方向的水平安全距离和场强，

---

① 即使分开计算，s_t 和 w_t 也相等。
② 该"频段"即为 ICNIRP（1998）中参考表 6 和表 7 的列标题"频段"。
③ 当多个天线安装在同一天线塔的不同高度时，可根据该天线塔的等效加权高度计算等效总安全距离（和场强暴露值）。
④ 尽管式（9.15）和式（9.16）分开进行计算，但其计算结果相同，见脚注①。因此，采用表 9.6 中场强限值可计算得到功率密度限值。

如表 9.8 所示。最坏情形计算结果包括总水平安全距离和总场强。

根据表 9.8 中数据，图 9.7 至图 9.10 给出了最坏情形下的计算结果[①]。安全距离是相对于天线塔的水平安全距离。

表 9.8 广播、点对点通信和蜂窝移动通信系统共址发射的安全距离和场强计算

通信系统	GSM 900	UMTS 2100	IMT 850	点对点通信	电视	FM 广播
频率（MHz）	891	2100	800	514		100
ICNIRP（1998）功率密度（W/m^2）	4.75	10.00	4.00	2.57		2.00
天线增益（dBi）	16	18		23	17	10
天线实际垂直面方向图或模型	742 265	TBXLHA	80010302_0824	ITU-R F.1336	ITU-R F.699	
天线距地面高度（m）	32	45	15	25	60	
电缆损耗（dB）	1					
功率（W）	25	64	40	10	1000	6000
等效全向辐射功率（W）	800	3210	2000	1580	39 810	47 660
特定安全距离（m）	3.7	5.1	6.3	7.0	35.1	43.6
总安全距离（m）	3.7	6.3	8.9	11.3	36.9	57.1
ICNIRP（1998）场强（V/m）	41.30	61.00	38.89	31.17		28.00
50m 处场强（V/m）	3.10	6.21	4.90	4.35	21.86	23.91
50m 处场强与 ICNIRP（1998）限值的比率	0.08	0.10	0.13	0.14	0.70	0.85
总场强暴露率	0.08	0.13	0.18	0.23	0.74	1.13

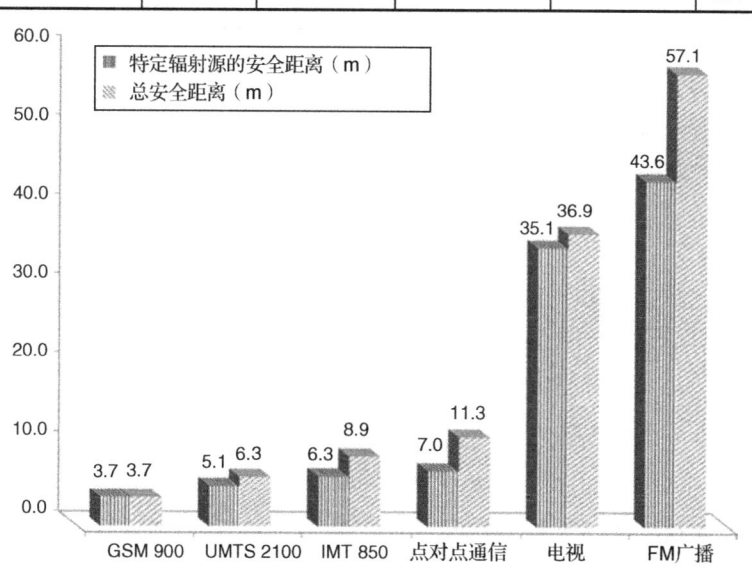

图 9.7 多天线共址情形下的总水平安全距离，y 轴（m）

根据表 9.8 中数据，图 9.8 给出了距辐射源 50 m 处的总场强暴露率。

图 9.9 中，各辐射源场强的单位为 dBμV/m，点对点通信系统和电视天线的垂直面方向图

---

① 假设满足自由空间传播条件，在水平面和垂直面满足最大天线增益，采用最大发射功率（例如，UMTS 基站采用功率控制技术后，发射功率较最大值减小 12 dB），且求功率密度的标量和（非矢量和）。

指标分别来源于 ITU-R F.1336 建议书和 F.699 建议书中有关内容。相对于 IMT 850（80010302_0824）实际垂直面方向图，图 9.9 为基于保守估计的仿真方向图。由于天线垂直面副瓣增益小于主瓣增益，且天线可能存在一定倾角，因此在天线塔下面的附近区域并非最大暴露区。

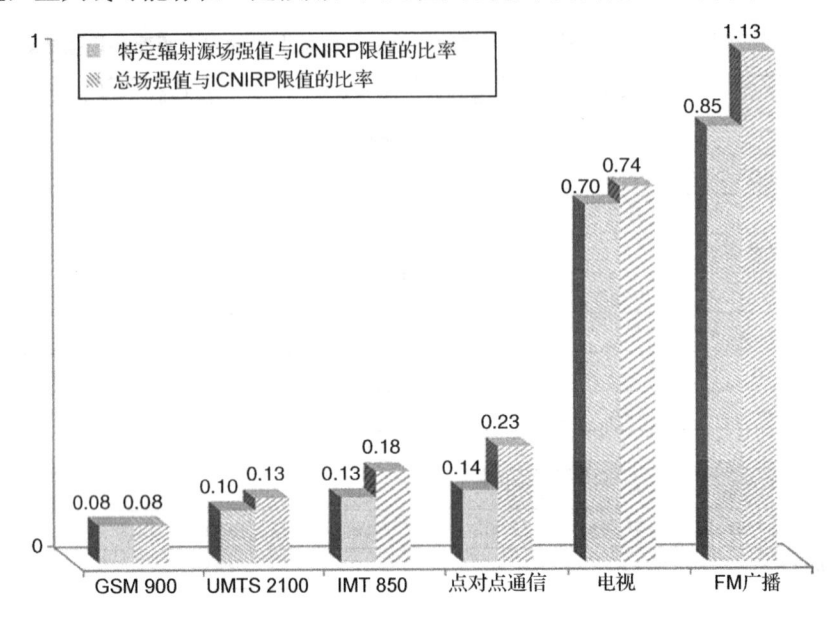

图 9.8　距辐射源 50 m 处的总场强暴露率

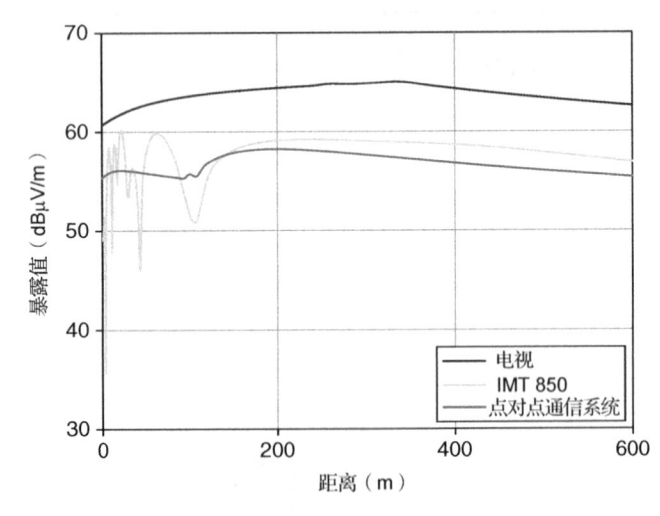

图 9.9　电视、IMT 850 和点对点通信系统的场强（dBμV/m）相对距离（m）曲线

与图 9.8 类似，图 9.10 给出了多辐射源共址条件下各辐射源暴露率和总暴露率与距离的关系，详情可见 ITU-T 2007 K.70 建议书中图 I.5。

图 9.11 为基于电磁场预测软件的计算结果，详情可见 ITU-T 2007 K.70 建议书中图 D.2，图中分别给出了当 GSM 900 基站天线无倾斜和倾斜 10°时其辐射功率密度分布情况。

图 9.12（也可见 ITU-T 2007 K.70 中图 8.1）给出了多辐射源（FM 广播、电视和 GSM 900 系统）多频段共址发射时总场强暴露率与距离的关系。

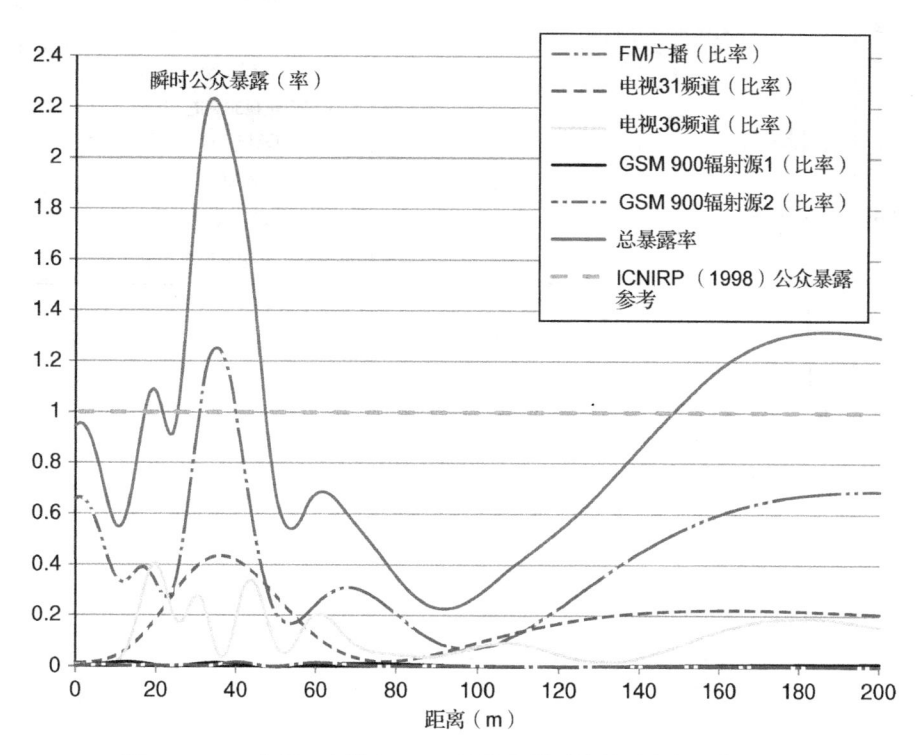

图 9.10　FM 广播、电视和 GSM 共址发射时总暴露率与距离的关系

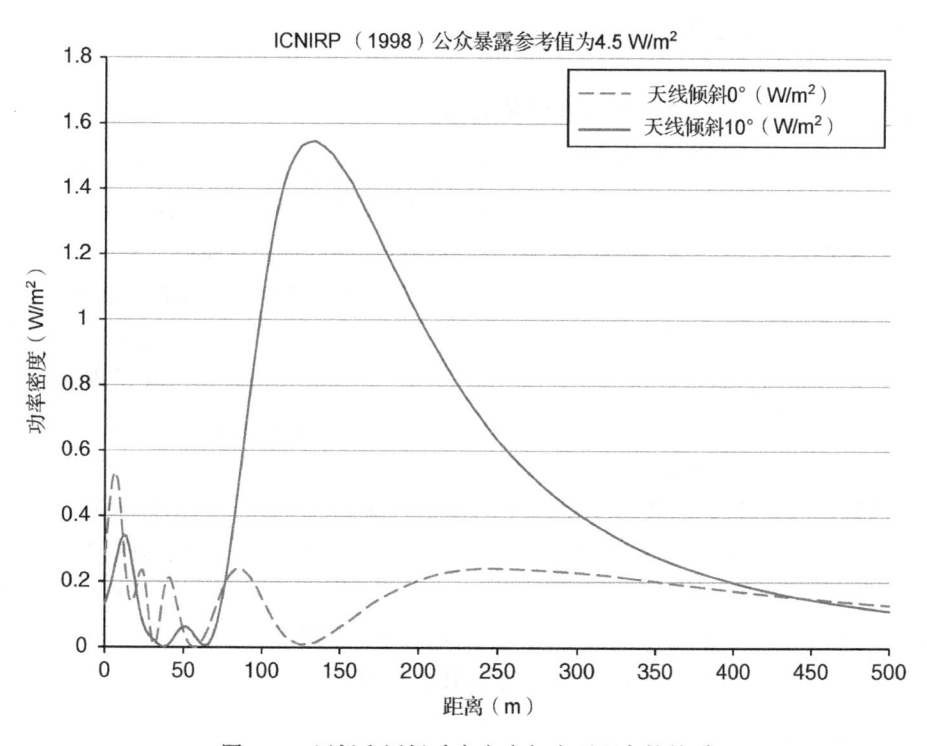

图 9.11　远场和近场功率密度与水平距离的关系

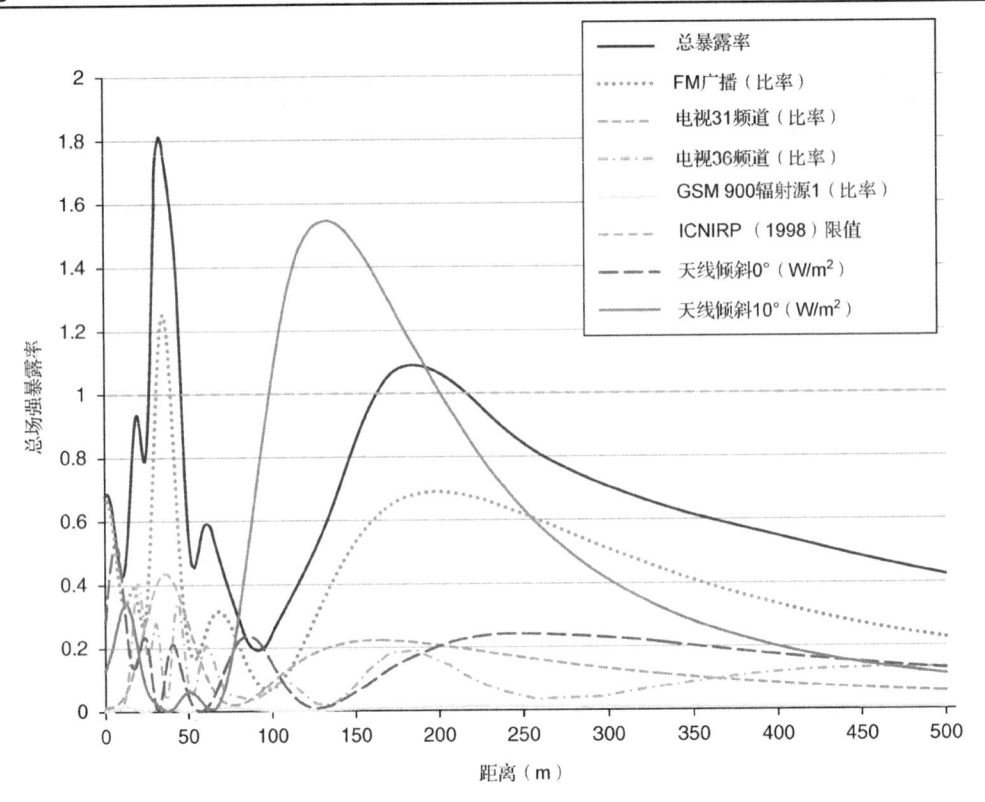

图 9.12　多辐射源多频段共址发射时总场强暴露率与距离的关系

9.5.2　人体射频暴露监测

9.5.2.1　人体射频暴露监测有关建议书和标准

人体射频暴露监测如同主管部门的"眼睛和耳朵"，地位非常重要。ITU-R《频谱监测手册》（2011）第 5.6 节（第 516～531 页）介绍了非电离辐射测量有关内容。ITU-R BS.1698 和 ITU-T K.52、K.61、K.70、K.91 建议书介绍了电磁场特性测量有关（程序、技术和设备）内容，对电磁场测量与预测进行比较分析，并给出了场强值、限值和参考值计算的具体示例。ITU-T K.70 建议书还对电磁场预测软件（第 3 版）进行了介绍。该软件可用来计算总暴露电平值。图 9.11 和图 9.12 即为该软件生成结果。除了开展实地测量外，利用相关系统对辐射源实施持续性监测，是监督检查电磁辐射情况的有效手段。通过实施电磁辐射监测计划[①]，有可能直接获取一个国家所有蜂窝网络的电磁辐射数据。

IEC 62233 标准和 EN 62233 标准均给出了民用电磁场对人体暴露的测量方法。两者的不同点在于，标准的附录 B 中分别采用"基本限值"和"参考值"来表述暴露限值。EN 62233 仅给出了 ICNIRP（1998）所规定的限值，而 IEC 62233 给出了 ICNIRP（1998）和 ANSI/IEEE C95.1-2006 所规定的两种限值。此外，IEEE C95.7-2005 标准给出了实施射频安全计划的相关建议。关于电磁场人体暴露的 IEC 标准还包括 IEC 62311 和 IEC 62369 等。

---

① 2010 年以来，以色列环境保护部噪声防护和辐射安全局通过实施电磁辐射监测计划，使得主管部门能够一年 365 天、每天 24 h 获取全国范围内 60 000 多个 UMTS 基站所有天线的辐射数据。目前，该机构正在将相关监测软件推广至 LTE 系统。

9.5.2.2 全球范围内对人体射频暴露的监测情况

许多国家主管部门网站，如法国国家频率管理局（ANFR）（www.cartoradio.fr）和意大利电磁监测机构（www.monitoraggio.fub.it/），均提供人体射频暴露相关测量数据。

全球范围内的人体射频暴露监测结果表明，典型位置处的功率密度小于ICNIRP（1998）限值的1%，相当于小于ICNIRP场强限值的10%[①]。蜂窝基站周围的暴露水平约为ICNIRP导则（ICNIRP 2009a声明，第258页）规定参考值的万分之一。同时，地面上的射频信号水平与相关标准规定的人体射频暴露限值相比非常微小，且该结果与国家、年份和所采用的蜂窝通信技术关系不大。详细信息可参考两个有关移动通信基站射频暴露测量的项目，一个项目横跨五大洲23个国家（Rowley和Joyner 2012），另一个项目涉及7个非洲国家通信基站周边的260 000个测量点（Rowley、Joyner和Marthinus 2014）。

2001—2004年（WHO 2007，第30页），英国无线电通信局（现为英国通信办公室组成部门）对位于蜂窝基站附近的289个学校开展了射频暴露测量。每个学校均选取多个测量点，测量频率属于GSM 900/1800工作频段，并将场强测量结果与ICNIRP（1998）限值进行对比，若符合性因子等于1，则表示场强测量结果符合ICNIRP导则要求。测量与分析结果表明，全部测量点中最大符合性因子为 3.5×10^{-3}（取功率密度为 12.2×10^{-6}），90%学校测量点的最大符合性因子为 2.9×10^{-4}（取功率密度为 8.4×10^{-8}），说明测量值均远低于限值要求。英国通信办公室从499个受公众投诉基站周边选取3321个点开展了射频暴露测量，根据该测量数据所绘制的射频暴露符合性因子累积分布图如IARC（2013，第58页）中图1.11所示。由图可知，这些数据相对于ICNIRP（1998）功率密度限值的符合性因子的中值为 8.1×10^{-6}，第5个百分位为 3.0×10^{-8}，第95个百分位为 2.5×10^{-4}。

2005—2006年，有关机构在法国[②]市区、郊区和乡村中选取200个居民点开展了GSM 900/1800频段射频暴露测量，测量工作共持续184天，每天连续测量24 h（Viel等2009；IARC 2013，第14页）。测量结果表明，在绝大多数时段，场强测量值小于0.05 V/m，而0.05 V/m等于ICNIRP（1998）在900 MHz限值的0.12%。对FM频段测量结果中，12.3%场强值大于检测电平，场强中值为0.17 V/m（Viel等2009，第552页），场强最大值为1.5 V/m。在GSM 900/1800基站附近，射频暴露值随着距离的增大而增大，当距离达到基站天线主瓣方向与地面的交点时，射频暴露达到最大值。法国国家频率管理局2004—2007年开展的测量表明，测量的射频暴露平均值小于场强限值的2%（功率密度限值的0.04%）；所有频段测量结果中，均有超过75%的测量值小于场强限值的2%。

2001年11月12日至12月19日，在奥地利萨尔斯堡地区（Salzburg 2002，第3页；国际癌症研究机构2013，第113页，表1.14）曾开展过一项GSM 900/1800频段射频暴露测量。其中13个测量地点中有8个为随机选定。测量结果超过评价值[③]1 mW/m² (0.001 W/m²，等于0.61 V/m) 40倍。通过对测量数据进行评估得出，在距离发射台站较近的城市区域，射频暴

[①] 如前所述，功率密度和电场强度可互换使用（但两者的数值并不相等）。WHO（2007，第30页）、ANFR（2007）和Viel（2009）等使用V/m，而Salzburg（2002）使用W/m²。

[②] 2006年，法国每百人拥有85.1部手机，见Mazar（2009，第140页）。

[③] 1 mW/m²等于0.001 W/m²。因ICNIRP（1998）限值为 $f/200$，即900 MHz和1800 MHz对应的限值分别为4.5 W/m²和9 W/m²。因此，萨尔斯堡地区的功率密度评价值比ICNIRP（1998）900 MHz所对应的限值严格4500倍，比1800 MHz所对应的限值严格9000倍。

暴露水平为10～200 mW/m², 其中1000 mW/m²等于ICNIRP（1998）在900 MHz限值（4.5 W/m²）的2.2%, 也等于ICNIRP（1998）在1800 MHz限值（9 W/m²）的1.1%。基于测量和仿真结果, 并考虑到各种技术和现实原因, 对于生活在市区天线塔附近的居民, 其射频暴露水平均将超过1 mW/m²。

9.5.2.3 计算场强与测量场强的比较

根据地形、天线倾角和垂直面方向图等参数, 可估算出天线发射信号在距天线水平距离80～120 m处达到峰值（见图9.11）。天线波束倾角对天线周边的辐射场强具有很大影响, 且波束下倾角越大, 会使天线附近的辐射场强越高（见ITU-T K.70）。基站天线附近的射频暴露主要由天线垂直面副瓣产生, 而副瓣辐射场强小于主瓣辐射场强。当天线下倾角较小时（如2°倾角）, 天线副瓣对天线塔下方及附近区域的辐射达到最大值。图9.13给出了测量场强和计算场强的例子。

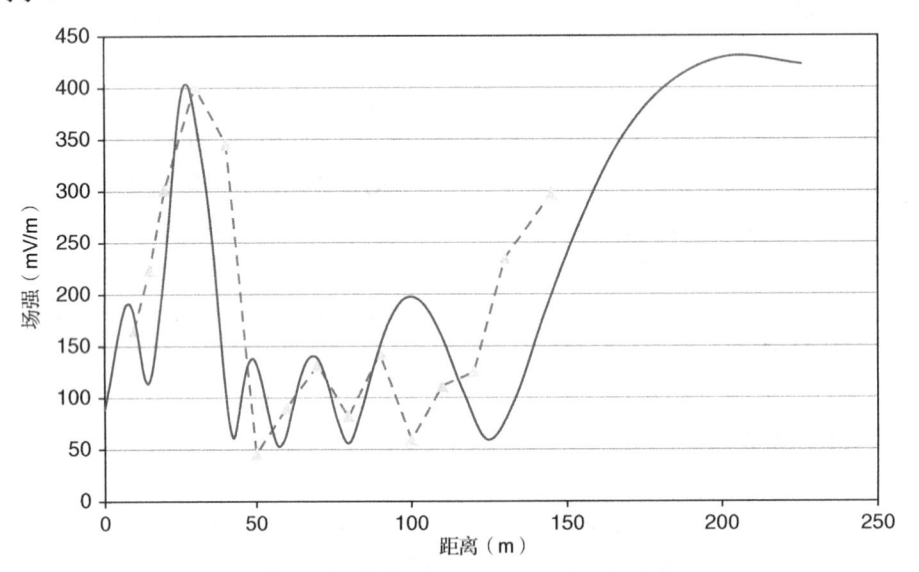

图9.13 测量场强（虚线）和计算场强（实线）与距离关系（来源：Linhares A.、Terada MAB.和Soares 2014, 图5）

该测量由巴西国家电信监管局（ANATEL）[①]组织实施, 测量频率为1875.8 MHz, 基站天线电倾角为8°, 机械倾角为0°, 天线方向图为TBXLHA-6565C_1920, 测量结果如图9.13所示。根据ICNIRP（1998）在400～2000 MHz的场强限值计算公式 $1.375 f^{1/2}$（MHz）, 可得其在1875.8 MHz频率上的限值约为60 V/m。上述测量数据中, 最大场强测量值约为0.4 V/m, 该值为ICNIRP（1998）场强限值的0.67%, 若转化为功率密度, 则仅为ICNIRP（1998）功率密度限值的0.004%。

根据前述萨尔斯堡地区射频暴露测量结果, 国际癌症研究机构（2013, 第113页）指出, 离开基站的距离与其电波的暴露具有弱相关性; 同时, 国际癌症研究机构（2013, 第409页）强调, 由于天线特性、屏蔽和电波反射等因素影响, 基站的射频暴露水平不能简单用离开基站的距离来等效。

[①] 见Linhares、Terada和Soares（2014）中图5。

9.5.2.4 需要回答的问题

世界各地针对蜂窝基站对人体射频暴露开展了大量监测和理论评估。通过将这些测量和评估结果与 ICNIRP（1998）参考值对比发现，蜂窝基站的射频暴露处于非常低的水平。这引起人们产生如下疑问：

- 鉴于目前蜂窝基站数量巨大，已达约一千个用户对应一个基站（见下页脚注②），是否需要对所有新建基站实施强制性测量，以检验其射频暴露的符合性？
- 如果根据心存疑虑的公众要求开展"事后"测量可行，为何还要开展全国性的"事前"监测[①]？

由于目前所测到的射频暴露值非常低，意味着还存在如下潜在问题：

- 是不是 ICNIRP（1998）参考限值太高？如果是的话，主管部门是否应采用更低的限值？

2009 年，国际非电离辐射防护委员会已经开始对其 1998 发布的导则进行重新评估，并于 2012 年启动射频暴露导则的修订工作。2016 年，世界卫生组织与国际非电离辐射防护委员会共同出版《环境健康标准（EHC）》[②]，该专著有可能作为 ICNIRP（1998）导则修订的基础参考文献。

9.6 射频暴露限值及其对移动网络规划的影响

根据法国国家频率管理局年度报告[Rapport Annuel（2013，第 47 页）]，当 LTE 工作在 800 MHz 时，射频暴露水平将升高 20%。虽然公众一直要求降低无线电台站的射频暴露水平，但是，采用更严格的射频暴露管理政策、法规和手段无疑会对广播和移动网络规划造成影响。例如，由于受公众抵制活动的影响，许多新兴蜂窝技术的推广使用已被大大推迟。

9.6.1 过度限制射频暴露对网络规划的影响

如果大多数调查点处的实测射频暴露值小于 ICNIRP（1998）功率密度值的 1%，那能说明什么问题呢？通常当基站天线的规划地点位于居民区附近时，由基站建设所引发的问题更为突出。主管部门在计算基站射频暴露在水平方向的安全距离时，通常假设最坏情形，即取自由空间传播模型，忽略天线增益在垂直方向的变化。若存在多个辐射源共址或采用新技术[③]，则需进一步增加天线安全距离，并严格限制在住宅附近建设天线发射塔。同时，许多国家（如瑞士）将功率密度限值降为国际标准限值的 1/100（萨尔斯堡地区[④]为 1/9000），从而对蜂窝基站规划带来很大影响。若将功率密度限值降为国际标准限值的 1/100（1/9000）或将场强限值降为国际标准限值的 1/10（萨尔斯堡地区为 $1/95 \approx 1/\sqrt{9000}$），则根据式（9.7），在辐射参数

---

① 见 4.1.2 节。
② 2014 年 11 月，ITU-R 研究组推荐作者作为国际电联各部门间有关人体射频暴露工作的协调人，并对世界卫生组织有关草案中第 2 章《辐射源、测量和暴露》进行审查。
③ 如发射机采用 MIMO（多输入多输出）技术。
④ 除奥地利萨尔斯堡地区外，意大利佩鲁贾和诺瓦拉（WHO 2007，第 145 页）分别将暴露限值设为 3 V/m（相当于 ICNIRP 场强值的 7.3%或功率密度限值的 0.5%）和 1 V/m（相当于 ICNIRP 场强限值的 2.4%或功率密度限值的 0.06%）。

不变的情况下，相应的安全距离将增加为原来的 10（或 95）倍。依据上述国家在射频暴露监管方面的经验，若将射频暴露限值设为低于 100 mW/m² (=6.1 V/m)，则会大大增加基站建设的成本（Salzburg 2002，第 3 页）。为降低基站射频暴露水平，减小基站附近的功率密度，可采取减小基站的等效全向辐射功率或增大天线塔与公众之间的距离等措施。但这些措施也会对基站和天线的选址和规划带来负面影响。

根据法国国家频率管理局年度报告[Rapport Annuel（2013，第 48 页）]中所给出的针对 2G 和 3G 射频暴露的仿真研究，若将基站射频暴露场强限值由 61 V/m 降至 0.6 V/m[①]，则蜂窝网络的覆盖范围和服务质量将受到很大影响，且对室内信号质量的影响更为明显。例如，巴黎市中心蜂窝网络覆盖范围将减小 82%，格勒诺布尔市和格朗尚公社的蜂窝网络覆盖范围将分别减小 44%和 37%。即使将射频暴露限值设得更高一些（如将巴黎和普兰公社的射频暴露限值分别设为 1 V/m 和 1.5 V/m），仍会导致室内蜂窝网络覆盖范围减小（巴黎市中心减小 60%~80%，普兰公社减小 30%~40%）。为估算射频暴露限值为 0.6 V/m 时所需增加的天线数量，选取法国 7 个城市进行了天线参数配置仿真研究。研究结果表明，所需天线数量至少为原天线数量的 3 倍。若再考虑网络容量、服务质量、流量控制和接入等因素，则所需天线数量还将进一步增加。

有些主管部门和市政当局为射频敏感区域设定了最小保护范围，这些区域包括学校、医院、公寓住宅、儿童娱乐场和永久性厂房等。这种做法也对网络规划构成新的限制条件。需要指出，当在信号良好的区域使用手机时，由于手机发射功率相对较低（WHO 2011），其自身的射频暴露亦会降低。降低 ICNIRP 限值不仅对蜂窝天线规划产生影响，也会对信号的测量和覆盖带来困难（Salzburg 2002，第 31 页）。

通过减小蜂窝网络下行链路有效辐射功率，可以降低基站的射频暴露水平。为确保蜂窝网络服务质量不变，则需要额外增加基站/天线塔。这样一来，通过部署大量低功率基站，不仅降低了每个基站的射频暴露水平，而且也使手机发射功率变低（由于手机离基站更近，所以发射功率可以更小）。但是，由于公众对蜂窝基站抱有忧虑情绪，主管部门对基站的建设管理通常非常严格，因此新增蜂窝（和广播）天线塔往往较困难。Mazar（2009，第 110 页，表 4.2）曾对欧盟和安第斯国家共同体关于电子通信内容进行过比较：两个组织都将无线电频谱定义为"稀缺性资源"，且后者将实体设备也称为"稀缺性资源"。

9.6.2 通过增加蜂窝天线或无线电频谱来降低射频暴露限值

根据有关统计，每个蜂窝基站平均服务 1000 个用户[②]。公众和移动通信运营商非常关注蜂窝网络的覆盖范围和容量。对于指定网络（技术、台站数量、无线电频谱、服务质量），为扩大覆盖范围，既可增大发射机有效功率（包括上行和下行链路），也可增加基站高度或采用较低频率来减小传播损耗。在传播环境相同条件下，低频信号传输距离更远，因而所需的基站数量相对较少。但频率越低，可用射频带宽也会越窄。例如，工作在 900 MHz 频段的 GSM/UMTS（采用 FDD 技术）的可用射频带宽为 39×2 MHz[③]，而工作在 2100 MHz 频段的

[①] 40 dB 衰减对应场强减小为原来的 1/100，功率密度减小为原来的 1/10 000。
[②] 该统计数据由印度提供。根据印度通信与信息技术部电信部门（DoT）2013 年 3 月 31 日提供的数据，全国 867 803 583 个手机用户对应 746 602 个基站。也可参考印度电信监管部门（TRAI）（2013，第 1 页、第 10 页和第 13 页）有关统计数据。
[③] 即上行频段 876~915 MHz 和下行频段 921~960 MHz，包括 GSM-R 和 GSM 扩展频段。

UMTS 的可用射频带宽为 60×2 MHz[①]。反之，频率越高，虽然需要的基站数量更多，但由于电波传播损耗较大，导致相邻基站信号的干扰减少，从而可增大网络容量。建设蜂窝网络的原本目的就是为了增大网络容量，而非增加无线电频谱，更不是配置更多的基站。因此，通过提高工作频段、增加基站数量，可以很好地解决网络容量问题。Grace 等（2009）强调，在"绿色无线电"中需要保持带宽和功率（能量）效率的平衡，"若要使功率需求（能源）最小化，则要求使用带宽最大化"。

基站的负荷过重会导致网络容量不足[②]。网络容量是限制城市地区蜂窝网络运行的重要因素，而覆盖范围则是乡村地区蜂窝网络需要解决的主要问题。这也意味着，城市地区蜂窝网络设计的首要考虑指标是决定频率复用和容量大小的信干比（S/I），而非决定覆盖范围的信噪比（S/N）[③]。

随着蜂窝网络数据速率越来越高，对无线电频谱的需求不断增加；同时由于城市地区基站的覆盖范围的缩小，导致市区基站密度越来越高。为解决上述问题，一个可行的方案是为运营商提供更多无线电频谱资源。但是，目前全球范围内蜂窝系统的可用频谱资源非常有限，其紧缺程度与 2.4 GHz 非授权频段或 FM 广播频段 87.5～108 MHz（也称国际频段Ⅱ）的紧张程度相似。与增加频谱供给的作用类似，通过设施（网络、规划、基站和频谱）共享也有助于减少基站数量，减小射频暴露危害。此外，通过实施主动共享（包括频谱共用），虽然可以节省频谱资源，减小射频暴露危害，但也会导致运营商之间的竞争性减弱，见 2.3.3.1 节。

蜂窝网络数据量的急剧增长[④]需要更多的网络基础设施提供支持。为满足通信流量的增长需求，需要在工业、商业和人口密集区域建设更多基站。虽然基站数量的增加能够增大网络容量，但也会导致相关区域射频暴露水平的提高[⑤]。在这方面，美国出台了较为宽松的政策，目的是促进无线基础设施的合理布局和共址建设，详见 FCC 报告和第 14-153 号指令《无线基础设施》。

9.6.3　无线电频谱与基站数量的定量分析

9.6.3.1　理论基础

蜂窝网络通信信道为衰落信道。基于香农理论和衰落信道信息理论，Biglieri、Proakis 和 Shamai（1998）将容量作为衡量网络性能的最重要指标。依据直观判断，增加无线电频谱应该能够减少基站数量。为定量表达基站数量与无线电频谱之间的关系，可以采用面向异构网络的仿真架构和仿真方法，需要针对不同场景（包括存在障碍物和衰落环境下的电波传播）

---

① 即上行频段 1920～1980 MHz 和下行频段 2110～2170 MHz，还包括 UMTS TDD 频段 1900～1920 MHz 和 2010～2025 MHz。
② 市区人口密集区域基站间隔为 300 m，而在乡村地区基站间隔大于 900 m，见 ITU-R M.2290 报告中表 A.7 "典型无线电环境下的蜂窝小区面积"。基站数量与通信流量的大致关系是：80%的基站传输 20%的流量，50%的基站传输 5%的流量。
③ 城市地区的蜂窝网络为干扰受限系统，而非噪声受限系统，其正常工作需要满足信号干扰噪声比（SINR）或信号噪声干扰比（SNIR）。城市地区基站的建设基于满足性能原则而非覆盖范围最大原则，因为基站覆盖范围的重叠会引发干扰。
④ 随着蜂窝数据业务的不断发展，用户使用手机的方式也发生着变化。在蜂窝语音通信时代，用户常将手机与耳朵贴得很近，这导致手机距离人脑太近。而在数据通信时代，用户将手机放在手掌上或膝盖上，所形成的人体射频暴露环境也不同于前者，且往往危害更小。
⑤ 蜂窝网络性能（覆盖范围和容量）的提升会促进宽带业务的增长。但相关视频应用是否考虑到人们对基站和手机射频暴露所需支付的额外成本？

开展数值仿真研究,见 Tsalolikhin 等（2012）。为分析蜂窝网络所需开展的衰落信道统计模型的研究已经超出了本书的范畴。

香农和哈特莱的著名论文（香农1948,第43页,定理17）给出了网络中单个通信链路的最大信道容量的计算公式,即容量 c（bit/s）、射频带宽 b（Hz）和信噪比 s/n（无量纲）的关系为：

$$c = b \times \log_2(1 + s/n) \tag{9.17}$$

香农公式既是一个基础理论公式,也是一个计算工具。它表明信道容量是对带宽 b 与功率 s 的权衡,即信道容量 c 与带宽 b 成线性关系,与功率 s 成对数关系（Grace 等,2009）。近年来有两项重要研究均借鉴了香农和哈特莱的上述权衡理论：Carter（2013）基于权衡理论描述信号允许场强与分配信道带宽的关系,Yuguchi（2013）则说明在对先进设备的投资（用于改善信噪比）和对更多更好频谱的投资上应保持平衡。

9.6.3.2　无线电频率与基站数量的定量关系

下面定量分析说明增加无线电频率是否就能减少基站数量。需要指出,香农信道容量公式主要基于固定高斯信道,而移动通信为衰落信道①。式（9.17）的第1部分表明信道容量 c 与射频带宽 b 直接相关。噪声 n 也与射频带宽 b 相关,即 $n = n_0 \times b$,其中 n_0 为噪声谱密度,即每赫兹频率上的噪声功率（能量单位为焦耳）。

首先,信道最大容量计算公式为：

$$c = b \times \log_2\left(1 + \frac{s}{n_0 b}\right) = \frac{1}{\ln 2} b \times \ln\left(1 + \frac{s}{n_0 b}\right)$$

由于 b 通常较大,且 $n_0 \times b \gg s$,则基于泰勒级数求出达到香农极限的数据速率为：

$$c = \frac{1}{\ln 2} b \times \left[\frac{s}{n_0 b} - \frac{1}{2}\left(\frac{s}{n_0 b}\right)^2 + \frac{1}{3}\left(\frac{s}{n_0 b}\right)^3 - \frac{1}{4}\left(\frac{s}{n_0 b}\right)^4 + \cdots\right] \approx \frac{1}{\ln 2}\left(\frac{s}{n_0}\right) \tag{9.18}$$

根据式（9.18）,当 b 取值非常大时,信道容量 c 主要由功率 s 和噪声谱密度 n_0 决定。

在式（9.17）的对数部分中,减少基站数量将降低相关区域的信号强度,增加了用户与基站之间的距离②。因此,为确保信道容量 c 保持不变,当基站数量减少（s 减小）时,需要适当增加射频带宽 b。其中射频带宽 b 的增加量和基站数量的减少量（s/n 的减小量）应满足香农和哈特莱信道容量极限。城市环境中的 s/n 往往较小。LTE 的参考信号接收质量（RSRQ）可用于表示信道容量,用户设备可将 RSRQ 的测量值作为参考量。当信噪比 S/N 高于 -9 dB 时能够确保良好的用户体验；当 S/N 位于 -9 dB 至 -12 dB 范围时,用户体验一般,网络服务质量略微有所下降,具体见第2章中有关网络容量的量化分析内容。

因此,当 s/n 为相对于1的较小值时,可利用泰勒级数将式（9.17）表示为：

$$c = b \times \log_2(1 + s/n) = \frac{b}{\ln 2} \ln(1 + s/n) \approx \frac{b}{\ln 2} s/n \approx 1.44 \times b \times (s/n) \tag{9.19}$$

由式（9.19）可知, s/n 的减小（基站数量减少）量可直接由 b 的增加量来补偿。

需要指出,增加射频带宽 b 和减小 s/n 不一定会降低上行链路和下行链路的功率,也不一

---

① 香农公式基于高斯白噪声和无限码元长度。虽然新一代蜂窝系统会采用各种数据优化方法,但当存在多个相邻小区干扰时（无单个干扰占主导地位）,通常采用大数定律,即假设噪声为加性高斯白噪声（AWGN）。

② 噪声 n 与基站密度有关。例如,在城市地区, n 主要由相邻小区的干扰（而非热噪声）决定。

定会降低单个基站和手机对人体的射频暴露水平。因为增加无线电频率往往需要增大发射功率，以保持单位赫兹上的功率值。总体来看，增加基站数量能够增大蜂窝网络覆盖范围和容量，并降低单个基站和手机的射频暴露水平。不过即使这个结论成立，人们仍不会接受将基站建在自己住宅附近。

总之，蜂窝网络容量由射频带宽、功率和噪声共同确定。如果能为蜂窝网络提供更多无线电频率，就能够减少基站数量，并降低总的电磁场暴露水平。

9.7 减小人体射频暴露的有关政策和技术

9.7.1 减小人体射频暴露的有关政策

下面是一些基于预防原则制定的减小人体射频暴露的政策：

- 全国所有蜂窝基站和手机都应符合目前 ICNIRP（1998）限值。这些限值是根据目前国际科学界的共识制定的。人体对射频辐射的承受能力与地理区域和政治环境无关联性，从技术上也未证实不同国家射频暴露水平具有差异性。蜂窝网络不属于局域网，在工程上无法证明同一国家不同城市的射频暴露水平的差异。对射频暴露水平做出规定属于国家行为[①]，而市级或省级议会不应具备该权限。

欧洲理事会第 1815 号决议（2011）§5"考虑因素"和§8.5.4"建议"中给出以下原则：

- 按照合理的最低水平（ALARA），覆盖电磁辐射的热效应和生物效应，见§8.1.2 和§8.4.3"建议"。
- 当科学证据不足以确定风险时，坚持预防原则。考虑到受射频暴露影响的人群（特别是儿童和年轻人）越来越多，若不采取提前预防措施，有可能要付出高昂的人力和经济成本，见§8.2.1"建议"。

根据欧洲理事会第 1815 号决议§8.2.3"建议"：

- 对存在微波或电磁场的环境、电子设备的发射功率、比吸收率（SAR）及对人体健康的危害做出明确标示。
- 优先使用有线和卫星通信手段，减少无线电视、固定无线接入、无线网络路由器和宽带应用所产生的电磁辐射。
- 鼓励蜂窝基站的无源共址[②]（使用相同站址、天线塔和天线）和运营商之间的主动共用（相同收发设备和频率），以减少基站数量，降低射频暴露水平。
- 不对敏感区域附近建设基站天线做出限制，因为基站天线数量越少，手机的发射功率可能会更高，从而产生更高的射频暴露水平[③]。

[①] 从各个角度看，基于萨尔斯堡地区测量结果所建立的模型不具备有效性。该模型并未提供对公众健康危害的证据，却妨碍了当地蜂窝网络的发展；同时，它也没有起到减少争议和公众担忧的作用（WHO 2007，第 148 页）。
[②] 采取共址方法虽然使站址附近的射频暴露水平升高，但能够降低对公众的总射频暴露水平。
[③] 具体取决于基站天线与住宅和居民区的最小距离。正如世界卫生组织所言，"与公众的一般认知相反，随着基站数量的减少，平均电磁暴露水平非但不会降低，反而会更高"（WHO 2007，第 148 页）。

- 依靠仿真计算等方法，公开告知公众当前和未来的射频暴露水平。同时，在手机显著位置标记其 SAR 值。
- 最好能够对每个基站进行评估，确保其公众射频暴露低于 ICNIRP（1998）参考值，并根据公众要求采取必要措施。利用专用设备对射频暴露和发射功率进行测量，实现每天 24 h、每年 365 天不间断监测。
- 处理好资产贬值问题。

9.7.2 减小基站射频辐射的主要技术

为降低基站对人体的射频暴露水平，可采用下列技术：

- 严格限制射频暴露超标地区的网络接入，必要时可采取物理阻断、封锁和警示等措施，工作人员可穿戴防护服（ITU-T K.52 建议书）。
- 增加天线高度，以增大调查点与辐射源的距离，降低其射频暴露水平。或者，通过增大天线仰角或减小天线副瓣方向发射电平（ITU-T K.70 建议书）。
- 增大天线增益（主要通过减小垂直面天线波束宽度），以减小天线对附近居民区的辐射。要使基站的等效全向辐射功率保持不变，可以通过采用低功率发射机向高增益天线馈电或高功率发射机向低增益天线馈电两种方案。考虑到电磁辐射防护的需要，建议采用低功率发射机向高增益天线馈电的方案（ITU-T K.70 建议书）。
- 在能够保证网络服务质量的前提下，尽可能降低基站的发射功率。降低发射功率虽然能够减小所有观察点的功率密度，但也会减小基站的覆盖范围。因此，该措施应在其他措施都不可用的情况下使用（ITU-T K.70 建议书）。

9.7.3 公众认知与现实情况的比较

由于电磁辐射可能会导致电磁过敏症和恐电症，因此公众对电磁辐射认知与现实情况有时并不相符。下面列出了一些典型例子。

- 公众认知：在邻近街区建设的基站天线只对该街区人群产生射频暴露影响。
- 现实情况：完全相反。相对基站而言，手机距离人体更近，因而人体射频暴露水平主要取决于手机的（上行链路）发射功率大小。手机的发射功率可以根据链路状况自动进行调整。通常，手机离基站越远，其发射功率会越大。
- 公众认知：特定区域内基站数量越多，电磁暴露水平越高。
- 现实情况：不正确。关于手机产生的射频暴露可参考前一问题。若基站数量较多，则手机会与距离较近的基站建立连接，这时手机发射功率也相对较小。基站的发射功率应能保证小区边缘用户达到特定服务质量。由于基站发射信号的功率密度按照自由空间中距离平方和高阶指数（对于地波通常为 4 阶）规律衰减，这意味着辐射较大的点应位于小区内部。因此，小区面积越小，外部电磁辐射在小区内部产生的暴露水平越低。
- 公众认知：基站和天线尺寸越大，射频暴露水平越高。
- 现实情况：不正确。增加天线尺寸的目的是为了增大天线主瓣增益。天线主瓣增益越大，则同一天线的副瓣增益越小，从而使得天线邻近区域的场强（或功率密度）降低。

- 公众认知：建筑物顶部的天线对建筑物内部的辐射最大。
- 现实情况：不正确。天线主要通过水平方向（或略微向下倾斜）发射信号，因此天线正下方的辐射被大大衰减。同时，建筑物顶部材料（混凝土）对电磁辐射具有很强的衰减作用。

9.8 结论

有关职业射频暴露限值的全球性法规和导则一直以来受到各国专家的持续关注。国际癌症研究机构出版物（2013，第409页）的摘要指出："由无线电通信中各类调制信号所产生的弱射频场与生物体之间的交互机制尚未被完全发现或认知。"

由于射频暴露逐渐引起社会广泛关注，甚至可能导致公众出现电磁过敏症，因此各国对人体射频暴露限值越来越严格。有些国家政府和主管部门规定了非常低的射频暴露限值。为避免出现射频暴露标准的"巴别塔"（表示人类狂妄自大最终只会落得混乱的结局，译者注），消除无线电设备提供商、运营商和用户的困惑，有必要制定人体射频暴露领域的全球性标准和通用限值。随着全球化和一体化进程的发展，ICNIRP（1998）通用限值逐步被各国采纳，但目前还缺少从技术上对各类射频暴露限值做出鉴别的科学方法。蜂窝移动通信网络中，对人体产生最大射频暴露的设备是手机而非基站天线。由于受到射频暴露影响的人群数量很多，而科学上对射频危害效应的认知还不明确，因此基于预防原则来控制射频暴露的做法也有其合理性。将人体射频暴露减小至合理的最低水平，是未来的努力方向。

参 考 文 献

说明：*表示作者参与该文献的编写工作。

ANFR 2007 (*Agence Nationale des Fréquences*) (2007) *Mesures de champs électromagnétiques en France*. See also www.cartoradio.fr. Available at: www.anfr.fr/accueil/ (accessed April 19, 2016).

ANFR (2013) *Rapport Annuel* (Annual Report), published on July 23, 2014. Available at: http://www.anfr.fr/fileadmin/mediatheque/documents/expace/synthese07.pdf (accessed April 19, 2016).

Biglieri, E., Proakis, J. and Shamai, S. (1998) IEEE October 1998, Fading Channels: Information Theoretic and Communications Aspects, *IEEE Transactions Information Theory* **44** (6), 2619–92.

Burgess, A. (2003) A Precautionary Tale: The British Response to Cell Phone EMF, *Technology and Society Magazine IEEE* **21** (4), 14–18.

Burgess, A. (2004) *Cellular Phones, Public Fears and a Culture of Precaution*, Cambridge University Press, Cambridge.

Burgess, A. (2006) The Making of the Risk-Centred Society and the Limits of Social Risk Research, *Health, Risk & Society* **8** (4), 329–42.

Carter, K. (2013) cited in Scott M., Pogorel G. and Pujol F. (eds). Dossier: The Radio Spectrum: A Shift in Paradigms? *Communications and Strategies* **90**, 41–62.

Council of Europe Resolution 1815 (2011) *The Potential Dangers of Electromagnetic Fields and Their Effect on the Environment*. Available at: http://assembly.coe.int/nw/xml/XRef/Xref-XML2HTML-en.asp?fileid=17994 (accessed April 19, 2016).

Directive 2013/35/EU, *Minimum health and safety requirements regarding the exposure of workers to the risks arising from physical agents (electromagnetic fields)*, European Parliament and European Council, Brussels, 2013.

EC General Council Recommendation 1999/519/EC *On the Limitation of Exposure of the General Public to Electromagnetic Fields, 0 Hz to 300 GHz*. Available at: http://ec.europa.eu/health/electromagnetic_fields/docs/emf_rec519_en.pdf (accessed April 19, 2016).

EC R&TTE 1999/5 *Radio Equipment & Telecommunications Terminal Equipment, Directive*. Available at: http://eur-lex.europa.eu/LexUriServ/LexUriServ.do?uri=OJ:L:1999:091:0010:0028:FR:PDF (accessed April 19, 2016).

EN 50385 (2002) *Product Standard to Demonstrate the Compliance of Radio Base Stations and Fixed Terminal Stations for Wireless Telecommunication Systems with the Basic Restrictions or the Reference Levels Related to Human Exposure to Radio Frequency Electromagnetic Fields (110 MHz–40 GHz)—General Public.* Available at: www.cenelec.eu/dyn/www/f?p=104:110:194649598901701::::FSP_PROJECT:14880 (accessed April 19, 2016).

EN 62233 (2008) *Measurement Methods for Electromagnetic Fields of Household Appliances and Similar Apparatus with Regard to Human Exposure.* Available at: http://www.cenelec.eu/dyn/www/f?p=104:110:576008182206082::::FSP_PROJECT:20500 (accessed April 19, 2016).

FCC (1997) OET Bulletin 65 *Evaluating Compliance with FCC Guidelines for Human Exposure to Radiofrequency Electromagnetic Fields, Radio and Television Broadcast Stations*: Supplement A (Edition 97-01), *Amateur Radio Stations*: Supplement B (Edition 97-01), Supplement C (Edition 01-01). Available at: http://transition.fcc.gov/Bureaus/Engineering_Technology/Documents/bulletins/oet65/oet65.pdf (accessed April 19, 2016).

FCC (2011) *Radiofrequency Radiation Exposure Limits CFR 47 § 1.1310*. Available at: http://www.gpo.gov/fdsys/pkg/CFR-2011-title47-vol1/xml/CFR-2011-title47-vol1-sec1-1310.xml (accessed April 19, 2016).

FCC (2012) *Radiofrequency Radiation Exposure Evaluation: Portable Devices, CFR 47 FCC § 2.1093* reviewed August 31, 2012: e-CFR Data is current as of August 29, 2012.

FCC (2013) FCC NOI 13-39 or FCC R&O 03-137 27 March 2013 *First Report and Order (R&O) Further Notice of Proposed Rule Making (NPRM) and Notice of Inquiry (NOI): Reassessment of Federal Communications Commission Radiofrequency Exposure Limits and Policies.* Available at: https://apps.fcc.gov/edocs_public/attachmatch/FCC-13-39A1.pdf (accessed April 19, 2016).

FCC (2014) FCC R&O 14-153 WT Docket No. 13-238 WC Docket No. 11-59 WT Docket No. 13-32 21 October 2014 *Wireless Infrastructure Report and Order.* Available at: http://www.fcc.gov/document/wireless-infrastructure-report-and-order (accessed April 19, 2016).

Grace, D., Chen, J., Jiang, T. and Mitchell, P.D. (2009) Using Cognitive Radio to Deliver Green Communications, in *Proceedings of the 4th International Conference, Hanover, 22–24 June 2009*, IEEE CROWNCOM 2009.

Health Canada (2015) *Limits of Human Exposure to Radiofrequency Electromagnetic Energy in the Frequency Range from 3 kHz to 300 GHz*, Canada Safety Code 6 (2015). Available at: www.hc-sc.gc.ca/ewh-semt/consult/_2014/safety_code_6-code_securite_6/final_finale-eng.php (accessed April 19, 2016).

IARC (2011) *IARC Classifies Radiofrequency Electromagnetic Fields as Possibly Carcinogenic to Humans.* Available at: www.iarc.fr/en/media-centre/pr/2011/pdfs/pr208_E.pdf (accessed April 19, 2016).

IARC (2013) Radiofrequency Electromagnetic Fields, *Monographs* Vol. 102 *Non-Ionizing Radiation, Part 2: Radiofrequency Electromagnetic Fields.* Available at: http://monographs.iarc.fr/ENG/Monographs/vol102/mono102.pdf (accessed April 19, 2016).

IARC (2014) *World Cancer Report 2014.* Available at: www.iarc.fr/en/publications/books/wcr/index.php (accessed April 19, 2016).

ICNIRP (1998) Guidelines for Limiting Exposure to Time-Varying Electric, Magnetic, and Electromagnetic Fields (up to 300 GHz), ICNIRP Guidelines, *Health Physics* **74**, 494–522. Available at: www.icnirp.org/cms/upload/publications/ICNIRPemfgdl.pdf (accessed April 19, 2016).

ICNIRP (2009a) Statement on the "Guidelines for Limiting Exposure to Time-Varying Electric, Magnetic, and Electromagnetic Fields (up to 300 GHz) ICNIRP Statement," *Health Physics* **97** (3), 257–8. Available at: www.icnirp.org/cms/upload/publications/ICNIRPStatementEMF.pdf (accessed April 19, 2016).

ICNIRP (2009b) *Exposure to High Frequency Electromagnetic Fields, Biological Effects and Health Consequences (100 kHz-300 GHz)*, Vecchia P., Matthes R., Ziegelberger G. et al. (eds). Available at: www.icnirp.org/en/publications/article/hf-review-2009.html (accessed April 19, 2016).

ICNIRP (2010) *Guidelines for Limiting Exposure to Time-Varying Electric and Magnetic Fields (1 Hz to 100 kHz).* Available at: www.icnirp.org/cms/upload/publications/ICNIRPLFgdl.pdf (accessed April 19, 2016).

IEC 62209-1 ed.1.0 (2010) *Human Exposure to Radio Frequency Fields from Hand-Held and Body-Mounted Wireless Communication Devices: Human Models, Instrumentation, and Procedures—Part 1: Procedure to Determine the Specific Absorption Rate (SAR) for Hand-Held Devices Used in Close Proximity to the Ear (Frequency Range of 300 MHz to 3 GHz).* Available at: http://webstore.iec.ch/webstore/webstore.nsf/artnum/033746 (accessed April 19, 2016).

IEC 62233 ed. 1.0 *Measurement Methods for Electromagnetic Fields of Household Appliances and Similar Apparatus with Regard to Human Exposure.* October 2005, Available at: www.iec.ch/dyn/www/f?p=103:14:0::::FSP_ORG_ID:3142 (accessed April 19, 2016).

IEC 62311 ed. 1.0 *Assessment of Electronic and Electrical Equipment Related to Human Exposure Restrictions for Electromagnetic Fields (0 Hz–300 GHz).* August 2007, Available at: http://webstore.iec.ch/webstore/webstore.nsf/mysearchajax?Openform&key=62311sorting=&start=1&onglet=1 (accessed April 19, 2016).

IEC 62369 ed. 1.0 *Evaluation of Human Exposure to Electromagnetic Fields from Short Ranger Devices (SRDs) in Various Applications over the Frequency Range 0–300 Ghz. Part 1: Fields Produced by Devices Used for Electronic Article Surveillance, Radio Frequency Identification and Similar Systems.* August 2008. Available at: http://webstore.iec.ch/webstore/webstore.nsf/mysearchajax?Openform&key=62369&sorting=&start=1&onglet=1 (accessed April 19, 2016).

IEEE Std. 1528-2003 *IEEE Recommended Practice for Determining the Peak Spatial-Average Specific Absorption Rate in the Human Head from Wireless Communications Devices: Measurement Techniques*. Available at: http://standards.ieee.org/findstds/standard/1528-2003.html (accessed April 19, 2016).

IEEE Std. C95.1-2006 (and ANSI 2006) *IEEE Standard for Safety Levels with Respect to Human Exposure to Radio Frequency Electromagnetic Fields, 3 kHz to 300 GHz*. Available at: http://standards.ieee.org/getieee/C95/download/C95.1-2005.pdf (accessed April 19, 2016).

IEEE Std. C95.1a-2010 *IEEE Std for Safety Levels with Respect to Human Exposure to Radio Frequency Electromagnetic Fields-Amd 1*. Available at: standards.ieee.org/findstds/standard/C95.1a-2010.html (accessed April 19, 2016).

IEEE Std. C95.7-2005 *IEEE Recommended Practice for Radio Frequency Safety Programs, 3 kHz to 300 GHz*. Available at: http://standards.ieee.org/getieee/C95/download/C95.7-2005.pdf (accessed April 19, 2016).

India Telecom Regulatory Authority of India (TRAI) Highlights on Telecom Subscription Data as on June 30, 2013. Available at: www.trai.gov.in/WriteReadData/WhatsNew/Documents/PR-65-TSD-June13.pdf (accessed April 19, 2016).

ITU Plenipotentiary Resolution 176 (Rev. Busan, 2014) *Human Exposure to and Measurement of Electromagnetic Fields**. Available at: http://www.itu.int/en/plenipotentiary/2014/Documents/final-acts/pp14-final-acts-en.pdf (accessed April 19, 2016).

ITU-D (2012) *World Telecommunication/ICT Indicators Database 2012*. Available at: www.itu.int/ITU-D/ict/statistics/ (accessed April 19, 2016).

ITU-D (2014) *Report Question 23/1 Strategies and Policies Concerning Human Exposure to Electromagnetic Fields**. Available at: http://www.itu.int/dms_pub/itu-d/opb/stg/D-STG-SG01.23-2014-PDF-E.pdf (accessed April 19, 2016).

ITU-R (2011) *Handbook of Spectrum Monitoring, Edition of 2011, Chapter 5 Specific Monitoring Systems and Procedures**. Available at: www.itu.int/pub/R-HDB-23-2011 (accessed April 19, 2016).

ITU-R Rec. F. 699 *Reference Radiation Patterns for Fixed Wireless System Antennas for Use In Coordination Studies and Interference Assessment in the Frequency Range from 100 Mhz to About 70 Ghz**. Available at: http://www.itu.int/rec/R-REC-F/recommendation.asp?lang=en&parent=R-REC-F.699 (accessed April 19, 2016).

ITU-R Rec. F. 1336 *Reference Radiation Patterns of Omnidirectional, Sectoral and Other Antennas in Point-to-Multipoint Systems for Use in Sharing Studies in the Frequency Range from 1 GHz to about 70 GHz, Chapter 5 Specific Monitoring Systems and Procedures**. Available at: http://www.itu.int/rec/R-REC-F/recommendation.asp?lang=en&parent=R-REC-F.1336 (accessed April 19, 2016).

ITU-R Recommendation BS.1698 *Evaluating Fields from Terrestrial Broadcasting Transmitting Systems Operating in any Frequency Band for Assessing Exposure to Non-Ionizing Radiation*. Available at: http://www.itu.int/rec/R-REC-BS/recommendation.asp?lang=en&parent=R-REC-BS.1698 (accessed April 19, 2016).

ITU-R Report SM.2303-1 (2015) *Wireless Power Transmission Using Technologies Other than Radio Frequency Beam**. Available at: http://www.itu.int/pub/R-REP-SM.2303 (accessed April 19, 2016).

ITU-T Focus Group on Smart Sustainable Cities (2014) *EMF Considerations in Smart Sustainable Cities**. Available at: http://www.itu.int/en/ITU-T/focusgroups/ssc/Documents/Approved_Deliverables/TR-EMF.docx (accessed April 19, 2016).

ITU-T K.61 *Guidance on Measurement and Numerical Prediction of Electromagnetic Fields for Compliance with Human Exposure Limits for Telecommunication Installations**. Available at: www.itu.int/ITU-T/recommendations/rec.aspx?rec=9139 (accessed April 19, 2016).

ITU-T K.70 *Mitigation Techniques to Limit Human Exposure to EMFS in the Vicinity of Radiocommunication Stations**. Available at: www.itu.int/ITU-T/recommendations/rec.aspx?rec=9140 (accessed April 19, 2016).

ITU-T K.83 *Monitoring of Electromagnetic Field Levels**. Available at: http://www.itu.int/ITU-T/recommendations/rec.aspx?rec=11037 (accessed April 19, 2016).

ITU-T K.91 *Guidance for Assessment, Evaluation and Monitoring of Human Exposure to Radio Frequency Electromagnetic Fields**. Available at: www.itu.int/ITU-T/recommendations/rec.aspx?rec=11634 (accessed April 19, 2016).

ITU-T Study Group 5 Recommendation K.52 *Guidance on Complying with Limits for Human Exposure to Electromagnetic Fields**. Available at: http://www.itu.int/ITU-T/recommendations/rec.aspx?rec=7427 (accessed April 19, 2016).

Japan (2015) (27 on Heisei year; March 2015) *Ministry of Internal Affairs and Communications; Pamphlet, らし暮の安心と電波 "Radio Waves and Safety"*; reviewed on May 10, 2015. Available at: www.tele.soumu.go.jp/resource/j/ele/body/emf_pamphlet.pdf (accessed April 19, 2016).

Kuster, N., Balzano, Q. and Lin, J.C. (1997) *Mobile Communications Safety*, Chapman & Hall, London.

Linhares, A., Terada, M.A.B. and Soares, A.J.M. (2014) Determination of Measurement Points in Urban Environments for Assessment of Maximum Exposure to EMF Associated with a Base Station, *International Journal of Antennas and Propagation* **2014**. Available at: www.hindawi.com/journals/ijap/2014/297082/ (accessed April 19, 2016).

Lofstedt, R. and Vogel, D. (2001) The Changing Character of Regulation. A Comparison of Europe and the United States, *Risk Analysis* **21** (3), 399–416. Followed by commentaries by Renn O., Slater D. and Rogers M.D.

Mazar, H. (2009) *An Analysis of Regulatory Frameworks for Wireless Communications, Societal Concerns and Risk: the Case of Radio Frequency (RF) Allocation and Licensing*, Boca Raton, FL: Dissertation.Com. PhD thesis, Middlesex University, London. Available at: http://eprints.mdx.ac.uk/133/2/MazarAug08.pdf (accessed April 19, 2016).

Mazar (Madjar) H. (2011) *A Comparison Between European and North American Wireless Regulations, "Technical Symposium at ITU Telecom World 2011"*. (accessed April 19, 2016).

McCarty, D.E., Carrubba, S., Chesson, A.L., Frilot, C., Gonzalez-Toledo, E. and Marino, A.A. (2011) Electromagnetic Hypersensitivity: Evidence for a Novel Neurological Syndrome, *International Journal of Neuroscience* **121** (12), 670–6. DOI: 10.3109/00207454.2011.608139. Epub 2011 Sept. 5. Available at: www.ncbi.nlm.nih.gov/pubmed/21793784 (accessed April 19, 2016).

MEP (Ministry of Environmental Protection Israel) (2011) *Continuous Monitoring of Cellular Radiation*. Available at: www.sviva.gov.il/English/Pages/HomePage.aspx (accessed April 19, 2016).

MSIP (Ministry of Science, ICT and Future Planning) (2015) Republic of Korea, the National Radio Research Agency (RRA) *Notification no 2015-18_TR to protect human body against electromagnetic waves_Korea* (in Korean).

NRPB (1993) Statement on Restrictions on Human Exposure to Static and Time Varying Electromagnetic Fields and Radiation 4(5) Chilton: NRPB.

NRPB (2004) Advice on Limiting Exposure to Electromagnetic Fields (0–300 GHz) 15(2) Chilton: NRPB. Available at: http://www.hpa.org.uk/Publications/Radiation/NPRBArchive/DocumentsOfTheNRPB/Absd1502/ (accessed April 19, 2016).

Rowley, J.T. and Joyner, K.H. (2012) Comparative International Analysis of Radiofrequency Exposure Surveys of Mobile Communication Radio Base Stations, *Journal of Exposure Science and Environmental Epidemiology* **22** (3), 304–15. Available at: www.ncbi.nlm.nih.gov/pmc/articles/PMC3347802/ (accessed April 19, 2016).

Rowley, J.T., Joyner, K.H. and Marthinus, J.V. (2014) National Surveys of Radiofrequency Field Strengths from Radio Base Stations in Africa, *Journal of Radiation Protection Dosimetry Epidemiology* **158** (3), 251–62. http://rpd.oxford journals.org/content/158/3/251 (accessed April 19, 2016).

Salzburg Municipal Authorities, the Environmental Protection Office; and the company EMC—RF Szentkuti (2002) *NIR Exposure of Salzburg: Study Set Up by the Federal Office of Communications in Collaboration with the Research Centre—ARC Seibersdorf Research GmbH*.

SCENIHR (Scientific Committee on Emerging and Newly Identified Health Risks) (2015) EC Opinion on *Potential Health Effects of Exposure to Electromagnetic Fields (EMF)*. Available at: http://ec.europa.eu/health/scientific_committees/emerging/docs/scenihr_o_041.pdf (accessed April 19, 2016).

Shannon, C.E. (1948) A Mathematical Theory of Communication, *Bell System Technical Journal* **27**, 379–423. Available at: www.mast.queensu.ca/~math474/shannon1948.pdf (accessed April 19, 2016).

Starr, C. (1969) Social Benefit Versus Technological Risk: What Is Our Society Willing to Pay for Safety? *Science* **165**, 1232–8.

Stewart, W. (2001) *Mobile Phones and Health*, IEGMP (Independent Expert Group on Mobile Phones), Didcot.

Tsalolikhin, E., Bilik, I., Blaunstein, N. and Babich, Y. (2012) Channel Capacity in Mobile Broadband Heterogeneous Networks Based Femto Cells, in *Proceedings of 6th European Conference on Antennas and Propagation, Prague, 26–30 March 2012*, IEEE EuCAP 2012. Available at: http://ieeexplore.ieee.org/xpl/articleDetails.jsp?arnumber=6205936 (accessed April 19, 2016).

Viel, J.F., Clerc, S., Barrera, C., Rymzhanova, R., Moissonnier, M., Hours, M. and Cardis, E. (2009) Residential Exposure to Radiofrequency Fields from Mobile Phone Base Stations, and Broadcast Transmitters: A Population-Based Survey with Personal Meter, *Occupational & Environmental Medicine* **66**, 550–6.

WHO (World Health Organization) (2005) *Electromagnetic Fields and Public Health: Electromagnetic Hypersensitivity*. Available at: http://www.who.int/peh-emf/publications/facts/fs296/en/index.html (accessed April 19, 2016).

WHO (2007) *Base Stations and Wireless Networks: Exposures and Health Consequences*, Repacholi M., van Deventer E. and Ravazzani P. (eds). Available at: http://whqlibdoc.who.int/publications/2007/9789241595612_eng.pdf (accessed April 19, 2016).

WHO (2011) Fact Sheet No 193 (June 2011), reviewed October 2014, *Electromagnetic Fields and Public Health: Mobile Phones*. Available at: www.who.int/mediacentre/factsheets/fs193/en/index.html (accessed April 19, 2016).

WHO (2012) *EMF Worldwide Standards*. Available at: http://www.who.int/docstore/peh-emf/EMFStandards/who-0102/Worldmap5.htm (accessed April 19, 2016).

WHO (2014) *The International EMF Project Progress Report 2013–2014*. Available at: www.who.int/peh-emf/project/IAC_2014_Progress_Report.pdf (accessed April 19, 2016).

Yuguchi, K. (2013) cited in Scott M., Pogorel G. and Pujol F. (eds). Dossier: The Radio Spectrum: A Shift In Paradigms? *Communications and Strategies* **90**, 73–6.

反侵权盗版声明

电子工业出版社依法对本作品享有专有出版权。任何未经权利人书面许可，复制、销售或通过信息网络传播本作品的行为；歪曲、篡改、剽窃本作品的行为，均违反《中华人民共和国著作权法》，其行为人应承担相应的民事责任和行政责任，构成犯罪的，将被依法追究刑事责任。

为了维护市场秩序，保护权利人的合法权益，我社将依法查处和打击侵权盗版的单位和个人。欢迎社会各界人士积极举报侵权盗版行为，本社将奖励举报有功人员，并保证举报人的信息不被泄露。

举报电话：（010）88254396；（010）88258888
传　　真：（010）88254397
E-mail：　dbqq@phei.com.cn
通信地址：北京市海淀区万寿路173信箱
　　　　　电子工业出版社总编办公室
邮　　编：100036